高等学校土建类专业应用型本科“十四五”规划教材
高等学校土建类专业“互联网+”创新教材

建筑结构

（第2版）

主　编　高　丽　李广洲
副主编　范卫琴　王胜男
主　审　杨子江

武汉理工大学出版社
·武　汉·

内容提要

本书根据我国现行的最新标准规范，依据全国高等学校工程管理专业指导委员会制定的培养目标、培养方案，结合应用型普通本科高校工程管理专业技术课程的改革目标编写而成。全书共11章，主要内容包括：绪论、钢筋和混凝土的力学性能、建筑结构的基本设计原则、钢筋混凝土基本构件、预应力混凝土构件基本知识、钢筋混凝土梁板结构、钢筋混凝土多高层建筑结构、砌体结构、钢结构、地基与基础、建筑结构抗震设计等。各章均有按新规范设计的典型例题、思考题和习题。此外，借助当前互联网和信息化技术，扫描书中二维码，即可对相关知识点进行在线习题测试或进行在线视频演示，便于学生及时巩固所学知识和教师对教学质量的把握。

本书可作为普通本科高校工程管理专业或建筑工程技术专业教材使用，也可作为其他专业的参考书或相关工程技术人员的职业培训教材。

图书在版编目（CIP）数据

建筑结构 / 高丽，李广洲主编. -- 2版. -- 武汉 ：武汉理工大学出版社，2025.1.

ISBN 978-7-5629-7044-6

Ⅰ. TU3

中国国家版本馆CIP数据核字第2024819P43号

项目负责人：王利永（027-87290908）

责任编辑：王　思　廖　婧

责任校对：余士龙

版面设计：正风图文

出版发行：武汉理工大学出版社

地　　址：武汉市洪山区珞狮路122号

邮　　编：430070

网　　址：http://www.wutp.com.cn

经 销 者：各地新华书店

印 刷 者：武汉乐生印务有限公司

开　　本：787×1092　1/16

印　　张：22

字　　数：549千字

版　　次：2013年8月第1版　2025年1月第2版

印　　次：2025年1月第1次印刷

印　　数：1～3000册

定　　价：52.00元

凡购本书，如有缺页、倒页、脱页等印装质量问题，请向出版社发行部调换。

本社购书热线电话：027-87391631　87523148　87165708（传真）

高等学校土建类专业应用型本科“十四五”规划教材

编审委员会

前　言

本书是依据全国高等学校工程管理专业指导委员会制定的“工程管理专业”技术类课程中的建筑结构教学大纲，并结合应用型普通本科高校培养实践应用型人才的实际进行编写的，目的是为工程管理专业提供一部主干技术基础课程的教材，使学生掌握建筑结构基本原理、各类建筑结构基本知识、基本技能，具有从事各类建筑结构技术管理的能力。

本教材依据新修订的《混凝土结构设计标准》(GB/T 50010—2010)(2024 年版)和其他相关规范、标准编写，反映了我国土木工程领域的新进展。本教材编写时力求语言通俗易懂，内容深入浅出，体现了如下特点：

(1)系统性、融合性。本教材较系统地阐述了钢筋混凝土结构、砌体结构、钢结构的受力特点及基本设计原理，并对地基与基础设计、建筑抗震设计基本知识进行了介绍，可以满足不同类型、不同专业背景的院校开办的工程管理专业的教学需要。

(2)重原理、轻公式。本书在阐述建筑结构设计基本原理、各类建筑结构设计内容时，重视基本原理、基本概念，侧重于技术知识的有效性，弱化计算公式的推导过程及其参数的讲解，从而引导学生掌握技术课程的精华，学以致用，满足工程管理中技术管理的要求。

(3)注重实践性。本书在讲述基本理论的同时，注重理论与实践的结合，教材中针对每个知识点给出了相应的计算例题，以增强学生的理解能力，并进行了现浇钢筋混凝土楼盖设计的设计计算，引导学生掌握建筑结构设计的基本过程。

此外，借助互联网和信息化技术，扫描书中二维码，即可对相关知识点进行在线习题测试或进行在线视频演示，便于学生及时巩固所学知识和教师对教学质量的把握。

全书由石河子大学高丽、李广洲担任主编，武昌理工学院范卫琴、山西工商学院王胜男担任副主编。具体编写分工如下：第 1、2、3 章，第 4.2、4.3、4.4 节及附录由石河子大学高丽编写；第 4.1 节、6 章由山西工商学院王帅编写；第 5、9 章由王胜男编写；第 7、10 章由范卫琴编写；第 8、11 章由李广洲编写。全书由高丽负责此次编写大纲的制定、数字资源整理及最终的统稿工作，湖北工程学院杨子江教授担任主审。

由于编者水平有限，缺点错误在所难免，敬请广大读者批评指正。

编　者

2024 年 6 月

目　录

1 绪　　论

本 章 提 要

本章简要介绍了建筑结构的概念、建筑结构的分类及建筑结构课程的任务及学习方法，主要介绍了钢结构、砌体结构和混凝土结构的概念及优缺点。

1.1 建筑结构的基本概念

1.1.1 建筑结构的概念

建筑物通常由楼板、屋顶、梁、墙体、柱、基础、楼(电)梯、门窗等几部分组成。其中，板、梁、墙体、柱、基础为建筑物的基本结构构件，它们组成了建筑物的基本结构。因此，建筑结构是指建筑物中由承重构件(梁、柱、桁架、墙、楼盖和基础)所组成的平面或空间骨架体系，用以承受作用在建筑物上的各种荷载，故应具有足够的强度、适当的刚度及良好的稳定性和耐久性，从而满足建筑使用功能的要求。

1.1.2 建筑结构的基本任务

在建筑物中，建筑结构的任务主要有如下三个方面：

(1) 服务于人类对空间的应用和美观要求

建筑物是人类社会生活必要的物质条件，是社会生活的人为的物质环境，结构成为一个空间的组织者，如各类房间、门厅、楼梯、过道等。同时，建筑物也是历史、文化、艺术的产物，建筑物不仅要满足人类的物质需要，还要满足人类的精神需求，而各类建筑物都要用结构来实现。可见，建筑结构服务于人类对空间的应用和美观要求是其存在的根本目的。

(2) 抵御自然界或人为施加于建筑物的各种荷载或作用

建筑物要承受自然界或人为施加的各种荷载或作用，建筑结构就是这些荷载或作用的支承者，它要确保建筑物在这些作用力的施加下不破坏、不倒塌，并且要使建筑物持久地保持良好的使用状态。可见，建筑结构作为荷载或作用的支承者是其最核心的任务。

(3) 利用建筑材料并充分发挥其作用

建筑结构的物质基础是建筑材料，结构是由各种材料组成的，如用钢材做成的结构称为钢结构，用钢筋和混凝土做成的结构称为钢筋混凝土结构，用砖(或砌块)和砂浆做成的结构称为砌体结构。

1.2 建筑结构的分类

1.2.1 按所用材料不同分类

根据建筑结构所用材料的不同，常见的建筑结构可分为以下几类：

(1) 混凝土结构

混凝土结构是指以混凝土材料为主，并根据需要配置钢筋、预应力筋等形成的受力构件所组成的结构，包括素混凝土结构、钢筋混凝土结构和预应力混凝土结构等。

素混凝土结构是指无筋或不配置受力钢筋的混凝土结构，常用于非承重结构。预应力混凝土结构是指配有预应力钢筋，在结构受荷载作用之前，通过张拉或其他方法在结构中建立的一种压力状态，使其能够部分或全部抵消由于使用荷载阶段荷载作用所产生的拉应力，从而提高结构的抗裂性能。钢筋混凝土结构是由钢筋和混凝土两种材料有机结合并共同受力的结构。混凝土抗压强度高，但抗拉强度很低，一般为抗压强度的 1/20～1/8，同时，混凝土破坏时具有明显的脆性性质；钢筋的抗拉和抗压强度都很高，且钢筋一般具有屈服现象，破坏时钢筋有显著的塑性变形能力。两种材料的有机结合，可以取长补短，很好地发挥它们各自的性能。

钢筋混凝土结构在土木工程中有广泛的应用，除了能够很好地利用钢筋和混凝土这两种材料各自的特性外，还具有以下优点：

① 材料利用合理。钢筋和混凝土两种材料的强度均可得到充分发挥，对于一般工程结构，钢筋混凝土结构的经济指标优于钢结构。

② 耐久性好。在一般环境条件下，钢筋可以受到混凝土的保护而不发生锈蚀，而且混凝土的强度随着时间的增长还会有所增加，并能减少维护费用。

③ 耐火性好。混凝土是不良导热体，当发生火灾时，有混凝土作为保护层，混凝土内的钢筋不会像钢结构那样很快升温达到软化而丧失承载能力，在常温至 300 ℃范围内，混凝土强度基本不会降低。

④ 可塑性好。钢筋混凝土可以根据需要浇筑成各种形状和尺寸的结构，如空间结构、箱形结构等。采用高性能混凝土可浇注清水混凝土，具有很好的建筑效果。

⑤ 整体性好。现浇式或装配整体式的钢筋混凝土结构整体性好，对抗震、抗爆有利。

⑥ 易于就地取材。混凝土结构中，钢筋和水泥这两种工业产品所占的比例较小，砂、石等材料所占比例虽然较大，但属于地方材料，可就地供应。近年来利用建筑垃圾、工业废渣制造再生骨料，利用粉煤灰作为水泥或混凝土的外加成分，这些做法既可变废为宝，又有利于保护环境。

但是，钢筋混凝土结构也有一些缺点，如自重大、抗裂性能差、一旦损坏修复比较困难、现浇施工时耗费模板多、工期长等。随着科学技术的发展，上述问题已在一定程度上得到了解决：如采用轻质混凝土可以减轻结构自重，采用预应力混凝土可以提高结构或构件的抗裂性能，采用预制钢筋混凝土构件可以解决模板耗费多和工期长等问题。

(2) 钢结构

钢结构是以钢板和型钢等钢材通过焊接、铆接或螺栓连接等方法构筑而成的结构，主要用于大跨度的建筑屋盖(如体育馆、剧院等)、吊车吨位很大或跨度很大的工业厂房骨架和吊车梁，以及超高层建筑的房屋骨架等。

与其他材料的结构相比，钢结构具有如下特点：

① 强度高，结构重量轻。钢与砖石和混凝土相比，虽然密度较大，但强度更高，故其密度与强度的比值较小，承受同样荷载时，钢结构要比其他结构轻。

② 材质均匀，且塑性韧性好。钢材属单一材料，由于生产过程质量控制严格，因此组织构造比较均匀，且接近各向同性。钢材的弹性模量很高，在正常使用情况下具有良好的延性，可简化为理想弹塑性体，最符合一般工程力学的基本假定，计算结果比较可靠。

③ 良好的加工性能和焊接性能。钢材具有良好的冷热加工性能和焊接性能，便于在专业化的金属结构厂大批量生产出精度较高的构件，然后运至现场，进行工地拼接和吊装，既可保证质量，又可缩短施工周期。

④ 密封性好。采用焊接连接的钢板结构，具有较好的水密性和气密性，可用来制作压力容器、管道，甚至载人航天结构。

⑤ 钢材的可重复使用性。钢结构加工制造过程中产生的余料和碎屑，以及废弃和破坏了的钢结构或构件，均可回炉重新冶炼成钢材重复使用。因此钢材被称为绿色建筑材料或可持续发展的材料。

⑥ 钢材耐热但不耐火。钢材长期经受 100 ℃辐射热时，性能变化不大，具有一定的耐热性能。但当温度超过 200 ℃时，其弹性模量变化较大，强度降低，变形增大；当温度达 600 ℃时，钢材进入塑性状态而丧失承载能力。因此在有防火要求的建筑中采用钢结构时，必须采用耐火材料加以保护。

⑦ 耐腐蚀性差。钢材耐锈蚀的性能较差，因此必须对钢结构采取防护措施。钢构件经过彻底除锈并涂上合格的油漆后，锈蚀问题并不严重。对处于湿度大、有侵蚀性介质环境中的结构，可采用耐候钢或不锈钢以提高其抗锈蚀性能。

(3) 砌体结构

砌体结构是由块体(如砖、石或砌块)用砂浆砌筑而成的结构。砌体结构具有悠久的历史，至今仍是应用十分广泛的结构形式。由于砌体结构自身所具有的特点，作为一种面广量大的结构形式，这种结构仍在不断发展和完善。

砌体结构具有以下优点：

① 取材方便。石材、砂子、黏土等为天然材料，分布极为广泛，而且价格低廉，工程造价较低，可节约木材、钢材和水泥。

② 砌体结构具有良好的耐火性和较好的耐久性。在一般情况下，砌体可耐受 400 ℃左右的高温。砌体的保温、隔热性能好，节能效果好，其抗腐蚀方面的性能也较好，受大气的影响小，完全可以满足预期耐久年限的要求。此外，砌体结构往往兼有承重与围护的双重功能。

然而，砌体结构也有其明显的缺点：

① 强度低、延性差。通常砌体的强度较低，因而墙、柱截面尺寸大，材料用量增多，自重增大。由于砌体结构的抗拉、抗弯、抗剪等强度都较低，无筋砌体的抗震性能差，需要采用配筋砌体或构造柱改善结构的抗震性能。

② 用工多。目前砌体结构的施工仍为手工作业的方式，砌筑劳动量大，生产效率相对较低，而且质量不能保证。

③ 占地多。目前砖在砌体结构中应用的比例仍然很大。生产大量的砖可能会过多地耗用土地，烧制过程中还要耗费大量能源，对生态环境平衡也很不利。

为了克服上述缺点，目前正在大力研究和开发各种新技术、新材料，如发展各种轻质高强的砌块和砌筑砂浆，以减轻砌体质量，提高强度；利用工业废料，如粉煤灰、矿渣等制作砌块，减少与农业争地的矛盾，同时也兼顾了环境保护；采用配筋砌体，设置钢筋混凝土构造柱及施加预应力等措施，来克服砌体结构整体性及抗震性能差等缺点。

(4) 木结构

木结构是以木材为主制作的结构，由于受自然条件的限制，我国木材相当缺乏，目前仅在山区、林区和农村有一定的使用。

1.2.2 按受力和构造特点分类

根据结构的受力和构造特点，建筑结构可分为以下几种主要类型：

(1) 混合结构

混合结构的楼、屋盖一般采用钢筋混凝土结构构件，而墙体及基础等采用砌体结构，混合结构多用于 7 层及 7 层以下的住宅、旅馆、办公楼、教学楼及单层工业厂房中。

(2) 排架结构

排架结构的承重体系是屋面横梁(屋架或屋面大梁)、柱及基础，主要用于单层工业厂房。屋面横梁与柱的顶端铰接，柱的下端与基础顶面固接。

(3) 框架结构

框架结构是指由梁、板和柱组成的结构，框架横梁与框架柱为刚性连接，形成整体刚架，底层柱脚也与基础顶面固接。框架结构建筑布置灵活，可任意分割空间，容易满足生产工艺和使用上的要求，多用于 10 层以下的工业与民用建筑中，如旅馆、办公楼、工业厂房和实验室等。

(4) 剪力墙结构

剪力墙结构是利用钢筋混凝土墙体承受竖向和水平荷载，并起着围护与分割作用的结构，适用于建造较高的高层建筑。剪力墙的间距不宜过大，致使平面布置不灵活，因此多用于12～30层的住宅和旅馆中。

(5) 其他形式的结构

除上述形式的结构外，在高层和超高层房屋结构体系中，还有框架-剪力墙结构、筒体结构、框架-筒体结构、筒中筒结构等；在单层大跨度房屋的屋盖中，还有壳体结构、网架结构、悬索结构等。

1.3 本课程的主要内容、任务和学习方法

本课程属于学科基础课，主要介绍的是建筑结构中的三大结构——钢筋混凝土结构、砌体结构和钢结构的基本知识，内容包括：钢筋混凝土的材料、结构计算原则；钢筋混凝土基本构件(受弯、受剪、受扭、受拉和受压构件)承载力的计算；钢筋混凝土构件的变形和裂缝宽度验算；预应力混凝土结构的基本知识；钢筋混凝土现浇楼盖设计和钢筋混凝土框架结构；砌体的力学性能、砌体构件的承载力计算、墙体及过(圈)梁的布置计算；地基与基础的基础知识；钢结构的材料和连接，钢柱和钢梁；房屋抗震设计基础知识等。

本课程的教学目的是使学生通过课程学习，能熟知与之相关的基本概念，掌握建筑结构的基本知识和理论，学会结构设计计算的方法，了解现行规范对结构构件计算及构造的有关规

定;熟悉结构计算的基本方法步骤,掌握建筑结构的基本构件及楼盖等的设计计算;能对结构构件进行截面设计、承载力复核,包括材料选择、结构方案、构件选型、配筋计算和构造等,进而能运用所获得的基本理论知识解决一般工程中的结构问题。本课程还设有一项课程设计(钢筋混凝土现浇楼盖设计),用以巩固和深化课程教学的内容,培养动手能力和解决工程中实际问题的能力。

本课程的特点是内容多、符号多、公式多,构造规定也多,在学习过程中要注意理解概念,切忌死记硬背、生搬硬套,要突出重点和难点。特别要做好复习总结工作,为此,在书的每章结束,都附有"本章小结",以帮助复习。在课程中还运用了许多力学、建筑材料等课程中的相关知识和内容。需要注意的是,研究的对象不再是各向同性的弹性材料,而且许多计算公式还是在大量的实验与理论分析相结合的基础上建立起来的,运用时还须考虑公式的适用条件和范围。另一方面,由于结构的设计计算受到方案、材料、截面尺寸以及施工等诸多因素的影响,其结果不是唯一的,这也是与力学、数学等课程的不同之处。此外,本课程的知识还需要课后动手做练习题来帮助巩固和加深理解。教材的每章最后还提供了一定数量的习题,可供选用。习题应在复习了教学内容、理解例题并掌握解题思路的基础上再动手做,切忌边看例题边做,照猫画虎。

在本课程的学习过程中,还应注意结合规范进行学习。规范是约束工程技术行为的基本规定,但规范的制订也不是一成不变的,无论是计算方法,还是构造要求等,都不可能尽善尽美。随着科学技术的发展和研究的不断深入,新的结构形式、新材料及新的施工工艺和技术的出现,规范也必然需要不断进行修订、补充。因此就应该与时俱进,培养更新规范的意识和习惯。

本章小结

建筑结构的主要任务是服务于人类对空间的应用和美观要求;抵御自然界或人为施加于建筑物的各种荷载或作用;利用建筑材料并充分发挥其作用。

建筑结构按所用材料可分为:钢筋混凝土结构、砌体结构、钢结构、木结构。按结构的受力和构造特点可分为:砖混结构、框架结构、框架-剪力墙结构、排架结构、剪力墙结构、筒体结构等。

混凝土结构的主要优点是:材料利用合理、耐久性好、耐火性好、可模性好、整体性好、易于就地取材。主要缺点是:自重大、抗裂性能差、现浇施工时耗费模板多、工期长等。

钢结构的主要优点是:轻质高强、材质均匀塑性韧性好、加工性能和焊接性能良好、密封性好、可重复使用等。主要缺点是:耐热但不耐火、耐腐蚀性差。

砌体结构的主要优点是:取材方便、性能良好。主要缺点是:强度低、延性差、用工多、占地多等。

思考和练习题

1.1　什么是建筑结构?建筑结构的基本任务是什么?

1.2　根据结构所用材料的不同,建筑结构可分为哪几类?

1.3　简述几种常见结构(混凝土结构、砌体结构和钢结构)的优缺点。

1.4　请通过网络查阅混凝土结构、砌体结构、钢结构在工程中的应用实例(每种结构不少于2个),并形成有该工程文字及图形的Word文档。

2 钢筋和混凝土的力学性能

本 章 提 要

本章主要介绍组成钢筋混凝土结构的材料——钢筋和混凝土的物理力学性能以及相互之间的作用。

(1) 钢筋。钢筋的强度和变形，钢筋的成分、级别、品质和标志符号，混凝土结构对钢筋性能的要求。

(2) 混凝土。混凝土的强度和变形；单向应力作用下混凝土的强度（立方体抗压强度、轴心抗压强度和轴心抗拉强度）和复合受力状态下的强度；混凝土在一次短期荷载作用下的变形性能，以及在重复荷载、长期荷载作用下的变形性能。

(3) 钢筋与混凝土之间的黏结，钢筋的锚固与连接。

2.1 钢筋的力学性能

2.1.1 钢筋的品种与级别

国家钢筋产品标准的修订提倡应用高强、高性能钢筋，不再限制钢筋材料的化学成分和制作工艺，而按性能确定钢筋的牌号和强度级别，并以相应的符号表达。

在线测试

我国《混凝土结构设计标准》(GB/T 50010—2010)(2024 年版)规定，用于钢筋混凝土结构和预应力混凝土结构中的普通钢筋可采用热轧钢筋；用于预应力混凝土结构中的预应力筋，可采用预应力钢丝、钢绞线和预应力螺纹钢筋。

热轧钢筋是由低碳钢、普通低合金钢或细晶粒钢在高温状态下轧制而成，其强度由低到高分为 HPB300（工程符号为ϕ）、HRBF335（Φ^{F}）、HRB400（Φ）、HRBF400（Φ^{F}）、RRB400（Φ^{R}）、HRB500(Φ)、HRBF500(Φ^{F})级。其中，HPB300 级为低碳钢，外形为光面圆形，称为光圆钢筋[图 2.1(a)]；HRB400 级和 HRB500 级为普通低合金钢，HRBF400 级和 HRBF500 级为细晶粒钢筋，均在表面轧有月牙肋[图 2.1(b)]，称为变形钢筋。RRB400 级钢筋为余热处理月牙纹变形钢筋，是在生产过程中，钢筋热轧后经淬火提高强度，再利用芯部余热回火处理而保留一定延性的钢筋。

《混凝土结构设计标准》(GB/T 50010—2010)(2024 年版)中规定：纵向受力普通钢筋可采用 HRB400、HRB500、HRBF400、HRBF500、RRB400 级钢筋；梁、柱和斜撑构件的纵向受力普通钢筋可采用 HRB400、HRB500、HRBF400、HRBF500 级钢筋。箍筋宜采用 HRB400、

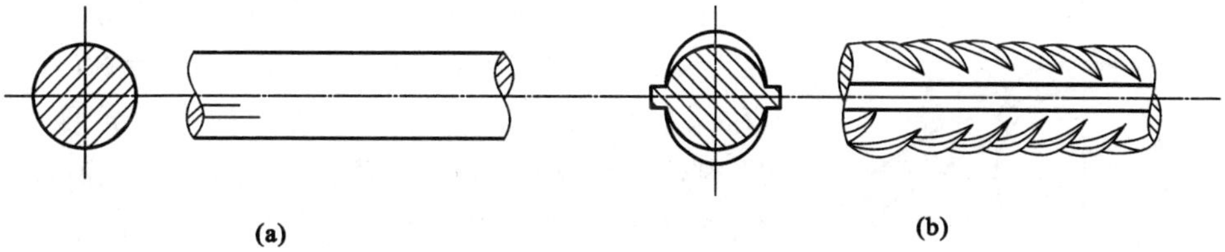

图 2.1 钢筋的形式

(a) 光圆钢筋;(b) 变形钢筋

HRBF400、HPB300、HRB500、HRBF500 钢筋。预应力筋宜采用预应力钢丝、钢绞线和预应力螺纹钢筋。

中强度预应力钢丝的抗拉强度为 800～1270 MPa,外形有光面和螺旋肋两种。消除应力钢丝的抗拉强度为 1470～1860 MPa,外形也有光面和螺旋肋两种。钢绞线是由多根高强度钢丝扭结而成,常用的有 1×3(3 股)和 1×7(7 股),抗拉强度为 1570～1960 MPa。预应力螺纹钢筋又称精轧螺纹粗钢筋,是用于预应力混凝土结构的大直径高强钢筋,抗拉强度为 980～1230 MPa,这种钢筋在轧制时沿钢筋纵向全部轧有规律性的螺纹肋条,可用螺丝套筒连接和螺帽锚固,不需要再加工螺丝,也不需要焊接。

2.1.2 钢筋的强度和变形

用于混凝土结构的钢筋可分为两类:一类是有明显流幅的钢筋,如热轧钢筋;另一类是没有明显流幅的钢筋,如钢丝、钢绞线和精轧螺纹钢筋。

2.1.2.1 有明显流幅的钢筋

有明显流幅的钢筋拉伸时的典型应力-应变曲线如图 2.2 所示。钢筋自开始加载至应力达到 a 点之前,应力 σ 与应变 ε 呈线性关系,即 $\sigma=E_s\varepsilon$,E_s 为钢筋的弹性模量,a 点对应的应力称为比例极限。过 a 点以后,应变比应力增加得要快,应力达到 b 点后,应变出现塑性流动现象,b 点称为屈服上限,它与加载速度、断面形式、试件表面光洁度等因素有关,故 b 点是不稳定的。待应力下降至屈服下限 c 点时,应力不增加而应变急剧增加,应力-应变关系接近水平直线,延伸至 d 点,c 点到 d 点的水平距离的大小称为流幅或屈服台阶。有明显流幅的热轧钢筋屈服强度是以屈服下限 c 点为依据的。过 d 点以后,随着应变的增加,应力又继续增加,二者关系为一上升的曲线,至 e 点应力达到最大值,e 点的应力称为钢筋的抗拉强度或极限强度,de 段称为强化阶段。过了 e 点以后,试件薄弱处的截面将会突然显著缩小,称为局部颈缩现象,此时,应力随之降低,变形迅速增加,直至 f 点试件被拉断。

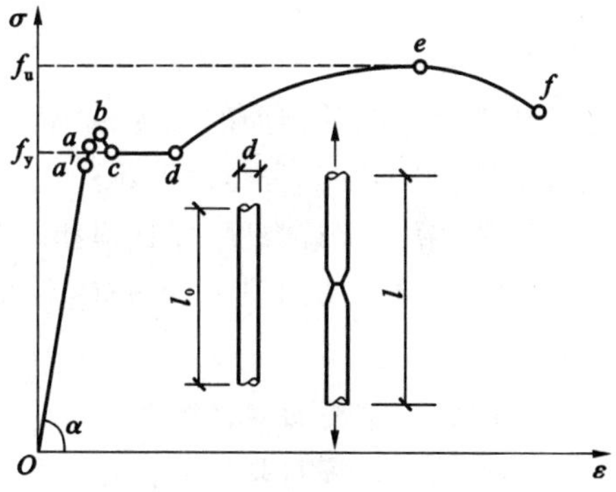

图 2.2 有明显流幅的钢筋应力-应变曲线

在钢筋混凝土结构构件中,由于钢筋达到屈服时将产生很大的塑性变形,构件会出现很大的变形和过宽的裂缝,以致无法满足正常使用要求。所以在进行钢筋混凝土构件计算时,对于有明显屈服点的钢筋,取其屈服强度作为钢筋的强度指标。

除了具有足够的强度外,钢筋还应具有一定的塑性变形能力。钢筋的塑性变形通常以伸长率和冷弯性能两个指标来衡量。钢筋拉断后的伸长量与拉伸前原长的比率称为伸长率,用

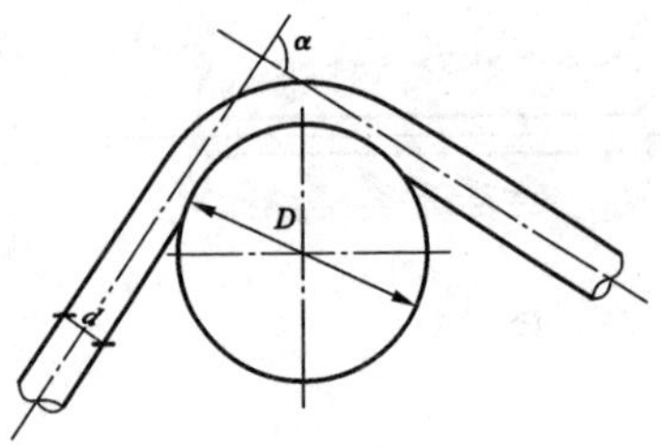

图 2.3　钢筋的冷弯

δ_5、δ_{10}表示。伸长率越大，钢筋的塑性性能越好。冷弯是把直径为 d 的钢筋围绕直径为 D（$D=d$ 或 $D=3d$）的钢辊进行弯折，如图 2.3 所示，在达到规定的冷弯角度 α（90°或 180°）时，不能出现裂纹或断裂。若钢筋所绕钢辊直径 D 越小，冷弯角度 α 越大，则该钢筋的塑性性能就越好。

热轧钢筋的应力-应变曲线有明显的屈服点和流幅，断裂时有颈缩现象，伸长率比较大，塑性好，能给出构件即将破坏的预兆，并且使钢筋加工成型时不发生断裂。而钢材中含碳量越高，屈服强度和抗拉强度就越高，伸长率就越小，流幅也相应缩短。

2.1.2.2　无明显流幅的钢筋

无明显流幅的钢筋拉伸时的典型应力-应变曲线如图 2.4 所示。最大应力 σ_b 称为极限抗拉强度。a 点为比例极限，约为$0.65\sigma_b$。过 a 点之后，应力-应变呈非线性关系，产生一定的塑性变形，但整个应力-应变关系没有明显的流幅（屈服台阶），达到极限抗拉强度 σ_b 后很快被拉断。

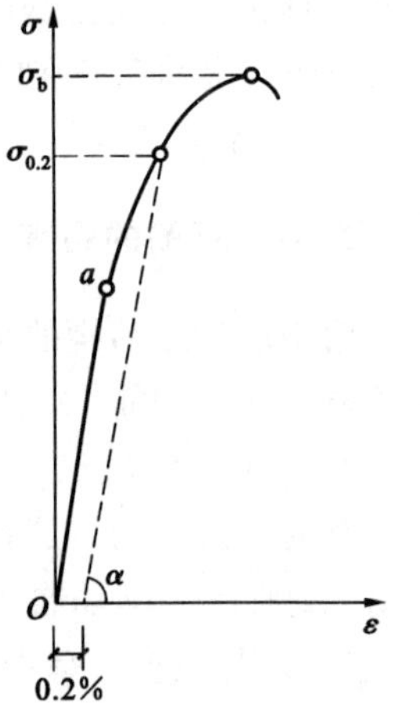

图 2.4　无明显流幅的钢筋应力-应变曲线

对于无明显流幅的钢筋，在设计中，一般取残余应变为0.2%时所对应的应力作为钢筋的强度取值，通常称为条件屈服强度或名义屈服强度，用 $\sigma_{0.2}$ 表示。

对于消除应力钢丝、中强度预应力钢丝及钢绞线，《混凝土结构设计标准》（GB/T 50010—2010）（2024 年版）取条件屈服强度为$0.85\sigma_b$。预应力螺纹钢筋的条件屈服强度根据国家标准《预应力混凝土用螺纹钢筋》（GB/T 20065—2016）确定。

无明显流幅的钢筋的强度很高，但伸长率小，塑性较差，破坏前没有明显的预兆，呈脆性破坏。

屈服强度、抗拉强度、伸长率和冷弯性能是有明显屈服点的钢筋进行质量检验的四项主要指标，对无明显屈服点的钢筋则只测定后三项。

2.1.2.3　钢筋的弹性模量

钢筋的弹性模量是反映弹性阶段钢筋应力与应变之间关系的物理量，即

$$E_s=\frac{\sigma_s}{\varepsilon_s} \tag{2.1}$$

式中　σ_s——屈服前的钢筋应力（N/mm^2）；

　　　ε_s——相应的钢筋应变。

钢筋的弹性模量由拉伸试验来测定，同一种类的钢筋受拉和受压弹性模量相同。钢筋的弹性模量如表 2.1 所示。

表 2.1　钢筋的弹性模量

钢筋种类	弹性模量 E_s（$\times10^5\ N\cdot mm^{-2}$）
HPB300	2.10
HRB400、HRB500、HRBF400、HRBF500、RRB400	2.00

续表2.1

钢筋种类	弹性模量 E_s（$\times 10^5$ N·mm^{-2}）
预应力螺纹钢筋	2.00
消除应力钢丝、中强度预应力钢丝	2.05
钢绞线	1.95

2.1.3 混凝土结构对钢筋性能的要求

（1）强度

钢筋应具有可靠的屈服强度和极限强度。屈服强度是设计计算时的主要依据，钢筋的屈服强度越高，则钢筋的用量就越少，所以要选用高强度钢筋。

（2）塑性

钢筋在断裂前应有足够的变形，能给人以破坏的预兆。另外，钢筋的塑性好，钢筋的加工成型也较容易。因此应保证钢筋的伸长率和冷弯性能合格。

（3）可焊性

在很多情况下，钢筋的接长和钢筋之间的连接需通过焊接，因此要求在一定的工艺条件下，钢筋焊接后，施焊热影响区域不能产生裂纹及过大的变形，保证焊接后的接头性能良好。

（4）与混凝土的黏结力

钢筋和混凝土这两种物理性能不同的材料之所以能结合在一起共同工作，主要是由于混凝土在结硬时，牢固地与钢筋黏结在一起，相互传递内力。通常在钢筋表面上加以刻痕或制成各种肋纹，来提高钢筋与混凝土黏结力。

在寒冷地区，对钢筋的低温性能也有一定的要求，以防钢筋低温冷脆而致破坏。

2.2 混凝土的力学性能

普通混凝土是由水泥、砂、石和水按一定配合比例拌和，经过凝结硬化后形成的人造石材，是一种复杂的多相复合材料。混凝土的强度和变形性能不仅与水泥的强度、骨料的性质、水灰比、级配和配合比等有直接关系，还与制作方法、硬化养护条件、龄期、试件的形状和尺寸、试验方法、加载速度等有密切关系。

在线测试

2.2.1 混凝土的强度

（1）立方体抗压强度

混凝土强度等级应按立方体抗压强度标准值确定。立方体抗压强度标准值是指按标准方法制作、养护的边长为 150 mm 的立方体试件，在 28 d 或设计规定龄期以标准试验方法测得的具有 95%保证率的抗压强度值，用符号 f_{cu}表示，单位为 N/mm^2(MPa)。《混凝土结构设计标准》(GB/T 50010—2010)(2024 年版)规定，根据混凝土立方体抗压强度标准值将混凝土强度划分为 14 个强度等级，分别以符号 C20、C25、C30、C35、C40、C45、C50、C55、C60、C65、C70、C75、C80 表示。其中，C 表示混凝土，C 后的数字为立方体抗压强度标准值。一般将 C50 级以上称为高强混凝土。目前，在实验室已能配制出 C100 级以上的混凝土，且有一定的工程应用。

立方体抗压强度也可采用边长为 200 mm 或边长为 100 mm 的立方体试块测定。但是，对同一种混凝土材料，采用不同尺寸的立方体试块，所测定强度不同。《混凝土结构设计标准》(GB/T 50010—2010)(2024 年版)规定，如采用 200 mm 或 100 mm 的立方体试块时，可分别乘以换算系数 1.05 和 0.95，就可变成标准试件强度。

试验方法对混凝土的强度有较大影响，试件在试验机上受压时，纵向要压缩，横向要膨胀，由于混凝土与压力机垫板弹性模量及横向变形的差异，压力机垫板的横向变形明显小于混凝土的横向变形。当试件承压接触面上不涂润滑剂时，混凝土的横向变形受到摩擦力的约束，形成"套箍"的作用。在"套箍"的作用下，试件与垫板的接触面局部混凝土处于三向受压应力状态，试件破坏时形成两个对顶的角锥形破坏面，如图 2.5(a)所示。如果在试件承压面上涂一些润滑剂，这时试件与压力机垫板间的摩擦力大大减小，试件沿着力的作用方向平行地产生几条裂缝而破坏，所测得的抗压极限强度较低，如图 2.5(b)所示。《混凝土结构设计标准》(GB/T 50010—2010)(2024 年版)规定的标准试验方法是不加润滑剂。

加载速度对立方体抗压强度也有影响，加载速度越快，测得的强度越高。通常规定加载速度：混凝土的强度等级低于 C30 时，取每秒钟 0.3～0.5 N/mm^2；混凝土的强度等级高于或等于 C30 时，取每秒钟 0.5～0.8 N/mm^2。

试验时随着混凝土的龄期增长，混凝土的极限抗压强度逐渐增大，开始时强度增长速度较快，然后逐渐减缓，这个强度增长的过程往往要延续几年，在潮湿环境中延续的增长时间更长。

素混凝土结构的强度等级不应低于 C20；钢筋混凝土结构的混凝土强度等级不应低于 C25；预应力混凝土楼板结构混凝土强度等级不应低于 C30，其他预应力混凝土结构构件的混凝土强度等级不应低于 C40；采用强度等级 500 MPa 及以上的钢筋时，混凝土强度等级不应低于 C30；承受重复荷载的钢筋混凝土构件，混凝土强度等级不应低于 C30。同时，还应根据建筑物所处的环境条件确定混凝土的最低强度等级，以保证建筑物的耐久性。

(2) 轴心抗压强度(棱柱体抗压强度) f_c

由于实际结构和构件往往不是立方体，而是棱柱体，所以用棱柱体试件比立方体试件能更好地反映混凝土的实际抗压能力。试验证实，轴心抗压钢筋混凝土短柱中的混凝土抗压强度基本上和棱柱体抗压强度相同。可以用棱柱体测得的抗压强度作为轴心抗压强度，又称为棱柱体抗压强度，用 f_c 表示。棱柱体的抗压试验及试件破坏情况如图 2.6 所示。各级别混凝土轴心抗压强度标准值如附表 5 所示，设计值如附表 6 所示。

棱柱体试件是在与立方体试件相同的条件下制作的，试件尺寸为 150 mm×150 mm×300 mm，试件承压面不涂润滑剂，且高度比立方体试件高，因而受压时试件中部横向变形不受端部摩擦力的约束，代表了混凝土处于单项全截面均匀受压的应力状态。试验量测到 f_c 值比 f_{cu} 值小，并且棱柱体试件高宽比(即 h/b)越大，它的强度越小。

根据我国近年来所做的棱柱体与立方体试件的抗压强度对比试验，混凝土轴心抗压强度标准值与立方体抗压强度标准值的关系按下式确定：

$$f_{ck}=0.88\alpha_{c1}\alpha_{c2}f_{cu,k} \tag{2.2}$$

式中 α_{c1}——棱柱体抗压强度与立方体抗压强度之比，对 C50 以下普通混凝土取 0.76，对高强度混凝土 C80 取 0.82，中间按线性规律变化插值；

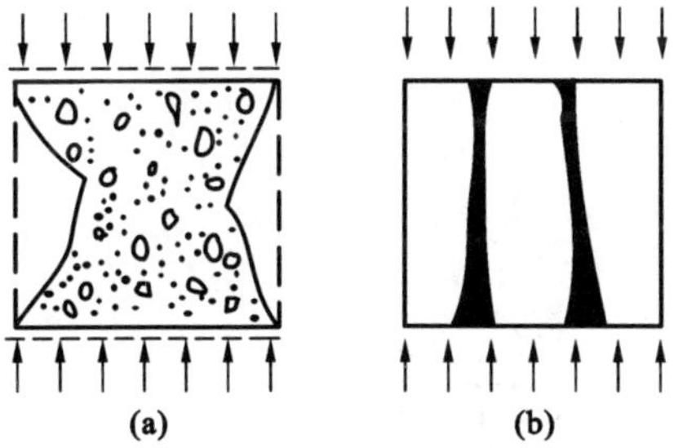

图 2.5　混凝土立方体试块的破坏

(a) 不涂润滑剂；(b) 涂润滑剂

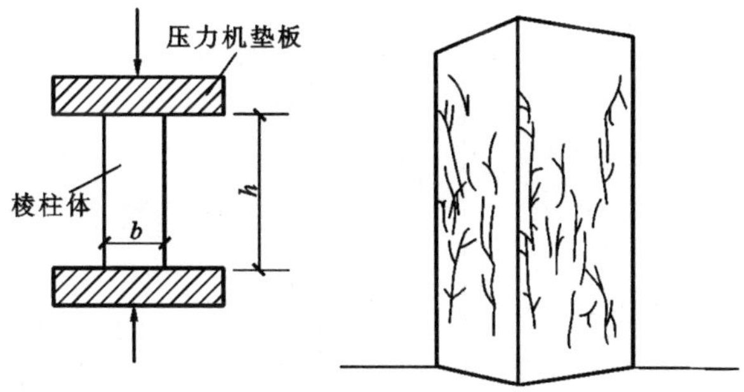

图 2.6　混凝土棱柱体抗压试验

α_{c2}——混凝土脆性折减系数，仅对 C40 以上混凝土考虑脆性折减系数，对混凝土强度等级不大于 C40 时取 1.0，对高强度混凝土 C80 取 0.87，中间按线性规律变化插值；

$f_{cu,k}$——混凝土立方体抗压强度标准值；

0.88——考虑到结构中混凝土的实测强度与试件混凝土强度的差异，对试件混凝土的强度修正系数。

(3) 混凝土的抗拉强度 f_t

混凝土的抗拉强度比抗压强度低得多，一般只有抗压强度的 1/18～1/9，f_{cu}越大，f_t/f_{cu}值越小。混凝土的抗拉强度取决于水泥石的强度和水泥石与骨料的黏结强度。采用表面粗糙的骨料及较好的养护条件可提高 f_t。

轴心抗拉强度是混凝土的基本力学性能，也可间接地衡量混凝土的其他力学性能，如混凝土的抗冲切强度。

轴心抗拉强度可采用如图 2.7(a)所示的直接拉伸试验方法测定，试件尺寸为 100 mm×100 mm×500 mm 的柱体，两端埋有伸出长度为 150 mm 的变形钢筋(d=16 mm)，钢筋位于试件轴线上。试验机夹紧两端伸出的钢筋，对试件施加拉力，破坏时裂缝产生在试件的中部，试件的平均破坏应力为轴心抗拉强度。

在测定混凝土抗拉强度时，采用上述直接拉伸试验方法是相当困难的，故国内外多采用立方体或圆柱体劈拉试验来测定混凝土的抗拉强度，如图 2.7(b)所示。对立方体或圆柱体试件施加线荷载，这样试件中间垂直截面除加力点附近很小的范围外，有均匀分布的水平拉应力。当拉应力达到混凝土的抗拉强度时，试件被劈成两半。根据弹性理论，劈裂抗拉强度可按下式计算：

$$f_{t,s}=\frac{2F}{\pi dl} \tag{2.3}$$

式中　F——劈裂破坏荷载；

d——圆柱体直径或立方体边长；

l——圆柱体长度或立方体边长。

劈裂试验试件的大小和垫条的尺寸、刚度都对试验结果有一定影响。我国的一些试验结果为劈裂抗拉强度略大于轴心抗拉强度，而国外的一些试验结果为劈裂抗拉强度略小于轴心抗拉强度。

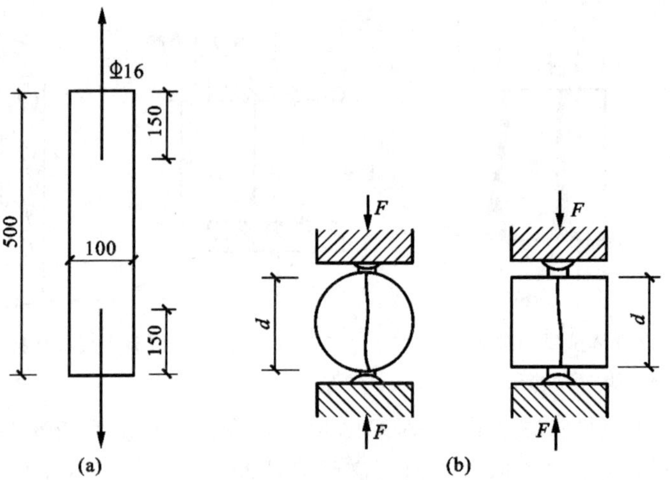

图 2.7　混凝土抗拉试验

(a) 直接拉伸试验；(b) 劈拉试验

我国规范采用轴心抗拉强度 f_t 作为混凝土抗拉强度的代表值，根据对比试验结果，《混凝土结构设计标准》(GB/T 50010—2010)(2024 年版)采用的混凝土轴心抗拉强度标准值 f_{tk} 与立方体抗压强度标准值 $f_{cu,k}$ 之间的换算关系为：

$$f_{tk}=0.88\times0.395f_{cu,k}^{0.55}(1-1.645\delta)^{0.45}\cdot\alpha_{c2} \tag{2.4}$$

式中 0.88 的意义和 α_{c2} 的取值同式(2.2)，δ 为试验结果的变异系数。

(4) 混凝土在复合应力作用下的强度

混凝土结构和构件通常受到轴力、弯矩、剪力和扭矩的不同组合作用，混凝土很少处于理想的单向受力状态，而更多的是处于双向或三向受力状态。

① 混凝土的双向受力强度

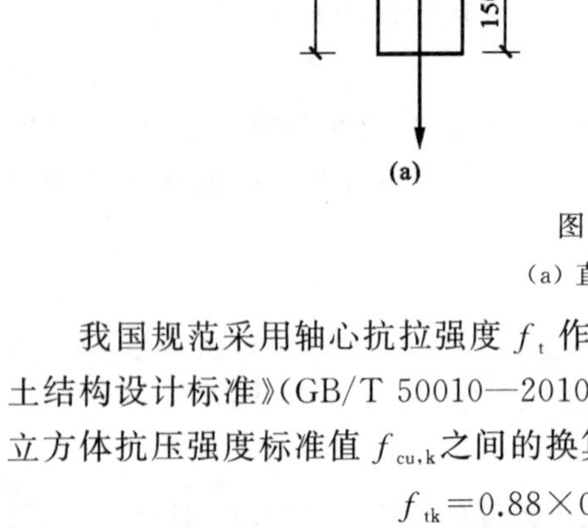

图 2.8　双向应力状态下的混凝土强度

图 2.8 所示为混凝土方形薄板试件在双向受力试验时的结果。在板平面内受到法向应力 σ_1 及 σ_2 的作用，另一方向法向应力为零。第一象限为双向受拉情况，无论应力比值 σ_1/σ_2 如何，σ_1、σ_2 影响不大，双向受拉强度均接近于单向受拉强度；第二、四象限为拉、压应力状态，在这种情况下，混凝土强度均低于单向拉伸或压缩的强度，即双向异号应力使强度降低，这一现象符合混凝土的破坏机理；在第三象限为双向受压状态，最大受压强度发生在 σ_1/σ_2 等于 2 或0.5时，大致上一向的强度随另一向的压力增加而增加，混凝土双向受压强度比单向受压强度最多可提高 27%。

② 混凝土在法向应力和剪应力作用下的复合强度

当混凝土受到剪力、扭矩引起的剪应力和轴力引起的法向应力共同作用时，形成“拉剪”和“压剪”复合应力状态，图 2.9 所示为混凝土法向应力与剪应力的关系曲线。从图中可以看出：抗剪强度随拉应力的增大而减小；随着压应力的增大，抗剪强度增大，但大约在 $\sigma/f_c>0.6$ 时，由于内裂缝的明显发展，抗剪强度反而随压应力的增大而减小。从抗压强度的角度来分析，由于剪应力的存在，混凝土的抗压强度要低于单向抗压强度。

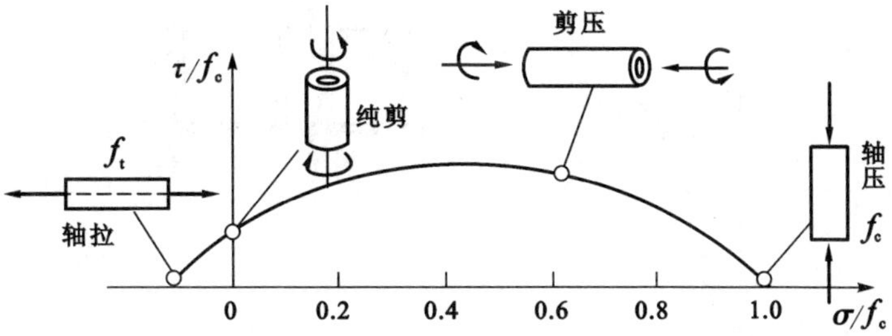

图 2.9　法向应力和剪应力共同作用下混凝土强度的变化规律

③ 混凝土的三向受压强度

混凝土在三向受压的情况下，其最大主压应力方向的抗压强度取决于侧向压应力的约束程度。图 2.10 所示为圆柱体三轴受压（侧向压应力均为 σ_2）的试验，随侧向压应力的增加，微裂缝的发展受到了极大的限制，从而大大地提高了混凝土纵向抗压强度，此时混凝土的变形性能接近理想的弹塑性体。在纵向受压的混凝土，如约束混凝土的侧向变形，也可使混凝土的抗压强度有较大幅度提高。如采用钢管混凝土柱、螺旋钢箍柱等，能有效约束混凝土的侧向变形，使混凝土的抗压强度、延性（耐受变形的能力）有相应的提高。

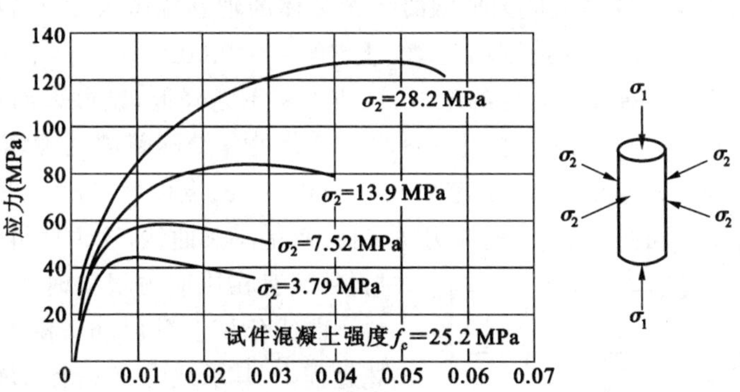

图 2.10　三向受压应力状态下混凝土的应力-应变曲线

2.2.2　混凝土的变形

混凝土的变形分为两大类：一类是由外荷载作用而产生的受力变形，包括一次短期加载变形、荷载长期作用下的变形和重复荷载作用下的变形；另一类是非荷载引起的体积变形，包括混凝土收缩变形、温度引起的变形等。

2.2.2.1　混凝土在一次短期荷载作用下的应力-应变曲线

混凝土在一次短期加载下的受压应力-应变关系，反映了混凝土受力全过程的重要力学特征，它是混凝土构件应力分析及建立承载力和变形计算理论的基础。

混凝土棱柱体试件在一次短期加载下的应力-应变曲线如图 2.11 所示。由图可见，曲线由上升段和下降段两部分组成。

OA 段：应力较小（$\sigma \leqslant 0.3f_c$），应力-应变关系接近于直线，可将混凝土视为理想的弹塑性体，其内部的初始微裂缝没有发展，混凝土变形主要是骨料和水泥结晶体受力产生的弹性变形。

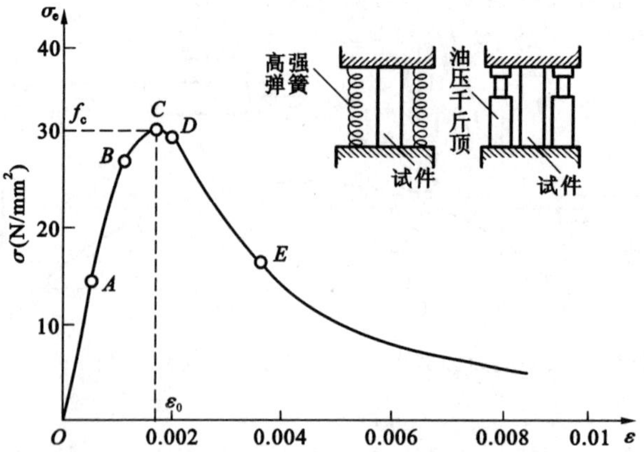

图 2.11　混凝土受压时的应力-应变曲线

AB 段：应力 $\sigma=(0.3\sim0.8)f_c$，应变增长速度大于应力增长速度，应力-应变曲线逐渐偏离直线，呈现出非弹性性质。在此阶段，混凝土内部微裂缝已有所发展，但仍处于稳定状态。

BC 段：应力 $\sigma>0.8f_c$，应变增长速度进一步加快，曲线斜率急剧减小，混凝土内部微裂缝扩大且贯通，进入非稳定发展阶段。当应力达到 *C* 点即峰值应力 σ_{max} 时，混凝土发挥出它受压时的最大承载能力。这时的峰值应力即混凝土棱柱体的轴心抗压强度 f_c，相应的应变为峰值应变 ε_0，其值在 0.0015～0.0025 范围内变动，平均值 $\varepsilon_0=0.002$。

压应力超过 *C* 点后，随着压应变的增加，压应力将不断降低，试件表面相继出现多条不连续的纵向裂缝，横向变形急剧发展，混凝土骨料与砂浆的黏结不断遭到破坏，达到 *E* 点时裂缝连通形成斜向破坏面。*E* 点的应变 ε_E 为 0.004～0.006。*E* 点以后，应力下降缓慢，趋向于稳定的残余应力。由图 2.11 可见，混凝土的应力-应变关系是一条曲线，这说明混凝土是一种弹塑性材料，只有在压应力很低时才可将它视为弹性材料。曲线分为上升段和下降段，表明混凝土在破坏过程中，其承载力有一个从增加到减小的过程。尤其需要注意的是，混凝土最大应变对应的不是最大应力，最大应力对应的也不是最大应变，而且压应力达到最大时并不意味着立即破坏。

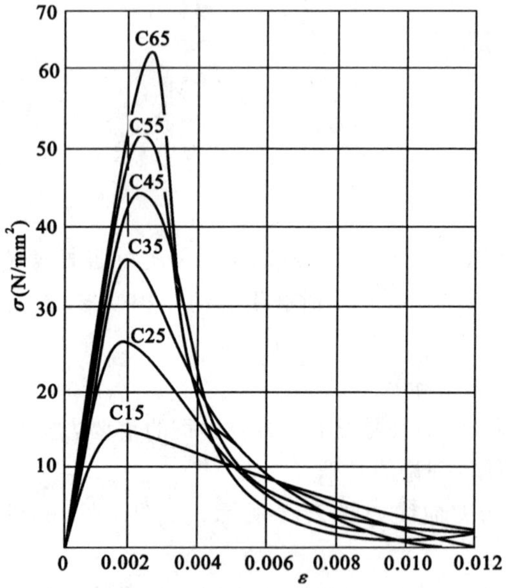

图 2.12　不同强度等级混凝土的应力-应变曲线

对于不同强度等级的混凝土，其相应的应力-应变曲线有着相似的形状，但也有区别。如图 2.12 所示，随着混凝土强度的提高，曲线上升段和峰值应变的变化不显著，峰值应力所对应的应变 ε_0 在 0.002 左右，而下降段形状有较大的差异，强度越高，混凝土的极限压应变 ε_{cu} 明显减少。《混凝土结构设计标准》(GB/T 50010—2010)(2024 年版)规定：混凝土的极限压应变 ε_{cu} 可按 $\varepsilon_{cu}=0.0033-(f_{cu,k}-50)\times10^{-5}$ 计算；如算得的 $\varepsilon_{cu}\geqslant0.0033$，则取 $\varepsilon_{cu}=0.0033$。

2.2.2.2 混凝土在长期不变荷载作用下的变形(徐变)

试验表明,把混凝土棱柱体加压到某个应力之后维持荷载不变,则混凝土会在加荷瞬时变形的基础上,产生随时间而增长的应变。这种在长期荷载作用下随时间而增长的变形称为徐变。徐变对于结构的变形和承载力会产生明显的影响,在预应力混凝土构件中会造成预应力损失。这些影响对结构构件的受力和变形是有危害的。

如图 2.13 所示为混凝土试件在持续荷载作用下应变与时间的关系曲线。在初始加载瞬间,试件产生瞬时应变 ε_{ci},随着荷载作用时间的延续而不断增长的变形称为徐变 ε_{cr},ε_{sh} 为随时间增长的收缩应变。由图可见,徐变的发展规律是先快后慢,前 4 个月徐变增长较快,6 个月时可达最终徐变值的 70%～80%,以后增长逐渐缓慢,2～3 年后趋于稳定。若在 2 年后卸载,则会产生瞬时恢复应变为 ε'_c。由于混凝土的弹性模量随时间而增大,一般恢复应变 ε'_c 稍小于加载时的瞬时应变 ε_{ci}。再经过一段时间(20 d)后,还有一部分应变 ε''_c 可以恢复,称为弹性后效(又称徐回),但徐变变形大部分是不可恢复的,因此卸载后会存在不可恢复的残留永久应变 ε'_{cr}。

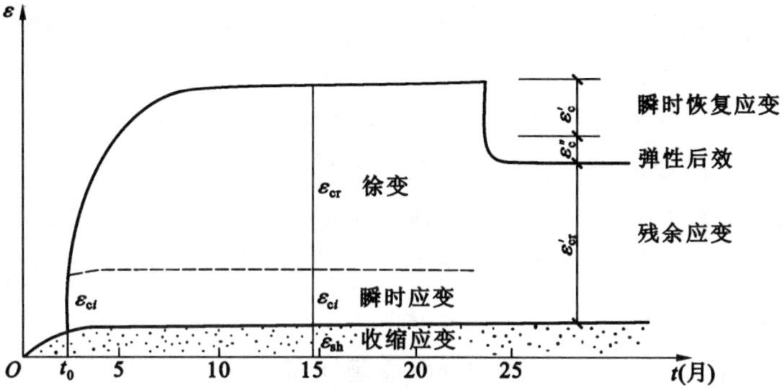

图 2.13 混凝土的徐变

影响混凝土徐变的主要因素有内在因素、环境影响和应力条件。

(1) 内在因素是指混凝土的组成和配合比。水泥用量越多,徐变越大;水胶比越大,徐变也越大。骨料越坚硬,弹性模量越高,对水泥石徐变的约束作用越大,则徐变越小。

(2) 环境影响是指混凝土的养护条件和使用条件。受荷前养护温度越高、湿度越大、水泥水化作用越充分,徐变就越小。采用蒸汽养护可使徐变减少 20%～35%。而混凝土受荷后所处的环境的温度越高、相对湿度越小,则徐变越大。构件的形状、截面尺寸也会影响徐变的大小。截面面积与截面周界的比值增大,混凝土内部失水受限,徐变减少。

(3) 应力条件是指初应力水平(σ/f_c)和加荷时混凝土的龄期,它们是影响徐变的主要因素。加荷时混凝土构件的龄期越长,水泥石中结晶体所占比例就越大,胶体的黏结流动相对就越小,徐变也就越小。加荷龄期相同时,初应力越大,徐变也越大。

混凝土的徐变对混凝土结构或构件的受力性能有较大影响,它将使结构或构件的变形增大,特别是对于以自重为主的大跨结构。在预应力混凝土结构中,徐变变形将引起相当大的预应力损失,降低预应力效果。徐变对结构和构件的影响,在多数情况下是不利的,但是徐变引起的内力或应力分布及应力松弛有时候对结构有利。如对钢筋混凝土轴心受压柱,徐变引起的混凝土和受压钢筋之间的应力重分布,使钢筋和混凝土的应力有可能同时达到各自的极限强度,有利于充分发挥材料强度。对存在温度应力的结构,如大体积混凝土结构,徐变可使温度应力降低。在局部应力集中区,徐变可调整应力分布。

2.2.2.3　混凝土的体积变形

混凝土的收缩和温度变形与外力是否作用无关,它是体积变形。这两种变形如果控制不当,也会对结构构件的受力和变形产生较大影响。

(1) 混凝土的收缩

混凝土在空气中结硬时体积减小的现象称为收缩;混凝土在水中或处于饱和湿度情况下结硬时体积增大的现象称为膨胀。一般情况下混凝土的收缩值比膨胀值大很多,所以分析研究收缩和膨胀的现象以收缩为主。

混凝土的收缩是随时间的增长而变形,结硬初期收缩较快,一个月大约可完成 1/2 的收缩,三个月后收缩缓慢,一般两年后趋于稳定,最终收缩应变为$(2\sim5)\times10^{-4}$,一般取收缩应变值为 3×10^{-4}。

干燥失水是引起收缩的重要因素,所以构件的养护条件、使用环境的温湿度及影响混凝土水分保持的因素,都对收缩有影响。使用环境的温度越高、湿度越低,收缩越大。蒸汽养护的收缩值要小于常温养护的收缩值,这是因为高温高湿可加快水化作用,减少混凝土的自由水分,加速了混凝土的凝结与硬化时间。

通过试验还表明,水泥用量越多、水胶比越大,收缩越大;骨料的级配好、弹性模量大,收缩越小;构件的体积与表面积比值大时,收缩小。

对于养护不好的混凝土构件,表面在受荷前可能产生收缩裂缝。混凝土的收缩对处于完全自由状态的构件,只会引起构件的缩短而不开裂。对于周边有约束而不能自由变形的构件,收缩会引起构件内产生拉应力,甚至会有裂缝产生。

在不受约束的混凝土结构中,钢筋和混凝土由于黏结力的作用,相互之间变形是协调的。混凝土具有收缩的性质,而钢筋并没有这种性质。钢筋的存在限制了混凝土的自由收缩,使混凝土受拉、钢筋受压,因此如果截面的配筋率较高,会导致混凝土开裂。

(2) 混凝土的温度变形

当温度变化时,混凝土的体积同样也有热胀冷缩的性质。混凝土的温度线膨胀系数一般为$(1.0\sim1.5)\times10^{-5}/℃$,用这个值去度量混凝土的收缩,则最终收缩量大致为温度降低 15～30 ℃时的体积变化。当温度变形受到外界的约束而不能自由发生时,将在构件内产生温度应力。在大体积混凝土中,由于混凝土表面较内部的收缩量大,再加上水泥水化热导致混凝土的内部温度比表面温度高,如果把内部混凝土视为相对不变形体,它将对试图缩小体积的表层混凝土形成约束,在表层混凝土形成拉应力,如果内外变形差较大,将会造成表层混凝土开裂。

2.2.3　混凝土的弹性模量和变形模量

(1) 混凝土的弹性模量

弹性模量是反映工程材料在弹性限度范围内抵抗外力作用时变形能力大小的力学指标,即在弹性限度内工程材料受到外力作用时产生单位应变在其截面需要施加的应力。在验算结构构件变形、梁的挠度和裂缝宽度、计算预应力混凝土结构截面有效预应力时,必须用到混凝土的弹性模量。

《混凝土结构设计标准》(GB/T 50010—2010)(2024 年版)采用棱柱体试件,将其加荷至应力为 $0.4f_c$(对高强度混凝土为$0.5f_c$),然后卸荷使试件截面的应力降为零,这样重复 5～10

次，直至应力-应变曲线逐渐稳定，并成一条稳定曲线，如图2.14所示，该直线与水平轴夹角的正切值即为混凝土的弹性模量。

经试验和统计回归分析得到混凝土的弹性模量计算公式如下：

$$E_c = \frac{10^5}{2.2 + \frac{34.74}{f_{cu}}} \tag{2.5}$$

根据式(2.5)求得不同强度等级混凝土的弹性模量见表 2.2所示，混凝土的剪变模量值为：

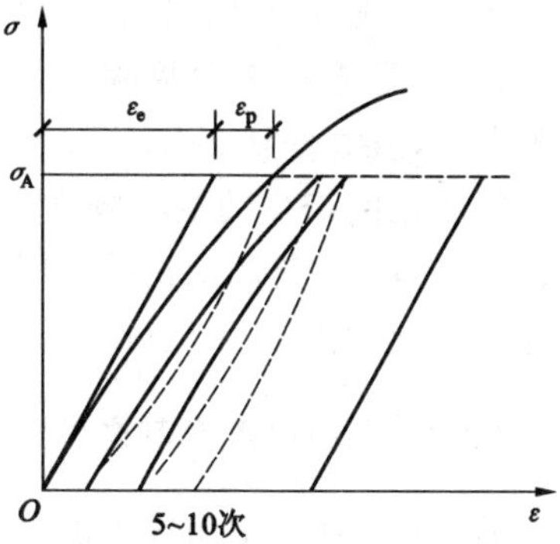

图 2.14　混凝土弹性模量的测定

$$G = 0.4E_c \tag{2.6}$$

表 2.2　混凝土弹性模量

混凝土强度等级	C20	C25	C30	C35	C40	C45	C50	C55	C60	C65	C70	C75	C80
E_c	2.55	2.80	3.00	3.15	3.25	3.35	3.45	3.55	3.60	3.65	3.70	3.75	3.80

注：① 当有可靠试验数据时，弹性模量也可根据实测数据确定；

② 当混凝土掺有大量矿物掺合料时，弹性模量可按规定龄期根据实测值确定。

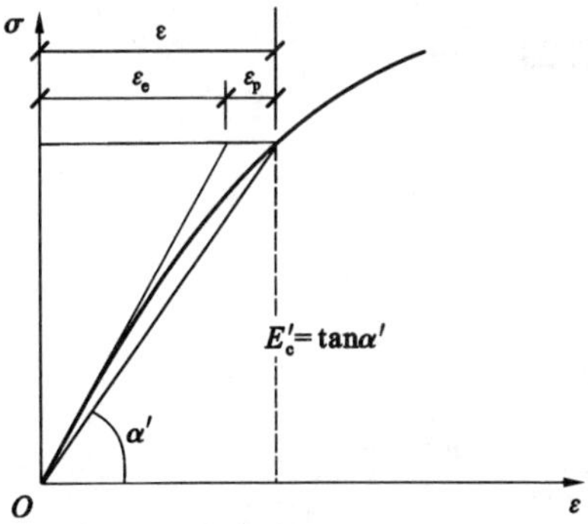

图 2.15　混凝土的变形模量

(2) 混凝土的变形模量

如前所述，混凝土试验时受到的压应力超过其轴心抗压强度设计值的 0.3 倍以后，便会有一定的塑性性质表现出来，超过其轴心抗压强度设计值的 0.5 倍时，弹性模量已不能反映此时的应力和应变之间的关系。为了研究混凝土受力变形的实际情况，提出了变形模量的概念。变形模量是指从应力-应变曲线的坐标原点和过曲线上压应力大于 0.5 倍的任意一点所作的割线的斜率，也叫割线模量，如图 2.15 所示，用 E_c'表示。《混凝土结构设计标准》(GB/T 50010—2010)(2024 年版)规定：$E_c' = 0.5E_c$。

2.3　钢筋与混凝土的黏结

2.3.1　黏结力的概念

钢筋与混凝土这两种力学性能完全不同的材料为什么能结合在一起共同工作呢？除了两者具有相近的温度线膨胀系数及混凝土对钢筋具有保护作用以外，主要是由于混凝土硬化后，在钢筋与混凝土之间的接触面上产生了良好的黏结力。一般来说，外力很少直接作用在钢筋上，钢筋所受到的力是通过周围的混凝土来传给它的，这就是要依靠钢筋与混凝土之间的黏结力来传力。所谓黏结力，是指在钢筋与混凝土接触面上所产生的沿钢筋纵向的剪应力。正是通过这种黏结作用使钢筋与混凝土两者之间可进行应力传递并协调变形。试验表明，钢筋与混凝土之间的黏结力

在线测试

由三部分组成：一是因混凝土收缩将钢筋紧紧握裹而产生的摩擦力，钢筋和混凝土之间挤压力越大、接触面越粗糙，则摩擦力越大；二是因水泥胶凝体与钢筋表面之间的化学吸附作用产生的胶合力，该力一般较小，当接触面发生相对滑移时，该力即消失；三是由于钢筋表面凹凸不平与混凝土之间产生的机械咬合力，机械咬合力约占总黏合力的一半以上。另外，钢筋端部弯折、弯钩、焊接件等附加机械作用也起到使两种材料共同受力与变形的作用。光圆钢筋以摩擦力为主，变形钢筋则以机械咬合力为主。

2.3.2 黏结强度及其影响因素

黏结强度通常采用拔出试验来确定，如图 2.16 所示，将钢筋的一端埋置在混凝土试件中，在伸出的一端施力将钢筋拔出。取钢筋拉拔力到达极限时的平均黏结应力来代表钢筋与混凝土之间的黏结强度 τ_u，由下式确定：

$$\tau_u=\frac{F}{\pi dl} \tag{2.7}$$

式中 F——拉拔力的极限值；

d——钢筋的直径；

l——钢筋埋入长度。

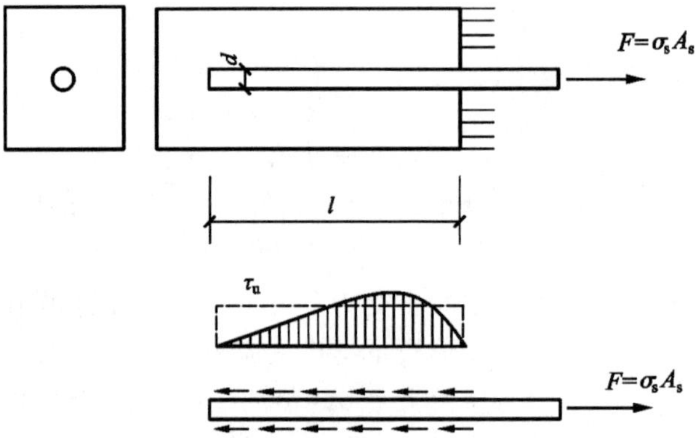

图 2.16 拔出试验及黏结应力分布

影响钢筋与混凝土之间黏结力强度的主要因素有：

(1) 混凝土的强度等级。混凝土的强度等级越高，黏结强度越大。

(2) 混凝土保护层厚度及钢筋间的净距。钢筋外围的混凝土保护层太薄时，外围混凝土将发生径向劈裂；钢筋间的净距过小，外围混凝土将发生水平劈裂，形成贯穿整个梁宽的劈裂裂缝，造成整个混凝土保护层剥落，黏结强度显著降低。为此，《混凝土结构设计标准》(GB/T 50010—2010)(2024 年版)对保护层最小厚度和钢筋的最小间距均作了要求。

(3) 钢筋的表面形状。变形钢筋表面凹凸不平与混凝土之间产生的机械咬合力大，则黏结强度高于光圆钢筋，所以设计时要在受拉光圆钢筋端部做弯钩来增加其黏结强度。

(4) 横向钢筋的设置。构件中设置横向钢筋(如箍筋)，可以限制混凝土内部裂缝的发展，提高黏结强度。因此，在使用较大直径钢筋的锚固区、搭接长度范围内，以及当一排的并列钢筋根数较多时，应设置一定数量的附加箍筋，以防止混凝土保护层劈裂崩落。

另外，黏结强度还和钢筋周围有无侧向压力及浇筑混凝土时钢筋所处的位置有关。有侧向压力时，可以约束混凝土的横向变形，增大摩阻力，则黏结力增大；浇筑混凝土时，如果钢筋下部的混凝土厚度较大，钢筋底面的混凝土会出现沉淀收缩和离析泌水，使水平钢筋的底面与混凝土之间形成疏松空隙层，黏结强度将大大降低。

2.3.3 钢筋的锚固长度

为了保证钢筋与混凝土之间的可靠黏结，钢筋必须有一定的锚固长度。《混凝土结构设计标准》(GB/T 50010—2010)(2024 年版)规定：纵向受拉钢筋的锚固长度作为钢筋的基本锚固长度 l_{ab}，它与钢筋强度、混凝土强度、钢筋直径及外形有关。按下列公式计算：

普通钢筋

$$l_{ab}=\alpha\frac{f_y}{f_t}d \tag{2.8}$$

预应力钢筋

$$l_{ab}=\alpha\frac{f_{py}}{f_t}d \tag{2.9}$$

式中 l_{ab}——纵向受拉钢筋的基本锚固长度；

f_y、f_{py}——普通钢筋、预应力钢筋的抗拉强度设计值；

f_t——混凝土轴心抗拉强度设计值，当混凝土强度等级高于 C60 时，按 C60 取值；

d——锚固钢筋的公称直径；

α——锚固钢筋的外形系数，按表 2.3 取用。

表 2.3 锚固钢筋的外形系数 α

钢筋类型	光圆钢筋	带肋钢筋	螺旋肋钢丝	3 股钢绞线	7 股钢绞线
α	0.16	0.14	0.13	0.16	0.17

注：光圆钢筋末端应做 180°标准弯钩，弯后平直段长度不应小于 $3d$，但作受压钢筋时可不做弯钩。

受拉钢筋的锚固长度应根据锚固条件按下式计算，且不应小于 200 mm。

$$l_a=\zeta_a l_{ab} \tag{2.10}$$

式中 l_a——受拉钢筋的锚固长度；

ζ_a——锚固长度修正系数，按《混凝土结构设计标准》(GB/T 50010—2010)(2024 年版)规定取用，当多于一项时，锚固长度修正系数可以连乘计算。

混凝土结构中的纵向受压钢筋，当计算中充分利用钢筋的抗拉强度时，锚固长度应不小于相应受拉锚固长度的 70%。

2.3.4 钢筋的连接

在构件中，由于钢筋长度不够或设置施工缝的要求需要采用连接接头。钢筋连接可采用绑扎搭接、机械连接或焊接。机械连接接头及焊接接头的类型和质量应符合国家现行有关标准的规定。

钢筋的连接应符合下列构造要求：

(1) 混凝土结构中受力钢筋的连接接头宜设置在受力较小处。在同一根受力钢筋上宜少设接头。在结构的重要构件和关键传力部位，纵向受力钢筋不宜设置连接接头。

(2) 轴心受拉及小偏心受拉杆件的纵向受力钢筋不得采用绑扎搭接。其他构件中的钢筋采用绑扎搭接时，受拉钢筋直径不宜大于 25 mm，受压钢筋直径不宜大于 28 mm；机械连接宜用于直径不小于 16 mm 受力钢筋的连接。

(3) 同一构件中相邻纵向受拉钢筋的绑扎搭接接头宜互相错开。钢筋绑扎搭接接头连接区段的长度为 1.3 倍搭接长度，凡搭接接头中点位于该连接区段长度内的搭接接头均属于同一连接区段，如图 2.17 所示。同一连接区段内纵向受拉钢筋搭接接头面积百分率，为该区段内有搭接接头的纵向受拉钢筋与全部纵向受拉钢筋截面面积的比值。当直径不同的钢筋搭接时，按直径较小的钢筋计算。

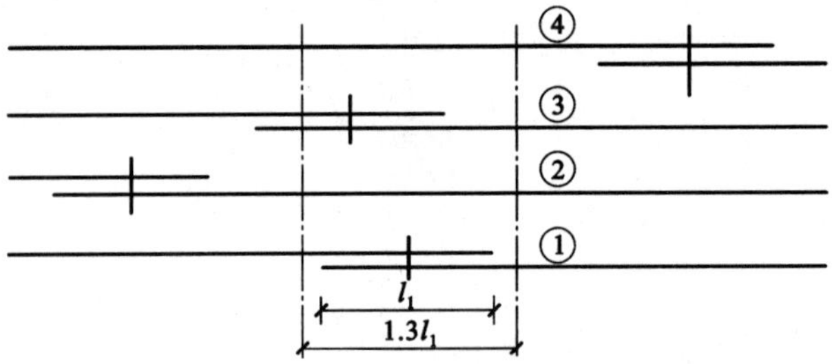

图 2.17　同一连接区段纵向受拉钢筋绑扎搭接接头

注：图中所示的连接区段内的同直径搭接钢筋为两根，当钢筋直径相同时，钢筋搭接接头面积百分率为 50%

位于同一连接区段内的受拉钢筋搭接接头面积百分率：对梁类、板类及墙类构件，不宜大于 25%；对柱类构件，不宜大于 50%。当工程中确有必要增大受拉钢筋搭接接头面积百分率时，对梁类构件，不宜大于 50%；对板类、墙类及柱类构件，可根据实际情况放宽。

并筋采用绑扎搭接连接时，应按每根单筋错开搭接的方式连接，接头面积百分率应按同一连接区段内所有的单根钢筋计算。并筋中钢筋的搭接长度应按单筋分别计算。

(4) 纵向受拉钢筋绑扎搭接接头的搭接长度，应根据位于同一连接区段内钢筋搭接接头面积百分率按下式计算，且不应小于 300 mm

$$l_l = \zeta_l l_a \tag{2.11}$$

式中　l_l——纵向受拉钢筋的搭接长度；

ζ_l——纵向受拉钢筋搭接接头面积百分率系数，采用表 2.4。当纵向搭接钢筋接头面积百分率为表中数值的中间值时，修正系数可按内插取值。

表 2.4　纵向受拉钢筋搭接接头面积百分率系数 ζ_l

同一搭接范围内搭接钢筋面积百分率	≤25%	50%	100%
接头面积百分率系数 ζ_l	1.2	1.4	1.6

在任何情况下，纵向受拉钢筋绑扎搭接接头的搭接长度均不应小于 300 mm。

(5) 构件中的纵向受压钢筋当采用搭接连接时，其受压搭接长度不应小于纵向受拉钢筋搭接长度的 70%，且在任何情况下不应小于 200 mm。

(6) 当受压钢筋直径大于 25 mm 时，还应在搭接接头两个端面外 50 mm 范围内各设置两道箍筋。

(7) 纵向受力钢筋机械连接接头宜相互错开。钢筋机械连接接头在连接区段的长度为 $35d$(d 为连接钢筋的较小直径)。凡接头中点位于该连接区段长度内的机械连接接头均属于同一连接区段。

位于同一连接区段内的纵向受拉钢筋接头面积百分率不宜大于 50%；直接承受动力荷载

的结构构件中的机械连接接头，除应满足设计要求的抗疲劳性能外，位于同一连接区段内的纵向受力钢筋接头面积百分率不应大于 50%。

(8) 机械连接接头连接件的混凝土保护层厚度宜满足纵向受力钢筋最小保护层厚度的要求。连接件之间的横向净间距不应小于 25 mm，接头连接件处箍筋间距不应加大。

(9) 余热处理钢筋不宜焊接。细晶粒钢筋及直径大于 28 mm 的普通热轧钢筋的焊接应经试验确定。纵向受力钢筋的焊接接头应相互错开，钢筋焊接接头连接区段的长度为 $35d$ 且不小于 500 mm(d 为连接钢筋直径的较小者)。纵向受拉钢筋的接头面积百分率不宜大于 50%。

本章小结

本章主要学习内容包括钢筋、混凝土的主要物理力学性能，以及钢筋与混凝土的黏结三个方面。

钢筋混凝土结构中常用钢筋的级别、名称、符号；钢筋的应力-应变关系曲线(有屈服点钢筋、没有明显屈服点钢筋)、屈服强度和极限抗拉强度；衡量钢筋塑性性能的指标；钢筋混凝土结构中对钢筋性能的要求。

混凝土是抗压强度较高、抗拉强度较低的脆性材料。它的强度包括立方体抗压强度、轴心抗压强度、轴心抗拉强度三种，工程中常以立方体抗压强度来换算其他两种强度。混凝土一次短期加荷下的变形曲线反映了混凝土主要的力学特性，根据这个曲线不仅可以确定混凝土的强度变形，还可以确定它的弹性模量和变形模量。

混凝土的变形特性包括受力变形和体积变形两个方面。受力变形包括一次短期加荷下的变形及长期不变的荷载作用下产生的徐变。体积变形包括收缩与膨胀等。徐变对结构构件受力和变形产生的主要是不利影响，但也会产生有利影响。收缩对结构构件受力和变形产生的是不利影响。影响徐变的因素包括应力条件、内在因素、环境条件三个方面。影响收缩的主要因素是环境条件和混凝土的内在因素。

钢筋和其周围混凝土之间的黏结是二者结合成整体共同工作的条件之一。钢筋与混凝土之间的黏结力由胶合力、摩擦作用、与钢筋表面凹凸不平产生的机械咬合力组成。要确保钢筋和混凝土二者之间具有良好的黏结作用并共同工作，一般用锚固长度、搭接长度、设置弯钩和机械锚固措施来满足要求。

受拉锚固长度是最基本的锚固长度，它是确定受压锚固长度、支座内锚固长度、搭接长度时的参照值。搭接长度是保证相互搭接的这两根钢筋有效地传递内力的长度，它是依据受力情况、钢筋级别换算出的长度。不同受力构件在同一搭接区内规范允许的搭接面积不同。

思考和练习题

2.1 建筑用钢有哪些种类？常用钢筋的级别名称、代号有哪些？

2.2 有屈服点和没有明显屈服点的钢筋应力-应变关系曲线有何不同？为什么取屈服强度作为钢筋的设计强度？

2.3 混凝土有哪几个强度指标？各用什么符号表示？相互关系如何？

2.4 混凝土在一次短期加荷时，应力-应变关系曲线有何特点？

2.5 什么是混凝土的弹性模量？如何确定？

2.6 什么是混凝土的徐变？影响徐变的因素有哪些？徐变对钢筋混凝土结构有哪些影响？

2.7 钢筋与混凝土之间的黏结力由哪几部分组成？影响黏结强度的因素有哪些？

2.8 钢筋的锚固长度和搭接长度如何确定？

3 建筑结构的基本设计原则

本 章 提 要

本章主要介绍《建筑结构可靠性设计统一标准》(GB 50068—2018)(简称《统一标准》)及《混凝土结构设计标准》(GB/T 50010—2010)(2024 年版)所采用的以概率理论为基础的极限状态设计方法的一些基本概念,阐述结构设计总目标,明确建筑结构的功能要求、可靠度及可靠指标、极限状态、结构上的作用、作用效应、结构抗力、荷载的代表值及各种组合,极限状态设计方法及实用设计表达式等主要内容。

3.1 建筑结构功能要求和极限状态

3.1.1 建筑结构的功能要求

建筑结构设计的主要目的是要保证所建造的结构安全适用,能够在规定的期限内满足各种预期的功能要求,并且要经济、合理。具体来说,结构应具有以下几项功能:

在线测试

(1) 安全性

在正常施工和正常使用的条件下,结构应能承受可能出现的各种荷载、外加变形(如超静定结构支座沉降)、约束变形(如温度变化引起受约束构件的变形)等的作用而不发生破坏;在偶然事件发生后,结构仍能保持必要的整体稳定性,如厂房结构平时受自重、吊车、风和积雪等荷载作用时,均应坚固不坏;而在遇到强烈地震、爆炸等偶然事件时,容许有局部的损伤,但应保持结构的整体稳定而不发生倒塌。

(2) 适用性

在正常使用荷载作用下,结构应具有良好的工作性能,不发生影响正常使用的过大变形和振幅,或引起使用者不安的过大裂缝宽度。如吊车梁变形过大会使吊车无法正常运行、水池出现裂缝便不能蓄水等,都会影响正常使用,需要对变形、裂缝等进行必要的控制。

(3) 耐久性

建筑结构的耐久性是指它在使用环境下,抵抗各种物理和化学作用的能力。在正常维护的条件下,结构应能在预计的使用年限内满足各项功能要求,即应具有足够的耐久性。如不发生由于混凝土保护层碳化或裂缝宽度开展过大导致钢筋的锈蚀,不发生混凝土在恶劣的环境中被侵蚀或化学腐蚀、温湿度及冻融破坏而影响结构的使用年限等。

安全性、适用性和耐久性概括称为结构的可靠性,亦即结构在规定的设计基准期内(即建筑设计可保证的使用期限),在规定的条件下(正常设计、正常施工、正常使用和正常维护)完成预定功能的能力。结构可靠性越高，建设投资越大。显然这种可靠与经济的均衡受到多方面的影响，如国家经济实力、设计工作寿命、维护和维修周期等。《混凝土结构设计标准》(GB/T 50010—2010)(2024 年版)规定的设计方法，指的是这种均衡的最低限度，同时也符合国家法律的要求。设计人员可根据具体工程的重要程度、使用环境和情况，以及业主的要求，提高设计水准，增加结构的可靠性。

建筑结构设计的使用年限是指：按规定指标设计的建筑结构或构件，在正常施工、正常使用和维护下，不需进行大修，即可达到其预定的使用年限。

应当指出，结构的设计使用年限与结构的使用年限有一定的联系，但不完全相同。当结构的使用年限超过设计使用年限(如 50 年)时，其失效概率将逐年增大，但结构尚未报废，经过适当维修后，仍能正常使用，其继续使用年限需经鉴定来确定。

我国以往对建筑结构设计使用年限一直缺乏明确的规定，新修订的《建筑结构可靠度设计统一标准》(GB 50068—2018)，以下简称《统一标准》，将其分为四个类别，如表 3.1 所示。

表 3.1　设计使用年限分类

类别	设计使用年限(年)	示　　例
1	5	临时性结构
2	25	易于替换的结构构件
3	50	普通房屋和构筑物
4	100	标志性建筑和特别重要的建筑结构

3.1.2　建筑结构的极限状态

建筑结构能够满足功能要求而且能够良好地工作，称为结构“可靠”或“有效”；反之，则称结构“不可靠”或“失效”。区分结构可靠与失效的临界状态称为极限状态。

整个结构或结构的一部分超过某一特定状态时(如到达极限承载力、失稳、变形过大、裂缝过宽等)，就不能满足设计规定的某一功能要求，此特定状态称为该功能的极限状态。根据功能要求，建筑结构极限状态可分为三类。

3.1.2.1　*承载能力极限状态*

承载能力极限状态是指结构或构件达到最大承载力、疲劳破坏或不适于继续承载的变形时的状态。对于所有结构构件，均应进行承载力(包括压屈失稳)极限状态的计算。在必要时应进行构件的疲劳强度或结构的倾覆和滑移验算；对于地震区的结构，应进行构件抗震承载力的计算，以保证结构构件具有足够的安全性和可靠性。具体来说，结构或构件如出现下列情况之一即认为超过了承载力极限状态：

(1) 结构整体或其中一部分作为刚体失去平衡(如倾覆、滑移)；

(2) 构件的截面因材料的强度不足而破坏(包括疲劳)；

(3) 结构或结构的一部分丧失稳定；

(4) 结构形成机动体系而丧失承载力；

(5) 结构构件产生过大的变形而不适于继续承载。

承载能力极限状态关系到结构的安全，是结构设计的首要任务，必须要控制出现这种极限状态的可能性，即应具有较高的可靠度水平。

3.1.2.2　正常使用极限状态

正常使用极限状态是指结构或构件达到正常使用或耐久性的某项规定限值时的状态。具体来说，建筑结构如出现下列情况之一即认为超过了正常使用极限状态：

（1）影响正常使用的外观变形；

（2）影响正常使用或耐久性能的局部损坏；

（3）影响正常使用的振动；

（4）影响正常使用的其他特定状态。

正常使用极限状态具体分为不可逆正常使用极限状态和可逆正常使用极限状态两种。不可逆正常使用极限状态是当产生超越正常使用的作用卸除后，该作用产生的后果不可恢复的正常使用极限状态；可逆正常使用极限状态是当产生超越正常使用要求的作用卸除后，该作用产生的后果可以恢复的正常使用极限状态。

在进行结构设计时，一般是将承载能力极限状态放在首位，在使结构或构件满足承载能力极限状态要求后，再按正常使用极限状态验算。对一切结构构件都应进行承载能力（包括失稳）极限状态的计算，必要时还应进行抗滑移、抗倾覆、抗浮验算以及抗震验算。

3.1.2.3　耐久性极限状态

耐久性极限状态指对应于结构或构件在环境影响下出现的劣化达到耐久性能的某项规定限值或标志的状态。当结构或构件出现下列状态之一，即认为超过了耐久性极限状态：

（1）影响承载能力和正常使用的材料性能劣化；

（2）影响耐久性能的裂缝、变形、缺口、外观、材料削弱等；

（3）影响耐久性能的其他特定状态。

正常使用和耐久性极限状态主要考虑结构的适用性和耐久性，超过正常使用和耐久性极限状态的后果一般不如超过承载能力极限状态的后果严重，但也不可忽视。在进行正常使用极限状态和耐久性设计时，其可靠度水平允许比承载能力极限状态的可靠度水平适当降低。

3.2　结构上的作用及其荷载代表值

3.2.1　结构上的作用

结构上的作用是指直接施加在结构上的集中荷载或分布荷载，以及引起结构外加变形或约束变形的原因（如温度变化、混凝土收缩和徐变、基础沉降、材料性能劣化等）。前者称为直接作用，后者则称为间接作用。由于能使结构产生效应的原因多数可归结为直接作用在结构上的力集（集中荷载和分布荷载），因此习惯上都将结构上的各种作用称为荷载。

在线测试

结构上的荷载按其作用时间的长短和性质不同，可分为以下三类：

（1）永久荷载

永久荷载是指在设计基准期内其量值不随时间变化，或其变化与它的平均值相比可以忽略不计的荷载，如结构自重、土压力、预应力、固定设备重等。永久荷载又称恒荷载。

(2) 可变荷载

可变荷载是指在设计基准期内其量值随时间变化，且变化幅度较大，与其平均值相比不可忽略的荷载，如楼面人群荷载、风荷载、雪荷载、积灰荷载、吊车荷载、车辆荷载等。可变荷载又称活荷载。

(3) 偶然荷载

偶然荷载是指在设计基准期内不一定出现，而一旦出现，其量值很大且持续时间较短的荷载，如地震、爆炸、撞击等。

3.2.2 荷载代表值

在结构设计时，应根据各种极限状态的设计要求采用不同的荷载代表值。永久荷载采用标准值作为代表值，可变荷载采用标准值、组合值、准永久值或频遇值作为代表值。标准值是荷载的基本代表值，荷载的其他代表值均以标准值乘以相应的系数后得到。

(1) 荷载标准值

荷载标准值是指结构构件在使用期间可能出现的最大荷载值。由于荷载本身具有随机性，因而使用期间最大荷载也是随机变量。对于不同的荷载，根据大量的统计分析，荷载标准值统一由设计基准期内最大荷载概率分布的某一分位值来确定。但是，有些荷载还不具备充分的统计资料，只能结合工程经验，通过分析判断确定。《建筑结构荷载规范》(GB 50009—2012)(以下简称《荷载规范》)对各类荷载标准值的取值规定如下：

① 永久荷载标准值。对于结构或非承重构件的自重，由于变异性不大，一般以其平均值作为荷载标准值，即可按结构构件的设计尺寸与材料单位面积的自重计算确定。对自重变异较大的材料(如保温材料等)，在设计时应根据其对结构有利或不利的情况，分别取其自重的上限值或下限值。常用材料与构件自重见《荷载规范》。

② 可变荷载标准值。《荷载规范》已给出了各种可变荷载标准值的取值，设计时可直接查用。如民用建筑楼面均布活荷载标准值可按表 3.2(仅列出部分)采用。

表 3.2 民用建筑楼面均布活荷载标准值及组合值、频遇值、准永久值系数

项次	类 别	标准值 (kN/m^2)	组合值系数 ψ_c	频遇值系数 ψ_f	准永久值系数 ψ_q
1	(1)住宅、宿舍、旅馆、办公楼、医院病房、托儿所、幼儿园	2.0	0.7	0.5	0.4
	(2)试验室、阅览室、会议室、医院门诊室	2.0	0.7	0.6	0.5
2	教室、食堂、餐厅、一般资料档案室	2.5	0.7	0.6	0.5
3	(1)礼堂、剧场、影院、有固定座位的看台	3.0	0.7	0.5	0.3
	(2)公共洗衣房	3.0	0.7	0.5	0.3
4	(1)商店、展览厅、车站、港口、机场大厅及其旅客等候室	3.5	0.7	0.6	0.5
	(2)无固定座位的看台	3.5	0.7	0.5	0.3

续表3.2

项次	类别	标准值(kN/m^2)	组合值系数 ψ_c	频遇值系数 ψ_f	准永久值系数 ψ_q
5	(1)健身房、演出舞台	4.0	0.7	0.6	0.5
	(2)运动场、舞厅	4.0	0.7	0.6	0.3
6	(1)书库、档案室、贮藏室	5.0	0.9	0.9	0.8
	(2)密集书柜室	12.0	0.9	0.9	0.8

注:① 本表所给各项活荷载适用于一般使用条件,当使用荷载较大、情况特殊或有专门要求时,应按实际情况采用;
② 第6项书库活荷载当书架高度大于2m时,书库活荷载尚应按每米书架高度不小于$2.5kN/m^2$采用。

(2) 可变荷载组合值

当结构构件两种或两种以上的可变荷载同时作用时,考虑到各种可变荷载不可能以各自的最大值(标准值)同时出现,因此除了一个主导可变荷载(产生最大效应的荷载)仍用标准值外,其余可变荷载应在其标准之上乘以小于1的组合系数,对可变荷载标准值进行折减,使结构构件两种或两种以上可变荷载作用下与仅有一种可变荷载作用下的可靠度保持一致。可变荷载组合值可由可变荷载标准值乘以相应的组合系数得出,即:

$$可变荷载组合值=\psi_c Q_k \quad (3.1)$$

式中 ψ_c——可变荷载组合值系数,其值小于1.0,直接由《荷载规范》查用;

Q_k——可变荷载标准值。

(3) 可变荷载准永久值

可变荷载准永久值是指可变荷载在按正常使用极限状态使用时,应考虑荷载效应准永久组合时所采用的代表值。可变荷载不像永久荷载那样在设计基准期内全部以其最大值作用在结构上,而是有时作用值大一点,有时作用值小一点,有时作用持续时间长一点,有时短一点。其准永久值是指可变荷载在结构设计基准期内经常作用的那一部分荷载(如住宅中较为固定的家具、图书馆的书库等),它对结构的影响类似于永久荷载。可变荷载准永久值可由可变荷载标准值乘以相应的准永久值系数得出,即:

$$可变荷载准永久值=\psi_q Q_k \quad (3.2)$$

式中 ψ_q——可变荷载准永久值系数,其值小于1.0,直接由《荷载规范》查用。

(4) 可变荷载频遇值

对可变荷载,在设计基准期内其超越的总时间为规定的较小比例或超越频率(或次数)为规定频率(或次数)的荷载值称为可变荷载频遇值。可变荷载频遇值可由可变荷载标准值乘以相应的荷载频遇值系数得出,即:

$$可变荷载频遇值=\psi_f Q_k \quad (3.3)$$

式中 ψ_f——可变荷载频遇值系数,其值小于1.0,直接由《荷载规范》查用。

3.3 作用效应和结构抗力

在线测试

3.3.1 作用效应

作用效应 S 是指在各种作用(如荷载、基础的差异沉降、混凝土收缩、温度变化、地震等）下使结构或构件内产生内力（如轴力、剪力、弯矩、扭矩等）、变形（挠度、转角等）和裂缝的总称。当内力和变形由荷载产生时，称为荷载效应。荷载和荷载效应一般近似呈线性关系，即：

$$S=CQ \tag{3.4}$$

式中 S——荷载效应；

Q——某种荷载；

C——荷载效应系数。

例如，一承受均布荷载 q 作用的简支梁，计算跨度为 l_0，则跨中弯矩为

$$M=\frac{1}{8}ql_0^2 \tag{3.5}$$

此处 M 是荷载效应，q 是荷载，$\frac{1}{8}l_0^2$ 相当于荷载效应系数。

因结构上的荷载一般具有不确定性，为随机变量，所以荷载效应也是随机变量。影响荷载效应的主要不确定因素有荷载本身的变异性、内力计算假定与实际受力情况之间的差异等。

3.3.2 结构抗力

（1）结构抗力的概念

结构抗力 R 是指结构或构件抵抗作用效应的能力（如结构的承载力、刚度、抗裂度等），它是材料性能、截面几何特征及计算模式的函数，可用下式表示：

$$R=R(f_c,f_s,a_k,\cdots) \tag{3.6}$$

式中 f_c,f_s——混凝土、钢筋的强度设计值；

a_k——几何参数标准值。

结构抗力主要与结构构件的几何尺寸、配筋数量、材料性能以及抗力的计算模式与实际的吻合程度有关，这些因素都是随机变量，因此抗力也是一个随机变量。

（2）材料的强度标准值

通常取具有 95％保证率的下限分位值作为材料强度的代表值，该代表值即材料强度的标准值。以混凝土强度为例，材料的强度标准值按其概率分布的 0.05 分位值确定，则其保证率 95％，也就是材料的实际强度低于强度标准值的可能性只有 5％。

钢筋和混凝土的强度标准值如附表 1、附表 2 和附表 5 所示。

（3）材料的强度设计值

① 钢筋的强度设计值

钢筋抗拉强度设计值为其屈服强度标准值除以材料分项系数的数值，即：

普通钢筋

$$f_y=\frac{f_{yk}}{\gamma_s} \tag{3.7}$$

预应力钢筋

$$f_{py}=\frac{f_{ptk}}{\gamma_s} \tag{3.8}$$

式中 f_y、f_{py}——普通钢筋、预应力钢筋抗拉强度设计值；

f_{yk}——普通钢筋屈服强度标准值；

f_{ptk}——预应力钢筋屈服强度标准值；

γ_s——钢筋材料分项系数，对 400 MPa 级以下的热轧钢筋取 $\gamma_s=1.10$，对 500 MPa 级以下的热轧钢筋取 $\gamma_s=1.15$，对预应力钢筋取 $\gamma_s=1.2$。

普通钢筋抗压强度设计值 f_y' 取与抗拉强度设计值相同，这是由于构件中混凝土受配箍约束，极限受压应变增大，受压钢筋可以达到较高的强度。

普通钢筋、预应力钢筋的强度设计值分别如附表 3、附表 4 所示。

② 混凝土的强度设计值

不同强度等级混凝土的强度设计值，由强度标准值除以材料分项系数确定，即：

轴心抗压强度设计值

$$f_c=\frac{f_{ck}}{\gamma_c} \tag{3.9}$$

轴心抗拉强度设计值

$$f_t=\frac{f_{tk}}{\gamma_c} \tag{3.10}$$

式中 f_c——混凝土轴心抗压强度设计值；

f_{ck}——混凝土轴心抗压强度标准值；

f_t——混凝土轴心抗拉强度设计值；

f_{tk}——混凝土轴心抗拉强度标准值；

γ_c——混凝土的材料分项系数，取 $\gamma_c=1.4$。

混凝土轴心抗压、轴心抗拉强度设计值见附表 6。

3.4 概率极限状态设计方法

3.4.1 功能函数与极限状态方程

在线测试

结构设计的目的是保证所设计的结构构件满足一定的功能要求，也就是如前所述的：荷载效应 S 不超过结构抗力 R，用来描述结构构件完成预定功能状态的函数 Z 称为功能函数。显然，功能函数可以用结构抗力 R 和荷载效应 S 表达为：

$$Z=R-S \tag{3.11}$$

则按 Z 值的大小不同，可以用来描述结构所处的三种不同工作状态，即：

当 $Z>0$ 时，结构处于可靠状态；

当 $Z<0$ 时，结构处于失效状态；

当 $Z=0$ 时，结构处于极限状态。

3.4.2 结构的可靠度与失效概率

结构能够完成预定功能($R\geqslant S$)的概率即为“可靠概率”，以 p_s 表示，不能完成预定功能($R<S$)的概率为“失效概率”，以 p_f 表示。显然二者是互补的，即

$$p_s + p_f = 1.0 \tag{3.12}$$

在结构设计中，荷载、材料强度指标等都是随机变量。它们的概率分布函数可以用不同的曲线来反映，其中正态分布占很重要的地位，如永久荷载、钢筋强度等。一些非正态分布的随机变量（如风载）可以通过数学的变化转换成当量的正态分布。因此，由荷载等外部因素所产生的荷载效应 S 和与材料强度及截面几何特征相关的结构抗力 R 也可以认为是正态分布的随机变量。

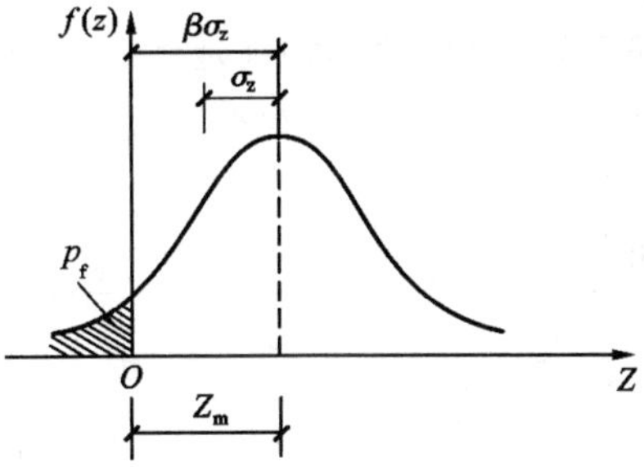

图 3.1　Z 值的概率分布曲线图

由于结构抗力 R 和荷载效应 S 是正态分布的随机变量，所以 $Z=R-S$ 亦是一个正态分布的随机变量。Z 值的概率分布曲线如图 3.1 所示。从该图可以看出，所有 $Z=R-S<0$ 的事件（失效事件），其出现的概率就等于原点以左曲线下面与横坐标所包围的阴影面积。

由概率论的原理可知，若以 μ_R、μ_S 和 σ_R、σ_S 分别表示结构抗力 R 及荷载效应 S 的平均值和标准差，则 Z 值的平均值 μ_Z 和标准差 σ_Z 为：

$$\mu_Z = \mu_R - \mu_S \tag{3.13}$$

$$\sigma_Z = \sqrt{\sigma_R^2 + \sigma_S^2} \tag{3.14}$$

这样，由图 3.1 可以看出，结构的失效概率 p_f 与 Z 的平均值 μ_Z 至原点的距离有关。令 $\mu_Z = \beta\sigma_Z$，则 β 与 p_f 之间存在着相应的关系，即 β 大则 p_f 小，因此 β 和 p_f 一样，可作为衡量结构可靠性的一个指标，故称 β 为结构的“可靠”指标，即：

$$\beta = \frac{\mu_Z}{\sigma_Z} = \frac{\mu_R - \mu_S}{\sqrt{\sigma_R^2 + \sigma_S^2}} \tag{3.15}$$

可靠指标 β 与结构失效概率 p_f 之间有一定的对应关系，如表 3.3 所示。

表 3.3　可靠指标 β 与失效概率 p_f 的对应关系

β	2.7	3.2	3.7	4.2
p_f	3.5×10^{-3}	6.9×10^{-4}	1.1×10^{-4}	1.3×10^{-5}

3.4.3　目标可靠指标及结构的安全等级

《统一标准》根据建筑结构破坏后的严重程度，将建筑结构划分为三个安全等级：重要的工业与民用建筑安全等级为一级，如高层建筑、体育馆、影剧院等；大量一般性的工业与民用建筑安全等级为二级；次要建筑的安全等级为三级（安全级别划分参见表3.4）。对于不同安全等级的结构，所要求的可靠指标 β 应该不同，安全等级越高，β 值也应取得越大。

表 3.4　结构的安全等级

结构安全等级	破坏后果	结构类型
一级	很严重	大型的公共建筑等重要结构
二级	严重	普通的住宅和办公楼等一般结构
三级	不严重	小型的或临时性储存建筑等次要结构

注：建筑结构抗震设计中的甲类建筑和乙类建筑，其安全等级宜规定为一级；丙类建筑，其安全等级宜规定为二级，丁类建筑，其安全等级宜规定为三级。

在正常情况下，失效概率 p_f 虽然很小，但总是存在的，所以从概率论的观点来说，"绝对可靠"的结构是不存在的。但只要失效概率小到可以接受的程度，就可以认为该结构是安全可靠的。为使所设计的结构既安全可靠，又经济合理，就应该对不同情况下的可靠指标 β 值作出规定，即制定"目标可靠指标 $[\beta]$"。《统一标准》根据不同的安全等级和破坏类型(延性破坏和脆性破坏)确定承载能力极限状态设计时的目标可靠指标 $[\beta]$，如表 3.5 所示。在结构设计时，就要求结构所具有的可靠指标 β 不小于目标可靠指标 $[\beta]$。

表 3.5　不同安全等级的目标可靠指标 $[\beta]$

破坏类型 \ 安全等级	一　级	二　级	三　级
延性	3.7	3.2	2.7
脆性	4.2	3.7	3.2

应该指出，前述设计方法是以概率理论为基础，用各种功能要求的极限状态作为设计依据的，所以称之为概率极限状态设计法，但因为该法尚不完善，在计算中还作了一些假设和简化处理，因而计算结果是近似的，故也称作近似概率法。

3.5　实用设计表达式

当荷载的概率分布、统计参数、材料性能、材料的统计参数可确定时，结构设计可严格按预先设定的目标可靠度进行。但实际工程中，这样做计算工程量大，计算过程繁琐，若遇到统计资料不足，计算会出现困难。为此，《统一标准》给出了以概率极限状态设计方法为基础的实用设计表达式。为使实用设计更为简化，考虑到工程技术人员的习惯，采用了以基本变量(如荷载、材料强度等)的标准值和相应的分项系数来表达的设计表达式。其中分项系数是按照目标可靠指标，并考虑到工程经验和习惯，经优选确定的。从而使得实用设计表达式的计算结果能近似地满足目标可靠指标的要求。

3.5.1　承载能力极限状态设计表达式

《混凝土结构设计标准》(GB/T 50010—2010)(2024 年版)规定：任何结构和结构构件都应进行承载力设计，以确保安全。设计时应考虑荷载效应的基本组合，必要时还应考虑荷载效应的偶然组合。

(1) 基本表达式

结构或结构构件的破坏或过度变形的承载力极限状态设计的表达式为：

$$\gamma_0 S \leqslant R(f_c, f_s, a_k, \cdots) \tag{3.16}$$

式中　γ_0——结构的重要系数。对安全等级为一级的结构构件，不应小于 1.1；对安全等级为二级的结构构件，不应小于 1.0；对安全等级为三级的结构构件，不应小于 0.9；对偶然设计状况和地震设计状况，不应小于 1.0。

S——荷载效应组合的设计值：对持久设计状况和短暂设计状况应按作用的基本组合计算；对地震设计状况，应按作用的地震组合计算。

R——结构构件的抗力设计值。

$R(f_c, f_s, a_k, \cdots)$——结构构件的抗力函数。

f_c, f_s——混凝土、钢筋的强度设计值。

a_k——几何参数标准值。

（2）作用组合的效应设计值

① 基本组合。对持久设计状况和短暂设计状况，应采用作用基本组合，并应符合下列规定：

基本组合的效应设计值 S 应从下列组合值中取最不利值确定：

$$S=\sum_{i=1}^{n}\gamma_{Gi}S_{Gik}+\gamma_{Q1}\gamma_{L1}S_{Q1k}+\sum_{j=2}^{m}\gamma_{Qj}\gamma_{Lj}\psi_{cj}S_{Qjk} \tag{3.17}$$

式中 γ_{Gi}——第 i 个永久荷载的分项系数，当对结构构件的承载力不利时，取 1.3；当对结构构件的承载力有利时，不应大于 1.0；

γ_{Q1}、γ_{Qj}——第 1 个、第 j 个可变荷载分项系数，取 1.5；

S_{Gik}——按第 i 个永久荷载标准值 G_{ik} 计算的荷载效应值；

S_{Q1k}——在基本组合中起控制作用的一个可变荷载标准值的效应；

S_{Qjk}——按第 j 个可变荷载标准值 Q_{jk} 计算的荷载效应值；

γ_{L1}, γ_{Lj}——第 j 个可变荷载考虑设计使用年限的调整系数，其中 γ_{L1} 为主导可变荷载 Q_l 考虑设计使用年限的调整系数；

ψ_{cj}——第 j 个可变荷载的组合值系数。一般情况下，$\psi_{cj}=0.7$；对书库、档案库、密集书柜库、通风机房、电梯机房等，取 $\psi_{cj}=0.9$；对工业建筑活荷载的组合值系数应按《荷载规范》取用；

m——参与组合的可变荷载数；

n——参与组合的永久荷载数。

② 偶然组合。荷载偶然组合的效应设计值按下列表达式进行确定：

$$S=\sum_{j=1}^{m}S_{Gjk}+S_A+\psi_{f1}S_{Q1k}+\sum_{i=2}^{n}\psi_{qi}S_{Qik} \tag{3.18}$$

式中 S_A——按偶然荷载标准值计算的荷载效应值；

ψ_{f1}——第 1 个可变荷载的频遇值系数；

ψ_{qi}——第 i 个可变荷载的准永久值系数。

S_{Gjk}——按第 j 个永久荷载标准值 G_{jk} 计算的荷载效应值；

S_{Qik}——按第 i 个可变荷载标准值 Q_{ik} 计算的荷载效应值。

3.5.2 正常使用极限状态设计表达式

正常使用极限状态的设计，主要是验算结构构件的变形、抗裂度或裂缝宽度，也验算一些其他的状况，如地基沉降等，以保证结构构件的正常使用。若超过此极限状态，其后果是不能正常使用，但危害程度比承载能力失效轻，因此正常使用极限状态的可靠度比承载能力的可靠度有所降低。计算中，荷载及材料强度取标准值，不再考虑荷载和材料分项系数，也不考虑结构的重要性系数 γ_0。

(1) 基本表达式

在正常使用的极限状态设计时，与状态有关的荷载水平不一定以设计基准期内的最大荷载为准，应根据正常使用的具体条件来考虑。对不同的设计要求，采用荷载的标准组合、频遇组合或准永久组合，其设计表达式为：

$$S \leqslant C \tag{3.19}$$

式中 S——正常使用极限状态的荷载效应组合；

C——结构或结构构件达到正常使用要求的规定限值，如变形、裂缝、振幅、加速度、应力等限值。受弯构件的挠度限值应按表 3.6 采用。

表 3.6 受弯构件的挠度限值

构件类型		挠度限值
吊车梁	手动吊车	$l_0/500$
	电动吊车	$l_0/600$
屋盖、楼盖及楼梯构件	当 $l_0<7$m 时	$l_0/200(l_0/250)$
	当 $7\text{m}\leqslant l_0\leqslant 9$m 时	$l_0/250(l_0/300)$
	当 $l_0>9$m 时	$l_0/300(l_0/400)$

注：① 表中 l_0 为构件的计算跨度；

② 表中括号内的数值适用于使用上对挠度有较高要求的构件；

③ 如果构件制作时预先起拱，且使用上也允许，则在验算挠度时，可将计算所得的挠度值减去起拱值；对预应力混凝土构件，还可减去预加力所产生的反拱值；

④ 计算悬臂构件的挠度限值时，其计算跨度 l_0 按实际悬臂长度的 2 倍取用。

① 变形验算。根据使用要求需控制变形的构件，应进行变形（主要是受弯构件的挠度）验算。钢筋混凝土受弯构件的最大挠度应按荷载效应的准永久组合，并考虑荷载长期作用的影响进行计算。对于预应力混凝土受弯构件的最大挠度应按荷载的标准组合，并考虑荷载长期作用的影响进行计算，计算的最大挠度不应超过规定的挠度限值。

② 裂缝控制验算。结构构件设计时，应根据所处的环境和使用要求，选择相应的裂缝控制等级，并根据不同的裂缝控制等级进行抗裂和裂缝宽度验算。裂缝控制等级划分为如下三级：

一级——对于正常使用阶段，严格要求不出现裂缝的构件，按荷载效应的标准组合计算时，构件受拉边缘的混凝土不应产生拉应力。

二级——对于一般要求不出现裂缝的构件，按荷载效应的标准组合计算时，构件受拉边缘的混凝土允许产生拉应力，但拉应力不应大于混凝土的轴心抗拉强度标准值；按荷载效应准永久组合计算时，构件受拉边缘的混凝土不宜产生拉应力。当有可靠经验时，可适当放松要求。

三级——对于允许出现裂缝的构件，按荷载效应准永久组合并考虑长期作用影响计算时，构件的裂缝宽度最大值不应超过表 3.7 规定的最大裂缝宽度限值。

属于一、二级构件的一般为预应力混凝土构件，对抗裂度要求较高。在工业与民用建筑工程中，普通钢筋混凝土结构的裂缝控制等级通常都属于三级。

表 3.7　结构构件的裂缝控制等级及最大裂缝宽度限值(mm)

<table>
<tr><th rowspan="2">环境类别</th><th colspan="2">钢筋混凝土结构</th><th colspan="2">预应力混凝土结构</th></tr>
<tr><th>裂缝控制等级</th><th>$w_{\lim}$</th><th>裂缝控制等级</th><th>$w_{\lim}$</th></tr>
<tr><td>一</td><td rowspan="4">三级</td><td>0.30(0.40)</td><td>三级</td><td>0.20</td></tr>
<tr><td>二 a</td><td rowspan="3">0.20</td><td>二级</td><td>0.10</td></tr>
<tr><td>二 b</td><td rowspan="2">一级</td><td>—</td></tr>
<tr><td>三 a、三 b</td><td>—</td></tr>
</table>

注：① 对处于平均相对湿度小于 60%地区一类环境下的受弯构件，其最大裂缝宽度限值可采用括号内的数值；
② 在一类环境下，对钢筋混凝土屋架、托架及需进行疲劳验算的吊车梁，其最大裂缝宽度限值应取为 0.20 mm；对钢筋混凝土屋面梁和托梁，其最大裂缝宽度限值应取为 0.30 mm；
③ 在一类环境下，对预应力混凝土屋架、托架及双向板体系，应按二级裂缝控制等级进行验算；对一类环境下的预应力混凝土屋面梁、托梁、单向板，应按表中二 a 类环境的要求进行验算；在一类和二 a 类环境下需进行疲劳验算的预应力混凝土吊车梁，应按裂缝控制等级不低于二级的构件进行验算；
④ 表中规定的预应力混凝土构件的裂缝控制等级和最大裂缝宽度限值仅适用于正截面的验算；预应力混凝土构件的斜截面裂缝控制验算应符合《混凝土结构设计标准》(GB/T 50010—2010)(2024 年版)第 7 章的有关规定；
⑤ 对于烟囱、筒仓和处于液体压力下的结构，其裂缝控制要求应符合专门标准的有关规定；
⑥ 对于处于四、五类环境下的结构构件，其裂缝控制要求应符合专门标准的有关规定；
⑦ 表中的最大裂缝宽度限值为用于验算荷载作用引起的最大裂缝宽度。

(2)荷载效应组合

由于荷载的短期作用与长期作用对结构构件的正常使用性能的影响不同，所以结构构件应根据不同的要求，分别采用荷载的标准组合、频遇组合或准永久组合计算荷载效应组合设计值。

荷载的标准组合：

$$S=\sum_{i=1}^{n}S_{Gik}+S_{Q1k}+\sum_{j=2}^{m}\psi_{cj}S_{Qjk} \tag{3.20}$$

荷载的准永久组合：

$$S=\sum_{i=1}^{n}S_{Gik}+\psi_{f1}S_{Q1k}+\sum_{j=2}^{m}\psi_{qj}S_{Qjk} \tag{3.21}$$

荷载的频遇组合：

$$S=\sum_{i=1}^{n}S_{Gik}+\sum_{j=2}^{m}\psi_{qj}S_{Qjk} \tag{3.22}$$

式中　ψ_{f1}——第 1 个可变荷载的频遇值系数；

ψ_{qj}——第 j 个可变荷载的准永久值系数。

其他符号的意义与承载力极限状态设计表达式[式(3.18)]中的符号解释相同。

【例 3.1】　一住宅楼简支空心楼板，安全等级为二级，计算跨度 $l_0=3.3$ m，板宽900 mm，板的自重 2.04 kN/m^2，后浇混凝土层厚 40 mm(混凝土容重 25 kN/m^3)，板底抹灰层厚20 mm(抹灰容重 20 kN/m^3)，可变荷载标准值 2.0 kN/m^2，准永久值系数 0.4。要求按承载力极限状态和正常使用极限状态设计计算跨中截面弯矩值。

【解】　(1) 荷载计算

① 永久荷载标准值：

板的自重 $2.04\ \mathrm{kN/m^2}$

40 mm 厚现浇混凝土 $25\times0.04=1.0\ \mathrm{kN/m^2}$

20 mm 厚板底抹灰 $20\times0.02=0.40\ \mathrm{kN/m^2}$

板长方向均布恒荷载标准值 $(2.04+1.0+0.40)\times0.9=3.10\ \mathrm{kN/m}$

② 可变荷载标准值 $2.0\times0.9=1.80\ \mathrm{kN/m}$

(2) 承载力极限状态下的跨中弯矩计算

由式(3.17)得：

$$M=1.0\times\left(1.3\times\frac{1}{8}\times3.10\times3.3^2+1.5\times1.0\times\frac{1}{8}\times1.8\times3.3^2\right)\mathrm{kN\cdot m}=9.16\ \mathrm{kN\cdot m}$$

(3) 正常使用极限状态下的跨中弯矩计算

按荷载标准组合，由式(3.20)得：

$$M=\left(\frac{1}{8}\times3.10\times3.3^2+\frac{1}{8}\times1.8\times3.3^2\right)\mathrm{kN\cdot m}=6.67\ \mathrm{kN\cdot m}$$

按荷载准永久组合，由式(3.21)得：

$$M=\left(\frac{1}{8}\times3.10\times3.3^2+0.4\times\frac{1}{8}\times1.8\times3.3^2\right)\mathrm{kN\cdot m}=5.20\ \mathrm{kN\cdot m}$$

3.6 混凝土结构的耐久性

混凝土结构的耐久性问题主要指混凝土损伤(裂缝、破碎、酥裂、磨损、溶蚀等)、钢筋的变化(锈蚀、脆化、疲劳、应力腐蚀)及钢筋与混凝土之间黏结锚固作用的削弱三个方面。结构耐久性问题的特点是：引起结构耐久性问题的因素往往有多个且同时作用；一般都是从结构的表面开始，如裂缝、锈渍等；通常耐久性问题开始时只是对外观和使用功能产生影响，但长期累积后，可能发展成为承载力的问题；通常出现耐久性问题的过程时间较长。

影响耐久性的因素主要有两个方面：① 混凝土的碳化、化学侵蚀、冻融破坏、温湿度变化、碱骨料反应以及机械和生物作用等；② 水、氧和氯离子的入侵腐蚀、应力腐蚀(钢筋在高应力状态下会发生电位的变化，使由于电化学作用产生的锈蚀加速发展)及疲劳、冷脆、氢脆等。

耐久性问题涉及面广，影响因素多，进行耐久性设计主要应从以下几方面考虑：

(1) 进行环境分类，针对不同环境，采取不同措施；

(2) 划分耐久性等级或进行结构寿命划分等；

(3) 规定保证耐久性的构造措施和施工要求等。

目前，对影响混凝土结构耐久性的因素及规律的研究还不够深入，尚难以达到能进行定量设计的程度。《混凝土结构设计标准》(GB/T 50010—2010)(2024 年版)所采用的是宏观控制的方法，即根据环境类别和设计使用年限对结构混凝土提出相应的限制和要求，以保证其耐久性。这种方法虽不能定量地界定准确的设计使用年限，但基本上能保证在规定的设计使用年限内结构应有的使用性能和安全储备。

3.6.1 混凝土结构的使用环境分类

对混凝土耐久性影响最大的因素是环境，将混凝土结构的工作环境进行划分，可以使设计者针对不同的环境种类采取相应的对策。根据我国的统计调查并参考工程经验和国外的做法，将混凝土的使用环境分为五大类，作为耐久性设计的主要依据，如表 3.8 所示。

表 3.8 混凝土结构的环境类别

<table>
<tr><th colspan="2">环境类别</th><th>条　件</th></tr>
<tr><td colspan="2">一</td><td>室内干燥环境；无侵蚀性静水浸没环境</td></tr>
<tr><td rowspan="2">二</td><td>a</td><td>室内潮湿环境；非严寒和非寒冷地区的露天环境；非严寒和非寒冷地区与无侵蚀性的水或土壤直接接触的环境；严寒和寒冷地区的冰冻线以下与无侵蚀性的水或土壤直接接触的环境</td></tr>
<tr><td>b</td><td>干湿交替环境；水位频繁变动环境；严寒和寒冷地区的露天环境；严寒和寒冷地区的冰冻线以下与无侵蚀性的水或土壤直接接触的环境</td></tr>
<tr><td rowspan="2">三</td><td>a</td><td>严寒和寒冷地区冬季水位变动区环境；受除冰盐影响环境；海风环境</td></tr>
<tr><td>b</td><td>盐渍土环境；受除冰盐作用环境；海岸环境</td></tr>
<tr><td colspan="2">四</td><td>海水环境</td></tr>
<tr><td colspan="2">五</td><td>受人为或自然的侵蚀性物质影响的环境</td></tr>
</table>

注：① 室内潮湿环境是指构件表面经常处于结露或湿润状态的环境；
② 严寒和寒冷地区的划分应符合现行国家标准《民用建筑热工设计规范》(GB 50176—2016)的有关规定；
③ 海岸环境和海风环境宜根据当地情况，考虑主导风向及结构所处迎风、背风部位等因素的影响，由调查研究和工程经验确定；
④ 受除冰盐影响环境是指受到除冰盐盐雾影响的环境，受除冰盐作用环境是指被除冰盐溶液溅射的环境以及使用除冰盐地区的洗车房、停车楼等建筑；
⑤ 暴露的环境是指混凝土结构表面所处的环境。

3.6.2 耐久性等级的划分

耐久性设计的目标是要保证结构的使用年限，也就是设计使用寿命。我国设计标准的设计基准期为 50 年，重要的建筑设计寿命要稍长，可达 100 年甚至更长。按照中国的实际情况，可以把设计使用年限与耐久性结合，将耐久性划分为四个等级，如表 3.9 所示。

表 3.9 耐久性等级划分

耐久性等级	结 构 类 型	设计使用年限
Ⅰ级	特别重要建筑结构	≥100 年
Ⅱ级	一般建筑结构	50 年
Ⅲ级	易于替换的结构构件	25 年
Ⅳ级	临时性建筑结构	5 年

3.6.3 结构耐久性对混凝土的要求

影响结构耐久性的重要因素就是混凝土的质量。控制水灰比、提高密实度、减小渗透性、提高混凝土强度等级、控制混凝土中氯离子含量和碱含量等，对提高混凝土的耐久性都有着重要意义。为此，《混凝土结构设计标准》(GB/T 50010—2010)(2024 年版)从混凝土组成成分的角度出发，对混凝土提出了与耐久性有关的要求，如表 3.10 所示。

表 3.10　结构混凝土材料的耐久性基本要求

环境类别	最大水胶比	最低强度等级	水溶性氯离子最大含量(%)	最大碱含量(kg/m^3)
一	0.60	C25	0.30	不限制
二 a	0.55	C25	0.20	3.0
二 b	0.50(0.55)	C30(C25)	0.15	
三 a	0.45(0.50)	C35(C30)	0.15	
三 b	0.40	C40	0.10	

注:① 氯离子含量系指其占胶凝材料用量的质量百分率;

② 预应力构件混凝土中的水溶性氯离子最大含量为 0.06%,其最低混凝土强度等级宜按表中的规定提高不少于两个等级;

③ 素混凝土结构的混凝土最大水胶比及最低强度等级的要求可适当放松;

④ 工程经验可靠时,二类环境中的最低混凝土强度等级可为 C25;

⑤ 处于严寒和寒冷地区二 b、三 a 类环境中的混凝土应使用引气剂,并可采用括号中的有关参数;

⑥ 当使用非碱活性骨料时,对混凝土中的碱含量可不作限制。

混凝土结构的耐久性,除了应根据环境类别和使用年限对混凝土的质量提出要求以外,《混凝土结构设计标准》(GB/T 50010—2010)(2024 年版)还通过规定最小保护层厚度等构造措施进行控制。在设计使用年限内,对出现的可见耐久性缺陷应及时进行处理;按规定维护或更换构件表面的防护层;根据设计要求的规定更换可更换的构件;建立定期检查和维护的制度。

本 章 小 结

建筑结构的功能要求主要包括三个方面:安全性、适用性和耐久性,统称为结构的可靠性,也就是结构在规定的设计基准期内(如 50 年),在规定的条件下(正常设计、正常施工、正常使用和正常维护)完成预定功能的能力。

结构的极限状态则是指结构或结构的一部分超过某一特定的状态就不能满足设计规定的某一功能要求,此特定的状态就称为该功能的极限状态。极限状态分为承载能力极限状态、正常使用极限状态、耐久性极限状态三类。钢筋混凝土结构的设计,必须进行承载能力极限状态的计算,再根据需要对正常极限状态进行验算,以确保结构的安全、适用和耐久。

结构上的"作用"是指施加于结构上的力以及引起结构变形的各因素的总称。直接施加于结构上的力称为直接作用,引起结构变形的因素称为间接作用。结构由于荷载原因,引起的内力和变形总称为荷载效应,用 S 表示。荷载的代表值有标准值、准永久值、频遇值和组合值,分别用于不同的设计计算情况。

抗力指的是结构构件抵抗荷载效应的能力,如构件截面的承载力、刚度、抗裂度等,用 R 表示。它是结构构件的材料强度及构件尺寸等的函数。

我国现行规范所采用的是以概率理论为基础的极限状态设计方法,规定了结构不失效($R-S\geqslant 0$)的保证率——结构的可靠度,并用可靠指标度量结构构件的可靠度。根据建筑结构的不同安全等级和不同的破坏特征,确定目标可靠指标。在工程实际设计计算中,可靠度是通过实用的设计表达式体现的。在承载能力极限状态表达式中,荷载和材料强度均采用设计值，对多个可变荷载还引入组合值系数；在正常使用极限状态表达式中，荷载和材料强度均采用标准值。考虑荷载效应标准组合时，可变荷载采用标准值和组合值；考虑荷载效应准永久组合时，可变荷载采用准永久值。

混凝土结构的耐久性是指在一定的条件（维护、使用年限和工作环境等）下，保证结构既定功能要求的性能。《混凝土结构设计标准》(GB/T 50010—2010)(2024 年版)将混凝土结构的工作环境分为五类，规定了结构混凝土耐久性的基本要求。

思考和练习题

3.1 建筑结构的功能要求有哪些？

3.2 什么是结构的极限状态？极限状态可分为哪两类？

3.3 什么是结构上的作用和作用效应？什么是结构的抗力？为什么说作用效应和结构的抗力都具有不确定性？

3.4 什么是功能函数？如何用功能函数表达“失效”“可靠”和“极限状态”？

3.5 试说明结构的可靠度、失效概率和可靠指标的含义是什么？

3.6 结构的安全等级是如何确定的？

3.7 荷载的代表值有哪些？它们之间的关系如何？荷载的分项系数如何取值？

3.8 试说明混凝土强度标准值和设计值之间的关系。

3.9 某办公楼钢筋混凝土简支梁，计算跨度 $l_0=6.0$ m，承受均布永久荷载标准值 $g_k=8.0$ kN/m，均布可变荷载标准值 $q_k=4.0$ kN/m，跨中承受集中可变荷载标准值 $Q_k=6.0$ kN，可变荷载的组合系数 $\psi_c=0.7$，准永久值系数 $\psi_q=0.4$，结构安全等级为二级。试求按承载能力极限状态设计时，梁跨中截面的弯矩设计值 M，以及在正常使用极限状态下荷载效应的标准组合弯矩值、准永久组合弯矩值。

4 钢筋混凝土基本构件

本 章 提 要

本章简要介绍了钢筋混凝土受弯构件的基本构造要求、钢筋混凝土构件的裂缝和变形计算及受扭构件概述，重点讲述了钢筋混凝土受弯构件正截面、斜截面承载力计算，受压构件及受拉构件的承载力计算。

结构是由构件通过一定的连接方式组成的。由建筑力学的知识可知:构件的基本变形有四种,即轴向拉压、弯曲、剪切、扭转变形。对应于四种基本变形,构件横截面上有四种基本内力,即轴力、弯矩、剪力和扭矩。但更多情况下,构件的变形都不是基本变形,而是组合变形,相应的构件横截面上的内力也不止一种。构件的分类通常是按构件的变形分类的。

构件的设计应包括承载力和变形两方面要求,但钢筋混凝土基本构件由钢筋和混凝土两种材料组成,不同于力学中"材料"的概念。另外,钢筋混凝土基本构件达到承载力的破坏和力学中构件达到强度条件的破坏,概念不完全相同,这是本章学习时要注意的。

4.1 受 弯 构 件

受弯构件是指受弯矩和剪力共同作用的构件。梁和板是典型的弯曲构件,它们是工程中应用最广的一类构件。在荷载作用下,受弯构件可能发生两种破坏形式:一种是沿弯矩最大截面的破坏,由于破坏截面与构件的轴线垂直,故称为受弯构件的正截面破坏[图 4.1(a)];另一种是沿剪力最大截面或剪力和弯矩都有较大截面的破坏,由于破坏截面与构件的轴线斜交,故称为受弯构件的斜截面破坏[图 4.1(b)]。受弯构件设计时,既要保证构件不发生正截面破坏,又要保证构件不发生斜截面破坏。

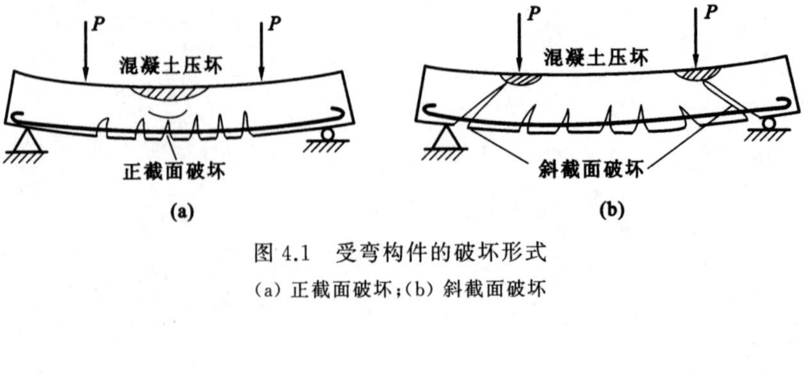

图 4.1　受弯构件的破坏形式

(a) 正截面破坏;(b) 斜截面破坏

4.1.1 受弯构件的一般构造要求

4.1.1.1 梁、板截面形式

在线测试

梁的常用截面形式有矩形、T 形、I 形等，板的常用截面形式有实心板、槽形板、空心板等，如图 4.2 所示。

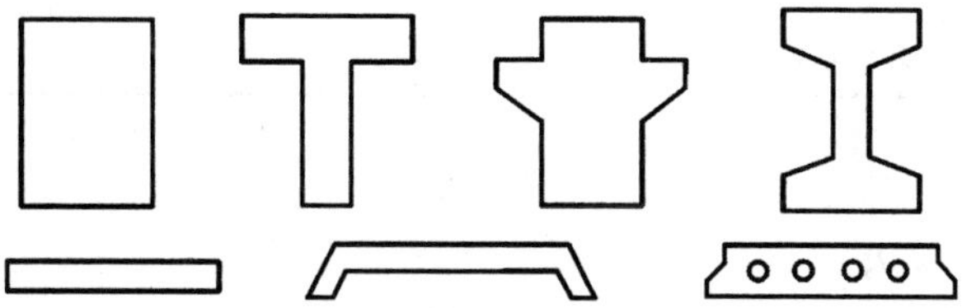

图 4.2 常用的梁、板截面形式

4.1.1.2 梁、板的截面尺寸

梁截面高度的取值与梁的跨度、梁上荷载以及构造规定的最小值有关。对于独立的简支梁：$h=\left(\frac{1}{14}\sim\frac{1}{10}\right)l$；对于悬臂梁：$h=\left(\frac{1}{8}\sim\frac{1}{4}\right)l$；对于现浇肋形楼盖的主梁：$h=\left(\frac{1}{14}\sim\frac{1}{8}\right)l$；对于现浇肋形楼盖的次梁：$h=\left(\frac{1}{18}\sim\frac{1}{12}\right)l$。

矩形截面梁的高宽比 h/b 一般取 2.0～3.5；T 形截面梁的 h/b 一般取 2.5～4.0（此处 b 为梁肋宽）。为了方便施工，梁的截面尺寸还应满足模数的要求。梁常用的宽度为120 mm、150 mm、180 mm、200 mm、220 mm、250 mm、300 mm、350 mm 等，而梁的常用高度则为 250 mm、300 mm、350 mm、…、750 mm、800 mm、900 mm、1000 mm 等。

板的截面应满足承载力、刚度和抗裂度的要求。从刚度条件出发，板的厚度可按表 4.1 确定；按构造要求，板的厚度则应符合表 4.2 的规定。工程中现浇板的常用厚度有 60 mm、70 mm、80 mm、100 mm、120 mm，板厚以 10 mm 为模数。

表 4.1 板的厚度与计算跨度的最小比值

项次	板的支承情况	板的种类		
		单向板	双向板	悬臂板
1	简支	$l_0/35$	$l_0/45$	—
2	连续	$l_0/40$	$l_0/50$	$l_0/12$

表 4.2 建筑工程现浇钢筋混凝土板的最小厚度(mm)

板的类别		厚度
单向板	屋面板	60
	民用建筑楼板	60
	工业建筑楼板	70
	行车道下的楼板	80
双向板		80
密肋楼盖	面板	50
	肋高	250

续表 4.2

板的类别		厚度
悬臂板	悬臂长度不大于 500 mm	60
	悬臂长度 1200 mm	100
无梁楼板		150
现浇空心楼板		200

4.1.1.3　材料强度等级

(1) 混凝土的强度等级

现浇钢筋混凝土梁、板常用的混凝土强度等级为 C20、C25、C30、C35、C40 等。

(2) 钢筋的配筋形式及强度等级

现浇钢筋混凝土梁、板配筋形式见图 4.3。

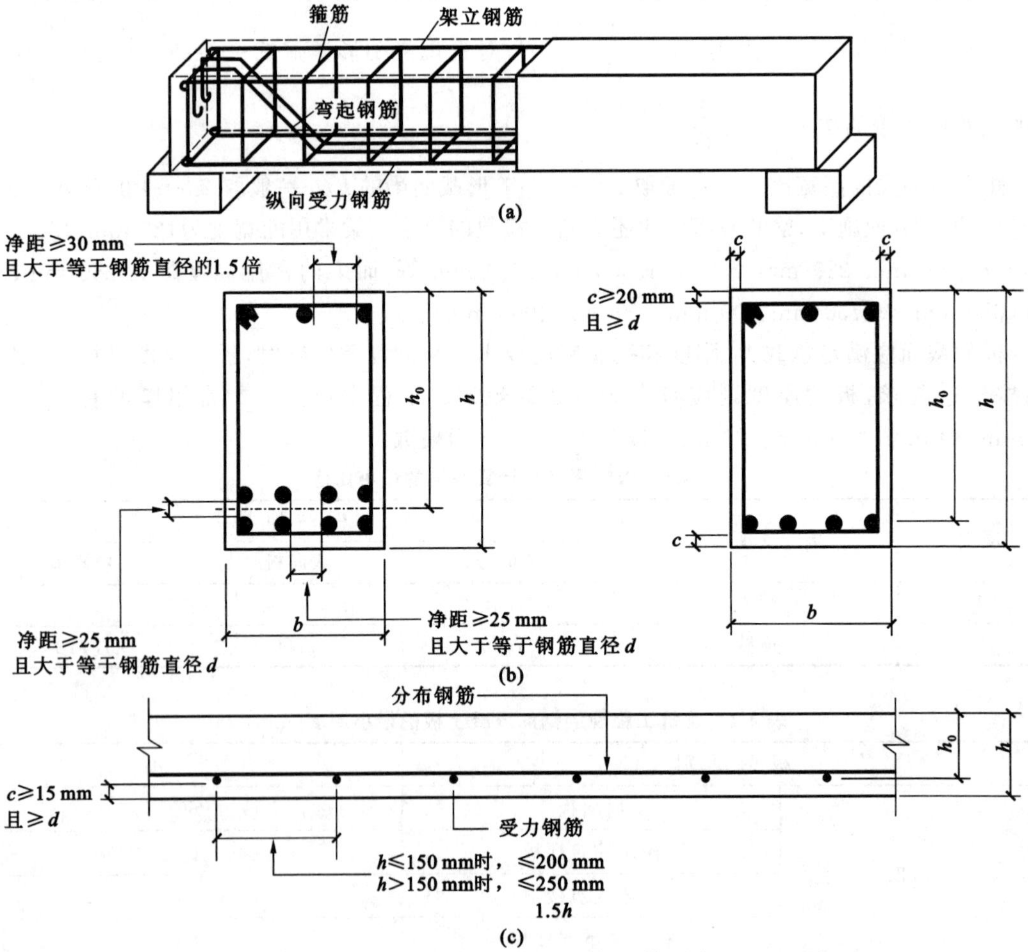

图 4.3　现浇钢筋混凝土梁、板配筋形式

(a) 梁中钢筋配置；(b) 梁中保护层和钢筋净距要求；(c) 板配筋形式及保护层和钢筋净距要求

① 梁中钢筋

梁中的钢筋根据作用不同可分为纵向受力钢筋、架立钢筋、箍筋和弯起钢筋等。

矩形截面梁通常分为单筋矩形截面梁和双筋矩形截面梁两种形式。只在截面的受拉区配有纵向受力钢筋的称为单筋矩形截面梁;不仅在截面的受拉区,而且在截面的受压区也配有纵向受力钢筋的称为双筋矩形截面梁。

梁中常用的纵向受力钢筋的主要作用为开裂前协助混凝土承受拉力,开裂后,裂缝截面受拉混凝土退出工作,由钢筋承受拉力。纵向受力钢筋宜采用 HRB400、HRB500、HRBF400、HRBF500 钢筋,直径为 10～28 mm,根数不得少于 2 根。同一构件中纵向受力钢筋直径宜尽可能相同。当采用两种不同的直径时,它们之间相差至少应为 2 mm,以便在施工时容易为肉眼识别,但相差也不宜超过 6 mm。为了便于浇筑混凝土,保证钢筋能与混凝土黏结在一起,以及保证钢筋周围混凝土的密实性,纵筋的净间距应满足图 4.3(b)的要求。

受弯构件中箍筋的主要作用为固定纵筋位置,形成钢筋骨架以及起抗剪作用。宜采用 HRB400、HRBF400、HRB500、HRBF500 钢筋,常用直径为 6 mm、8 mm、10 mm。

受弯构件中弯起钢筋通常由纵向受力钢筋在支座附近弯起而成,未弯起部分起纵筋作用,弯起部分有抗剪作用。

受弯构件中架立钢筋的作用为与纵筋、箍筋形成钢筋骨架(钢筋笼),根数较少,不宜采用强度较高的钢筋。通常梁的跨度越大,钢筋笼中钢筋的直径越大,为保证钢筋笼的刚度,架立钢筋的直径也越大。当梁的跨度小于 4 m 时,直径不宜小于 8 mm;当梁的跨度为 4～6 m 时,直径不宜小于 10 mm;当梁的跨度大于 6 m 时,直径不宜小于 12 mm。受压区配有架立钢筋的截面,不是双筋截面梁。架立钢筋与受力钢筋的区别是:架立钢筋是根据构造要求设置的,而受力钢筋则是根据受力要求按计算设置的。

此外,当梁的腹板高度 h_w 不小于 450 mm 时,在梁的两个侧面应沿高度配置纵向构造钢筋,以防止或减小梁腹的裂缝。每侧纵向构造钢筋(不包括梁上、下部受力钢筋)的间距不宜大于 200 mm,直径一般不宜小于 10 mm,截面面积不应小于腹板截面面积(bh_w)的 0.1%,但当梁宽较大时可以适当放宽要求。梁的腹板高度 h_w:对矩形截面,取有效高度;对 T 形截面,取有效高度减去翼缘高度;对 I 形截面,取腹板净高。

② 板中钢筋

板中钢筋根据作用不同可分为纵向受力钢筋和分布钢筋。

板中的受力钢筋宜采用 HRB400、HRB500、HRBF400、HRBF500 钢筋,常用直径为 6 mm、8 mm、10 mm、12 mm。为防止施工时钢筋被踩下,现浇板的板面钢筋直径不宜小于 8 mm。采用绑扎配筋时,间距一般不小于 70 mm;当板厚 $h \leqslant 150$ mm 时,不应大于 200 mm;当板厚 $h > 150$ mm 时,不应大于$1.5h$,且在板的每米宽度内不宜少于 4 根。

板中的分布钢筋是指垂直于受力钢筋方向上布置的构造钢筋。分布钢筋与受力钢筋绑扎或焊接在一起,形成钢筋骨架(钢筋网)。分布钢筋的作用是:将板面的荷载更加均匀地传递给受力钢筋,施工过程中固定受力钢筋的位置,以及抵抗温度和混凝土的收缩应力等。分布钢筋可采用 HPB300 钢筋,截面面积不宜小于单位长度上受力钢筋截面面积的 15%,且每米长度内不宜少于 4 根,直径不宜小于 6 mm。对于集中荷载较大的情况,分布钢筋的截面面积应适当增加,其间距不宜大于 200 mm。

弯起钢筋和箍筋统称腹筋。腹筋帮助混凝土抵抗剪力。只有纵筋而无腹筋的梁称无腹筋梁;既有纵筋又有腹筋的梁称有腹筋梁。

4.1.1.4 相关概念

(1) 混凝土保护层

结构构件中钢筋外边缘至构件表面范围用于保护钢筋的混凝土,称为混凝土保护层。混凝土保护层的作用为:保护钢筋,防止钢筋锈蚀;满足混凝土结构耐久性的要求;使钢筋较好地锚固于混凝土中,保证两者之间较好的黏结作用;在火灾等情况下,使钢筋的温度上升速度减缓,混凝土保护层的最小厚度应符合表 4.3 的规定。

表 4.3 混凝土保护层的最小厚度(mm)

环境类别	板、墙、壳	梁、柱、杆
一	15	20
二 a	20	25
二 b	25	35
三 a	30	40
三 b	40	50

注:① 混凝土强度等级不大于 C25 时,表中保护层厚度应增加 5 mm;

② 钢筋混凝土基础宜设置混凝土垫层,基础中钢筋的混凝土保护层厚度应从垫层顶面算起,且不应小于 40 mm;

③ 本表适用于设计使用年限为 50 年的混凝土结构,对设计使用年限为 100 年的混凝土结构,保护层厚度不应小于表中数值的 1.4 倍。

(2) 截面的有效高度 h_0

截面有效高度 h_0 是指截面受压区的外边缘至受拉钢筋合力点中心的距离。h_0 是反映截面抗弯能力大小和刚度大小的重要参数,它实际上间接地体现了受压区混凝土合力和受拉钢筋的内力大小,在相同作用力的情况下,提高截面有效高度 h_0 就可以提高截面的抵抗弯矩。板的截面有效高度 $h_0=h-c-d/2$,梁的截面有效高度 $h_0=h-c-d_v-d/2$,其中 c 为混凝土保护层厚度,d_v 为箍筋直径,d 为受力钢筋直径。

(3) 配筋率

① 纵向受力钢筋的配筋率

假设受弯构件的截面宽度为 b,截面高度为 h,纵向受力钢筋截面面积为 A_s,截面的有效高度为 h_0,截面宽度与截面有效高度的乘积 bh_0 为截面的有效面积(图 4.4)。构件的截面配筋率是指纵向受力钢筋截面面积与截面有效面积的百分比,即:

$$\rho=\frac{A_s}{bh_0} \tag{4.1}$$

式中 ρ——构件截面配筋率;

h_0——截面有效高度,$h_0=h-a_s$;

其中,a_s——纵向受拉钢筋合力作用点到截面受拉边缘的距离。

② 箍筋的配筋率

箍筋的形式见图 4.5,箍筋通常有开口式和封闭式两种。在实际工程中,大多数情况都是采用封闭式箍筋。箍筋按其肢数分为单肢箍、双肢箍及四肢箍。单肢箍一般在梁宽 $b\leqslant150$ mm 时采用;双肢箍一般在梁宽$b<300$ mm时采用;当梁宽 $b\geqslant350$ mm,或一排纵向受拉钢筋超过

5 根、纵向受压钢筋超过 3 根时，采用四肢箍。四肢箍一般由两个双肢箍组合而成。

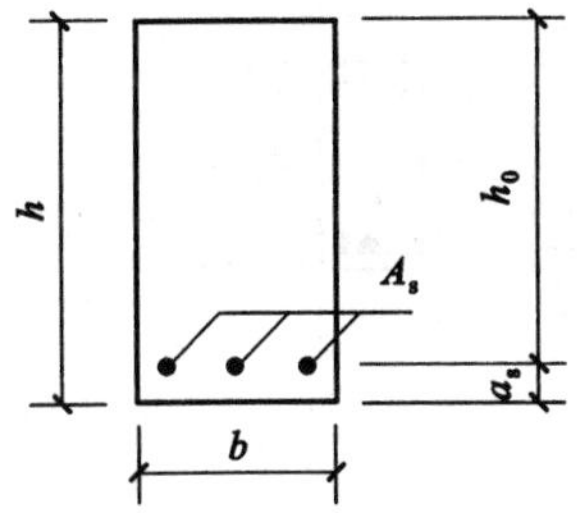

图 4.4　梁截面配筋

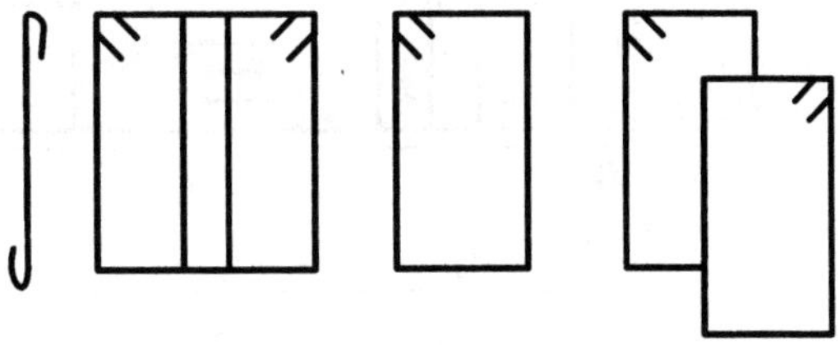

图 4.5　箍筋的形式

配箍率 ρ_{sv} 的定义为箍筋的截面面积与对应的混凝土面积的比值(图 4.6)，即：

$$\rho_{sv}=\frac{A_{sv}}{bs}=\frac{nA_{sv1}}{bs} \tag{4.2}$$

式中　A_{sv}——配置在同一截面内箍筋各肢的全部截面面积的总和；

n——同一截面内箍筋的肢数；

A_{sv1}——单肢箍筋截面面积；

b——截面宽度；

s——箍筋的间距。

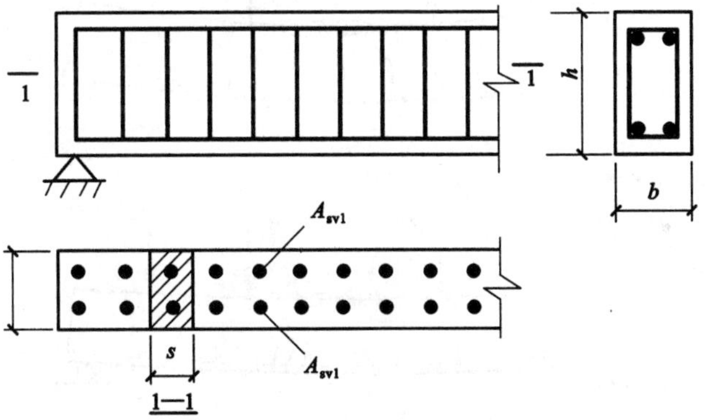

图 4.6　配箍率

4.1.2　受弯构件正截面承载力计算

4.1.2.1　单筋矩形截面梁正截面承载力计算

(1) 单筋矩形截面梁正截面受力性能

为模拟单筋矩形截面梁在弯矩作用下发生正截面破坏，通常在梁跨度的三分之一处施加一对称的集中力进行试验，梁的弯矩、剪力如图 4.7(b)、图 4.7(c)所示。忽略梁自重的影响，梁的中间区段仅有弯矩无剪力，称为纯弯段；靠近支座的三分之一跨内，既有弯矩又有剪力，称为弯剪段。

在线测试

试验结果根据纵向受力钢筋的配筋率不同，梁将出现三种不同的破坏形态(图 4.8)，即适筋破坏、少筋破坏和超筋破坏，相应地将梁称为适筋梁、少筋梁和超筋梁。

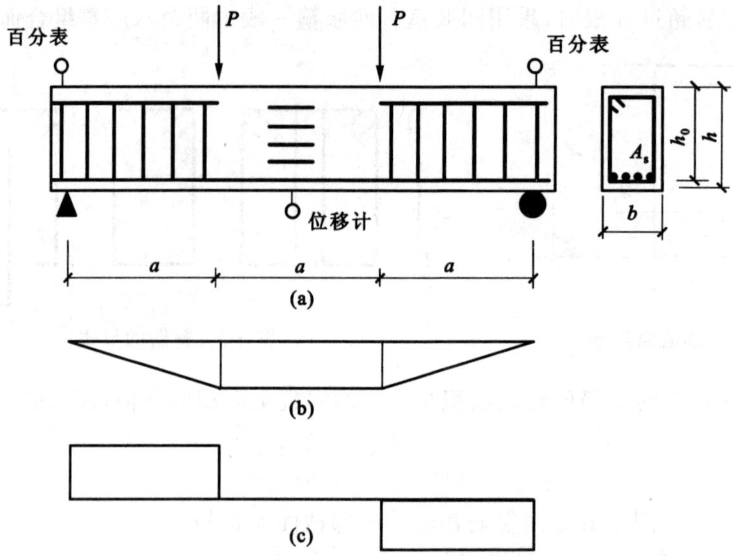

图 4.7　钢筋混凝土梁受弯破坏试验

（a）试验原理图；（b）弯矩图；（c）剪力图

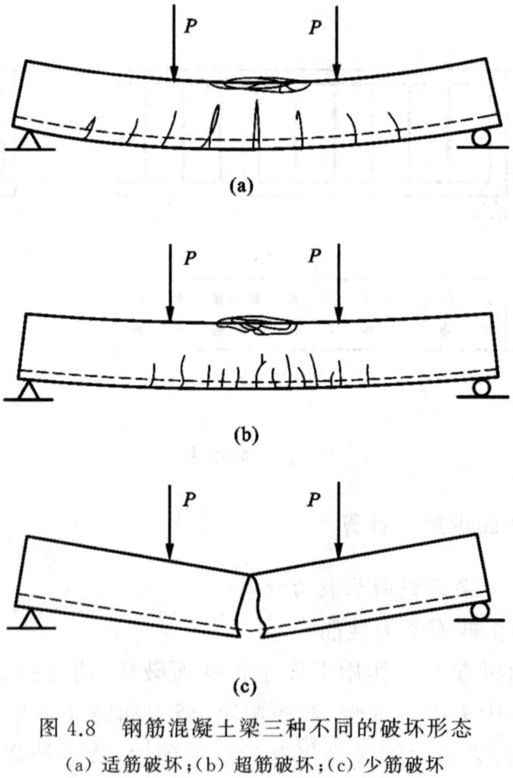

图 4.8　钢筋混凝土梁三种不同的破坏形态

（a）适筋破坏；（b）超筋破坏；（c）少筋破坏

① 适筋破坏过程的三个阶段

第一阶段——截面开裂前的阶段：当荷载很小时，截面上的内力很小，应力与应变成正比；当荷载不断增大时，截面上的内力也不断增大，受拉区混凝土出现弹塑性变形；当荷载增大到某一数值时，受拉区边缘的混凝土达到混凝土抗拉极限应变值，截面即将开裂。截面开裂前瞬间称为第一阶段末[图 4.9(a)、图 4.9(b)]。

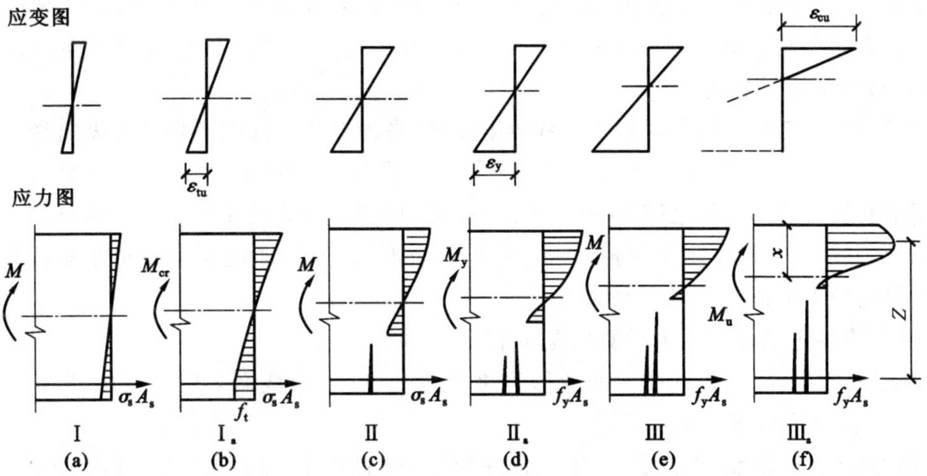

图 4.9　适筋梁三个受力阶段截面的应力、应变分布

第二阶段——从截面开裂到受拉区纵向受力钢筋开始屈服的阶段:截面开裂瞬间,裂缝处混凝土不再承受拉应力,而是将开裂前承受的拉力转嫁给纵向受力钢筋,纵向受力钢筋的拉应力突然增大,受压区混凝土出现明显的塑性变形,荷载继续增加,已有裂缝进一步开展,又有新裂缝产生,钢筋和混凝土的应力不断增大。当荷载增加到某一数值时,受拉区纵向受力钢筋达到屈服强度,钢筋屈服前的瞬间称为第二阶段末[图 4.9(c)、图 4.9(d)]。

第三阶段——破坏阶段:受拉区纵向受力钢筋屈服后,截面的承载能力无明显的增加,但塑性变形急速发展,裂缝迅速开展,并向受压区延伸,受压区面积减小,受压区混凝土压应力迅速增大,当受压区边缘混凝土达到极限压应变时,混凝土被压碎,截面发生破坏,混凝土被压碎时称为第三阶段末[图 4.9(e)、图 4.9(f)]。

适筋梁破坏首先是由于受拉区纵向受力钢筋屈服,然后受压区混凝土被压碎,钢筋和混凝土的强度都得到充分利用。破坏前有明显的塑性变形和裂缝,破坏不是突然发生的,呈塑性性质。

适筋梁截面抗裂验算是建立在第一阶段末的基础之上,使用阶段的变形和裂缝宽度验算是建立在第二阶段末的基础之上,承载能力计算则是建立在第三阶段末的基础之上的。

② 少筋破坏

当梁的配筋率低于某一定值时,受拉区混凝土一旦开裂,由于纵向受力钢筋较少,承担不了受拉区混凝土开裂后转嫁来的拉力,应力激增,迅速越过屈服阶段和强化阶段达到极限强度而被拉断,裂缝急速开展至梁顶,梁发生破坏。少筋梁不但承载能力很低,而且混凝土的抗压强度未得到充分发挥,破坏前无明显预兆,呈脆性。

③ 超筋破坏

当梁的配筋率超过某一定值,且荷载增大到某一数值时,受拉区边缘的混凝土达到混凝土抗拉极限应变值而开裂,裂缝处混凝土不再承受拉应力,而是将开裂前承受的拉力转嫁给纵向受力钢筋,由于纵向受力钢筋较多,钢筋中的应力增加不显著,当受压区边缘混凝土达到极限压应变时,混凝土被压碎。此时,纵向受力钢筋尚未屈服。

超筋梁破坏前虽然也有一定的变形和裂缝预兆,但不像适筋破坏那样明显,而且当混凝土压碎时，破坏突然发生，钢筋的强度得不到充分利用，破坏带有脆性性质。

由上述可见，少筋破坏和超筋破坏都具有脆性性质，破坏前无明显预兆，破坏时将造成严重后果，且材料的强度得不到充分利用。因此，应避免将受弯构件设计成少筋构件和超筋构件，只允许设计成适筋构件。

在适筋和超筋破坏之间一定存在一种界限破坏（平衡破坏），其破坏特征是纵向受力钢筋屈服的同时混凝土被压碎，是适筋破坏和超筋破坏的分界点，此时的配筋率称适筋梁的最大配筋率。在适筋和少筋破坏之间也存在一种“界限”破坏，其破坏特征是纵向受力钢筋屈服时的弯矩和开裂弯矩相等，是适筋破坏和少筋破坏的分界点，此时的配筋率称适筋梁的最小配筋率。

（2）单筋矩形截面梁正截面受力分析

① 受弯构件正截面承载力计算的基本假定

a. 平截面假定，构件正截面弯曲变形后仍保持一平面，即截面上的应变沿梁高度为线性分布，基本上符合平截面假定。

b. 钢筋应力 σ_s 取钢筋应变 ε_s 与其弹性模量 E_s 的乘积，但不得大于其强度设计值 f_y（图 4.10）。

c. 不考虑截面受拉区混凝土的抗拉强度，即认为拉力完全由钢筋承担。因为混凝土开裂后所承受的拉力很小，且作用点又靠近中和轴，对截面所产生的抗弯力矩很小，所以忽略其抗拉强度。

d. 受压混凝土采用理想化的应力-应变关系，如图 4.11 所示。

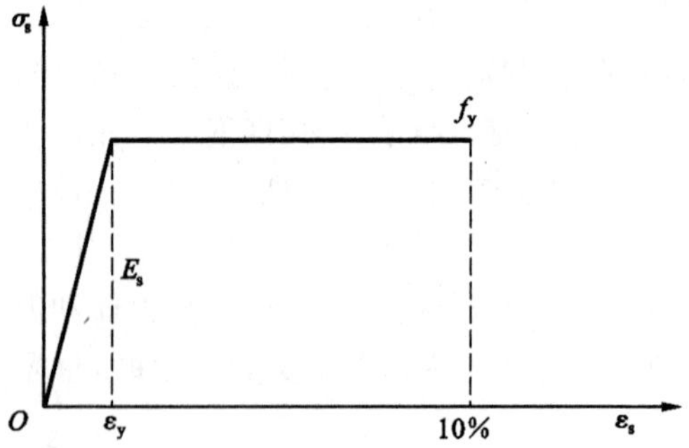

图 4.10　钢筋的应力-应变曲线

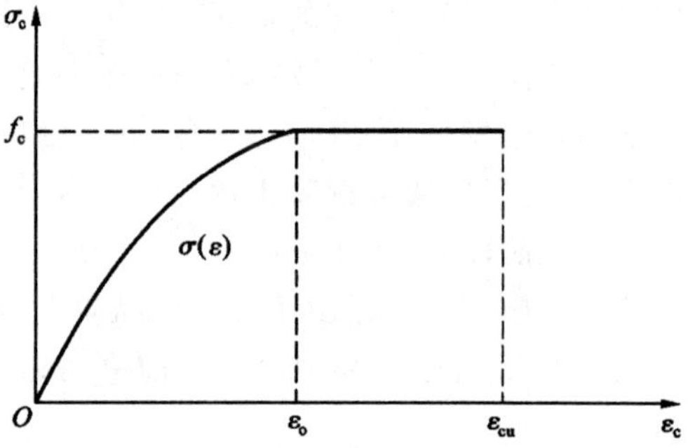

图 4.11　混凝土的应力-应变曲线

② 受压区混凝土的等效应力图

经过四个基本假定简化后，得到如图 4.12(c)所示的截面应力分布图，工程设计时求其受压区混凝土合力 C 的大小及其作用位置还不够简便；同时考虑到截面的极限受弯承载力 M_u 仅与合力 C 的大小及其作用位置有关，而与受压区混凝土应力的具体分布无关。因此，《混凝土结构设计标准》(GB/T 50010—2010)(2024 版)(以下简称《混凝土结构设计规范》)采用等效的矩形应力图[图 4.12(d)]作为正截面受弯承载力的计算简图。两个应力图形的等效条件是：

a. 等效前后，受压区混凝土合力 C 的大小相等；

b. 等效前后，受压区混凝土合力 C 的作用位置不变。

等效矩形应力图，简称矩形应力图。矩形应力图系数 α_1 是矩形应力图中受压区混凝土的应力值与混凝土轴心抗压强度设计值 f_c 的比值；系数 β_1 是矩形应力图的受压区高度 x 与中和轴高度 x_c 的比值，即 $\beta_1 = x/x_c$。

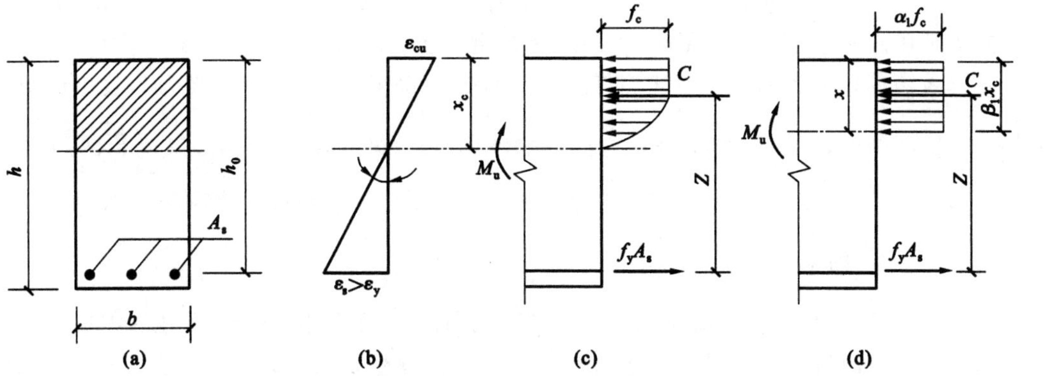

图 4.12　矩形截面梁受弯截面应力图

(a) 截面；(b) 应变分布图；(c) 应力分布图；(d) 等效矩形应力图

根据上述两个等效条件可求得矩形应力图系数 α_1、β_1 的取值，如表 4.4 所示。

表 4.4　受压区混凝土的矩形应力图系数 α_1、β_1

混凝土强度等级	≤C50	C55	C60	C65	C70	C75	C80
α_1	1.0	0.99	0.98	0.97	0.96	0.95	0.94
β_1	0.8	0.79	0.78	0.77	0.76	0.75	0.74

③ 基本计算公式

单筋矩形截面受弯构件的正截面受弯承载力计算简图如图 4.12(d)所示，根据受力平衡条件：

由 $\sum X=0$ 得：

$$f_y A_s=\alpha_1 f_c bx \tag{4.3}$$

由 $\sum M=0$ 得：

$$M \leqslant M_u=\alpha_1 f_c bx\left(h_0-\frac{x}{2}\right)=f_y A_s\left(h_0-\frac{x}{2}\right) \tag{4.4}$$

式中　M——弯矩设计值；

M_u——正截面受弯承载力设计值；

α_1——参数，按表 4.4 取用；

f_c——混凝土轴心抗压强度设计值；

f_y——钢筋抗拉强度设计值；

b——截面宽度；

A_s——受拉区纵向钢筋的截面面积；

x——等效矩形应力图形计算的受压区高度；

h_0——截面的有效高度。

④ 基本公式适用条件

a. 保证梁不发生超筋破坏的条件——最大配筋率 ρ_{max}

单筋矩形截面梁中和轴下部开裂后，裂缝开展的宽度及向上发展的高度显然与纵向受力钢筋的配筋率有关，配筋率越大，裂缝的宽度与高度越小，中和轴越靠下，上部混凝土受压区高度越大。当截面达到适筋梁和超筋梁的界限破坏状态时(纵向受力钢筋受拉屈服的同时,受压区混凝土被压碎),适筋梁达到最大配筋率,上部混凝土受压区高度相应达到最大值。

将等效矩形应力图形的受压区高度 x 与截面有效高度 h_0 的比值定义为等效矩形应力图形相对受压区高度,用 ξ 表示,即 $\xi=\dfrac{x}{h_0}$。界限破坏时,等效矩形应力图形的受压区高度 x 达到最大值,记为 x_b。x_b 与截面有效高度 h_0 的比值定义为等效矩形应力图形相对界限受压区高度,用 ξ_b 表示,即 $\xi_b=\dfrac{x_b}{h_0}$。

界限破坏状态时,根据平截面假定、纵向受力钢筋受拉屈服拉应变及受压区混凝土被压碎时的压应变,经推导可知,ξ_b 只与钢筋和混凝土两种材料性能有关,与截面尺寸无关。采用普通混凝土时的 ξ_b 的大小如表 4.5 所示。

表 4.5　相对界限受压区高度 ξ_b 及最大截面抵抗矩系数

钢筋种类 参数	HPB300	HRB400、HRBF400、RRB400	HRB500、HRBF500
f_y(N/mm²)	270	360	435
ξ_b	0.576	0.518	0.482
$\alpha_{s,max}$	0.410	0.384	0.366

为了防止发生超筋破坏,设计时应满足:

$$\rho\leqslant\rho_{max}=\xi_b\frac{\alpha_1 f_c}{f_y} \tag{4.5}$$

b. 保证梁不发生少筋破坏的条件——最小配筋率 ρ_{min}

在适筋和少筋破坏之间也存在一种"界限"破坏,其破坏特征是纵向受力钢筋屈服时的弯矩和开裂弯矩相等,根据此条件可推导出适筋梁的最小配筋率 $\rho_{min}=0.45\dfrac{f_t}{f_y}$。考虑混凝土收缩和温度应力等不利影响,《混凝土结构设计标准》(GB/T 50010—2010)(2024 年版)确定了一个 0.2%的下限。最小配筋率取二者中的较大者。

适筋梁的最小配筋率定义为 $\rho_{min}=\dfrac{A_s}{bh}$,截面高度为 h,而不是截面有效高度 h_0,原因在于计算梁的开裂弯矩时,混凝土是全截面都参与工作的。

可见,单筋矩形截面适筋梁正截面极限受弯承载力计算公式适用条件为:

$\rho=\dfrac{A_s}{bh_0}\leqslant\rho_{max}$——防止发生超筋破坏;

$\rho=\dfrac{A_s}{bh}\geqslant\rho_{min}$——防止发生少筋破坏。

(3) 单筋矩形截面适筋梁正截面设计公式应用

① 截面设计

截面设计时,往往已知 b、h、f_y、f_c、M,求所需 A_s。如不知 b、h,可根据构造要求选定。

a. 直接计算法

由基本公式 $M=\alpha_1 f_c bx(h_0-x/2)$求出截面受压区高度 x:

$$x=h_0-\sqrt{h_0^2-\frac{2M}{\alpha_1 f_c b}}$$

若 $x\leqslant\xi_b h_0$，再由 $A_s=\frac{\alpha_1 f_c bx}{f_y}$，求纵向受拉钢筋。

b. 系数表格法

在实际设计中，求解一元二次方程会给设计带来不便。所以，可以事先将一些数值计算结果列入表格中，在使用时只需根据其中的一个变量去确定其他的变量即可，从而节省了时间，提高了计算效率。

由于 $\xi=x/h_0$，故基本公式可以变为：

$$M=\alpha_1 f_c bh_0^2\xi(1-0.5\xi) \tag{4.6}$$

令 $\alpha_s=\xi(1-0.5\xi)$，则

$$\alpha_s=\xi(1-0.5\xi)=\frac{M}{\alpha_1 f_c bh_0^2} \tag{4.7}$$

由 $M=f_y A_s(h_0-0.5x)=f_y A_s h_0(1-0.5\xi)$

令 $\gamma_s=1-0.5\xi$，则

$$M=f_y A_s\gamma_s h_0 \tag{4.8}$$

$$\gamma_s=\frac{M}{f_y A_s h_0} \tag{4.9}$$

$\alpha_s=\xi(1-0.5\xi)$ 称为弹塑性截面抵抗矩系数，反映了受压区混凝土的弹塑性性质，当 $\xi=\xi_b$ 时，最大截面抵抗矩系数为 $\alpha_{s,max}=\xi_b(1-0.5\xi_b)$，$\alpha_{s,max}$ 的值见表 4.5。$\gamma_s=(1-0.5\xi)$ 称为内力臂系数，系数 α_s 和 γ_s 都只与相对受压区高度 ξ 有关，并且是一一对应的，可以事先列成表格供查阅，如附表 7 所示。

因此，单筋矩形截面能承受的最大弯矩为：

$$M_{u,max}=\alpha_1 f_c bh_0^2\xi_b(1-0.5\xi_b) \tag{4.10}$$

② 截面复核

截面复核时，往往已知 f_y、f_c、b、h、A_s，要求计算 M_u，确定截面是否安全经济。

a. 计算 x

$$x=\frac{f_y A_s}{\alpha_1 f_c b} \tag{4.11}$$

b. 求 M_u

若 $x\leqslant\xi_b h_0$，则

$$M_u=\alpha_1 f_c bx(h_0-x/2) \tag{4.12}$$

若 $x>\xi_b h_0$，则

$$M_u=M_{u,max}=\alpha_1 f_c bh_0^2\xi_b(1-0.5\xi_b) \tag{4.13}$$

c. 确定截面是否安全

若 $M_u\geqslant M$，则截面安全；

若 $M_u<M$，则截面不安全，应修改设计；

若 $M_u\gg M$，则说明该结构设计不经济。

【例 4.1】 已知某现浇钢筋混凝土简支板[图 4.13(a)]，$l_0=2400$ mm，板厚为 80 mm，安

全等级为二级，处于一类环境，承受均布荷载设计值为 6.50 kN/m^2（含板自重），结构重要性系数 $\gamma_0=1.0$，选用 C25 混凝土和 HRB400 级钢筋。试配置该板的受拉钢筋并画出截面配筋简图。

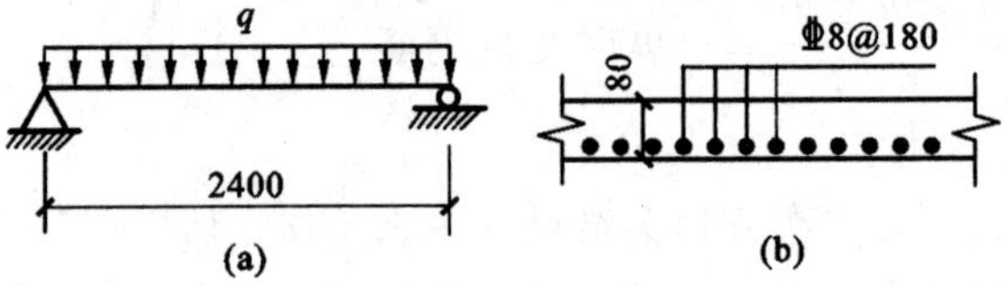

图 4.13　例 4.1 图

(a) 板计算简图；(b) 板配筋图

【解】（1）确定基本参数

查表 4.4 和表 4.5 及附表 3 和附表 6 可知，C25 混凝土，$f_c=11.9\ \text{N/mm}^2$，$f_t=1.27\ \text{N/mm}^2$；HRB400 级钢筋，$f_y=360\ \text{N/mm}^2$，$\alpha_1=1.0$，$\xi_b=0.518$；一类环境，$h_0=h-a_s=80-20=60\ \text{mm}$。

（2）内力计算

板上均布荷载为：

$$q=1.0\times6.5=6.50\ \text{kN/m}$$

则跨中最大弯矩设计值为：

$$M=\gamma_0\ \frac{1}{8}ql_0^2=1.0\times\frac{1}{8}\times6.50\times2.4^2=4.68\ \text{kN}\cdot\text{m}$$

（3）采用系数表格法计算钢筋截面面积

$$\alpha_s=\frac{M}{\alpha_1 f_c b h_0^2}=\frac{4.68\times10^6}{1.0\times11.9\times1000\times60^2}=0.109$$

由 $\xi=1-\sqrt{1-2\alpha_s}=1-\sqrt{1-2\times0.109}=0.116<\xi_b=0.518$

则

$$\gamma_s=\frac{1+\sqrt{1-2\alpha_s}}{2}=0.942$$

则

$$A_s=\frac{M}{f_y\gamma_s h_0}=\frac{4.68\times10^6}{300\times0.942\times60}=230\ \text{mm}^2$$

（4）最小配筋率验算

$\rho_{\min}$取 0.2% 和 $0.45\ \dfrac{f_t}{f_y}$中的较大值，$0.45\ \dfrac{f_t}{f_y}=0.45\times\dfrac{1.27}{300}=0.191\%<0.2\%$，取 $\rho_{\min}=0.2\%$，则：

$$\rho_{\min}bh=0.2\%\times1000\times80=160\ \text{mm}^2<A_s=230\ \text{mm}^2$$

（5）选配钢筋、绘配筋图

查附表 10，选用Φ 8@180（$A_s=279\ \text{mm}^2$），配筋如图 4.13(b)所示。

【例 4.2】 已知某民用建筑钢筋混凝土矩形截面简支梁[图 4.14(a)]，安全等级为二级，处于一类环境，计算跨度 $l_0=6000\ \text{mm}$，截面尺寸 $b\times h=200\ \text{mm}\times500\ \text{mm}$，承受板传来永久荷载及梁的自重标准值 $g_k=15.0\ \text{kN/m}$，板传来的楼面活荷载标准值 $q_k=8.0\ \text{kN/m}$。选用 C30 混凝土和 HRB400 级钢筋，求该梁所需受拉钢筋面积并画出截面配筋简图。

【解】（1）确定基本参数

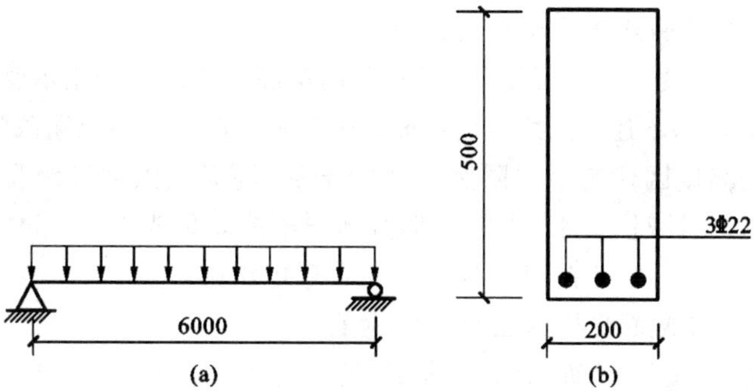

图 4.14　例 4.2 图

(a) 梁计算简图;(b) 梁配筋图

查表 4.4 和表 4.5 及附表 3 和附表 6 可知:C30 混凝土 $f_c=14.3\ \text{N/mm}^2$,$f_t=1.43\ \text{N/mm}^2$;HRB400 级钢筋,$f_y=360\ \text{N/mm}^2$;$\alpha_1=1.0$,$\xi_b=0.518$。查表 4.3 可知,一类环境,$c=20$ mm。假定钢筋单排布置,取 $a_s=35$ mm,$h_0=h-35=465$ mm。

(2) 内力计算

梁的计算简图如图 4.14(a)所示,可变荷载控制时,荷载分项系数为 $\gamma_G=1.2$,$\gamma_Q=1.4$,则梁上均布荷载设计值为:

$$p=\gamma_G g_k+\gamma_Q q_k=1.2\times15.0+1.4\times8.0=29.2\ \text{kN/m}$$

永久荷载控制时,荷载分项系数为 $\gamma_G=1.35$,$\gamma_Q=1.4$,组合系数 $\varphi_c=0.7$,则梁上均布荷载设计值为:

$$p=\gamma_G g_k+\varphi_c\gamma_Q q_k=1.35\times15.0+0.7\times1.4\times8.0=28.1\ \text{kN/m}$$

两者取大值,所以 $p=29.2$ kN/m。

跨中最大弯矩设计值为:

$$M=\gamma_0\frac{1}{8}pl_0^2=1.0\times\frac{1}{8}\times29.2\times6.0^2=131.4\ \text{kN}\cdot\text{m}$$

(3) 采用系数表格法计算钢筋截面面积

$$\alpha_s=\frac{M}{\alpha_1 f_c bh_0^2}=\frac{131.4\times10^6}{1.0\times14.3\times200\times465^2}=0.212$$

$$\xi=1-\sqrt{1-2\alpha_s}=1-\sqrt{1-2\times0.212}=0.241<\xi_b=0.518$$

$$\gamma_s=\frac{1+\sqrt{1-2\alpha_s}}{2}=\frac{1+\sqrt{1-2\times0.212}}{2}=0.880$$

$$A_s=\frac{M}{f_y\gamma_s h_0}=\frac{131.4\times10^6}{360\times0.880\times465}=892\ \text{mm}^2$$

(4) 最小配筋率验算

ρ_{min} 取 0.2% 和 $0.45f_t/f_y$ 中的较大值,$0.45\dfrac{f_t}{f_y}=0.45\times\dfrac{1.43}{360}=0.179\%<0.2\%$,取 $\rho_{min}=0.2\%$,则:

$$\rho_{min}bh=0.2\%\times200\times500=200\ \text{mm}^2<A_s=892\ \text{mm}^2$$

(5) 选配钢筋、绘配筋图

查附表 9,选用 3⏀22($A_s=1140\ \text{mm}^2$)。截面配筋简图如图 4.14(b)所示。

4.1.2.2　*双筋矩形截面梁正截面承载力计算*

双筋矩形截面梁是在受压区配置受压钢筋，利用钢筋来协助混凝土承受压力是不经济的。一般情况下，不建议采用双筋截面。但下列情况需采用双筋截面：

在线测试

① M 较大，截面高度因建筑净空限制而不能增加，混凝土强度等级受到施工条件所限不便提高，设计时 $\xi > \xi_b$，单筋矩形截面梁不能满足要求；

② 在不同荷载组合下，构件在同一截面受变号弯矩作用；

③ 由于构造需要，在截面受压区已配受压钢筋；

④ 配置一定数量的受压钢筋，有利于提高截面的延性，减小构件在荷载长期作用下的变形。

为保证受压区钢筋在受压过程中不发生失稳而向外鼓出，双筋矩形截面梁中的箍筋应采用封闭形式，间距不应大于 15 倍受压钢筋的最小直径或 400 mm；箍筋直径不应小于受压钢筋最大直径的 1/4；当受压钢筋多于 3 根时，应设复合箍筋；当受压钢筋多于 5 根且直径大于 18 mm时，箍筋间距不应大于 10 倍受压钢筋的最小直径。

(1) 双筋矩形截面梁正截面受力分析

双筋矩形截面梁正截面受弯破坏的受力机理与单筋矩形截面梁正截面受弯破坏的受力机理相似，不同之处是单筋矩形截面梁中和轴上部的受压作用全部由混凝土承担，双筋矩形截面梁中和轴上部的受压作用由混凝土和钢筋共同承担。

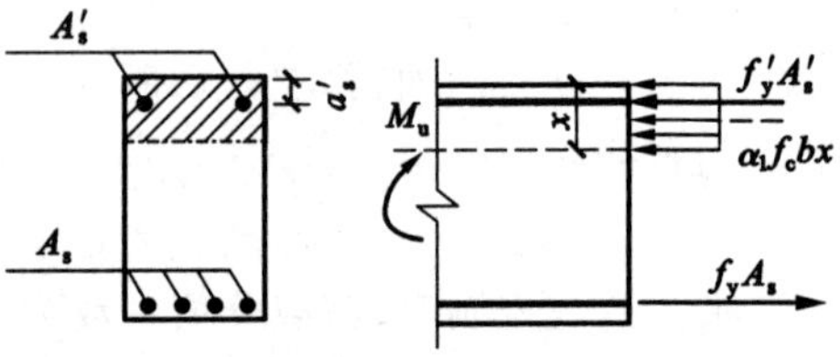

图 4.15　双筋矩形截面梁正截面受弯承载力计算简图

如图 4.15 所示，根据受力平衡，双筋矩形截面适筋梁正截面极限受弯承载力的计算公式为：

由 $\sum X = 0$ 得

$$f_y A_s = \alpha_1 f_c bx + f'_y A'_s \tag{4.14}$$

由 $\sum M = 0$ 得

$$M \leqslant M_u = \alpha_1 f_c bx\left(h_0 - \frac{x}{2}\right) + f'_y A'_s (h_0 - a'_s) \tag{4.15}$$

式中　f'_y——受压钢筋的抗压强度设计值；

A'_s——受压钢筋的截面面积；

a'_s——受压钢筋合力作用点至截面受压区边缘的距离。

(2) 适用条件

① $\xi \leqslant \xi_b$ 或 $x \leqslant \xi_b h_0$；

② $x \geqslant 2a'_s$。

双筋截面中的受拉钢筋通常面积较大，一般不需对最小配筋率进行验算。当不满足条件 $x \geqslant 2a'_s$ 时，表明此时受压钢筋不能达到其抗压强度设计值 f'_y。为简化设计，通常可近似地取 $x = 2a'_s$，正截面受弯承载力就可近似按式(4.16)进行计算。

$$M = f_y A_s (h_0 - a'_s) \tag{4.16}$$

(3) 双筋矩形截面梁正截面设计公式应用

① 截面设计(视受压钢筋 A'_s 是否已知，截面设计分为两种情况)

第一种情况：已知截面弯矩 M、混凝土强度等级及钢筋强度等级、构件截面尺寸(b、h)等，求所需的纵向受拉、受压钢筋截面面积 A_s 及 A'_s。

由于两个基本计算公式中含有 x、A'_s、A_s 共三个未知数，故需补充一个条件才能求解。一般引入的补充条件是：(A'_s+A_s)之和最小。工程中直接取 $\xi=\xi_b$ 可以使总用钢量最小。取 $\xi=\xi_b$ 后，则受压区高度为 $x=\xi_b h_0$，将此 x 代入式(4.15)，即可直接求得 A'_s；再将 x 和 A'_s 代入式(4.14)，即可求得 A_s。

第二种情况：已知截面弯矩 M、混凝土强度等级及钢筋强度等级、构件截面尺寸、纵向受压钢筋截面面积 A'_s 等，求所需的纵向受拉钢筋截面面积 A_s。

根据基本公式，求得 A_s 和 x(受压区高度)，若 $\xi>\xi_b$，表明原有的 A'_s 过小，可按 A'_s 未知(第一种情况)重新设计；若 $x<2a'_s$，则近似地按 $M=f_y A_s(h_0-a'_s)$ 计算 A_s。

② 截面复核

已知截面弯矩 M、混凝土强度等级及钢筋强度等级、截面尺寸(b、h)、纵向钢筋截面面积 A_s 和 A'_s 等，求截面抵抗弯矩 M_u。

根据基本公式直接求得受压区高度 x，由 x 得到 ξ($\xi=x/h_0$)，同时验算基本公式的两个适用条件，若满足适用条件，则将 x 代入式(4.12)，求得 M_u；若 $\xi>\xi_b$，可近似取 $x=x_b=\xi_b h_0$，求得 M_u；若 $x<2a'_s$，可近似按 $M_u=f_y A_s(h_0-a'_s)$ 计算 M_u。$M_u \geqslant M$ 时，截面受弯承载力满足要求；否则为不安全。

【例 4.3】 已知某钢筋混凝土矩形截面梁，截面尺寸 $b\times h=200\ \text{mm}\times 500\ \text{mm}$，安全等级为二级，处于二 a 类环境。选用 C30 和 HRB400 级钢筋，受拉钢筋为 6 ⌀ 22，受压钢筋为 3 ⌀ 22。如果该梁承受弯矩设计值 $M=300\ \text{kN}\cdot\text{m}$，复核截面是否安全。

【解】 (1) 确定基本参数

查表 4.4 和表 4.5 及附表 3 和附表 6 可知，C30 混凝土，$f_c=14.3\ \text{N/mm}^2$，$f_t=1.43\ \text{N/mm}^2$；HRB400 级钢筋，$f_y=f'_y=360\ \text{N/mm}^2$；$\alpha_1=1.0$，$\xi_b=0.518$。查附表 9 可知，$A_s=2281\ \text{mm}^2$，$A'_s=1140\ \text{mm}^2$。查表 4.3 可知，二 a 类环境，$c=25$ mm。

$$a_s=c+d+\frac{e}{2}=25+22+\frac{25}{2}=59.5\ \text{mm}$$

$$h_0=h-59.5=500-59.5=440.5\ \text{mm}$$

$$a'_s=c+\frac{d}{2}=25+\frac{22}{2}=36\ \text{mm}$$

(2) 计算 x

$$x=\frac{f_y A_s-f'_y A'_s}{\alpha_1 f_c b}=\frac{360\times 2281-360\times 1140}{1.0\times 14.3\times 200}=143.6\ \text{mm}$$

故 $x<\xi_b h_0=0.518\times 440.5=228.2$ mm，且 $x>2a'_s=2\times 36=72$ mm。满足公式适用条件。

(3) 计算极限承载力，复核截面

由式(4.15)得

$$\begin{aligned}M_u&=\alpha_1 f_c bx\left(h_0-\frac{x}{2}\right)+f'_y A'_s(h_0-a'_s)\\&=1.0\times 14.3\times 200\times 143.6\times\left(440.5-\frac{143.6}{2}\right)+360\times 1140\times(440.5-36)\\&=317.4\times 10^6=317.4\ \text{kN}\cdot\text{m}>300\ \text{kN}\cdot\text{m}\end{aligned}$$

该截面安全。

【例 4.4】 已知某钢筋混凝土矩形梁截面尺寸 $b\times h=200\ mm\times400\ mm$，采用 C30 混凝土，钢筋为 HRB400 级，构件安全等级二级，截面弯矩设计值 $M=180\ kN\cdot m$，试配置该截面钢筋。

【解】 (1) 确定基本参数

查表 4.4 和表 4.5 及附表 3 和附表 6 可知，C30 混凝土，$f_c=14.3\ N/mm^2$，$f_y=f_y'=360\ N/mm^2$，$\alpha_1=1.0$，$\xi_b=0.518$。因弯矩较大，受拉钢筋设为 2 排，取 $a_s=60\ mm$，$a_s'=40\ mm$，则 $h_0=h-a_s=400-60=340\ mm$。

(2) 确定最大弯矩

先按单筋截面考虑，所能承受的最大弯矩

$$\begin{aligned}M_u&=\alpha_1 f_c bh_0^2\xi_b(1-0.5\xi_b)\\&=1.0\times14.3\times200\times340^2\times0.518\times(1-0.5\times0.518)\\&=126902984.2\ N\cdot mm<M=180\ kN\cdot m\end{aligned}$$

故应按双筋截面进行设计。

(3) 计算配筋

为使总用钢量最少，取 $x=\xi_b h_0$，按式(4.15)得

$$A_s'=\frac{M-\alpha_1 f_c bh_0^2\xi_b(1-0.5\xi_b)}{f_y'(h_0-a_s')}=\frac{180\times10^6-126.9\times10^6}{360\times(340-40)}=491.7\ mm^2$$

由式(4.14)得

$$A_s=A_s'\frac{f_y'}{f_y}+\xi_b\frac{\alpha_1 f_c bh_0}{f_y}=491.7+\frac{0.518\times1.0\times14.3\times200\times340}{360}=1890.9\ mm^2$$

(4) 截面钢筋配置

查附表 9 可知，受压钢筋选用 2 ⌽ 18($A_s'=509\ mm^2>491.7\ mm^2$)，受拉钢筋选用 5 ⌽ 22 ($A_s=1900\ mm^2>1890.9\ mm^2$)，按两排布置。

【例 4.5】 一钢筋混凝土矩形梁截面尺寸 $b\times h=300\ mm\times600\ mm$，采用 C35 混凝土，钢筋为 HRB400 级，环境等级二 a 类，配有纵向受压钢筋 2 ⌽ 16，$A_s'=402\ mm^2$，受拉钢筋为 8 ⌽ 28，$A_s=4926\ mm^2$。求该梁所能承受的弯矩设计值 M_u。

【解】 (1) 确定基本参数

查表 4.4 和表 4.5 及附表 3 和附表 6，可知 C35 混凝土 $f_c=16.7\ N/mm^2$，$f_t=1.57\ N/mm^2$；HRB400 级钢筋 $f_y=f_y'=360\ N/mm^2$；$\alpha_1=1.0$，$\xi_b=0.518$。查表 4.3 可知，二 a 类环境，$c=25\ mm$，$a_s'=c+d/2=33\ mm$，纵向受拉钢筋布两排，$a_s=c+d+e/2=67\ mm$，$h_0=h-67=533\ mm$。

(2) 计算受压区高度

$$x=\frac{f_yA_s-f_y'A_s'}{\alpha_1 f_c b}=\frac{360\times4926-360\times402}{1.0\times16.7\times300}=325.08>\xi_b h_0=0.518\times533=276.1\ mm$$

说明该梁截面处于超筋状态，破坏属于脆性破坏，取 $x=\xi_b h_0=276.1\ mm$。

(3) 计算极限弯矩值

$$\begin{aligned}M_u&=\alpha_1 f_c bh_0^2\xi_b(1-0.5\xi_b)+f_y'A_s'(h_0-a_s')\\&=1.0\times16.7\times300\times533^2\times0.518\times(1-0.5\times0.518)+360\times402\times(533-33)\\&=618.67\ kN\cdot m\end{aligned}$$

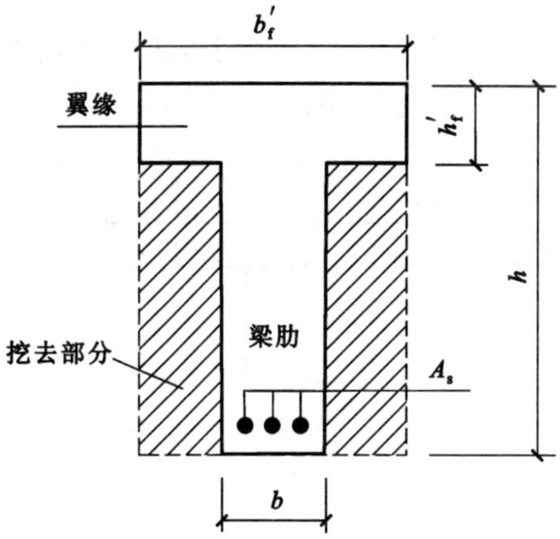

图 4.16　T 形截面的形成

4.1.2.3　T 形截面梁正截面承载力计算

在线测试

矩形截面梁受弯时，其受拉区开裂后，虽然裂缝截面受拉区的混凝土退出工作，对截面抵抗荷载的贡献几乎可以忽略，但能起到固定受拉钢筋的作用。因此，在能保证受拉钢筋位置的情况下，可以将受拉区的部分混凝土挖去，形成由翼缘（受压区伸出部分称受压翼缘，受拉区伸出部分称受拉翼缘）和腹板（扣除剩余部分，也称肋）构成的 T 形截面或 I 形截面（图 4.16），可以节省混凝土的用量，减轻自重。

（1）T 形截面梁的有效翼缘宽度 b_f'

对于 T 形截面而言，试验和理论分析均表明：整个翼缘混凝土的压应力分布是不均匀的，距离腹板越远，压应力值越小。因此，翼缘只能在一定范围内受压且压应力分布是不均匀的。因翼缘内压应力分布不均匀给计算带来麻烦，通常假定翼缘只在一定宽度内存在压应力且压应力均匀分布，并以该翼缘宽度作为翼缘的计算宽度，称有效翼缘宽度 b_f'，如图 4.17 所示。

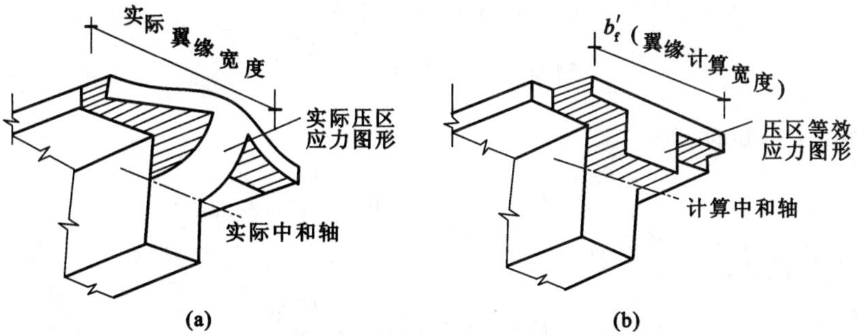

图 4.17　T 形截面受压翼缘压应力分布及简化

(a) 实际应力图形；(b) 等效应力分布

《混凝土结构设计标准》(GB/T 50010—2010)（2024 年版）给出了各种情况下的翼缘计算宽度 b_f' 的取值方法，具体如表 4.6 所示（计算 T 形梁翼缘宽度 b_f' 时应取表中有关各项中的最小值）。

表 4.6　T 形及倒 L 形截面受弯构件有效翼缘计算宽度 b_f'

项次	考虑情况	T 形、I 形截面		倒 L 形截面
		肋形梁（板）	独立梁	肋形梁（板）
1	按计算跨度 l_0 考虑	$l_0/3$	$l_0/3$	$l_0/6$
2	按梁（肋）净距 s_n 考虑	$b+s_n$	—	$b+s_n/2$
3	按翼缘高度 h_f' 考虑	$b+12h_f'$	b	$b+5h_f'$

注：① 表中 b 为梁的腹板厚度；

② 如肋形梁在梁跨内设有间距小于肋间距的横肋时，则可不考虑表中情况 3 的规定；

③ 加腋的 T 形、I 形和倒 L 形截面，当受压区加腋的高度 $h_h \geqslant h_f'$，且加腋的长度 $b_h \leqslant 3h_h$ 时，其翼缘计算宽度可按表中情况 3 的规定分别增加 $2b_h$（T 形、I 形截面）和 b_h（倒 L 形截面）；

④ 独立梁受压区的翼缘板在荷载作用下经验算沿纵肋方向可能产生裂缝时，其计算宽度应取腹板宽度 b。

(2) T 形截面梁的类型

采用有效翼缘宽度后，T 形截面受压区混凝土仍可按等效矩形应力图形考虑。根据中和轴所在位置的不同可分为两种类型(图 4.18)，受压翼缘的高度用 h'_f 表示。

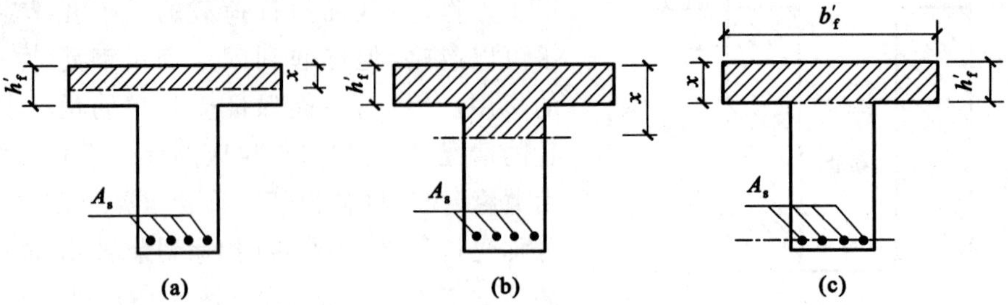

图 4.18 两类 T 形截面的分类

(a) $x<h'_f$，第一类 T 形截面；(b) $x>h'_f$，第二类 T 形截面；(c) $x=h'_f$，界限情况

第一类 T 形截面：中和轴在翼缘内，即 $x\leqslant h'_f$，受压区为矩形；

第二类 T 形截面：中和轴在腹板内，即 $x>h'_f$，受压区为 T 形。

(3) T 形截面梁类型的判别条件

临界情况：$x=h'_f$，根据受力平衡条件 $\sum X=0$、$\sum M=0$ 有：

$$f_y A_s=\alpha_1 f_c b'_f h'_f \tag{4.17}$$

$$M=\alpha_1 f_c b'_f h'_f\left(h_0-\frac{h'_f}{2}\right) \tag{4.18}$$

在设计时弯矩 M 已知时，若：

$$M\leqslant\alpha_1 f_c b'_f h'_f\left(h_0-\frac{h'_f}{2}\right) \tag{4.19}$$

则为第一类 T 形截面；若：

$$M>\alpha_1 f_c b'_f h'_f\left(h_0-\frac{h'_f}{2}\right) \tag{4.20}$$

则为第二类 T 形截面。

(4) T 形截面梁正截面受力分析

① 第一类 T 形截面梁正截面受力分析

第一类 T 形截面梁与截面尺寸为 $b'_f\times h$ 的单筋矩形截面梁受力性能相同，按 $b'_f\times h$ 的单筋矩形截面梁计算。计算公式为：

由 $\sum X=0$ 得

$$f_y A_s=\alpha_1 f_c b'_f x \tag{4.21}$$

由 $\sum M=0$ 得

$$M\leqslant M_u=\alpha_1 f_c b'_f x\left(h_0-\frac{x}{2}\right)=f_y A_s\left(h_0-\frac{x}{2}\right) \tag{4.22}$$

公式适用条件为：

a. $\rho=\dfrac{A_s}{bh_0}\leqslant\rho_{max}$——防止发生超筋破坏

由于第一类 T 形截面的中和轴位于受压翼缘内，对于绝大多数的 T 形截面来说，翼缘的厚度要远远小于其截面高度，所以这一项自动满足，不必验算。

b. $\rho=\frac{A_s}{bh}\geqslant\rho_{min}$——防止发生少筋破坏

必须注意：此处 ρ 是针对梁肋部计算的，而不是针对 $b'_f\times h$ 的矩形截面。这是因为最小配筋率是按照纵向受力钢筋屈服时的弯矩和开裂弯矩相等的原则确定的。开裂弯矩主要取决于受拉区混凝土的面积。

② 第二类 T 形截面梁正截面受力分析

第二类 T 形截面梁的受力和双筋矩形截面类似，腹板宽度以外的受压翼缘的受压作用相似于双筋矩形截面梁中受压区钢筋的受压作用。

基本计算公式为：

由 $\sum X=0$ 得

$$f_yA_s=\alpha_1f_cbx+\alpha_1f_c(b'_f-b)h'_f \tag{4.23}$$

由 $\sum M=0$ 得

$$M\leqslant M_u=\alpha_1f_cbx\left(h_0-\frac{x}{2}\right)+\alpha_1f_c(b'_f-b)h'_f\left(h_0-\frac{h'_f}{2}\right) \tag{4.24}$$

第二类 T 形截面梁达到极限承载力时抗弯承载力 M_u 由两部分组成，如图 4.19 所示。

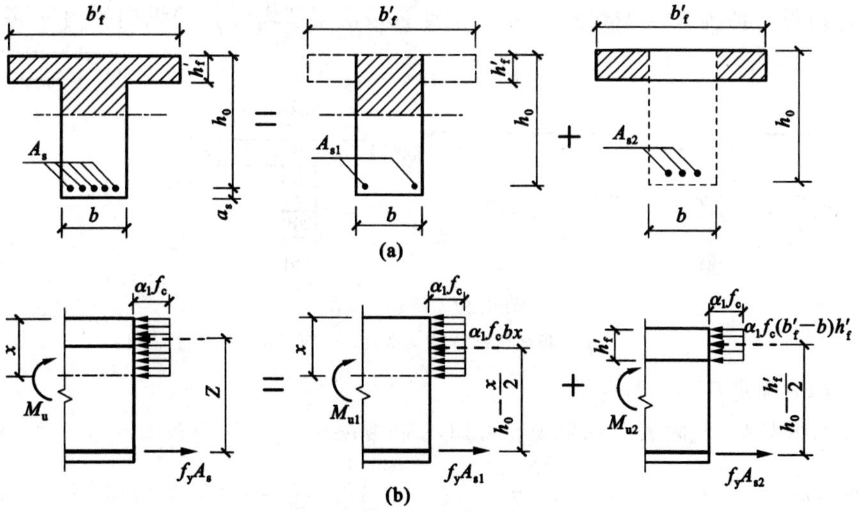

图 4.19　第二类 T 形截面计算简图

腹板宽度内受压区混凝土的压应力和受拉区钢筋的一部分 A_{s1} 的拉应力形成的抵抗弯矩 M_{u1}：

由 $\sum X=0$ 得

$$f_yA_{s1}=\alpha_1f_cbx \tag{4.25}$$

由 $\sum M=0$ 得

$$M_{u1}=\alpha_1f_cbx\left(h_0-\frac{x}{2}\right)=f_yA_{s1}\left(h_0-\frac{x}{2}\right) \tag{4.26}$$

腹板宽度以外受压翼缘的压应力和受拉区钢筋的一部分 A_{s2} 的拉应力形成的抵抗弯

矩 M_{u2}：

由 $\sum X=0$ 得

$$f_y A_{s2}=\alpha_1 f_c(b'_f-b)h'_f \tag{4.27}$$

由 $\sum M=0$ 得

$$M_{u2}=\alpha_1 f_c(b'_f-b)h'_f\left(h_0-\frac{h'_f}{2}\right)=f_y A_{s2}\left(h_0-\frac{h'_f}{2}\right) \tag{4.28}$$

公式适用条件为：

① $\rho=\dfrac{A_{s1}}{bh_0}\leqslant\rho_{max}$——防止发生超筋破坏；对于第二类 T 形截面，此处用 A_{s1} 计算 ρ。

② $\rho=\dfrac{A_s}{bh}\geqslant\rho_{min}$——防止发生少筋破坏；对于第二类 T 形截面，纵向受拉钢筋用量一般较大，多数情况下自动满足，不必验算。

(5) T 形截面梁正截面承载力计算

其计算方法与双筋矩形截面适筋梁正截面承载力计算方法相同，此处不再赘述。

【例 4.6】 已知某现浇肋形楼盖的次梁，计算跨度为 $l_0=6000$ mm，间距为 2400 mm，梁板截面如图 4.20(a)所示，安全等级为二级，处于一类环境，选用 C30 混凝土和 HRB400 级钢筋。承受弯矩设计值为 $M=160$ kN·m。试计算该次梁所需配置的纵向受力钢筋。

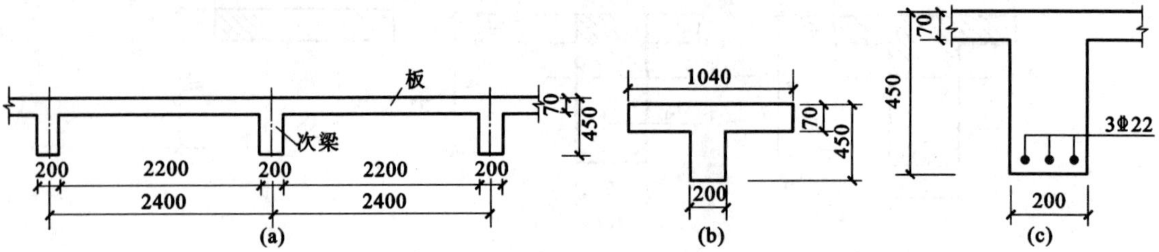

图 4.20 例题 4.6 图

(a) 梁板截面；(b) 次梁截面；(c) 配筋简图

【解】 (1) 确定基本参数

查表 4.4 和表 4.5 及附表 3 和附表 6 可知，C30 混凝土 $f_c=14.3$ N/mm²，$f_t=1.43$ N/mm²；HRB400 级钢筋，$f_y=360$ N/mm²；$\alpha_1=1.0$，$\xi_b=0.518$；$\rho_{min}=0.2\%>0.45\dfrac{f_t}{f_y}=0.45\times\dfrac{1.43}{360}=0.179\%$，取 $a_s=35$ mm，$h_0=450-35=415$ mm。

(2) 确定受压翼缘宽度

按计算跨度考虑：

$$b'_f=\frac{l_0}{3}=\frac{6000}{3}=2000\ \text{mm}$$

按梁净距 s_n 考虑：

$$b'_f=s_n+b=(2400-200)+200=2400\ \text{mm}$$

按翼缘厚度 h'_f 考虑：

$$b'_f=b+12h'_f=200+12\times70=1040\ \text{mm}$$

b'_f 取三者的最小值，所以 $b'_f=1040$ mm，该次梁计算截面尺寸如图 4.20(b)所示。

(3) 判断截面类型

当 $x=h'_f$ 时

$$\alpha_1 f_c b'_f h'_f\left(h_0-\frac{h'_f}{2}\right)=1.0\times14.3\times1040\times70\times\left(415-\frac{70}{2}\right)$$
$$=395.6\times10^6\ \text{N}\cdot\text{mm}=395.6\ \text{kN}\cdot\text{m}>160\ \text{kN}\cdot\text{m}$$

属于第一类 T 形截面。可以按矩形截面 $b'_f\times h=1040\ \text{mm}\times450\ \text{mm}$ 计算。

(4) 计算受拉钢筋的面积

由式(4.22)得

$$x=h_0\left(1-\sqrt{1-\frac{2M}{\alpha_1 f_c b'_f h_0^2}}\right)=415\times\left(1-\sqrt{1-\frac{2\times160\times10^6}{1.0\times14.3\times1040\times415^2}}\right)=26.8\ \text{mm}$$

由式(4.21)得

$$A_s=\frac{\alpha_1 f_c b'_f x}{f_y}=\frac{1.0\times14.3\times1040\times26.8}{360}=1107.1\ \text{mm}^2$$

(5) 选配钢筋及绘配筋图。查附表 9,受拉钢筋选用 3Φ22($A_s=1140\ \text{mm}^2$),配筋简图如图 4.20(c)所示。

4.1.3 受弯构件斜截面承载力计算

4.1.3.1 无腹筋梁斜截面承载力

梁在跨中配有足够纵向受力钢筋保证正截面抗弯承载力,梁在剪力和弯矩的联合作用下弯剪段发生斜截面破坏,根据剪跨 a 与梁有效高度 h_0 的比值 λ(剪跨比)的不同,简支无腹筋梁斜截面剪切破坏将出现三种不同的形态,如图4.21所示。

在线测试

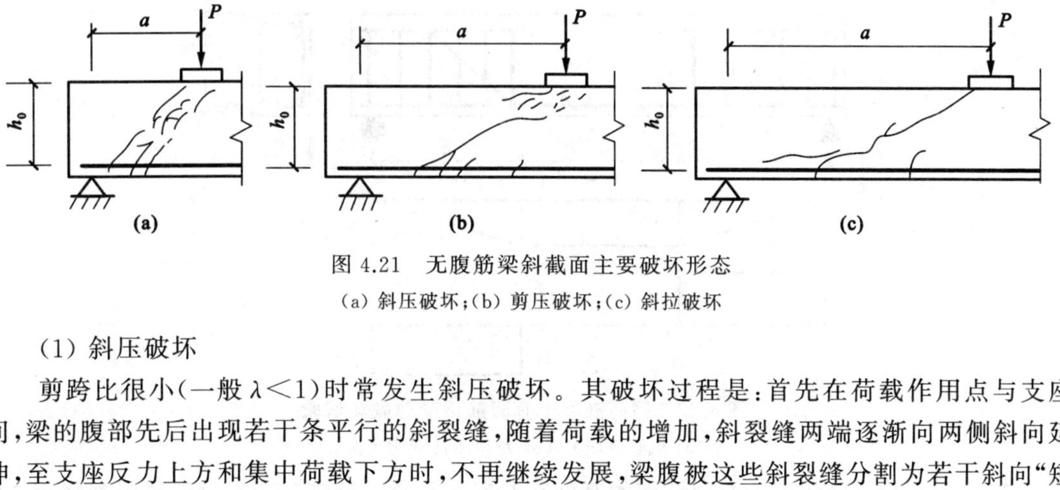

图 4.21 无腹筋梁斜截面主要破坏形态

(a) 斜压破坏;(b) 剪压破坏;(c) 斜拉破坏

(1) 斜压破坏

剪跨比很小(一般 $\lambda<1$)时常发生斜压破坏。其破坏过程是:首先在荷载作用点与支座间,梁的腹部先后出现若干条平行的斜裂缝,随着荷载的增加,斜裂缝两端逐渐向两侧斜向延伸,至支座反力上方和集中荷载下方时,不再继续发展,梁腹被这些斜裂缝分割为若干斜向"短柱",最后因斜向"短柱"压碎而破坏。斜向"短柱"区混凝土自上而下有受压剥落现象。

这种变形很小,亦属于脆性破坏,斜压破坏的破坏荷载很高。

(2) 剪压破坏

这种破坏发生在剪跨比适中(一般 $1\leqslant\lambda\leqslant3$)时。其破坏过程是:当加载到一定阶段时,弯剪段出现斜裂缝中的某一条发展成为临界斜裂缝;临界斜裂缝的尖端向斜上方缓慢延伸,至集中荷载下方时,不再继续发展,荷载继续增加,临界斜裂缝顶端与梁顶之间(称为剪压区)的混凝土在剪压作用下破坏，且有受压剥落现象。

这种破坏有一定的预兆，破坏荷载比出现斜裂缝时的荷载高。但与适筋梁的正截面破坏相比，剪压破坏仍属于脆性破坏。

(3) 斜拉破坏

剪跨比较大(一般 $\lambda>3$)时常发生斜拉破坏，其破坏过程是：斜裂缝一旦出现，便迅速向集中荷载作用点延伸，并很快形成临界斜裂缝，临界斜裂缝向斜上方延伸的过程中，始终位于集中荷载外侧，使梁被斜向拉断，混凝土没有受压剥落现象。整个破坏过程急速而突然，破坏荷载与出现斜裂缝时的荷载相当接近，破坏前梁的变形很小，并且往往只有一条斜裂缝，同时沿纵筋产生劈裂裂缝，破坏具有明显的脆性。

上述三种破坏均为脆性破坏，斜拉破坏最为突出，斜压破坏次之，剪压破坏稍好。斜压破坏时受剪承载力较高，剪压破坏时受剪承载力适中，斜拉破坏时受剪承载力较低。

除上述主要的斜截面剪切破坏形态外，还有可能发生纵向钢筋在梁端锚固不足而引起的锚固破坏或混凝土局部受压破坏，如果纵向受拉钢筋弯起不当，也有可能发生斜截面弯曲破坏。

对于承受集中荷载作用的梁而言，剪跨比是影响其斜截面受力性能的主要因素之一，随着剪跨比的增大，受剪承载力下降；混凝土强度等级越高，斜截面受剪承载力越大；纵向钢筋配筋率越大，斜截面承载力也越大；截面形状、有无轴向力等因素对斜截面受剪承载力也有影响。

4.1.3.2 有腹筋梁斜截面承载力计算

(1) 有腹筋梁斜截面受力性能

根据图 4.22 钢筋混凝土有腹筋梁受剪破坏试验得出，有腹筋梁的斜截面破坏形态大体上与无腹筋梁斜截面破坏形态相同，也分为斜压破坏、剪压破坏和斜拉破坏三种情况。

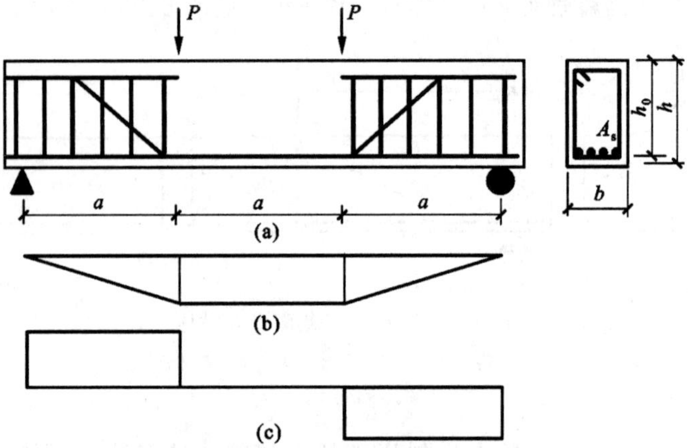

图 4.22 钢筋混凝土有腹筋梁受剪破坏试验

(a) 试验原理图；(b) 弯矩图；(c) 剪力图

箍筋和弯起钢筋的配置对斜截面的开裂荷载影响很小。箍筋和弯起钢筋与斜裂缝相交时可以有效地抑制斜裂缝的发展，提高梁的抗剪能力。从受力上看，箍筋最好布置成与梁轴线成30°～45°角，以便与梁腹部的主拉应力方向重合，但为了施工方便，工程上一般都采用垂直的箍筋。弯起钢筋的施工较为困难，且受力(弯折点)存在明显的应力集中现象，容易产生劈裂裂缝。此外，弯起钢筋对限制裂缝宽度作用不大，所以常与箍筋一起使用。弯起钢筋可由纵筋弯起而成，也可单独设置。

配箍率的大小对破坏形态有明显的影响：如果箍筋太少，则不足以承担斜裂缝面混凝土卸载的拉应力，斜裂缝一出现，箍筋就达到屈服，其受力性能与无腹筋梁类似；如果箍筋配置适量，斜裂缝出现后，可由箍筋来承受斜裂缝面上混凝土卸载的拉应力，荷载可以继续增大，箍筋的应力不断发展，最后达到屈服，剪压区的剪应力和压应力迅速增大，最终产生剪压破坏；但在箍筋屈服之前，斜裂缝间的混凝土就因为压应力过大而产生斜压破坏，此时增大配箍率对承载力没有影响了。

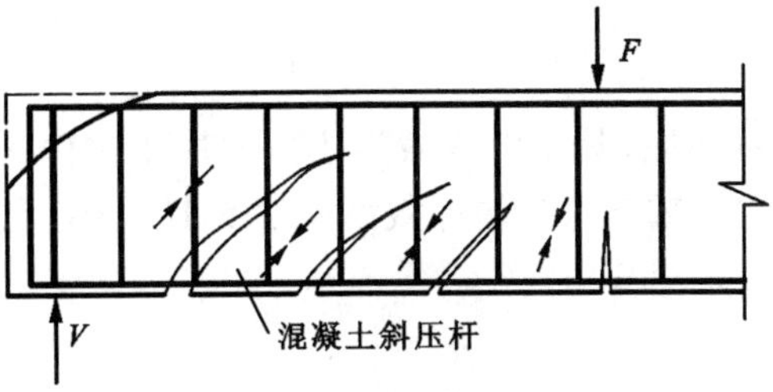

图 4.23　有腹筋梁的剪力传递

根据试验发现，有腹筋梁在开裂前构件的受力性能与无腹筋梁相似，主要由混凝土传递剪力，腹筋中的应力很小。构件开裂后，配置箍筋可以有效地提高梁的斜截面受剪承载力。此时，形成"桁架体系"，把剪力传递到支座上（图 4.23）。箍筋和混凝土斜压杆分别成为桁架的受拉腹杆和受压腹杆，纵向受拉钢筋成为桁架的受拉弦杆，剪压区混凝土则成为桁架的受压弦杆。

（2）斜截面承载力计算公式

梁斜截面受剪的三种破坏均属脆性破坏。其中，斜压破坏是因为梁截面尺寸过小引起的，可以用控制梁截面尺寸加以防止；斜拉破坏是由于梁内无腹筋或腹筋过少引起的，因此可以用配置一定数量的箍筋并保证箍筋间距来防止；剪压破坏应通过抗剪承载力计算给予保证。抗剪承载力以剪压破坏为基础进行分析，由三个部分组成：截面混凝土的抗剪承载力（V_c）；箍筋的抗剪承载力（V_{sv}）；弯起钢筋的抗剪承载力（V_{sb}）。简支有腹筋梁斜截面抗剪承载力公式为：

$$V \leqslant V_u = V_c + V_{sv} + V_{sb} \tag{4.29}$$

《混凝土结构设计标准》(GB/T 50010—2010)(2024 年版)给出仅配箍筋的矩形、T 形、I 形截面受弯构件的斜截面承载力公式为：

$$V \leqslant V_u = \alpha_{cv} f_t b h_0 + f_{yv} \frac{A_{sv}}{s} h_0 \tag{4.30}$$

式中　α_{cv}——截面混凝土受剪承载力系数，对于一般受弯构件取 0.7；对集中荷载作用下（包括作用有多种荷载，其中集中荷载对支座截面或节点边缘所产生的剪力值占总剪力的 75%以上的情况）的独立梁，取 α_{cv} 为 $\frac{1.75}{1+\lambda}$；λ 为计算截面的剪跨比，可取 λ 等于 $\frac{a}{h_0}$，当 λ 小于 1.5 时，取 1.5，当 λ 大于 3 时，取 3，a 取集中荷载作用点至支座截面或节点边缘的距离；

f_{yv}——箍筋的抗拉强度设计值；

A_{sv}——配筋在同一截面内箍筋各肢的全部截面面积，即 nA_{sv1}，此处 n 为在同一截面内箍筋的肢数，A_{sv1} 为单肢箍筋的截面面积。

式(4.30)中第一项为混凝土的抗剪承载力，取值为无腹筋梁的抗剪承载力，由于无腹筋梁的抗剪承载力取的是下限值（在设计荷载下，不会开裂，开裂后所能承担的荷载高于设计荷载），所以，第一项取值偏低；配置腹筋后，由于腹筋能限制斜裂缝的发展，使混凝土的抗剪承载力提高，因此第二项箍筋的抗剪承载力公式中含有对混凝土抗剪承载力的提高部分，公式中取值偏低是基于设计安全的考虑。

配置弯起钢筋和箍筋的受弯构件的斜截面抗剪承载力公式为：

$$V \leqslant V_u = V_c + V_{sv} + 0.8 f_y A_{sb} \sin\alpha_s \tag{4.31}$$

式中 0.8——考虑到弯起钢筋位于斜裂缝顶端时达不到屈服强度而引入的修正系数；

A_{sb}——同一截面内的弯起钢筋的截面面积；

α_s——斜截面上弯起钢筋的切线与构件纵轴线的夹角。

(3) 斜截面承载力公式的适用条件

① 抗剪承载力的上限值——最小截面尺寸

当发生斜压破坏时，梁腹的混凝土被压碎、箍筋不屈服，其受剪承载力主要取决于构件的截面尺寸及混凝土强度。因此，为防止斜压破坏的发生，需要保证构件截面尺寸不小于最小截面尺寸要求。受弯构件的最小截面尺寸应满足下列要求：

当$\dfrac{h_w}{b} \leqslant 4$时

$$V \leqslant 0.25\beta_c f_c b h_0 \tag{4.32}$$

当$\dfrac{h_w}{b} \geqslant 6$时

$$V \leqslant 0.2\beta_c f_c b h_0 \tag{4.33}$$

当$4 < \dfrac{h_w}{b} < 6$时，按线性插值法确定。

式中 V——构件斜截面上的最大剪力设计值；

β_c——高强混凝土的强度折减系数，当混凝土强度等级不大于 C50 时，取$\beta_c = 1.0$；当混凝土强度等级为 C80 时，取$\beta_c = 0.8$，其间按线性插值法确定；

h_w——截面的腹板高度，矩形截面取h_0，T 形截面取$(h_0 - h'_f)$，I 形截面取腹板净高；

f_c——混凝土轴心抗压设计值。

② 抗剪承载力的下限值——最小配箍率及间距、直径

若箍筋的配筋率过小或箍筋间距过大，在λ较大时一旦出现斜裂缝，可能使箍筋迅速屈服甚至拉断，导致斜拉破坏。此外，若箍筋直径过小，也不能保证钢筋骨架的刚度。因此，配箍率应满足：

$$\rho_{sv} = \frac{A_{sv}}{bs} \geqslant \rho_{sv,\min} = 0.24\frac{f_t}{f_{yv}} \tag{4.34}$$

为了控制裂缝宽度并保证有必要数量的箍筋穿越斜裂缝，最大箍筋间距s_{max}和箍筋的最小直径d_{min}应符合表 4.7 规定。

表 4.7 梁中箍筋的最大间距 s_{max} 和最小直径 d_{min}(mm)

梁高 h	$V > 0.7 f_t b h_0$	$V \leqslant 0.7 f_t b h_0$	最小直径
$150 < h \leqslant 300$	150	200	6
$300 < h \leqslant 500$	200	300	6
$500 < h \leqslant 800$	250	350	6
$h > 800$	300	400	8

(4) 计算截面的确定

控制梁斜截面受剪承载力的应该是剪力设计值较大而受剪承载力较小或截面抗力变化处

的斜截面。计算截面一般取：

① 支座边缘处的截面[图 4.24(a)、图 4.24(b)中的截面 1—1]；

② 受拉区弯起钢筋弯起点处的截面[图 4.24(a)截面中的 2—2、3—3]；

③ 箍筋截面面积或间距改变处的截面[图 4.24(b)截面中的 4—4]；

④ 腹板宽度改变处的截面。

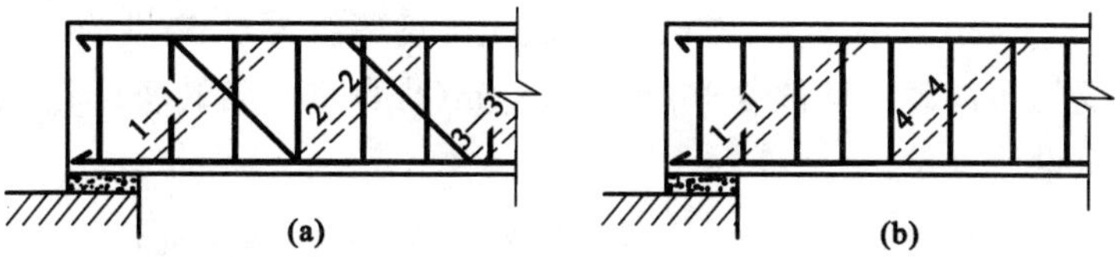

图 4.24　斜截面受剪承载力剪力设计值的计算截面

【例 4.7】 一根钢筋混凝土矩形截面简支梁，梁截面尺寸 $b\times h=250\ \text{mm}\times 500\ \text{mm}$，由集中力作用在梁端产生的剪力设计值为 96.5 kN，剪跨比 $\lambda=5.0$，已在梁的跨中配置了纵向钢筋(5 Φ 20)，混凝土采用 C30，箍筋采用 HPB300 钢筋，求所需的箍筋数量。

【解】 (1) 确定基本参数

查表 4.4 和表 4.5 及附表 3 和附表 6，可知 C30 混凝土 $f_c=14.3\ \text{N/mm}^2$，$f_t=1.43\ \text{N/mm}^2$，$\alpha_1=1.0$，$\beta_c=1.0$，钢筋的设计强度 $f_y=360\ \text{N/mm}^2$，$\xi_b=0.518$，取 $a_s=60$ mm，则 $h_0=h-a_s=500-60=440$ mm。

(2) 复核截面尺寸

$\dfrac{h_w}{b}=\dfrac{440}{250}=1.76<4$，由式(4.32)得

$$0.25\beta_c f_c bh_0=0.25\times1.0\times14.3\times250\times440=393250\ \text{N}>96500\ \text{N}$$

截面尺寸满足要求。

(3) 验算是否需要按计算配置箍筋

由于 $\lambda=5>3$，取 $\lambda=3$，则有：

$$\frac{1.75}{\lambda+1}f_t bh_0=\frac{1.75}{3+1}\times1.43\times250\times440=68818\ \text{N}<96500\ \text{N}$$

所以需要按计算配置箍筋。

(4) 计算箍筋数量

由式(4.30)得

$$V\leqslant\frac{1.75}{\lambda+1}f_t bh_0+f_{yv}\frac{A_{sv}}{s}h_0$$

$$\frac{A_{sv}}{s}\geqslant\frac{V-\dfrac{1.75}{\lambda+1}f_t bh_0}{f_{yv}h_0}=\frac{96500-68818}{270\times440}=0.233\ \text{mm}$$

选直径为 8 mm 的双肢箍，$A_{sv1}=50.3\ \text{mm}^2$，$n=2$，则

$$s\leqslant\frac{2\times50.3}{0.233}=432\ \text{mm}$$

查表 4.7 得，$s_{max}=200$ mm，故取 $s=200$ mm，即箍筋采用Φ 8@200，沿梁长均匀布置。

(5) 验算最小配筋率

$$\rho_{sv}=\frac{nA_{sv1}}{bs}=\frac{2\times50.3}{250\times200}=0.2\%\geq\rho_{sv,min}=0.24\frac{f_t}{f_{yv}}=0.24\times\frac{1.43}{270}=0.127\%$$

故满足要求。

【例 4.8】 如图 4.25 所示，一两端支承在砖墙上的钢筋混凝土矩形截面简支梁，$b\times h=250\text{ mm}\times500\text{ mm}$，$a_s=60\text{ mm}$，$a_s'=35\text{ mm}$，混凝土强度等级为 C25，纵筋采用 HRB400，箍筋采用 HPB300，承受均布荷载设计值 $g+q=60\text{ kN/m}$(含自重)，梁的净跨 l_n 为 5 m，计算跨度 l_0 为 5.24 m。要求设计该梁。

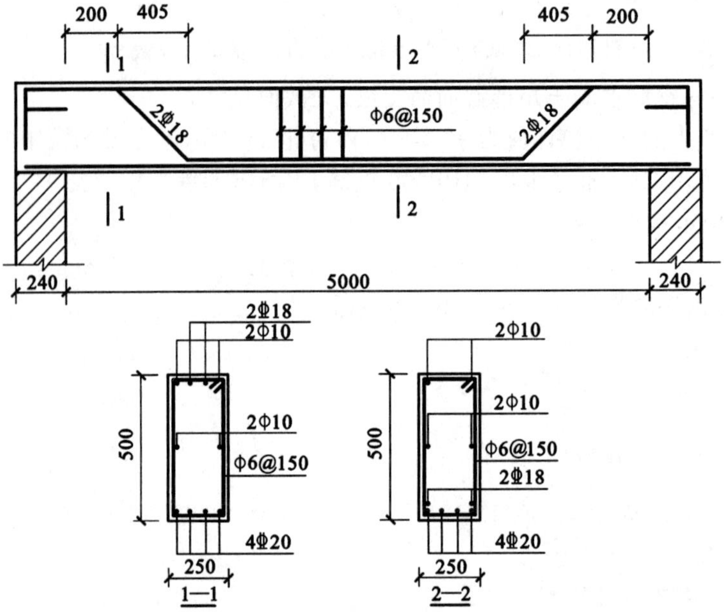

图 4.25 例 4.8 配筋图

【解】 (1) 确定基本参数

查表 4.4 和表 4.5 及附表 3 和附表 6 可知，C25 混凝土，$f_c=11.9\text{ N/mm}^2$，$f_t=1.27\text{ N/mm}^2$，$f_{yv}=270\text{ N/mm}^2$，$f_y=360\text{ N/mm}^2$，$\alpha_1=1.0$，$\beta_c=1.0$，$\xi_b=0.518$，$h_0=h-a_s=440\text{ mm}$。

(2) 计算内力

跨中最大弯矩为：

$$M=\frac{1}{8}(g+q)l_0^2=\frac{1}{8}\times60\times5.24^2=206\text{ kN}\cdot\text{m}$$

支座边缘最大剪力为：

$$V=\frac{1}{2}(g+q)l_n=\frac{1}{2}\times60\times5=150\text{ kN}$$

(3) 验算截面限制条件

$\frac{h_w}{b}=\frac{440}{250}=1.76<4$，属于一般梁，则由式(4.32)得

$$0.25\beta_c f_c bh_0=0.25\times1.0\times11.9\times250\times440=327250>150000\text{ N}$$

截面尺寸满足要求。

(4) 正截面承载力计算

① 判别是否需设计成双筋梁

单筋截面所承受的最大弯矩为：

$$\begin{aligned} M_{max} &= \alpha_1 f_c b h_0^2 \xi_b (1-0.5\xi_b) \\ &= 1.0\times 11.9\times 250\times 440^2\times 0.518\times (1-0.5\times 0.518) \\ &= 221100000\ \text{N}\cdot\text{mm} = 221\ \text{kN}\cdot\text{m} > M = 206\ \text{kN}\cdot\text{m} \end{aligned}$$

不需要设计成双筋梁。

② 计算所需纵筋面积

$$\alpha_s = \frac{M}{a_1 f_c b h_0^2} = \frac{206\times 10^6}{1.0\times 11.9\times 250\times 440^2} = 0.3577$$

$$\xi = 1-\sqrt{1-2\alpha_s} = 1-\sqrt{1-2\times 0.3577} = 0.467 < \xi_b = 0.518$$

$$A_s = \frac{\alpha_1 f_c b h_0 \xi}{f_y} = \frac{1.0\times 11.9\times 250\times 440\times 0.467}{360} = 1698\ \text{mm}^2$$

③ 验算最小配筋率

选 4 Φ 20+2 Φ 18(A_s=1765 mm²)，则

$$\rho = \frac{A_s}{bh} = \frac{1765}{250\times 500} = 1.4\% > \rho_{min} = 0.20\%$$

且大于 $0.45\dfrac{f_t}{f_y} = 0.45\times\dfrac{1.27}{360} = 0.159\%$，满足要求。

(5) 斜截面承载力计算

① 验算是否需要按计算配置箍筋

$$0.7 f_t b h_0 = 0.7\times 1.27\times 250\times 440 = 97790\ \text{N} < V = 150000\ \text{N}$$

② 配置箍筋及弯起钢筋

根据所配纵向钢筋，设弯起 2 Φ 18 纵筋作为弯起钢筋，$A_{sb}=509$ mm²，$\alpha_s=45°$。根据式(4.30)、式(4.31)有：

$$V \leqslant 0.7 f_t b h_0 + f_{yv}\frac{A_{sv}}{s}h_0 + 0.8 f_y A_{sb}\sin\alpha_s$$

即

$$150000 \leqslant 97790 + 270\times\frac{A_{sv}}{s}\times 440 + 0.8\times 360\times 509\times 0.707$$

由上式解得$\dfrac{A_{sv}}{s}=-0.43<0$，故按构造要求及最小配箍率配置箍筋。取直径 6 mm 的双肢箍，$A_{sv1}=28.3$ mm²，$n=2$，则

$$\rho_{sv} = \frac{nA_{sv1}}{bs} = \frac{2\times 28.3}{250\times s} \geqslant \rho_{sv,min} = 0.24\frac{f_t}{f_{yv}} = 0.24\times\frac{1.27}{270}$$

解得 $s \leqslant 156$ mm，取 $s=150$ mm，满足 $s<s_{max}=200$ mm。

③ 验算纵筋弯起点处斜截面承载力

纵筋弯起点处剪力为 V_1，弯起钢筋的水平投影长度为：

$$s_b = h - a_s - a'_s = 500 - 60 - 35 = 405 \text{ mm}$$

$$V_1 = \frac{1}{2}(g+q)l_1 = \frac{1}{2} \times 60 \times (5 - 2 \times 0.605) = 113.7 \text{ kN}$$

配置ϕ6@150，箍筋所能承受的剪力为：

$$V = V_{cs} = 0.7 f_t b h_0 + f_{yv} \frac{nA_{sv}}{s} h_0 = 97790 + 270 \times \frac{2 \times 28.3}{150} \times 440$$

$$= 142617 \text{ N} = 143 \text{ kN} > V_1 = 114 \text{ kN(满足抗剪要求)}$$

该梁配筋如图 4.25 所示。

4.1.3.3 纵向钢筋的截断和弯起

在进行梁的设计中，纵向钢筋和箍筋通常都是由控制截面的内力根据正截面和斜截面的承载力计算公式决定的。如果按最不利内力计算的纵向钢筋既不弯起也不截断，沿梁通长布置，必然会满足任一截面上的承载力要求。这种纵向钢筋沿梁通长布置的配筋方式构造虽然简单，但钢筋强度没有得到充分利用，是不够经济的。在实际工程中，常将一部分纵向钢筋弯起，有时也会将多余的钢筋截断。这就需要根据正截面和斜截面的受弯承载力来确定纵向钢筋的弯起点和截断点的位置。

在线测试

(1) 材料抵抗弯矩图

材料抵抗弯矩图又称 M_R 图，是按照梁实配的纵向钢筋的数量计算并画出的各截面所能抵抗的弯矩图形。

抵抗弯矩可近似由下式求出：

$$M_R = f_y A_s h_0 \left(1 - 2\frac{\rho f_y}{2\alpha_1 f_c}\right) \tag{4.35}$$

式中 M_R——总的抵抗弯矩值；

A_s——实际配置的纵向受拉钢筋截面面积。

其中每根钢筋的抵抗弯矩值，可近似按相应的钢筋截面面积与总受拉钢筋面积比分配，即：

$$M_{Ri} = \frac{A_{si}}{A_s} M_R \tag{4.36}$$

式中 A_{si}——任意一根纵向钢筋的截面面积；

M_{Ri}——任意一根纵向钢筋的抵抗弯矩值。

图 4.26 所示为一承受均布荷载的简支梁，设计弯矩图为 aOb，根据 O 点最大弯矩计算所需纵向受拉钢筋需要 4Φ20。钢筋若是通长布置，则按照定义，抵抗弯矩图是矩形 $aa'b'b$。由图 4.26可见，抵抗弯矩图完全包住了设计弯矩图，所以梁各截面正截面和斜截面受弯承载力都满足。显然在设计弯矩图与抵抗弯矩图之间钢筋强度有富余，且受力弯矩越小，钢筋强度富余就越多。为了节省钢材，可以将其中一部分纵向受拉钢筋在保证正截面和斜截面受弯承载力的条件下弯起或截断。

如图 4.27 所示，根据钢筋面积比划分出各钢筋所能抵抗的弯矩。分界点为 l 点，$l-n$ 是①号钢筋(2Φ20)所抵抗的弯矩；$l-m$ 是②号钢筋(2Φ20)所抵抗的弯矩值。现拟将①号钢筋截断，首先过点 l 画一条水平线，该线与设计弯矩图的交点为 e、f，其中对应的截面为 E、F，在 E、F 截面处为①号钢筋的"理论截断点"，同时也是余下的②号钢筋的"充分利用点"，因为在 e、f

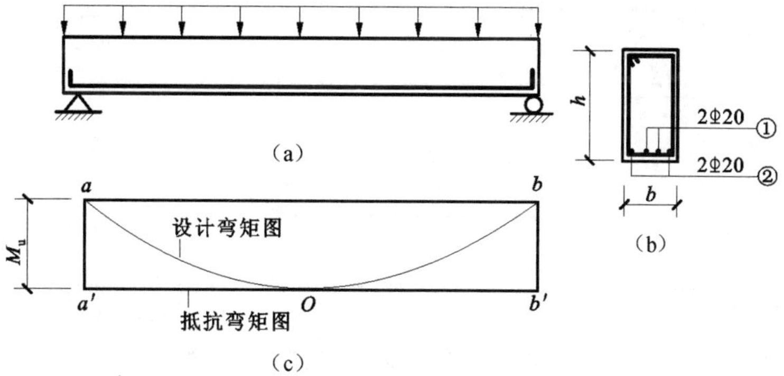

图 4.26　承受均布荷载的简支梁抵抗弯矩图

(a)荷载布置图;(b)配筋图;(c)抵抗弯矩图

处的抵抗弯矩恰好与设计弯矩值相等,②号钢筋的抗拉强度被充分利用。值得注意的是,e、f 虽然为①号钢筋的“理论截断点”,实际上①号钢筋是不能在 e、f 点切断的,还必须再延伸一段长度后,才能切断,而且一般在梁的下部受拉区是不切断钢筋的。若在 e、f 处将①号钢筋截断,则这两点抵抗弯矩发生突变,e、f 两点之外抵抗弯矩减少了 ge 和 hf,其抵抗弯矩图如图 4.28 所示。

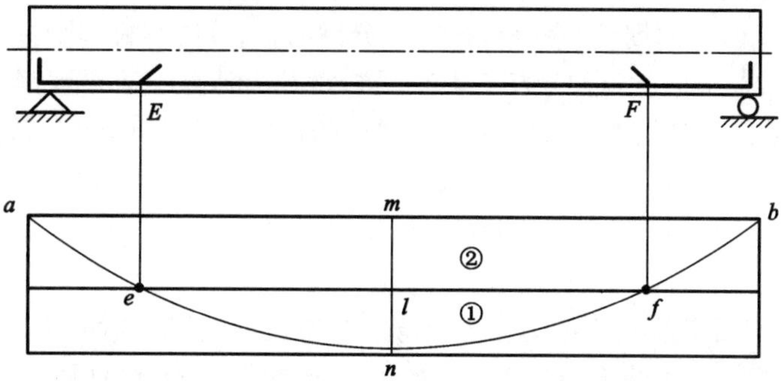

图 4.27　钢筋的“理论截断点”、“充分利用点”

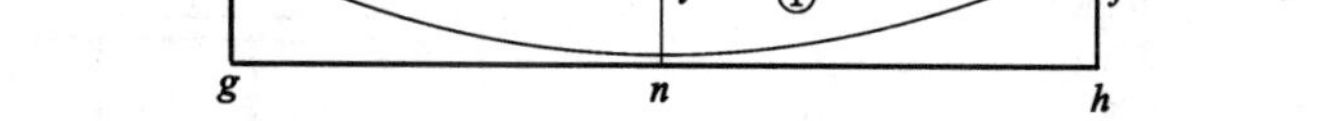

图 4.28　钢筋截断时抵抗弯矩图的画法

如图 4.29 所示,若将①号钢筋在 K 和 L 截面处开始弯起,由于该钢筋是从弯起点开始逐渐由拉区进入压区,逐渐脱离受拉工作,所以其抵抗弯矩也是自弯起点处逐渐减小,直至弯起钢筋与梁轴线相交截面(I、J 截面)处,此时①号钢筋进入了受压区,其抵抗弯矩消失。故该钢筋在弯起部分的抵抗弯矩值呈直线变化,即斜线段 ki 和 lj。在 i 点和 j 点之外,①号钢筋不再参加正截面受弯工作,其抵抗弯矩图如图 4.29 中 $aciknljdb$ 所示。

(2) 纵向受拉钢筋的截断和锚固

① 梁跨中正弯矩钢筋

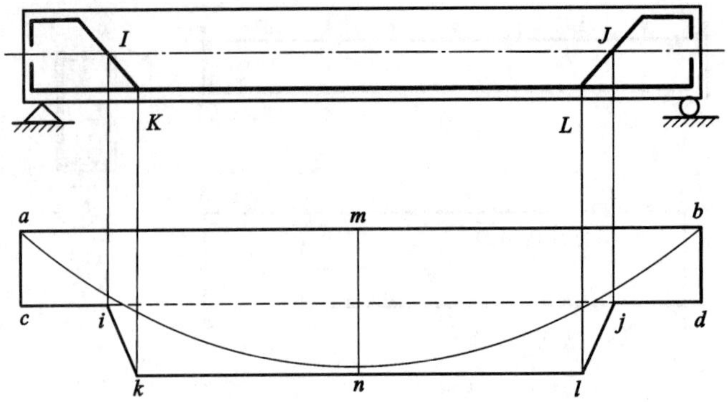

图 4.29　钢筋弯起时抵抗弯矩

一般情况下，纵向受力钢筋不宜在受拉区截断，这是因为截断处受力钢筋面积突然减小，引起混凝土拉应力突然增大，从而导致在纵筋截断处过早出现裂缝，故对梁底承受正弯矩的钢筋不宜采取截断方式，而是将计算上不需要的钢筋弯起作为抗剪钢筋或作为承受支座负弯矩的钢筋，不弯起的钢筋则直接伸入支座内锚固。

② 支座截面负弯矩纵向受拉钢筋

对于承受支座负弯矩的钢筋，有时可截断部分钢筋，以节约钢材，此时应符合下列规定：

a. 当 $V \leqslant 0.7 f_t b h_0$ 时，应延伸至按正截面受弯承载力计算不需要该钢筋的截面以外不小于 $20d$ 处截断，且从该钢筋强度充分利用截面伸出的长度不应小于 $1.2l_a$，如图 4.30 所示。

b. 当 $V > 0.7 f_t b h_0$ 时，应延伸至按正截面受弯承载力计算不需要该钢筋的截面以外不小于 h_0 且不小于 $20d$ 处截断，且从该钢筋强度充分利用截面伸出的长度不应小于 $1.2l_a + h_0$，如图 4.30 所示。

c. 当按上述规定确定的截断点仍位于负弯矩受拉区内时，应延伸至按正截面受弯承载力计算不需要该钢筋的截面以外不小于 $1.3h_0$ 且不小于 $20d$ 处截断，且从该钢筋强度充分利用截面伸出的长度不应小于 $1.2l_a + 1.7h_0$。

③ 简支端支座钢筋的锚固

伸入支座的纵向钢筋应有足够的锚固长度(图 4.31)，以防止斜裂缝形成后纵向钢筋被拔出。简支梁和连续梁简支端的下部纵向受力钢筋伸入梁支座范围内的锚固长度 l_{as} 应符合下列规定：

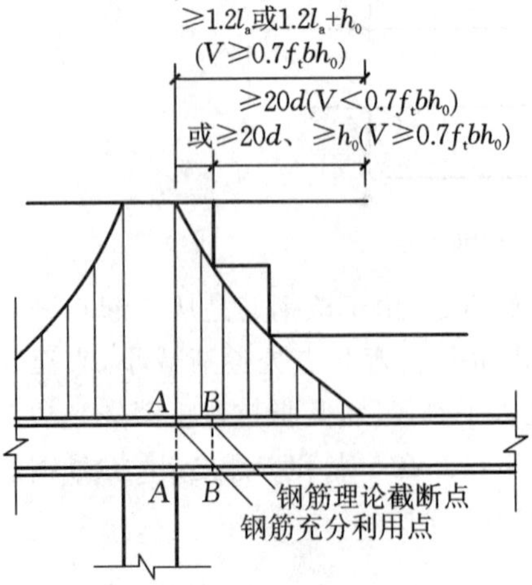

图 4.30　钢筋的截断位置

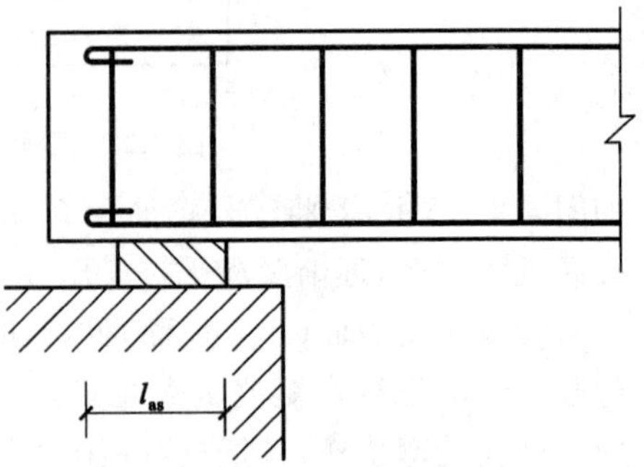

图 4.31　简支端钢筋支座的锚固

当 $V \leqslant 0.7 f_t b h_0$ 时

$$l_{as} \geqslant 5d \tag{4.37}$$

当 $V > 0.7 f_t b h_0$ 时

$$l_{as} \geqslant 12d \quad \text{（带肋钢筋）} \tag{4.38}$$

$$l_{as} \geqslant 15d \quad \text{（光圆钢筋）} \tag{4.39}$$

式中　d——纵向受力钢筋的直径。

④ 悬臂梁的受拉钢筋

在钢筋混凝土悬臂梁的悬臂部分，应有不少于 2 根上部钢筋伸至悬臂梁外端，并向下弯折，弯折长度不应小于 $12d$；其余钢筋不应在梁的上部截断，而应按纵向钢筋弯起的规定向下弯折，并按钢筋的锚固规定进行锚固。

（3）纵向受拉钢筋的弯起

纵向受拉钢筋弯起时，应同时满足下列三种要求：

① 保证正截面的受弯承载力

在梁的受拉区，弯起钢筋的弯起点应设在按正截面受弯承载力计算不需要该钢筋截面之前，同时，弯起钢筋与梁中心线的交点应在钢筋的“理论不需要点”之外，即要使整个抵抗弯矩图都在设计弯矩图之外，如图 4.32 所示。

② 保证斜截面的受弯承载力

纵向受拉钢筋的弯起点与该钢筋“充分利用点”之间的距离不应小于 $h_0/2$，如图 4.32 所示。

③ 保证斜截面的受剪承载力

当按计算需设置弯起钢筋时，应保证前一排钢筋的下弯点至后一排钢筋的上弯点的距离不应大于梁中箍筋最大间距，如图 4.33 所示。否则，斜裂缝就可能不与弯起钢筋相交，使斜截面因受剪承载力不足而发生破坏。

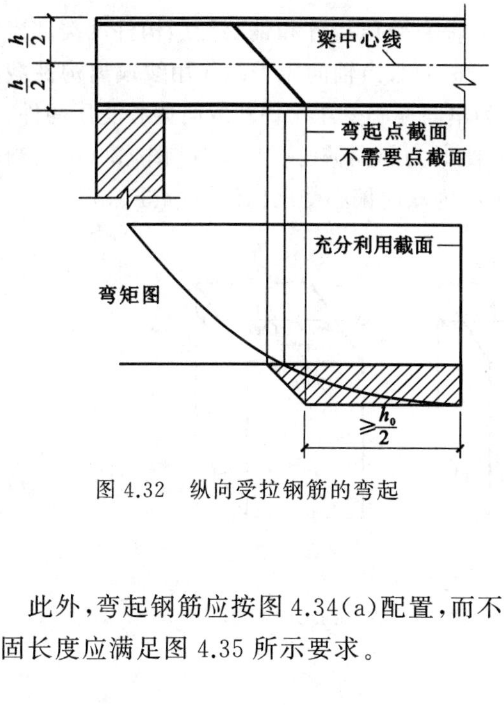

图 4.32　纵向受拉钢筋的弯起

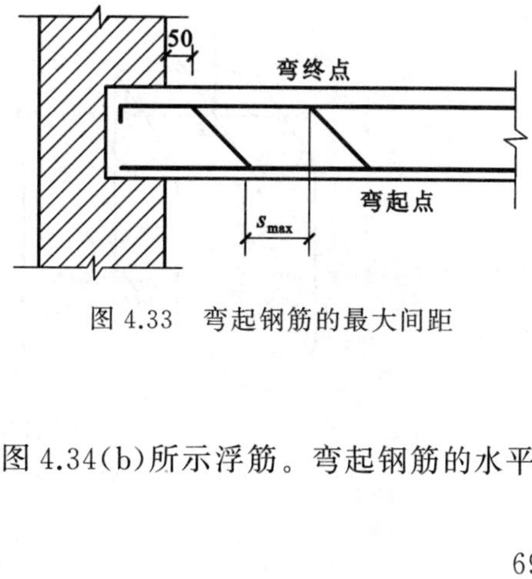

图 4.33　弯起钢筋的最大间距

此外，弯起钢筋应按图 4.34(a)配置，而不应采用图 4.34(b)所示浮筋。弯起钢筋的水平段锚固长度应满足图 4.35 所示要求。

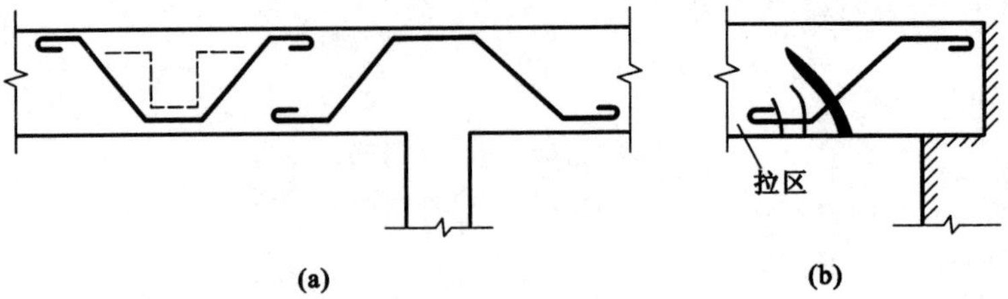

图 4.34　吊筋及浮筋

(a) 吊筋;(b) 浮筋

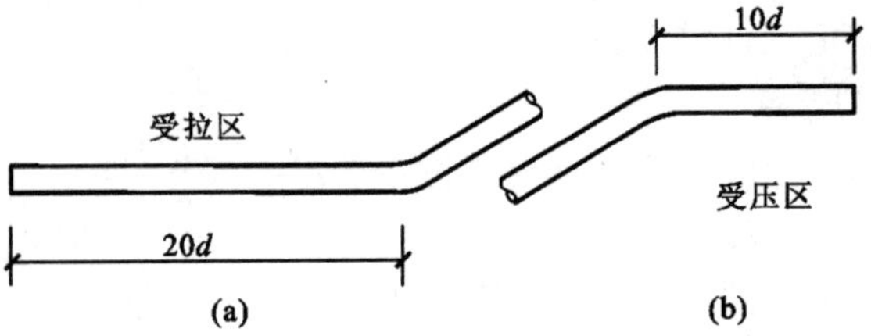

图 4.35　弯起钢筋端部构造

4.2　受压构件

4.2.1　概述

以承受轴压力为主的构件称为受压构件。实际工程中的柱、墙、桥墩、拱肋、桁架中的受压弦杆与受压腹杆等是典型的受压构件。由于受压构件的破坏将引起楼面结构或桥面结构的失效,故受压构件非常重要。

按照轴向压力的作用位置不同,受压构件可分为轴心受压构件和偏心受压构件两类。当轴向压力作用于截面形心时,称为轴心受压构件[图 4.36(a)];当轴向压力的作用线偏离构件截面形心时,称为偏心受压构件。偏心受压构件又可分为单向偏心受压构件和双向偏心受压构件,当轴向压力的作用点只与构件截面的一个主轴有偏心距时为单向偏心受压构件[图4.36(b)];当轴向压力的作用点与构件截面的两个主轴都有偏心距时为双向偏心受压构件[图 4.36(c)]。

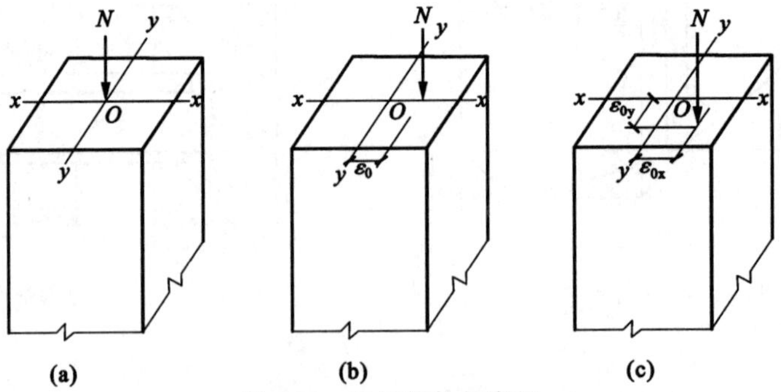

图 4.36　受压构件的类型

(a) 轴心受压构件;(b) 单向偏心受压构件;(c) 双向偏心受压构件

4.2.2 受压构件的一般构造要求

4.2.2.1 *截面形式与尺寸*

考虑到受力合理和模板制作方便，钢筋混凝土轴心受压构件的截面一般采用正方形，偏心受压构件的截面一般采用矩形，有特殊要求时也可采用圆形或多边形截面。为节省混凝土及减轻结构自重，装配式受压构件也常采用I形截面或双肢截面等形式。

在线测试

工程中的柱是典型的受压构件，为了使柱的承载力不因长细比过大而降低太多，柱的截面尺寸一般不宜小于 250 mm×250 mm，长细比宜控制在 $l_0/b\leqslant30$、$l_0/h\leqslant25$、$l_0/d\leqslant25$。为了施工制作方便，当柱截面边长小于或等于 800 mm 时，应为 50 mm 的倍数；大于 800 mm 时，应为 100 mm 的倍数。

4.2.2.2 *材料强度等级*

(1) 混凝土的强度等级

混凝土强度等级对受压构件的承载力影响较大，为了减小构件的截面尺寸和节省钢材，宜采用强度等级较高的混凝土，一般结构常用 C30～C50 或更高。

(2) 钢筋的配筋形式及强度等级

① 纵筋

柱内纵向受力钢筋与混凝土共同承受轴向压力及弯矩，如图 4.37 所示。纵筋是钢筋骨架的主要组成部分，为方便施工和保证骨架有足够刚度，柱中宜采用直径较大的钢筋，避免钢筋受压屈曲，纵筋直径不宜小于 12 mm，通常选用 16～32 mm。纵筋要沿截面周边均匀布置，矩形截面不得少于 4 根，圆形截面不宜少于 8 根，且不得少于 6 根。纵筋的净间距不应小于50 mm，且不宜大于 300 mm。单侧纵向钢筋的最小配筋率为 0.2%，全部受压钢筋应满足最小配筋率要求（附表 8），为了施工方便和考虑经济性要求，全部纵向钢筋的最大配筋率不宜超过 5%。当偏心受压柱的 $h\geqslant$ 600 mm 时，沿截面两个侧面应设置直径为 10～16 mm的纵向构造钢筋，以防止构件因温度变化和混凝土收缩应力而产生裂缝，并相应地设置复合箍筋或拉筋。

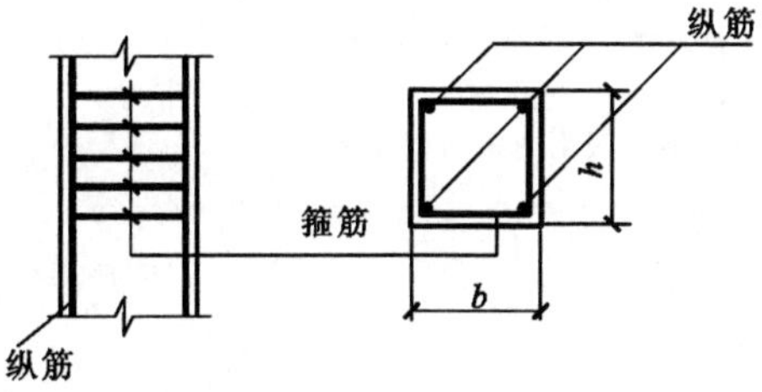

图 4.37 受压构件配筋形式

试验表明，混凝土内配有纵向钢筋可使混凝土的变形能力有一定提高，随着纵筋配筋率的增大，混凝土的峰值应力变化不大，但峰值应变有较明显的增大，超过素混凝土最大轴心应变 0.002，可达到 0.0025 甚至更大。这是由于钢筋和混凝土之间存在很好的黏结，当混凝土应力接近或达到峰值时，其应力可向纵筋卸载，同时所配箍筋也对混凝土起到一定的约束作用，这些均使轴心受压构件的钢筋混凝土最大应变增加，使热轧钢筋（包括 HRB500 级、HRBF500 级钢筋）的抗压强度也得到充分发挥。因此，《混凝土结构设计标准》(GB/T 50010—2010)(2024 年版)规定，热轧钢筋的抗压强度设计值取 $f_y=f_y'$，其中 HRB500 级、HRBF500 级钢筋的抗压强度设计值为 $f_y=f_y'=435\ \text{N/mm}^2$，这与国外规范也是一致的。

② 箍筋

箍筋的作用是防止纵筋压曲，与纵筋组成骨架，承受剪力。

箍筋一般采用 HRB335 级钢筋，其直径不应小于钢筋的最大直径 d 的 1/4，且不应小于 6 mm。箍筋间距不应大于 400 mm，且不应大于构件截面的短边尺寸，同时不应大于 $15d$（d 为纵向钢筋的最小直径）。

当柱中全部纵向钢筋的配筋率超过 3%时，箍筋直径不应小于 8 mm，且应为封闭式，其间距不应大于 $10d$（d 为纵向钢筋的最小直径），且不应大于 200 mm；或在箍筋末端做不小于 135°的弯钩，弯钩末端平直段的长度不应小于 10 倍箍筋直径。当柱截面短边尺寸大于 400 mm且每边纵筋根数超过 3 根时，应设置复合箍筋；当柱的短边不大于 400 mm，但纵向钢筋多于 4 根时，应设置复合箍筋（图 4.38）。

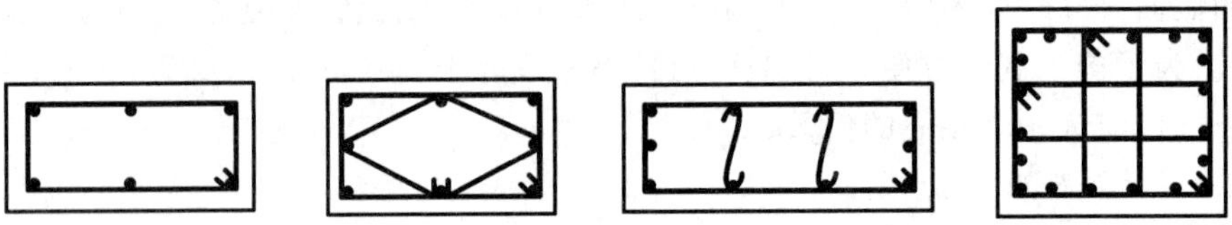

图 4.38　箍筋形式

对于截面形状复杂的构件，不应采用内折角箍筋，以免造成折角处混凝土被箍筋外拉而崩裂，此时应采用分离式箍筋，如图 4.39 所示。

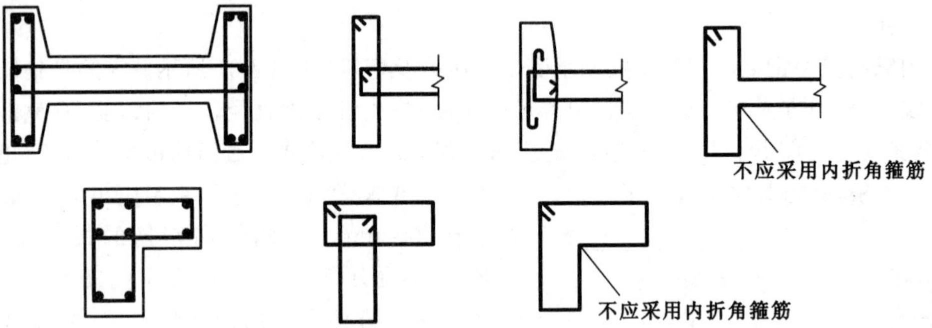

图 4.39　分离式箍筋的截面形式

4.2.3　配普通箍筋轴心受压构件正截面承载力计算

普通箍筋柱由于施工方便、经济性好，是工程中最常采用的轴心受压构件。

4.2.3.1　配普通箍筋轴心受压构件正截面的受力性能

根据破坏时特征的不同，轴心受压构件的破坏形态有短柱破坏、长柱破坏和失稳破坏三种。

在线测试

短柱是指 $l_0/b \leqslant 8$（矩形截面，b 为截面的较小边长，l_0 为受压构件的计算长度）的构件，或$l_0/d \leqslant 7$（圆形截面，d 为直径）的构件，或 $l_0/i \leqslant 28$（任意截面，i 为截面的最小回转半径）的构件。短柱在荷载作用下，由于偶然因素造成的荷载初始偏心对短柱的受压承载力和破坏特征影响很小，引起的侧向挠度也很小，故可忽略不计。受力时，钢筋与混凝土的应变基本一致，两者共同变形、共同抵御外荷载。短柱破坏时，柱四周出现明显的纵向裂缝，混凝土被压碎，纵筋压屈外鼓呈灯笼状[图 4.40(a)]。

在荷载作用下，由于偶然因素造成的荷载初始偏心，对长柱的受压承载力和破坏特征影响较大，应予以考虑。荷载的初始偏心使得长柱产生侧向挠度和附加弯矩，而侧向挠度又增大了荷载

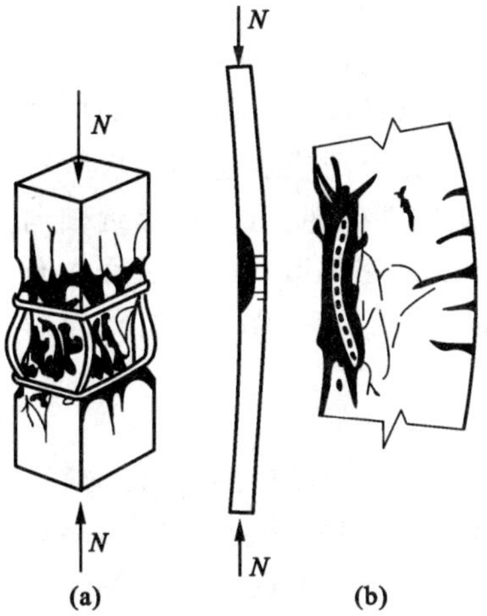

图 4.40　轴心受压短柱、长柱的破坏特征

(a) 短柱破坏特征；(b) 长柱破坏特征

的偏心距。随着荷载的增加，侧向挠度和附加弯矩将不断增大。最后，长柱在轴心压力和附加弯矩的共同作用下，向外凸一侧的混凝土出现横向裂缝，向内凹一侧的混凝土出现纵向裂缝，混凝土被压碎，构件破坏[图 4.40(b)]。

试验同时表明，长柱的承载力低于其他条件均相同的短柱的承载力，长细比越大，降低越多。对于长细比很大的细长柱，还有可能发生失稳破坏。《混凝土结构设计标准》(GB/T 50010—2010)(2024 年版)用稳定系数 φ 来表示长柱承载力的降低程度，稳定系数 φ 值主要与柱的长细比有关。长细比越大，φ 值越小。《混凝土结构设计标准》(GB/T 50010—2010)(2024 年版)规定稳定系数按附表 11 取值。

受压构件的计算长度 l_0 与构件两端的支承条件以及有无侧移等因素有关，可按附表 12、附表 13 采用。

4.2.3.2　配普通箍筋轴心受压构件正截面承载力计算

根据短柱破坏时的特征，并考虑长柱和短柱计算公式的统一以及与偏心受压构件承载力计算具有相近的可靠度后，《混凝土结构设计标准》(GB/T 50010—2010)(2024 年版)对于配置普通箍筋的轴心受压构件的正截面受压承载力按下式计算：

$$N \leqslant N_u = 0.9\varphi(f_c A + f'_y A'_s) \tag{4.40}$$

式中　N——轴向压力设计值；

N_u——轴向受压承载力设计值；

f_c——混凝土轴心抗压强度设计值；

A——构件截面面积，当纵向钢筋配筋率大于 3%时，式中 A 应改用 $A_c = A - A'_s$；

f'_y——纵向钢筋抗压强度设计值；

A'_s——全部纵向钢筋的截面面积；

φ——钢筋混凝土轴心受压构件的稳定系数；

0.9——可靠度系数，其目的是为保持与偏心受压构件正截面承载力具有相近的可靠度。

4.2.4　偏心受压构件正截面承载力的计算

4.2.4.1　偏心受压构件正截面受力性能

偏心受压构件截面上同时作用有弯矩 M 和轴向压力 N，轴向压力对截面形心的偏心距 $e_0 = \dfrac{M}{N}$，当 $e_0 = 0$ 时，即为轴心受压构件，当 $e_0 = \infty$ 时，即为受弯构件。因此，偏心受压构件可视为轴心受压与受弯之间的过渡状态。根据偏心距的大小、纵向受力钢筋的数量、钢筋及混凝土的强度等级，单向偏心受压构件破坏可分为两类：

在线测试

(1) 第一类——受拉破坏(也称为大偏心受压破坏)

当构件截面的相对偏心距 e_0/h_0 较大，即弯矩 M 的影响较为显著，而且配置的受拉钢筋 A_s 适量时，在偏心距较大的轴向力 N 作用下，当荷载较小时，构件处于弹性阶段，受压区及受拉区混凝土和钢筋的应力都较小。随着荷载的不断增大,受拉区的混凝土首先出现横向裂缝而退出工作,远离轴向力一侧的钢筋应力及应变增速加快;接着,受拉区的裂缝不断增多并向压区延伸,受压区高度逐渐减小,受压区混凝土应力增大;当远离轴向力一侧的钢筋应变达到屈服应变时,钢筋屈服,截面处形成一主裂缝;当受压一侧的混凝土压应变达到其极限抗压应变时,受压区较薄弱的某处出现纵向裂缝,混凝土被压碎而使构件破坏。此时,靠近轴向力一侧的钢筋也达到抗压屈服强度,破坏形态与混凝土压碎区大致呈三角形。破坏过程中有一明显特征点(预兆)——破坏以远离轴向力一侧的钢筋受拉屈服,受压区混凝土被压碎为标志(图 4.41)。破坏时构件因荷载引起的水平挠度较大。

(2) 第二类——受压破坏(也称为小偏心受压破坏)

当构件截面的相对偏心距 e_0/h_0 较小,或相对偏心距虽然较大,但配置的受拉钢筋 A_s 较多时,截面受压混凝土和钢筋的应力较大,而受拉钢筋应力较小。随着荷载的增大,靠近轴向力一侧的混凝土压应力不断增大,直至达到其极限抗压应变而破坏。此时该侧的钢筋应力也达到抗压屈服强度,而远离轴向力一侧的混凝土及钢筋的应力均较小。构件破坏时受压区段较长,开裂荷载与破坏荷载很接近,破坏过程中没有明显特征点(预兆),破坏以受压区混凝土被压碎为标志(图 4.42)。破坏时构件因荷载引起的水平挠度比大偏心受压构件小得多。

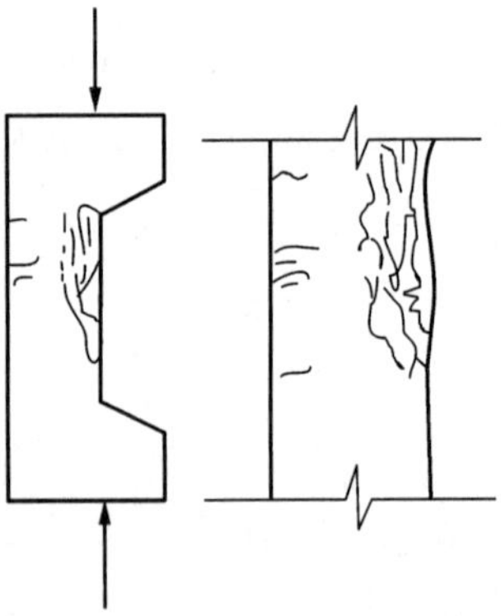

图 4.41　大偏心受压破坏形态

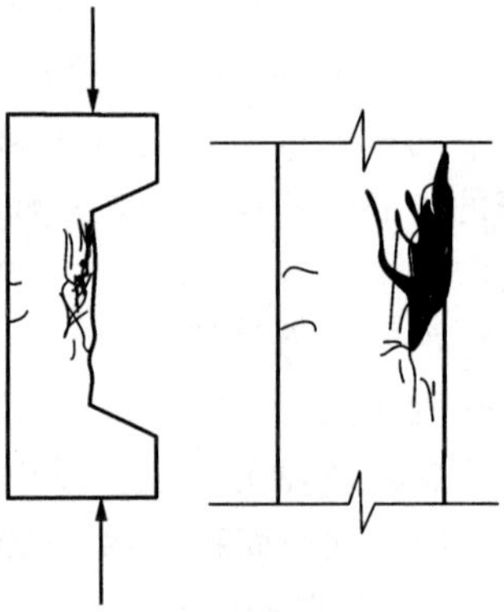

图 4.42　小偏心受压破坏形态

偏心受压构件的抗压承载力低于轴心受压构件的抗压承载力。偏心距越大,构件的承载力越低。

大小偏心受压之间存在一种界限破坏,其破坏特征是远离轴向力一侧的钢筋受拉屈服的同时,靠近轴向力一侧的混凝土被压碎。

4.2.4.2　偏心受压计算中两个问题

(1) 附加偏心距

实际工程中由于荷载位置的不确定性、混凝土质量的不均匀性、配筋的不对称性以及施工偏差等因素,都可能产生附加偏心距。《混凝土结构设计标准》(GB/T 50010—2010)(2024 年版)规定,在偏心受压构件的正截面承载力计算中,应考虑轴向压力在偏心方向的附加偏心距 e_a,e_a 取20 mm和偏心方向截面尺寸的 1/30 中两者中的较大者。因此,轴向力的初始偏心距 e_i 按下式计算:

$$e_i = e_0 + e_a \tag{4.41}$$

式中　e_i——初始偏心距;

e_0——轴向力的偏心距,$e_0=\dfrac{M}{N}$;

e_a——附加偏心距。

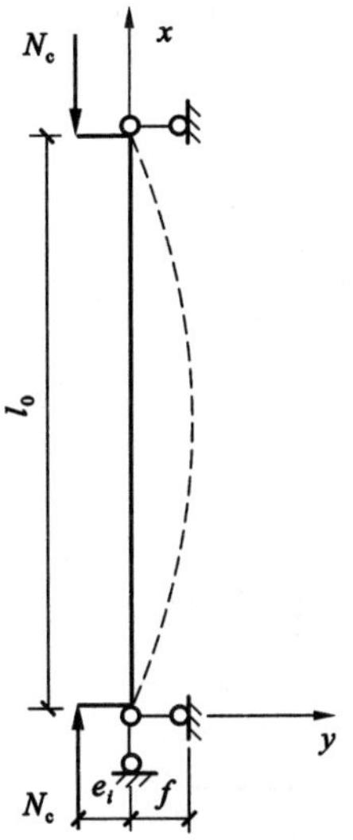

图 4.43　柱的变形曲线

(2) 偏心调节系数和弯矩增大系数

偏心受压构件在轴向荷载 N_c 作用下会产生横向挠度 f，如图 4.43所示。构件的初始弯矩为 $M_0=N_c\times e_i$(一阶弯矩)，构件承担的实际弯矩为 $M=N_ce_i+N_cf$，N_cf 是由于加载后构件的变形而引起的内力的增大值，称为"二阶效应"。N_cf 称二阶弯矩或附加弯矩。

当长细比较小时，偏心受压构件的纵向弯曲变形很小，附加弯矩的影响可忽略。因此《混凝土结构设计标准》(GB/T 50010—2010)(2024 年版)规定：弯矩作用平面内截面对称的偏心受压构件，当同一主轴方向的杆端弯矩比 M_1/M_2 不大于 0.9 且轴压比不大于 0.9 时，若构件的长细比满足式(4.42)的要求，可不考虑该方向构件自身挠曲产生的附加弯矩影响，当不满足式(4.42)的要求时，附加弯矩的影响不可忽略，需按截面的两个主轴方向分别考虑构件自身挠曲产生的附加弯矩影响。

$$\frac{l_0}{i}\leqslant 34-12\left(\frac{M_1}{M_2}\right) \tag{4.42}$$

式中　M_1、M_2——已考虑侧移影响的偏心受压构件两端截面按结构分析确定的对同一主轴的组合弯矩设计值，绝对值较大端为 M_2，绝对值较小端为 M_1；当构件按单曲率弯曲时，M_1/M_2 为正，否则为负；

l_0——构件的计算长度，可近似取偏心受压构件相应主轴方向上下两支撑点之间的距离；

i——偏心方向的截面回转半径。

在实际结构中最常见的是长柱，即不满足上述条件。工程设计中，通常采用增大系数法，将柱端的附加弯矩计算用偏心距调节系数和弯矩增大系数来表示。根据大量的理论分析及试验研究，《混凝土结构设计标准》(GB/T 50010—2010)(2024 年版)给出的偏心距调节系数 C_m 和弯矩增大系数 η_{ns} 采用以下公式进行计算：

$$C_m=0.7+0.3\frac{M_1}{M_2}\geqslant 0.7 \tag{4.43}$$

$$\eta_{ns}=1+\frac{h_0}{1300\left(\frac{M_2}{N}+e_a\right)}\left(\frac{l_0}{h}\right)^2\zeta_c \tag{4.44}$$

$$\zeta_c=\frac{0.5f_cA}{N} \tag{4.45}$$

式中　M_2——绝对值较大端的弯矩设计值；

N——与弯矩设计值 M_2 相应的轴向压力设计值；

h、h_0——截面高度、截面有效高度；

e_a——附加偏心距；

ζ_c——截面曲率修正系数，当计算值大于 1.0 时，取 1.0；

A——构件截面面积。

式(4.44)是根据杆件梁端轴向力偏心距相等的情况推导的，对于杆件梁端偏心距不等的情况必须进行修正。《混凝土结构设计标准》(GB/T 50010—2010)(2024 年版)规定，除排架结构柱以外的偏心受压构件，考虑轴向压力在挠曲杆件中产生的二阶效应后控制截面的弯矩设计值应按下列公式计算：

$$M=C_{m}\eta_{ns}M_{2} \tag{4.46}$$

4.2.4.3 偏心受压构件正截面承载力计算

(1) 大小偏心受压的界限判别

大小偏心受压界限破坏的相对受压区高度 ξ_b 与受弯构件相同。当 $\xi\leqslant\xi_b$ 为大偏心受压破坏；当 $\xi>\xi_b$ 为小偏心受压破坏。

(2) 矩形截面大偏心受压构件正截面承载力计算公式及适用条件

如图 4.44 所示，大偏心受压构件破坏时，受拉钢筋、受压钢筋都屈服，应力分别达到 f_y、f_y'，承载力计算公式为：

$$N\leqslant N_u=\alpha_1 f_c bx+f_yA_s-f_y'A_s' \tag{4.47}$$

$$Ne\leqslant N_ue=\alpha_1 f_c bx\left(h_0-\frac{x}{2}\right)+f_y'A_s'(h_0-a_s') \tag{4.48}$$

式中 N——纵向压力设计值；

N_u——纵向受压承载力设计值；

e——轴向力 N 至受拉钢筋 A_s 合力中心的距离，按下式计算：

$$e=e_i+\frac{h}{2}-a_s \tag{4.49}$$

与适筋梁类似，为保证破坏时受拉钢筋应力达到 f_y，应满足：$\xi\leqslant\xi_b$；

与双筋矩形截面梁类似，为保证破坏时受压钢筋应力达到 f_y'，应满足：$x\geqslant 2a_s'$。

(3) 矩形截面小偏心受压构件正截面承载力计算公式及适用条件

如图 4.45 所示，小偏心受压破坏时，靠近轴向力一侧钢筋 A_s'屈服，应力达到 f_y'，远离轴向力一侧的钢筋 A_s 可能受拉也可能受压，应力达不到 f_y，承载力计算公式为：

$$N\leqslant N_ue=\alpha_1 f_c bx+f_y'A_s'-\sigma_sA_s \tag{4.50}$$

$$Ne\leqslant N_ue=\alpha_1 f_c bx\left(h_0-\frac{x}{2}\right)+f_y'A_s'(h_0-a_s') \tag{4.51}$$

远离轴向力一侧的钢筋 A_s 的应力可近似按下式计算：

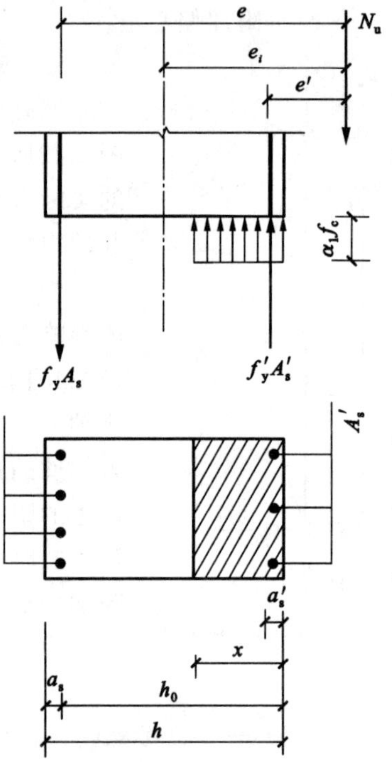

图 4.44 矩形截面大偏心受压正截面承载力计算图形

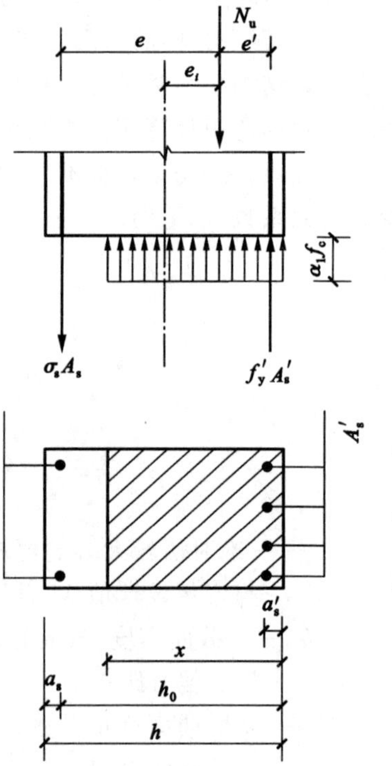

图 4.45 矩形截面小偏心受压正截面承载力计算图形

$$\sigma_s=\frac{\xi-\beta_1}{\xi_b-\beta_1}f_y \tag{4.52}$$

小偏心受压应满足 $\xi>\xi_b$、$-f_y\leqslant\sigma_s\leqslant f_y$ 及 $x\leqslant h$ 的条件。

(4) 垂直于弯矩作用平面的受压承载力验算

当轴向压力设计值 N 较大且弯矩作用平面内的偏心距较小时，若垂直于弯矩作用平面的长细比较大或边长较小时，则截面强度有可能由垂直于弯矩作用平面的轴心受压承载力起控制作用。因此，《混凝土结构设计标准》(GB/T 50010—2010)(2024 年版)规定：偏心受压构件除应计算弯矩作用平面的受压承载力外，尚应按轴心受压构件验算垂直于弯矩作用平面的受压承载力。此时，不计入弯矩的作用，但仍应考虑稳定系数 φ 的影响。

4.2.4.4　非对称配筋矩形截面偏心受压构件正截面承载力计算方法

对于非对称配筋的偏心受压构件，无法直接计算出 ξ，工程中采用初始偏心距与 $0.3h_0$ 相比较的方法来判断大、小偏心。当初始偏心距 $e_i\leqslant0.3h_0$ 时，按小偏心受压破坏计算；当初始偏心距 $e_i>0.3h_0$ 时，可先按大偏心受压破坏计算，计算过程中得到 ξ 后，再根据 ξ 的值确定截面属于哪一种受力情况。

(1) 截面设计

① 大偏心受压($e_i>0.3h_0$)

a. A_s 及 A'_s 均未知。由式(4.47)和式(4.48)可知，此时有三个未知数 A_s、A'_s 和 ξ，此时，为使 $A_s+A'_s$ 的总用钢量最小，应取 $\xi=\xi_b$，使受压区混凝土的作用充分发挥，并保证受拉钢筋屈服。其计算过程与双筋矩形截面受弯构件类似。

b. 已知 A'_s，求 A_s。此时，可直接利用式(4.47)和式(4.48)求得唯一解，其计算过程与双筋矩形截面受弯构件类似，在计算中应注意验算适用条件。

② 小偏心受压($e_i\leqslant0.3h_0$)

由式(4.50)、式(4.51)和式(4.52)可知，未知数有 A_s、A'_s、σ_s 和 x 共四个，必须补充另一个条件。

由于小偏心受压时，远离纵轴向力一侧的钢筋 A_s 不管是受拉还是受压均不会屈服。因此，A_s 可按最小配筋率配置，即取 $A_s=\rho_{min}bh=0.2\%bh$，这样再利用基本公式就可求得 x 和 A'_s。

(2) 承载力复核

进行承载力复核时，一般已知 b、h、A_s、A'_s、混凝土强度等级及钢筋级别、构件长细比 l_0/h、轴向力设计值 N 和弯矩设计值 M，要求验算截面是否安全；或已知 N 值，求所能承受的弯矩设计值 M。

① 大偏心受压非对称配筋截面复核

当 $e_i>0.3h_0$，可先按大偏心受压计算。根据图 4.44 所示的截面应力计算图形，对轴向压力 N 的作用点取矩，由平衡条件可得：

$$\alpha_1f_cbx\left(e-h_0+\frac{x}{2}\right)-f_yA_se+f'_yA'_se'=0 \tag{4.53}$$

由式(4.53)计算出 x 后，按以下情况计算：

a. 当 $2a'_s\leqslant x\leqslant x_b$ 时，说明确实为大偏心受压，则由大偏心受压的基本公式(4.47)求出承载力 N_u。如果 $N\leqslant N_u$，安全；否则为不安全。

b. 当 $x>x_b$ 时，说明截面实为小偏心受压，应改为用小偏心受压公式(4.50)重新复核。

② 小偏心受压非对称配筋截面复核

当 $e_i \leqslant 0.3h_0$ 时，或虽然 $e_i > 0.3h_0$，但 $x \geqslant x_b$ 时，应按小偏心受压进行截面复核。依据图 4.45所示的截面应力计算图形，对轴向压力 N 的作用点取矩，由平衡条件可得：

$$\alpha_1 f_c bx\left(\frac{x}{2}-e'-\alpha_s\right)-f_y'A_s'e'-\sigma_s A_s e=0 \tag{4.54}$$

式中，$e'=\dfrac{h}{2}-e_i-a_s'$。

将 $\sigma_s=\dfrac{\xi-\beta_1}{\xi_b-\beta_1}$代入，即可求得 x 值。根据小偏心受压构件的基本计算公式即可求出 N_u。如果 $N\leqslant N_u$，即为安全。

【例 4.9】 某框架结构柱，截面尺寸 $b\times h=400\ \text{mm}\times 450\ \text{mm}$，柱计算高度 $l_0=5\ \text{m}$，承受轴向力设计值 $N=336\ \text{kN}$，柱端较大弯矩设计值 $M_2=399\ \text{kN}\cdot\text{m}$，混凝土强度等级为 C30，钢筋采用 HRB400 级钢筋，$a_s=a_s'=40\ \text{mm}$。求纵向钢筋截面面积 A_s 和 A_s'[按两端弯矩相等 $(M_1/M_2)=1$ 考虑]。

【解】 (1) 确定基本参数

查表 4.4 和表 4.5 及附表 3 和附表 6 可知，C30 混凝土，$f_c=14.3\ \text{N/mm}^2$，$\alpha_1=1.0$，$\beta_1=0.8$，钢筋的设计强度 $f_y=f_y'=360\ \text{N/mm}^2$，$\xi_b=0.518$；因 $a_s=a_s'=40\ \text{mm}$，则 $h_0=450-40=410\ \text{mm}$。

(2) 求框架柱设计弯矩 M

由于$\dfrac{M_1}{M_2}=1$，$i=\sqrt{\dfrac{I}{A}}=\dfrac{h}{2\sqrt{3}}=\dfrac{450}{2\sqrt{3}}=129.9\ \text{mm}$，则

$$\frac{l_0}{i}=\frac{5000}{129.9}=38.49>34-12\frac{M_1}{M_2}=22$$

因此，需要考虑附加弯矩的影响。

$\zeta_c=\dfrac{0.5f_cA_c}{N}=\dfrac{0.5\times14.3\times400\times450}{336000}=3.83>1$，取 $\zeta_c=1$。

$$C_m=0.7+0.3\frac{M_1}{M_2}=1>0.7$$

$e_a=\dfrac{h}{30}=\dfrac{450}{30}=15\ \text{mm}<20\ \text{mm}$，取 $e_a=20\ \text{mm}$。

$$\eta_{ns}=1+\frac{1}{1300(M_2/N+e_a)/h_0}\left(\frac{l_0}{h}\right)^2\zeta_c$$

$$=1+\frac{1}{1300\times(399\times10^6\div336000+20)\div410}\left(\frac{5000}{450}\right)^2\times1=1.032$$

框架结构柱弯矩设计值为：

$$M=C_m\eta_{ns}M_2=1\times1.032\times399=411.77\ \text{kN}\cdot\text{m}$$

(3) 求 e_i，判别大、小偏心受压

$$e_0=\frac{M}{N}=\frac{411.77\times10^6}{336\times10^3}=1225.5\ \text{mm}$$

$$e_i=e_0+e_a=1225.5+20=1245.5\ \text{mm}$$

由于 $e_i=1245.5>0.3h_0=0.3\times410=123$ mm，可先按大偏心受压计算。

(4) 求 A_s 及 A_s'

由式(4.49)得：

$$e=e_i+\frac{h}{2}-a_s=1245.5+\frac{450}{2}-40=1430.5\ \text{mm}$$

由式(4.48)，及考虑节约材料，使 A_s+A_s' 最小，可得：

$$A_s'=\frac{Ne-\alpha_1 f_c bh_0^2\xi_b(1-0.5\xi_b)}{f_y'(h_0-a_s')}$$

$$=\frac{336\times10^3\times1430.5-1.0\times14.3\times400\times410^2\times0.518\times(1-0.5\times0.518)}{360\times(410-40)}$$

$$=837.65\ \text{mm}^2>\rho_{\min}bh=0.002\times400\times450=360\ \text{mm}^2$$

$$A_s=\frac{\alpha_1 f_c bh_0\xi_b+f_y'A_s'-N}{f_y}$$

$$=\frac{1.0\times14.3\times400\times410\times0.518+360\times837.65-336000}{360}$$

$$=3278.8\ \text{mm}^2$$

(5) 选配钢筋直径及根数

查附表 9，受压钢筋选配 3 ⏀ 20，实际配筋面积 $A_s'=942\ \text{mm}^2$；受拉钢筋选配 7 ⏀ 25，实际钢筋面积 $A_s=3436\ \text{mm}^2$。

(6) 验算配筋率

$$A_s+A_s'=3436+942=4378\ \text{mm}^2$$

$$\rho=\frac{4378}{400\times450}=2.43\%>0.55\%$$

满足要求。

【例 4.10】 已知矩形截面偏心受压柱，截面尺寸 $b\times h=350\ \text{mm}\times450\ \text{mm}$，柱计算高度 $l_0=5$ m，承受轴向力设计值 $N=315$ kN，柱两端弯矩设计值分别为 $M_1=273$ kN·m，$M_2=294$ kN·m，混凝土强度等级为 C30，钢筋采用 HRB400 级钢筋，$a_s=a_s'=40$ mm，求纵向钢筋截面面积 A_s 和 A_s'。

【解】 (1) 确定基本参数

查表 4.4 和表 4.5 及附表 3 和附表 6 可知，C30 混凝土，$f_c=14.3\ \text{N/mm}^2$，$\alpha_1=1.0$，$\beta_1=0.8$，钢筋的设计强度 $f_y=f_y'=360\ \text{N/mm}^2$，$\xi_b=0.518$；因 $a_s=a_s'=40$ mm，则 $h_0=450-40=410$ mm。

(2) 求框架柱设计弯矩 M

由于 $M_1/M_2=0.929$，$i=\sqrt{\frac{I}{A}}=\frac{h}{2\sqrt{3}}=\frac{450}{2\sqrt{3}}=129.9$ mm，则

$$\frac{l_0}{i}=\frac{5000}{129.9}=38.49>34-12\frac{M_1}{M_2}=34-12\times0.929=22.85$$

因此，需要考虑附加弯矩的影响。

$\zeta_c=\frac{0.5f_cA_c}{N}=\frac{0.5\times14.3\times350\times450}{315000}=3.58>1$，取 $\zeta_c=1$。

$$C_m=0.7+0.3\frac{M_1}{M_2}=0.7+0.3\times0.929=0.979>0.7$$

$e_a=\frac{h}{30}=\frac{450}{30}=15\ \text{mm}<20\ \text{mm}$ 取 $e_a=20\ \text{mm}$。

$$\eta_{ns}=1+\frac{1}{1300(M_2/N+e_a)/h_0}\left(\frac{l_0}{h}\right)^2\zeta_c$$

$$=1+\frac{1}{1300\times(294\times10^6\div315000+20)\div410}\left(\frac{5000}{450}\right)^2\times1=1.041$$

框架结构柱弯矩设计值为：

$$M=C_m\eta_{ns}M_2=0.979\times1.041\times294=299.63\ \text{kN}\cdot\text{m}$$

(3) 求 e_i，判别大、小偏心受压

$$e_0=\frac{M}{N}=\frac{299.63\times10^6}{315\times10^3}=951.2\ \text{mm}$$

$$e_i=e_0+e_a=951.2+20=971.2\ \text{mm}>0.3h_0=0.3\times410=123\ \text{mm}$$

可先按大偏心受压计算。

(4) 求 A_s 及 A_s'

由式(4.49)得

$$e=e_i+\frac{h}{2}-a_s=971.2+\frac{450}{2}-40=1156.2\ \text{mm}$$

由式(4.48)，及考虑节约材料，使 A_s+A_s'最小，可得

$$A_s'=\frac{Ne-\alpha_1f_cbh_0^2\xi_b(1-0.5\xi_b)}{f_y'(h_0-a_s')}$$

$$=\frac{315\times10^3\times1156.2-1.0\times14.3\times350\times410^2\times0.518\times(1-0.5\times0.518)}{360\times(410-40)}$$

$$=309.8\ \text{mm}^2<A_s'=\rho_{\min}'bh=0.002\times350\times450=315\ \text{mm}^2$$

取 $A_s'=\rho_{\min}'bh=0.002\times350\times450=315\ \text{mm}^2$，查附表 9，受压钢筋选配 2 Φ16，实际配筋面积 $A_s'=402\ \text{mm}^2$。

这样该题转变为已知纵向受压钢筋 $A_s'=402\ \text{mm}^2$，求纵向受拉钢筋 A_s 的问题。

$$\alpha_s=\frac{Ne-f_y'A_s'(h_0-a_s')}{\alpha_1f_cbh_0^2}=\frac{315\times10^3\times1156.2-360\times402\times(410-40)}{1.0\times14.3\times350\times410^2}=0.369$$

$$\xi=1-\sqrt{1-2\alpha_s}=1-\sqrt{1-2\times0.369}=0.488<\xi_b=0.518$$

$$x=\xi\cdot h_0=0.488\times410=200.1\ \text{mm}>2a_s'=2\times40=80\ \text{mm}$$

$$A_s=\frac{\alpha_1f_cbx+f_y'A_s'-N}{f_y}=\frac{1.0\times14.3\times350\times200.1+360\times402-315000}{360}=2309\ \text{mm}^2$$

(5) 选配钢筋直径及根数

查附表 9 可知，受拉钢筋选配 4 Φ25+2 Φ16，实际配筋面积 $A_s=1964+402=2366\ \text{mm}^2$。

(6) 验算配筋率

$$A_s+A_s'=2366+402=2768\ \text{mm}^2$$

$$\rho=\frac{2768}{350\times450}=1.76\%>0.55\%$$

满足要求。

4.2.4.5　对称配筋矩形截面偏心受压构件正截面承载力计算方法

如果偏心受压构件两侧的受力纵筋配置完全相同，即 $A_s=A_s'$、$f_y=f_y'$，称该构件截面为对称配筋截面。对称配筋不但设计简便而且施工方便，是实际工程中偏心受压柱常见的配筋形式。通常用于控制截面在不同荷载组合下可能承受的正、负弯矩作用，如承受不同方向风荷载的框架柱，以及为避免安装可能出现错误的预制排架柱等，都应采用对称配筋。

(1) 截面设计

已知截面内力设计值 N、M，截面尺寸 $b\times h$，计算长度 l_0，钢筋及混凝土强度等级 f_c、f_y、f_y'。要求计算纵筋截面面积 $A_s=A_s'$。

① 大小偏心受压的判别

先假设属于大偏心受压，将 $A_s=A_s'$、$f_y=f_y'$代入式(4.47)可得：

$$N=\alpha_1 f_c bx \tag{4.55}$$

$$x=\frac{N}{\alpha_1 f_c b} \tag{4.56}$$

或

$$\xi=\frac{N}{\alpha_1 f_c bh_0} \tag{4.57}$$

因此，在截面配筋计算时，对称配筋的偏心受压柱截面，可直接用 ξ 来判别大、小偏心受压：

a. 当 $x\leqslant x_b$ 或 $\xi\leqslant\xi_b$ 时，属于大偏心受压。

b. 当 $x>x_b$ 或 $\xi>\xi_b$ 时，属于小偏心受压。

② 对称配筋矩形截面大偏心受压正截面承载力计算公式

$$N\leqslant\alpha_1 f_c bx \tag{4.58}$$

$$Ne\leqslant\alpha_1 f_c bx\left(h_0-\frac{x}{2}\right)+f_y'A_s'(h_0-a_s') \tag{4.59}$$

公式的适用条件仍为：a. $x\leqslant x_b$ 或 $\xi\leqslant\xi_b$；b. $x\geqslant 2a_s'$。其意义与非对称配筋情况相同，当 $x<2a_s'$时，取 $x=2a_s'$，可按式 $Ne'=f_yA_s(h_0-a_s')$计算 A_s，并取 $A_s'=A_s$。

③ 对称配筋矩形截面小偏心受压正截面承载力计算公式

由式(4.50)、式(4.51)和式(4.52)可得：

$$N\leqslant\alpha_1 f_c bx+\left(1-\frac{\xi-\beta_1}{\xi_b-\beta_1}\right)f_yA_s \tag{4.60}$$

$$Ne\leqslant\alpha_1 f_c bx\left(h_0-\frac{x}{2}\right)+f_y'A_s'(h_0-a_s') \tag{4.61}$$

用以上公式计算，且考虑 $A_s=A_s'$，$f_y=f_y'$，$a_s=a_s'$，可得到一个关于 ξ 的三次方程，解出 ξ 后，即可求出配筋。但用此方法求解，计算太繁琐。《混凝土结构设计标准》(GB/T 50010—2010)(2024 年版)建议可近似按下式进行计算：

$$A_s'=\frac{Ne-\xi(1-0.5\xi)\alpha_1 f_c bh_0^2}{f_y'(h_0-a_s')} \tag{4.62}$$

$$\xi=\frac{N-\xi_b\alpha_1 f_c bh_0}{\dfrac{Ne-0.43\alpha_1 f_c bh_0^2}{(\beta_1-\xi_b)(h_0-a_s')}+\alpha_1 f_c bh_0}+\xi_b \tag{4.63}$$

其适用条件仍为：a. $x>x_b$ 或 $\xi>\xi_b$；b. $x\leqslant h$，若 $x>h$ 取 $x=h$。

(2) 截面复核

可按不对称配筋的承载力复核方法进行计算，但在计算时取 $f_y=f_y'$、$A_s=A_s'$。

【例 4.11】 已知矩形截面偏心受压柱，截面尺寸 $b\times h=400\ \text{mm}\times 450\ \text{mm}$，柱计算高度 $l_0=5$ m，承受轴向力设计值 $N=500$ kN，柱端较大弯矩设计值 $M_2=380$ kN·m，混凝土强度等级为C30，钢筋采用HRB400级钢筋，$a_s=a_s'=40$ mm，采用对称配筋，求纵向钢筋截面面积 A_s 和 A_s'[按两端弯矩相等($M_1/M_2=1$)的框架柱考虑]。

【解】 (1) 确定基本参数

查表4.4和表4.5及附表3和附表6可知，C30混凝土，$f_c=14.3\ \text{N/mm}^2$，$f_y=f_y'=360\ \text{N/mm}^2$，$\xi_b=0.518$，因 $a_s=a_s'=40$ mm，则 $h_0=450-40=410$ mm。

(2) 求框架柱设计弯矩 M

由于 $M_1/M_2=1$，$i=\sqrt{\dfrac{I}{A}}=129.9$ mm，则 $l_0/i=38.5>34-12(M_1/M_2)=22$，因此，需要考虑附加弯矩影响。

$\zeta_c=\dfrac{0.5f_cA_c}{N}=\dfrac{0.5\times14.3\times400\times450}{500000}=2.57>1$，取1。

$$C_m=0.7+0.3\frac{M_1}{M_2}=1$$

$e_a=\dfrac{h}{30}=\dfrac{450}{30}=15\ \text{mm}<20\ \text{mm}$，取 $e_a=20$ mm。

$$\eta_{ns}=1+\frac{h_0}{1300\left(\dfrac{M_2}{N}+e_a\right)}\left(\frac{l_0}{h}\right)^2\zeta_c=1.05$$

框架结构柱弯矩设计值为

$$M=C_m\eta_{ns}M_2=1\times1.05\times380=399\ \text{kN}\cdot\text{m}$$

(3) 判别大、小偏心受压

由式(4.60)得：

$$\xi=\frac{N}{\alpha_1 f_c bh_0}=\frac{500\times10^3}{1.0\times14.3\times400\times410}=0.213<\xi_b=0.518$$

为大偏心受压，则

$$x=\xi h_0=0.213\times410=87.4\ \text{mm}>2a_s'=80\ \text{mm}$$

(4) 求 A_s 及 A_s'

$$e_0=\frac{M}{N}=\frac{399}{500}=0.798\ \text{m}=798\ \text{mm}$$

$$e_i=e_0+e_a=798+20=818\ \text{mm}$$

$$e=e_i+\frac{h}{2}-a_s=818+225-40=1003\ \text{mm}$$

$$A_s=A_s'=\frac{Ne-\alpha_1 f_c bx\left(h_0-\dfrac{x}{2}\right)}{f_y'(h_0-a_s')}$$

$$=\frac{500\times10^3\times1003-1.0\times14.3\times400\times87.4\times\left(410-\dfrac{87.4}{2}\right)}{360\times(410-40)}$$

$$=2390.2\ \mathrm{mm}^2$$

(5) 选筋验算配筋率

查附表 9，每边选 5 ⌀25（$A_s=A_s'=2454\ \mathrm{mm}^2$），则全部纵向钢筋的配筋率为：

$$\rho=\frac{4908}{400\times450}=2.72\%>0.55\%$$

满足要求。

4.2.5 偏心受压构件斜截面承载力的计算

4.2.5.1 试验研究分析

在实际工程中，偏心受压构件除同时承受轴向力和弯矩作用外，还会受到剪力作用。当剪力较小时，可不考虑其斜截面的强度问题；但当剪力较大时，还应计算其斜截面受剪承载力。试验表明，轴向力 N 不太大时，对构件斜截面受剪承载力起有利作用，当 $N/(f_c bh)$ 在 0.3～0.5范围内时，轴向压力 N 对抗剪强度的有利影响达到峰值；若轴向压力 N 更大，则构件的抗剪强度反而会随 N 的增大而逐渐降低。

在线测试

4.2.5.2 偏心受压构件斜截面承载力的计算公式

(1) 计算公式

$$V\leqslant\frac{1.75}{\lambda+1}f_t bh_0+f_{yv}\frac{A_{sv}}{s}h_0+0.07N \tag{4.64}$$

式中 λ——偏心受压构件计算截面的剪跨比；

N——与剪力设计值相应的轴心压力设计值，当 $N>0.3f_cA$ 时，取 $N=0.3f_cA$，其中 A 为截面面积。

(2) 计算剪跨比的取值

① 对各类结构的框架柱，宜取 $\lambda=M/(Vh_0)$；对框架结构中的框架柱，当其反弯点在层高范围内时，可取 $\lambda=H_n/(2h_0)$。当 $\lambda<1$ 时，取 $\lambda=1$；当 $\lambda>3$ 时，取 $\lambda=3$。此处，M 为计算截面上与剪力设计值相应的弯矩设计值，H_n 为柱净高。

② 对其他偏心受压构件，当承受均布荷载时，取 $\lambda=1.5$；当承受的集中荷载对支座截面或节点边缘所产生的剪力值占总剪力值 75%以上时，取 $\lambda=a/h_0$。当 $\lambda<1.5$ 时，取 $\lambda=1.5$；当 $\lambda>3$时，取 $\lambda=3$。此处，a 为集中荷载至支座或节点边缘的距离。

(3) 公式的适用条件

为了防止箍筋充分发挥作用之前产生由混凝土的斜向压碎引起的斜压型剪切破坏，框架柱截面应满足下列条件：

$$V\leqslant0.25\beta_c f_c bh_0 \tag{4.65}$$

当满足式(4.63)时，框架柱可不进行斜截面抗剪强度计算，仅需要按构造要求配置箍筋。

$$V\leqslant\frac{1.75}{\lambda+1}f_t bh_0+0.07N \tag{4.66}$$

4.3 钢筋混凝土其他构件

4.3.1 轴心受拉构件正截面承载力计算

与适筋梁相似,轴心受拉构件的破坏过程可分为三个阶段:第一阶段为从加载开始到裂缝出现前;第二阶段为混凝土开裂到受拉钢筋屈服前;第三阶段为受拉钢筋屈服到构件破坏。此时,混凝土裂缝开展很大,可认为构件达到了破坏状态,即达到极限荷载。

轴心受拉构件破坏时,全部拉力由钢筋来承受,正截面受拉承载力设计表达式为:

$$N \leqslant N_u = f_y A_s \tag{4.67}$$

式中 N——轴向拉力设计值;

N_u——轴向受拉承载力设计值;

f_y——纵向钢筋抗拉强度设计值;

A_s——全部纵向钢筋的截面面积。

4.3.2 矩形截面偏心受拉构件正截面承载力计算

4.3.2.1 偏心受拉构件正截面的破坏形态

根据纵向拉力的作用位置不同,偏心受拉构件正截面的破坏形态可分为小偏心受拉破坏和大偏心受拉破坏两种形态。

(1) 小偏心受拉破坏

当纵向拉力 N 作用于 A_s 合力点及 A_s' 合力点以内时,发生小偏心受拉破坏。在轴向拉力作用下,全截面均受拉应力,靠近 N 侧钢筋 A_s 拉应力较大,远离 N 侧钢筋 A_s' 拉应力较小。随着荷载继续增加,靠近 N 侧混凝土首先开裂,裂缝很快贯通整个截面,最后因钢筋 A_s 和 A_s' 均达到屈服,构件达到极限承载力而破坏。

(2) 大偏心受拉破坏

当纵向拉力 N 作用于 A_s 合力点及 A_s' 合力点以外时,发生大偏心受拉破坏。随着 N 增大,裂缝先从拉应力较大侧开始,但截面不会裂通,离 N 较远一侧仍保留有受压区,随着荷载继续增加,受拉侧钢筋 A_s 达到受拉屈服,受压侧混凝土被压碎破坏,A_s' 受压屈服,构件达到极限承载能力而破坏,其破坏形态与大偏心受压破坏情况类似。

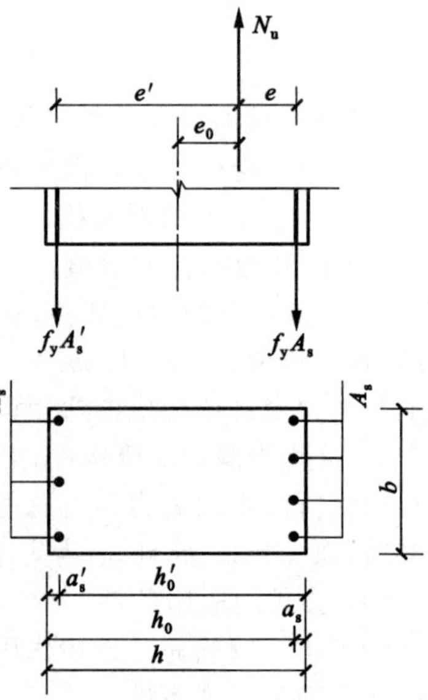

图 4.46 小偏心受拉构件正截面承载力计算简图

4.3.2.2 矩形截面小偏心受拉构件正截面承载力计算

在小偏心拉力作用下,临破坏前,一般情况截面全部裂通,拉力完全由钢筋承担,其计算简图如图 4.46 所示。矩形截面小偏心受拉构件正截面受拉承载力设计表达式为:

$$Ne \leqslant N_u e = f_y A_s'(h_0 - a_s') \tag{4.68}$$

$$Ne \leqslant N_u e' = f_y A_s (h_0 - a_s') \tag{4.69}$$

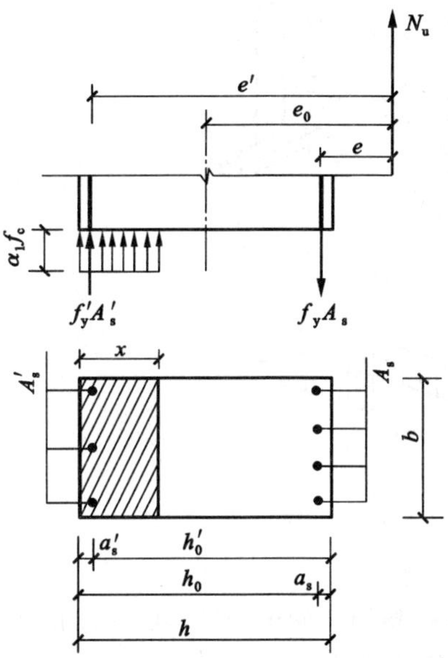

图 4.47　大偏心受拉构件正截面承载力计算简图

式中

$$e = \frac{h}{2} - a_s - e_0 \tag{4.70}$$

$$e' = \frac{h}{2} - a_s' + e_0 \tag{4.71}$$

公式的适用条件：$A_s \geqslant \rho_{min} bh$，$A_s' \geqslant \rho_{min} bh$。

4.3.2.3　矩形截面大偏心受拉构件正截面承载力计算

如图 4.47 所示，对于大偏心受拉破坏情况，纵向受拉钢筋 A_s 的应力取抗拉强度设计值 f_y，纵向受压钢筋 A_s' 取抗压强度设计值 f_y'，混凝土压应力分布仍用换算的矩形应力分布图形，其应力值为 $\alpha_1 f_c$，受压区计算高度为 x，矩形截面大偏心受拉构件正截面受拉承载力设计表达式为：

$$N \leqslant N_u = f_y A_s - f_y' A_s' - \alpha_1 f_c bx \tag{4.72}$$

$$Ne \leqslant N_u e = \alpha_1 f_c bx \left(h_0' - \frac{x}{2} \right) + f_y' A_s' (h_0 - a_s') \tag{4.73}$$

式中

$$e = e_0 - \frac{h}{2} + a_s \tag{4.74}$$

设计时为了使钢筋总用量（$A_s + A_s'$）最少，同偏心受压构件一样，应取 $x = \xi_b h_0$。

公式的适用条件：

$x \leqslant \xi_b h_0$，防止发生超筋破坏；

$x \geqslant 2a_s'$，保证破坏时，受压钢筋应力能达到抗压强度设计值 f_y'。

如果计算中出现 $x < 2a_s'$，则近似取 $x = 2a_s'$，并对 A_s' 的合力点取矩，得

$$Ne' \leqslant N_u e' = f_y A_s (h_0 - a_s') \tag{4.75}$$

$$e' = e_0 + \frac{h}{2} - a_s' \tag{4.76}$$

式中　e'——纵向拉力作用点至受压区纵向钢筋 A_s' 合力点的距离。

4.3.3　受扭构件概述

扭转是结构构件受力的基本形式之一，受扭构件是指截面上作用有扭矩的构件。根据扭转形成的原因不同，受扭构件可以分为平衡扭转和协调扭转两类。平衡扭转又称静定扭转，是由荷载作用直接引起的，其截面扭矩可由平衡条件求得，即构件所受到扭矩的大小与构件扭转刚度的大小无关，图 4.48(a)所示雨篷梁为平衡扭转构件。协调扭转又称超静定扭转，其截面扭矩须由静力平衡条件和变形协调条件才能求得，即构件所受到扭矩的大小与构件扭转刚度的大小有关，图 4.48(b)所示的框架边梁为协调扭转构件。

根据截面上的内力情况，受扭构件可以分为纯扭、剪扭、弯扭、弯剪扭和压弯剪扭等多种受力情况。在实际工程中，纯扭的情况很少，大多为剪扭、弯扭、弯剪扭和压弯剪扭等复合受扭情况，其中又以弯剪扭和压弯剪扭最为常见。例如工程中的雨篷梁、吊车梁、框架边梁、曲梁、螺

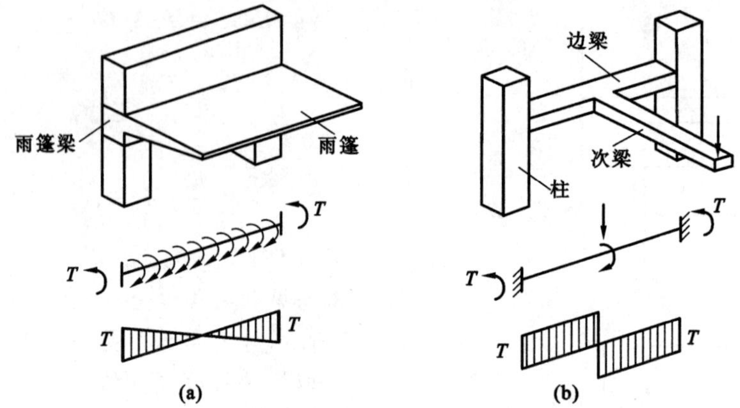

图 4.48　受扭构件实例

(a) 雨篷梁(平衡扭转);(b) 框架边梁(协调扭转)

旋楼梯和框架结构的角柱等均属于弯剪扭和压弯剪扭构件。

纯扭构件的扭曲截面承载力计算,首先需要计算构件的开裂扭矩。如果构件实际承载的扭矩大于构件的开裂扭矩,则还需要计算配置受扭纵筋和受扭箍筋,以满足构件的承载力要求。

处于弯矩、剪力和扭矩共同作用下的钢筋混凝土构件,其受力状态十分复杂,构件的破坏特征及其承载力,与荷载条件、构件的截面尺寸、配筋及材料强度等因素有关。

受扭构件的计算较复杂,在此不作介绍。

4.4　钢筋混凝土构件的裂缝及变形验算

混凝土的抗拉强度比抗压强度小得多,在不大的拉应力下就可能出现裂缝。过宽的裂缝会影响结构的正常使用功能,导致构件中钢筋锈蚀,降低结构的耐久性;同时,过宽的裂缝影响结构的外观,引起人们的不安。过去,使用荷载下钢筋的应力不高,一般构件的裂缝并不构成严重的问题,但是随着高强度钢筋的采用,钢筋工作应力的提高,裂缝控制越来越成为需要特别考虑的问题。另一方面,钢筋混凝土构件在各种作用下产生过大的变形,亦将影响到结构的使用功能。因此,构件除满足承载力极限状态外,还要满足正常使用极限状态,钢筋混凝土构件的裂缝与变形验算,作为结构正常使用极限状态设计的主要内容,对于保证结构构件的适用性和耐久性具有重要意义。

4.4.1　钢筋混凝土构件裂缝验算

荷载作用、温度变化、混凝土收缩、钢筋锈蚀、冻融循环作用等均会引起构件开裂。裂缝按产生的时间可分为施工期间产生的裂缝和使用期间产生的裂缝;按产生的原因可分为非受力因素产生的裂缝和受力因素产生的裂缝;按形态可分为龟裂、横向裂缝(与构件轴线垂直)、纵向裂缝、斜裂缝、八字裂缝、交叉裂缝等。

根据对大量试验研究数据的分析,影响裂缝宽度的主要因素有:

(1) 受拉钢筋应力 σ_s。钢筋应力值大时,裂缝宽度也大。

(2) 纵向受拉钢筋配筋率 ρ。随 ρ 值的增大,裂缝宽度有所减小。

(3) 钢筋直径 d。其他条件相同时,裂缝宽度随钢筋直径的增大而增大。

(4) 混凝土保护层厚度 c。当其他条件相同时，保护层较厚时，裂缝宽度较大。因而，增大保护层厚度对于控制裂缝宽度是不利的。但是另一方面，保护层较厚，在使用荷载下钢筋的腐蚀程度则较轻。实际上，一般构件保护层厚度的变化范围并不大。

(5) 钢筋的表面形状。其他条件相同时，配置带肋钢筋时的裂缝宽度比配置光圆钢筋时的裂缝宽度小。

由于混凝土徐变等原因，在荷载长期作用下，裂缝宽度有所增大。另外，在正常使用阶段，构件中的裂缝经历了从出现、开展到稳定的过程，其特点是分布不均匀，宽度也不均匀。所以，沿构件的长度方向各截面受压混凝土的应变、纵向受拉钢筋的应变以及中和轴高度等都是不均匀的。在建立裂缝宽度计算公式的过程中，考虑到了这一不均匀的特点。

根据试验结果，对各种受力构件《混凝土结构设计标准》(GB/T 50010—2010)(2024 年版)给出的最大裂缝宽度计算公式为：

$$w_{\max}=\alpha_{cr}\varphi\frac{\sigma_{sq}}{E_s}\left(1.9c_s+0.08\frac{d_{eq}}{\rho_{te}}\right) \tag{4.77}$$

其中

$$\varphi=1.1-0.65\frac{f_{tk}}{\rho_{te}\sigma_{sq}} \tag{4.78}$$

$$d_{eq}=\frac{\sum n_i d_i^2}{\sum n_i \nu_i d_i} \tag{4.79}$$

$$\rho_{te}=\frac{A_s+A_p}{A_{te}} \tag{4.80}$$

式中 α_{cr}——构件受力特征系数，按表 4.8 采用；

φ——裂缝间纵向受拉钢筋应变不均匀系数：当 $\varphi<0.2$ 时，取 $\varphi=0.2$；当 $\varphi>1.0$ 时，取 $\varphi=1.0$；对直接承受重复荷载的构件，取 $\varphi=1.0$；

σ_{sq}——按荷载准永久组合计算的钢筋混凝土构件纵向受拉钢筋在裂缝截面处的应力；对轴心受拉构件 $\sigma_{sq}=N_q/A_s$，对受弯构件 $\sigma_{sq}=M_q/0.87h_0A_s$，其他构件可参照《混凝土结构设计标准》(GB/T 50010—2010)(2024 年版)计算；

E_s——纵向受拉钢筋的弹性模量；

c_s——最外层纵向受拉钢筋外边缘至受拉区底边的距离(mm)：当 $c_s<20$ mm 时，取 $c_s=20$ mm；当 $c_s>65$ mm 时，取 $c_s=65$；

ρ_{te}——按有效受拉混凝土截面面积计算的纵向受拉钢筋配筋率，对无黏结后张构件，仅取纵向受拉钢筋计算配筋率；在最大裂缝宽度计算中，当 $\rho_{te}<0.01$ 时，取 $\rho_{te}=0.01$；

A_{te}——有效受拉混凝土截面面积：对轴心受拉构件，取构件截面面积；对受弯、偏心受压和偏心受拉构件，取 $A_{te}=0.5bh+(b_f-b)h_f$，此处，b_f、h_f 为受拉翼缘的宽度、高度；

A_s——受拉区纵向钢筋截面面积；

A_p——受拉区纵向预应力筋截面面积；

d_{eq}——受拉区纵向钢筋的等效直径(mm)；对无黏结后张构件，仅为受拉区纵向受拉钢筋的等效直径(mm)；

d_i——受拉区第 i 种纵向钢筋的公称直径；对于有黏结预应力钢绞线束的直径取为 $\sqrt{n_1}d_{p1}$，其中 d_{p1} 为单根钢绞线的公称直径，n_1 为单束钢绞线根数；

ν_i——受拉区第 i 种纵向钢筋的相对黏结特性系数，按表 4.9 采用。

表 4.8　构件受力特征系数

类　型	α_{cr}	
	钢筋混凝土构件	预应力混凝土构件
受弯、偏心受压	1.9	1.5
偏心受拉	2.4	—
轴心受拉	2.7	2.2

表 4.9　钢筋的相对粘性特征系数

钢筋类别	钢　筋		先张法预应力筋			后张法预应力筋		
	光圆钢筋	带肋钢筋	带肋钢筋	螺旋肋钢丝	钢绞线	带肋钢筋	钢绞线	光圆钢丝
ν_i	0.7	1.0	1.0	0.8	0.6	0.8	0.5	0.4

钢筋混凝土构件的裂缝验算就是通过计算由荷载产生的最大裂缝宽度 w_{max}，验算最大裂缝宽度是否超过规范的最大裂缝宽度限值 w_{lim}，即：

$$w_{max} \leqslant w_{lim} \tag{4.81}$$

【例 4.12】 已知某教学楼钢筋混凝土楼面简支梁，计算跨度 $l_0=6.0$ m，梁的截面尺寸 $b\times h=250$ mm$\times 600$ mm，永久荷载(包括梁自重)标准值 $g_k=19$ kN/m，可变荷载标准值 $q_k=16$ kN/m，准永久系数 $\psi_q=0.5$，采用 C30 级混凝土强度，HRB400 级钢筋，已配置 2Φ22＋2Φ20 的纵向受拉钢筋，环境等级为一类。最大裂缝宽度限值为 $w_{lim}=0.3$ mm，试验算梁的裂缝宽度是否满足要求。

【解】 (1) 确定基本参数

查附表 5，混凝土轴心抗拉强度标准值 $f_{tk}=2.01$ N/mm^2；查表 2.1，钢筋的弹性模量 $E_s=2.0\times10^5$ N/mm^2；查表 4.3，钢筋的混凝土最小保护层厚度为 20 mm，取 $a_s=35$ mm，则梁的有效高度 $h_0=h-a_s=600-35=565$ mm，$c_s=20+6=26$ mm，$A_s=760+628=1388$ mm^2。

(2) 计算荷载准永久组合下跨中弯矩标准值

$$M_q=\frac{1}{8}(g_k+\psi_q q_k)l_0^2=\frac{1}{8}(19+0.5\times16)\times6.0^2=121.5\ \text{kN}\cdot\text{m}$$

(3) 计算裂缝截面受拉钢筋的应力

$$\sigma_{sq}=\frac{M_q}{0.87h_0A_s}=\frac{121.5\times10^6}{0.87\times565\times1388}=178.08\ \text{N/mm}^2$$

(4) 按有效受拉混凝土截面面积计算钢筋的配筋率

$$\rho_{te}=\frac{A_s}{A_{te}}=\frac{1388}{0.5\times250\times600}=0.0185$$

(5) 计算受拉钢筋应变不均匀系数 φ

$$\varphi=1.1-0.65\times\frac{f_{tk}}{\rho_{te}\sigma_{sq}}=1.1-0.65\times\frac{2.01}{0.0185\times178.08}=0.61$$

(6) 计算受拉区纵向钢筋的等效直径

$$d_{eq}=\frac{\sum n_i d_i^2}{\sum n_i \nu_i d_i}=\frac{2\times 22^2+2\times 20^2}{2\times 1\times 22+2\times 1\times 20}=21.05\ \text{mm}$$

(7) 计算最大裂缝宽度

$$w_{max}=\alpha_{cr}\varphi\frac{\sigma_{sq}}{E_s}\left(1.9c_s+0.08\frac{d_{eq}}{\rho_{te}}\right)=1.9\times 0.61\times\frac{178.08}{2.0\times 10^5}\times\left(1.9\times 26+0.08\times\frac{21.05}{0.0185}\right)$$
$$=0.145\ \text{mm}<w_{lim}=0.3\ \text{mm}$$

裂缝宽度满足要求。

4.4.2 钢筋混凝土构件变形验算

变形验算的目的,第一是保证结构构件的使用功能。第二是满足观感要求和使用者的心理要求。第三是避免非结构构件的破坏,所谓非结构构件一般是指自承重构件或建筑构造构件,其支承构件的过大变形会导致这类构件的破坏。第四是避免对其他结构构件的不利影响。

变形验算的要求是最大挠度计算值 f 不大于挠度限值 f_{max},即:

$$f\leqslant f_{max} \tag{4.82}$$

挠度的限值主要依据控制目的和工程经验的总结确定。一般工业与民用建筑中钢筋混凝土受弯构件的挠度限值(以计算跨度 l_0 计算)如表 3.6 所示。

由材料力学可知,匀质弹性材料受弯构件的挠度 f,可以利用下列公式计算:

$$f=S\frac{Ml_0^2}{EI} \tag{4.83}$$

式中 M——计算挠度时的弯矩代表值,预应力混凝土受弯构件取标准组合 M_k,钢筋混凝土受弯构件取准永久组合 M_q;

l_0——计算跨度;

EI——弹性匀质材料梁的截面抗弯刚度(为一常值);

S——与荷载类型、支承条件有关的系数,例如,均布荷载作用下的简支梁,$S=\frac{5}{48}$。

但钢筋混凝土构件受弯变形时,材料由弹性逐渐变为弹塑性,破坏前塑性变形显著,不能用 EI 作为刚度。所以钢筋混凝土受弯构件截面刚度需作一些修正,即用 B 代替原材料力学公式中的 EI。

从试验可知,钢筋混凝土受弯构件从开始加载到破坏,其截面刚度的变化经历了三个阶段,如图 4.49 所示,不是一个常值,裂缝的出现与开展对刚度有直接影响。

根据研究,影响构件截面刚度的主要因素有:

(1) 梁的截面高度 h_0,受弯构件的刚度与截面高度的平方成正比。

(2) 截面的配筋量 A_s,配筋量较多,则刚度较大。

(3) 荷载的长期作用,由于混凝土的徐变、受拉混凝土与受压混凝土收缩的不一致等原因,构件截面刚度有所降低。

另外,在计算中还应考虑截面塑性变形发展的不均匀对截面刚度的影响。

钢筋混凝土受弯构件短期刚度 B_s,可按下列公式计算:

$$B_s=\frac{E_sA_sh_0^2}{1.15\varphi+0.2+\frac{6\alpha_E\rho}{1+3.5\gamma_f'}} \tag{4.84}$$

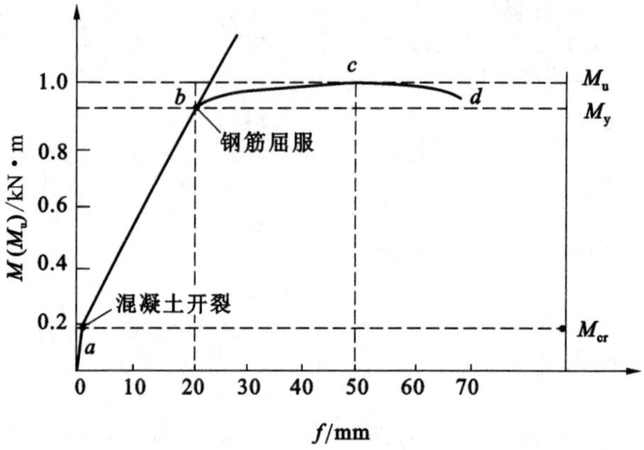

图 4.49　梁受弯挠度曲线

式中　φ——裂缝间纵向受拉钢筋应变不均匀系数；

α_E——钢筋弹性模量与混凝土弹性模量的比值，即$\dfrac{E_s}{E_c}$；

ρ——纵向受拉钢筋配筋率，对钢筋混凝土受弯构件，取为 $A_s/(bh_0)$；

γ_f'——受压翼缘面积与腹板有效面积的比值，$\gamma_f'=(b_f'-b)h_f'/(bh_0)$。其中，$b_f'$、$h_f'$分别为受压翼缘的宽度、高度。

受弯构件变形应按荷载效应准永久组合计算，并考虑荷载长期作用影响的刚度。矩形、T形、倒 T 形和 I 形截面受弯构件考虑荷载长期作用影响的刚度 B 可按式(4.85)计算：

$$B=\frac{B_s}{\theta} \tag{4.85}$$

式中　θ——考虑荷载长期作用对挠度增大的影响系数，对钢筋混凝土受弯构件，当 $\rho'=0$ 时，取 $\theta=2.0$；当 $\rho'=\rho$ 时，取 $\theta=1.6$；当 ρ'为中间数值时，按线性内插法取用。此处，$\rho'=\dfrac{A_s'}{bh_0}$，$\rho=\dfrac{A_s}{bh_0}$。

实际上，由于塑性变形程度不均匀，梁中各截面的抗弯刚度大小是不同的，弯矩最大截面的刚度最小。按理，应按变刚度计算受弯构件的挠度，但对于等截面受弯构件，可假定在各同号弯矩区段内各截面的刚度相等，并取该区段内最大弯矩 M_{max}截面的刚度 $B_{s,min}$计算挠度，如图 4.50 中的虚线。这一计算原则称为受弯构件变形的最小刚度原则。实践表明，按最小刚度原则计算受弯构件的变形是合理的。

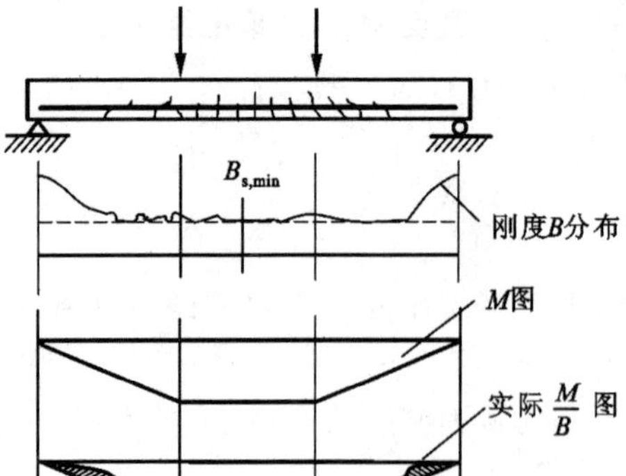

图 4.50　最小刚度原则

求得刚度 B 后，以它替换材料力学公式中的 EI，即可求得构件的挠度 f，再验算构件的变形是否达到控制要求。

从刚度计算公式中可看出，增大截面高度 h 是提高刚度最有效的措施。因此，在开始设计时就应预先控制梁的变形，再根据受弯构件高跨比的合适取值范围确定梁的截面高度 h 后，一般情况下可以不再验算梁的变形。高跨比的合适范围是总结理论分析结果和工程实践经验得到的。

【例 4.13】 已知某试验楼钢筋混凝土楼面简支梁，计算跨度 $l_0=6.3$ m，梁的截面尺寸 $b\times h=250$ mm×500 mm，永久荷载(包括梁自重)标准值 $g_k=16.5$ kN/m，可变荷载标准值 $q_k=8.2$ kN/m，准永久系数 $\psi_q=0.5$，采用 C35 级混凝土强度，HRB400 级钢筋，已配置 2⌀20＋2⌀16 纵向受拉钢筋，环境等级为一类。若挠度限值 $f_{\lim}=l_0/200$，试验算梁的挠度是否满足要求。

【解】 (1) 确定基本参数

查附表 5，混凝土轴心抗拉强度标准值 $f_{tk}=2.2$ N/mm²；查表 2.1、表 2.2，钢筋的弹性模量 $E_s=2.0\times10^5$ N/mm²，混凝土的弹性模量 $E_c=3.15\times10^4$ N/mm²；查表 4.3，钢筋的混凝土最小保护层厚度为 20 mm，取 $a_s=35$ mm，则梁的有效高度 $h_0=h-a_s=500-35=465$ mm，$A_s=402+628=1030$ mm²。

(2) 计算荷载准永久组合下跨中弯矩标准值

$$M_q=\frac{1}{8}(g_k+\psi_q q_k)l_0^2=\frac{1}{8}\times(16.5+0.5\times8.2)\times6.3^2=102.2\ \text{kN}\cdot\text{m}$$

(3) 计算受拉钢筋应变不均匀系数 φ

$$\sigma_{sq}=\frac{M_q}{0.87h_0A_s}=\frac{102.2\times10^6}{0.87\times465\times1030}=245.27\ \text{N/mm}^2$$

$$\rho_{te}=\frac{A_s}{A_{te}}=\frac{1030}{0.5\times250\times500}=0.0165$$

$$\varphi=1.1-0.65\times\frac{f_{tk}}{\rho_{te}\sigma_{sq}}=1.1-0.65\times\frac{2.2}{0.0165\times245.27}=0.747$$

(4) 计算短期刚度 B_s

$$\alpha_E=\frac{E_s}{E_c}=\frac{2.0\times10^5}{3.15\times10^4}=6.35,\ \rho=\frac{A_s}{bh_0}=\frac{1030}{250\times465}=0.0089$$

$$B_s=\frac{E_sA_sh_0^2}{1.15\varphi+0.2+\dfrac{6\alpha_E\rho}{1+3.5\gamma_f'}}=\frac{2.0\times10^5\times1030\times465^2}{1.15\times0.747+0.2+\dfrac{6\times6.35\times0.0089}{1+3.5\times0}}$$

$$=3.19\times10^{13}\ \text{N}\cdot\text{mm}^2$$

(5) 计算长期刚度 B

$\rho'=0$，取 $\theta=2.0$，则：

$$B=\frac{B_s}{\theta}=\frac{3.19\times10^{13}}{2}=1.595\times10^{13}\ \text{N}\cdot\text{mm}^2$$

(6) 计算跨中挠度

$$f=\frac{5}{48}\frac{M_ql_0^2}{B}=\frac{5\times102.2\times10^6\times6300^2}{48\times1.595\times10^{13}}=26.5\ \text{mm}<f_{\lim}=\frac{l_0}{200}=31.5\ \text{mm}$$

满足要求。

本章小结

钢筋混凝土结构既需要理论计算也需要合理的构造措施，才能满足设计和使用要求。本章讲述了受弯构件、受压构件的截面形式、基本尺寸、保护层、配筋率，钢筋的直径、根数、间距、选用、布置等基本构造要求。

钢筋混凝土受弯构件正截面破坏有三种形态：① 适筋破坏；② 超筋破坏；③ 少筋破坏。其中适筋破坏为正常破坏；超筋和少筋破坏属非正常破坏，可通过限制条件加以避免。

钢筋混凝土受弯构件适筋破坏可分三个阶段，即第Ⅰ阶段（弹性阶段）、第Ⅱ阶段（带裂缝工作）阶段和第Ⅲ阶段（破坏阶段）。受弯构件正截面承载力计算是以第Ⅲ_a阶段的应力图形为依据建立的。

四个基本假设和等效应力图形是建立基本计算公式的基础，基本计算公式是根据等效应力图形和受力平衡条件列出的。应注意$\xi \leqslant \xi_b$、$\rho \geqslant \rho_{min}$及双筋的$x \geqslant 2a_s'$等公式适用条件的意义和应用。

正截面承载力计算包括截面设计和承载力复核。单筋矩形截面的截面设计和承载力复核时的未知数均为两个（截面设计时为x、A_s，承载力校核时为x、M_u），可直接利用两个基本公式求解，也可用计算系数查表求解；双筋截面的设计时要考虑A_s'是否已知，若A_s'未知，则应该补充条件$\xi = \xi_b$；T形截面则应首先确定受压翼缘的计算宽度b_f'，并判别属于第一类或第二类T形截面后再行计算。

影响受弯构件斜截面受剪承载力的主要因素有剪跨比λ、配箍率ρ_{sv}和箍筋强度、钢筋混凝土强度和纵向钢筋的配筋率。构件斜截面受剪的主要破坏形态有斜拉破坏、斜压破坏和剪压破坏，这三种破坏均为脆性破坏。斜截面的受剪承载力计算公式是对应于剪压破坏的，对于斜拉和斜压破坏一般是采用构造措施加以避免，即限制最小截面尺寸、限制最大箍筋间距、限制最小箍筋直径及不小于最小配箍率。

斜截面承载力计算包括截面设计和承载力复核。计算时要注意斜截面承载力可能有多处比较薄弱的地方，都要进行计算复核，即应考虑不同区段的V_{cs}及$V_{cs}+V_{sb}$的控制范围，并分别计算。

材料抵抗弯矩图是按照梁实配的纵向钢筋的数量计算并画出的各截面所能抵抗的弯矩图，要掌握利用材料抵抗弯矩图并根据正截面和斜截面的承载力来确定纵筋的弯起点和截断点的位置。

钢筋混凝土轴心受压短柱的破坏是因混凝土和钢筋达到各自极限强度而导致的，对于长柱由于纵向弯曲的影响将降低构件的承载力，因而应考虑稳定系数φ的影响。

偏心受压构件是根据受压混凝土首先被压碎时远离轴向压力一侧钢筋是否屈服来判别大、小偏心受压破坏类型的，$\xi \leqslant \xi_b$时为大偏心受压，$\xi > \xi_b$时为小偏心受压。

大偏心受压构件正截面承载力计算与双筋梁的正截面承载力计算类似。而小偏心受压构件由于远离纵向力那一侧的钢筋A_s，不论是受压还是受拉，一般都达不到屈服，故在设计时可利用A_s为最小配筋量的条件，使设计简单合理。

在计算钢筋混凝土偏心受压构件时，应考虑长细比对承载力的影响。

对于一个给定截面材料的偏心受压构件其承载力N、M会有无数组合，当为大偏心受压时，截面所受N越大，则可承受的M也会越大；当为小偏心受压时，截面所受N越大，则可承受的M会越小。

根据偏心拉力作用在偏心受拉构件上的位置不同，可分为大偏心受拉和小偏心受拉两种类型。大偏心受拉的受力特点和承载力计算类似于受弯构件或大偏心受压构件，小偏心受拉的受力特点和承载力计算类似于轴心受拉构件。

偏心受压构件或偏心受拉构件的斜截面抗剪计算，与受弯构件截面独立梁受集中荷载的抗剪公式类似，轴向压力在一定范围内对抗剪有利，而轴向拉力则将降低抗剪承载力。

进行承载力极限状态的计算是为了满足结构构件的安全性，而进行正常使用极限状态的验算是为了满足其适用性和耐久性的要求。后者如果不满足要求，造成的后果不如前者严重，因此在进行正常使用极限状态的验算时采用材料强度和荷载的标准值。

由于混凝土的非匀质性和混凝土抗拉强度的离散性，裂缝的间距和宽度是不均匀的，因此引入了平均裂缝间距和平均裂缝宽度的概念。

减小裂缝宽度的措施主要是增加受拉钢筋的用量；减小受拉钢筋的直径；尽量用变形钢筋。

构件的变形验算主要是指受弯构件的挠度验算。挠度计算可采用材料力学的公式，但抗弯刚度需要修正，并采用最小刚度原则计算。最小刚度原则是指取同号弯矩区段内的抗弯刚度相等，并取弯矩最大截面的刚度作为该区段的抗弯刚度。减小挠度最有效的措施是增加截面的高度。

思考和练习题

4.1　受弯构件中适筋梁从加载到破坏经历哪几个阶段？各阶段的主要特征是什么？每个阶段是哪种极限状态的计算依据？

4.2　什么叫配筋率？配筋率对梁的正截面承载力有何影响？

4.3　试就图 4.51 所示四种受弯截面情况回答下列问题：

① 它们破坏的原因和破坏的性质有何不同？

② 破坏时的钢筋应力情况如何？

③ 破坏时钢筋和混凝土的强度是否被充分利用？

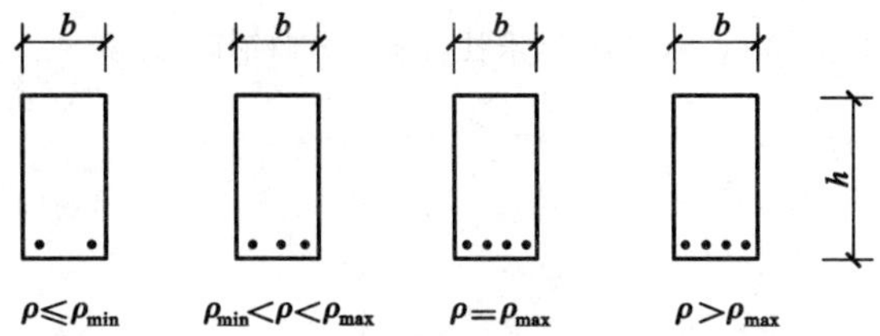

图 4.51　题 4.3 图

4.4　什么叫截面相对界限受压区高度 ξ_b？它在承载力计算中的作用是什么？

4.5　在什么情况下可采用双筋梁？在双筋截面中受压钢筋起什么作用？

4.6　两类 T 形截面梁如何鉴别？

4.7　受弯构件斜截面有哪些破坏形态？分别有何受力破坏特性？工程设计中应如何分别防止？

4.8　何谓“剪跨比”？为何其大小会引起斜截面破坏形态的改变？

4.9　试分析影响斜截面受剪承载力的主要因素。

4.10　在工程设计中，计算斜截面受剪承载力时，其计算截面的位置有何规定？

4.11　轴心受压构件中纵筋的作用是什么？

4.12　钢筋混凝土偏心受压构件在纵向弯曲影响下的破坏形态有哪几种？怎样考虑纵向弯曲的影响？

4.13　试解释“受拉破坏”“受压破坏”“失稳破坏”和“材料破坏”的概念。

4.14　偏心受压构件正截面承载力计算两种破坏形态的判别条件是什么？

4.15　某大楼中间走廊单跨简支板（图 4.52），计算跨度 $l_0 = 2.18$ m，承受均布荷载设计值 $g+q=$

6 kN/m^2(包括自重),采用 C25 混凝土,HRB335 级钢筋。试确定现浇板的厚度 h 及所需受拉钢筋截面面积 A_s,选配钢筋,并画钢筋配置图。(计算时,取 $b=1.0$ m,$a_s=20$ mm。)

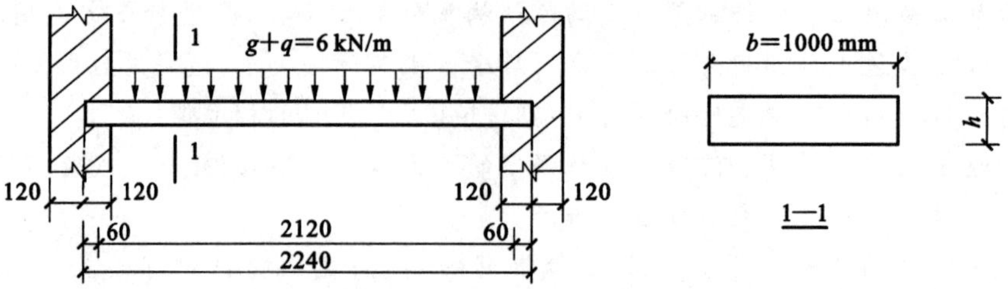

图 4.52　题 4.15 图

4.16　一钢筋混凝土矩形梁,承受弯矩设计值 $M=160$ kN · m,采用 C30 混凝土,HRB400 级钢筋,试按正截面承载力要求确定截面尺寸及配筋。

4.17　一钢筋混凝土矩形梁截面尺寸 $b\times h=200$ mm$\times$500 mm,采用 C30 混凝土,配有 2 Φ 18 的 HRB400 级钢筋,$A_s=509$ mm^2,试计算梁截面上承受弯矩设计值 $M=80$ kN · m 时是否安全。

4.18　某 T 形截面梁,翼缘计算宽度 $b_f'=1200$ mm,$b=200$ mm,$h=600$ mm,$h_f'=80$ mm,采用 C30 混凝土,配有 4 Φ 20 受拉钢筋,承受弯矩设计值 $M=131$ kN · m,试复核梁截面是否安全。

4.19　已知某承受均布荷载的矩形截面梁截面尺寸为 $b\times h=250$ mm$\times$600 mm,取 $a_s=35$ mm,采用 C30 混凝土,箍筋为 HPB300 级,若已知剪力设计值 $V=180$ kN,求只配箍筋时所需箍筋的直径和间距。

4.20　已知某钢筋混凝土矩形截面简支梁,承受均布荷载,计算跨度为 6000 mm,净跨为 5760 mm,截面尺寸为 $b\times h=250$ mm$\times$600 mm,采用 C30 混凝土,纵筋采用 HRB400 级,箍筋采用 HPB300 级,若已知梁的纵向配筋为 4 Φ 22,箍筋为ϕ 8@200,求该梁能承受的均布荷载设计值。

4.21　某矩形截面柱 $b\times h=400$ mm$\times$500 mm,$a_s=a_s'=40$ mm,柱的计算高度 $l_0=6.0$ m,采用 C30 混凝土,HRB400 级钢筋,已知该柱承受的轴力 $N=2000$ kN,柱端弯矩 $M_1=M_2=500$ kN · m。试求柱所需的纵向钢筋 A_s 和 A_s'。

4.22　已知条件同题 4.21,采用对称配筋,试求柱所需的纵向钢筋 A_s 和 A_s'。

5　预应力混凝土构件基本知识

本 章 提 要

本章从预应力的概念入手，主要介绍了预应力施加的目的以及预应力施加的方法；预应力混凝土所用材料要求，常用锚具、夹具与孔道成型材料；预应力损失的概念、分类、计算方法及其组合。

5.1　预应力混凝土概述

在线测试

混凝土的极限拉应变很小，构件的抗裂能力很低，因此很容易产生裂缝。另外由于混凝土的自重太大，构件所能承受的自重以外的有效荷载较小，因而不太适用于大跨度、重荷载的结构。除此之外，提高混凝土强度等级和钢筋强度对改善构件的抗裂和变形性能效果也不大，这是因为采用高强度等级的混凝土，其抗拉强度提高的幅度有限。对于使用时允许裂缝宽度为 0.2～0.3 mm 的构件，受拉钢筋应力只能达到 150～250 MPa，这与各种热轧钢筋的正常工作应力相近，即在普通钢筋混凝土结构中采用高强度的钢筋（强度设计值超过 1000 MPa）是不能充分发挥作用的。

由上可见，钢筋混凝土结构存在的主要问题是裂缝问题。为了能有效地利用高强度钢材，进一步扩大构件的应用范围，更好地保证构件的质量，必须要设法提高构件的抗裂性能。预应力混凝土是改善构件抗裂性能的有效途径。预应力混凝土结构就是在混凝土构件承受外荷载之前，对其受拉区预先施加压应力的构件。

5.1.1　预应力混凝土的特点

从受力性能的角度而言，所谓预应力混凝土结构，就是在结构承受外荷载作用之前，在其可能开裂的部位预先人为地施加压应力，以抵消或减少外荷载所引起的拉应力，使结构在正常使用和在荷载作用下不开裂或者裂缝开展宽度小一些的结构。

预应力的作用可用图 5.1 所示的梁来说明。在外荷载作用下，梁下边缘产生拉应力 σ_3，如图 5.1(b)所示。如果在荷载作用以前，给梁先施加一偏心压力 N，使得梁下边缘产生预压应力 σ_1，如图 5.1(a)所示，那么在外荷载作用后，截面的应力分布将是两者的叠加，如图 5.1(c)所示。梁的下边缘应力可为压应力（如 $\sigma_1-\sigma_3>0$）或数值很小的拉应力（如 $\sigma_1-\sigma_3<0$）。

相对于钢筋混凝土结构，预应力混凝土结构具有如下特点：

(1) 自重轻，节约工程材料。预应力混凝土充分发挥了混凝土抗压强度高、钢筋抗拉强度

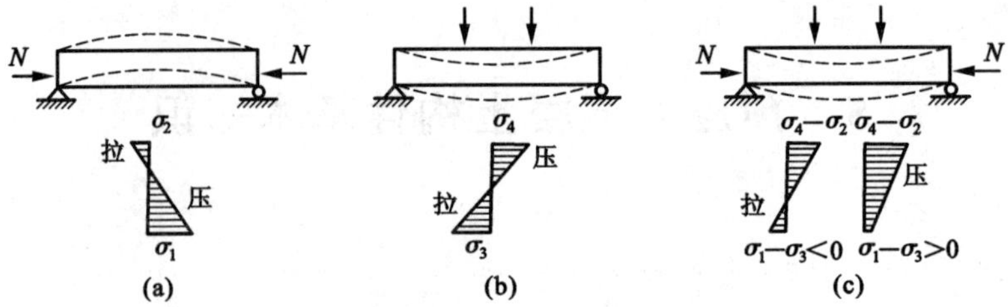

图 5.1 预应力混凝土简支梁的受力情况

(a) 预压力作用;(b) 荷载作用;(c) 预压力与荷载共同作用

高的优点,利用高强混凝土和高强钢筋建立合理的预应力,提高了结构构件的抗裂度和刚度,有效地减小了构件截面尺寸、减轻了自重。因此节约了工程材料,适用于建造大跨度、大悬臂等有变形控制要求的结构。

(2) 改善结构的耐久性。由于对结构构件的可能开裂部位施加了预压应力,避免了使用荷载作用下的裂缝,使结构中预应力钢筋和普通钢筋免受外界有害介质的侵蚀,大大提高了结构的耐久性。对于水池、压力管道、污水沉淀池和污泥消化池等,施加预应力后还提高了其抗渗性能。

(3) 提高结构的抗疲劳性能。承受重复荷载的结构或构件,如吊车梁、桥梁等,因为荷载经常反复的作用,结构长期处于加载与卸载的变化之中,当这种反复变化超过一定次数时,材料就会发生低于静力强度的破坏。预应力可以降低钢筋的疲劳应力变化幅度,从而提高结构或构件的抗疲劳性能。

(4) 增强结构或构件的抗剪能力。大跨、薄壁结构构件,如薄壁箱形、T 形、I 形等截面构件,靠近搁置处的薄壁往往由于剪力或扭矩作用产生斜向裂缝,预应力可提高斜截面的抗裂性和抗扭性,并可延迟裂缝出现,约束裂缝宽度开展,因此提高了抗剪能力。

5.1.2 预应力的施加方法

按混凝土浇筑成型和预应力钢筋张拉的先后顺序,预应力的施加方法可分为先张法和后张法两大类。

5.1.2.1 先张法

先张法即先张拉预应力钢筋,后浇筑混凝土的方法。其施工的主要工序(图 5.2)如下:

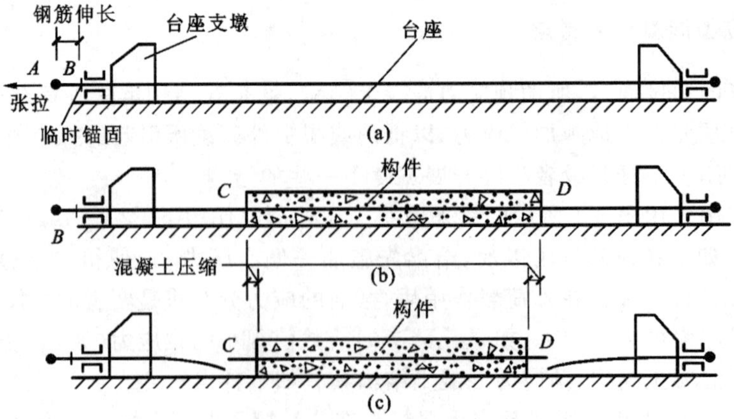

图 5.2 先张法构件施工工序

(1) 在台座上按设计规定的拉力张拉钢筋，并用锚具临时固定于台座上[图 5.2(a)]。

(2) 支模、绑扎非预应力钢筋，浇筑混凝土构件[图 5.2(b)]。

(3) 待构件混凝土达到一定的强度后(一般不低于混凝土设计强度等级的 75%，以保证预应力钢筋与混凝土之间具有足够的黏结力)，切断或放松钢筋，预应力钢筋的弹性回缩受到混凝土阻止而使混凝土受到挤压，产生预压应力[图 5.2(c)]。

先张法是将张拉后的预应力钢筋直接浇筑在混凝土内，依靠预应力钢筋与周围混凝土之间的黏结力来传递预应力。先张法需要有用来张拉和临时固定钢筋的台座，因此初期投资费用较大。但先张法施工工序简单，钢筋靠黏结力自锚，在构件上不需设永久性锚具，临时固定的锚具都可以重复使用。因此在大批量生产时先张法构件比较经济，质量易保证。为了便于吊装运输，先张法一般宜于生产中小型构件。

5.1.2.2　*后张法*

后张法是先浇筑混凝土构件，当构件混凝土达到一定的强度后，再在构件上张拉预应力钢筋的方法。按照预应力钢筋的形式及其与混凝土的关系，具体分为有黏结和无黏结两类。

后张有黏结：其施工的主要工序(图 5.3)如下。

(1) 浇筑混凝土构件，并在预应力钢筋位置处预留孔道[图 5.3(a)]。

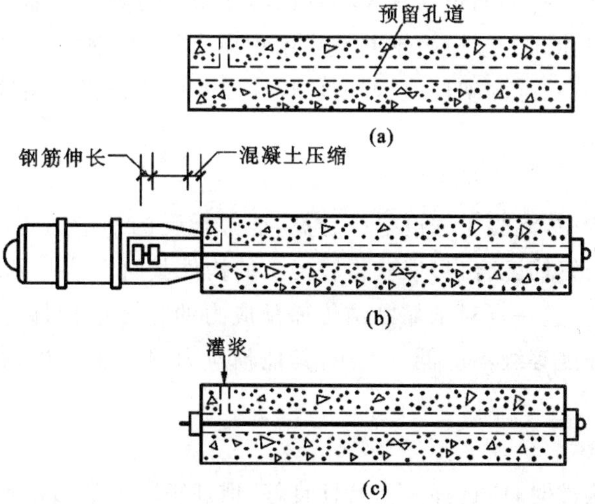

图 5.3　后张法构件施工工序

(2) 待混凝土达到一定强度(不低于混凝土设计强度等级的 75%)后，将预应力钢筋穿过孔道，以构件本身作为支座张拉预应力钢筋[图 5.3(b)]，此时，构件混凝土将同时受到压缩。

(3) 当预应力钢筋张拉至要求的控制应力时，在张拉端用锚具将其锚固，使构件的混凝土受到预压应力[图 5.3(c)]。

(4) 在预留孔道中压入水泥浆，以使预应力钢筋与混凝土黏结在一起。

后张无黏结：预应力钢筋沿全长与混凝土接触表面之间不存在黏结作用，可产生相对滑移，一般做法是预应力钢筋外涂防腐油脂并设外包层。现使用较多的是钢绞线外涂油脂并外包 PE 塑料管的无黏结预应力钢筋，将无黏结预应力钢筋按配置的位置固定在钢筋骨架上浇筑混凝土，待混凝土达到规定强度后即可张拉。

后张无黏结预应力混凝土与后张有黏结预应力混凝土相比,有以下特点:

(1) 无黏结预应力混凝土不需要留孔、穿筋和灌浆,施工工艺简化,可在工厂制作,减少现场施工工序。

(2) 如果忽略摩擦的影响,无黏结预应力混凝土中预应力钢筋的应力沿全长是相等的,在单一截面上与混凝土不存在应变协调关系。当截面混凝土开裂时对混凝土没有约束作用,裂缝疏而宽,挠度较大,需设置一定数量的非预应力钢筋以改善构件的受力性能。

(3) 无黏结预应力混凝土的预应力钢筋完全依靠端头锚具来传递预压力,所以对锚具的质量及防腐蚀要求较高。

后张法不需要台座,构件可以在工厂预制,也可以在现场施工,应用比较灵活,但是对构件施加预应力需要逐个进行,操作比较麻烦。而且每个构件均需要永久性锚具,用钢量大,因此成本比较高。后张法适用于运输不方便的大型预应力混凝土构件。

5.1.3 预应力混凝土材料和构件的尺寸形状

5.1.3.1 材料

(1) 钢筋

预应力混凝土结构中的钢筋包括预应力钢筋与非预应力钢筋。非预应力钢筋的选用与钢筋混凝土结构中的钢筋相同。预应力钢筋宜采用预应力钢丝、钢绞线和预应力螺纹钢筋。此外,预应力钢筋还应具有一定的塑性、良好的可焊性以及用于先张法构件时与混凝土有足够的黏结力。

(2) 混凝土

预应力混凝土结构中,混凝土强度等级越高,能够承受的预应力也越高。同时,采用高强度等级的混凝土与高强钢筋配合,可以获得较经济的构件截面尺寸。另外,高强度等级的混凝土与钢筋的黏结力也高,这一点对依靠黏结传递预应力的先张法构件尤为重要。预应力混凝土楼板结构的混凝土强度等级不应低于 C30,其他预应力混凝土结构构件的混凝土强度等级不应低于 C40。

5.1.3.2 尺寸形状

设计任何结构或构件时,应选择几何特性良好、惯性矩较大的截面形式。预应力混凝土轴心受拉构件通常采用正方形或矩形截面,预应力混凝土受弯构件可采用 T 形、I 形及箱形等截面形式,这是因为它们有较大的受压翼缘,节省了腹部混凝土,减少了构件的自重。

由于预应力混凝土构件的抗裂度和刚度较大,其截面尺寸可比普通钢筋混凝土构件小一些。对于预应力混凝土受弯构件,其截面高度 $h=(1/2\sim1/14)l$,最小可为 $l/35$(l 为跨度),大致可取普通钢筋混凝土梁高的 70%。翼缘宽度一般可取 $b=(1/3\sim1/2)h$,翼缘厚度可取 $(1/10\sim1/6)h$,腹板宽度尽可能薄一些,可取 $(1/15\sim1/8)h$。

确定截面尺寸时,既要考虑构件承载能力,又要考虑抗裂度和刚度的需要,而且还必须考虑施工时的模板制作、钢筋种类、锚具布置等要求。

5.2 预应力锚具与孔道成型材料

5.2.1 锚具

锚具是锚固钢筋时所用的工具，是保证预应力混凝土结构安全可靠的关键部位之一。通常把在构件制作完毕后，能够取下重复使用的称为夹具；锚固在构件端部，与构件联成一体共同受力，不能取下重复使用的称为锚具。

在线测试

锚具的制作和选用应满足下列要求：

(1) 锚具零部件选用的钢材性能要满足规定指标，加工精度高、受力安全可靠、预应力损失小；

(2) 构造简单，加工方便，节约钢材，成本低；

(3) 施工简便，使用安全；

(4) 锚具性能满足结构要求的静载和动载锚固性能。

5.2.2 锚具的种类

锚具的种类很多，常用的锚具有以下几种：

(1) 螺丝端杆锚具

如图 5.4 所示，该种锚具主要用于预应力钢筋张拉端。预应力钢筋与螺丝端杆直接对焊连接或通过套筒连接，螺丝端杆另一端与张拉千斤顶相连。张拉终止时，通过螺帽和垫板将预应力钢筋锚固在构件上。

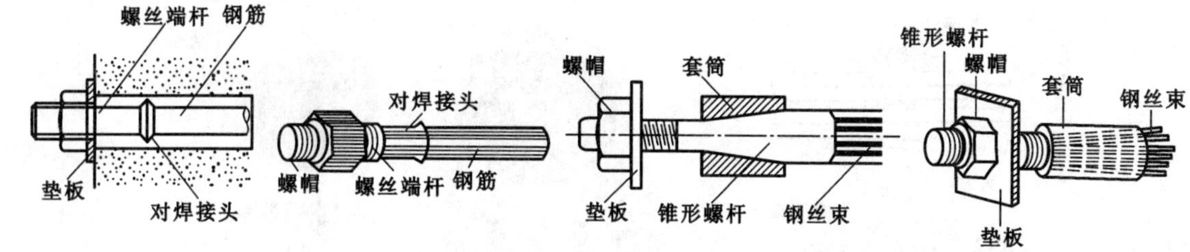

图 5.4 螺丝端杆锚具

这种锚具的优点是比较简单、滑移小和便于再次张拉；缺点是对预应力钢筋长度的精度要求高，不能太长或太短，否则螺纹长度不够用。施工时需要特别注意焊接接头的质量，以防止发生脆断。

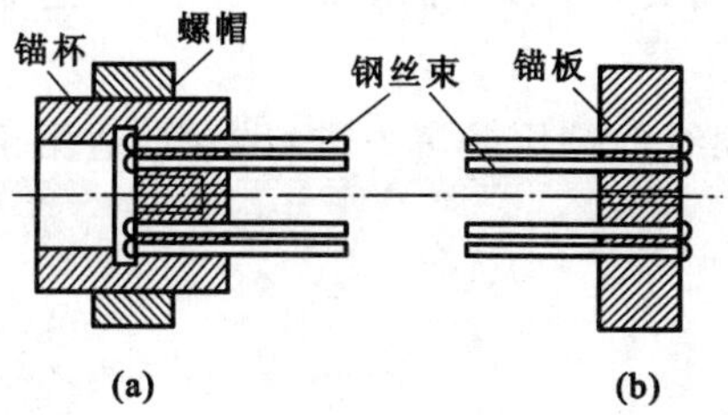

图 5.5 镦头锚具

(a) 张拉端镦头锚；(b) 固定端镦头锚

(2) 镦头锚具

如图 5.5 所示，这种锚具用于锚固钢筋束。张拉端采用锚杯，固定端采用锚板。先将钢丝端头镦粗成球形，穿入锚杯孔内，边张拉边拧紧锚杯的螺帽。每个锚具可同时锚固几根到一百多根 5～7 mm 的高强钢丝，也可用于单根粗钢筋。这种锚具的锚固性能可靠，锚固力大，张拉操作方便，但要求钢筋(丝)的长度有较高的精确度，否则会造成钢筋(丝)受力不均。

(3) 锥形锚具

如图 5.6 所示，这种锚具用于锚固多根直径为 5 mm、7 mm、8 mm、12 mm 的平行钢丝束，或者锚固多根直径为 12.7 mm、15.2 mm 的平行钢绞线束。锚具由锚环和锚塞两部分组成，锚环在构件混凝土浇筑前埋置在构件端部，锚塞中间有小孔作锚固后灌浆用。由双作用千斤顶张拉钢丝后再将锚塞顶压入锚圈内，利用钢丝在锚塞与锚圈之间的摩擦力锚固钢丝。

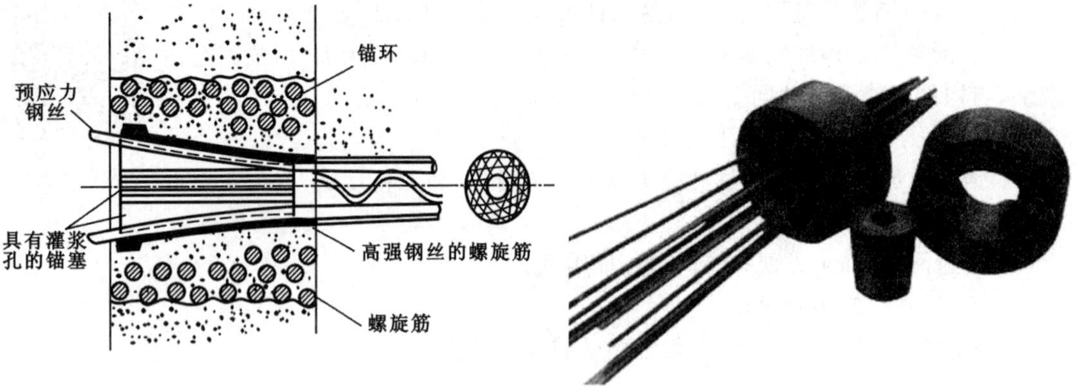

图 5.6 锥形锚具

(4) 夹片式锚具

如图 5.7 所示，每套锚具是由一个锚环和若干个夹片组成，钢绞线在每个孔道内通过有牙齿的钢夹片夹住。可以根据需要，每套锚具锚固数根直径为 15.2 mm 或 12.7 mm 的钢绞线。国内常见的热处理钢筋夹片式锚具有 JM-12 和 JM-15 等，预应力钢绞线夹片式锚具有 OVM、QM、XM 等。

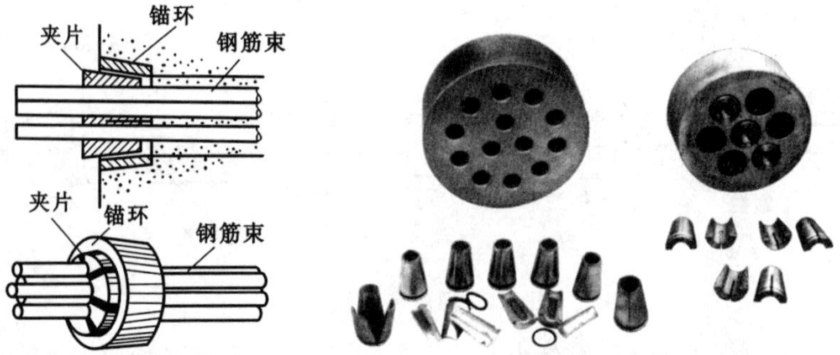

图 5.7 夹片式锚具

(5) 固定端锚具

① H 型锚具利用钢绞线梨形(通过压花设备成型)自锚头与混凝土的黏结进行锚固，适用于 55 根以下钢绞线束的锚固。梨形自锚头如图 5.8 所示。

② P 型锚具由挤压筒和锚板组成，利用挤压筒对钢绞线的挤压握裹力进行锚固，适用于锚固 19 根以下的钢绞线束。P 型自锚头如图 5.9 所示。

5.2.3 孔道成型与灌浆材料

后张有黏结预应力钢筋的孔道成型方法分抽拔型和预埋型两类。

抽拔型是在浇筑混凝土前预埋钢管或充水(充压)的橡胶管，在浇筑混凝土后达到一定强

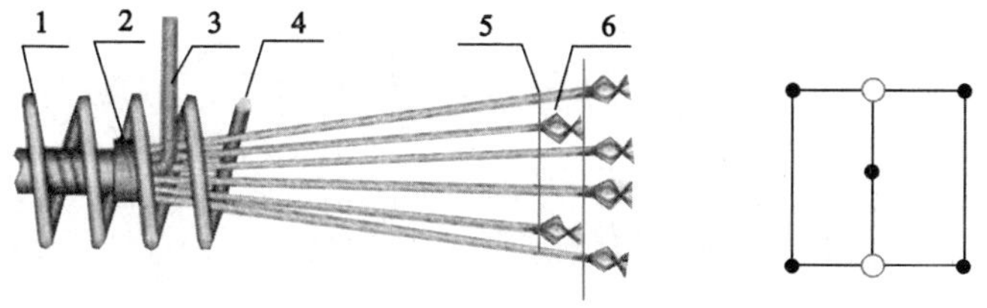

图 5.8　梨形自锚头

1—波纹管；2—约束圈；3—出浆管；4—螺旋筋；5—支架；6—钢绞线梨形自锚头

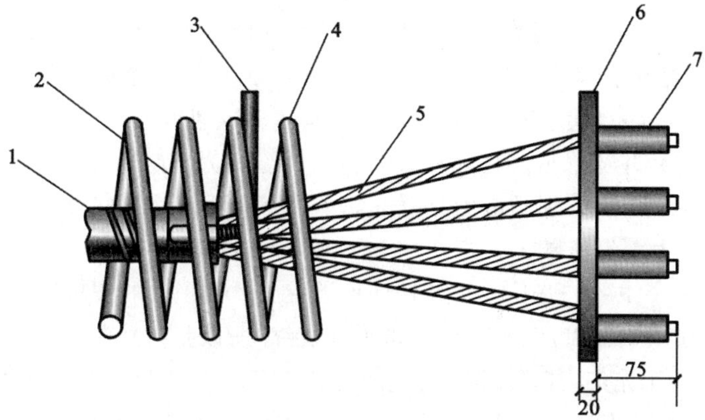

图 5.9　P 型自锚头

1—波纹管；2—约束圈；3—出浆管；4—螺旋筋；5—钢绞线；6—固定锚板；7—挤压套

度时拔抽出预埋管，便形成了预留在混凝土中的孔道。适用于直线形孔道。

预埋型是在浇筑混凝土前预埋金属波纹管或塑料波纹管(图 5.10)，在浇筑混凝土后不再拔出而永久留在混凝土中，便形成了预留在混凝土中的孔道。适用于各种线形孔道。

图 5.10　孔道成型材料

(a) 金属波纹管；(b) SBG 塑料波纹管及连接套管

预留孔道的灌浆材料应具有流动性、密实性和微膨胀性，宜采用强度不低于 42.5 级的普通硅酸盐水泥或矿渣硅酸盐水泥，但后者不宜在寒冷地区采用。水泥浆的水灰比为 0.4～0.45，宜掺入 0.01%水泥用量的铝粉作膨胀剂。当预留孔道的直径大于 150 mm 时，可在水泥浆中掺入不超过水泥用量 30%的细砂或研磨很细的石灰石。

5.3 预应力钢筋的张拉控制应力及预应力损失

5.3.1 预应力钢筋的张拉控制应力 σ_{con}

在线测试

张拉控制应力是指预应力钢筋张拉时需要达到的最大应力值，即用张拉设备所控制施加的张拉力除以预应力钢筋截面面积所得到的应力，用 σ_{con} 表示。

张拉控制应力的取值对预应力混凝土构件的受力性能影响很大。张拉控制应力愈高，混凝土所受到的预压应力愈大，构件的抗裂性能愈好，还可以节约预应力钢筋，所以张拉控制应力不能过低。但张拉控制应力过高会造成构件在施工阶段的预拉区拉应力过大，甚至开裂；过大的预压应力还会使构件开裂荷载值与极限荷载值很接近，使构件破坏前无明显预兆，构件的延性较差。此外，为了减小预应力损失，往往进行超张拉，过高的张拉应力可能使个别预应力钢筋超过它的实际屈服强度，使钢筋产生塑性变形，对高强度钢筋，甚至可能发生脆断。

张拉控制应力值大小主要与张拉方法及钢筋种类有关。先张法的张拉控制应力值高于后张法。后张法在张拉预应力钢筋时，混凝土会产生弹性压缩，所以张拉控制应力为混凝土压缩后的预应力钢筋应力值；而对于先张法构件，混凝土是在预应力钢筋放张后才产生弹性压缩，故需考虑混凝土弹性压缩引起的预应力值的降低。消除应力钢丝和钢绞线这类钢材材质稳定，对于后张法张拉时的高应力，在预应力钢筋锚固后降低很快，不会发生拉断，故其张拉控制应力值较高些。

根据设计和施工经验，《混凝土结构设计标准》(GB/T 50010—2010)(2024 年版)规定，预应力钢筋的张拉控制应力允许值见表 5.1，f_{ptk} 为预应力钢筋极限强度标准值，f_{pyk} 为预应力钢筋屈服强度标准值。

表 5.1 张拉控制应力限值

钢筋种类	张拉控制应力 σ_{con}
消除应力钢丝、钢绞线	$0.75f_{ptk}$
中强度预应力钢丝	$0.70f_{ptk}$
预应力螺纹钢筋	$0.85f_{pyk}$

注：① 消除应力钢丝、钢绞线、中强度预应力钢丝的张拉控制应力值不应小于 $0.4f_{ptk}$；
② 预应力螺纹钢筋的张拉应力控制值不宜小于 $0.5f_{pyk}$。

当符合下列情况之一时，表 5.1 中的张拉控制应力允许值可提高 $0.05f_{ptk}$ 或 $0.05f_{pyk}$：

(1) 要求提高构件在施工阶段的抗裂性能而在使用阶段受压区内设置的预应力钢筋；

(2) 要求部分抵消由于应力松弛、摩擦、钢筋分批张拉以及预应力钢筋与张拉台座之间的温差等因素产生的预应力损失。

5.3.2 预应力损失

在预应力混凝土构件施工及使用过程中，预应力钢筋的张拉应力值由于张拉工艺和材料特性等原因逐渐降低，这种现象称为预应力损失。预应力损失会降低预应力的效果，因此，尽可能减小预应力损失并对其进行正确的估算，对预应力混凝土结构的设计是非常重要的。

引起预应力损失的因素很多，而且许多因素之间相互影响，所以要精确计算预应力损失非常困难。对预应力损失的计算，我国规范采用的是将各种因素产生的预应力损失值分别计算然后叠加的方法。下面对这些预应力损失分项进行讨论。

(1) 锚具变形和钢筋内缩引起的预应力损失 σ_{l1}

预应力钢筋张拉完毕后，用锚具锚固在台座或构件上。由于锚具压缩变形、垫板与构件之间的缝隙被挤紧以及钢筋和楔块在锚具内的滑移等因素的影响，将使预应力钢筋产生预应力损失，以符号 σ_{l1} 表示。计算这项损失时，只需考虑张拉端，不需考虑锚固端，因为锚固端的锚具变形在张拉过程中已经完成。

直线预应力钢筋的预应力损失 σ_{l1} 可按下式计算：

$$\sigma_{l1}=\frac{a}{l}E_s \tag{5.1}$$

式中 a——张拉端锚具变形和预应力钢筋内缩值(mm)，可按表 5.2 取用；

l——张拉端至锚固端之间的距离(mm)；

E_s——预应力钢筋弹性模量(N/mm^2)。

表 5.2 锚具变形和预应力筋内缩值 a(mm)

锚具类别		a
支撑式锚具(钢丝束镦头锚具等)	螺帽缝隙	1
	每块后加垫板的缝隙	1
夹片式锚具	有预压时	5
	无预压时	6～8

注：① 表中的锚具变形和预应力筋内缩值也可根据实测数据确定；
② 其他类型的锚具变形和预应力筋内缩值应根据实测数据确定。

对于块体拼成的结构，其预应力损失应计及块体间填缝的预压变形。当采用混凝土或砂浆为填缝材料时，每条填缝的预压变形值可取 1 mm。

对后张法曲线预应力钢筋，当锚具变形和钢筋内缩引起钢筋回缩时，钢筋与孔道之间产生反向摩擦力，阻止钢筋的回缩，如图 5.11 所示。因此，锚固损失在张拉端最大，沿预应力钢筋向内逐步减小，直至消失。对圆心角 $\theta\leqslant 30°$ 的圆弧形(抛物线形)曲线预应力钢筋的锚固损失，可按《混凝土结构设计标准》(GB/T 50010—2010)(2024 年版)附录 J 计算。

减小 σ_{l1} 的措施有：① 选择锚具变形和钢筋内缩值 a 较小的锚具；② 尽量减少垫板的数量；③ 对于先张法，可增加台座的长度 l。

(2) 预应力钢筋与孔道壁之间的摩擦引起的预应力损失 σ_{l2}

采用后张法张拉预应力钢筋时，钢筋与孔道壁之间产生摩擦力，使预应力钢筋的应力从张拉端向里逐渐降低，如图 5.12 所示。预应力钢筋与孔道壁间摩擦力产生的原因为：① 直线预留孔道因施工原因发生凹凸和轴线的偏差，使钢筋与孔道壁产生法向压力而引起摩擦力；② 曲线预应力钢筋与孔道壁之间的法向压力引起摩擦力。

预应力钢筋与孔道壁之间的摩擦引起的预应力损失 σ_{l2}，按下列公式计算：

$$\sigma_{l2}=\sigma_{con}(1-e^{-(\kappa x+\mu\theta)}) \tag{5.2}$$

当$(\kappa x+\mu\theta)\leqslant 0.3$ 时，σ_{l2} 可按下近似公式计算：

$$\sigma_{l2}=(\kappa x+\mu\theta)\sigma_{con} \tag{5.3}$$

式中 x——张拉端至计算截面的孔道长度(m)，可近似取该段孔道在纵轴上的投影长度；

θ——张拉端至计算截面曲线孔道各部分切线的夹角之和(rad)；

κ——考虑孔道每米长度局部偏差的摩擦系数，按表5.3采用；

μ——预应力钢筋与孔道壁之间的摩擦系数，按表5.3采用。

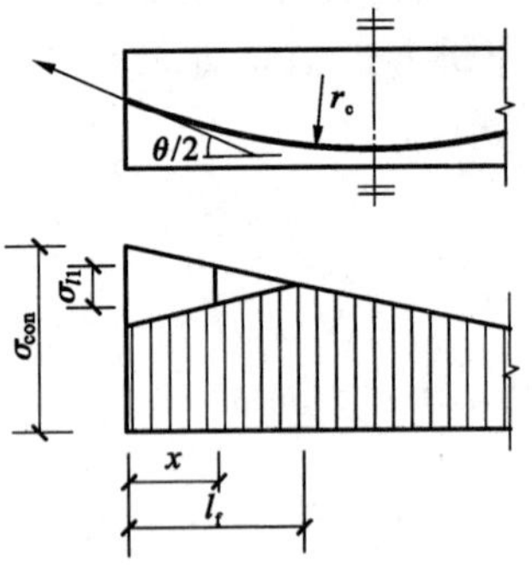

图5.11 圆弧形曲线预应力钢筋的预应力损失 σ_{l1}

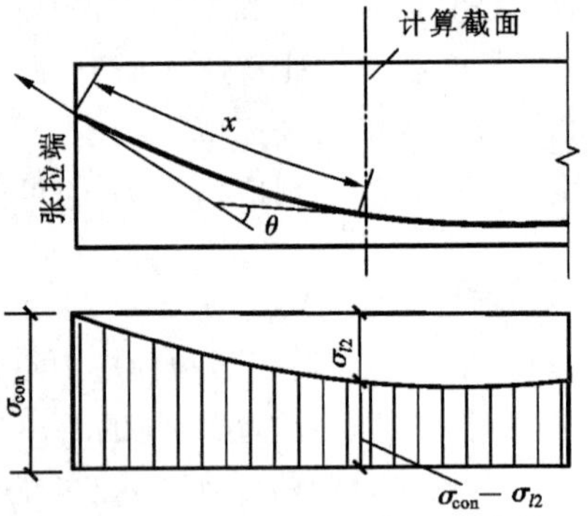

图5.12 预应力摩擦损失 σ_{l2} 计算简图

表5.3 摩擦系数

孔道成型方式	κ	μ	
		钢绞线、钢丝束	预应力螺纹筋
预埋金属波纹管	0.0015	0.25	0.50
预埋塑料波纹管	0.0015	0.15	—
预埋钢管	0.0010	0.30	—
抽芯成型	0.0014	0.55	0.60
无黏结预应力筋	0.0040	0.09	—

注：摩擦系数也可根据实测数据确定。

减小 σ_{l2} 的措施：

① 采用两端张拉。由图5.13(a)、图5.13(b)可见，采用两端张拉时孔道长度可取构件长度的1/2计算，其摩擦损失也减小一半。

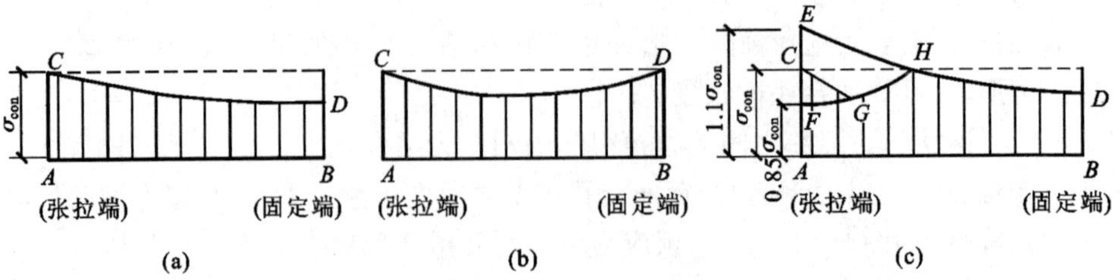

图5.13 一端张拉、两端张拉及超张拉时预应力钢筋的应力分布

② 采用超张拉。其张拉方法为 $1.1\sigma_{con}\xrightarrow{\text{持荷 2 min}}0.85\sigma_{con}\xrightarrow{\text{持荷 2 min}}\sigma_{con}$。当张拉至 $1.1\sigma_{con}$ 时，预应力钢筋中的应力分布曲线为 EHD[图5.13(c)]；当卸荷至 $0.85\sigma_{con}$ 时，由于孔道与钢筋之间的反向摩擦，预应力钢筋中的应力沿 $FGHD$ 分布；再次张拉至 σ_{con} 时，预应力钢筋

中应力沿 $CGHD$ 分布。

(3) 预应力钢筋与台座之间温差引起的预应力损失 σ_{l3}

为了缩短生产周期,先张法构件在浇筑混凝土后采用蒸汽养护。在养护的升温阶段钢筋受热伸长,台座长度不变,故钢筋应力值降低,而此时混凝土尚未硬化。降温时,混凝土已经硬化并与钢筋产生了黏结,能够一起回缩。由于这两种材料的线性膨胀系数相近,原来建立的应力关系不再发生变化。

预应力钢筋与台座之间的温差为 Δt,钢筋的线性膨胀系数 $\alpha=0.00001/℃$,则预应力钢筋与台座之间的温差引起的预应力损失为:

$$\sigma_{l3}=\varepsilon_s E_s=\frac{\Delta l}{l}E_s=\frac{\alpha l\Delta t}{l}E_s=\alpha E_s\Delta t=0.00001\times2.0\times10^5\times\Delta t=2\Delta t\ (\mathrm{N/mm^2}) \tag{5.4}$$

为了减小温差引起的预应力损失 σ_{l3},可采取以下措施:① 采用二次升温养护方法。先在常温或略高于常温下养护,待混凝土达到一定强度后,再逐渐升温至养护温度,这时因为混凝土已硬化并与钢筋黏结成整体,能够一起伸缩而不会引起应力变化。② 采用整体式钢模板。预应力钢筋锚固在钢模上,因钢模与构件一起加热养护,不会引起此项预应力损失。

(4) 预应力钢筋应力松弛引起的预应力损失 σ_{l4}

在高拉应力作用下,随时间的增长,钢筋中将产生塑性变形,在钢筋长度保持不变的情况下,钢筋的拉应力会随时间的增长而逐渐降低,这种现象称为钢筋的应力松弛。钢筋的应力松弛与下列因素有关:① 时间。受力开始阶段松弛发展较快,1 h 和 24 h 松弛损失分别达总松弛损失的 50%和 80%左右,以后发展缓慢。② 钢筋品种。热处理钢筋的应力松弛值比钢丝、钢绞线小。③ 初始应力。初始应力愈高,应力松弛愈大。当钢筋的初始应力小于$0.7f_{ptk}$时,松弛与初始应力呈线性关系;当钢筋的初始应力大于 $0.7f_{ptk}$时,松弛显著增大。

《混凝土结构设计标准》(GB/T 50010—2010)(2024 年版)规定,根据应力松弛的长期试验结果,建议应力松弛损失 σ_{l4}的计算如下:

① 消除应力钢丝、钢绞线

a. 普通松弛

$$\sigma_{l4}=0.4\psi\left(\frac{\sigma_{con}}{f_{ptk}}-0.5\right)\sigma_{con} \tag{5.5}$$

b. 低松弛

当 $\sigma_{con}\leqslant0.7f_{ptk}$时

$$\sigma_{l4}=0.125\left(\frac{\sigma_{con}}{f_{ptk}}-0.5\right)\sigma_{con} \tag{5.6}$$

当 $0.7f_{ptk}<\sigma_{con}\leqslant0.8f_{ptk}$时

$$\sigma_{l4}=0.2\left(\frac{\sigma_{con}}{f_{ptk}}-0.575\right)\sigma_{con} \tag{5.7}$$

在以上计算中,当 $\sigma_{con}/f_{ptk}\leqslant0.5$ 时,可不考虑预应力筋的应力松弛损失,取 $\sigma_{l4}=0$。

② 中强度预应力钢丝

$$\sigma_{l4}=0.08\sigma_{con} \tag{5.8}$$

③ 预应力螺纹钢筋

$$\sigma_{l4}=0.03\sigma_{con} \tag{5.9}$$

为减小预应力钢筋应力松弛损失：① 可采用超张拉，先将预应力钢筋张拉至(1.05～1.1)σ_{con}，持荷 2～5 min，待卸荷后再次张拉控制应力 σ_{con}。因为在高应力状态下，短时间所产生的应力松弛值即可达到在低应力状态下较长时间才能完成的松弛值。② 采用低松弛的高强钢筋。

(5) 混凝土收缩和徐变引起的预应力损失 σ_{l5}

混凝土在硬化时发生体积收缩，在压应力作用下，混凝土还会产生徐变。混凝土收缩和徐变都使构件长度缩短，预应力钢筋也随之回缩，造成预应力损失。混凝土收缩和徐变虽是两种性质不同的现象，但它们的影响是相似的，为了简化计算，将此两项预应力损失一起考虑。

一般情况下混凝土收缩、徐变引起受拉区和受压区预应力钢筋的预应力损失 σ_{l5}、σ'_{l5} 可按下列公式计算：

先张法构件

$$\sigma_{l5}=\frac{60+340\dfrac{\sigma_{pc}}{f'_{cu}}}{1+15\rho} \tag{5.10}$$

$$\sigma'_{l5}=\frac{60+340\dfrac{\sigma'_{pc}}{f'_{cu}}}{1+15\rho'} \tag{5.11}$$

后张法构件

$$\sigma_{l5}=\frac{55+300\dfrac{\sigma_{pc}}{f'_{cu}}}{1+15\rho} \tag{5.12}$$

$$\sigma'_{l5}=\frac{55+300\dfrac{\sigma'_{pc}}{f'_{cu}}}{1+15\rho'} \tag{5.13}$$

式中 σ_{pc}、σ'_{pc}——在受拉区、受压区预应力钢筋合力点处的混凝土法向压应力，此时预应力损失值仅考虑混凝土预压前(第一批)的损失，σ_{pc}、σ'_{pc} 值不得大于 $0.5f'_{cu}$；当 σ'_{pc} 为拉应力时，则式(5.11)、式(5.13)中的 σ'_{pc} 应取为零；计算混凝土法向应力 σ_{pc}、σ'_{pc} 时，可根据构件的制作情况考虑自重的影响；

f'_{cu}——施加预应力时的混凝土立方体抗压强度；

ρ、ρ'——受拉区、受压区预应力钢筋和非预应力钢筋的配筋率，按下式计算：

对先张法构件

$$\rho=\frac{A_p+A_s}{A_0};\quad \rho'=\frac{A'_p+A'_s}{A_n}$$

对后张法构件

$$\rho=\frac{A_p+A_s}{A_n};\quad \rho'=\frac{A'_p+A'_s}{A_n}$$

式中 A_0——混凝土换算截面面积；

A_n——混凝土净截面面积；

A_p、A'_p——受拉区纵向预应力钢筋截面面积；

A_s、A'_s——受拉区纵向钢筋截面面积。

对于对称配置预应力钢筋和非预应力钢筋的构件，配筋率 ρ、ρ'应按钢筋总截面面积的一半计算。

由式(5.10)～式(5.13)可见，后张法中构件的 σ_{l5} 与 σ_{l5}' 比先张法构件的小，这是因为后张法构件在施加预应力时，混凝土的收缩已完成了一部分。另外，公式中给出的是线性徐变下的预应力损失，因此要求 σ_{pc}、σ_{pc}' 均小于 $0.5f_{cu}'$。否则，将发生非线性徐变，由此所引起的预应力损失将显著增大。

当结构处于年平均相对湿度低于 40%的环境下时，σ_{l5} 及 σ_{l5}' 值应增加 30%。当采用泵送混凝土时，宜根据实际情况考虑混凝土收缩、徐变引起应力损失值的增大。

混凝土收缩和徐变引起的预应力损失 σ_{l5} 在预应力总损失中占的比重较大，为 40%～50%，在设计中应注意采取措施减少混凝土的收缩和徐变。可采取的措施有：① 采用高标号水泥，以减少水泥用量；② 采用高效减水剂，以减小水胶比；③ 采用级配好的骨料，加强振捣，提高混凝土的密实性；④ 加强养护，以减小混凝土的收缩。

(6) 用螺旋式预应力钢筋作配筋的环形构件，由于混凝土的局部挤压引起的预应力损失 σ_{l6}

采用螺旋式预应力钢筋作配筋的环形构件时，由于预应力钢筋对混凝土的挤压，使构件的直径减小(图 5.14)，从而引起预应力损失 σ_{l6}。

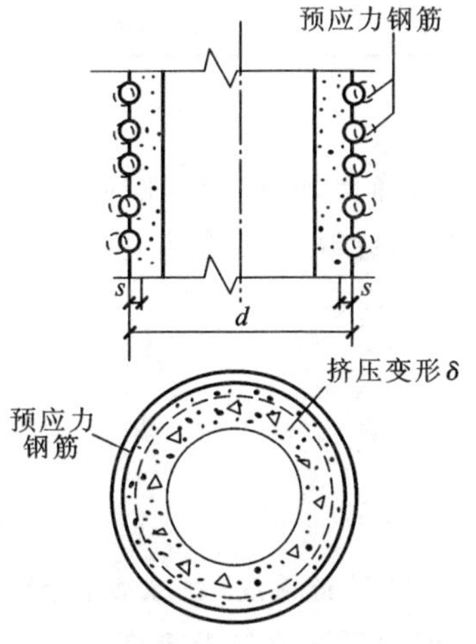

图 5.14　螺旋式预应力钢筋对环形构件的局部挤压变形

σ_{l6} 的大小与构件的直径成反比，直径愈小，损失愈大。《混凝土结构设计标准》(GB/T 50010—2010)(2024 年版)规定：

当构件直径 $d \leqslant 3$ m 时

$$\sigma_{l6} = 30\ \text{N/mm}^2 \tag{5.14}$$

当 $d > 3$ m 时

$$\sigma_{l6} = 0 \tag{5.15}$$

减小此项损失的措施是增大环形构件的直径。

除上述六种损失外，后张法构件采用分批张拉预应力钢筋时，应考虑后批张拉钢筋所产生的混凝土弹性压缩(或伸长)对先批张拉钢筋的影响，将先批张拉钢筋的张拉控制应力值 σ_{con} 增加(或减小)$\alpha_E \sigma_{pci}$($\alpha_E = E_s/E_c$，即钢筋与混凝土弹性模量之比)。σ_{pci} 为后批张拉钢筋在先批张拉钢筋重心处产生的混凝土法向应力。

5.3.3　预应力损失值的组合

(1) 预应力损失值的组合

上述预应力损失有的只发生在先张法中，有的则发生于后张法中，有的在先张法和后张法中均有，而且是分批出现的。为了便于分析和计算，设计时可将预应力损失分为两批：① 混凝土预压完成前出现的损失，称为第一批损失 $\sigma_{l\text{I}}$。② 混凝土预压完成后出现的损失，称为第二批损失 $\sigma_{l\text{II}}$。先、后张法预应力构件在各阶段的预应力损失组合如表 5.4 所示，其中先张法构件由于钢筋应力松弛引起的损失值 σ_{l4} 在第一批和第二批损失中所占的比例如需区分，可根据实际情况定；先张法构件的 σ_{l2}，是对折线预应力钢筋考虑钢筋转向装置处摩擦引起的应力损失，其数值按实际情况确定。

表 5.4　各阶段的预应力损失组合

预应力的损失组合	先张法构件	后张法构件
混凝土预压前(第一批)损失	$\sigma_{l1}+\sigma_{l2}+\sigma_{l3}+\sigma_{l4}$	$\sigma_{l1}+\sigma_{l2}$
混凝土预压后(第二批)损失	σ_{l5}	$\sigma_{l4}+\sigma_{l5}+\sigma_{l6}$

(2) 预应力总损失的下限值

考虑到预应力损失的计算值与实际值可能存在一定差异，为确保预应力构件的抗裂性，《混凝土结构设计标准》(GB/T 50010—2010)(2024 年版)规定，当计算求得的预应力总损失 $\sigma_l=\sigma_{l\text{I}}+\sigma_{l\text{II}}$ 小于下列数值时，应按下列数据取用：

先张法构件 100 N/mm^2；

后张法构件 80 N/mm^2。

本 章 小 结

预应力混凝土和非预应力混凝土相比，其优点是可以充分利用材料强度，抗裂性能好，刚度高，耐久性好；缺点是对材料的要求高，施工复杂，费用较高。因此预应力混凝土有一定的适用范围。

根据预应力施加方法的不同，有先张法和后张法两种。两者施工方法有所不同，有各自的优点、缺点和适用范围。

预应力钢筋的张拉控制应力主要由钢筋的力学性质决定，也考虑了构件的延性、材料性质的离散性、施工偏差等因素。

预应力损失使钢筋中能够建立的张拉应力大大减小，预应力损失主要有 6 项，本章详细介绍了《混凝土结构设计标准》(GB/T 50010—2010)(2024 年版)给出的具体计算方法以及减少各项预应力损失的措施。为了计算方便，预应力损失划分为两个阶段，并且规定了每个阶段中考虑的各项预应力损失。

思考和练习题

5.1　为什么要对构件施加预应力？预应力混凝土结构的优缺点是什么？

5.2　预应力混凝土对结构材料有哪些要求？

5.3　什么是张拉控制应力 σ_{con}？为什么取值不能过高或过低？

5.4　预应力施加的方法有哪几种？它们的主要区别是什么？其特点和适用范围如何？

5.5　什么是预应力损失？它是由什么原因产生的？怎样减少预应力损失？

5.6　预应力损失值为什么要分第一批和第二批损失？先张法和后张法各项预应力损失是怎样组合的？

6 钢筋混凝土梁板结构

本章提要

本章介绍了现浇楼盖的结构布置特点、受力变形特征，各种类型楼盖的使用范围，梁、板结构的截面设计特点及配筋构造要求。重点讲述了现浇整体式单向板肋梁楼盖的内力按弹性理论及考虑塑性内力重分布的计算方法，现浇整体式双向板肋梁楼盖的内力按弹性理论计算的近似方法，以及楼梯、雨篷等悬挑构件的设计方法。

6.1 概　　述

钢筋混凝土梁板结构是土建工程中应用最为广泛的一种结构，例如房屋中的楼(屋)盖、筏板基础、大型水池的底板和顶盖，以及楼梯、阳台、雨篷等。其中楼盖和屋盖是最典型的梁板结构。按施工方法分，楼(屋)盖可分为现浇整体式、装配式和装配整体式三种形式。

在线测试

钢筋混凝土楼盖目前应用最广泛的为现浇梁板结构。现浇楼盖具有整体性好、刚度大、防水性能好的优点，并能适应平面不规则或荷载较大的特殊情况。其现场劳动量大、模板用量多、工期长等缺点，也逐渐随着商品混凝土的大量应用和各种早强剂的使用有明显改善。

现浇钢筋混凝土楼盖常用的结构形式有：单向板肋形楼盖、双向板肋形楼盖、井字楼盖、无梁楼盖等四种。

肋形楼盖一般由板、次梁、主梁组成。楼面板被四周的梁分成许多矩形区格，板的四周支承在次梁、主梁或墙上，形成四边支承板。板上的荷载通过板的弯剪传至四边支承构件上。当板区格的长边与短边之比较大时，沿短边方向传递的荷载较大，而沿长边传递的荷载较小。因此，当长短边之比超过一定数值时，可近似地认为作用在区格板上的荷载均沿短边方向的受弯受剪传到长边支座上。这种仅考虑单向受弯的板，称为单向板。由单向板与主、次梁组成的楼盖称为单向板肋形楼盖，如图 6.1 所示。当长短边之比比值较小时，设计时应考虑长向和短向两个方向受弯的板，称为双向板。由双向板与主、次梁组成的楼盖称为双向板肋形楼盖，如图 6.2 所示。

为了设计便利，对于四边支承板，当长短边之比 $l_2/l_1 \geqslant 3$ 时，可按单向板计算；当 $l_2/l_1 \leqslant 2$ 时，应按双向板计算；当 $2 < l_2/l_1 < 3$ 时，宜按双向板计算，若按单向板计算时，应沿长边方向布置足够数量的构造钢筋。

为了建筑上的需要或柱间距较大时，经常将楼板分成若干个接近正方形的小区格，除柱上梁为截面尺寸较大的主梁外，其余两个方向均设置相同截面的空间梁系，梁格布置呈井字形，

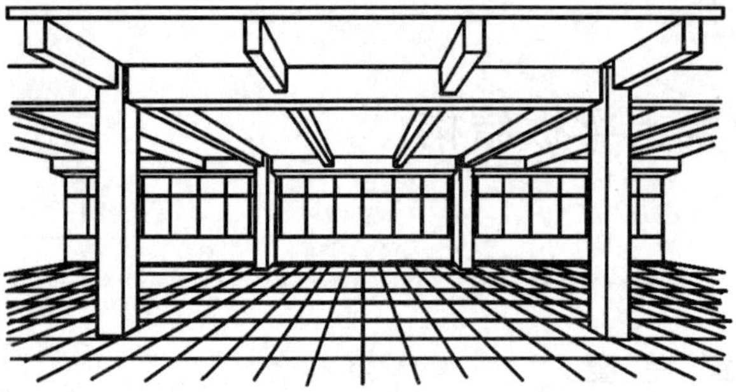

图 6.1　现浇单向板肋形楼盖

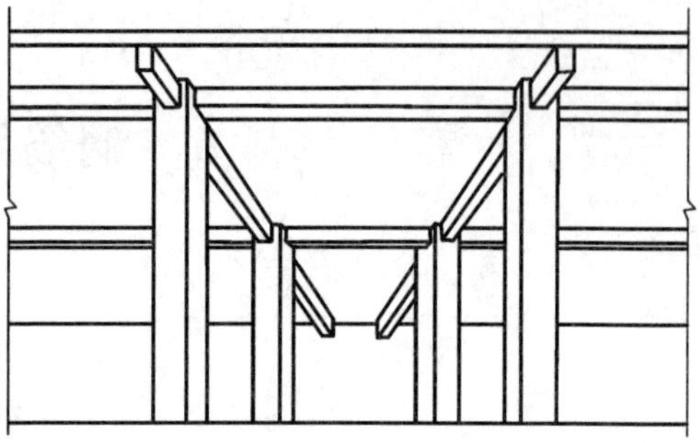

图 6.2　现浇双向板肋形楼盖

称为井字楼盖，如图 6.3 所示。

当楼盖不设梁，而将板通过柱帽直接支承在柱上，这种楼盖称为无梁楼盖，如图 6.4 所示。

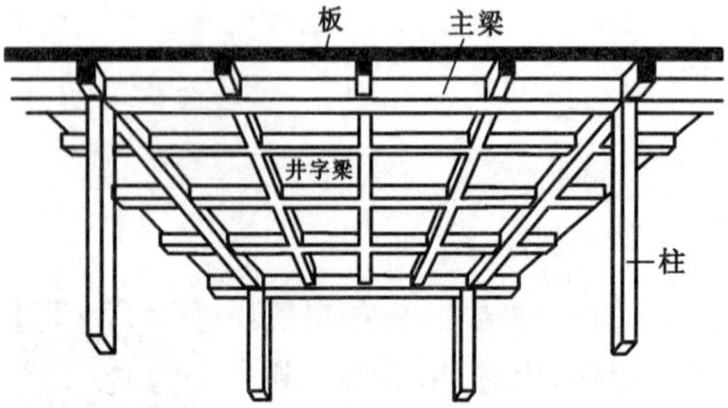

图 6.3　井字楼盖

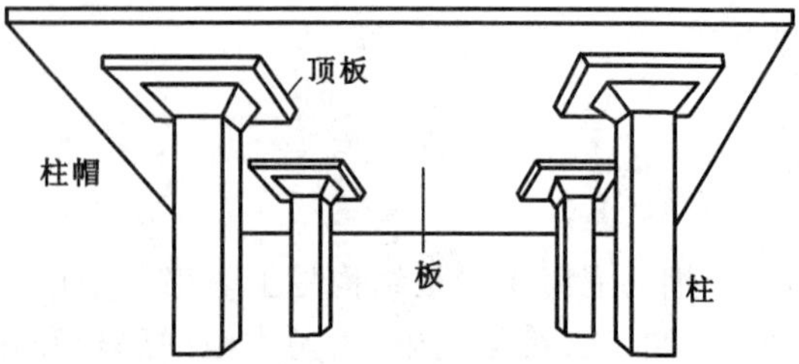

图 6.4　无梁楼盖

装配式楼盖通常将预制板搁置在现浇梁、预制梁或墙体上。由于采用了预制板，加快了施工进度，便于机械化施工。但结构的整体性较差，刚度较小，影响抗震性能，防水性能差，不便于开洞，受平面形状的限制。

装配整体式楼盖是将各预制构件在现场吊装就位后，通过节点和面层整浇构成整体。该种楼盖兼有现浇楼盖和预制楼盖两者的优点，但钢筋焊接工作量较大，而且还要进行二次浇筑。

6.2　整体式单向板肋梁楼盖

单向板肋梁楼盖以其传力明确、计算简单、荷载不大时相对较经济而广泛应用于一般工业与民用建筑的楼、屋面中。其设计计算步骤为：① 结构平面布置，并确定板厚及主、次梁截面尺寸和所用材料；② 确定梁、板的计算简图；③ 荷载计算及梁、板内力分析；④ 截面承载力计算，配筋及构造，必要时进行梁、板变形和裂缝验算；⑤ 绘制施工图。

在线测试

6.2.1　结构平面布置

单向板肋梁楼盖是由板、次梁、主梁组成的，整个楼盖支承于墙、柱等竖向承重构件上。其中，柱网尺寸决定主梁跨度，主梁间距决定次梁跨度，次梁间距决定板的跨度。单向板、次梁、主梁的常用跨度为：

单向板——1.7～2.5 m，荷载较大时取小值，一般不超过 3 m；

次梁——4～6 m；

主梁——5～8 m。

6.2.1.1　单向板肋梁楼盖平面布置方案

常见单向板肋梁楼盖结构平面布置方案有以下三种：

(1) 主梁横向布置，次梁纵向布置

如图 6.5(a)所示，主梁与柱形成横向框架，有利于增强原本较差的房屋的横向抗侧移刚度，各榀横向框架由板和纵向次梁相连，房屋整体性好。此外，由于主梁与外纵墙垂直，基本不影响外纵墙上开窗，有利于室内通风和采光。

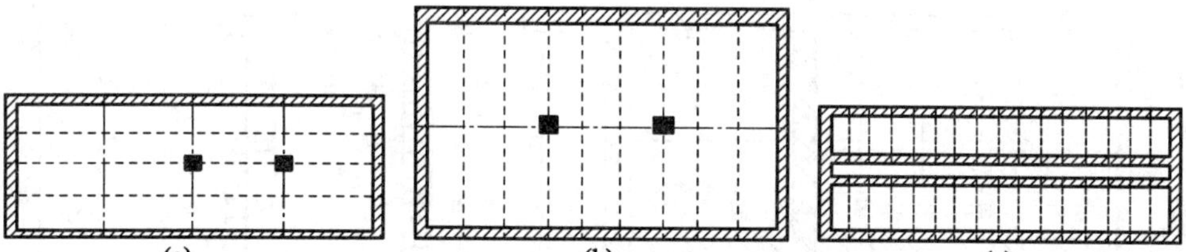

图 6.5　梁的布置

(a) 主梁沿横向布置；(b) 主梁沿纵向布置；(c) 有中间走廊

(2) 主梁纵向布置，次梁横向布置

如图 6.5(b)所示，这种情况适用于横向柱距比纵向柱距大得多的情况。此时可减小主梁高度，增加室内净高，并有利于沿顶棚纵向布置工艺管线。因此，这种布置方案多用于多层工业厂房。

(3) 只布置次梁，不设主梁

如图 6.5(c)所示，它适用于有内走廊的砌体墙承重混合结构房屋。

6.2.1.2　楼盖结构布置注意事项

在进行楼盖结构布置时，应注意以下几个问题：

(1) 传力明确，受力合理

荷载传递要简捷；梁应连续贯通，尽可能避免将梁搁置在门、窗洞口上；主梁跨内尽可能不只布置一根次梁；在楼盖上有较大集中荷载处应设置次梁；楼板上开有较大洞口时，应在洞口边设置加劲小梁。

(2) 考虑建筑效果

阳台、厨房、卫生间的板面标高宜低于其他部位 30～50 mm；不做吊顶时，房间平面内设梁应考虑顶棚的美观。

(3) 规则整齐，方便施工

梁的布置尽可能规则，梁距及截面的尺寸尽可能统一并符合模数。

(4) 尽量减小板厚

现浇楼盖中，板的混凝土用量占混凝土总用量的 50%～60%，所以在满足楼盖隔音、防水等建筑效果的前提下，尽量减小板厚。

6.2.2　计算简图

结构计算简图包括确定计算单元、计算模型及计算荷载等内容。

6.2.2.1　计算单元及负荷范围

为简化计算，在进行结构内力分析时，并非对整个结构进行分析，而是从实际结构中选取有代表性的一部分作为计算对象，这就是计算单元。

如图 6.6 所示，对单向板可取 1 m 宽板带作为其计算单元。图中阴影线即表示了板的计算单元及其负荷范围。主、次梁的负荷范围如图 6.6 中阴影所示。次梁承受板传来的均布线荷载及自重，主梁承受次梁传来的集中荷载及自重，主梁自重通常换算成集中荷载加到次梁传来的集中恒荷载中。

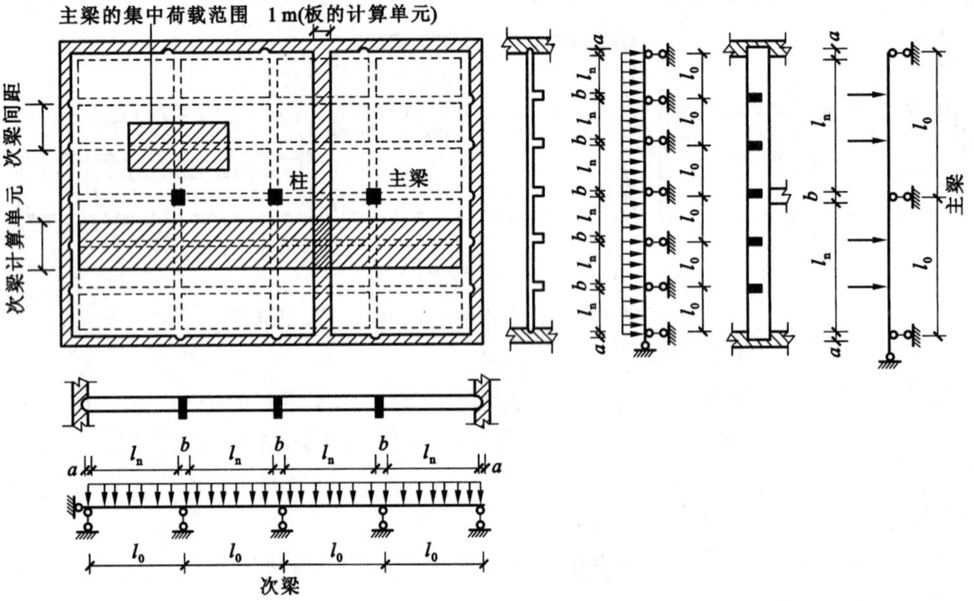

图 6.6　板、梁的计算单元和计算模型

6.2.2.2　计算模型及简化假定

现浇单向板肋梁楼盖中主、次梁及板的计算模型为连续梁或连续板。其墙或柱支承主梁，主梁支承次梁，次梁支承板。为简化计算，通常假定如下：

(1) 支座可以自由转动，但没有竖向位移。梁、板支座可以按表 6.1 采用。

表 6.1　连续梁、板的支座

构件类型	边支座		中间支座	
	砌体	梁或柱	梁或砌体	柱
板	铰支座	铰支座	滚轴支座	
次梁	铰支座	铰支座	滚轴支座	
主梁	铰支座	$i_l/i_c>5$ 铰支座		$i_l/i_c>5$ 滚轴支座
		$i_l/i_c\leqslant5$ 框架梁		$i_l/i_c\leqslant5$ 框架梁

注：i_l、i_c 分别为主梁和柱的线刚度。

(2) 在确定板传给次梁以及次梁传给主梁荷载时，分别忽略板、次梁的连续性的影响而按简支传递考虑。

(3) 跨数超过五跨的连续梁、板，当各跨荷载相同，且跨度差不超过 10%时，可按五跨的等跨连续梁、板计算。

假定支座可以自由转动，实际上忽略了次梁对板、主梁对次梁、柱对主梁的支座弯曲转动约束能力。由此假定带来的误差将通过荷载折算的方式来修正，折算方法详见 6.2.2.4。

通常柱与主梁是刚接的，柱对主梁支座弯曲转动也是有约束的。分析认为，当主梁线刚度与柱线刚度之比大于 5 时，约束作用基本可以忽略，可按连续梁模型计算主梁，否则应按梁、柱刚接的框架结构模型计算。

对于等截面等跨连续梁，当其各跨荷载相同且跨数超过五跨时，除两端各两跨外，其余中间各跨的内力与五跨连续梁的第三跨非常接近，为减少计算工作量，中间各跨均按五跨梁的第三跨的内力和配筋处理。

6.2.2.3　计算跨度

梁、板计算跨度是指内力计算时所采用的跨间长度。理论上讲，某一跨的计算跨度应取该跨两端支座反力的合力作用线之间的距离。支座反力的合力作用线位置与结构刚度、支撑长度及支撑结构材料等因素有关。精确计算支座反力的合力作用线位置非常困难，梁、板计算跨度可近似按表 6.2 采用。当边支座也与梁整体浇筑时，按两端与梁、柱整体连接处理。

表 6.2　连续梁、板的计算跨度 l_0

支承情况	按弹性理论计算		按塑性理论计算	
	梁	板	梁	板
两端与梁(柱)整体连接	$l_0=l_c$	$l_0=l_c$	$l_0=l_n$	$l_0=l_n$
两端搁置在墙上	当 $a\leqslant 0.05l_c$ 时，$l_0=l_c$；当 $a>0.05l_c$ 时，$l_0=1.05l_n$	当 $a\leqslant 0.1l_c$ 时，$l_0=l_c$；当 $a>0.1l_c$ 时，$l_0=1.1l_n$	$l_0=1.05l_n\leqslant l_n+b$	$l_0=l_n+h\leqslant l_n+a$
一端与梁整体连接，另一端搁置在墙上	$l_0=l_c\leqslant 1.05l_n+b/2$	$l_0=l_n+b/2+h/2$	$l_0=l_n+a/2\leqslant 1.025l_n$	$l_0=l_n+h/2\leqslant l_n+a/2$

注：表中的 l_c 为支座中心线间的距离；l_n 为净跨；h 为板的厚度；a 为板、梁在墙上的支承长度；b 为板、梁在梁或柱上的支承长度。

6.2.2.4　计算荷载

楼盖上的荷载有恒荷载和活荷载两大类。恒荷载标准值按其截面尺寸和材料重力密度计算。活荷载标准值可从《建筑结构荷载规范》(GB 50009—2012)(以下简称《荷载规范》)中直接查得。

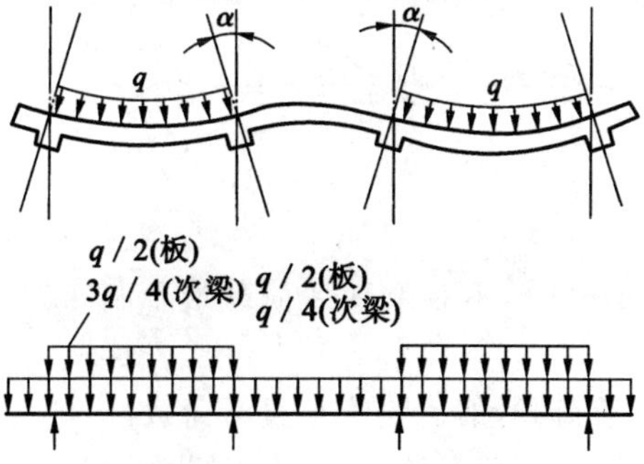

图 6.7　次梁抗扭刚度对板的影响

在确定连续板计算简图时，假定支座可自由转动(图 6.7)，而实际上板与次梁整浇在一起，板的转动将引起次梁扭转；反过来，次梁的抗扭能力将限制板的自由转动，使板支座转角减小，这样就减小了板的内力。为了使板的内力计算值更接近于实际，可采用折算荷载进行调整。这种处理方法也适用于支承于主梁上的次梁。

由于板、次梁支座转动主要是由活荷载不利布置产生的，因此采用保持总荷载不变、增大恒荷载、减小活荷载这种比较简便的方法来进行修正。即在计算板、次梁的内力时，采用折算荷载：

连续板

$$g' = g + \frac{q}{2},\quad q' = \frac{q}{2} \tag{6.1}$$

连续梁

$$g' = g + \frac{q}{4},\quad q' = \frac{3}{4}q \tag{6.2}$$

式中　g、q——单位长度上恒荷载、活荷载设计值；

　　g'、q'——单位长度上折算恒荷载、活荷载设计值。

当板、次梁搁置在砌体或钢结构上，支座不能对它们的转动形成约束时，荷载不予折算。

6.2.3　连续梁、板按弹性理论的内力计算

6.2.3.1　活荷载的最不利布置

为了确定连续梁、板各控制截面可能产生的最不利内力，需要研究活荷载如何布置将使连续梁、板内某一截面内力绝对值最大，这种布置称为活荷载的最不利布置。

以五跨连续梁为例，由力学知识可知，在其某一单跨布置活荷载时的弯矩 M 和剪力 V 图如图 6.8 所示。

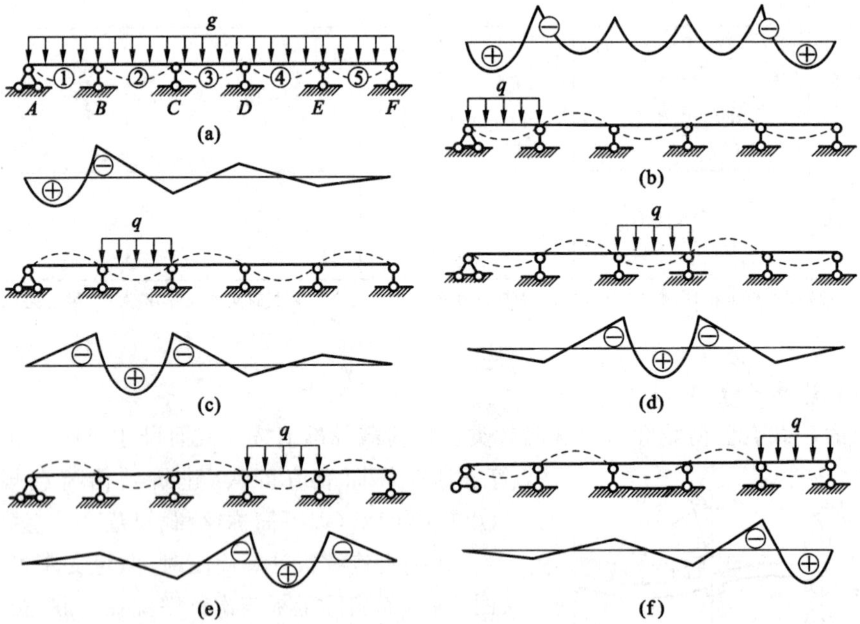

图 6.8　单跨承载时的内力图

研究图 6.8 的弯矩和剪力分布规律以及不同组合后的效果，不难发现活荷载最不利布置规律：

(1) 求某跨跨内活荷载最大正弯矩时，应在该跨布置活荷载，然后隔跨布置活荷载；

(2) 求某跨跨内活荷载最大负弯矩时，该跨不布置活荷载，而在该跨左、右邻跨布置活荷载，然后隔跨布置活荷载；

(3) 求某支座活荷载最大(绝对值)负弯矩时,应在该支座左、右两侧跨内布置活荷载,然后隔跨布置活荷载,同时可得到该支座左、右两侧截面活荷载最大(绝对值)剪力。

6.2.3.2　内力计算

经上述活荷载不利布置后,即可按《结构力学》中的方法求出相应截面的活荷载最不利内力,如图 6.9 所示,然后与恒荷载下的对应截面内力叠加即可得到恒、活荷载共同作用下所求截面的最不利内力。

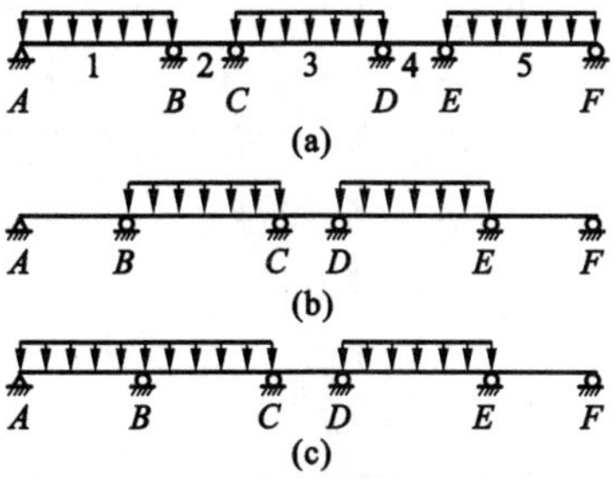

图 6.9　五跨连续梁(板)各截面的最不利内力与荷载布置图

(a) $(M_1)_{max}(M_3)_{max}(M_5)_{max}$的活荷载布置;
(b) $(M_2)_{max}(M_4)_{max}$的活荷载布置;
(c) $(M_B)_{max}(V_B)_{max}$的活荷载布置

对于等截面等跨连续梁(板),可方便地利用《建筑结构静力计算手册》求出各截面在恒、活荷载下的最不利内力。对于非等跨连续梁(板),跨度差不超过 10% 的连续梁也可以借助等跨连续梁内力系数表,以简化计算。

6.2.3.3　内力包络图

即便求出了支座和跨内在恒荷载、活荷载共同作用下的最不利内力,也只能确定支座和跨内截面的配筋。如果要确定梁上部纵向钢筋的截断和下部纵筋的弯起还须知道每一跨内最大弯矩和最大剪力沿跨度的变化情况,这就要求画出内力包络图,包括弯矩包络图和剪力包络图。

对于多跨连续梁(板),对应于不同的截面将可能有不同的活荷载最不利布置。将所有各种可能的活荷载最不利布置下的恒、活荷载共同作用的内力图按同一比例画在同一基线上,其最外包线即为内力包络图。它完整地给出了各截面可能出现的内力上、下限值。以承受均布荷载作用的五跨连续梁为例,如图 6.10 所示,将图 6.8 中六种工况的弯矩图按同一比例分别叠画于同一基线上,则这一族曲线的外轮廓线就是弯矩包络图,如图 6.10(a)所示。同理可作出剪力包络图,如图 6.10(b)所示。

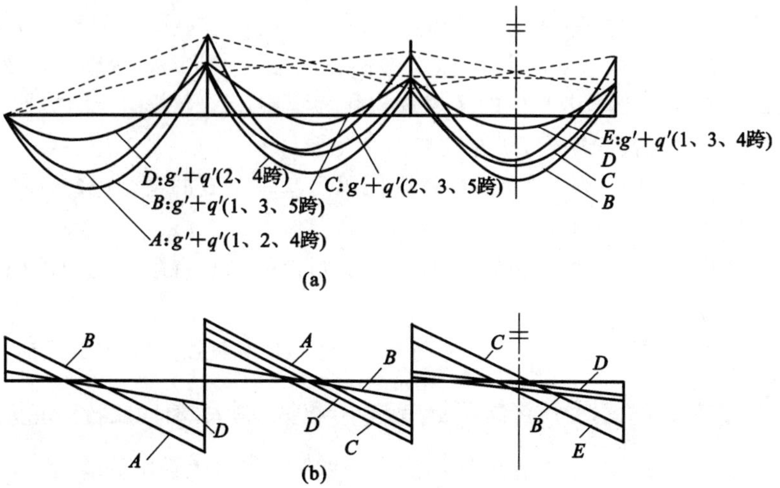

图 6.10　五跨连续梁在均布荷载作用下的内力包络图

(a) 弯矩包络图;(b) 剪力包络图

6.2.4 考虑塑性内力重分布的内力计算

6.2.4.1 混凝土受弯构件的塑性铰

如图 6.11 所示，跨中承受集中荷载的简支梁，当加载到使跨中受拉钢筋屈服时，截面屈服弯矩为 M_y，相应的截面曲率为 ϕ_y。随着荷载的少许增加，钢筋应力虽维持屈服应力不变，但中和轴在上移，内力臂略有增加。当受压区混凝土达到极限压应变时，构件达到极限承载能力，截面弯矩增加至极限弯矩 M_u，相应的截面曲率为 ϕ_u。从图 6.11 中可以看出，在这一过程中，弯矩增量(M_u-M_y)很小，而截面曲率增值($\phi_u-\phi_y$)却很大。这样，在弯矩基本不变的情况下，截面曲率激增，使截面沿弯矩作用方向产生一定限度的塑性转动，当与跨中部位相邻的一些截面也进入“屈服”并沿弯矩方向产生塑性转动时，梁犹如出现一个能承担一定弯矩的“铰”，工程中把这种“铰”称为塑性铰。

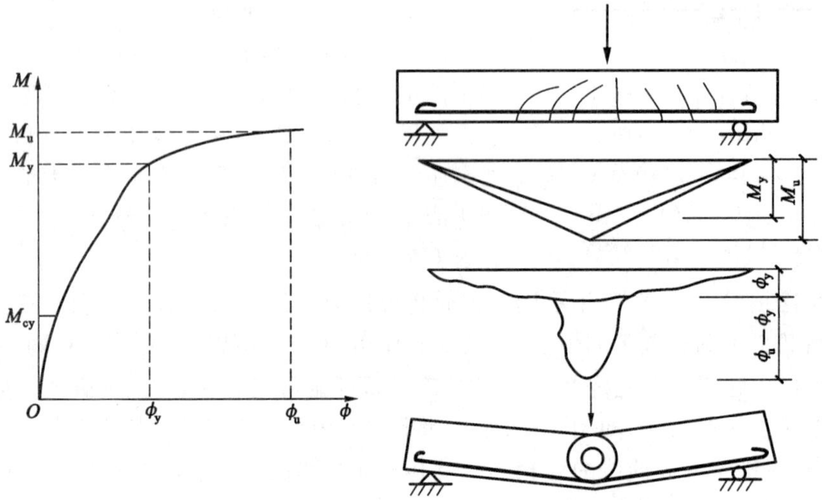

图 6.11 受集中荷载作用的简支梁的 M 图及 M-ϕ 图

在图 6.11 中，$M \geqslant M_y$ 的部分是塑性铰的区域(由于钢筋与混凝土间黏结力的局部破坏，实际的塑性铰区域更大)。该区域的长度称为塑性铰长度 l_p，所产生的转角称为塑性铰的转角 θ_p。通常把这一塑性变形集中产生的区域理想化为集中于一个截面上的塑性铰。

与结构力学中的理想铰相比较，塑性铰有三个主要区别：

(1) 理想铰不能承受任何弯矩，而塑性铰则能承受基本不变的弯矩($M_y \sim M_u$)；

(2) 理想铰集中于一点，塑性铰则有一定的长度；

(3) 理想铰在两个方向都可产生无限的转动，而塑性铰则是有限转动的单向铰，只能沿弯矩作用方向作有限的转动。

塑性铰的转动能力主要取决于纵筋的配筋率、钢材品种和混凝土的极限压应变值。截面的极限曲率 $\phi_u=\dfrac{\varepsilon_{cu}}{x}$，配筋率越低，受压区高度 x 就越小，故 ϕ_u 越大，塑性铰转动能力越强；混凝土的极限压应变值 ε_{cu} 越大，ϕ_u 越大，塑性铰转动能力也越强。混凝土强度等级高时，极限压应变值减小，转动能力下降；钢材有明显屈服台阶，延伸率越大，塑性铰的转动能力也就越强。

6.2.4.2 考虑塑性内力重分布的意义及适用范围

塑性铰出现后，对简支梁(静定结构)形成三铰在一条直线上的破坏机构(几何可变体系)，标志着构件进入破坏状态。但对超静定结构(如连续梁),出现一个塑性铰相当于减少一次约束,直到结构变为破坏机构(几何可变体系),整个结构进入破坏状态。在这个过程中,结构的内力经历了一个重新分布的过程,这个过程称为塑性内力重分布。

目前在超静定混凝土结构设计中,结构的内力分析与构件截面设计是不相协调的,结构的内力分析仍采用传统的弹性理论,而构件的截面设计考虑了材料的塑性性能。实际上,超静定混凝土结构在承载过程中,由于混凝土的非弹性变形、裂缝的出现和发展、钢筋的锚固滑移,以及塑性铰的形成和转动等因素的影响,结构构件的刚度在各受力阶段不断发生变化,从而使结构的实际内力与变形明显地不同于按刚度不变的弹性理论算得的结果。所以在设计混凝土连续梁、板时,恰当地考虑结构的内力重分布,不仅可以使结构的内力分析与截面设计相协调,而且具有以下优点:

(1) 能更正确地估计结构的承载力和使用阶段的变形、裂缝;

(2) 利用结构内力重分布的特性,合理调整钢筋布置,可以克服支座钢筋拥挤现象,简化配筋构造,方便混凝土浇捣,从而提高施工效率和质量;

(3) 根据结构内力重分布规律,在一定条件和范围内可以人为控制结构中的弯矩分布,从而使设计得以简化;

(4) 可以使结构在破坏时有较多的截面达到其承载力,从而充分发挥结构的潜力,有效地节约材料。

考虑内力重分布是以形成塑性铰为前提的,因此下列情况不宜采用:

(1) 在使用阶段不允许出现裂缝或对裂缝开展有较严格限制的结构,如水池池壁、自防水屋面,以及处于侵蚀性环境中的结构;

(2) 直接承受动力和重复荷载的结构;

(3) 预应力结构和二次受力叠合结构;

(4) 要求有较高安全储备的结构。

6.2.4.3　连续梁、板按调幅法的内力计算

(1) 调幅法的概念和原则

在广泛的试验研究基础上,国内外学者曾先后提出过多种超静定混凝土结构考虑塑性内力重分布的计算方法,如极限平衡法、塑性铰法、变刚度法、强迫转动法、弯矩调幅法以及非线性全过程分析方法等。但是上述方法大多数计算繁冗,离工程设计应用尚有距离。目前,只有弯矩调幅法为多数国家的设计规范所采用。我国颁布的《钢筋混凝土连续梁和框架考虑内力重分布设计规程》(CECS51:93)也推荐用弯矩调幅法来计算钢筋混凝土连续梁、板和框架的内力。该方法概念明确,计算方便,在我国积累有较多的工程实践经验,为设计人员所熟悉,有利于保证设计质量。

所谓弯矩调幅法,就是对结构按弹性理论所算得的弯矩值和剪力值进行适当的调整,以考虑结构塑性内力重分布的影响。通常弯矩调幅法是对那些弯矩绝对值较大的截面弯矩进行调整,然后按调整后的内力进行截面设计和配筋构造,是一种实用的设计方法。

截面弯矩的调整幅度用弯矩调幅系数 β 来表示,即:

$$\beta=\frac{M_e-M_a}{M_e}=1-\frac{M_a}{M_e} \tag{6.3}$$

式中　M_e——按弹性理论算得的弯矩值;

M_a——调幅后的弯矩值。

我国《钢筋混凝土连续梁和框架考虑内力重分布设计规程》(CECS51:93)的主要设计原则如下:

① 钢筋宜采用 HRB400 级热轧带肋钢筋,混凝土强度等级宜在 C20～C45 范围内选用。

② 截面的弯矩调幅系数 β 不宜超过 0.25,不等跨连续梁、板不宜超过 0.2。

③ 弯矩调幅后的截面相对受压区高度应满足 $0.1\leqslant\xi\leqslant0.35$。

④ 不等跨连续梁、板各跨中截面的弯矩不宜调整。

⑤ 结构在正常使用阶段不应出现塑性铰,且变形和裂缝宽度应符合《混凝土结构设计标准》(GB/T 50010—2010)(2024 年版)的规定。

⑥ 在可能产生塑性铰的区段,考虑弯矩调幅后,连续梁下列区段内按《混凝土结构设计标准》(GB/T 50010—2010)(2024 年版)算得的箍筋用量,一般应增大 20%,增大的范围为:对于集中荷载,取支座边至最近一个集中荷载之间的区段;对于均布荷载,取支座边 $1.05h_0$ 的区段(h_0 为截面的有效高度)。

⑦ 考虑弯矩调幅后,箍筋的配箍率应满足下式要求:

$$\rho_{sv}\geqslant\frac{0.3f_t}{f_{yv}} \tag{6.4}$$

⑧ 为使结构满足静力平衡条件并有一定的安全储备,结构跨中截面处的弯矩应满足:

$$M_0-\frac{|M_A|+|M_B|}{2}\leqslant M_C \tag{6.5}$$

式中 M_A、M_B——连续梁或板任一跨调整后支座截面弯矩值;

M_C——调整后的跨中截面弯矩值;

M_0——该跨按简支梁计算的跨中截面弯矩值。

(2) 用调幅法计算等跨连续梁、板内力

在相等均布荷载荷载作用下,等跨连续梁、板各跨跨中和支座截面的弯矩设计值 M 可按下列公式计算:

$$M=\alpha_m(g+q)l_0^2 \tag{6.6}$$

式中 g——沿梁或板单位长度上的均布恒荷载设计值;

q——沿梁或板单位长度上的均布活荷载设计值;

α_m——连续梁和连续单向板考虑塑性内力重分布的弯矩计算系数,按表 6.3 采用;

l_0——计算跨度,按表 6.2 采用。

表 6.3 连续梁和连续单向板考虑塑性内力重分布的弯矩计算系数 α_m

<table>
<tr><th colspan="2" rowspan="3">支承情况</th><th colspan="6">截面位置</th></tr>
<tr><th>边支座</th><th>边跨跨中</th><th>第一内支座</th><th>第二跨跨中</th><th>中间支座</th><th>中间跨跨中</th></tr>
<tr><th>A</th><th>Ⅰ</th><th>B</th><th>Ⅱ</th><th>C</th><th>Ⅲ</th></tr>
<tr><td colspan="2">梁、板搁置在墙上</td><td>0</td><td>1/11</td><td rowspan="4">二跨连续:−1/10
三跨以上连续:−1/11</td><td rowspan="4">1/16</td><td rowspan="4">−1/14</td><td rowspan="4">1/16</td></tr>
<tr><td>板</td><td rowspan="2">与梁整浇连接</td><td>−1/16</td><td rowspan="2">1/14</td></tr>
<tr><td>梁</td><td>−1/24</td></tr>
<tr><td colspan="2">梁与柱整浇连接</td><td>−1/16</td><td>1/14</td></tr>
</table>

注:① 表中系数适用于荷载比 $q/g>0.3$ 的等跨连续梁和连续单向板;

② 连续梁或连续单向板的各跨长度不等,但相邻两跨的长跨与短跨的比值小于 1.10 时,仍可采用表中弯矩系数数值。计算支座弯矩时应取相邻两跨中的较长跨度值,计算跨中弯矩时应取本跨长度。

在均布荷载荷载作用下，等跨连续梁支座边缘的剪力设计值 V 可按下列公式计算：

$$V=\alpha_v(g+q)l_n \tag{6.7}$$

式中 α_v——考虑塑性内力重分布梁的剪力计算系数，按表 6.4 采用；

l_n——净跨度。

表 6.4 连续梁考虑塑性内力重分布的剪力计算系数 α_v

荷载情况	边支座情况	截面位置				
		边支座右侧	第一内支座左侧	第一内支座右侧	中间支座左侧	中间支座右侧
均布荷载	搁置在墙上	0.45	0.6	0.55	0.55	0.55
	梁与梁或梁与柱整体连接	0.50	0.55			
集中荷载	搁置在墙上	0.42	0.65	0.60	0.55	0.55
	与梁整体连接	0.50	0.60			

6.2.5 单向板肋梁楼盖的截面设计与构造

6.2.5.1 单向板的截面设计与构造

(1) 板厚

现浇钢筋混凝土单向板的厚度 h 除应满足建筑功能外，还应符合下列要求：

屋面板 $h\geqslant 60$ mm；

民用建筑楼板 $h\geqslant 60$ mm；

工业建筑楼板 $h\geqslant 70$ mm；

行车道下的楼板 $h\geqslant 80$ mm。

现浇板在砌体墙上的支承长度一般不小于 120 mm。为了保证刚度，单向板的厚度应不小于计算跨度的 1/40（连续板）、1/35（简支板）以及 1/12（悬臂板），在此情况下，板可不进行挠度验算。板的配筋率一般为 0.3%～0.8%。

(2) 截面承载力计算

对于一般工业与民用建筑楼盖，仅混凝土就足以承担剪力，可不必进行斜截面受剪承载力计算，只需进行正截面受弯承载力计算。

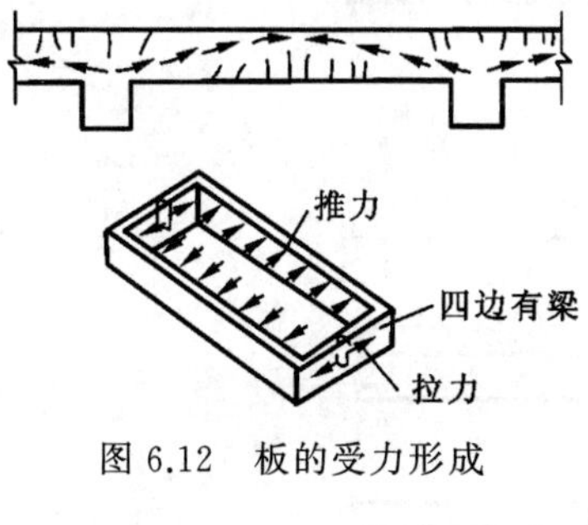

图 6.12 板的受力形成

连续单向板在支座处承受负弯矩，跨内承受正弯矩，当板中受拉区混凝土开裂后，使板内各截面的实际中和轴连线成为拱形。如图 6.12 所示，当板四周均与梁整浇时，板的支座不能水平移动，周边梁能对板拱提供水平推力，使板跨内形成拱作用，这种拱作用使板的实际弯矩值低于计算值。因此，对于四周都与梁整体连接的板区格，为了考虑拱作用的有利因素，其跨中截面弯矩和支座截面弯矩的设计值可减少 20%。

单向板肋梁楼盖中，当楼盖的四周支承在砌体上时，其端区格的单向板与中间区格的单向板，它们的边界条件是不同的。对于边区格板，它们三边与梁浇筑在一起，角区格板仅两相邻边与梁浇筑，故弯矩一律不予折减；中间区格板的四周与梁浇筑在一起，弯矩设计值可减少 20%，如图 6.13 所示。

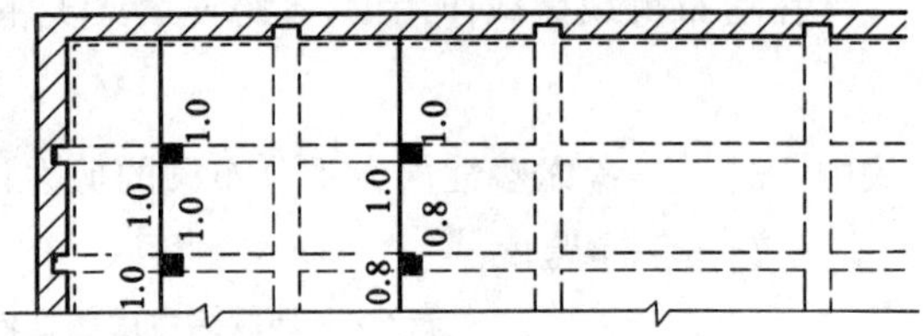

图 6.13　弯矩折减系数

(3) 配筋构造

① 板中受力筋

由计算确定的受力钢筋有承受负弯矩的板面负筋和承受正弯矩的板底正筋两种。常用直径为 ϕ6、ϕ8、ϕ10、ϕ12 等。正钢筋采用 HPB300 级钢筋时，端部采用半圆弯钩，负钢筋端部应做成直钩支撑在底模上。为了施工中不易被踩下，负钢筋直径一般不小于 ϕ8。对于绑扎钢筋，当板厚 $h \leqslant 150$ mm 时，间距不应大于 200 mm；当 $h > 150$ mm 时，不应大于 $1.5h$，且不宜大于 250 mm。从跨中伸入支座的受力钢筋间距不应大于 400 mm，且截面面积不得少于跨中受力钢筋的 1/3。钢筋间距不宜小于 70 mm。在简支板支座处或连续板端支座及中间支座处，下部正钢筋伸入支座的长度不应小于 $5d$。

为了施工方便，选择板内正、负钢筋时，一般宜使它们的间距相同而直径不同，直径不宜多于两种。为使钢筋直径能被肉眼所识别，直径差别宜不小于 2 mm。

连续板受力钢筋的配筋方式有弯起式和分离式两种，如图 6.14 所示。弯起式配筋可先按跨内正弯矩的需要确定所需钢筋的直径和间距，然后在支座附近弯起 1/2～2/3，弯起角一般为 30°。如果还不满足所要求的支座负钢筋需要，再另加直的负钢筋，通常取相同的间距。弯起式配筋的钢筋锚固较好，可节省钢材，但施工较复杂。

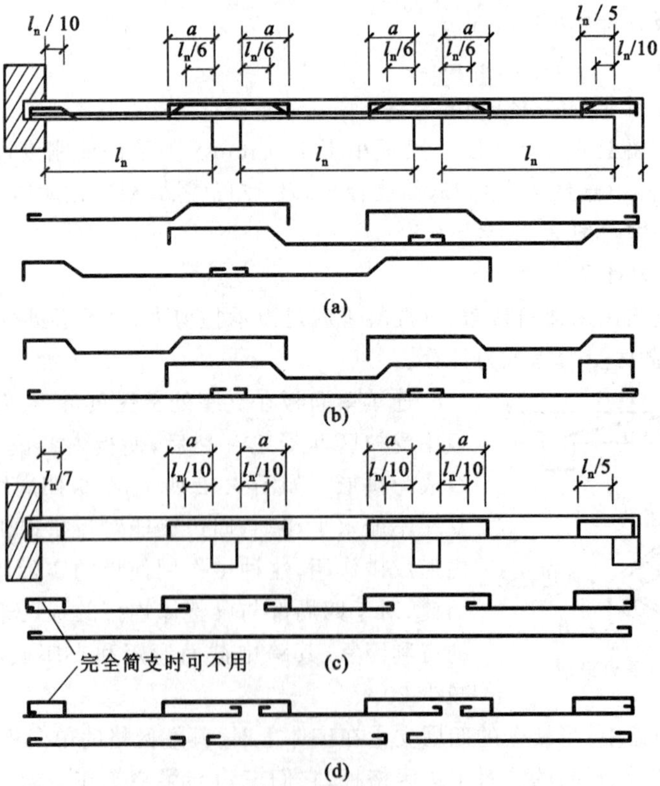

图 6.14　多跨连续单向板的配筋方式

(a) 一端弯起式；(b) 两端弯起式；(c)、(d) 分离式分离式配筋的钢筋锚固稍差，耗钢量略高，但设计和施工都比较方便，是目前最常用的方式。当板厚超过 120 mm 且承受的动荷载较大时，不宜采用分离式配筋。

连续单向板内受力钢筋的弯起和截断，一般可以按图 6.14 确定。图中 a 的取值为：当板上均布活荷载 q 与均布恒荷载 g 的比值 $q/g \leqslant 3$ 时，$a = l_n/4$；当 $q/g > 3$ 时，$a = l_n/3$（l_n 为板的净跨长）。当连续板的相邻跨度之差超过 20%，或各跨荷载相差很大时，钢筋的弯起与切断应按弯矩包络图确定。

② 板中构造钢筋

连续单向板除了按计算配置受力钢筋外，通常还应布置以下 4 种构造钢筋：

a. 分布钢筋　在平行于单向板的长跨，与受力钢筋垂直的方向设置分布筋，分布筋放在受力筋的内侧。单位宽度上分布筋的截面面积不宜小于单位宽度上受力钢筋的 15%，且每米宽度内不少于 4 根，同时其配筋率不小于 0.15%。在受力钢筋的弯折处也宜设置分布筋。分布筋具有以下主要作用：①浇筑混凝土时固定受力钢筋的位置；②承受混凝土收缩和温度变化所产生的内力；③承受并分布板上局部荷载产生的内力；④对四边支承板，可承受在计算中未计及但实际存在的长跨方向的弯矩。

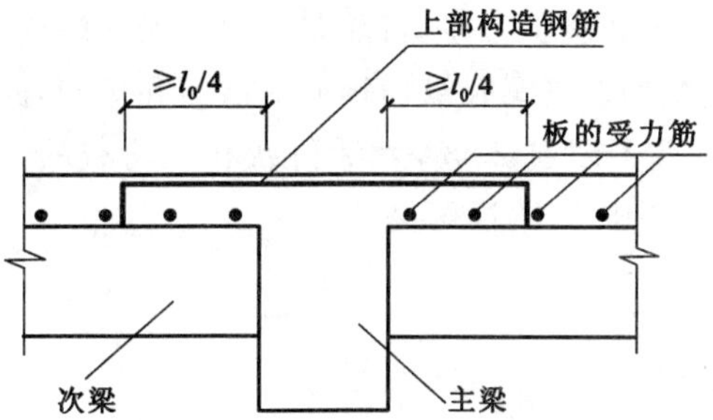

图 6.15　与主梁垂直的构造钢筋

b. 与主梁垂直的附加负筋　如图 6.15 所示，力总是按最短距离传递的，所以靠近主梁的竖向荷载，大部分是传给主梁而不是往单向板的跨度方向传递。所以主梁梁肋附近的板面存在一定的负弯矩，因此必须在主梁上部的板面配置附加短钢筋，其数量不少于每米 5 φ 8，且沿主梁单位长度内的总截面面积不少于板中单位宽度内受力钢筋截面面积的 1/3，伸入板中的长度从主梁梁肋边算起，每边不小于板计算跨度 l_0 的 1/4。

c. 与承重砌体墙垂直的附加负筋　嵌入承重砌体墙内的单向板，计算时按简支考虑，但实际上有部分嵌固作用，将产生局部负弯矩。为此，应沿承重砌体墙每米配置不少于 5 φ 8 的附加短负筋，伸出墙边长度不小于 $l_0/7$，如图 6.16 所示。

d. 板角附加短钢筋　两边嵌入砌体墙内的板角部分，应在板面双向配置附加的短负钢筋。其中，沿受力方向配置的负钢筋截面面积不宜小于该方向跨中受力钢筋截面面积的 1/3，且一般不少于 5 φ 8；另一方向的负钢筋可根据经验适当减少。每一方向伸出墙边长度不小于 $l_0/4$，如图 6.16所示。

6.2.5.2　*次梁的截面设计与配筋构造*

(1) 截面设计

次梁在砌体墙上的支承长度一般不小于 240 mm；截面高度一般取跨度的 1/18～1/12，若梁高不小于 $l_0/20$（简支梁）、$l_0/25$（连续梁）、$l_0/8$（悬臂梁），一般可不作梁挠度验算；梁宽一般取梁高的 1/3～1/2。

梁不但要进行正截面承载力计算，还应进行斜截面承载力计算。

在现浇肋梁楼盖中，板可作为次梁的上翼缘。在跨内正弯矩区段，板位于受压区，故应按 T 形截面计算，翼缘计算宽度 b_f' 可按 T 形截面受弯构件的有关规定确定；在支座附近的负弯矩区段，板处于受拉区，应按矩形截面计算。次梁纵向钢筋的配筋率一般为 0.6%～1.5%。

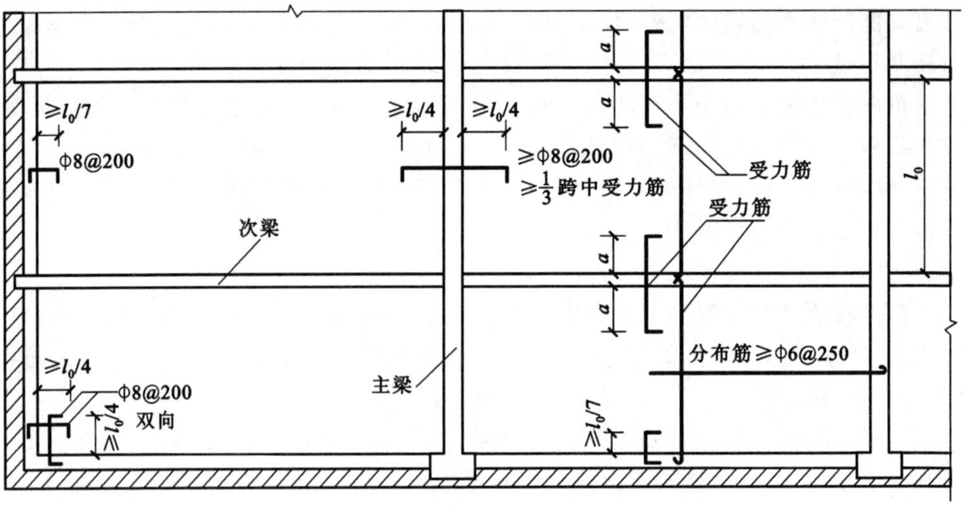

图 6.16　梁边、墙边和板角处的构造钢筋

(2) 次梁构造

次梁的配筋方式也有弯起式和分离式两种。为设计和施工方便，目前多采用分离式配筋，但当跨度较大或楼面有较大动荷载时，应采用弯起式配筋。沿梁长纵向钢筋的截断和弯起，原则上应按弯矩及剪力包络图确定，但对于相邻跨跨度差不超过 20%，且活荷载和恒荷载的比值 q/g 不大于 3 的连续梁，可参考图 6.17 布置钢筋。图中 l_n 为净跨度。

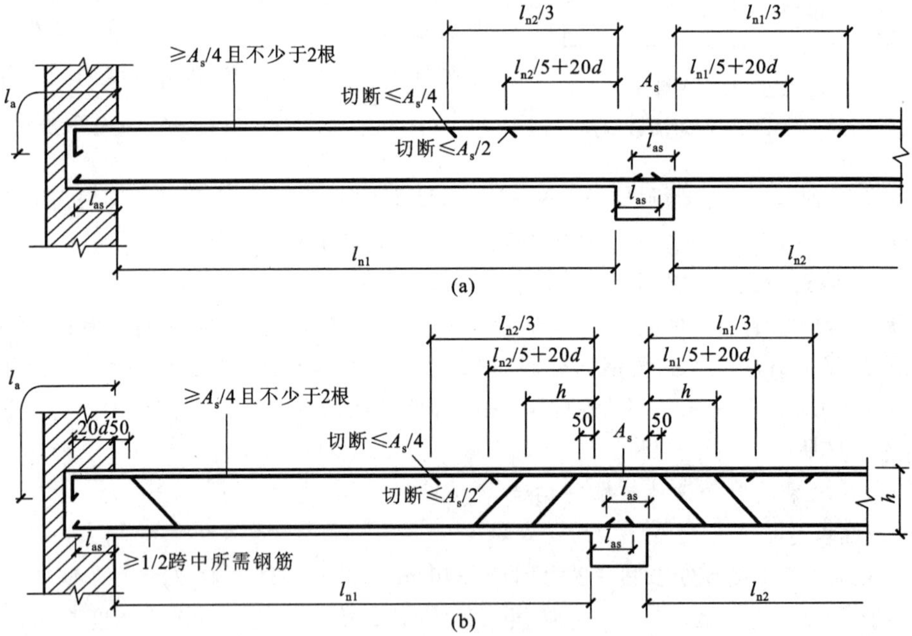

图 6.17　次梁的钢筋布置

(a) 无弯起钢筋；(b) 有弯起钢筋

在图 6.17 中，如果中间支座上部负弯矩钢筋面积为 A_s，则从支座边缘算起左、右各 h 范围 $(2h+b)$ 内须保证 A_s 不被减少；距支座边缘 $l_n/5+20d$（d 为伸至该处钢筋的直径）范围内，钢筋不得少于 $A_s/2$；伸至距支座边缘 $l_n/3$ 处的钢筋不得少于 $A_s/4$，且不少于两根。当采用

分离式配筋时，也可按上述原则配置支座负钢筋，如图 6.17(a)所示。

位于次梁下部的纵向钢筋除弯起筋外，应全部伸入支座，且满足纵筋伸入支座的锚固长度。

连续次梁因截面上、下均配置受力钢筋，所以一般均沿梁全长配置封闭式箍筋。第一根箍筋可距支座边缘 50 mm 处开始布置，同时在简支端的支座范围内，一般宜根据支承长度布置一至两根箍筋。

当梁腹板高度大于或等于 450 mm 时，在梁的两侧面应沿高度配置纵向构造钢筋(不包括梁上、下部受力钢筋及架立钢筋)，其截面面积不应小于腹板截面面积的 0.1%，且其间距不宜大于 200 mm。

次梁的其他构造要求与一般受弯构件的构造相同。

6.2.5.3 主梁的截面设计与配筋构造

主梁在砌体墙上的支承长度一般不小于 370 mm，梁高为计算跨度的 1/15～1/10。为满足刚度要求，主梁梁高不小于 $l_0/12$(简支梁)、$l_0/15$(连续梁)、$l_0/6$(悬臂梁)。因梁、板整体浇筑，故主梁跨内截面按 T 形截面计算，支座截面按矩形截面计算。

单向板肋梁楼盖中，主梁一般应按弹性理论设计。按弹性理论计算连续主梁内力时，中间跨的计算跨度为支座中心线间的距离，故所求得的支座弯矩和支座剪力都是指支座中心线的。实际上，正截面受弯承载力和斜截面受剪承载力的控制截面应在支座边缘，内力设计值应以支座边缘截面内力值为准，如图 6.18 所示，故取：

弯矩设计值

$$M_b' = M_b - V_0 \frac{b}{2} \tag{6.8}$$

剪力设计值

$$V = V_c - (g+q)\frac{b}{2} \quad (\text{均布荷载}) \tag{6.9}$$

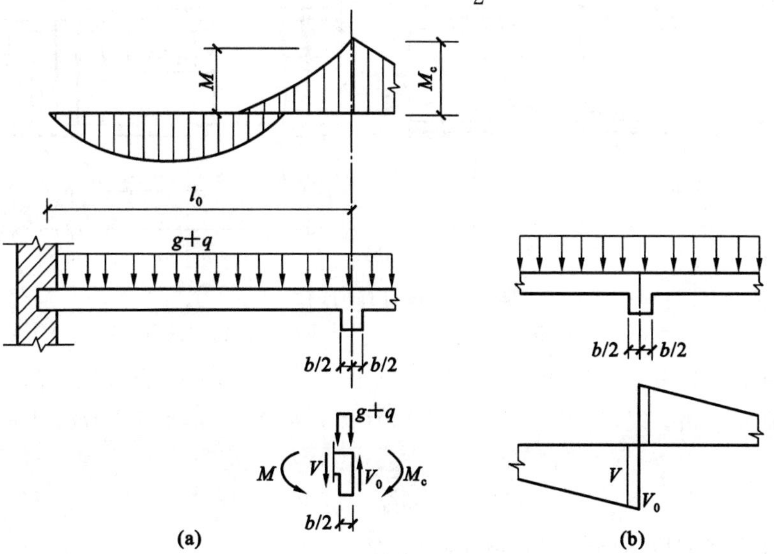

图 6.18 支座中心与柱边缘的弯矩、剪力修正

(a) 弯矩设计值;(b) 剪力设计值

$$V=V_c \quad (集中荷载) \tag{6.10}$$

式中 M_b、V_c——支座中心处的弯矩、剪力设计值；

V_0——按简支梁计算的支座剪力设计值(取绝对值)；

b——支座宽度。

如果主梁是框架横梁，水平荷载(如风载、水平地震作用等)也会在梁中产生弯矩和剪力，此时应按框架设计。

在主梁支座处，主梁与次梁截面的上部纵向钢筋相互交叉重叠(见图 6.19)，致使主梁承受负弯矩的纵筋位置下移，梁的有效高度减小。所以在计算主梁支座截面负钢筋时，截面有效高度 h_0 应取：一排钢筋时，$h_0=h-(50\sim60)$ mm；两排钢筋时，$h_0=h-(70\sim80)$ mm。h 是截面高度。

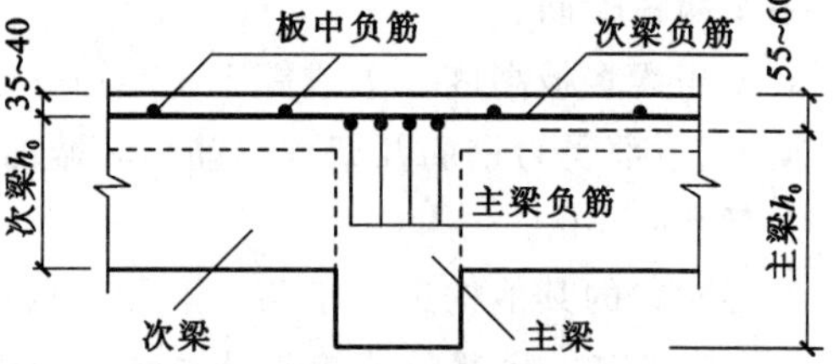

图 6.19 主梁支座截面的钢筋位置

次梁与主梁相交处，在主梁高度范围内受到次梁传来的集中荷载的作用。此集中荷载并非作用在主梁顶面，而是靠次梁的剪压区传递至主梁的腹部，所以在主梁局部长度上将引起主拉应力，特别是当集中荷载作用在主梁的受拉区时，会在梁腹部产生斜裂缝，从而引起局部破坏，如图 6.20(a)所示。为此，需设置附加横向钢筋，把此集中荷载传递到主梁顶部受压区。

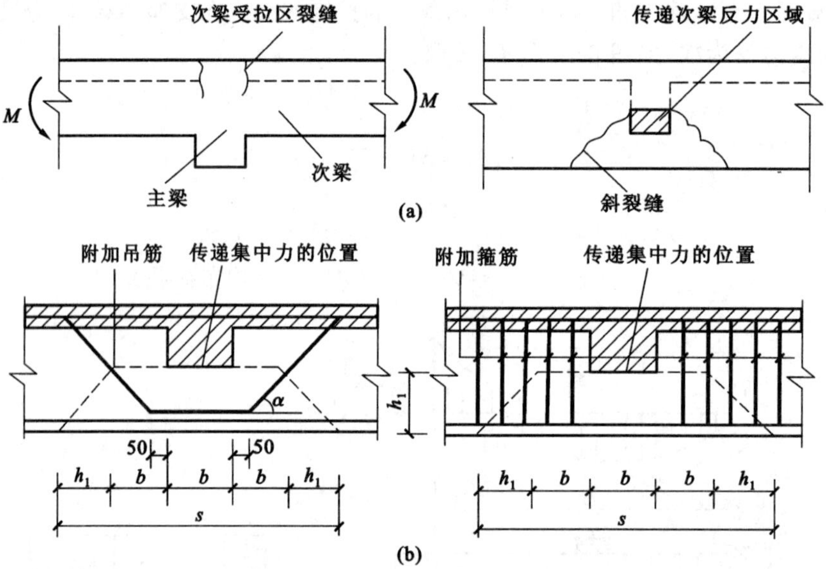

图 6.20 附加横向钢筋布置

(a) 次梁与主梁相交处的裂缝；(b) 集中荷载处的横向钢筋布置

附加横向钢筋应布置在长度为 $s=2h_1+3b$ 的范围内，以便能充分发挥作用。附加横向钢筋可采用附加箍筋和吊筋，如图 6.20(b)所示，宜优先采用附加箍筋。附加箍筋和吊筋的总截面面积按下式计算：

$$F_l \leqslant 2f_y A_{sb}\sin\alpha + m\cdot nf_{yv}A_{sv1} \tag{6.11}$$

式中 F_l——由次梁传递的集中力设计值；

f_y——吊筋的抗拉强度设计值；

f_{yv}——附加箍筋的抗拉强度设计值；

A_{sb}——一根吊筋的截面积；

A_{sv1}——单肢箍筋的截面积；

m——附加箍筋的排数；

n——在同一截面内附加箍筋的肢数；

α——吊筋与梁轴线间的夹角。

主梁的梁侧构造钢筋如次梁构造部分所述，其他配筋构造同一般受弯构件。

当主梁搁置在砌体上时，应设置梁垫，并进行砌体的局部受压承载力计算。

主梁纵向钢筋的弯起和切断，原则上应按弯矩包络图和剪力包络图确定，即根据弯矩包络图和剪力包络图作抵抗弯矩图（材料图）确定。

6.2.6 单向板肋梁楼盖设计例题

设计资料：某多层厂房，采用现浇钢筋混凝土单向板肋梁楼盖，其楼盖平面如图 6.21 所示，楼面活荷载、材料及构造等设计资料如下：

（1）楼面活荷载　活荷载标准值 $q_k = 6.5\ \text{kN/m}^2$。

（2）楼面做法　楼面面层用 30 mm 厚普通水磨石（$r_c = 24\ \text{kN/m}^3$），板底及梁用 15 mm 厚混合砂浆抹底（$r_c = 17\ \text{kN/m}^3$）。

（3）材料　混凝土强度等级为 C30；梁内纵向受力钢筋采用 HRB400 级钢筋，板内受力筋和梁内箍筋采用 HRB400 级钢筋，其余均采用 HRB400 级钢筋。

（4）构件支撑长度　板伸入墙内 120 mm，次梁伸入墙内 240 mm，主梁伸入墙内 370 mm。

（5）柱的截面尺寸　柱的截面尺寸为 400 mm×400 mm。

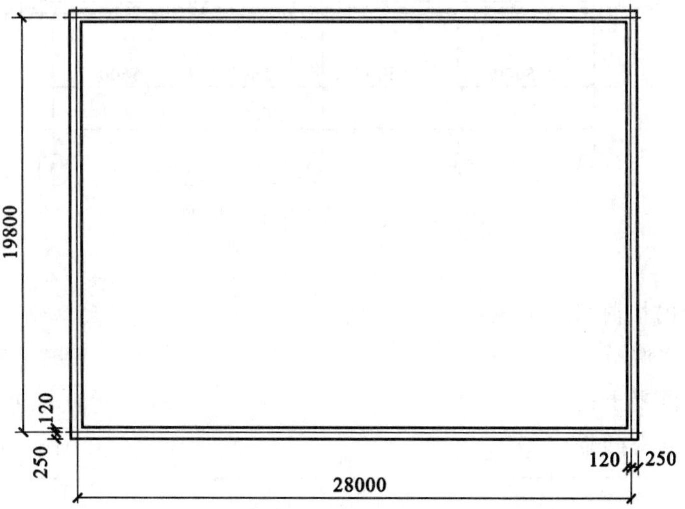

图 6.21　楼盖平面图

【解】（1）楼盖的结构平面布置

① 确定梁、板跨度　主梁的跨度为 6.6 m，次梁的跨度为 5.6 m，主梁每跨内布置两根次梁，板的跨度为 2.2 m。

② 确定板厚　按高跨比条件，要求板厚 $h \geqslant \dfrac{2200}{40} = 55\ \text{mm}$；对工业建筑的楼盖板，要求

$h \geqslant 80$ mm；取板厚 $h=80$ mm。

③ 确定次梁截面尺寸　次梁截面高度应满足 $h=\frac{l}{18}\sim\frac{l}{12}=\frac{5600}{18}\sim\frac{5600}{12}=311\sim467$ mm，考虑到楼面活荷载比较大，取 $h=500$ mm，截面宽度取为 $b=200$ mm。

④ 确定主梁截面尺寸　主梁的截面高度应满足 $h=\frac{l}{15}\sim\frac{l}{10}=\frac{6600}{15}\sim\frac{6600}{10}=440\sim660$ mm，取 $h=650$ mm，截面宽度取为 $b=300$ mm。

⑤ 楼盖结构平面布置　结构平面布置如图 6.22 所示。

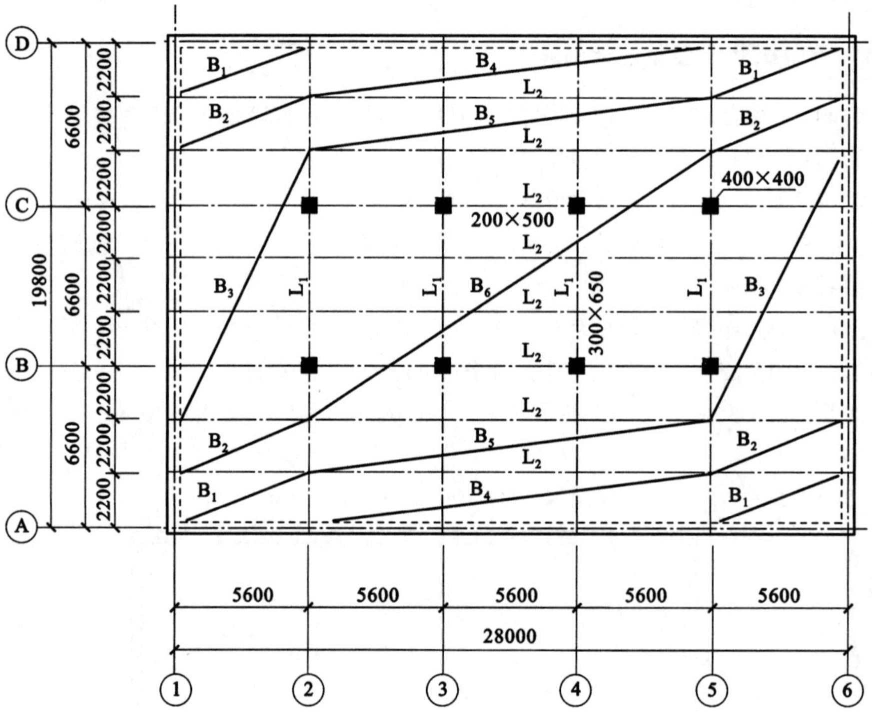

图 6.22　楼盖结构平面布置图

(2) 板的设计

① 荷载　板的恒荷载标准值：

30 mm 普通水磨石	$0.03\times24=0.72$ kN/m^2
80 mm 钢筋混凝土板	$0.08\times25=2$ kN/m^2
15 mm 板底混合砂浆	$0.015\times17=0.26$ kN/m^2
合　计	$g_k=2.98$ kN/m^2
板的活荷载标准值：	$q_k=6.5$ kN/m^2

因为是工业建筑楼盖，且楼面活荷载标准值大于 4.0 kN/m^2，所以活荷载分项系数取1.3。板在由可变荷载效应控制的组合下，恒荷载分项系数为 1.2，于是板的荷载为：

恒荷载设计值　　$g=2.98\times1.2=3.58$ kN/m^2

活荷载设计值　　$q=6.5\times1.3=8.45$ kN/m^2

荷载总设计值　　　$g+q=3.58+8.45=12.03\ kN/m^2$

近似取为　　　　$g+q=12.1\ kN/m^2$

由于楼面活荷载较大，经计算，板在由永久荷载效应控制的组合下的荷载效应不起控制作用，舍去。

② 计算简图　次梁截面为 200 mm×500 mm，板在墙上的支承长度为 120 mm，取 1 m 宽板带作为计算单元，并按内力重分布进行设计，板的计算跨度为：

边跨

$$l_{01}=l_{n1}+\frac{h}{2}=(2200-100-120)+\frac{80}{2}=2020\ mm$$

$$l_{01}=l_{n1}+\frac{a}{2}=(2200-100-120)+\frac{120}{2}=2040\ mm$$

取 $l_{01}=2020$ mm。

中间跨

$$l_{02}=l_{n2}=2200-200=2000\ mm$$

1 m 宽板带上线荷载

$$g+q=12.1\times1=12.1\ kN/m$$

因跨度差小于 10%，故可按等跨连续板计算。板的计算简图如图 6.23 所示。

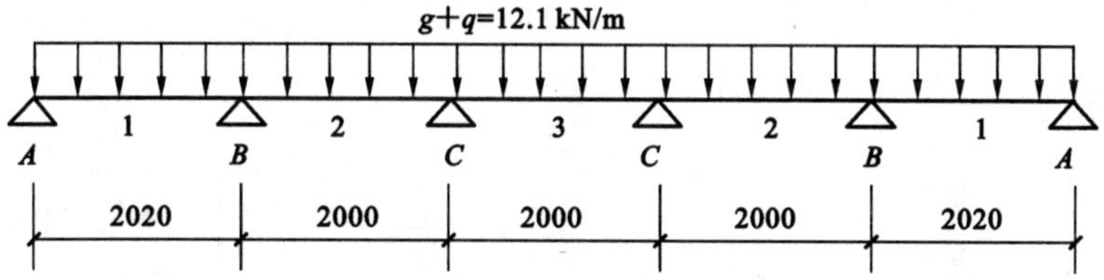

图 6.23　板的计算简图

③ 弯矩设计值　由表 6.3 查得板的弯矩系数 α_m 分别为：边跨跨中 1/11；第一内支座 −1/11；中间跨跨中 1/16；中间支座 −1/14，故：

$$M_1=\frac{(g+q)l_{01}^2}{11}=\frac{12.1\times2.02^2}{11}=4.49\ kN\cdot m$$

$$M_B=-\frac{(g+q)l_{01}^2}{11}=-\frac{12.1\times2.02^2}{11}=-4.49\ kN\cdot m$$

$$M_2=M_3=\frac{(g+q)l_{02}^2}{16}=\frac{12.1\times2^2}{16}=3.03\ kN\cdot m$$

$$M_C=-\frac{(g+q)l_{02}^2}{14}=-\frac{12.1\times2^2}{14}=-3.46\ kN\cdot m$$

④ 正截面受弯承载力计算　板厚 80 mm，$h_0=80-20=60$ mm，C30 混凝土，$\alpha_1=1.0$，$f_c=14.3\ N/mm^2$，HRB400 级钢筋，$f_y=360\ N/mm^2$，取 1 m 宽板带作为计算单元，$b=1$ m。板配筋的计算过程列于表 6.5 中。

表 6.5　板的配筋计算

截面位置	边跨跨中		第一内支座		中间跨跨中		中间支座	
在图中位置	①～② ⑤～⑥ 轴间	②～⑤ 轴间	①～② ⑤～⑥ 轴间	②～⑤ 轴间	①～② ⑤～⑥ 轴间	②～⑤ 轴间	①～② ⑤～⑥ 轴间	②～⑤ 轴间
M(kN·m)	4.49		－4.49		3.03	0.8×3.03 ＝2.424	－3.46	0.8×(－3.46) ＝－2.768
$\alpha_s=\dfrac{M}{\alpha_1 f_c b h_0^2}$	0.087		0.087		0.059	0.047	0.067	0.054
$\gamma_s=\dfrac{1+\sqrt{1-2\alpha_s}}{2}$	0.954		0.954		0.970	0.976	0.965	0.972
$A_s=\dfrac{M}{\gamma_s f_y h_0}$(mm²)	217.9		217.9		144.6	115	166	131.8
选配钢筋	Φ8 @180	Φ6/8 @180	Φ8 @180	Φ6/8 @180	Φ8 @180	Φ8 @180	Φ8 @180	Φ8 @180
实配钢筋面积(mm²)	279	218	279	218	279	279	279	279

注:① 对轴线②～⑤间的板带,由于考虑四边与梁整体连接的中间区格单向板拱作用的有利因素,其中间跨的跨中截面弯矩及除第一内支座外的其他中间支座截面弯矩可各折减 20%；

② 经验算板的配筋率均能满足板最小配筋率要求。

⑤ 配筋图的绘制。板的配筋图如图 6.24 所示。

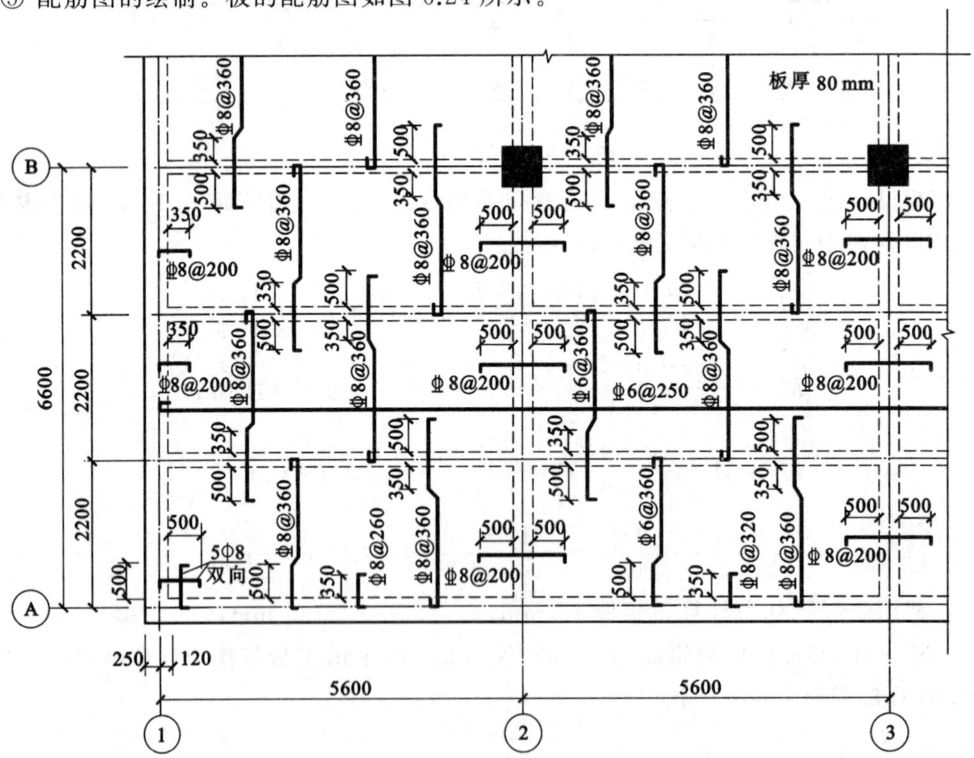

图 6.24　B_1～B_6 板的配筋图

（3）次梁设计

次梁按考虑内力重分布设计。根据本多层厂房楼盖的实际使用情况，楼盖的次梁和主梁的活荷载不考虑从属面积的荷载折减。

① 荷载设计值

对由可变荷载效应控制的组合：

a. 恒荷载设计值

板传来的恒荷载	$3.58\times2.2=7.88\ \mathrm{kN/m}$
次梁自重	$0.2\times(0.5-0.08)\times25\times1.2=2.52\ \mathrm{kN/m}$
次梁两侧粉刷	$0.015\times(0.5-0.08)\times2\times17\times1.2=0.26\ \mathrm{kN/m}$
合计	$g=10.66\ \mathrm{kN/m}$
b. 活荷载设计值	$q=8.45\times2.2=18.59\ \mathrm{kN/m}$
c. 荷载总设计值	$g+q=10.66+18.59=29.25\ \mathrm{kN/m}$
近似取	$g+q=29.3\ \mathrm{kN/m}$

与板同理，无需再计算由永久荷载效应控制的组合。

② 计算简图

次梁在砖墙上的支承长度为 240 mm，主梁截面为 300 mm×650 mm。次梁的计算跨度：

边跨

$$l_{01}=l_{n1}+\frac{a}{2}=\left(5600-120-\frac{300}{2}\right)+\frac{240}{2}=5450\ \mathrm{mm}$$

$$l_{01}<1.025l_{n1}=1.025\times\left(5600-120-\frac{300}{2}\right)=5463\ \mathrm{mm}$$

故取 $l_{01}=5450$ mm，$l_{n1}=5330$ mm。

中间跨

$$l_{02}=l_{n2}=5600-300=5300\ \mathrm{mm}$$

因跨度相差小于 10%，可按等跨连续梁计算。次梁计算简图如图 6.25 所示。

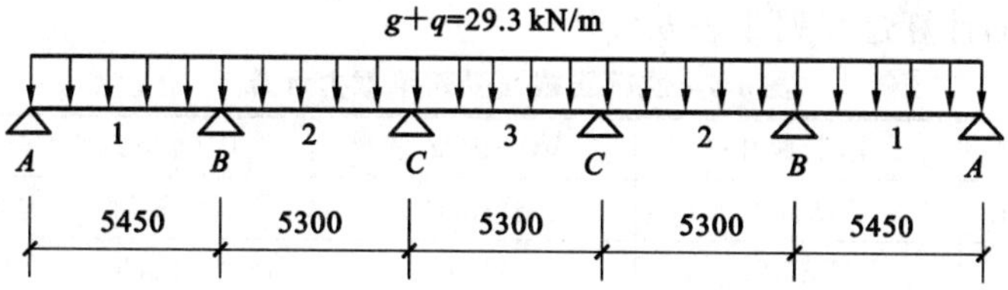

图 6.25　次梁计算简图

③ 内力计算

由表 6.3 和表 6.4 可分别查得弯矩系数和剪力系数。

a. 弯矩设计值

$$M_1=\frac{(g+q)l_{01}^2}{11}=\frac{29.3\times5.45^2}{11}=79.12\ \mathrm{kN\cdot m}$$

$$M_B=\frac{-(g+q)l_{01}^2}{11}=-\frac{29.3\times5.45^2}{11}=-79.12\ \mathrm{kN\cdot m}$$

$$M_2=M_3=\frac{(g+q)l_{02}^2}{16}=\frac{29.3\times5.30^2}{16}=51.44\ \text{kN}\cdot\text{m}$$

$$M_C=\frac{-(g+q)l_{02}^2}{14}=-\frac{29.3\times5.30^2}{14}=-58.79\ \text{kN}\cdot\text{m}$$

b. 剪力设计值

$$V_A=0.45(g+q)l_{n1}=0.45\times29.3\times5.33=70.28\ \text{kN}$$

$$V_{Bl}=0.60(g+q)l_{n1}=0.60\times29.3\times5.33=93.70\ \text{kN}$$

$$V_{Br}=0.55(g+q)l_{n2}=0.55\times29.3\times5.30=85.41\ \text{kN}$$

$$V_C=0.55(g+q)l_{n2}=0.55\times29.3\times5.30=85.41\ \text{kN}$$

④ 承载力计算

次梁的计算内容包括正截面受弯承载力计算和斜截面受剪承载力计算。

正截面受弯承载力计算:次梁混凝土等级为C30,$\alpha_1=1$,$f_c=14.3\ \text{N/mm}^2$,$f_t=1.43\ \text{N/mm}^2$;纵向钢筋采用HRB400,$f_y=360\ \text{N/mm}^2$;箍筋采用HRB400,$f_{yv}=360\ \text{N/mm}^2$。

次梁支座截面按矩形截面计算,跨内按T形截面计算,翼缘宽度b_f'取值

$$b_f'=\frac{l}{3}=\frac{5600}{3}=1867\ \text{mm}$$

又

$$b_f'=b+s_n=200+2000=2200\ \text{mm}$$

近似取$b_f'=1870$ mm。

B支座截面纵向钢筋按两排布置,$h_0=500-60=440$ mm,其余截面均布置一排钢筋,$h_0=500-40=460$ mm。

判断跨内截面类型:

$$\alpha_1 f_c b_f' h_f'\left(h_0-\frac{h_f'}{2}\right)=1.0\times9.6\times1870\times80\times\left(460-\frac{80}{2}\right)$$
$$=603.19\ \text{kN}\cdot\text{m}>79.12\ \text{kN}\cdot\text{m}$$

故属于第一类型T形截面,即跨内按宽度为b_f'的矩形截面计算。

次梁正截面配筋计算过程列于表6.6中。

表6.6 次梁正截面受弯承载力计算

截面	边跨跨中	第一内支座	中间跨跨中	中间支座
弯矩设计值M(kN·m)	79.12	−79.12	51.44	−58.79
b(mm)	1870	200	1870	200
$\alpha_s=\frac{M}{\alpha_1 f_c b h_0^2}$	0.014	0.143	0.009	0.106
$\xi=1-\sqrt{1-2\alpha_s}$	0.014	0.155(<0.35)	0.009	0.112(<0.35)
$\gamma_s=\frac{1+\sqrt{1-2\alpha_s}}{2}$	0.993	0.915	0.995	0.940
$A_s=\frac{M}{\gamma_s f_y h_0}$($\text{mm}^2$)	481.1	522.2	312.2	377.7
选配钢筋	3⏀16	1⏀16+3⏀14	3⏀14	3⏀14
实配钢筋面积(mm^2)	603	662.1	461	461

注:① 考虑塑性内力重分布要求满足ξ不大于0.35;

② 经验算所有截面均能满足梁最小配筋率要求。

斜截面受剪承载力计算：

验算截面尺寸

$$h_w = h_0 - h_f' = 460 - 80 = 380 \text{ mm}$$

$$\frac{h_w}{b} = \frac{380}{200} = 1.9 < 4.0$$

混凝土采用 C30，$\beta_c = 1.0$，故对 B 支座左边截面尺寸按下式验算：

$$0.25\beta_c f_c b h_0 = 0.25 \times 1.0 \times 14.3 \times 200 \times 440 = 314.6 \times 10^3 \text{ N}$$
$$= 314.6 \text{ kN} > V_{max} = 93.7 \text{ kN}$$

故截面尺寸满足要求。

验算是否需要计算配置箍筋（对 B 支座左边截面）：

$$0.7 f_t b h_0 = 0.7 \times 1.43 \times 200 \times 440 = 88.088 \text{ kN} < V_{max} = 93.7 \text{ kN}$$

故需要进行配箍计算。

计算所需箍筋（仅考虑箍筋抗剪）：

采用Φ6 双肢箍筋，计算支座 B 左侧截面。由 $V_{cs} \leqslant 0.7 f_t b h_0 + f_{yv} \frac{A_{sv}}{s} h_0$，得：

$$s \leqslant \frac{f_{yv} A_{sv} h_0}{V_{Bl} - 0.7 f_t b h_0} = \frac{360 \times 56.6 \times 440}{93.7 \times 10^3 - 0.7 \times 1.43 \times 200 \times 440} = 1597.55 \text{ mm}$$

取 $s = 180$ mm，则配箍率 ρ_{sv} 为：

$$\rho_{sv} = \frac{A_{sv}}{bs} = \frac{56.6}{200 \times 180} \times 100\% = 0.157\%$$

考虑弯矩调幅最小配箍率为：

$$\rho_{sv,min} = 0.24 \frac{f_t}{0.8 f_{yv}} = 0.3 \times \frac{1.43}{360} \times 100\% = 0.120\%$$

满足要求，故其他截面无需再算，均按Φ6@180 配箍，沿梁长不变。

⑤ 次梁（L2）配筋图

次梁（L2）配筋图见图 6.26 所示。注意：如果距中间支座边缘 50 mm 处弯起钢筋，则可以认为从左跨弯起的纵筋只有过支座中心后的右直段承受负弯矩，同样，从右跨弯起的纵筋只有过支座中心后的左直段承受负弯矩。较为简便的方式是用鸭筋来代替距支座边缘 50 mm 的弯起筋，以承受剪力或满足构造要求。

（4）主梁设计

主梁按弹性理论设计，不考虑塑性内力重分布。

① 荷载设计值　为简化计算，将主梁自重等效为集中荷载：

次梁传来恒荷载设计值　　$10.66 \times 5.6 = 59.70$ kN

主梁自重（含粉刷）恒荷载设计值　$1.2 \times (0.65 - 0.08) \times 0.3 \times 2.2 \times 25 + 2 \times (0.65 - 0.08) \times 0.015 \times 2.2 \times 17 = 12.05$ kN

恒荷载设计值　　$G = 59.70 + 12.05 = 71.75 \approx 72$ kN

活荷载设计值　　$Q = 18.59 \times 5.6 = 104.104 \approx 104.1$ kN

同前，无需考虑由永久荷载效应控制的组合。

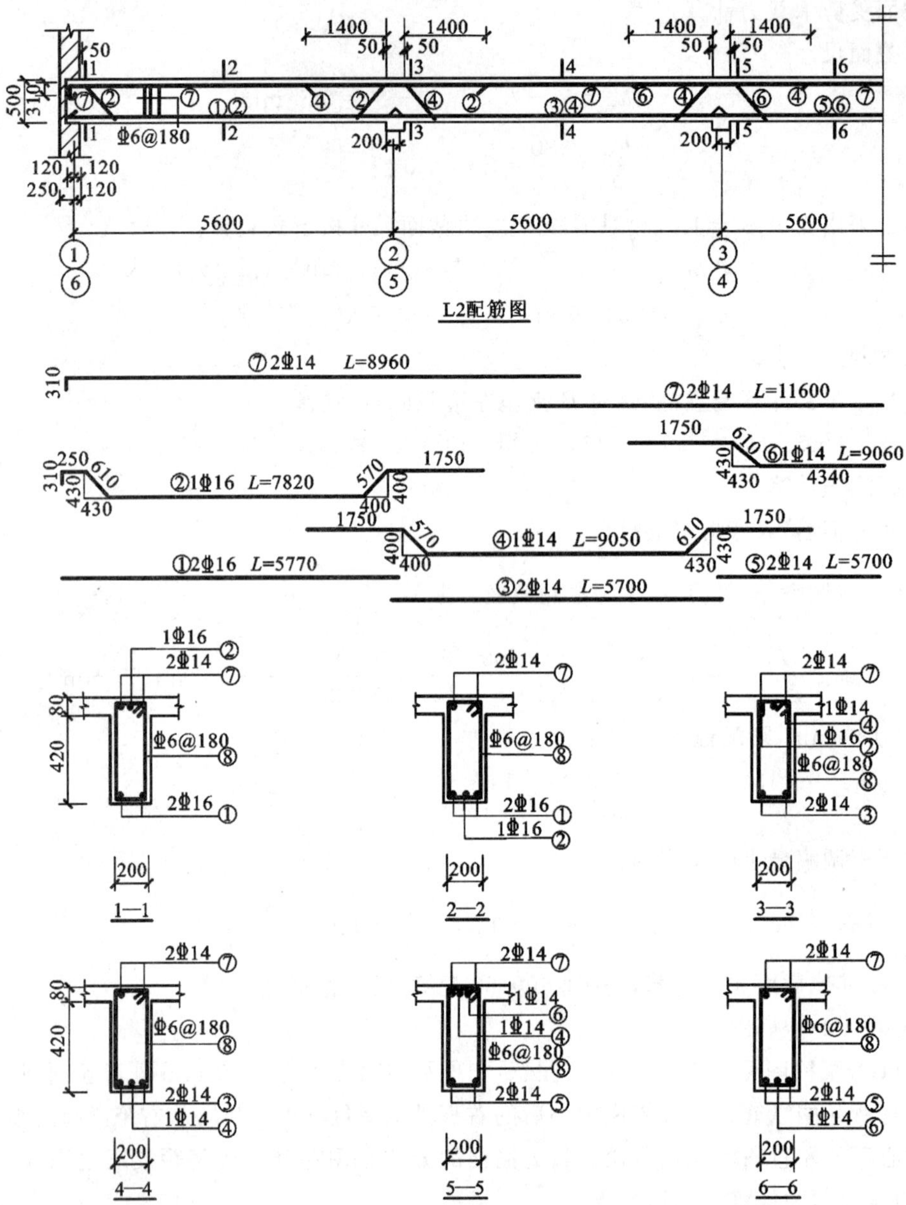

图 6.26　L2(次梁)配筋图

② 计算简图　主梁端部支承在外纵墙上，支承长度为 370 mm；中间支承在 400 mm×400 mm的混凝土柱上，主梁按连续梁计算，其计算跨度：

边跨　　$l_{n1}=6600-120-200=6280\ \text{mm}$

$$l_{01}=l_{n1}+\frac{a}{2}+\frac{b}{2}=6280+\frac{370}{2}+\frac{400}{2}=6665\ \text{mm}$$

$$l_{01}=1.025l_{n1}+\frac{b}{2}=1.025\times 6280+\frac{400}{2}=6637\ \text{mm}$$

故近似取 $l_{01}=6640$ mm，中间跨 $l_{02}=6600$ mm。

主梁的计算简图如图 6.27 所示。

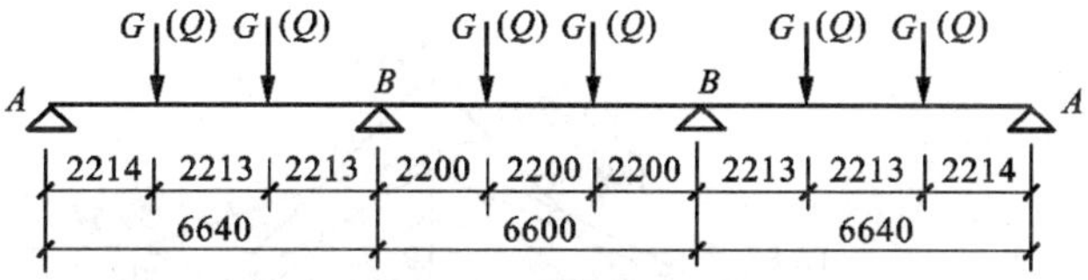

图 6.27　主梁计算简图

③ 内力设计值及包络图　因跨度相差不超过 10%，故可利用附表 14 来计算内力。

$$M = 表中系数 \times Ql \quad (或 Gl)$$

$$V = 表中系数 \times Q \quad (或 G)$$

主梁在恒荷载、活荷载分别作用下的各截面弯矩及剪力计算过程列于表 6.7 中。

表 6.7　主梁在恒荷载、活荷载分别作用下的弯矩及剪力计算表

在恒荷载、活荷载分别作用下		截面弯矩计算(kN·m)				截面剪力计算(kN)		
项次	荷载简图	$\frac{k}{M_1}$	$\frac{k}{M_B}$	$\frac{k}{M_2}$	$\frac{k}{M_C}$	$\frac{k}{V_A}$	$\frac{k}{V_{Bl}}$	$\frac{k}{V_{Br}}$
①	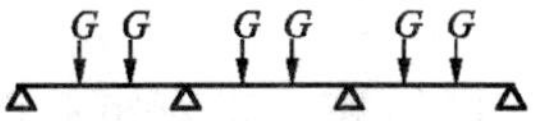	$\frac{0.244}{116.65}$	$\frac{-0.2674}{-127.84}$	$\frac{0.067}{31.84}$	$\frac{-0.2674}{-127.84}$	$\frac{0.733}{52.78}$	$\frac{-1.267}{-91.22}$	$\frac{1.00}{72.00}$
②	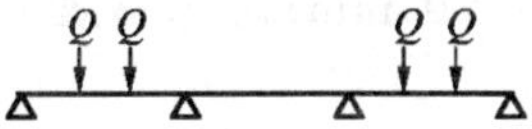	$\frac{0.289}{199.76}$	$\frac{-0.133}{-91.93}$	$\frac{-0.133}{-91.38}$	$\frac{-0.133}{-91.93}$	$\frac{0.866}{90.15}$	$\frac{-1.134}{-118.05}$	$\frac{0}{0}$
③	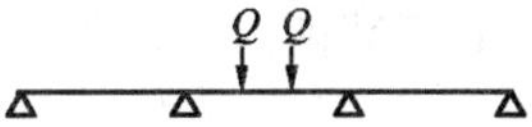	$\frac{-0.045}{-31.11}$	$\frac{-0.133}{-91.93}$	$\frac{0.200}{137.41}$	$\frac{-0.133}{-91.93}$	—	—	—
④	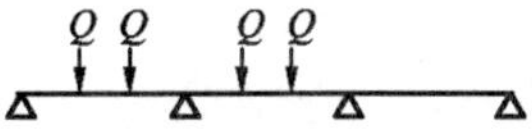	$\frac{0.229}{158.29}$	$\frac{0.311}{-214.97}$	$\frac{0.170}{116.80}$	$\frac{-0.089}{-61.52}$	$\frac{0.689}{71.72}$	$\frac{1.311}{-136.48}$	$\frac{1.222}{127.21}$
⑤	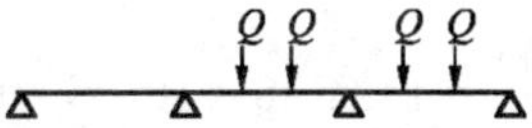	−20.51	$\frac{-0.089}{-61.52}$	$\frac{0.170}{116.80}$	$\frac{-0.311}{-21497}$	—	—	—

主梁在不同荷载组合下的各截面弯矩及剪力计算过程列于表 6.8 中。

表 6.8　主梁在不同荷载组合下各截面的弯矩及剪力计算表

组合项次	弯矩计算(kN·m)						剪力计算(kN)		
	M_1	M_1^*	M_B	M_2	M_2^*	M_C	V_A	V_{Bl}	V_{Br}
①+②	316.41	243.25	−219.77	−59.54	−59.54	−219.77	142.93	−209.27	72.00
①+③	85.54	12.85	−219.77	169.25	169.25	−219.77	—	—	—
①+④	274.94	161.23	−342.81	148.64	98.11	−189.36	124.50	−227.70	199.21
①+⑤	96.14	33.12	−189.36	98.11	148.64	−342.81	—	—	—

注：M_1^*、M_2^* 分别为第一跨、第二跨内第二集中荷载作用点(该点截面弯矩绝对值小于或等于第一集中荷载作用点处截面弯矩绝对值)处的截面弯矩。以该跨的两支座弯矩值的连线为基线，叠加该跨在集中荷载作用下的简支梁弯矩图即可求得 M^* 值。

根据表 6.8 中的弯矩及剪力值即可绘出主梁的弯矩及剪力包络图，如图 6.28 所示。

④ 承载力计算　主梁 C30 混凝土，$\alpha_1 = 1.0$，$f_c = 14.3\ \text{N/mm}^2$，$f_t = 1.43\ \text{N/mm}^2$；纵向钢筋采用 HRB400，$f_y = 360\ \text{N/mm}^2$；箍筋采用 HRB400，$f_{yv} = 360\ \text{N/mm}^2$。

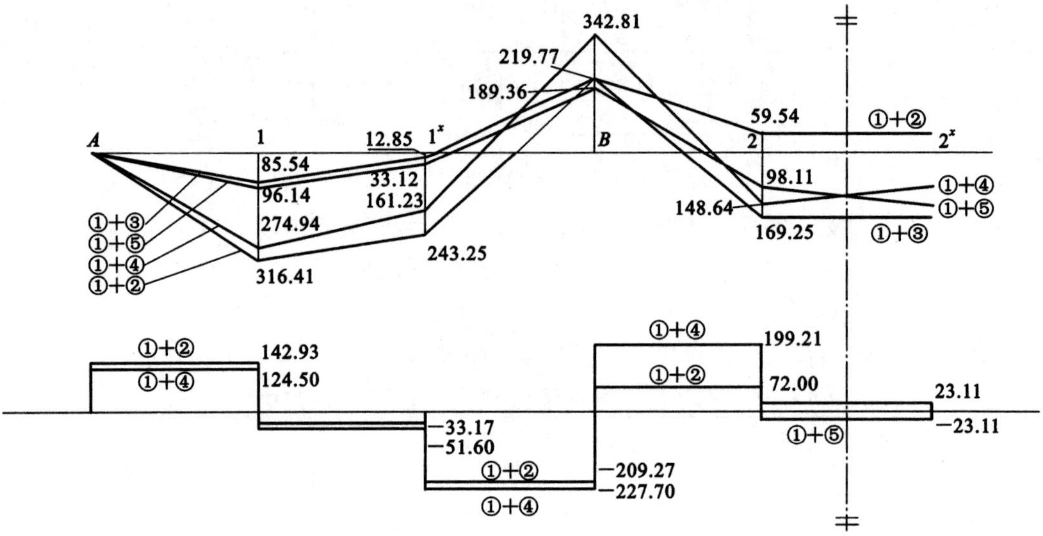

图 6.28　主梁的弯矩及剪力包络图

正截面受弯承载力计算：支座及跨内负弯矩截面按矩形截面计算，跨内正弯矩截面按 T 形截面计算。纵向受力钢筋：支座截面为二排，$h_0=650-80=570$ mm；跨内截面均为一排，$h_0=650-40=610$ mm。

确定翼缘计算宽度：因$\dfrac{h_f'}{h_0}=\dfrac{80\text{ mm}}{610\text{ mm}}=0.13>0.1$，无具体要求，取下列两式中的较小值：$\dfrac{l}{3}=\dfrac{6.6}{3}=2.2$ m，又 $b+s_n=0.3+5.3=5.6$ m，故取 $b_f'=2.2$ m$=2200$ mm。

判断跨内截面类型，由

$$\alpha_1 f_c b_f' h_f'\left(h_0-\frac{h_f'}{2}\right)=1.0\times14.3\times2200\times80\times\left(610-\frac{80}{2}\right)=1434.58\times10^6\ \text{N}\cdot\text{mm}$$

$$=1434.58\ \text{kN}\cdot\text{m}>316.41\ \text{kN}\cdot\text{m}$$

故属于第一类 T 形截面。

B 支座边缘的弯矩设计值 M_B 为：

$$M_B=M_{Bmax}-\frac{V_0 b}{2}=-342.81+(72+104.1)\times\frac{0.4}{2}=-307.59\ \text{kN}\cdot\text{m}$$

主梁正截面承载力计算过程列于表 6.9 中。

表 6.9　主梁正截面承载力计算表

截　面	1	B	2	
弯矩设计值(kN·m)	316.41	−307.59	169.25	−59.54
b(mm)	2200	300	2200	300
$\alpha_s=\dfrac{M}{\alpha_1 f_c b h_0^2}$	0.027	0.221	0.014	0.043
$\xi=1-\sqrt{1-2\alpha_s}$	0.027	0.253(<0.55)	0.014	0.044
$\gamma_s=\dfrac{1+\sqrt{1-2\alpha_s}}{2}$	0.986	0.873	0.993	0.978

续表6.9

截　面	1	B	2	
$A_s=\frac{M}{\gamma_s f_y h_0}(mm^2)$	1461.3	1717.2	776.2	296.7
选配钢筋	6⌀18	6⌀20	3⌀20	2⌀20
实配钢筋的面积(mm^2)	1527	1884	942	628

注:经验算所有截面均满足最小配筋率要求。

主梁纵向钢筋的弯起和切断由弯矩包络图作材料抵抗弯矩图确定。

斜截面受剪承载力计算:

验算截面尺寸

$$h_w=h_0-h_f'=610-80=530\ mm$$

$$\frac{h_w}{b}=\frac{530}{300}=1.77<4.0$$

混凝土 C30,$\beta_c=1.0$,故截面尺寸按下式验算:

$$0.25\beta_c f_c bh_0=0.25\times1.0\times14.3\times300\times570=611.33\times10^3\ N$$
$$=611.33\ kN>V_{max}=227.70\ kN$$

故截面尺寸满足要求。

计算所需腹筋:采用⌀8@200 mm 的双肢箍筋,沿主梁全长布置,则由混凝土和箍筋所承受的剪力为:

$$V_{cs}=0.7f_t bh_0+f_{yv}\frac{A_{sv}}{s}h_0=0.7\times1.43\times300\times570+360\times\frac{100.6}{200}\times570$$
$$=274386.6\ N=274.39\ kN$$

由 $V_A=142.93\ kN<V_{cs}$,$V_{Bl}=227.70\ kN<V_{cs}$,$V_{Br}=199.21\ kN<V_{cs}$,故从理论上不需配置弯起钢筋,但从进一步提高主梁斜截面抗剪能力、节约材料的角度考虑,在 B 支座左边的 2.2 m范围内先后弯起第一跨跨中的 3⌀18 的钢筋(弯起角取 $\alpha_s=45°$)。

验算最小配箍率

$$\rho_{sv}=\frac{A_{sv}}{bs}=\frac{100.6}{300\times200}\times100\%=0.167\%>0.24\frac{f_t}{f_{yv}}=0.114\%$$

满足要求。

⑤ 次梁两侧附加横向钢筋的计算　次梁传来的集中力 $F_l=59.70+104.1=163.8\ kN$,$h_1=650-500=150\ mm$,附加箍筋布置范围 $s=2h_1+3b=2\times150+3\times200=900\ mm$。取附加箍筋⌀8@100 双肢,从距次梁边 50 mm 处开始布置,每边三道,左右共 6 道,全部附加箍筋均在s 范围内。另加吊筋 1⌀18,$A_{sb}=254.5\ mm^2$。

$$2f_y A_{sb}\sin\alpha+m\cdot nf_{yv}A_{sv1}=2\times300\times254.5\times0.707+6\times2\times360\times50.3$$
$$=325254.9\ N=325.3\ kN>F_l=163.8\ kN$$

满足要求。

主梁边支座下需设置梁垫,计算从略。

⑥ 主梁(L1)配筋图　主梁纵向钢筋的弯起和切断须根据弯矩包络图作材料抵抗弯矩图确定。主梁(L1)的材料抵抗弯矩图及配筋图,如图 6.29 所示。

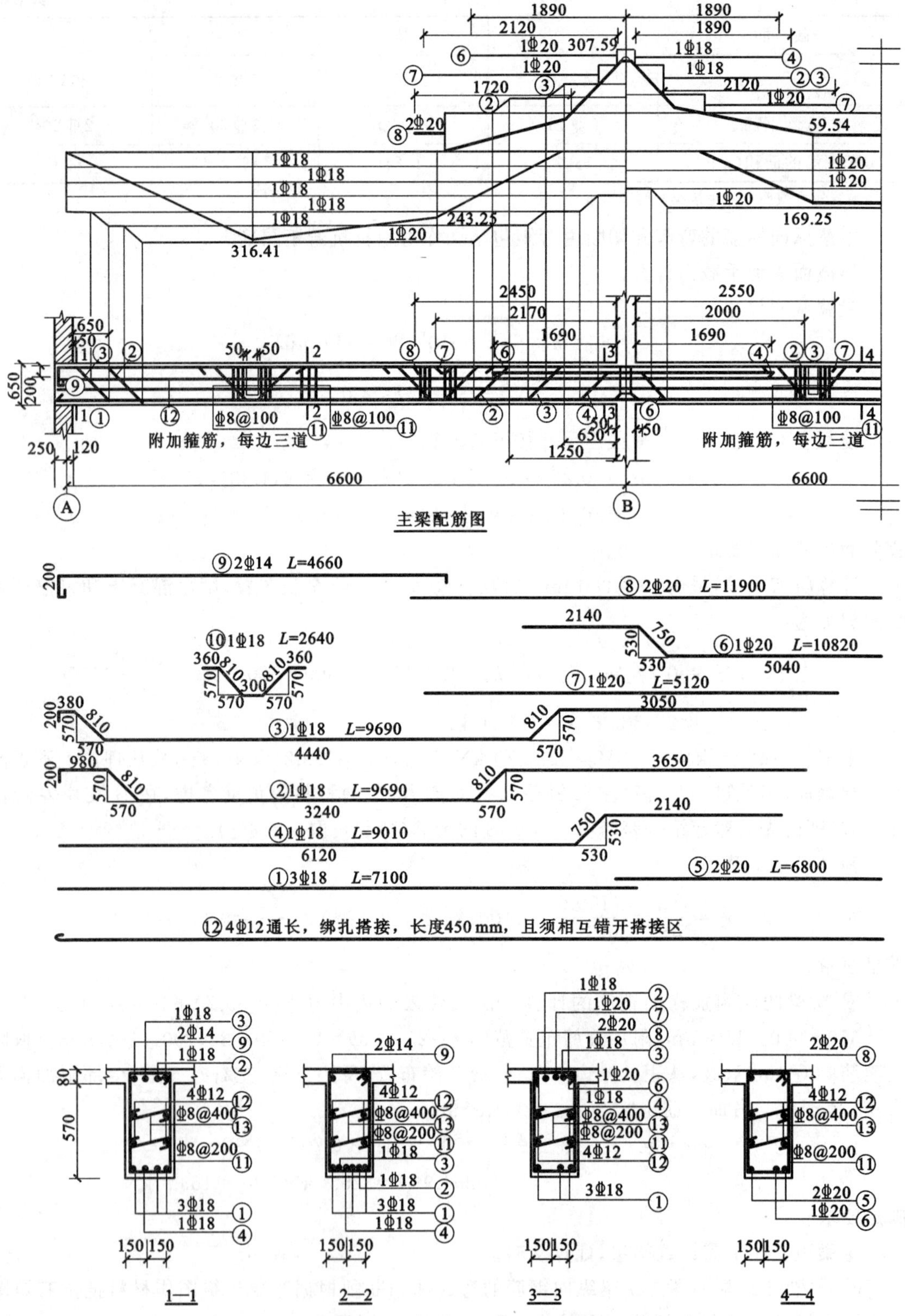

图 6.29　L1(主梁)材料抵抗弯矩图及配筋图

(5) 绘制施工图

板配筋图如图 6.24 所示，L2（次梁）配筋图如图 6.26 所示，L1（主梁）配筋图如图 6.29 所示。

6.3 整体式双向板肋梁楼盖设计简介

在线测试

在纵横两个方向弯曲且都不能忽略的板称为双向板。在肋梁楼盖中，如果梁格布置使各区格板的长边与短边之比 $l_{02}/l_{01}\leqslant 2$ 时，应按双向板设计；当 $2<l_{02}/l_{01}<3$ 时，宜按双向板设计，这种楼盖称双向板肋梁楼盖。双向板的支承形式可以是四边支承、三边支承、两邻边支承或四点支承；板的平面形状可以是正方形、矩形、圆形、三角形或其他形状。在楼盖设计中，最常见的是四边支承的正方形板和矩形板。

双向板肋梁楼盖受力性能较好，可以跨越较大跨度，梁格布置使顶棚整齐美观，常用于民用房屋跨度较大的房间以及门厅等处。当梁格尺寸及使用荷载较大时，双向板肋梁楼盖比单向板肋梁楼盖经济，所以也常用于工业房屋楼盖。

6.3.1 双向板的受力特点

用弹性力学理论来分析，双向板的受力特征不同于单向板，它在两个方向的横截面上都作用有弯矩和剪力，另外还有扭矩（由于两个相邻板带的竖向位移是不相同的，靠近双向板边缘的板带，其竖向位移比靠近中央的相邻板带的竖向位移小，可见在相邻板带之间存在着竖向剪力，这种竖向剪力构成了扭矩）；而单向板则只是认为一个方向作用有弯矩和剪力，另一方向不传递荷载。双向板中因有扭矩的存在，板的四角有翘起的趋势，受到墙的约束后，板的跨中弯矩减少，刚度较大。因此双向板的受力性能比单向板优越，其跨度可达 5 m 左右（单向板常用跨度仅 1.7～2.7 m）。

钢筋混凝土双向板的受力情况较为复杂，试验研究表明：

在承受均布荷载的四边简支正方形板中[图 6.30(a)、图 6.30(b)]，当荷载逐渐增加时，首先在板底中央出现裂缝，然后沿着对角线方向向四角扩展，在接近破坏时，板的顶面四角附近出现了圆弧形裂缝，它促使板底对角线方向的裂缝进一步扩展，最终由于跨中钢筋屈服导致板的破坏。

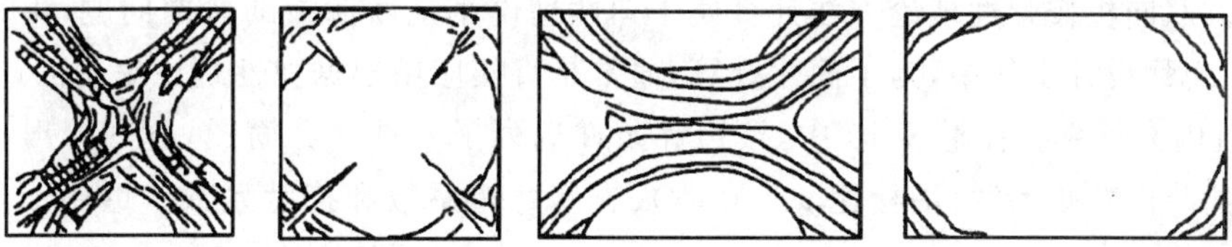

图 6.30 钢筋混凝土板的破坏裂缝

(a) 正方形板板底裂缝；(b) 正方形板板顶裂缝；(c) 矩形板板底裂缝；(d) 矩形板板顶裂缝

在承受均布荷载的四边简支矩形板中[图 6.30(c)、图 6.30(d)]，第一批裂缝出现在板底中央且平行长边方向；当荷载继续增加时，这些裂缝逐渐延伸，并沿 45°方向向四周扩展，然后板顶四角亦出现圆弧裂缝，最后导致板的破坏。

不论是简支的正方形板或是矩形板，在荷载作用下，板的四角都有翘起的趋势，板传给四边支承梁的压力并非沿边长均匀分布，而是中部较大，两端较小。

板中钢筋一般布置成与板的四边平行，以便于施工。在同样的配筋率时，采用较细钢筋较为有利；在同样数量的钢筋时，将板中间部分排列较密些，要比均匀放置适宜。

以上试验结果对双向板的计算和构造都是非常重要的。

6.3.2 双向板的计算简图

双向板的支承形式可以是四边支承、三边支承、两相邻边支承或四点支承；承受的荷载可以是均布荷载、三角形分布荷载或局部荷载；板的平面形状可以是矩形、正方形、圆形、三角形或其他形状。在楼盖设计中，最常见的是均布荷载作用下的四边支承正方形板和矩形板。按其四边支承的不同情况，可分为如图 6.31 所示的 6 种计算简图。

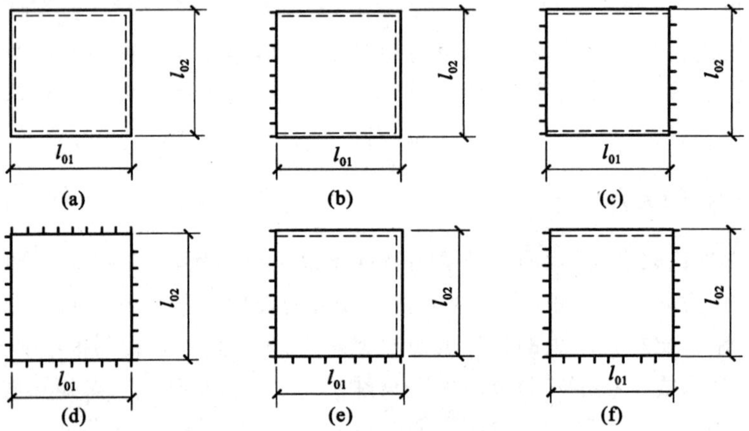

图 6.31 双向板计算简图

(a) 四边简支；(b) 一边固定，三边简支；(c) 两对边固定，两对边简支；(d) 四边固定；(e) 两邻边固定，两邻边简支；(f) 三边固定，一边简支

6.3.3 双向板按弹性理论的内力计算

6.3.3.1 单区格双向板的内力计算

当板厚远小于板短边边长的 1/30，且板的挠度远小于板的厚度时，双向板可按弹性薄板理论计算。双向板按弹性理论方法计算属于弹性理论小挠度薄板的弯曲问题，由于内力分析很复杂，在实际设计工作中，为了简化计算，通常是直接应用根据弹性理论编制的计算用表（附表 15）进行内力计算。在附表 15 中，按边界条件选列了 6 种计算简图，分别给出了在均布荷载作用下的跨内弯矩系数（泊松比 $\nu_c=0$ 时）、支座弯矩系数和挠度系数。可用下式算出有关弯矩和挠度：

$$M=\text{表中系数}\times(g+q)l^2 \tag{6.12}$$

$$f=\text{表中系数}\times\frac{(g+q)l^4}{B_c} \tag{6.13}$$

式中 M——跨内或支座弯矩；

f——挠度；

g、q ——均布恒荷载、活荷载；

B_c——板的抗弯刚度；

l——取用 l_{01} 和 l_{02} 中之较小者，l_{01} 和 l_{02} 为两方向的计算跨度。

但对于跨内弯矩尚需考虑横向变形的影响，按下式计算：

$$M_1^{(\nu_c)} = M_1 + \nu_c M_2 \tag{6.14}$$

$$M_2^{(\nu_c)} = M_2 + \nu_c M_1 \tag{6.15}$$

式中 $M_1^{(\nu_c)}$、$M_2^{(\nu_c)}$——考虑 ν_c 的影响 l_{01} 及 l_{02} 方向的跨内弯矩；

M_1、M_2——$\nu_c=0$ 时，l_{01} 及 l_{02} 方向的跨内弯矩；

ν_c——泊松比，对于钢筋混凝土 $\nu_c=0.2$。

6.3.3.2 多区格等跨连续双向板的内力计算

连续双向板内力的精确计算更为复杂，对于同一方向等跨或跨度差小于 20%时，一般采用实用计算方法。该方法假定双向板支承梁抗弯刚度很大，梁的竖向变形忽略不计，支承梁抗扭刚度很小，可以转动。在此基础之上，对双向板上活荷载的最不利布置以及支承情况等进行合理简化，将多区格连续板转化为单区格板进行计算。

(1) 各区格板跨中最大弯矩的计算

多区格连续双向板与多跨连续单向板类似，也需要考虑活荷载的最不利布置。当求某区格板跨中最大弯矩时，应在该区格布置活荷载，然后在其左右前后分别隔跨布置活荷载，通常称为棋盘式布置，如图 6.32 所示。此时在活荷载作用的区格内，将产生跨中最大弯矩。

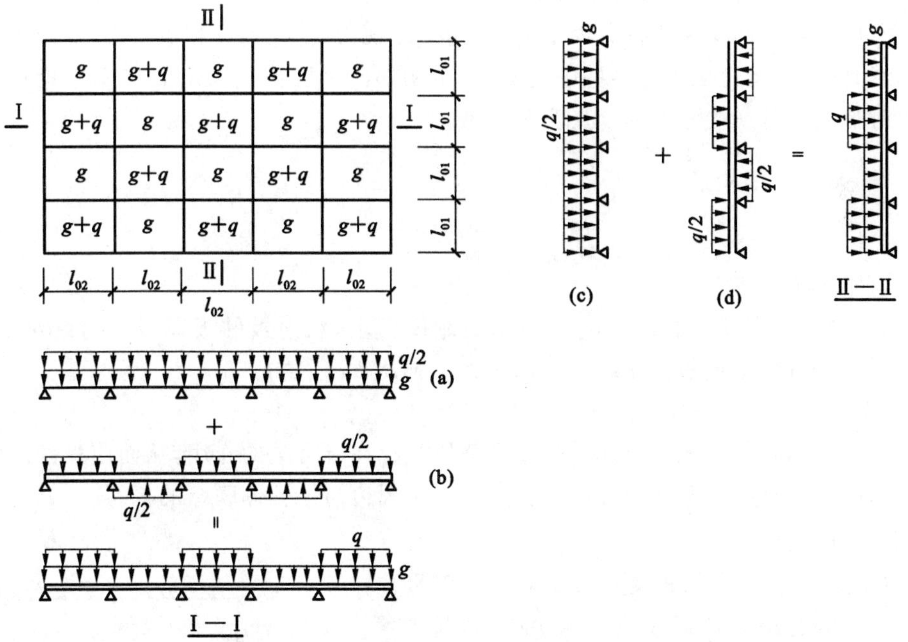

图 6.32 连续双向板楼盖活荷载的最不利布置

在图 6.32 所示的荷载作用下，任一区格板的边界条件为既非完全固定又非理想简支的情况。为了能利用单区格双向板的内力计算系数计算连续双向板，可以采用下列近似方法，把棋盘式布置的荷载分解为各跨满布的对称荷载和各跨向上向下相间作用的反对称荷载，如图 6.32(a)、图 6.32(b)所示。

对称荷载　　　　$g'=g+\frac{q}{2}$；

反对称荷载　　　$q'=\pm\frac{q}{2}$。

在对称荷载 $g'=g+q/2$ 作用下，所有中间支座两侧荷载相同、跨度相等（或相近）。若忽略远跨荷载的影响和梁的竖向变形，可以近似地认为支座截面处转角为零，所有支座均可视为固定支座，所有中间区格板均可视为四边固定双向板；边角区格板的外边界条件按实际情况确定，若楼盖周边视为简支，则其边区格可视为三边固定一边简支双向板；角区格板可视为两邻边固定两邻边简支双向板。这样，根据各区格板的四边支承情况，即可分别求出在 $g'=g+q/2$作用下的跨中弯矩。

在反对称荷载 $q'=\pm q/2$ 作用下，在中间支座处相邻区格板的转角方向一致，大小基本相同，即相互没有约束影响。若忽略梁的扭转作用，则可近似认为支座截面弯矩为零，即所有中间支座均可视为简支支座，若楼盖周边视为简支，则所有各区格板均可视为四边简支板，于是可以求出在 $q'=\pm q/2$ 作用下的跨中弯矩。

最后将各区格板在上述两种荷载作用下的跨中弯矩叠加，即得到各区格板的跨中最大弯矩。

(2) 支座最大弯矩的计算

为求支座最大弯矩，亦应考虑活荷载的最不利布置。为简化计算，可近似认为恒荷载和活荷载皆满布在连续双向板所有区格时支座产生最大弯矩。此时，可用前述在对称荷载作用下的同样原理，即各中间支座均视为固定，各周边支座视为简支，则可利用附表 15 求得各区格板中各固定边的支座弯矩。但对某些中间支座，由相邻两个区格板求出的支座弯矩常常并不相等，则可近似地取其平均值作为该支座弯矩值。

6.3.4　双向板的构造

6.3.4.1　截面设计

(1) 双向板的厚度

双向板的厚度不宜小于 80 mm。为满足刚度要求，双向板的板厚与短跨跨度的比值 h/l_{01}应满足：四边简支双向板 $h/l_{01}\geqslant 1/45$；连续双向板 $h/l_{01}\geqslant 1/50$。

(2) 弯矩折减

双向板在荷载作用下由于支座的约束，整块板存在着穹隆的作用，从而使板的跨中弯矩减小，因此截面设计时应考虑这种有利的影响。对于周边与梁整体联结的板，其计算弯矩可根据下列情况予以减少：

① 中间区格的跨中截面及中间支座减少 20%。

② 边区格的跨中截面及从楼板边缘算起的第二支座：

当 $l_b/l<1.5$ 时　　　　减少 20%

当 $1.5\leqslant l_b/l<2.0$ 时　　减少 10%

上式中，l 为垂直于板边缘方向的计算跨度（图 6.33），l_b 为沿板边缘方向的计算跨度。

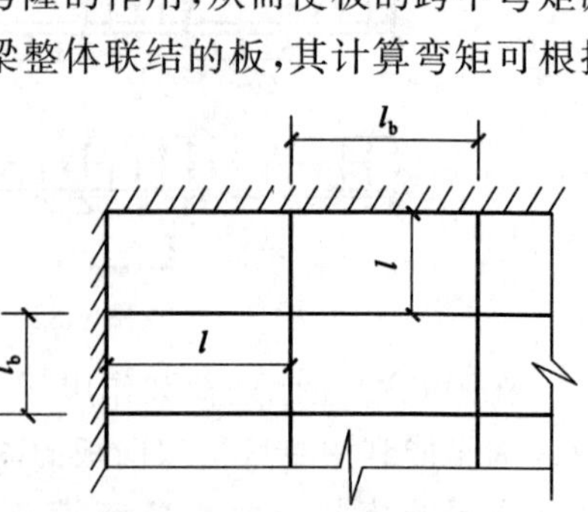

图 6.33　双向板的计算跨度

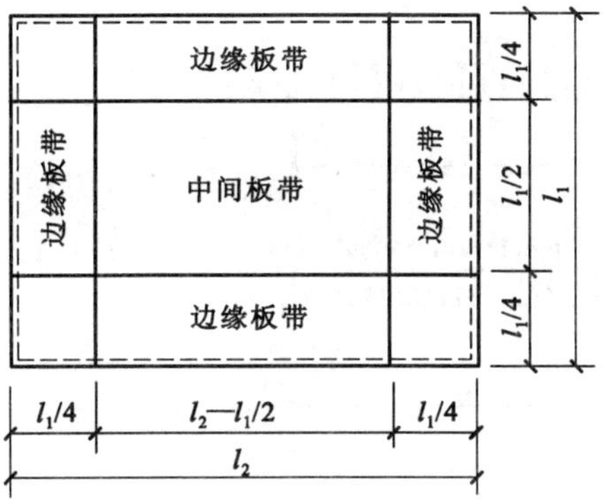

图 6.34　双向板配筋时板带的划分

③ 角区格不应减少。

6.3.4.2　钢筋配置

双向板的受力钢筋沿纵横两个方向配置，配置形式类似于单向板，有弯起式和分离式两种。

按弹性理论计算时，板底钢筋数量是根据跨中最大弯矩求得的，而跨中弯矩沿板宽向两边逐渐减小，故配筋亦应向两边逐渐减少。考虑到施工方便，可将板在两个方向上各划分成三个板带，如图 6.34 所示。边缘板带的宽度为较小跨度的 1/4，其余为中间板带。在中间板带内按最大弯矩配筋，边缘板带配筋减少一半，但每米宽度内不得少于 3 根。连续板支座负弯矩钢筋，则按各支座最大负弯矩求得，沿全支座均匀布置且不在边缘板带内减少。

6.3.5　双向板支承梁

精确地确定双向板传给支承梁的荷载较为复杂，通常采用下述近似方法求得：从每一区格的四角作 45°线与平行于长边的中线相交，将整块板分成四个板块，每个板块的荷载传至相邻的支承梁上，因此作用在双向板支承梁上的荷载不是均匀分布的，长跨梁上荷载呈梯形分布，短跨梁上的荷载呈三角形分布，如图 6.35 所示。

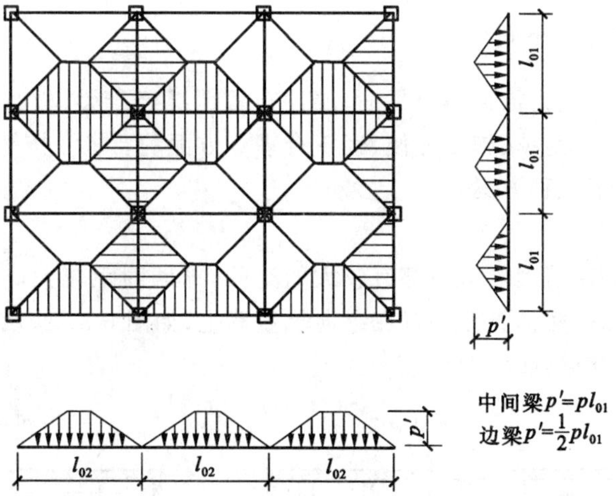

图 6.35　双向板支承梁的荷载分配

支承梁的内力可按弹性理论或塑性理论计算。

按弹性理论计算时，可先将梁上的梯形或三角形荷载，根据支座转角相等的条件换算为等效均布荷载，如图 6.36 所示，然后按结构力学方法计算。对等跨连续梁，可查表求得等效荷载下的支座弯矩，再利用所求得的支座弯矩和每一跨的实际荷载，按平衡条件求得全梁弯矩。

按塑性理论计算，可在按弹性理论计算所得的支座弯矩基础上，应用调幅法选定支座弯矩，再按实际荷载求得跨中弯矩。

双向板支承梁的截面设计及构造要求与单向板肋梁楼盖的支承梁相同。

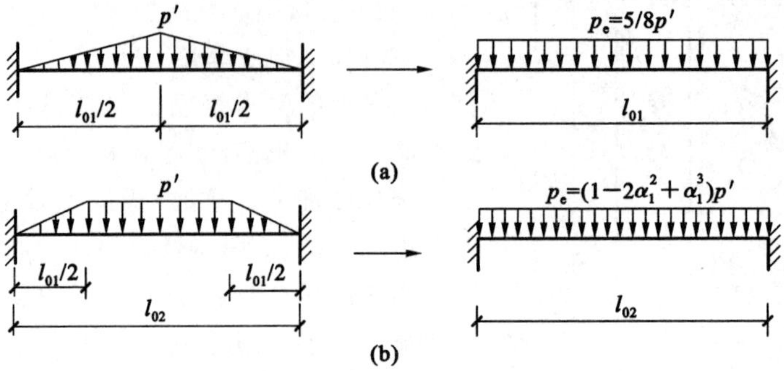

图 6.36　换算的等效均布荷载

(a) 三角形分布荷载；(b) 梯形分布荷载

6.4　装配式楼盖

装配式楼盖由预制板和预制梁组成，广泛应用于多层工业和民用房屋。采用装配式楼盖，有利于房屋建筑标准化和构件生产工厂化，可以加快施工速度，提高工程质量，节约材料和劳动力，降低造价。但装配式楼盖由若干独立的预制构件组成，其刚度及整体性较差。因此，正确地选择构件的形式，合理地进行结构布置，可靠地处理构件之间的连接，是装配式楼盖设计中的关键问题。

6.4.1　装配式楼盖的平面布置

结构平面布置主要是指依据建筑平面、墙体布置情况确定梁、板布置方案，并在布置中考虑到结构受力合理、构造简单、施工方便、经济合理等方面的要求。按墙体的支撑情况，装配式楼盖的平面布置有以下几种方案：

(1) 纵墙承重方案

教学楼、办公楼等建筑因要求内部有较大的空间，横墙间距较大，故一般采用纵墙承重方案。当房屋进深不大时，楼板直接搁置在纵向承重墙上，如图 6.37 所示。若为空旷房屋，楼板(或屋面板)一般铺设在梁(或屋架)上。

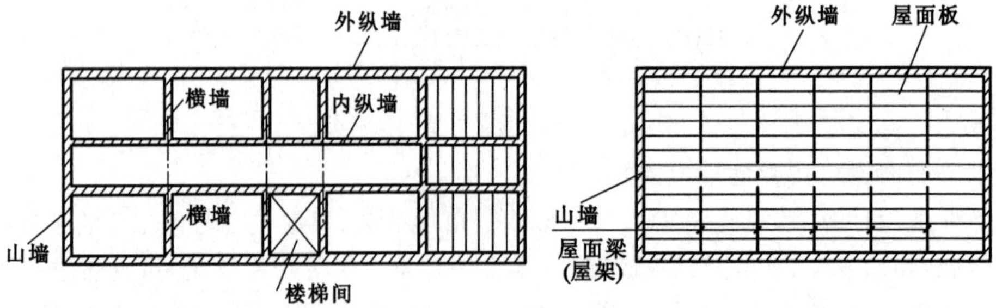

图 6.37　纵墙承重方案

(2) 横墙承重方案

住宅、宿舍、公寓类的建筑因其开间不大，横墙间距小，故可将楼板直接搁置在横墙上，由横墙承重，如图 6.38 所示。

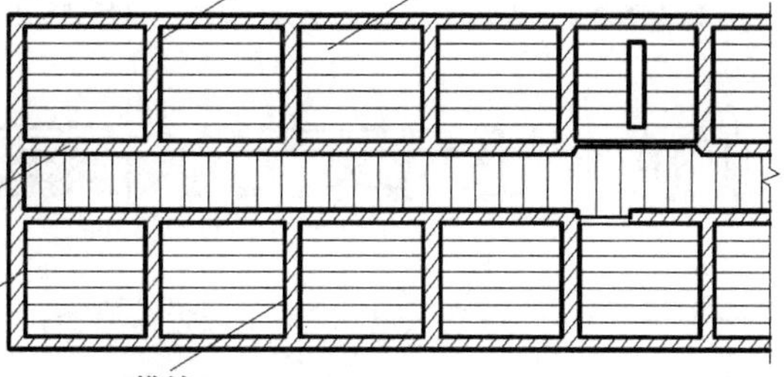

图 6.38　横墙承重方案

(3) 纵横墙承重方案

若楼板一部分搁置在横墙上，一部分搁置在大梁上，而大梁搁置在纵墙上，则为纵横墙承重方案，如图 6.39 所示。

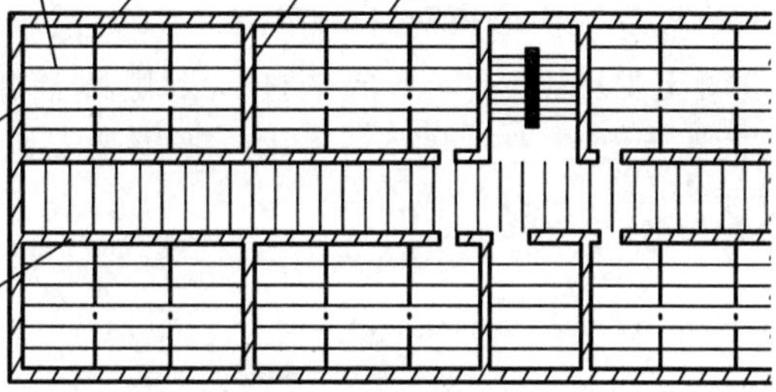

图 6.39　纵横墙承重方案

6.4.2　装配式楼盖的构件

(1) 板

目前采用的有预应力板和非预应力板，一般为本地区通用定型构件，由各预制构件厂供应。其长度应与房屋的进深或开间相配合，宽度则依制作、运输、吊装的具体条件而定。当施工条件许可时，宜采用宽度较大的板。

板的主要类型有平板、空心板和槽形板等，如图 6.40 所示。

平板为矩形实心板，上、下表面平整，制作方便。但用料多、自重大，而且刚度小，通常用于走廊板、走道板等跨度在 2.4 m 以内的楼板，厚度一般为 60～100 mm。

与平板相比，空心板材料用量省、自重轻、隔音效果好，并且刚度大、受力性能好，因此，在装配式楼盖得到普遍的应用。但空心板的制作比实心板复杂。

空心板孔洞的形状有圆形、矩形和长圆形等。其中圆形空心板因制作比较简单而较常用。为了节约材料，提高空心板刚度，常采用预应力混凝土空心板。空心板的规格、尺寸各地不一，一般宽度为 500～1200 mm。当为预应力混凝土空心板，且板跨为 2.4～4.2 m 时，板厚为 120 mm；当板跨为 4.5～6.0 m 时，板厚为 180 mm。

槽形板由面板、纵肋和横肋组成。面板的厚度较薄，但一般不小于 25 mm，横肋除在板的两端设置外，在板的中部也常设置 2～3 道，以提高板的整体刚度。根据肋的方向是向下或向

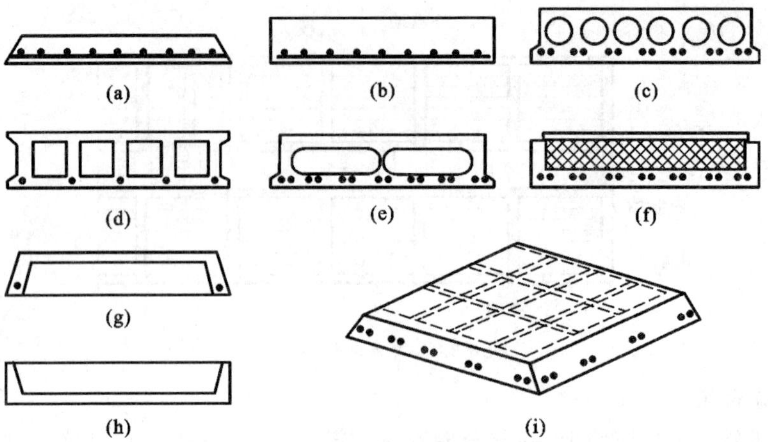

图 6.40 预制板的类型

(a) 平板;(b) 加气板;(c) 圆孔板;(d) 方孔板;(e) 长孔板;(f) 夹芯板;
(g) 正槽形板;(h) 倒槽形板;(i) 双向肋板

上,槽形板又可分为正槽形板及倒槽形板两种,如图 6.40(g)、图 6.40(h)所示。正槽形板受力合理,能充分利用板面混凝土受压,但不能形成平整的天棚,隔音、隔热效果差。由于槽形板自重小、刚度大,所以当板的跨度和荷载较大时常采用。当用于工业房屋屋盖时,常用预应力混凝土槽形板的板跨度可达6 m,板宽为 1.5 m。

(2) 梁

装配式楼盖中的梁可采用预制或现浇,截面形式有矩形、T 形、倒 T 形、十字形和花篮形等,如图 6.41 所示。矩形截面梁外形简单,施工方便,应用广泛。当梁高较大时,为保证房屋的净空高度,可采用倒 T 形梁、十字形梁和花篮形梁。

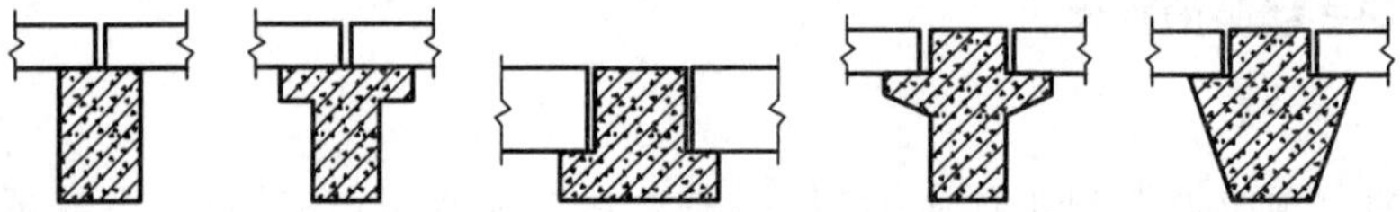

图 6.41　预制梁的截面

6.4.3　装配式楼盖的连接构造

装配式楼盖由单个预制构件装配而成,构件间的连接是设计与施工中的重要问题。可靠的连接可以保证楼盖本身的整体工作以及楼盖与房屋其他构件间的共同工作。

装配式楼盖的连接包括板与板、板与墙(梁)以及梁与墙的连接。

(1) 板与板的连接

为使预制板之间具有可靠的连接,确保由单块预制板组成的楼盖具有一定的整体性,铺板时,必须留板缝。板缝一般应采用强度等级不低于 C20 的细石混凝土或不低于 M5 的水泥砂浆灌实,板缝最小宽度应大于 10 mm,如图 6.42(a)、图 6.42(b)所示。当板缝宽度不小于 50 mm时,则应按板缝上作用有楼板荷载计算配筋,如图 6.42(c)所示。当对楼盖的整体刚度有更高要求时,可设置厚度为 40～50 mm 的整浇层,整浇层可采用强度等级为 C20 的细石混凝土,内配ϕ 4@150 或ϕ 6@250 双向钢筋网。

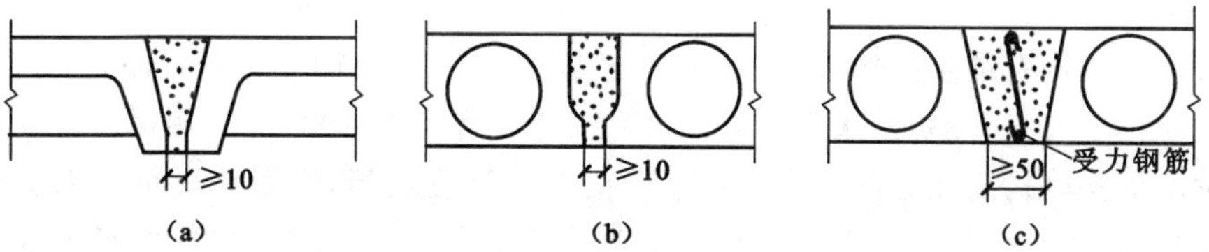

图 6.42　板与板的连接

(2) 板与墙(梁)的连接

预制板搁置于墙(梁)上时,一般依靠支撑处坐浆和一定的支撑长度来保证可靠连接。坐浆厚 10～20 mm,板在砖砌体墙上的支撑长度应不小于 100 mm,在混凝土梁上不应小于 80 mm,如图 6.43 所示。空心板两端的孔洞应用混凝土或砖块堵实,以免在灌缝或浇筑楼盖面层时漏浆。

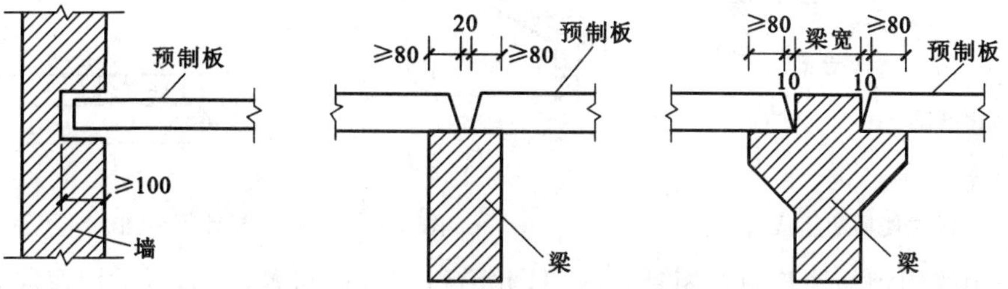

图 6.43　预制板的支撑长度

板与非支撑墙的连接,一般采用细石混凝土灌缝。当预制板的跨度不小于 4.8 m 时,应在板的跨中附近加设锚拉筋以加强其与横墙的连接,或将圈梁设置于楼盖平面处。

(3) 梁与墙的连接

梁在墙上的支撑长度应满足梁内受力钢筋在支座处的锚固要求,并满足支座处砌体局部受压承载力的要求。预制梁在墙上的支撑长度应不小于 180 mm,在支撑处应坐浆 10～20 mm。

6.5　楼　　梯

楼梯是多高层房屋的竖向通道,是房屋的重要组成部分。钢筋混凝土楼梯由于经济耐用,耐火性能好,因此在多、高层建筑中被广泛采用。

钢筋混凝土楼梯按施工方法的不同,可分为现浇整体式和预制装配式两类。预制装配式楼梯整体性较差,现已很少采用。现浇整体式按其结构形式和受力特点不同,可分为板式楼梯、梁式楼梯、剪刀式楼梯和螺旋式楼梯。本节主要介绍最基本的板式楼梯和梁式楼梯的计算与构造。

在线测试

6.5.1　板式楼梯

板式楼梯是指踏步板为板式结构的楼梯。踏步板底面为光滑的平面,外形轻巧、美观,支模较简单。当踏步板跨度在 3.3 m 以内时,用板式楼梯比较经济;当跨度较大时,结构自重大,则不宜采用。

板式楼梯由楼段板、平台板和平台梁组成,如图 6.44 所示。

(1) 梯段板

梯段板是一块带有踏步的斜板，两端分别支撑于上、下平台梁上。梯段板的厚度一般可取为 $l_0/30 \sim l_0/25$（l_0 为梯段板的水平计算跨度），常用的厚度为 100～120 mm。

计算时可将梯段板简化为两端支撑在平台梁上的简支斜板，它最终又可化简为两端简支的水平板计算，如图 6.45所示。考虑到梯段板两端的平台梁以及与之相连的平台板对其有一定的弹性约束作用，因此楼梯板的跨中弯矩可相应减少，一般可按 $M=\frac{1}{10}(g+q)l_0^2$ 计算。

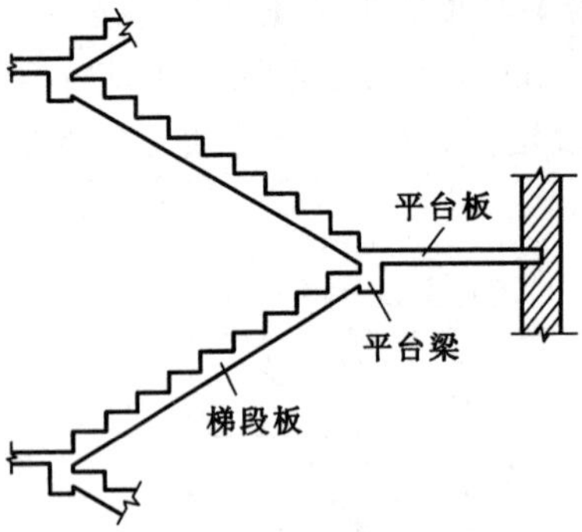

图 6.44　板式楼梯的组成

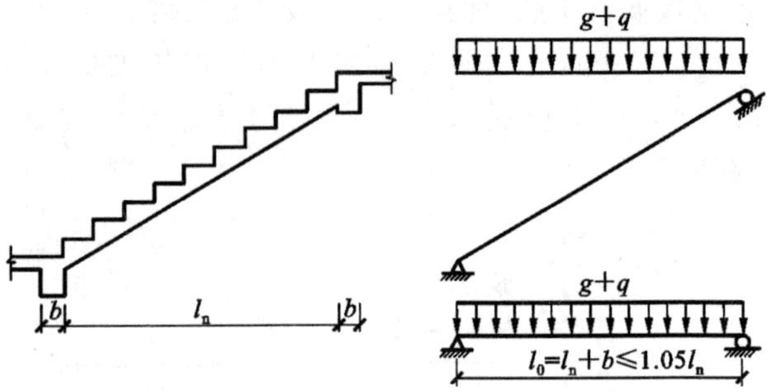

图 6.45　梯段板的计算简图

梯段板中受力钢筋按跨中弯矩计算求得，并沿跨度方向布置，配筋可采用弯起式或分离式。为考虑支座连接处实际存在的负弯矩，防止混凝土开裂，在支座处应配置适量负筋，并伸出支座长度 $l_n/4$（l_n 为梯段板水平方向净跨）。在垂直受力钢筋的方向应设置分布钢筋，分布钢筋应位于受力钢筋的内侧，且不少于ϕ 6@250。至少在每一踏步下放置 1 ϕ 6，当梯段板厚度 $t \geqslant 150$ mm 时，分布钢筋宜采用ϕ 8@200，如图 6.46 所示。支座负筋也可在平台梁里锚固。

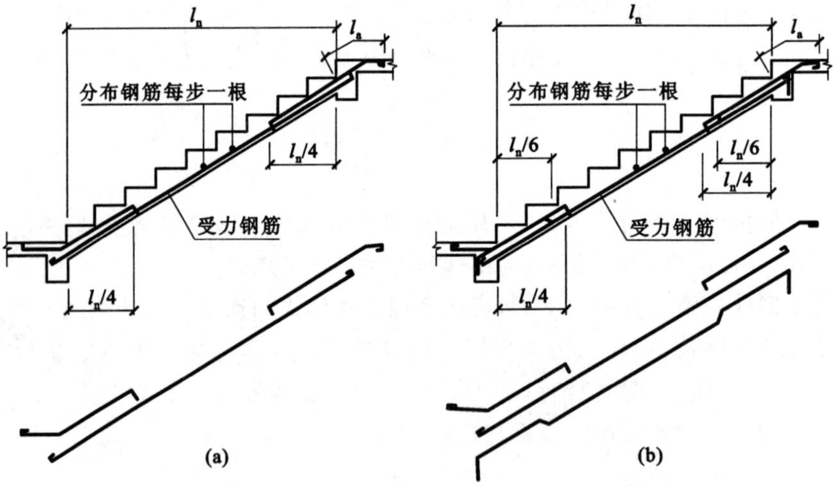

图 6.46　板式楼梯配筋方式

(a) 分离式；(b) 弯起式

(2) 平台板

平台板一般为单向板（有时也可能是双向板），当板的两边均与梁整体连接时，考虑梁对板的弹性约束，板的跨中弯矩可按 $M=\frac{1}{10}(g+q)l_0^2$ 计算。当板的一边与梁整体连接而另一边支撑在墙上时，板的跨中弯矩则应按 $M=\frac{1}{8}(g+q)l_0^2$ 计算（l_0 为平台板的计算跨度）。

(3) 平台梁

平台梁承受梯段板、平台板传来的均布荷载和平台梁自重，其计算和构造与一般受弯构件相同。计算内力时可不考虑梯段板之间的空隙，即荷载按全跨满布考虑，按简支梁进行计算，并近似按矩形截面进行配筋。

6.5.2 梁式楼梯

梁式楼梯指踏步做成梁板式结构的楼梯。踏步板支撑在斜梁上，斜梁支撑在平台梁上。当踏步板长度较大时，采用梁式楼梯比采用板式楼梯经济。但其模板较复杂，造型不如板式楼梯美观。

梁式楼梯由踏步板、斜梁和平台板、平台梁组成，如图 6.47 所示。

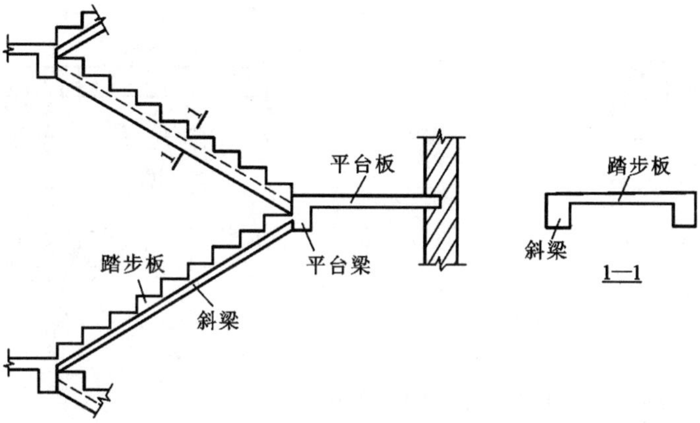

图 6.47 梁式楼梯的组成

(1) 踏步板

梁式楼梯的踏步板为两端放在斜梁上的单向板。踏步板的高度由建筑设计确定，厚度 t 视踏步板跨度而定，一般 $t \geqslant 40$ mm。踏步板的截面为梯形截面，为了计算方便，一般在竖向切出一个踏步，按竖向简支计算。板的高度按折算高度取用，折算高度可取梯形截面的平均高度，即 $h=c/2+t/\cos\alpha$，如图 6.48 所示。踏步板的配筋按计算确定，但每一级踏步的受力钢筋不得少于 2ϕ6，为了承受支座处的负弯矩，板底受力钢筋伸入支座后，每 2 根中应弯上一根。分布钢筋常选用ϕ6@250，如图 6.49 所示。

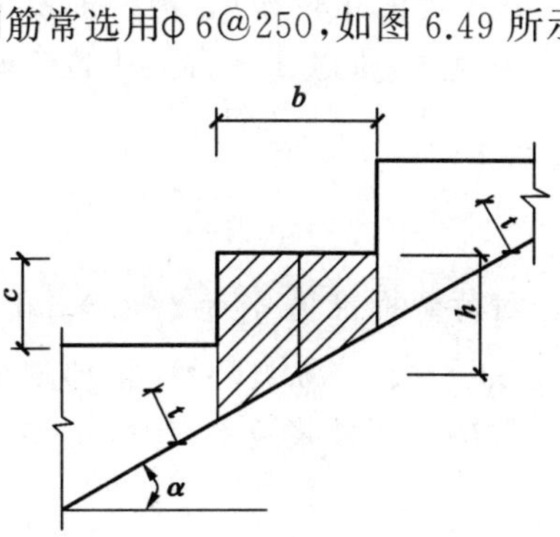

图 6.48 踏步板截面高度取法

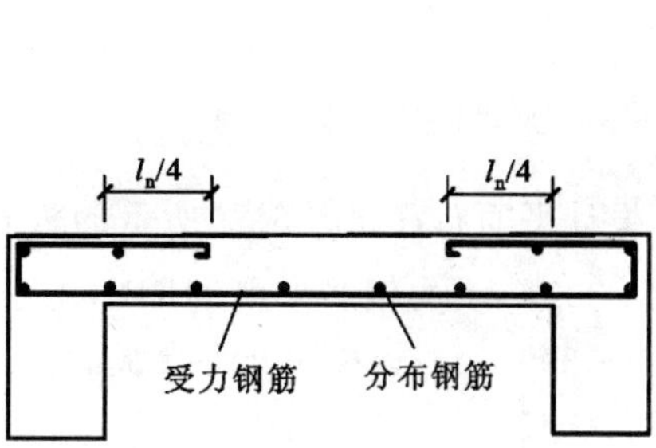

图 6.49 现浇梁式楼梯踏步板配筋图

(2) 斜梁

斜梁两端支撑在平台梁上，其内力计算可按简支梁考虑，如图 6.50 所示。荷载及内力计算与板式楼梯中斜板计算相似，只是除计算跨中最大弯矩外，还需计算支座剪力。弯矩及剪力计算公式为：

$$M_{max}=\frac{1}{8}(g+q)l_0^2 \tag{6.16}$$

$$V_{max}=\frac{1}{2}(g+q)l_n \tag{6.17}$$

式中 M_{max}、V_{max}——简支斜梁在竖向均布荷载下的最大弯矩和最大剪力；

l_0、l_n——梯段斜梁的计算跨度、净跨的水平投影长度。

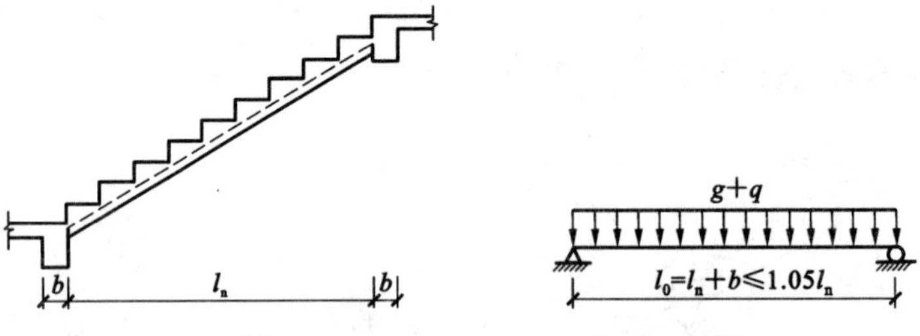

图 6.50 梁式楼梯斜梁计算简图

计算斜梁时应考虑与其整浇的踏步板共同工作，因此应按倒 L 形梁计算。斜梁的纵向受力钢筋在平台梁中应有足够的锚固长度。

(3) 平台板

梁式楼梯平台板的计算及构造与板式楼梯相同。

(4) 平台梁

平台梁支撑在两侧楼梯间的横墙(柱)上，按简支梁计算，承受斜梁传来的集中荷载、平台板传来的均布荷载以及平台梁自重，其计算简图如 6.51 所示。

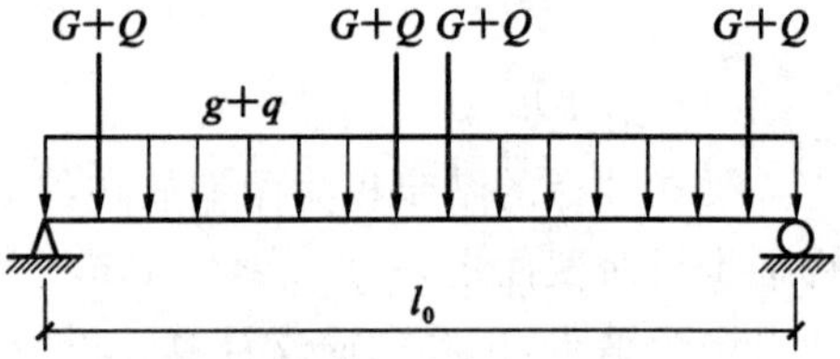

图 6.51 梁式楼梯平台梁计算简图

平台梁的高度应保证斜梁的主筋能放在平台梁的主筋上，即在平台梁与斜梁的相交处，平台梁的底面应低于斜梁的底面，或与斜梁底面平齐。

平台梁横截面两侧的荷载大小不同，因此平台梁受有一定的扭矩作用，但一般不需要计算，只需适量增强箍筋。此外，因为平台梁受有斜梁的集中荷载，所以在平台梁中位于斜梁支座两侧处，应设置附加箍筋。

6.5.3 板式楼梯设计实例

试设计平面布置如图 6.52 所示的板式楼梯。已知：活荷载标准值 $q_k=2.5\ \text{kN/m}^2$，混凝土采用 C30 级，受力钢筋采用 HRB400 级，箍筋采用 HPB300 级，二 a 类环境，楼梯踏步尺寸 150 mm×300 mm；楼梯段和平台板的构造做法：20 mm 厚的水泥砂浆找平，20 mm 厚的混合砂浆板底抹灰。

【解】 (1) 梯段板的计算

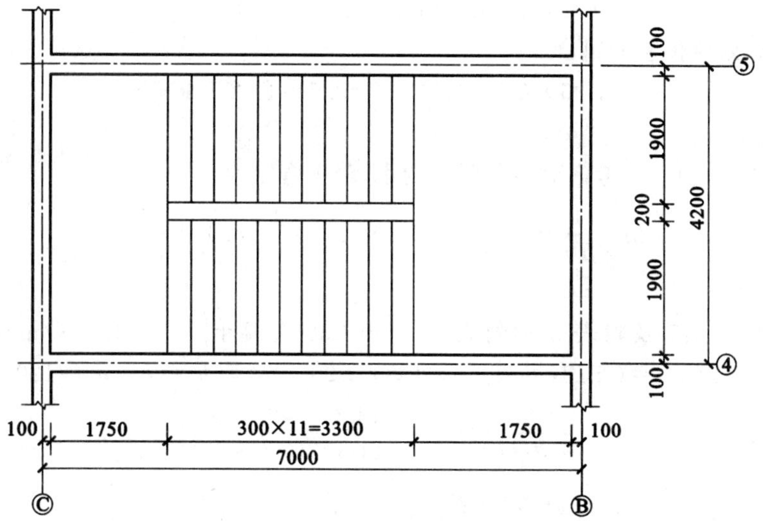

图 6.52　楼梯平面图

楼梯斜板的倾斜角

$$\alpha = \arctan\frac{150}{300} = 26.57°$$

则

$$\cos\alpha = 0.894$$

① 计算跨度和板厚

计算跨度取

$$l_0 = l_n + b = 3.3 + 0.2 = 3.5\ \text{m}$$

斜板厚一般为

$$h = \left(\frac{1}{25} \sim \frac{1}{30}\right) l_0 = \left(\frac{1}{25} \sim \frac{1}{30}\right) \times 3500 = 117 \sim 140\ \text{mm}$$

取 $h = 120$ mm。

② 荷载计算

荷载计算取 1 m 宽板作为计算单元,即:

踏步重　$\frac{1}{2} \times 0.30 \times 0.15 \times \frac{1.0}{0.3} \times 25 = 1.88\ \text{kN/m}$

斜板重　$0.13 \times \frac{1.0}{0.894} \times 25 = 3.64\ \text{kN/m}$

20 mm 厚找平层　$\frac{0.3 + 0.15}{0.3} \times 1.0 \times 0.02 \times 20 = 0.6\ \text{kN/m}$

20 mm 厚板底抹灰　$0.02 \times \frac{1.0}{0.894} \times 17 = 0.38\ \text{kN/m}$

则恒荷载标准值为　$g_k = 1.88 + 3.64 + 0.6 + 0.38 = 6.50\ \text{kN/m}$

活荷载标准值为　$q_k = 2.5 \times 1.0 = 2.5\ \text{kN/m}$

荷载设计值计算:

由可变荷载效应控制的组合

$$p=1.2\times6.5+1.4\times2.5=11.3\ \text{kN/m}$$

由永久荷载效应控制的组合

$$p=1.35\times6.5+1.4\times0.7\times2.5=11.225\ \text{kN/m}$$

③ 弯矩计算

斜板两端均与梁整浇，考虑对板的弹性约束，跨中弯矩为：

$$M=\frac{1}{10}pl_0^2=\frac{1}{10}\times11.3\times3.5^2=13.84\ \text{kN}\cdot\text{m}$$

④ 配筋计算

查表 4.4 和表 4.5 及附表 3 和附表 6，可知 C30 混凝土 $f_c=14.3\ \text{N/mm}^2$，$f_y=f_y'=360\ \text{N/mm}^2$，$\alpha_1=1.0$，$\xi_b=0.518$，查表 4.3，可知 $c=20$ mm，取 $h_0=h-a_s=120-25=95$ mm。

$$\alpha_s=\frac{M}{\alpha_1 f_c bh_0^2}=\frac{13.84\times10^6}{1.0\times14.3\times1000\times95^2}=0.107$$

$$\gamma_s=\frac{1+\sqrt{1-2\alpha_s}}{2}=\frac{1+\sqrt{1-2\times0.107}}{2}=0.943$$

$$A_s=\frac{M}{f_y\gamma_s h_0}=\frac{13.84\times10^6}{360\times0.943\times95}=429.14\ \text{mm}^2$$

受力钢筋选用ф 8@100（$A_s=503\ \text{mm}^2$），分布钢筋选用φ 8，每个踏步 1 根，梯段板支座处上部钢筋选用φ 8@200，如图 6.53(a)所示。

验算适用条件

ρ_{min}取 0.2%和 $0.45\dfrac{f_t}{f_y}$中的较大值，由于 $0.45\dfrac{f_t}{f_y}=0.45\times\dfrac{1.43}{360}=0.18\%$，故取 $\rho_{min}=0.2\%$。

$$A_{smin}=\rho_{min}bh=0.2\%\times1000\times120=240\ \text{mm}^2<503\ \text{mm}^2$$

满足要求。

(2) 平台板的计算

① 荷载计算

荷载计算取 1 m 宽板作为计算单元，即：

平台板自重(板厚取 80 mm)	$0.08\times1.0\times25=2.00$ kN/m
20 mm 厚找平层	$0.02\times1.0\times20=0.4$ kN/m
20 mm 厚板底抹灰	$0.02\times1.0\times17=0.34$ kN/m
则恒荷载标准值为	$g_k=2.00+0.4+0.34=2.74$ kN/m
活荷载标准值为	$q_k=2.5\times1.0=2.5$ kN/m

荷载设计值：

由可变荷载效应控制的组合

$$p=1.2\times2.74+1.4\times2.5=6.78\ \text{kN/m}$$

由永久荷载效应控制的组合

$$p=1.35\times2.74+1.4\times0.7\times2.5=6.149\ \text{kN/m}$$

② 弯矩计算

计算跨度

$$l_0=l_n+\frac{h}{2}=1.75+\frac{0.08}{2}=1.79\ \text{m}$$

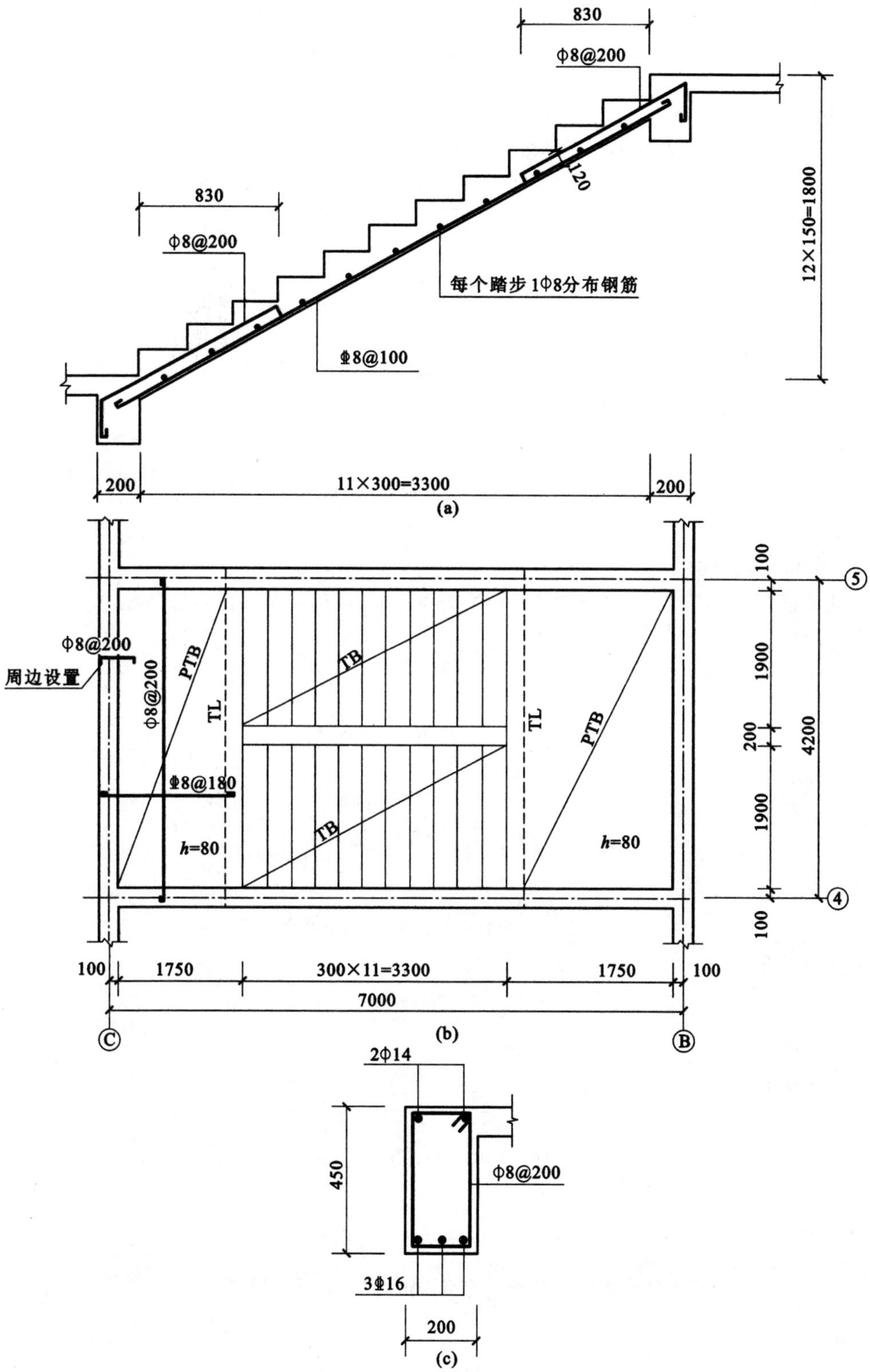

图 6.53　楼梯配筋图

(a) 梯板配筋图;(b) 平台板配筋图;(c) 平台梁配筋图

跨中弯矩

$$M=\frac{1}{8}pl_0^2=\frac{1}{8}\times6.78\times1.79^2=2.72\ \text{kN}\cdot\text{m}$$

③ 配筋计算

$$h_0=h-a_s=80-25=55\ \text{mm}$$

$$\alpha_s=\frac{M}{\alpha_1 f_c b h_0^2}=\frac{2.72\times10^6}{1.0\times14.3\times1000\times55^2}=0.063\ \text{mm}^2$$

$$\gamma_s=\frac{1+\sqrt{1-2\alpha_s}}{2}=\frac{1+\sqrt{1-2\times0.063}}{2}=0.967$$

$$A_s=\frac{M}{f_y\gamma_s h_0}=\frac{2.72\times10^6}{360\times0.967\times55}=142.06\ \text{mm}^2$$

受力钢筋选用ф8@180($A_s=279\ \text{mm}^2$),如图 6.53(b)所示。

验算适用条件

$$A_{smin}=\rho_{min}bh=0.2\%\times1000\times80=160\ \text{mm}^2<279\ \text{mm}^2$$

满足要求。

(3) 平台梁的计算

梁的截面尺寸初定为 $b\times h=200\ \text{mm}\times450\ \text{mm}$,取 $h_0=h-35=415\ \text{mm}$。

① 荷载计算

梯段板传来荷载

$$11.3\times\frac{4.2}{2}=23.73\ \text{kN/m}$$

平台板传来荷载

$$6.78\times\frac{1.75}{2}=5.93\ \text{kN/m}$$

梁自重

$$1.2\times0.20\times(0.45-0.08)\times25=2.2\ \text{kN/m}$$

荷载设计值

$$g+q=23.73+5.93+2.2=31.86\ \text{kN/m}$$

② 内力计算

计算跨度:

$$l_0=l_n+a=4.0+0.20=4.2\ \text{m}$$

$$l_0=1.05l_n=1.05\times4.0=4.2\ \text{m}$$

取 $l_0=4.2$ m。

则跨中弯矩为:

$$M=\frac{1}{8}(g+q)l_0^2=\frac{1}{8}\times31.86\times4.2^2=70.25\ \text{kN}\cdot\text{m}$$

剪力为:

$$V=\frac{1}{2}(g+q)l_n=\frac{1}{2}\times31.86\times4.0=63.72\ \text{kN}$$

③ 配筋计算

纵向钢筋计算(按矩形截面计算)

$$\alpha_s=\frac{M}{\alpha_1 f_c b h_0^2}=\frac{70.25\times 10^6}{1.0\times 14.3\times 200\times 415^2}=0.143$$

$$\gamma_s=\frac{1+\sqrt{1-2\alpha_s}}{2}=\frac{1+\sqrt{1-2\times 0.143}}{2}=0.922$$

$$A_s=\frac{M}{f_y\gamma_s h_0}=\frac{70.25\times 10^6}{360\times 0.922\times 415}=509.99\ \text{mm}^2$$

受力钢筋选用 3 ⌀ 16($A_s=603\ \text{mm}^2$),如图 6.53(c)所示。

验算适用条件

$$A_{s\min}=\rho_{\min}bh=0.2\%\times 200\times 450=180\ \text{mm}^2<603\ \text{mm}^2$$

满足要求。

箍筋计算

$$0.25f_c b h_0=0.25\times 14.3\times 200\times 415\times 10^{-3}$$
$$=296.7\ \text{kN}>V=63.72\ \text{kN}\quad(\text{截面尺寸满足要求})$$

$$0.7f_t b h_0=0.7\times 1.43\times 200\times 415\times 10^{-3}$$
$$=58.1\ \text{kN}<63.72\ \text{kN}\quad(\text{需计算配箍筋})$$

根据构造要求,选用φ 8@200,验算抗剪承载能力:

$$V=V_{cs}=0.7f_t b h_0+f_{yv}\frac{nA_{sv}}{s}h_0=58100+270\times\frac{2\times 50.3}{200}\times 415$$
$$=114461.2\ \text{N}=114.46\ \text{kN}>V=63.72\ \text{kN}$$

满足抗剪要求。

6.6 雨篷等悬挑构件

悬挑构件主要有挑梁、雨篷和挑檐等,其受力情况与一般楼面梁板有所不同。

6.6.1 概述

雨篷、外阳台、挑檐是建筑工程中最常见的悬挑构件。根据悬挑长度的大小,可分为板式结构和梁板式结构布置方案。一般悬挑长度大于 1.5 m 时,需设计成有悬挑边梁的梁板式结构;1.5 m 内时,则常设计成板式结构。它们的设计除了与一般梁板结构相似外,还存在倾覆翻倒的危险,因此还应进行抗倾覆验算。本节以雨篷为例,讲述其计算和构造要求。

悬臂板式雨篷在荷载作用下有三种破坏形态:

(1) 雨篷板作为悬臂板产生断裂[图 6.54(a)]

这主要是由于板的抗弯承载力不足引起的,常由于板面负筋数量不够或施工时板面钢筋被踩下或者纵向受力筋位置放错造成的。

(2) 雨篷梁的弯、剪、扭破坏[图 6.54(b)]

雨篷梁上的墙体及可能传来的楼盖荷载使雨篷梁受弯、受剪,而雨篷板传来的恒荷载、活荷载还使雨篷梁受扭。当雨篷梁在弯、剪、扭复合作用下承载力不足时就会产生破坏。

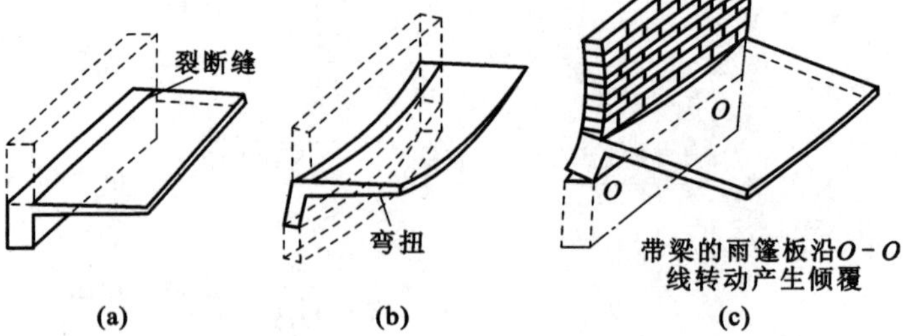

图 6.54　雨篷的破坏形式

(a) 雨篷板的断裂；(b) 雨篷板的弯扭；(c) 雨篷的倾覆

(3) 雨篷的倾覆[图 6.54(c)]

同挑梁类似，当雨篷板挑出过大、雨篷梁上部压重不足时，就会产生整个雨篷的倾覆破坏。

6.6.2　雨篷计算

雨篷计算包括三个方面内容：雨篷板的正截面受弯承载力计算；雨篷梁、悬挑边梁在弯矩、剪力和扭矩共同作用下的承载力计算；雨篷抗倾覆验算。

(1) 雨篷板的计算

雨篷板的荷载有恒荷载(包括自重、粉刷等)、雪荷载、均布活荷载，以及施工或检修集中荷载。以上荷载中，雨篷均布活荷载与雪荷载不同时考虑，取两者中较大值；施工或检修集中荷载按作用于板悬臂端考虑。每一施工或检修集中荷载值为 1.0 kN，进行承载力计算时，沿板宽每隔 1.0 m 取一个集中荷载；进行倾覆验算时，沿板宽每隔 2.5～3 m 取一个集中荷载。施工集中荷载与均布活荷载不同时考虑。

雨篷板通常取 1 m 宽进行内力分析，当为板式结构时，其受力特点和一般悬臂板相同，应按恒荷载 g 与均布活荷载 q 组合[图 6.55(a)]和恒荷载 g 与集中荷载 p 组合[图 6.55(b)]分别计算内力，取较大的弯矩值进行正截面受弯承载力计算，计算截面取在梁截面外边缘，即雨篷板根部截面。

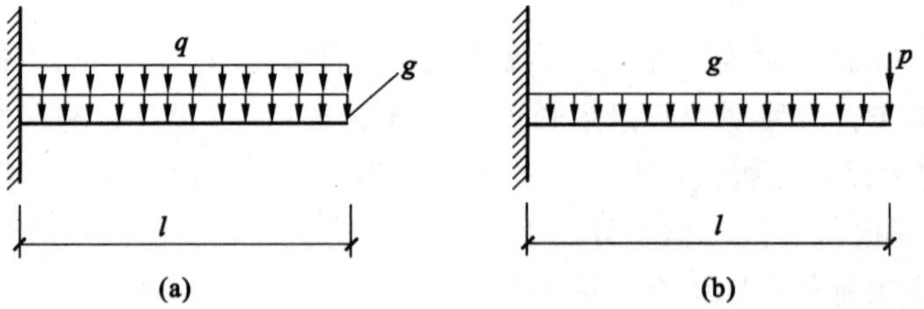

图 6.55　雨篷板的计算简图

(a) 恒荷载 g 与均布活荷载 q 组合；(b) 恒荷载 g 与集中荷载 p 组合

对于梁板式结构的雨篷，其受力特点与一般梁板结构相同。

(2) 雨篷梁的计算

雨篷梁所承受的荷载有自重、雨篷板传来的荷载、梁上砌体重，以及可能计入的楼盖传来的荷载。

如图 6.56 所示，由于雨篷板荷载的作用面不在雨篷梁的竖向对称平面内，故这些荷载会对梁产生扭矩。当雨篷板上作用有均布荷载 p 时，板沿单位板宽方向传给梁轴线的扭矩 m_p 为：

$$m_p = pl\left(\frac{l+b}{2}\right) \tag{6.18}$$

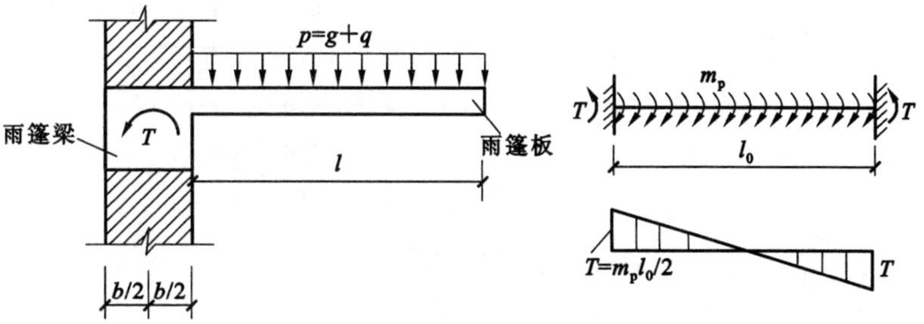

图 6.56　雨篷梁上的扭矩

由 m_p 在梁支座处产生的最大扭矩为

$$T = \frac{m_p l_0}{2} \tag{6.19}$$

式中　l_0——雨篷梁的计算跨度，可近似取为 $l_0 = 1.05l_n$（l_n 为梁的净跨）；

l——雨篷板的悬挑长度；

b——雨篷梁的宽度。

雨篷梁在自重、梁上砌体重等荷载作用下产生弯矩和剪力；在雨篷板荷载作用下不仅产生扭矩，而且还产生了弯矩和剪力。因此，雨篷梁是受弯、受剪和受扭的构件，应按受弯、剪、扭构件计算所需的纵向钢筋和箍筋的截面面积，并满足构造要求。

（3）雨篷抗倾覆验算

雨篷板上的荷载将绕雨篷梁底的计算倾覆 O 点产生倾覆力矩。而梁上自重、梁上砌体重等荷载将产生绕 O 点抗倾覆力矩。取计算倾覆点 O 位于墙外边缘的内侧，其距离为 $x_0 = 0.13l_1$，要求满足

$$M_r \geqslant M_{0v} \tag{6.20}$$

式中　M_{0v}——雨篷板的荷载设计值对计算倾覆点 O 产生的倾覆力矩；

M_r——雨篷的抗倾覆力矩设计值，$M_r = 0.8G_r(l_2 - x_0)$；

G_r——雨篷的抗倾覆荷载，为雨篷梁尾端上部 45°扩散角范围（其水平长度为 $l_3 = l_n/2$）内的砌体与楼面恒荷载标准值之和（如图 6.57），不考虑楼面活荷载；

l_2——G_r 作用点至墙外边缘的距离，$l_2 = l_1/2$。

当式(6.20)不满足时，可适当增加雨篷梁两端埋入砌体的支承长度，以增大雨篷的抗倾覆的能力，或者采用其他拉结措施。

（4）雨篷板、梁的构造

一般雨篷板的挑出长度为 0.6～1.2 m 或更长，视建筑要求而定。根据雨篷板为悬臂板的受力特点，可设计成变厚度板，一般取根部板厚为 1/10 挑出长度。当悬臂长度不大于500 mm 时，板厚不小于 60 mm；当悬臂长度不大于 1000 mm 时，板厚不小于 100 mm；当悬臂长度不

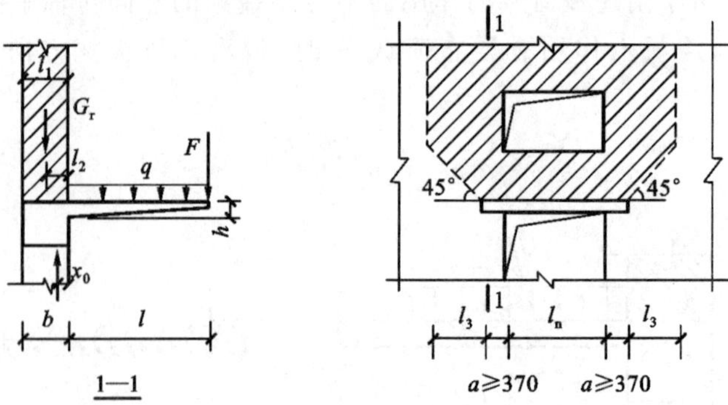

图 6.57　雨篷的抗倾覆荷载

大于 1500 mm 时，板厚不小于 150 mm；端部板厚不小于 60 mm。雨篷板周围往往设置凸沿以便能有组织排水。雨篷板受力按悬臂板计算确定，钢筋最小不得小于ф6@200 mm，受力钢筋必须伸入雨篷梁，并与梁中箍筋连接。此外，还必须按构造要求配置分布钢筋，一般不小于ф6@300 mm。如图 6.58 所示为一悬臂板式雨篷的配筋图。

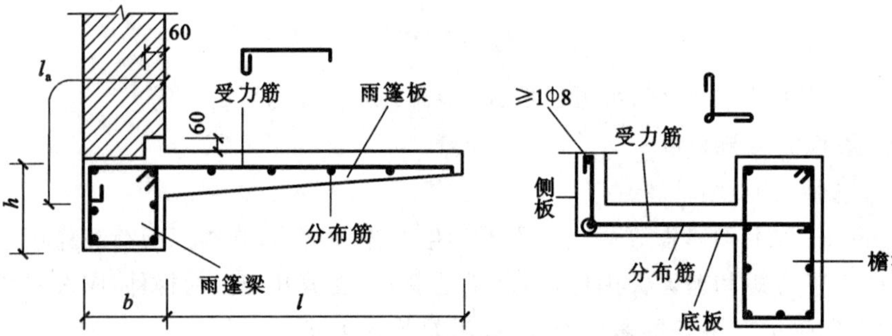

图 6.58　悬臂板式雨篷的配筋图

雨篷梁的宽度一般与墙厚相同，梁的高度按承载力确定。梁两端埋入砌体的长度应考虑雨篷抗倾覆的因素。一般当梁净跨长 l_n<1.5 m 时，梁一端埋入砌体长度宜取 $a \geqslant 300$ mm；当 $l_n \geqslant 1.5$ m 时，宜取 $a \geqslant 500$ mm。雨篷梁按弯、剪、扭构件设计配筋，其箍筋必须按受扭箍筋要求制作。

本 章 小 结

楼盖、屋盖、楼梯等梁板结构设计的步骤是：① 结构选型和布置；② 结构计算（包括确定计算简图、荷载计算、内力分析及组合、截面配筋计算等）；③ 绘制结构施工图（包括结构布置、板件模板及配筋图）。

结构选型和布置对其可靠性和经济性有重要意义。因此，应熟悉各种结构，如现浇单向板肋梁楼盖、双向板肋梁楼盖和装配式楼盖等结构的受力特点及适用范围，以便根据不同的建筑要求和使用条件选择合适的结构类型和结构、部件的尺寸。

在现浇单向板肋形楼盖中，板和次梁均可按连续梁并采用折算荷载进行计算。对于主梁，在梁柱线刚度比大于 3～4 的条件下，也按连续梁计算，忽略柱对梁的约束作用。

在考虑塑性内力重分布计算钢筋混凝土连续梁、板时，为保证塑性铰具有足够的转动能力和结构的内力重分布，应采用塑性好的 HRB400 级钢筋，混凝土强度等级宜为 C20～C45，截面相对受压区高度 $\xi \leqslant 0.35$，且斜截面应具有足够的抗剪能力。为保证结构在使用阶段裂缝不至于出现过早和开展过宽，设计中应对弯矩调幅予以控制，使调幅控制在弹性体理论计算弯矩的 20%以内。

双向板的内力也有按弹性理论与按塑性理论两种计算方法，本章仅介绍了按弹性理论的设计方法。

梁式楼梯和板式楼梯的主要区别，在于楼梯梯段是采用梁承重还是板承重。前者受力较合理，用材较省，但施工较烦且欠美观，适用于梯段较长的楼梯；后者反之。雨篷、阳台等悬臂结构，除应进行控制截面承载力计算外，还应做整体抗倾覆的验算。

梁板结构构件的截面尺寸，通常由跨高比的刚度要求确定，其截面配筋按承载力确定并应满足有关构造要求。一般情况下，梁板结构构件可不进行变形和裂缝宽度验算。

思考和练习题

6.1　何谓单向板？何谓双向板？两种板如何划分？它们的受力和变形有何异同？

6.2　钢筋混凝土现浇楼盖有哪几种类型？试分别说明它们的受力特点和适用范围。

6.3　现浇单向板肋形楼盖结构布置可从哪几个方面来体现结构的合理性？

6.4　用弹性理论计算现浇单向板肋形楼盖中的连续板、次梁、主梁时，如何选取计算单元和确定计算简图及计算跨度？如何计算荷载及在什么情况下和为什么要进行荷载折算？控制截面位置及其内力如何确定？

6.5　用弹性理论计算多跨连续梁时，为求得各控制截面最不利内力，如何进行活荷载最不利布置？

6.6　什么叫“塑性铰”？钢筋混凝土结构中的“塑性铰”与结构力学中的“理性铰”有何异同？“塑性铰”的转动能力与哪些因素有关？

6.7　什么叫“内力重分布”？钢筋混凝土结构中的“塑性铰”与“内力重分布”有何关系？

6.8　何谓“弯矩调幅”？考虑塑性内力重分布计算钢筋混凝土连续梁时，为什么要控制“弯矩调幅”？

6.9　在现浇钢筋混凝土单向板肋形楼盖设计中，为什么允许对板的某些截面弯矩进行折减？哪些截面弯矩允许折减？

6.10　双向板支承梁上的荷载怎样计算？支承梁上的梯形荷载或三角形荷载折算为均布荷载的原则是什么？其跨中弯矩如何计算？

6.11　板式楼梯与梁式楼梯有何区别？各适用于何种情况？

6.12　板式楼梯与梁式楼梯的计算简图和荷载传递路线是怎样的？

6.13　雨篷板和雨篷梁有哪些计算要点和构造要求？

6.14　某现浇钢筋混凝土肋梁楼盖次梁，如图 6.59 所示，截面尺寸 $b \times h = 200\ \text{mm} \times 400\ \text{mm}$。承受均布恒荷载标准值 $g_k = 8.0\ \text{kN/m}$（荷载分项系数为 1.2），均布活荷载标准值 $q_k = 10.0\ \text{kN/m}$（荷载分项系数为 1.3）。混凝土强度等级为 C30，钢筋采用 HRB400 级。试按塑性理论计算内力，并对其进行截面配筋计算。

6.15　某公共建筑的现浇板式楼梯，其平面布置如图 6.60 所示，层高 3.3 m，踏步尺寸 150 mm×300 mm。楼梯段和平台板构造做法：20 mm 水泥砂浆面层，20 mm 混合砂浆板底抹灰，楼梯上的均布荷载标准值 $q_k = 3.0\ \text{kN/m}^2$。混凝土采用 C30 级，板、梁的纵向受力钢筋采用 HRB400 级，环境等级为一类。试设计该楼梯。

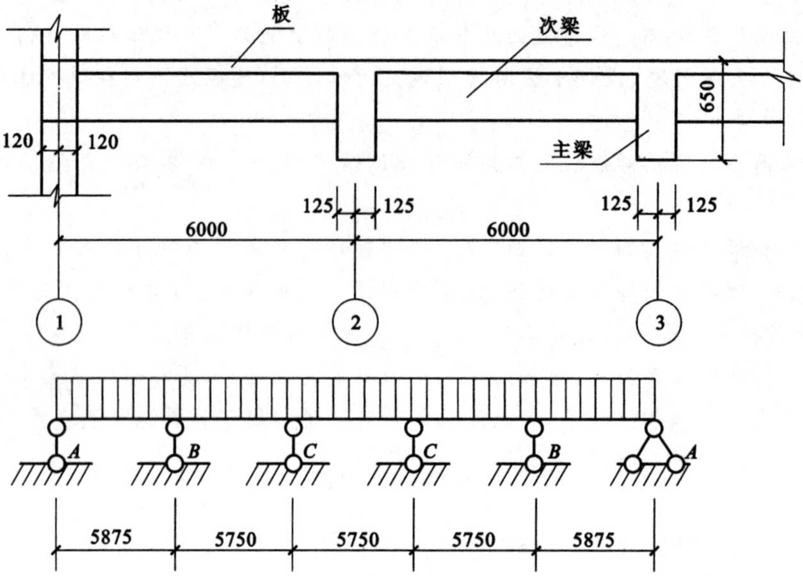

图 6.59　习题 6.14 图

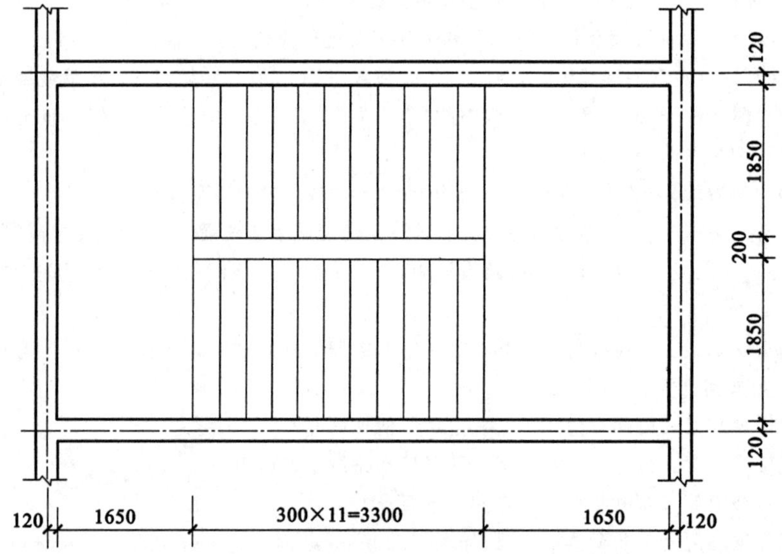

图 6.60　习题 6.15 图

7　钢筋混凝土多、高层建筑结构

本 章 提 要

本章简要介绍了框架结构、剪力墙结构、框架-剪力墙结构的特点及结构布置要求。主要介绍了多、高层框架结构体系的组成、分类、结构布置和截面尺寸的估算。重点应掌握多、高层框架结构的实用范围，多、高层框架结构的布置原则，非抗震时多、高层框架结构的设计以及框架结构梁、柱截面尺寸的初步计算。

7.1　概　　述

在线测试

近年来，随着社会的发展，多层和高层建筑越来越多，关于高层建筑的定义，在国际上至今尚无统一的划分标准，不同国家、不同地区、不同时期，对此均有不同的规定。我国《民用建筑设计统一标准》(GB 50352—2019)将住宅建筑依层数划分为：建筑高度不大于 27 m 的住宅建筑、建筑高度不大于 24 m 的公共建筑及建筑高度大于 24 m 的单层公共建筑为低层或多层民用建筑；建筑高度大于 27 m 的住宅建筑和建筑高度大于 24 m 的非单层公共建筑，且高度不大于 100 m 的，为高层民用建筑；建筑高度大于 100 m 的为超高层建筑。《高层建筑混凝土结构技术规程》(JGJ 3—2010)中，将 10 层和 10 层以上或高度超过 28 m 的住宅建筑以及房屋高度大于 24 m 的其他民用建筑，称之为高层建筑。

其中，《高层建筑混凝土结构技术规程》(JGJ 3—2010)将钢筋混凝土高层建筑结构的最大适用高度分为 A 级和 B 级，A 级高度钢筋混凝土乙类和丙类高层建筑的最大适用高度应符合表 7.1 的规定，B 级高度钢筋混凝土乙类和丙类高层建筑的最大适用高度应符合表 7.2 的规定。

表 7.1　A 级高度钢筋混凝土乙类和丙类高层建筑的最大适用高度(m)

结构体系		非抗震设计	抗震设防烈度				
			6 度	7 度	8 度		9 度
					0.20g	0.30g	
框架		70	60	50	40	35	—
框架-剪力墙		150	130	120	100	80	50
剪力墙	全部落地剪力墙	150	140	120	100	80	60
	部分框支剪力墙	130	120	100	80	50	不应采用

续表7.1

结构体系		非抗震设计	抗震设防烈度				
			6 度	7 度	8 度		9 度
					0.20*g*	0.30*g*	
筒体	框架-核心筒	160	150	130	100	90	70
	筒中筒	200	180	150	120	100	80
板柱-剪力墙		110	80	70	55	40	不应采用

表 7.2　B级高度钢筋混凝土乙类和丙类高层建筑的最大适用高度(m)

结构体系		非抗震设计	抗震设防烈度			
			6 度	7 度	8 度	
					0.20*g*	0.30*g*
框架-剪力墙		170	160	140	120	100
剪力墙	全部落地剪力墙	180	170	150	130	110
	部分框支剪力墙	150	140	120	100	80
筒体	框架-核心筒	220	210	180	140	120
	筒中筒	300	280	230	170	150

常用钢筋混凝土多、高层结构体系有：

(1) 混合结构体系

混合结构体系是由两种或两种以上不同材料的承重结构所共同组成的结构体系。这种房屋结构的墙体通常由砖、石各种砌块材料砌筑而成，而屋盖和楼盖则用钢筋混凝土或木料建造，一般只用于多层民用建筑和一般的中小型工业厂房。也可以是钢筋混凝土柱结合钢结构屋盖来建造，一般用于工业厂房。

(2) 框架结构体系

框架结构体系是由梁、柱组成框架，共同抵抗使用过程中出现的水平荷载和竖向荷载的结构体系。

框架结构中的墙体属于填充墙，一般采用轻质材料填充，起保温、隔热、分隔室内空间等作用。因而它的平面布置灵活，可提供较大的室内空间，立面处理上易于表现建筑艺术的要求，适用于各种多层工业厂房和仓库。在民用建筑中，常用于办公楼、旅馆、医院、学校、商店及住宅建筑。框架体系抗侧移刚度小，在水平荷载作用下位移大，抗震性能较差，故亦称框架结构为"柔性结构"。因此这种体系在房屋高度较高区和地震区使用受到限制。一般认为，框架结构房屋高度非抗震设计时不宜超过 70 m。图 7.1 所示为一些框架结构的平面布置形式。

(3) 剪力墙结构体系

剪力墙结构体系是利用建筑物的墙体作为竖向承重和抵抗侧向力的结构体系。墙体同时也作为围护及房间分隔构件。

剪力墙结构是由一系列纵向、横向剪力墙及楼盖所组成的空间结构，承受竖向荷载和水平荷载，是高层建筑中常用的结构形式。由于纵、横向剪力墙在其自身平面内的刚度都很大，在

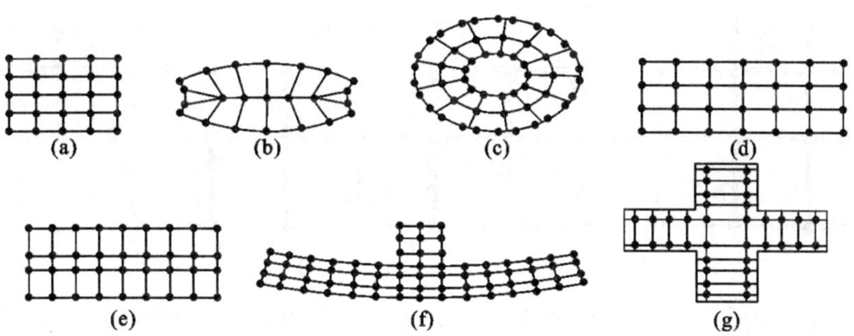

图 7.1　框架结构平面布置形式

水平荷载作用下侧移较小，因此这种结构抗震及抗风性能都较强，承载力要求也比较容易满足，适宜于建造层数较多的高层建筑。

剪力墙结构墙体多，不容易布置面积较大的房间。为了满足布置门厅、餐厅、会议室等大面积公用房间的要求，以及在住宅楼布置商店和公用设施的要求，可以将剪力墙结构的底部一层或几层取消部分剪力墙，代之以框架，形成框支剪力墙结构。这种结构体系的抗侧移刚度有所削弱，另外由于框架和剪力墙连接部位刚度突变而导致应力集中，因此底部被取消的剪力墙数目不应过多。图 7.2 所示为一些剪力墙结构的平面及立面布置形式。

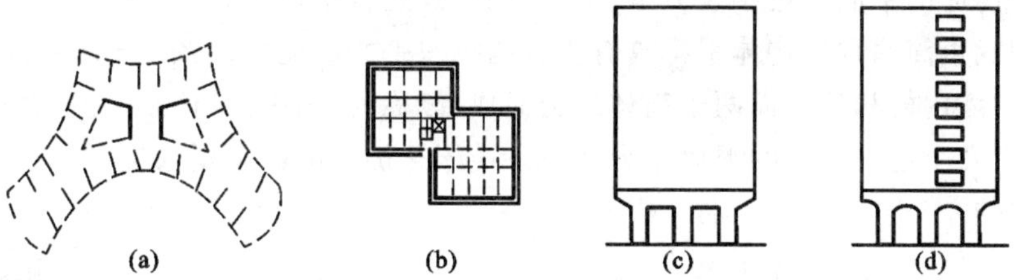

图 7.2　剪力墙结构体系

(a)、(b) 剪力墙结构；(c)、(d) 框支剪力墙结构

(4) 框架-剪力墙结构体系

框架-剪力墙结构体系是将框架和剪力墙结构有机地结合在一起，组成一种共同抵抗竖向、水平荷载和作用的结构体系。它利用剪力墙抗侧移刚度和承载力大的优点，弥补了框架结构柔性大和侧移大的缺点，同时只在部分位置上设剪力墙，保持了框架结构具有较大空间和立面易于变化等优点。

在框架-剪力墙结构体系中，剪力墙常常承担大部分水平荷载，结构总体刚度增大，侧移减小。同时，由于框架和剪力墙协同作用，通过变形协调，使各楼层层间变形趋于均匀，改善了纯框架体系和纯剪力墙体系中上部和下部变形差异较大的缺点。框架-剪力墙结构体系是一种比较好的结构体系，在公共建筑和办公楼等建筑中得到了广泛应用。图 7.3 所示为框架-剪力墙结构的平面布置形式。

(5) 筒体结构体系

筒体结构体系是由若干片剪力墙围成的井筒结构，作为建筑的竖向承重和抵抗侧向力的结构体系。筒体结构是一种空间受力性能较好的结构体系，它比框架或剪力墙结构具有更大的强度和刚度，犹如一个固定于基础的封闭箱形悬臂构件，具有良好的抗弯抗扭性能。根据房屋高度、水平荷载大小等，将筒体结构分为框架-筒体、框筒、筒中筒及成束筒结构体系。

框架-筒体结构是利用房屋中部的电梯间、楼梯间、设备间的等墙体做成剪力墙内筒，又称

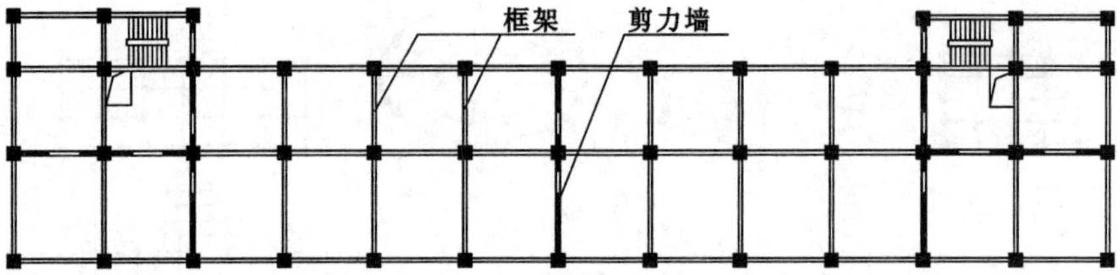

图 7.3　框架-剪力墙结构

框架-核心筒结构。它适用于房屋平面为正方形、圆形、三角形、Y 字形或接近正方形的矩形平面的塔式高楼，如图 7.4 所示。

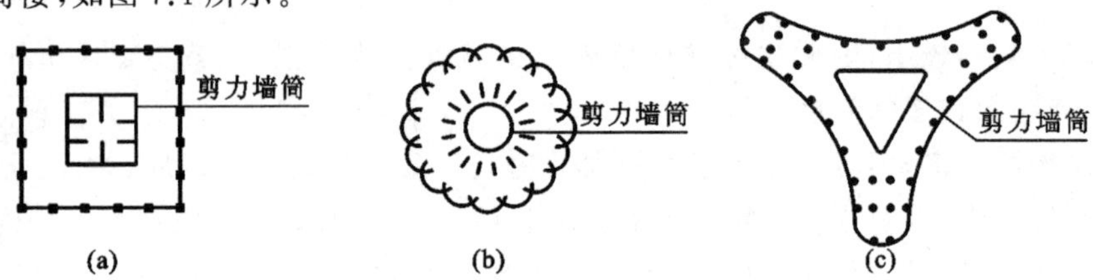

图 7.4　框架-筒体结构

框筒结构是指在外框筒内部布置只承受竖向荷载，水平荷载全部由外框筒承担的梁柱体系。它适用于房屋的平面接近于正方形或圆形的塔式建筑中，如图 7.5 所示。

筒中筒和成束筒两种结构体系都具有更大的抗水平力的能力。图 7.6 所示筒中筒结构的房屋，即由剪力墙内筒和外框筒两个筒体组合而成，故称为“筒中筒”体系。所谓“成束筒”体系的房屋，是指由几个连在一起的框筒组合而成。美国芝加哥的西尔斯大楼(图 7.7)就是采用成束筒结构建造的。

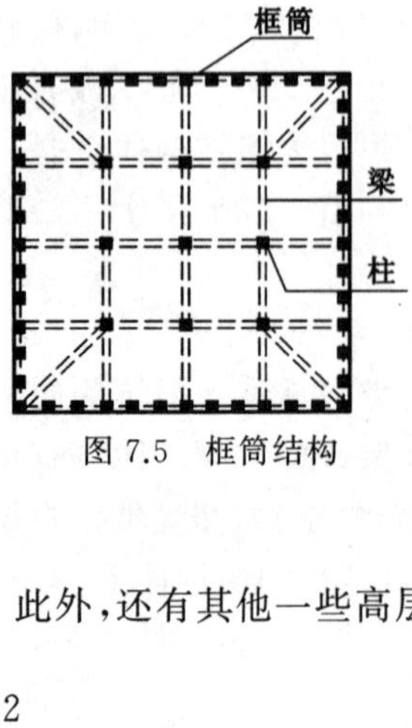

图 7.5　框筒结构

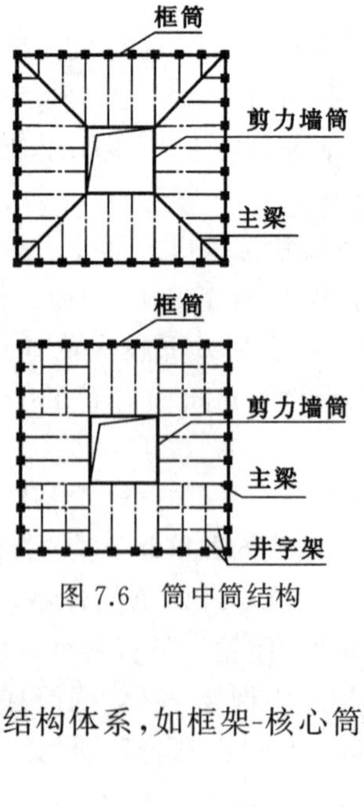

图 7.6　筒中筒结构

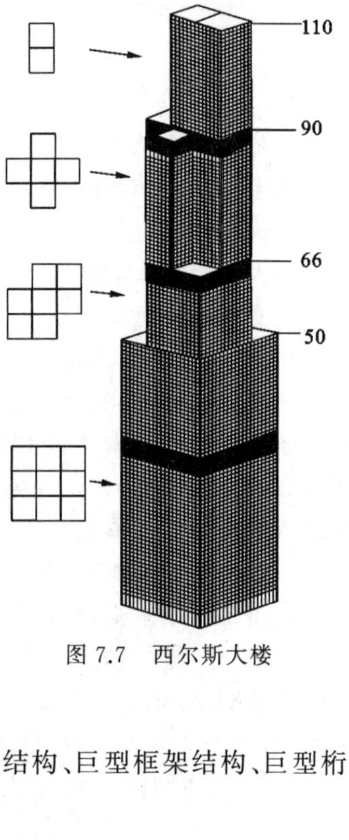

图 7.7　西尔斯大楼

此外，还有其他一些高层建筑结构体系，如框架-核心筒-伸臂结构、巨型框架结构、巨型桁架结构以及悬挂结构体系等也得到广泛应用，但应用最广的还是框架结构、剪力墙结构、框架-剪力墙结构和筒体结构等结构体系。根据我国的经验，各类钢筋混凝土多、高层建筑适用的结构体系如表 7.3 所示。

表 7.3　各类高层建筑适用的结构体系

<table>
<tr><th colspan="2" rowspan="2">建筑物类型</th><th rowspan="2">无抗震设防要求</th><th colspan="2">有抗震设防要求</th></tr>
<tr><th>≤50 m</th><th>>50 m</th></tr>
<tr><td colspan="2">住宅楼</td><td>框架、剪力墙、框-剪</td><td>剪力墙、框-剪</td><td>剪力墙、框-剪</td></tr>
<tr><td colspan="2">集体宿舍、旅馆</td><td>剪力墙、框-剪</td><td>剪力墙、框-剪</td><td>剪力墙、框-剪</td></tr>
<tr><td rowspan="2">公共建筑</td><td>办公楼、教学楼、科研楼、医院病房、高级旅馆</td><td>框架、框-剪、筒体</td><td rowspan="2">框-剪</td><td rowspan="2">框-剪、筒体</td></tr>
<tr><td>综合楼</td><td>框架、框支、框-剪</td></tr>
</table>

7.2　框 架 结 构

框架结构是由横梁和立柱组成的杆件体系，节点全部或大部分为刚性连接。框架结构是最常见的竖向承重结构，具有以下优点：

(1) 结构轻巧，便于布置；

(2) 整体性比砖混结构和内框架承重结构好；

(3) 可形成大的使用空间；

(4) 施工方便；

(5) 较为经济。

框架结构特别适合在办公楼、教学楼、公共与商业建筑、图书馆、公寓以及住宅类建筑中采用。但是，由于框架结构构件的截面尺寸一般都比较小，它们的抗侧移刚度较弱。随着建筑物高度的增加，结构在风荷载和地震等水平作用下，侧向位移将迅速增大。为了不使框架结构构件的截面尺寸过大和截面内钢筋配置过密，框架结构一般用于层数不超过 20 层的建筑物。

高层建筑承受的荷载比多层建筑大，刚度比多层建筑小，水平荷载对高层建筑的影响比多层建筑的影响大。因此，对高层建筑，特别是对高层框架结构建筑的整体性要求，比对多层框架结构建筑更高。但是，从设计计算而言，高层框架结构除风荷载、楼面活荷载布置等与多层框架结构略有不同、水平荷载下应补充侧移验算外，在结构布置、计算简图的确定、竖向和水平荷载下的内力计算方法、内力组合原则、截面配筋计算及构造要求等方面，两者基本相同。

7.2.1　框架结构布置

框架结构布置包括柱网布置和框架梁布置(无梁楼盖也属于框架结构，可不布置框架梁)。

柱网布置可分为大柱网布置和小柱网布置，如图 7.8 所示。小柱网对应的梁柱截面尺寸可小些，结构造价亦低。但小柱网柱子过多，有可能影响使用功能。因此，在柱网布置时，应针对具体工程综合考虑建筑物的功能要求及经济合理性来确定柱网的大小。

框架梁布置应本着尽可能使纵横两个方向的框架梁与框架柱相交的原则进行。由于高层建筑纵横两个方向都承受较大的水平力，因此在纵横两个方向都应按框架设计。框架梁、柱构

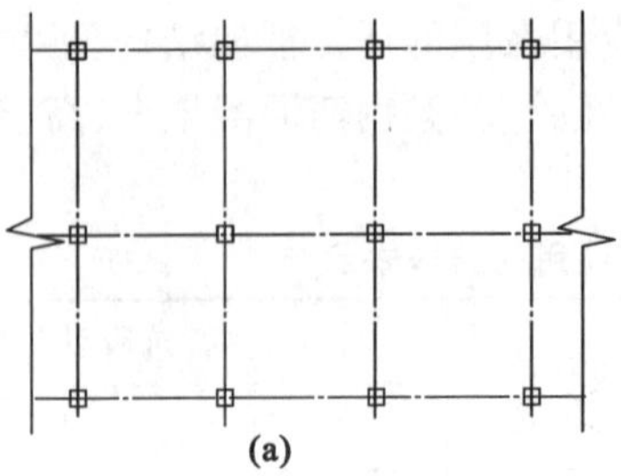

图 7.8　柱网布置

(a) 大柱网；(b) 小柱网

件的轴线宜重合。如果二者有偏心，梁、柱中心线的偏心距，9 度抗震设计时不应大于柱截面在该方向宽度的 1/4，非抗震设计和 6～8 度抗震设计时不宜大于柱截面在该方向宽度的 1/4。

根据楼盖上竖向荷载的传力路线，框架结构又可分为横向承重、竖向承重及双向承重等几种布置方式，如图 7.9 所示。

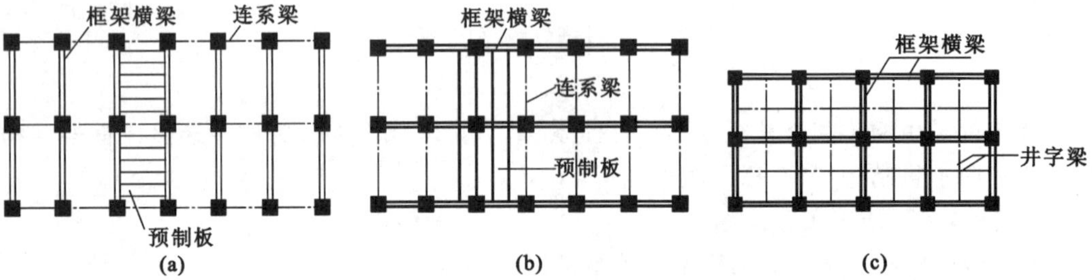

图 7.9　框架结构的布置

(a) 横向承重；(b) 纵向承重；(c) 双向承重

房屋平面一般横向尺寸较短，纵向尺寸较长，横向刚度比纵向刚度弱。当框架结构横向布置时，可以在一定程度上改善房屋横向与纵向刚度相差较大的缺点，而且由于连系梁的截面高度一般比主梁小，窗户尺寸可以设计得大一些，室内采光、通风较好。因此，在多层框架结构中，常采用这种结构布置形式。

框架结构纵向承重方案中，楼面荷载由纵向梁传至柱子，横梁高度一般较小，室内净高较大，而且便于管线沿纵向穿行。此外，当地基沿房屋纵向不够均匀时，纵向框架可在一定程度上调整这种不均匀性。纵向框架承重方案的最大缺点是房屋的横向抗侧移刚度小，因而工程中很少采用这种结构布置形式。

框架结构双向承重方案因在纵横两个方向都布置有框架，因此整体性和受力性能都很好，特别适合于在对房屋结构的整体性要求较高和楼面荷载较大的情况下采用。高层建筑承受的水平荷载较大，也应设计为双向抗侧力体系，主要结构不应该采用铰接。

7.2.2　截面尺寸估算及混凝土强度等级

框架结构属于超静定结构。框架的内力和变形除取决于荷载的形式与大小之外，还与构件或截面的刚度有关系，而构件或截面的刚度又取决于构件的截面尺寸，因此要先确定构件的截面尺寸。反过来，构件的截面尺寸又与荷载和内力的大小等有关系，在构件内力没有计算出来以前，很难准确地确定构件的截面尺

在线测试

寸大小。故只能先估算构件的截面尺寸，再计算构件的内力和结构的变形，当计算结果符合规范要求，则以估算的截面尺寸作为框架的最终截面尺寸，反之，若所需的截面尺寸与估算的截面尺寸相差很大，则需要重新估算截面尺寸及结构内力、变形等内容。

7.2.2.1　框架梁截面尺寸估算

框架梁的截面尺寸应该根据承受竖向荷载的大小、梁的跨度、框架的间距、是否考虑抗震设防要求以及选用的混凝土材料强度等诸多因素综合考虑确定。

一般情况下，框架梁的截面尺寸可按下式计算：

$$h_b=\left(\frac{1}{10}\sim\frac{1}{18}\right)l_b \tag{7.1}$$

$$b_b=\left(\frac{1}{2}\sim\frac{1}{4}\right)h_b \tag{7.2}$$

式中　l_b——梁的计算跨度；

h_b——梁的截面高度；

b_b——梁的截面宽度。

梁净跨与截面高度之比不宜小于 4，梁的截面宽度不宜小于梁截面高度的 1/4，也不宜小于 200 mm。当采用叠合梁时，预制部分截面高度不宜小于(1/15)l_b，后现浇部分截面高度不宜小于 100 mm。

7.2.2.2　框架柱截面尺寸估算

框架柱截面一般采用正方形或接近正方形的矩形截面。在初步设计时，柱截面面积 A_c 可按下式确定：

$$A_c\geqslant\frac{N}{\mu_N f_c} \tag{7.3}$$

式中　A_c——柱截面面积；

μ_N——轴压比；

f_c——混凝土轴心抗压强度设计值；

N——估算的框架柱轴力计算值，按下式计算：

$$N=(1.05\sim1.2)N_V \tag{7.4}$$

式中　N_V——柱支撑的楼面荷载面积上竖向荷载产生的轴向力设计值，可根据柱支撑的楼面面积、楼层数及楼层上的竖向荷载，并考虑分项系数 1.25 进行计算，楼层上的竖向荷载可按 11～14 kN/m^2 计算。

框架柱的截面边长，非抗震设计时不宜小于 250 mm，抗震设计时不宜小于 300 mm；圆柱截面直径不宜小于 350 mm。柱剪跨比宜大于 2；矩形截面柱截面长高宽比不宜大于 3。

7.2.2.3　混凝土强度等级

各类结构用混凝土的强度等级均不应低于 C20。采用强度等级 400 MPa 及以上钢筋时，混凝土强度等级不应低于 C25。一级抗震等级框架梁、柱及其节点的混凝土强度等级不应低于 C30，现浇非预应力混凝土楼盖的混凝土强度等级不宜高于 C40；框架柱的混凝土强度等级，抗震设防烈度为 9 度时不宜高于 C60，抗震设防烈度为 8 度时不宜高于 C70。

7.2.3 计算单元及计算简图

7.2.3.1 计算单元

框架结构为空间结构，应取整个结构作为计算单元，但对于平面布置较规则，柱距及跨数相差不多的大多数框架结构，在计算中可将三维框架简化为平面框架，每榀框架按其负荷面积承担外荷载。

在线测试

各榀框架中(包括纵、横向框架)，选出一榀或几榀有代表性的框架作为计算单元。对于结构及荷载相近的单元可以适当统一，以减少计算工作量，如图 7.10 所示。

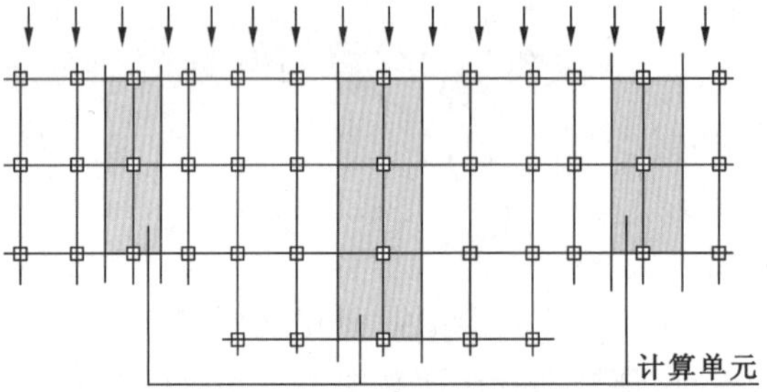

图 7.10 框架结构计算单元

7.2.3.2 计算简图

框架各构件在计算简图中均用单线条代表，如图 7.11所示。各单线条代表各构件形心轴所在位置线，因此，梁的跨度等于该跨左、右两边柱截面形心轴线之间的距离。为简化起见，底层柱高可从基础顶面算至楼面标高处，中间层柱高可从下一层楼面标高算至上一层楼面标高，顶层柱高可从顶层楼面标高算至屋面标高。

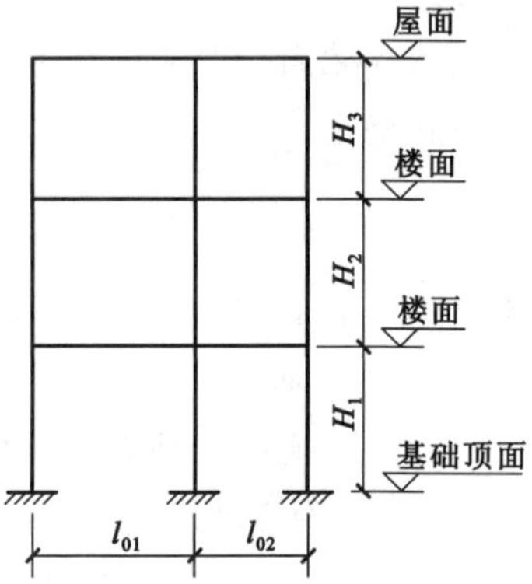

图 7.11 框架结构计算简图

当上、下柱截面发生改变时，取截面较小的截面形心轴线作为计算简图上的柱单元，待框架内力计算完成后，计算杆件内力时要考虑荷载偏心的影响。

当框架梁的坡度 $i \leqslant \frac{1}{8}$时，可近似按水平梁计算。

当各跨跨度相差不大于 10%时，可近似按等跨框架计算。

当梁在端部加腋，且端部截面高度与跨中截面高度之比小于 1.6 时，可不考虑加腋的影响，按等截面梁计算。

在计算模型中，各杆的截面惯性矩：柱按实际截面确定；框架梁则应考虑楼板的作用[一边有楼板，$I=1.5I_0$；两边有楼板，$I=2I_0$(式中 I_0 为梁矩形部分的惯性矩)]。

【例 7.1】现浇钢筋混凝土框架结构位移与内力计算中，可以考虑现浇楼面对梁刚度的影响，现有一截面尺寸为 250 mm×600 mm 的中框架梁，其惯性矩 I 是多少？

【解】中框架梁的刚度增大系数为 2，则：

$$I=2I_0=2\times\frac{1}{12}\times250\times600^3=9\times10^9\ \text{mm}^4$$

思考：如果该梁为边框架梁，则惯性矩是多少？

7.2.4　内力计算

框架结构的内力计算可分为竖向荷载作用下的内力计算和水平荷载作用下的内力计算。竖向荷载包括恒荷载、楼面和屋面活荷载、施工荷载等。水平荷载指风荷载，在抗震设计中还包括地震作用。

在线测试

框架内力的近似计算方法很多，由于每种方法所采用的假定不同，其计算结果的近似程度也有区别，但一般都能满足工程设计所要求的精度。下面分别介绍近似计算方法中的分层法、反弯点法和 D 值法。

7.2.4.1　*分层法*

根据框架在竖向荷载作用下的精确解可知，一般规则框架侧移是极小的，而且每层梁上的荷载对其他各层梁内力的影响也很小。因此可假定：

(1) 框架在竖向荷载作用下，节点的侧移可忽略不计；

(2) 每层梁上的荷载对其他各层梁内力的影响可忽略不计。

根据上述假定，多层框架在竖向荷载作用下可以分层计算。计算时可将各层梁及与其相连的上、下柱所组成的开口框架作为独立的计算单元，如图 7.12 所示。

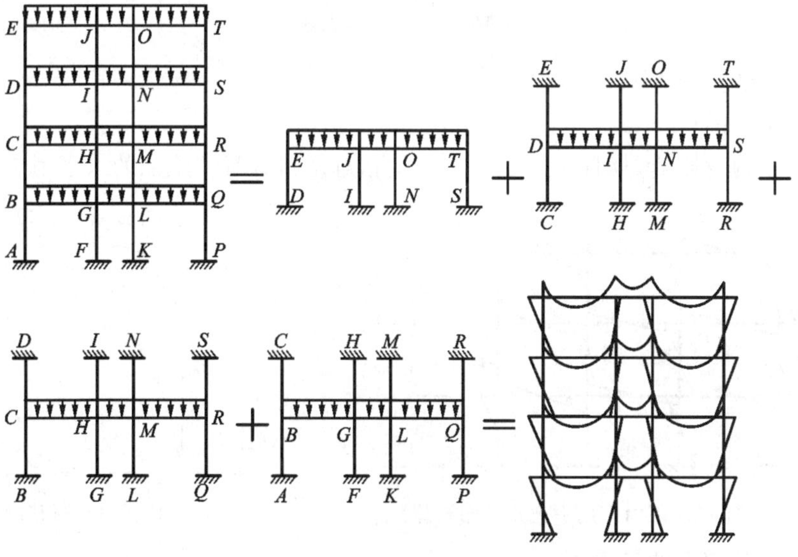

图 7.12　分层法计算框架内力

采用分层法计算时，假定上、下柱的远端为固定与实际情况有出入。因此除底层外，其余各层柱的线刚度乘以折减系数 0.9，并取弯矩传递系数 1/3；底层柱的线刚度不折减，传递系数取 1/2，如图 7.13 所示。按分层法计算的各梁弯矩为最终弯矩，各柱的最终弯矩为与各柱相连的两层计算弯矩叠加。

需要指出一点，最后算得的各梁、柱弯矩在节点处可能不平衡，但一般误差不大，如有需要，可以将各节点不平衡力矩再分配一次。

7.2.4.2　*反弯点法*

在工程设计中，通常将作用在框架上的风荷载或水平地震作用化为节点水平力。在节点水平力作用下，其弯矩分布规律如图 7.14 所示，各杆的弯矩都是直线分布的，每根柱都有一个零弯矩点，称为反弯点。在该点处，柱只有剪力作用(图 7.14 中的 V_1、V_2、V_3、V_4)。如果能求出各柱的剪力及反弯点的位置，用柱中剪力乘以反弯点至柱端的高度，即可求出柱端弯矩，再根据节点平衡条件又可求出梁端弯矩。所以反弯点法的关键是确定各柱剪力及反弯点位置。

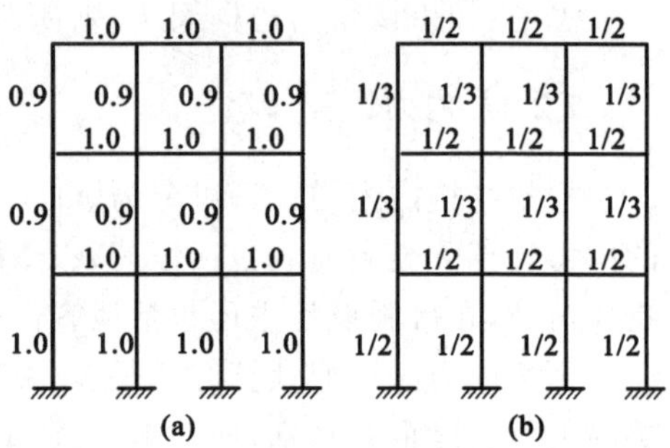

图 7.13　框架各杆的线刚度修正系数与传递系数

(a) 线刚度修正；(b) 传递系数修正

(1) 反弯点法的基本假定

对于层数不多、柱截面较小、梁柱线刚度比大于 3 的框架，可作如下假定：

① 在确定各柱剪力时，假定框架梁刚度无限大，即各柱端无转角，且同一层柱具有相同的水平位移。

② 最下层各柱的反弯点在距柱底 2/3 高度处，上面各层柱的反弯点在柱高度的中点。

(2) 柱剪力与位移的关系

根据假设①可知，每层各柱受力状态如图 7.15 所示，柱剪力 V 与位移 Δ 之间的关系为：

$$V=\frac{12i_{\mathrm{c}}}{h^2}\Delta=D\Delta \tag{7.5}$$

式中　i_{c}——柱的线刚度；

h——柱的高度；

D——抗侧移刚度，即柱上下端产生单位相对位移时所需施加的水平力。

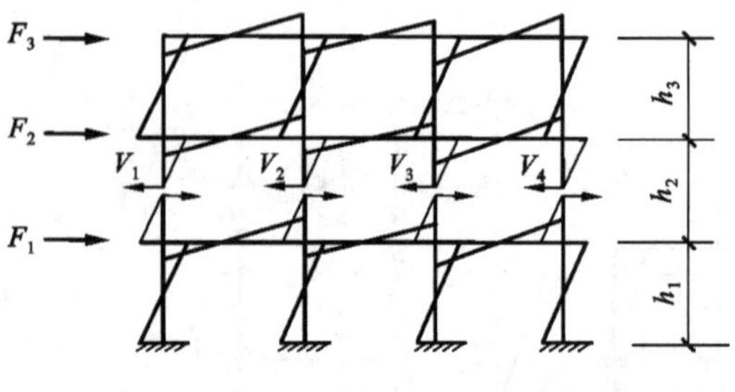

图 7.14　框架在节点水平力作用下弯矩分布规律

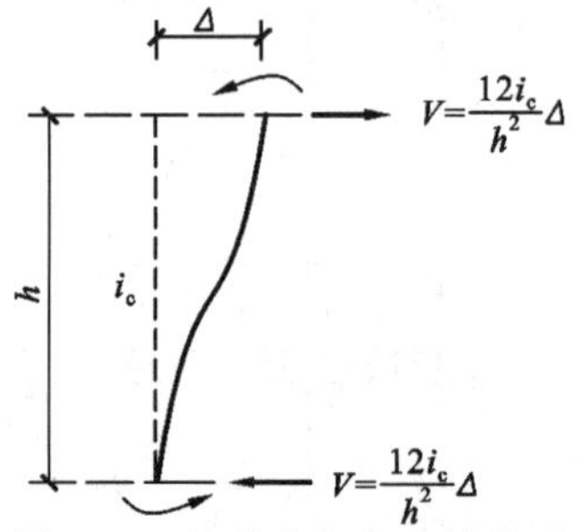

图 7.15　柱剪力与位移的关系

(3) 同层各柱剪力的确定

设同层各柱剪力为 V_1、V_2、…、V_j，根据平衡条件有：

$$V_1+V_2+\cdots+V_j=\sum F \tag{7.6}$$

将式(7.5)代入式(7.6)，得：

$$\Delta=\frac{\sum F}{D_1+D_2+\cdots+D_j}=\frac{\sum F}{\sum D}$$

于是有：

$$V_j=\frac{D_j}{\sum D}\sum F \tag{7.7}$$

式中　V_j——第 n 层第 j 根柱的剪力；

D_j——第 n 层第 j 根柱的抗侧移刚度；

$\sum D$——第 n 层各柱抗侧移刚度总和；

$\sum F$——第 n 层以上所有水平荷载总和。

(4) 计算步骤

① 按式(7.7)求出框架中各柱的剪力；

② 取底层柱反弯点在 $\frac{2}{3}h$ 处，其他各层柱反弯点在 $\frac{1}{2}h$ 处；

③ 柱端弯矩

底层柱上端：$M_{上}=V_j\times\frac{1}{3}h$

底层柱下端：$M_{下}=V_j\times\frac{2}{3}h$

其余各层柱上、下端：$M=V_j\times\frac{1}{2}h$

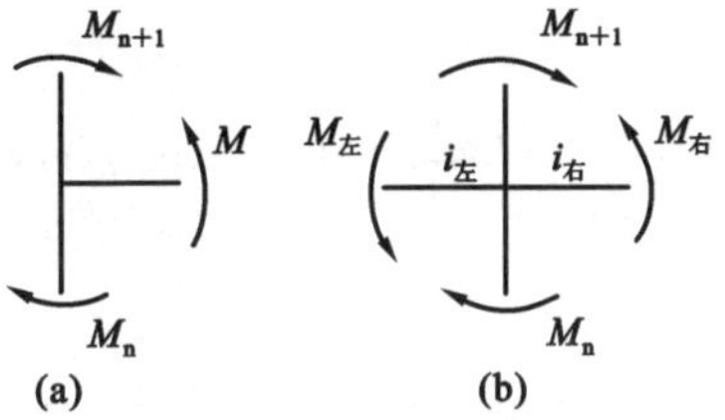

图 7.16　框架梁端弯矩计算简图

(a) 边跨外边缘处的梁端弯矩；

(b) 中间支座处的梁端弯矩

④ 梁端弯矩

边跨外边缘处的梁端弯矩[图 7.16(a)]为：

$$M=M_{n}+M_{n+1}$$

中间支座处的梁端弯矩[图 7.16(b)]为：

$$M_{左}=(M_{n}+M_{n+1})\frac{i_{左}}{i_{左}+i_{右}}$$

$$M_{右}=(M_{n}+M_{n+1})\frac{i_{右}}{i_{左}+i_{右}}$$

7.2.4.3　D 值法

D 值法又称改进的反弯点法，是对柱的抗侧移刚度和柱的反弯点位置进行修正后计算框架内力的一种方法。由前述反弯点法可以看出：框架各柱中的剪力仅与各柱间的线刚度比有关，各柱的反弯点位置取为定值，这与框架结构的实际工作情况相差较大。事实上，柱的抗侧移刚度不但与柱本身的线刚度及层高有关，而且还与梁的线刚度有关。反弯点法假定框架横梁刚度无限大，这在层数较多的框架中是不合理的。另外，框架变形后节点必有转角，它既能影响柱中的剪力，也能影响柱中的反弯点位置。故柱的反弯点高度不应是定值，而应随该柱与梁线刚度比以及上下层层高的不同而不同，甚至与房屋的总层数等因素也有关。因此，D 值法主要针对柱的抗侧移刚度及反弯点的高度进行改进，以求得更精确的内力值。

D 值法计算原理同反弯点法类似，也即先求出柱的反弯点高度和反弯点高度处的剪力，再方便地求出框架的内力。D 值法是通过对反弯点法中的柱抗侧移刚度 D 和反弯点高度 h 进行修正来考虑节点转角对框架内力的影响。

(1) 柱抗侧移刚度 D 值的修正

在反弯点法中，D 值是按柱梁端为固定端且无转角时确定的，但实际上框架节点是有转角的，考虑这个转角对框架内力的影响，根据转角位移方程可得：

$$D=\alpha_{c}\frac{12i_{c}}{h^{2}} \tag{7.8}$$

式中　D——考虑梁柱线刚度比影响的柱抗侧移刚度；

α_c——节点转动影响系数，$\alpha_c<1$，不同部位柱的节点转动影响系数如表 7.4 所示。

表 7.4　节点转动影响系数

层位＼柱位	边　柱	中　柱	α_c
一般层	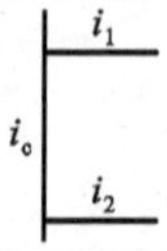 $\overline{K}=\dfrac{i_1+i_2}{2i_c}$	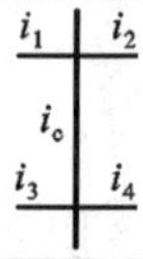 $\overline{K}=\dfrac{i_1+i_2+i_3+i_4}{2i_c}$	$\alpha_c=\dfrac{\overline{K}}{2+\overline{K}}$
底层	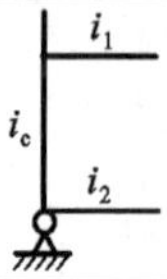 $\overline{K}=\dfrac{i_1+i_2}{2i_c}$	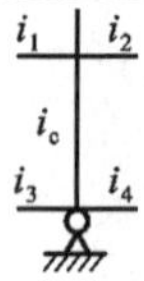 $\overline{K}=\dfrac{i_1+i_2+i_3+i_4}{2i_c}$	$\alpha_c=\dfrac{0.5\overline{K}}{1+2\overline{K}}$
底层	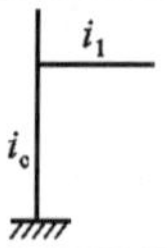 $\overline{K}=\dfrac{i_1}{i_c}$	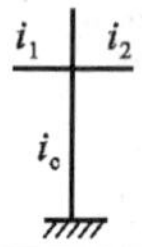 $\overline{K}=\dfrac{i_1+i_2}{i_c}$	$\alpha_c=\dfrac{0.5+\overline{K}}{2+\overline{K}}$

(2) 柱的反弯点高度

柱的反弯点高度 yh 是指柱下端至柱中反弯点的距离，如图 7.17 所示，其中 y 称为反弯点高度比。

对于多、高层框架结构，柱的反弯点位置主要与柱两端的约束刚度有关。而影响柱端约束刚度的主要因素有：梁柱线刚度比、结构总层数及该柱所在的楼层位置、上下层梁线刚度比、上下层层高变化以及作用于框架上的荷载形式等。因此，框架各柱的反弯点高度 yh 可用下式表示：

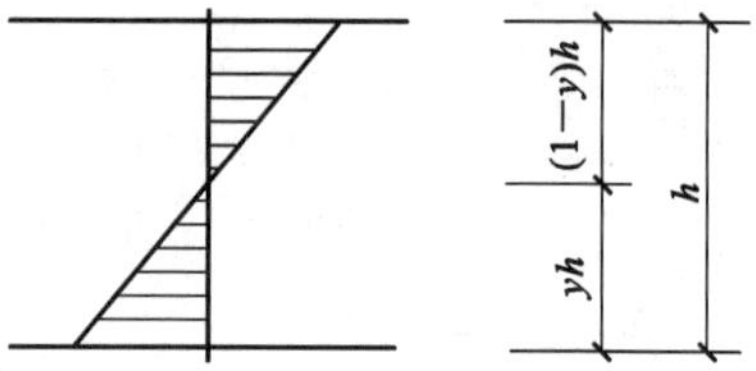

图 7.17　反弯点高度

$$yh=(y_0+y_1+y_2+y_3)h \tag{7.9}$$

式中　yh——D 值法取的反弯点高度值，h 为该柱层高；

y——柱反弯点高度比（某柱下部节点到反弯点距离与该柱高度的比值）；

y_0——标准反弯点高度比，按表 7.5 查用；

y_1——考虑上下层梁刚度不同时反弯点高度比的修正值，按表 7.6 查用；

y_2、y_3——考虑上、下层层高变化时反弯点高度比的修正值，按表 7.7 查用。

分析表明，不同荷载作用下框架柱的反弯点高度比 y_n 主要与梁柱线刚度比 $\overline{K}$、结构总层数 m 以及该柱所在的楼层位置 n 有关。

表 7.5　规则框架承受均布水平荷载时标准反弯点高度比 y_0 值

m	n＼$\overline{K}$	0.1	0.2	0.3	0.4	0.5	0.6	0.7	0.8	0.9	1.0	2.0	3.0	4.0	5.0
1	1	0.80	0.75	0.70	0.65	0.65	0.60	0.60	0.60	0.60	0.55	0.55	0.55	0.55	0.55
2	2	0.45	0.40	0.35	0.35	0.35	0.35	0.40	0.40	0.40	0.40	0.45	0.45	0.45	0.45
	1	0.90	0.80	0.75	0.70	0.65	0.65	0.65	0.60	0.60	0.60	0.55	0.55	0.55	0.55

续表7.5

m	$\overline{K}$ / n	0.1	0.2	0.3	0.4	0.5	0.6	0.7	0.8	0.9	1.0	2.0	3.0	4.0	5.0
3	3	0.15	0.20	0.20	0.25	0.30	0.30	0.30	0.35	0.35	0.35	0.40	0.45	0.45	0.45
	2	0.55	0.50	0.45	0.45	0.45	0.45	0.45	0.45	0.45	0.45	0.45	0.50	0.50	0.50
	1	1.00	0.85	0.80	0.75	0.70	0.70	0.65	0.65	0.65	0.60	0.55	0.55	0.55	0.55
4	4	−0.05	0.05	0.15	0.20	0.25	0.30	0.30	0.35	0.35	0.35	0.40	0.45	0.45	0.45
	3	0.25	0.30	0.30	0.35	0.35	0.40	0.40	0.40	0.40	0.45	0.45	0.50	0.50	0.50
	2	0.65	0.55	0.50	0.50	0.45	0.45	0.45	0.45	0.45	0.45	0.50	0.50	0.50	0.50
	1	1.10	0.90	0.80	0.75	0.70	0.70	0.55	0.65	0.55	0.60	0.55	0.55	0.55	0.55
5	5	−0.20	0.00	0.15	0.20	0.25	0.30	0.30	0.30	0.35	0.35	0.40	0.45	0.45	0.45
	4	0.10	0.20	0.25	0.30	0.35	0.35	0.40	0.40	0.40	0.40	0.45	0.45	0.50	0.50
	3	0.40	0.40	0.40	0.40	0.40	0.45	0.45	0.45	0.45	0.45	0.50	0.50	0.50	0.50
	2	0.65	0.55	0.50	0.50	0.50	0.50	0.50	0.50	0.50	0.50	0.50	0.50	0.50	0.50
	1	1.20	0.95	0.80	0.75	0.75	0.70	0.70	0.65	0.65	0.65	0.55	0.55	0.55	0.55
6	6	−0.30	0.00	0.10	0.20	0.25	0.25	0.30	0.30	0.35	0.35	0.40	0.45	0.45	0.45
	5	0.00	0.20	0.25	0.30	0.35	0.35	0.40	0.40	0.40	0.40	0.45	0.45	0.50	0.50
	4	0.20	0.30	0.35	0.35	0.40	0.40	0.40	0.45	0.45	0.45	0.45	0.50	0.50	0.50
	3	0.40	0.40	0.40	0.45	0.45	0.45	0.45	0.45	0.45	0.45	0.50	0.50	0.50	0.50
	2	0.70	0.60	0.55	0.50	0.50	0.50	0.50	0.50	0.50	0.50	0.50	0.50	0.50	0.50
	1	1.20	0.95	0.85	0.80	0.75	0.70	0.70	0.65	0.65	0.65	0.55	0.55	0.55	0.55
7	7	−0.35	−0.05	0.10	0.20	0.20	0.25	0.30	0.30	0.35	0.35	0.40	0.45	0.45	0.45
	6	−0.10	0.15	0.25	0.30	0.35	0.35	0.35	0.40	0.40	0.40	0.45	0.45	0.50	0.50
	5	0.10	0.25	0.30	0.35	0.40	0.40	0.40	0.45	0.45	0.45	0.50	0.50	0.50	0.50
	4	0.30	0.35	0.40	0.40	0.40	0.45	0.45	0.45	0.45	0.45	0.50	0.50	0.50	0.50
7	3	0.50	0.45	0.45	0.45	0.45	0.45	0.45	0.45	0.45	0.45	0.50	0.50	0.50	0.50
	2	0.75	0.60	0.55	0.50	0.50	0.50	0.50	0.50	0.50	0.50	0.50	0.50	0.50	0.50
	1	1.20	0.95	0.85	0.80	0.75	0.70	0.70	0.65	0.65	0.65	0.55	0.55	0.55	0.55
8	8	−0.35	−0.15	0.10	0.10	0.25	0.25	0.30	0.30	0.35	0.35	0.40	0.45	0.45	0.45
	7	0.10	0.15	0.25	0.30	0.35	0.35	0.40	0.40	0.40	0.40	0.45	0.50	0.50	0.50
	6	0.05	0.25	0.30	0.35	0.40	0.40	0.45	0.45	0.45	0.45	0.45	0.50	0.50	0.50
	5	0.20	0.30	0.35	0.40	0.40	0.45	0.45	0.45	0.45	0.45	0.50	0.50	0.50	0.50
	4	0.35	0.40	0.40	0.45	0.45	0.45	0.45	0.45	0.45	0.45	0.50	0.50	0.50	0.50
	3	0.50	0.45	0.45	0.45	0.45	0.45	0.45	0.45	0.50	0.50	0.50	0.50	0.50	0.50
	2	0.75	0.60	0.55	0.55	0.50	0.50	0.50	0.50	0.50	0.50	0.50	0.50	0.50	0.50
	1	1.20	1.00	0.85	0.80	0.75	0.70	0.70	0.65	0.65	0.65	0.55	0.55	0.55	0.55

续表7.5

m	n \ $\overline{K}$	0.1	0.2	0.3	0.4	0.5	0.6	0.7	0.8	0.9	1.0	2.0	3.0	4.0	5.0
9	9	−0.40	−0.05	0.10	0.20	0.25	0.25	0.30	0.30	0.35	0.35	0.45	0.45	0.45	0.45
	8	−0.15	0.15	0.25	0.30	0.35	0.35	0.35	0.40	0.40	0.40	0.45	0.45	0.50	0.50
	7	0.05	0.25	0.30	0.35	0.40	0.40	0.40	0.45	0.45	0.45	0.45	0.50	0.50	0.50
	6	0.15	0.30	0.35	0.40	0.40	0.45	0.45	0.45	0.45	0.45	0.50	0.50	0.50	0.50
	5	0.25	0.35	0.40	0.40	0.45	0.45	0.45	0.45	0.45	0.45	0.50	0.50	0.50	0.50
	4	0.40	0.40	0.40	0.45	0.45	0.45	0.45	0.45	0.45	0.45	0.50	0.50	0.50	0.50
	3	0.55	0.45	0.45	0.45	0.45	0.45	0.45	0.45	0.50	0.50	0.50	0.50	0.50	0.50
	2	0.80	0.65	0.55	0.55	0.50	0.50	0.50	0.50	0.50	0.50	0.50	0.50	0.50	0.50
	1	1.20	1.00	0.85	0.80	0.75	0.70	0.70	0.65	0.65	0.65	0.55	0.55	0.55	0.55
10	10	−0.40	−0.05	0.10	0.20	0.25	0.30	0.30	0.30	0.30	0.35	0.40	0.45	0.45	0.45
	9	−0.15	0.15	0.25	0.30	0.35	0.35	0.40	0.40	0.40	0.40	0.45	0.45	0.50	0.50
	8	0.00	0.25	0.30	0.35	0.40	0.40	0.40	0.45	0.45	0.45	0.45	0.50	0.50	0.50
	7	0.15	0.30	0.35	0.40	0.40	0.40	0.45	0.45	0.45	0.45	0.50	0.50	0.50	0.50
	6	0.20	0.35	0.40	0.40	0.45	0.45	0.45	0.45	0.45	0.45	0.50	0.50	0.50	0.50
	5	0.30	0.40	0.40	0.45	0.45	0.45	0.45	0.45	0.45	0.50	0.50	0.50	0.50	0.50
	4	0.40	0.40	0.45	0.45	0.45	0.45	0.45	0.45	0.45	0.50	0.50	0.50	0.50	0.50
	3	0.55	0.50	0.45	0.45	0.45	0.50	0.50	0.50	0.50	0.50	0.50	0.50	0.50	0.50
	2	0.80	0.65	0.55	0.55	0.55	0.50	0.50	0.50	0.50	0.50	0.50	0.50	0.50	0.50
	1	1.30	1.00	0.85	0.80	0.75	0.70	0.70	0.65	0.65	0.65	0.60	0.55	0.55	0.55
11	11	−0.40	−0.05	0.10	0.20	0.25	0.30	0.30	0.30	0.35	0.35	0.40	0.45	0.45	0.45
	10	−0.15	0.15	0.25	0.30	0.35	0.35	0.40	0.40	0.40	0.40	0.45	0.45	0.50	0.50
	9	0.00	0.25	0.30	0.35	0.40	0.40	0.40	0.45	0.45	0.45	0.45	0.50	0.50	0.50
	8	0.10	0.30	0.35	0.40	0.40	0.45	0.45	0.45	0.45	0.45	0.50	0.50	0.50	0.50
	7	0.20	0.35	0.40	0.45	0.45	0.45	0.45	0.45	0.45	0.45	0.50	0.50	0.50	0.50
	6	0.25	0.35	0.40	0.45	0.45	0.45	0.45	0.45	0.45	0.45	0.50	0.50	0.50	0.50
	5	0.35	0.40	0.40	0.45	0.45	0.45	0.45	0.45	0.45	0.50	0.50	0.50	0.50	0.50
	4	0.40	0.45	0.45	0.45	0.45	0.45	0.45	0.50	0.50	0.50	0.50	0.50	0.50	0.50
	3	0.55	0.50	0.50	0.50	0.50	0.50	0.50	0.50	0.50	0.50	0.50	0.50	0.50	0.50
	2	0.80	0.65	0.60	0.55	0.55	0.50	0.50	0.50	0.50	0.50	0.50	0.50	0.50	0.50
	1	1.30	1.00	0.85	0.80	0.75	0.70	0.70	0.65	0.65	0.65	0.60	0.55	0.55	0.55

续表7.5

m	n \ $\overline{K}$	0.1	0.2	0.3	0.4	0.5	0.6	0.7	0.8	0.9	1.0	2.0	3.0	4.0	5.0
12	自上 1	−0.40	−0.05	0.10	0.20	0.25	0.30	0.30	0.30	0.35	0.35	0.40	0.45	0.45	0.45
	2	−0.15	0.15	0.25	0.30	0.35	0.35	0.40	0.40	0.40	0.40	0.45	0.45	0.50	0.50
	3	0.00	0.25	0.30	0.35	0.40	0.40	0.40	0.45	0.45	0.45	0.50	0.50	0.50	0.50
	4	0.10	0.30	0.35	0.40	0.40	0.45	0.45	0.45	0.45	0.45	0.50	0.50	0.50	0.50
	5	0.20	0.35	0.40	0.45	0.45	0.45	0.45	0.45	0.45	0.45	0.50	0.50	0.50	0.50
	6	0.25	0.35	0.40	0.45	0.45	0.45	0.45	0.45	0.45	0.45	0.50	0.50	0.50	0.50
	7	0.30	0.40	0.40	0.45	0.45	0.45	0.45	0.45	0.50	0.50	0.50	0.50	0.50	0.50
	8	0.35	0.40	0.45	0.45	0.45	0.45	0.45	0.50	0.50	0.50	0.50	0.50	0.50	0.50
	中间	0.40	0.40	0.45	0.45	0.45	0.45	0.50	0.50	0.50	0.50	0.50	0.50	0.50	0.50
	4	0.45	0.45	0.45	0.45	0.50	0.50	0.50	0.50	0.50	0.50	0.50	0.50	0.50	0.50
	3	0.60	0.50	0.50	0.50	0.50	0.50	0.50	0.50	0.50	0.50	0.50	0.50	0.50	0.50
	2	0.80	0.65	0.60	0.55	0.50	0.50	0.50	0.50	0.50	0.50	0.50	0.50	0.50	0.50
	自下 1	1.30	1.00	0.85	0.80	0.75	0.70	0.70	0.65	0.65	0.65	0.55	0.55	0.55	0.55

表 7.6　上下梁相对刚度变化时反弯点高度比修正值 y_1

y_1 \ $\overline{K}$	0.1	0.2	0.3	0.4	0.5	0.6	0.7	0.8	0.9	1.0	2.0	3.0	4.0	5.0
0.4	0.55	0.40	0.30	0.25	0.20	0.20	0.20	0.15	0.15	0.15	0.05	0.05	0.05	0.05
0.5	0.45	0.30	0.20	0.20	0.15	0.15	0.15	0.10	0.10	0.10	0.05	0.05	0.05	0.05
0.6	0.30	0.20	0.15	0.15	0.10	0.10	0.10	0.10	0.05	0.05	0.05	0.05	0.00	0.00
0.7	0.20	0.15	0.10	0.10	0.10	0.05	0.05	0.05	0.05	0.05	0.05	0.00	0.00	0.00
0.8	0.15	0.10	0.05	0.05	0.05	0.05	0.05	0.05	0.05	0.00	0.00	0.00	0.00	0.00
0.9	0.05	0.05	0.05	0.05	0.00	0.00	0.00	0.00	0.00	0.00	0.00	0.00	0.00	0.00

表 7.7　上下层柱高度变化时反弯点高度比修正值 y_2 和 y_3

y_2	y_3 \ $\overline{K}$	0.1	0.2	0.3	0.4	0.5	0.6	0.7	0.8	0.9	1.0	2.0	3.0	4.0	5.0
2.0		0.25	0.15	0.15	0.10	0.10	0.10	0.10	0.10	0.05	0.05	0.05	0.05	0.00	0.00
1.8		0.20	0.15	0.10	0.10	0.10	0.05	0.05	0.05	0.05	0.05	0.05	0.00	0.00	0.00
1.6	0.4	0.15	0.10	0.10	0.05	0.05	0.05	0.05	0.05	0.05	0.05	0.05	0.00	0.00	0.00
1.4	0.6	0.10	0.05	0.05	0.05	0.05	0.05	0.05	0.05	0.05	0.00	0.00	0.00	0.00	0.00
1.2	0.8	0.05	0.05	0.05	0.00	0.00	0.00	0.00	0.00	0.00	0.00	0.00	0.00	0.00	0.00

续表7.7

y_2	$\overline{K}$ / y_3	0.1	0.2	0.3	0.4	0.5	0.6	0.7	0.8	0.9	1.0	2.0	3.0	4.0	5.0
1.0	1.0	0.00	0.00	0.00	0.00	0.00	0.00	0.00	0.00	0.00	0.00	0.00	0.00	0.00	0.00
0.8	1.2	−0.05	−0.05	−0.05	0.00	0.00	0.00	0.00	0.00	0.00	0.00	0.00	0.00	0.00	0.00
0.6	1.4	−0.10	−0.05	−0.05	−0.05	−0.05	−0.05	−0.05	−0.05	−0.05	−0.05	0.00	0.00	0.00	0.00
0.4	1.6	−0.15	−0.10	−0.10	−0.05	−0.05	−0.05	−0.05	−0.05	−0.05	−0.05	0.00	0.00	0.00	0.00
	1.8	−0.20	−0.15	−0.10	−0.10	−0.10	−0.05	−0.05	−0.05	−0.05	−0.05	−0.05	0.00	0.00	0.00
	2.0	−0.25	−0.15	−0.15	−0.10	−0.10	−0.10	−0.10	−0.05	−0.05	−0.05	−0.05	−0.05	0.00	0.00

【例 7.2】某三层三跨框架结构的中间一榀框架的几何尺寸及计算所得的线刚度如图 7.18 所示，各楼层节点所受的水平荷载集中力如图 7.19 所示，试用 D 值法计算框架结构弯矩。

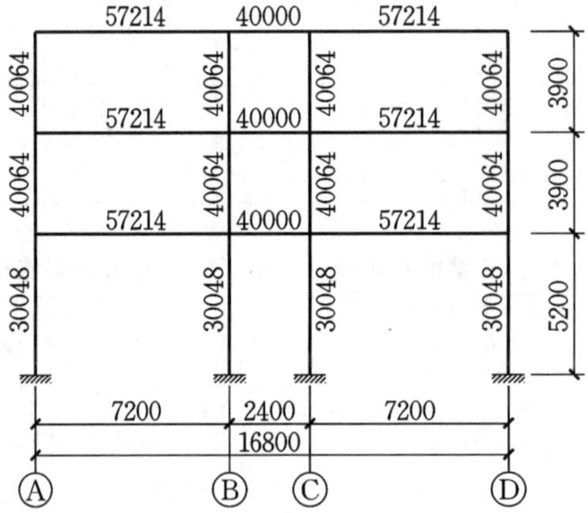

图 7.18　框架结构层高及线刚度图(mm)

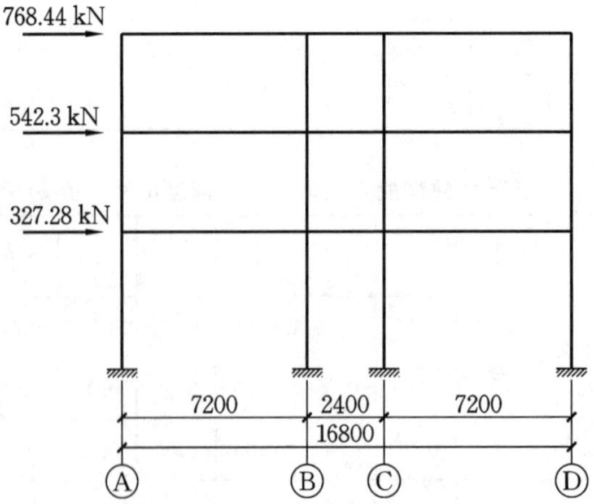

图 7.19　框架结构水平受力图(mm)

【**解**】钢筋混凝土框架柱侧向刚度 $D=\alpha_c \dfrac{12i_c}{h^2}$，其中 α_c 按表 7.4 公式计算。i_c、h 为柱的线刚度及高度，本结构 D 值计算见表 7.8。

表 7.8　框架 D 值计算表(kN/m)

楼层	h_i (m)	i_c (kN·m)	边柱			中柱			$\sum D$
			$\overline{K}$	α_c	D_i	$\overline{K}$	α_c	D_i	
3F	3.9	40064	1.43	0.42	13276	2.43	0.55	17385	61322
2F	3.9	40064	1.43	0.42	13276	2.43	0.55	17385	61322
1F	5.2	30048	1.9	0.62	8268	3.24	0.71	9468	35472

框架结构反弯点计算值如表 7.9 所示。

已知：$y=y_0+y_1+y_2+y_3$

框架各楼层梁截面相同，取各楼层 $y_1=0$；

由于底层柱与其他层柱结构高度不同，且不考虑 y_1 修正，经计算底层 $y_1=0$，$y_2=0$，$y_3=0$；

同理，其余楼层 $y_1=0$，$y_2=0$，$y_3=0$。

表 7.9　框架结构反弯点计算

楼层	h_i(m)	$\overline{K}$		y_0		y		yh_i(m)	
		边柱	中柱	边柱	中柱	边柱	中柱	边柱	中柱
3F	3.90	1.43	2.43	0.372	0.422	0.372	0.422	1.45	1.65
2F	3.90	1.43	2.43	0.45	0.472	0.45	0.472	1.755	1.84
1F	5.20	1.90	3.24	0.555	0.55	0.555	0.55	2.87	2.86

通过边柱、中柱抗侧刚度和楼层抗侧刚度的比值，再乘以楼层在水平荷载作用下的总剪力，即可求出各框架柱的剪力，水平荷载下柱剪力计算值如表 7.10 所示。

表 7.10　水平荷载下柱剪力

楼层	D_S (kN/m)	V_i(kN)	D(kN/m)		V(kN)	
			边柱	中柱	边柱	中柱
3F	534194	768.44	13276	17385	19.10	25.01
2F	534194	1310.74	13276	17385	32.58	42.66
1F	313380	1638.02	8268	9468	43.22	49.49

柱上弯矩等于柱剪力乘以反弯点至柱上端的距离，柱下弯矩等于柱剪力乘以反弯点至柱下端的距离，计算公式如下：

$$M_t=-Vh(1-y)$$

$$M_b=-Vhy$$

框架梁柱节点处弯矩平衡，故节点处梁端弯矩之和等于柱端弯矩之和，再根据节点两侧梁线刚度，将弯矩分配给梁端，柱端弯矩值和两端弯矩值分别见表 7.11 和表 7.12，计算公式如下。

梁左弯矩：
$$M_b^l=-\frac{i_b^l}{i_b^l+i_b^r}(M_c^i+M_c^{i-1})$$

梁右弯矩：
$$M_b^r=-\frac{i_b^r}{i_b^l+i_b^r}(M_c^i+M_c^{i-1})$$

$$i_b^l+i_b^r=57214+40000=97214\ \text{kN}\cdot\text{m}$$

$$\mu_1=\frac{i_b^r}{i_b^l+i_b^r}=\frac{57214}{97214}=0.589$$

$$\mu_2=\frac{i_b^r}{i_b^l+i_b^r}=\frac{40000}{97214}=0.411$$

表 7.11 水平荷载下柱端弯矩

楼层	h_i(m)	V(kN)		yh_i(m)		M_t(kN·m)		M_b(kN·m)	
		边柱	中柱	边柱	中柱	边柱	中柱	边柱	中柱
3F	3.90	19.10	25.01	1.45	1.65	−46.8	−56.27	−27.7	−41.27
2F	3.90	32.58	42.66	1.755	1.84	−69.88	−87.88	−57.18	−78.5
1F	5.20	43.22	49.49	2.87	2.86	−100.7	−115.81	−124.04	−141.54

表 7.12 水平荷载下梁端弯矩

楼层	M_t(kN·m)		M_b(kN·m)		M_l(kN·m)		M_r(kN·m)	
	边柱	中柱	边柱	中柱	边梁	中梁	边梁	中梁
3F	−46.8	−56.27	−27.7	−41.27	46.8	23.13	33.14	23.13
2F	−69.88	−87.88	−57.18	−78.5	97.58	53.08	76.07	53.08
1F	−100.7	−115.81	−124.04	−141.54	157.88	79.86	114.45	79.86

7.2.4.4 框架结构的侧移计算

在水平荷载作用下，框架的侧移可以看做是梁、柱弯曲变形和轴向变形所引起的侧移之和。由杆件中弯矩引起的框架侧移从总体变形规律上看[图 7.20(b′)]类似于一实体悬臂梁的剪切变形曲线，故称其为总体剪切变形，其特点是上部层间侧移小，下部层间侧移大（$\Delta\mu_1>\Delta\mu_2>\cdots>\Delta\mu_m$）；而由杆件轴力引起的框架侧移从总体变形规律上看，类似于一实体悬臂梁的弯曲变形[图 7.20(c′)]，故一般称其为总体弯曲变形，其特点是上部层间侧移大，下部层间侧移小。

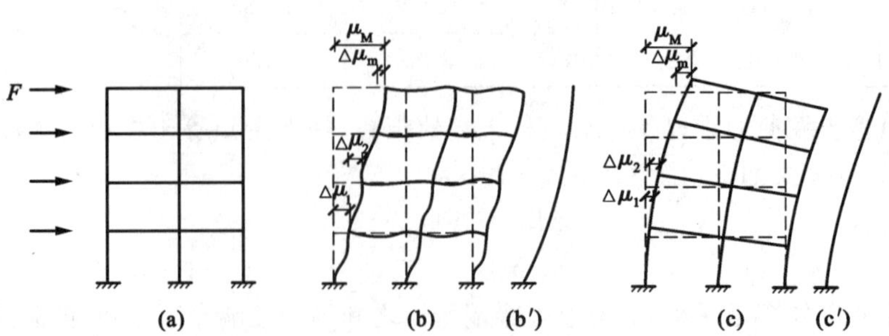

图 7.20 框架在水平荷载作用下的侧移

一般的多层框架，其侧移主要是由梁、柱的弯曲变形引起的，即主要发生总体剪切变形。对于 $H>50$ m 或 $\frac{H}{B}>4$ 的细高框架结构，则还要考虑总体弯曲变形。

(1) 梁柱弯曲变形引起的框架侧移 μ_M

由 D 值法可知，在水平荷载作用下，同一层柱的抗侧移刚度之和为 $\sum D$（即该层框架产生单位层间侧移所需要的层间剪力），当已知第 n 层的层间剪力为 V_n 时，则层间侧移应为：

$$\Delta\mu_n=\frac{V_n}{\sum D} \tag{7.10}$$

式中 $\Delta\mu_n$——层间侧移；

V_n——第 n 层的层间剪力，$V_n=\sum_{k=n}^{m}F_k$（即第 n 层以上所有水平荷载的总和，m 为框架的总层数）；

$\sum D$ ——第 n 层的各柱抗侧移刚度总和。

按上式求得每层框架的层间侧移之后，则框架的总侧移为：

$$\mu_M=\Delta\mu_1+\Delta\mu_2+\cdots+\Delta\mu_m=\sum_{n=1}^{m}\Delta\mu_n$$

(2) 柱轴向变形引起的框架侧移 μ_N

对于 $H>50$ m 或 $\frac{H}{B}>4$ 的细高框架结构除考虑梁、柱弯曲变形引起的侧移 μ_M 之外，还必须考虑由柱轴向变形引起的结构顶点侧移 μ_N。如图 7.21 所示的框架在水平荷载作用下，框架一侧产生轴向拉力，而另一侧则产生轴向压力。根据结构力学知识，可得框架由轴向变形引起的侧移为：

$$\mu_N=\frac{V_0H^3}{EA_1B^2}F(n) \tag{7.11}$$

式中 V_0——框架底部总剪力，即作用于框架上所有水平外荷载之和；

EA_1——底层外柱的轴向刚度；

$F(n)$——系数，取决于荷载形式、顶层与底层柱的轴向刚度比 n，可由图 7.22 查得。

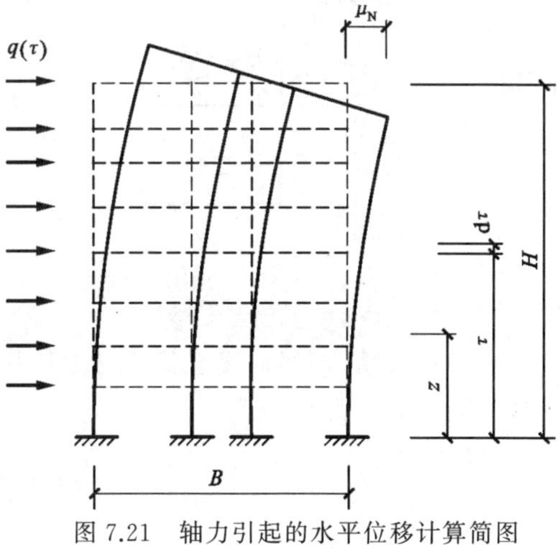

图 7.21 轴力引起的水平位移计算简图

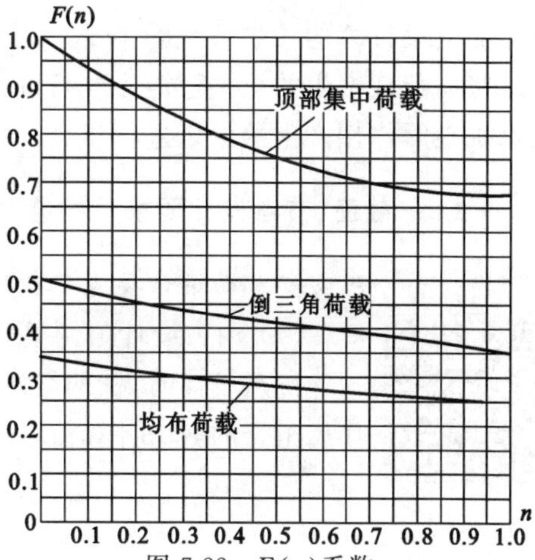

图 7.22 $F(n)$系数

7.2.5 框架结构的荷载效应组合及内力调幅

7.2.5.1 控制截面内力

框架在恒荷载、楼面活荷载、屋面活荷载、风荷载作用下的内力分别按上一节所述方法求出，要计算各主要截面可能发生的最不利内力。这种计算各主要截面可能发生的最不利内力的工作，称为内力组合。

在线测试

框架每一根杆件都有许多截面，但内力组合只需在每根杆件的几个主要截面进行。这几个主要截面的内力求出后，按此内力进行杆件的配筋便可以保证此杆件有足够的可靠度。这些主要截面称为杆件的控制截面。

内力组合是针对控制截面的内力进行的。框架梁控制截面为梁端及跨中；框架柱控制截面为柱端。各控制截面内力类型如表 7.13 所示。

表 7.13 最不利内力类型

构 件	梁		柱
控制截面	梁端	跨中	柱端
最不利内力	$-M_{max}$ $+M_{max}$ $\lvert V\rvert_{max}$	$+M_{max}$ $-M_{max}$	$+M_{max}$及相应的 N、V $-M_{max}$及相应的 N、V N_{max}及相应的 M、V N_{min}及相应的 M、V

表中梁端指柱边，柱端指梁底及梁顶，如图 7.23 所示。

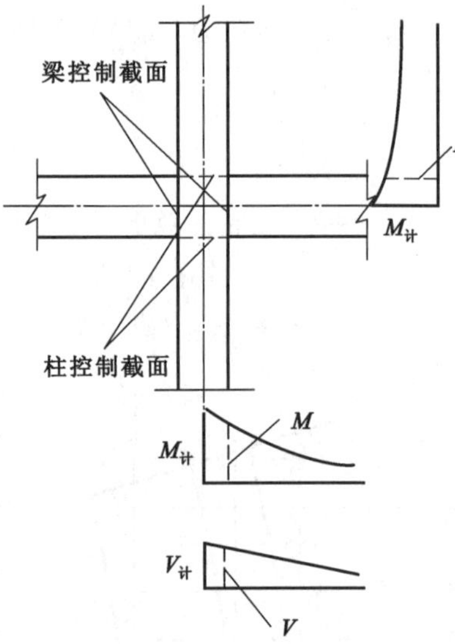

图 7.23 梁、柱端设计控制截面

7.2.5.2 梁端内力调幅

在竖向荷载作用下，可以考虑梁端塑性变形引起的内力重分布，对梁端负弯矩进行调幅。现浇框架调幅系数为 0.8～0.9，装配整体式框架调幅系数为 0.7～0.8。梁端负弯矩减小后，应按平衡条件计算调幅后的跨中弯矩，且要求梁跨中正弯矩设计值至少应取竖向荷载作用下按简支梁计算的跨中弯矩的 1/2。

竖向荷载产生的梁端弯矩应先行调幅，再与风荷载和水平地震作用产生的弯矩进行组合。

7.2.6 截面、节点设计要求及构造要求

7.2.6.1 框架梁截面设计要点及构造

在线测试

(1) 内力设计值调整

抗震设计时，框架梁端部截面组合的剪力设计值，四级时可直接取考虑地震作用组合的剪力计算值，一、二、三级应按下列公式计算：

$$V=\frac{\eta_{vb}(M_b^l+M_b^r)}{l_n}+V_{Gb} \tag{7.12}$$

9 度抗震设计的结构和一级框架结构尚应符合：

$$V=\frac{1.1(M_{\mathrm{bua}}^{l}+M_{\mathrm{bua}}^{\mathrm{r}})}{l_{\mathrm{n}}}+V_{\mathrm{Gb}} \tag{7.13}$$

式中 M_{b}^{l}、$M_{\mathrm{b}}^{\mathrm{r}}$——梁左、右逆时针或顺时针方向截面组合的弯矩设计值，当抗震等级为一级且梁两端弯矩均为负弯矩时，绝对值小的一端的弯矩应取零；

M_{bua}^{l}、$M_{\mathrm{bua}}^{\mathrm{r}}$——梁左、右逆时针或顺时针方向实配的正截面抗震受弯承载力对应的弯矩值，可根据实配钢筋面积（计入受压钢筋，包括有效翼缘宽度范围内的楼板钢筋）和材料强度标准值并考虑承载力抗震调整系数进行计算；

l_{n}——梁的净跨；

V_{Gb}——梁在重力荷载代表值（9 度时还应包括竖向地震作用标准值）作用下，按简支梁分析的梁端截面剪力设计值；

η_{vb}——梁端剪力增大系数，一、二、三级分别取 1.3、1.2 和 1.1。

【例 7.3】已知某框架结构，抗震等级为二级，其中框架梁的计算跨度 $l_0=6000$ mm，梁左、右两端在地震组合下，内力调整前的弯矩设计值分别为 105 kN · m、−305 kN · m，该梁在重力荷载代表值作用下按简支梁分析的梁端截面剪力设计值为 135 kN，问该框架梁端部在地震组合下的剪力设计值为多少？

【解】(1)确定基本参数

$$\begin{aligned}V&=\eta_{\mathrm{vb}}(M_{\mathrm{b}}^{l}+M_{\mathrm{b}}^{\mathrm{r}})/l_{\mathrm{n}}+V_{\mathrm{Gb}}\\&=1.2\times\frac{105+305}{6}+135=217\ \mathrm{kN}\end{aligned}$$

【例 7.4】已知某框架结构，抗震等级为一级，其中框架梁和尺寸为 $b\times h=250\ \mathrm{mm}\times 500\ \mathrm{mm}$，采用 C30 混凝土，纵筋采用 HRB400 级，已知梁端截面配筋均为：梁顶 3 ⌀25，梁的净跨 $l_{\mathrm{n}}=6$ m，梁上受到的均匀分布的重力荷载代表值为 30 kN/m，$a_{\mathrm{s}}=a_{\mathrm{s}}'=35$ mm，问该框架梁端部按式(7.13)计算所得在地震组合下的剪力设计值为多少？

【解】(1)重力荷载代表值引起的梁端支座边缘剪力设计值

$$V_{\mathrm{Gb}}=1.2\left(\frac{1}{2}ql_{\mathrm{n}}\right)=1.2\times\frac{1}{2}\times 30\times 6=108\ \mathrm{kN}$$

因梁端上下配筋相同，则：

$$\begin{aligned}M_{\mathrm{bua}}^{l}=M_{\mathrm{bua}}^{\mathrm{r}}&=\frac{1}{\gamma_{\mathrm{RE}}}f_{\mathrm{yk}}A_{\mathrm{s}}^{\mathrm{a}}(h_0-a_{\mathrm{s}}')\\&=\frac{1}{0.75}\times 400\times 1473\times(465-35)=337.8\ \mathrm{kN\cdot m}\end{aligned}$$

$$\begin{aligned}V&=1.1(M_{\mathrm{bua}}^{l}+M_{\mathrm{bua}}^{\mathrm{r}})/l_{\mathrm{n}}+V_{\mathrm{Gb}}\\&=1.1\times\frac{337.8+337.8}{6}+108=231.86\ \mathrm{kN}\end{aligned}$$

(2) 梁截面尺寸限制条件

无地震作用组合时：

$$V\leqslant 0.25\beta_{\mathrm{c}}f_{\mathrm{c}}bh_0 \tag{7.14}$$

有地震作用组合时：

跨高比大于 2.5 的梁

$$V \leqslant \frac{1}{\gamma_{RE}}(0.2\beta_c f_c b h_0) \tag{7.15}$$

跨高比不大于 2.5 的梁

$$V \leqslant \frac{1}{\gamma_{RE}}(0.15\beta_c f_c b h_0) \tag{7.16}$$

式中　V——梁计算截面的剪力设计值；

β_c——混凝土强度影响系数：当混凝土强度等级不大于 C50 时，取 1.0；当混凝土强度等级为 C80 时，取 0.8；当混凝土强度等级在 C50 到 C80 之间时，可按线性内插取用；

f_c——混凝土轴心抗压强度设计值；

γ_{RE}——构件承载力抗震调整系数；

A_s^a——特定属性或方向上的面积。

(3) 受压区高度限制值

抗震设计时，计入受压钢筋作用的梁端截面混凝土受压区高度与有效高度之比值，一级不应大于 0.25，二、三级不应大于 0.35。其他情况，梁端截面混凝土受压区高度限值与普通混凝土受弯构件相同。

(4) 纵向钢筋构造要求

纵向受拉钢筋的最小配筋率 ρ_{min}(%)，非抗震设计时不应小于 0.2 和 45 $\frac{f_t}{f_y}$ 二者的较大值；抗震设计时，不应小于表 7.14 中规定的数值。

表 7.14　梁纵向受拉钢筋配筋率 ρ_{min}(%)限值

抗震等级	受拉钢筋最小配筋率		受拉钢筋最大配筋率
	支座(取较大值)	跨中(取较大值)	
一级	0.40 和 80 $\frac{f_t}{f_y}$	0.30 和 65 $\frac{f_t}{f_y}$	梁端 2.5；跨中按防止梁超筋破坏的要求
二级	0.30 和 65 $\frac{f_t}{f_y}$	0.25 和 55 $\frac{f_t}{f_y}$	
三、四级	0.25 和 55 $\frac{f_t}{f_y}$	0.2 和 45 $\frac{f_t}{f_y}$	

抗震设计时，梁端截面的底面和顶面纵向钢筋截面面积的比值，除按计算确定外，一级不应小于 0.5，二、三级不应小于 0.3。

纵向钢筋最小贯通用量应符合下列要求：

① 沿梁全长顶面和底面应至少各配置两根纵向配筋，一、二级抗震设计时钢筋直径不应小于 14 mm，且分别不应小于梁两端顶面和底面纵向配筋中较大截面面积的 1/4；三、四级抗震设计和非抗震设计时钢筋直径不应小于 12 mm。

② 一、二、三级抗震等级的框架梁内贯通中柱的每根纵向钢筋的直径，对矩形截面柱，不宜大于柱在该方向截面尺寸的 1/20；对于圆形截面柱，不宜大于纵向钢筋所在位置柱截面弦长的 1/20。

(5) 箍筋构造要求

抗震设计时，梁端箍筋加密区长度、箍筋最大间距和最小直径应符合表 7.15 的要求。

表 7.15 梁端箍筋加密区的长度、箍筋最大间距和最小直径

抗震等级	加密区长度(取较大值)(mm)	箍筋最大间距(取较小值)(mm)	箍筋最小直径(mm)
一	$2.0h_b$,500	$h_b/4$,$6d$,100	10
二	$1.5h_b$,500	$h_b/4$,$8d$,10	8
三	$1.5h_b$,500	$h_b/4$,$8d$,15	8
四	$1.5h_b$,500	$h_b/4$,$8d$,15	6

注:① d 为纵向钢筋直径;h_b 为梁截面高度。
② 当梁端纵向钢筋配筋率大于 2%时,表中箍筋最小直径应增大 2 mm。

非抗震设计中,框架梁箍筋配筋构造应符合下列规定:

① 应沿梁全长设置箍筋,第一个箍筋应设置在距支座边缘 50 mm 处。

② 截面高度大于 800 mm 的梁,其箍筋直径不宜小于 8 mm;其余截面高度的梁不应小于 6 mm。在受力钢筋搭接长度范围内,箍筋直径不应小于搭接钢筋最大直径的 1/4。

③ 箍筋间距不应大于表 7.16 中的规定;在纵向受拉钢筋的搭接长度范围内,箍筋间距尚不应大于搭接钢筋较小直径的 5 倍,且不应大于 100 mm;在纵向受压钢筋的搭接长度范围内,箍筋间距尚不应大于搭接钢筋最小直径的 10 倍,且不应大于 200 mm。

表 7.16 非抗震设计箍筋最大间距

V / h_b(mm)	$V>0.7f_tbh_0$	$V\leqslant 0.7f_tbh_0$
$h_b\leqslant 300$	150	200
$300<h_b\leqslant 500$	200	300
$500<h_b\leqslant 800$	250	350
$h_b>800$	300	400

④ 当梁的剪力设计值大于 $0.7f_tbh_0$ 时,其箍筋面积配筋率应符合下式要求:

$$\rho_{sv}\geqslant 0.24\frac{f_t}{f_{yv}} \tag{7.17}$$

⑤ 当梁中配有计算需要的纵向受压钢筋时,其箍筋配置尚应符合下列要求:

a. 箍筋直径不应小于纵向受压钢筋最大直径的 1/4;

b. 箍筋应做成封闭式;

c. 箍筋间距不应大于 $15d$ 且不应大于 400 mm;当一层内的受压钢筋多于 5 根且直径大于 18 mm 时,箍筋间距不应大于 $10d$(d 为纵向受压钢筋的最小直径);

d. 当梁截面宽度大于 400 mm 且一层内的纵向受压钢筋多于 3 根时,或当梁截面宽度不大于 400 mm 但一层内的纵向受压钢筋多于 4 根时,应设置复合箍筋。

7.2.6.2 框架柱截面设计要点及构造

(1) 内力设计值调整

① 框架柱的弯矩设计值调整

抗震设计时，除顶层、轴压比小于 0.15 者及框支梁柱节点外，框架的梁、柱节点处考虑地震作用组合的柱端弯矩设计值应按下式予以调整：

$$\sum M_c = \eta_c \sum M_b \tag{7.18}$$

一级框架结构及 9 度抗震设计的框架可不按上式调整，但应符合下列要求：

$$\sum M_c = 1.2 \sum M_{bua} \tag{7.19}$$

式中　$\sum M_c$ ——节点上、下柱端截面顺时针或逆时针方向组合弯矩设计值之和，上、下柱端的弯矩设计值，可按弹性分析的弯矩比例进行分配；

$\sum M_b$ ——节点左、右梁端截面逆时针或顺时针方向弯矩设计值之和，当抗震等级为一级且节点左、右梁端均为负弯矩时，绝对值较小的弯矩应取零；

$\sum M_{bua}$ ——节点左、右梁端逆时针或顺时针方向实配的正截面抗震受弯承载力所对应的弯矩值之和，可根据实际配筋面积（计入受压钢筋和有效翼缘宽度范围内的楼板钢筋）和材料强度标准值并考虑承载力抗震调整系数计算；

η_c——柱端弯矩增大系数，对于框架结构，一、二、三、四级可分别取 1.7、1.5、1.3、1.2。

当反弯点不在柱的层高范围内时，柱端弯矩设计值可直接乘以柱端弯矩增大系数 η_c。

为避免框架底层柱根部过早出现塑性铰，抗震设计时，一、二、三、四级框架结构的底层柱底截面的弯矩设计值，应分别采用考虑地震作用组合的弯矩值与增大系数 1.7、1.5、1.3、1.2的乘积。

② 框架柱的剪力设计值调整

抗震设计的框架柱端部截面的剪力设计值，一、二、三、四级时应按下列公式计算：

$$V = \frac{\eta_{vc}(M_c^t + M_c^b)}{H_n} \tag{7.20}$$

一级框架结构及 9 度抗震设计的框架可不按上式调整，但应符合下列要求：

$$V = \frac{1.2(M_{cua}^t + M_{cua}^b)}{H_n} \tag{7.21}$$

式中　M_c^t、M_c^b——柱上、下端顺时针或逆时针方向截面组合的弯矩设计值，应符合第①条“框架柱的弯矩设计值调整”的规定；

M_{cua}^t、M_{cua}^b——柱上、下端顺时针或逆时针方向实配的正截面抗震承载力所对应的弯矩值，可根据实配钢筋面积、材料强度标准值和重力荷载代表值产生的轴向压力设计值并考虑承载力抗震周期系数计算；

H_n——柱的净高；

η_{vc}——柱端剪力增大系数，对框架结构，一、二、三、四级可分别取 1.5、1.3、1.2 和 1.1。

③ 框架角柱的内力设计值调整

抗震设计时，框架角柱应按双向偏心受力构件进行正截面承载力设计。一、二、三、四级框架角柱经上述方法调整后的弯矩、剪力设计值，应乘以不小于 1.1 的增大系数。

(2) 截面尺寸校核

抗震设计时，钢筋混凝土柱轴压比不宜超过表 7.17 的规定；对于Ⅳ类场地上较高的高层建筑，其轴压比限值应适当减小。轴压比指考虑地震作用的轴压力设计值与柱全截面面积和混凝土轴心抗压强度设计值的比值[即 $N/(A_c f_c)$]。

表 7.17 框架柱轴压比限值

抗震等级	一	二	三	四
轴压比	0.65	0.75	0.85	0.9

注:① 表内数值适用于混凝土强度等级不高于 C60 的柱。当混凝土强度等级为 C65~C70 时,轴压比限值应比表中数值降低 0.05;当混凝土强度等级为 C75~C80 时,轴压比限值应比表中数值降低 0.10。

② 表内数值适用于剪跨比大于 2 的柱;剪跨比不大于 2 但不小于 1.5 的柱,其轴压比限制应比表中数值减小 0.05;剪跨比小于 1.5 的柱,其轴压比限值应专门研究并采用特殊构造措施。

③沿柱截面全高采用井字复合箍,且箍筋间距不大于 100 mm、肢距不大于 200 mm、直径不小于 12 mm 时,其轴压比限制应比表中数值增加 0.10。

框架柱的剪跨比可按下式计算:

$$\lambda = \frac{M^c}{V^c h_0} \tag{7.22}$$

式中 λ——框架柱的剪跨比,反弯点位于柱高中部的框架柱,可取柱净高与计算方向 2 倍柱截面有效高度之比值;

M^c——柱端截面未经过调整的组合弯矩计算值,可取柱上、下端的较大值;

V^c——柱端截面与组合弯矩计算值对应的组合剪力计算值;

h_0——柱截面计算方向有效高度。

(3) 柱的纵向钢筋构造要求

框架柱宜采用对称配筋。全部纵向钢筋的配筋率,非抗震设计时不宜大于 5%,不应大于 6%;抗震设计时不应大于 5%,且不应小于表 7.18 所列最小配筋率,同时应满足柱截面每一侧纵向钢筋配筋率不应小于 0.2%的规定。对于抗震等级为一级且剪跨比不大于 2 的柱,其单侧纵向受拉钢筋的配筋率不宜大于 1.2%;边柱、角柱考虑地震作用组合产生小偏心受拉时,柱内纵筋总截面面积应比计算值增加 25%。

表 7.18 柱纵向钢筋最小配筋百分率(%)

柱类型	抗震等级				非抗震
	一级	二级	三级	四级	
中柱、边柱	1.0	0.8	0.7	0.6	0.5
角柱	1.1	0.9	0.8	0.7	0.5

注:① 采用 335 MPa 级、400 MPa 级纵向受力钢筋时,应分别按表中数值增加 0.1 和 0.05 采用;

② 当混凝土强度等级高于 C60 时,表中数值应增加 0.1 采用;

③ Ⅳ类场地上较高的高层结构,表中数值应增加 0.1 采用。

(4) 柱的箍筋构造要求

抗震设计时,柱箍筋加密区的范围应符合下列规定:

① 底层柱的上端和其他各层柱的两端,应取矩形截面柱的长边尺寸(或圆形截面柱的直径)、柱净高的 1/6 和 500 mm 三者之中的最大值范围;

② 底层柱刚性底面上、下各 500 mm 的范围;

③ 底层柱柱根以上 1/3 柱净高的范围;

④ 剪跨比不大于 2 的柱和因填充墙等形成的柱净高与截面高度之比不大于 4 的柱全高范围；

⑤ 一、二级框架角柱的全高范围；

⑥ 需要提高变形能力的柱的全高范围。

抗震设计时，柱箍筋在加密区的箍筋间距和直径，应符合下列要求：

① 一般情况下，柱箍筋的最大间距和最小直径，应按表 7.19 采用。

表 7.19　柱端箍筋加密区的构造要求

抗 震 等 级	箍筋最大间距(mm)	箍筋最小直径(mm)
一级	$6d$ 和 100 的较小值	10
二级	$8d$ 和 100 的较小值	8
三级	$8d$ 和 150(柱根 100)的较小值	8
四级	$8d$ 和 150(柱根 100)的较小值	6(柱根 8)

注：① d 为柱纵向钢筋直径(mm)；
② 柱根指框架柱底部嵌固部位。

② 一级框架柱的箍筋直径大于 12 mm 且箍筋肢距不大于 150 mm 及二级框架柱直径不小于 10 mm 且肢距不大于 200 mm 时，除柱根外最大间距应允许采用 150 mm；三级框架柱的截面尺寸不大于 400 mm 时，箍筋最小直径应允许采用 6 mm；四级框架柱的剪跨比不大于 2 或柱中全部纵向钢筋的配筋率大于 3%时，箍筋直径不应小于 8 mm。

③ 剪跨比不大于 2 的框架柱，箍筋间距不应大于 100 mm。

柱加密区范围内箍筋的体积配箍率，应符合下列规定：

① 柱箍筋加密区箍筋的体积配箍率，应符合下式要求：

$$\rho_v \geqslant \frac{\lambda_v f_c}{f_{yv}} \tag{7.23}$$

式中 ρ_v——柱箍筋的体积配箍率；

λ_v——柱最小配箍特征值，宜按表 7.20 采用；

f_c——混凝土轴心抗压强度设计值，当柱混凝土强度等级低于 C35 时，应按 C35 计算；

f_{yv}——柱箍筋或拉筋的抗拉强度设计值。

表 7.20　柱端箍筋加密区最小配箍特征值 λ_v

抗震等级	箍 筋 形 式	柱 轴 压 比								
		≤0.30	0.40	0.50	0.60	0.70	0.80	0.90	1.00	1.05
一	普通箍、复合箍	0.10	0.11	0.13	0.15	0.17	0.20	0.23	—	—
	螺旋箍、复合或连续复合螺旋箍	0.08	0.09	0.11	0.13	0.15	0.18	0.21	—	—
二	普通箍、复合箍	0.08	0.09	0.11	0.13	0.15	0.17	0.19	0.22	0.24
	螺旋箍、复合或连续复合螺旋箍	0.06	0.07	0.09	0.11	0.13	0.15	0.17	0.20	0.22

续表7.20

抗震等级	箍筋形式	柱轴压比								
		≤0.30	0.40	0.50	0.60	0.70	0.80	0.90	1.00	1.05
三	普通箍、复合箍	0.06	0.07	0.09	0.11	0.13	0.15	0.17	0.20	0.22
	螺旋箍、复合或连续复合螺旋箍	0.05	0.06	0.07	0.09	0.11	0.13	0.15	0.18	0.20

注：普通箍指单个矩形箍筋或单个圆形箍筋；螺旋箍指单个连续螺旋箍筋；复合箍指由矩形、多边形、圆形箍或拉筋组成的箍筋；复合螺旋箍指由螺旋箍与矩形、多边形、圆形箍或拉筋组成的箍筋；连续复合螺旋箍指全部螺旋箍由同一根钢筋加工而成的箍筋。

② 对一至四级框架柱，其箍筋加密区范围内箍筋的体积配箍率分别不应小于 0.8%、0.6%、0.4%和 0.4%。

③ 剪跨比不大于 2 的柱宜采用复合螺旋箍或井字复合箍，其体积配箍率不应小于 1.2%；设防烈度为 9 度时，不应小于 1.5%。

④ 计算复合箍筋的体积配箍率时，可不扣除重叠部分的箍筋体积；计算复合螺旋箍筋的体积配箍率时，其非螺旋箍筋的体积应乘以换算系数 0.8。

柱的箍筋形式如图 7.24 所示。

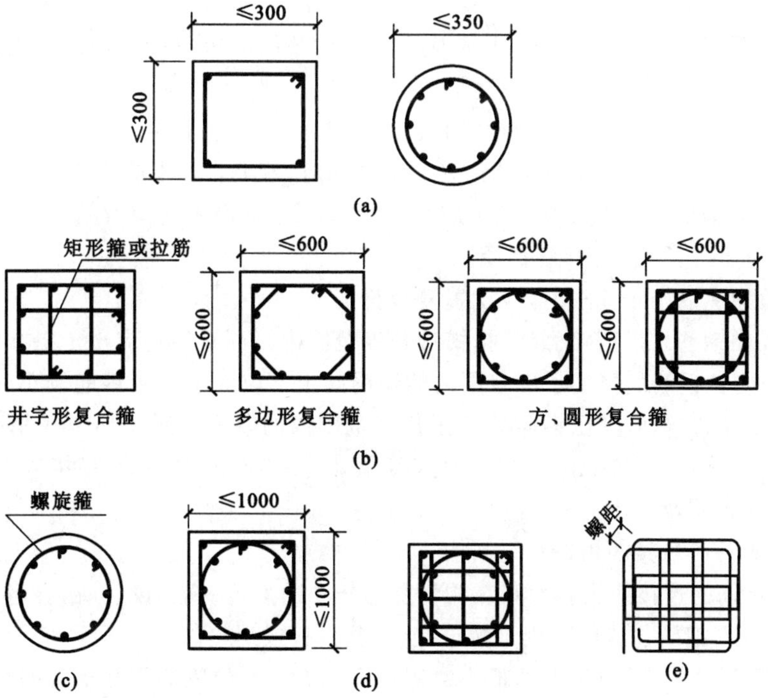

图 7.24　柱箍筋形式示意图

(a) 普通箍；(b) 复合箍；(c) 螺旋箍；(d) 复合螺旋箍；(e) 连续复合矩形螺旋箍(用于矩形截面柱)

【例 7.5】某框架柱截面尺寸为 500 mm×500 mm，C30 混凝土，采用普通复合箍筋，箍筋配置为 4Φ10@100，柱轴压比为 0.5，纵筋保护层厚度为 30 mm，抗震等级为一级，请问该柱体积配箍率为多少？可否满足体积配箍率的构造要求？

【解】(1)计算体积配箍率：

$$\rho_v=\frac{(500-2\times30+10)\times8\times78.5}{(500-2\times30)^2\times100}=1.46\%$$

查表 7.20 可知：$\lambda_v=0.13$

根据公式 7.23 得：$\lambda_v\dfrac{f_c}{f_{yv}}=0.13\times\dfrac{16.7}{360}=0.6\%$

又因为一级抗震时，体积配箍率不应小于 0.8%，综合得构造要求为 0.8%。

故满足要求。

抗震设计时，柱箍筋设置应符合下列要求：

① 箍筋应为封闭式，其末端应做成 135°弯钩，且弯钩末端平直段长度不应小于 10 倍的箍筋直径，且不应小于 75 mm。

② 箍筋加密区的箍筋肢距，一级不宜大于 200 mm，二、三级不宜大于 250 mm 和 20 倍箍筋直径的较大值，四级不宜大于 300 mm。每隔一根纵向钢筋宜在两个方向有箍筋约束；采用拉筋组合箍时，拉筋宜紧靠纵向钢筋并勾住封闭箍筋。

③ 柱非加密区的箍筋，其体积配箍率不宜小于加密区的一半；其箍筋间距不应大于加密区箍筋间距的 2 倍，且一、二级不应大于 10 倍纵向钢筋直径，三、四级不应大于 15 倍纵向钢筋直径。

非抗震设计时，柱中箍筋应符合以下规定：

① 周边箍筋应为封闭式。

② 箍筋间距不应大于 400 mm，且不应大于构件截面的短边尺寸和最小纵向受力钢筋直径的 15 倍。

③ 箍筋直径不应小于最大纵向钢筋直径的 1/4，且不应小于 6 mm。

④ 当柱中全部纵向受力钢筋的配筋率超过 3%时，箍筋直径不应小于 8 mm，箍筋间距不应大于最小纵向钢筋直径的 10 倍，且不应大于 200 mm，箍筋末端应做成 35°弯钩且弯钩末端平直段长度不应小于 10 倍的箍筋直径。

⑤ 当柱每边纵筋多于 3 根时，应设置复合箍筋。

⑥ 柱内纵向钢筋采用搭接做法时，搭接长度范围内箍筋直径不应小于搭接钢筋较大直径的 1/4；在纵向受拉钢筋的搭接长度范围内的箍筋间距不应大于搭接钢筋较小直径的 5 倍，且不应大于 100 mm；在纵向受压钢筋的搭接长度范围内的箍筋间距不应大于搭接钢筋较小直径的 10 倍，且不应大于 200 mm；当受压钢筋直径大于 25 mm 时，应在搭接接头端外 100 mm 的范围内各设置两道箍筋。

7.2.6.3 钢筋的连接和锚固

(1) 受力钢筋的连接接头宜设置在构件受力较小的部位；抗震设计时，宜避开梁端和柱端箍筋加密区范围。钢筋连接可采用机械连接、绑扎搭接或焊接。

(2) 非抗震设计时，受拉钢筋的最小锚固长度取 l_a。受拉钢筋绑扎搭接的搭接长度，应根据位于同一连接区段内搭接钢筋截面面积的百分率按下式计算，且不应小于 300 mm：

$$l_1=\zeta l_a \tag{7.24}$$

式中 l_1——受拉钢筋的搭接长度；

l_a——受拉钢筋的锚固长度，应按《混凝土结构设计标准》(GB/T 50010—2010)(2024 年版)的有关规定采用；

ζ——受拉钢筋搭接长度修正系数，按表 7.21 采用。

表 7.21　纵向受拉钢筋搭接长度修正系数 ζ

同一连接区段内搭接钢筋截面面积百分率(%)	≤25	50	100
受拉钢筋搭接长度修正系数 ζ	1.2	1.4	1.6

注:同一连接区段内搭接钢筋截面面积的百分率,取在同一连接区段内有搭接接头的受力钢筋与全部受力钢筋面积之比。

(3) 非抗震设计时,框架梁、柱的纵向钢筋在框架节点区的锚固和搭接,应符合下列要求(图 7.25)。

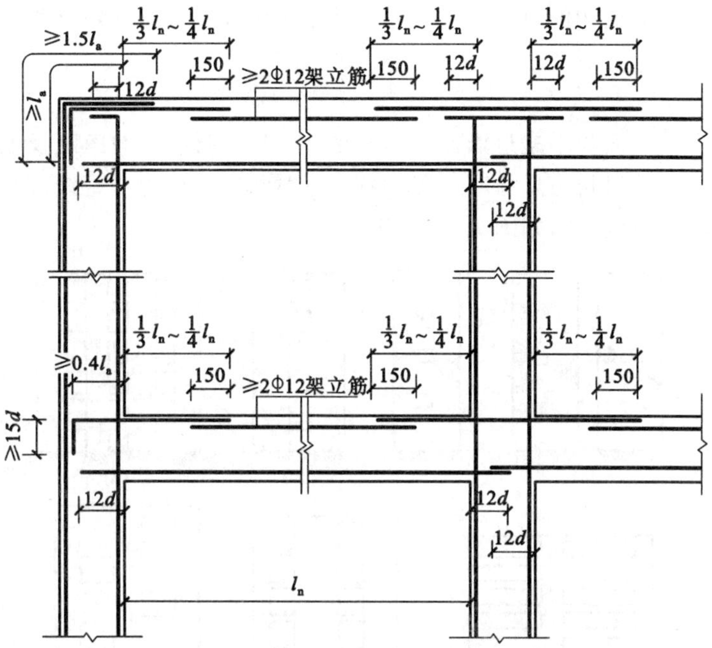

图 7.25　非抗震设计时框架梁、柱纵向钢筋在节点区的锚固要求

① 顶层中节点柱纵向钢筋和边节点柱内侧纵向钢筋应伸至柱顶;当从梁底边计算的直线锚固长度不小于 l_a 时,可不必水平弯折,否则应向柱内或梁、板内水平弯折;当充分利用柱纵向钢筋的抗拉强度时,其锚固段弯折前的竖直投影长度不应小于 $0.5l_a$,弯折后的水平投影长度不宜小于 12 倍的柱纵向钢筋直径。

② 顶层端节点处,在梁宽范围以内的柱外侧纵向钢筋可与梁上部纵向钢筋搭接,搭接长度不应小于 $1.5l_a$;在梁宽范围以外的柱外侧纵向钢筋可伸入现浇板内,其伸入长度与伸入梁内的相同。当柱外侧纵向钢筋的配筋率大于 1.2%时,伸入梁内的柱纵向钢筋宜分两批截断,其截断点之间的距离不宜小于 20 倍的柱纵向钢筋直径。

③ 梁上部纵向钢筋伸入端节点的锚固长度,直线锚固时不应小于 l_a,且伸过柱中心线的长度不宜小于 5 倍的梁纵向钢筋直径;当柱截面尺寸不足时,梁上部纵向钢筋应伸至节点对边并向下弯折,锚固段弯折前的水平投影长度不应小于 $0.4l_a$,弯折后的竖直投影长度应取 15 倍的梁纵向钢筋直径。

④ 当计算中不利用梁下部纵向钢筋的强度时,其伸入节点内的锚固长度应取不小于 12 倍的梁纵向钢筋直径。当计算中充分利用梁下部钢筋的抗拉强度时,梁下部纵向钢筋可采用直线方式或向上 90°弯折方式锚固于节点内,直线锚固时的锚固长度不应小于 l_a;弯折锚固

时，锚固段的水平投影长度不应小于 $0.4l_a$，竖直投影长度应取 15 倍的梁纵向钢筋直径。

7.3 剪力墙结构简介

7.3.1 剪力墙结构分类、特点及适用范围

7.3.1.1 剪力墙结构的分类

根据剪力墙上洞口面积的有无、大小、形状和位置等，剪力墙可划分为以下几类：

在线测试

(1) 整体墙

凡墙面门窗等洞口面积不超过墙面总面积的 15%，且洞口间的净距及洞口至墙边的净距均大于洞口长边尺寸时，可忽略洞口的影响，正应力按直线规律分布，这样的剪力墙称为整体墙，如图 7.26(a)所示。

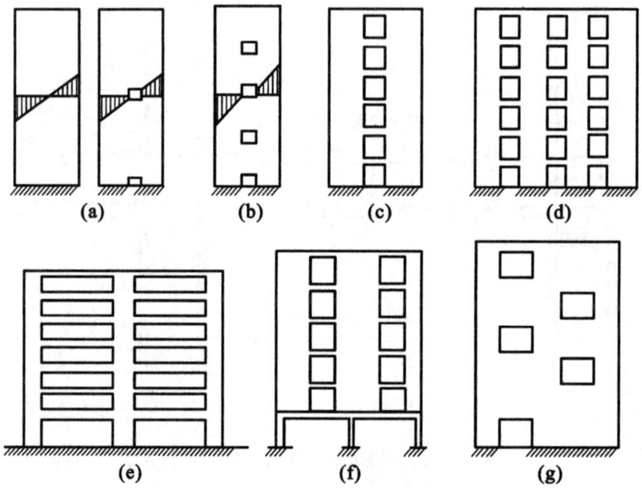

图 7.26 剪力墙类型

(a) 整体墙；(b) 小开口整体墙；(c) 双肢剪力墙；(d) 多肢剪力墙；

(e) 壁式框架；(f) 框支剪力墙；(g) 开有不规则大洞口的剪力墙

(2) 小开口整体墙

当剪力墙的洞口沿竖向成列布置，洞口的总面积超过墙面总面积的 15%时，剪力墙的墙肢中已出现局部弯矩，但局部弯矩值一般不超过整体弯矩的 15%，正应力大体上仍按直线分布的，这样的剪力墙称为小开口整体剪力墙，如图 7.26(b)所示。

(3) 双肢剪力墙和多肢剪力墙

当剪力墙沿竖向开有一列或多列较大的洞口时，由于墙面洞口较大，剪力墙截面的整体性大为削弱，其截面上的正应力分布已不成直线。这类剪力墙由一系列连梁（上下洞口之间的部分）和若干个墙肢（左右洞口之间的墙体）组成。当开有一列洞口时称为双肢剪力墙，如图 7.26(c)所示；当开有多列洞口时称为多肢剪力墙，如图 7.26(d)所示。

(4) 壁式框架

当剪力墙成列布置的洞口很大，且连梁的刚度又接近或大于墙肢的刚度时，剪力墙的受力

性能与框架结构类似。在水平荷载作用下，墙肢层间出现反弯点，沿高度呈剪切型变形。因这类墙可简化为带刚域的框架进行分析，故称为壁式框架，如图 7.26(e)所示。

(5) 框支剪力墙

当下部楼层需要大的空间，采用框架结构支撑上部剪力墙时，就是框支剪力墙，如图 7.26(f)所示。

(6) 开有不规则大洞口的剪力墙

当剪力墙墙面高度范围内开有不规则大洞口时，即构成了不规则大洞口剪力墙，如图 7.26(g)所示。

7.3.1.2 剪力墙结构的特点

(1) 剪力墙结构体系的优点

结构整体性强，抗侧移刚度大，侧向变形小，在承载力方面的要求易得到满足，适于建造较高的建筑；集承重、抗风、抗震、围护与分隔为一体，经济合理地利用了结构材料；抗震性能好，具有承受强烈地震裂而不倒的良好性能；用钢量较省；与框架结构体系相比，施工相对简便、快速。

(2) 剪力墙结构体系的缺点

墙体较密，使建筑平面布置和空间利用受到限制，较难满足大空间建筑功能的要求；结构自重较大，加上抗侧刚度较大，结构自振周期较短，导致抗震能力不强。

7.3.1.3 剪力墙结构的适用范围

剪力墙结构对于需要很多隔墙的高层住宅公寓及高层旅馆的标准层十分适用。为了适应下部设置大空间公共设施的高层住宅、公寓和旅馆的需求，可以使用框支剪力墙体系。即在底层 1～3 层把部分剪力墙改换为框架，其余剪力墙仍落至基础，使其相接的层次刚度不发生突变。

7.3.2 剪力墙结构的布置原则

(1) 剪力墙在平面上应沿建筑物主轴方向布置

当建筑物为矩形、T 形和 L 形平面时，剪力墙应沿两个主轴方向布置；当建筑物为△形、Y 形、十字形平面时，剪力墙应沿三个或四个主轴方向布置；当建筑物为 O 形平面时，则应沿径向布置成辐射状，如图 7.27 所示。

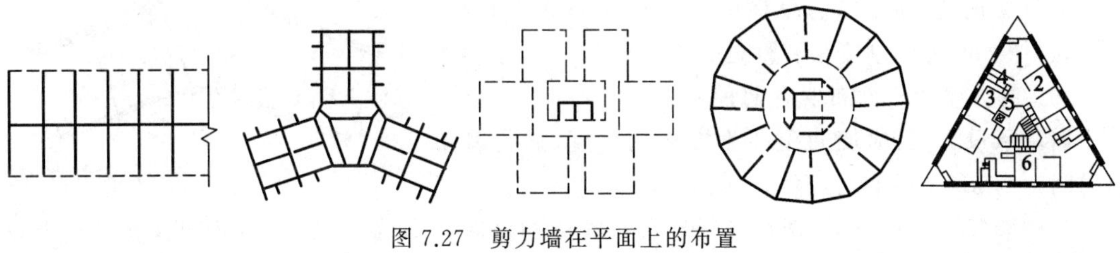

图 7.27 剪力墙在平面上的布置

(2) 剪力墙片应尽量对直拉通，否则不能视为整体墙片。但当两道墙错开距离 $d \leqslant 3d_w$ (d_w 为墙厚度)时，或当墙体在平面上为转折形状，其转角 $\alpha \leqslant 15°$时才可近似当作整体平面剪力墙对待，如图 7.28 所示。

(3) 剪力墙结构的平面形状力求简单、规则、对称，墙体布置力求均匀，使质量中心与刚度中心尽量接近。

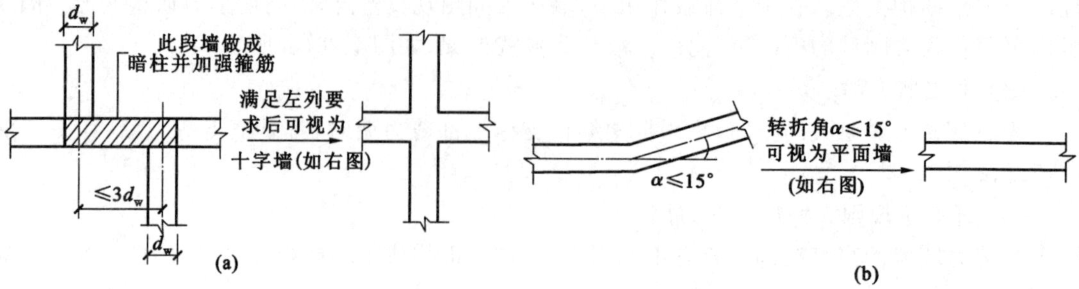

图 7.28　内外墙错开或转折时的要求

(a) 墙体错开时;(b) 墙体转折时

(4) 剪力墙结构应尽量避免竖向刚度突变,墙体沿竖向宜贯通全高,墙厚度沿竖向宜逐渐减薄,在同一结构单元内宜避免错层及局部夹层。

(5) 全剪力墙体系从剪力墙布置均衡来考虑,在民用建筑中,一般横墙短而数量多,纵墙长而数量少。因此,纵、横向剪力墙的布置需适应这个特点。

横向剪力墙的间距,从经济考虑,不宜太密,一般不小于 6～8 m。

纵向剪力墙一般设为二道、二道半、三道或四道,如图 7.29 所示。

(6) 对抗震要求的建筑,应避免抗震性能不良的鱼骨式平面布置,如图 7.30 所示。

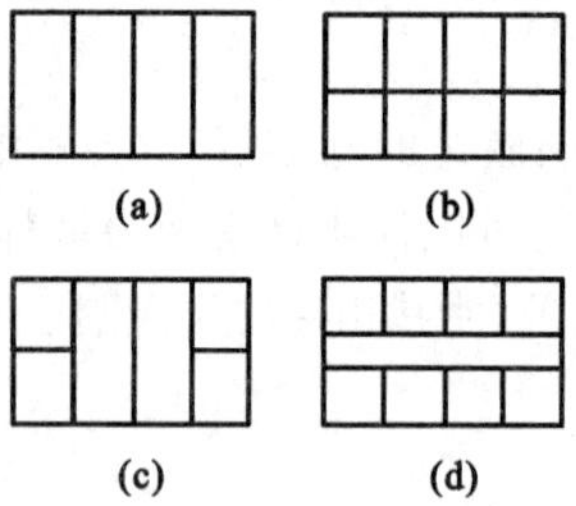

图 7.29　纵向剪力墙布置图

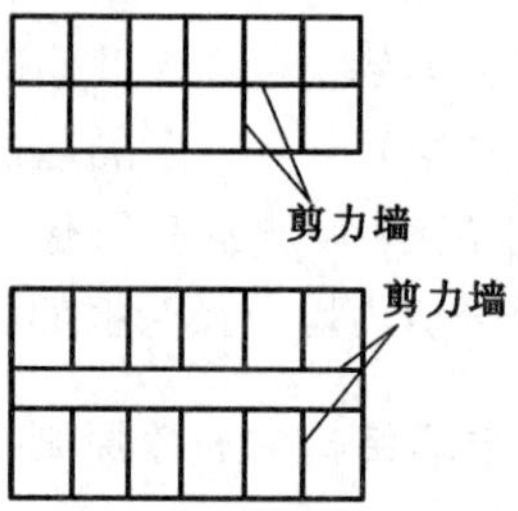

图 7.30　鱼骨式剪力墙平面布置图

(7) 当建筑平面形状任意时,在受力复杂处,剪力墙应适当加密,如图 7.31 所示。

(8) 剪力墙宜设于建筑物两端、楼梯间、电梯间及平面刚度有变化处,同时以能纵横向相互连在一起为有利,这样,对增大剪力墙刚度很有好处。

(9) 剪力墙的平面布置有两种方案。

横墙承重方案:横墙间距即为楼板的跨度,通常剪力墙的间距为 6～8 m 较为经济。

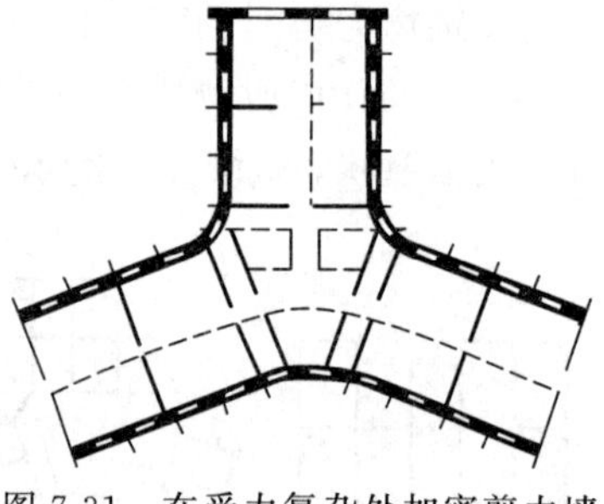

图 7.31　在受力复杂处加密剪力墙

纵横墙共同承重方案:楼板支承在进深大梁和横向剪力墙上,而大梁又搁置在纵墙上,形成纵横墙共同承重方案。

在实际工程中以横墙承重方案居多数,有时也采用纵横墙共同承重的结构方案。

(10) 当建筑使用功能要求有底层大空间时,可以使用框支剪力墙,但一般均应有落地剪力墙协同工作。

(11) 在框支剪力墙与落地剪力墙协同工作体系中,以最常见的矩形建筑平面为例,落地横向剪力墙数量占全部横向剪力墙数量之百分比率:非抗震设计时不少于 30%,抗震设计时不少于 50%。

(12) 落地剪力墙的间距 L 应满足的条件

非抗震设计时:$L \leqslant 3B$,$L \leqslant 36$ m(B 为落地墙之间楼盖的平均宽度);

抗震设计时:$L \leqslant 2B$,$L \leqslant 24$ m(底部为 1~2 层框支层时);

$L \leqslant 1.5B$,$L \leqslant 20$ m(底部为 3 层及以上框支层时)。

(13) 上下层剪力墙的刚度比 γ 宜尽量接近于 1。非抗震设计时,γ 不应大于 3;抗震设计时,γ 不应大于 2。

(14) 框支剪力墙托梁上方的一层墙体不宜设置边门洞,且不宜在中柱上方设门洞。落地剪力墙尽量少开窗洞,若必须开洞时,宜布置在墙体的中部。

(15) 转换层楼板混凝土强度等级不宜低于 C30,并应采用双向上下配筋。楼板开洞位置尽可能远离外侧边,大空间部分的楼板不宜开洞,与转换层相邻的楼板也应适当加强。

(16) 框支梁、柱截面尺寸

框支梁宽度 b_b 不宜小于上层墙体厚度的 2 倍,且不小于 400 mm。框支梁高度 h_b:当进行抗震设计时不应小于跨度的 1/6;进行非抗震设计时不应小于跨度的 1/8,也可采用加腋梁。框支柱的截面宽度 b_c 宜与梁宽 b_b 相等,也可比梁宽 b_b 大 50。非抗震设计时 b_c 不宜小于 400 mm,框支柱截面高度 h_c 不宜小于梁跨度的 1/15;进行抗震设计时 b_c 不宜小于 450 mm,h_c 不宜小于梁跨度的 1/12,柱净高与截面长边尺寸之比宜大于 4。

(17) 框支梁、柱的混凝土强度等级均不应低于 C30。

(18) 对于底层大空间、上层鱼骨式剪力墙结构,当建筑总高度不超过 50 m,抗震烈度为 7~8度时,纵横方向的落地剪力墙与框支剪力墙宜采用如图 7.32 所示的平面布置方式。图 7.32(a)表示在一个结构单元(一般不超过 60 m)中,落地剪力墙纵横向集中为筒体,布置在结构单元的两端;图 7.32(b)表示当结构单元较长时,可在中部加一道落地墙;如结构单元再加长时,如图 7.32(c)所示,在中间设一个落地筒体。

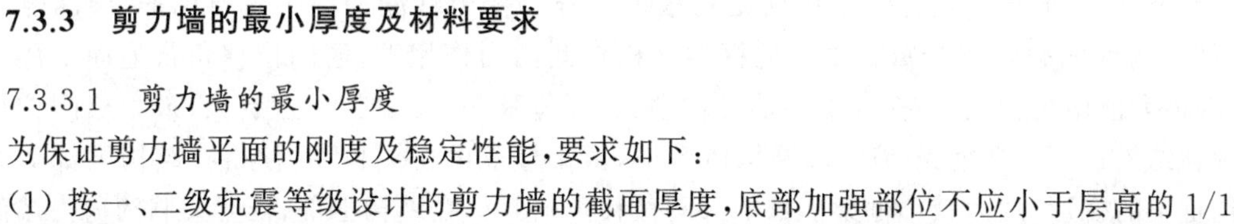

图 7.32 落地剪力墙(筒)与框支剪力墙的平面布置

7.3.3 剪力墙的最小厚度及材料要求

7.3.3.1 剪力墙的最小厚度

为保证剪力墙平面的刚度及稳定性能,要求如下:

(1) 按一、二级抗震等级设计的剪力墙的截面厚度,底部加强部位不应小于层高的 1/16,且不应小于 200 mm;其他部位不应小于层高的 1/20,且不应小于 160 mm。当为无端柱或翼墙的一字形剪力墙时,其底部加强部位截面厚度尚不应小于层高的 1/12;其他部位不应小于层高的 1/15,且不应小于 180 mm。

(2) 按三、四级抗震等级设计的剪力墙截面厚度,底部加强部位不应小于层高的 1/20,且不应小于 160 mm;其他部位不应小于层高的 1/25,且不应小于 160 mm。

(3) 非抗震设计的剪力墙，其截面厚度不应小于层高的 1/25，且不应小于 160 mm。

(4) 剪力墙井筒中，分隔电梯井或管道井的墙肢截面厚度可适当减小，但不宜小于 160 mm。

当剪力墙截面厚度不满足上述要求时，应按《高层建筑混凝土结构技术规程》(JGJ 3—2010)计算墙体稳定性。

7.3.3.2 *材料要求*

剪力墙结构混凝土强度等级不应低于 C20；带有筒体和短肢剪力墙的剪力墙结构的混凝土强度等级不应低于 C25。

剪力墙的配筋：剪力墙厚度小于 200 mm 时，可单层配筋；剪力墙厚度大于或等于 200 mm 时，应双层配筋。山墙及相邻第一道内横墙、楼梯间或电梯间墙及内纵墙等都应双层配筋。

7.4 框架-剪力墙结构简介

在线测试

框架-剪力墙结构体系(简称框剪结构)，是在框架体系的基础上增设一定数量的横向和纵向剪力墙所构成的双重受力体系。框架-剪力墙结构体系将框架体系和剪力墙体系结合起来，既可以使建筑平面灵活布置，得到自由的使用空间，又可使整个结构抗侧移刚度增强，具有良好的抗震性能，因而这种结构体系已在高层建筑中得到了广泛应用。

7.4.1 结构变形特点

框架-剪力墙结构由框架和剪力墙两种不同的抗侧力结构组成，这两种结构的受力特点和变形性质都不相同。单独的框架在侧向力作用下受力特点类似于竖向悬臂剪切梁，其变形曲线属于剪切型，即层间位移角自上而下逐层增大，如图 7.33(a)所示。而剪力墙是竖向悬臂弯曲结构，其变形曲线是弯曲型的，楼层越高，水平位移增长越快。在框架-剪力墙体系中，由于楼盖在自身平面内的刚度可假设为无限大，在楼盖的约束作用下，框架和剪力墙不能自由地变形，必须要满足变形协调的条件，这样，框架-剪力墙结构体系的变形曲线是介于框架和剪力墙侧移曲线之间的一条曲线，它的变形性质属于弯剪型。当然，框架-剪力墙结构侧移曲线的形状是随体系中框架和剪力墙相对数量和抗侧刚度的比值而变化的，剪力墙的数量较多时，结构的变形曲线向弯曲型靠拢，而当剪力墙数量较少时，结构变形曲线就向剪切型靠拢。

此外，结构的层间位移角是评估结构水平荷载下受力性能的一个重要标准，层间侧移角大，结构构件的破坏就严重。单纯的框架结构在侧向力作用下，层间位移角自上而下逐层增大，即最大值出现在底层；在纯剪力墙结构中，层间位移角是下层小，上层大，最大层间位移角出现在结构顶部。在框架-剪力墙结构体系中，由于楼盖的协调作用，使得在结构下部剪力墙制约框架的变形，从而减小框架底部的层间位移角；相反，在结构上部，框架又制约剪力墙的变形，减小了剪力墙顶点侧移和顶部的最大层间位移角，这样结构各层的层间位移角较为均匀，可以有效减轻结构在水平作用下的破坏程度。

7.4.2 结构的抗震性能

框架-剪力墙结构体系中，框架具有很好的延性，而剪力墙的延性较差，把框架和剪力墙结

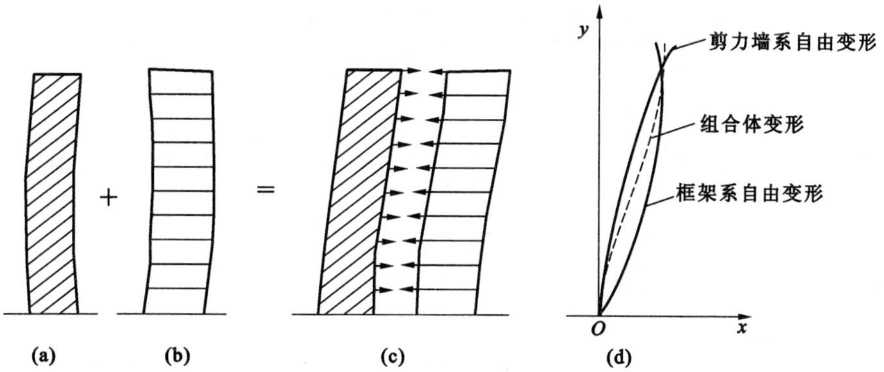

图 7.33　框架-剪力墙结构体系的变形特点

合在一起的框-剪结构的延性是比较好的。所以，就变形能力而言，框架-剪力墙结构体系优于剪力墙结构体系。框-剪结构体系的抗震性能也优于框架结构。

框架-剪力墙结构体系具有良好的抗震性能，还表现在该体系具有多道抗震防线。小震作用下，主要是剪力墙承受水平荷载。中等地震作用下，框架与剪力墙共同工作。在大震作用下，刚度较大的剪力墙充当第一道抗震防线，随着剪力墙的开裂，刚度退化，框架才开始在保持结构稳定及防止结构倒塌上发挥作用。对于具有约束梁的双肢或多肢墙，经过合理设计，可使约束梁在强震作用下首先屈服，充当第一道防线，形成耗能机构，对墙肢起到保护作用。

由于剪力墙是框-剪结构中主要的抗侧力构件，而框架居于次要地位，因此在相同的设防烈度和结构高度时，框-剪结构中的框架的抗震等级要求比纯框架结构体系低，而剪力墙的抗震等级比纯剪力墙结构高。框架-剪力墙结构的抗震等级如表 7.22 所示。

表 7.22　框架-剪力墙结构的抗震等级

	抗震设防烈度									
	6 度		7 度			8 度			9 度	
结构高度(m)	≤60	>60	≤24	>24，且≤60	>60	≤24	>24，且≤60	>60	≤24	>24，且≤50
框架	四	三	四	三	二	三	二	一	二	一
剪力墙	三		三	二		二	一		一	

7.4.3　结构的布置要求

7.4.3.1　*一般要求和截面尺寸要求*

由于框架-剪力墙结构体系与框架结构体系相比具有较大的抗侧移刚度，水平荷载作用下侧移较小，因此，这种结构体系适宜建造的建筑物高度也较大。我国《高层建筑混凝土结构技术规程》(JGJ 3—2010)规定，采用这种结构体系的建筑物 A 级高度不宜超过表 7.23 所示的限值。平面和竖向均不规则的结构或建造于Ⅳ类场地的结构，适用的最大高度还应适当降低。

表 7.23　A 级高度框架-剪力墙结构适用的最大高度(m)

结构形式	非抗震设计	抗震设防烈度			
		6 度	7 度	8 度	9 度
现浇	150	130	120	100(80)	50
装配整体式	100	100	90	70	不宜采用

注:① 房屋高度指室外地面至檐口的高度,不包括局部突出屋面的水箱、电梯间等部分的高度;
② 当房屋高度超过表中规定时,设计应有可靠依据并采取有效措施。
③ 括号中的数据适用于地震加速度为 0.30 g 的地区。

为防止高层建筑在水平力作用下发生倾覆和失去稳定,框架-剪力墙结构的高宽比不应超过表 7.24 所示的限值,否则需进行抗倾覆和抗失稳验算。

表 7.24　框架-剪力墙高层建筑结构高宽比限值

非抗震设计	抗震设防烈度			
	6 度	7 度	8 度	9 度
7	6	6	5	3

此外,在框-剪结构体系中,剪力墙之间无大洞口的楼、屋盖的长宽比也不宜超过表 7.25 规定的限值,否则楼盖在自身平面内的刚度不能近似看成无穷大,而要考虑平面内变形的影响。

表 7.25　剪力墙之间楼、屋盖的长宽比限值

楼、屋盖类型	非抗震设计	抗震设防烈度			
		6 度	7 度	8 度	9 度
现浇	4	4	4	3	2
装配整体式	3	3	3	2	不宜采用

框架-剪力墙体系中,框架的梁、柱截面要求与框架结构体系中的基本要求相同,框架梁的截面可根据荷载情况及柱网尺寸而定,梁截面高度一般可取跨度的 1/10 左右,对于抗震设计的情况,纵向框架与横向框架梁都应按主梁来设计。框架柱的截面,对于非抗震设计的情况,根据荷载情况确定;对于抗震设计的情况,还应满足框架柱轴压比限值的要求,以保证柱子的延性。

周边有梁、柱的剪力墙厚度不应小于 160 mm,且不应小于墙净高的 1/20。墙的中线与边柱中心宜重合,防止偏心。梁的截面宽度不宜小于墙厚的 2 倍,高度不宜小于墙厚的 3 倍。端柱宽度不宜小于墙厚的 2.5 倍,柱截面高度不宜小于柱宽度。

7.4.3.2　结构布置原则

框架-剪力墙结构布置的关键是剪力墙的数量和位置。在剪力墙数量较少的情况下,可使建筑平面布置更灵活,且能节约造价。但若剪力墙数量不足,刚度过小,在地震作用下结构会出现过大的侧向变形,从而导致严重的震害,所以剪力墙的数量不能过少。

剪力墙应沿纵横两个方向同时布置,并使两个方向的自振周期比较接近,遵循“均匀、对称、分散、周边”的布置原则。若在平面内对称布置剪力墙有困难,则可以调整有关部位剪力墙的长度和厚度，使框架-剪力墙结构体系的刚度中心与质量中心尽量接近，以减轻地震作用下对结构产生扭转作用的不利影响。

7.4.3.3 剪力墙布置的位置和要求

一般情况下，剪力墙宜布置在以下位置：

(1) 竖向荷载较大处。在竖向荷载较大处布置剪力墙，可以避免设置截面尺寸过大的柱子，满足建筑布置的要求。此外，剪力墙是主要的抗侧力构件，承受很大的弯矩和剪力，较大的竖向荷载可以避免出现轴向拉力，提高截面承载力，也便于基础设计。

(2) 建筑平面复杂部位或平面形状变化处。由于这些部位受力状态复杂，设置剪力墙予以加强非常必要。

(3) 楼梯间和电梯间处。楼梯间和电梯间处楼板开大洞，对楼板刚度削弱严重，采用剪力墙来加强是有效措施。

(4) 横向剪力墙宜布置在接近房屋端部，但又不在建筑物尽端的部位。这是因为剪力墙布置在房屋近端处时不利于剪力墙底部的嵌固，需要较大刚度的基础，而布置在中部不能有效地发挥抵抗扭转的作用。

(5) 纵向剪力墙宜布置在中部附近。纵向剪力墙布置在端部产生约束作用，会使结构受到较大的温度和收缩应力。

此外，考虑到施工时支模困难，一般不在伸缩缝、沉降缝和防震缝两侧同时布置剪力墙。当一侧设置墙后，另一侧的剪力墙可内推一个柱间。

图 7.34 纵横剪力墙的合理布置方式

框架-剪力墙结构中，纵、横向剪力墙宜互相交联布置成 L 形、T 形、□形等形状，以使纵、横墙可以互相作为对方的翼缘，从而提高剪力墙的强度和刚度，如图 7.34 所示。剪力墙宜贯通建筑物的全高，避免沿高度方向突然中断而出现刚度突变，且剪力墙的厚度宜沿高度逐渐减小。

剪力墙中心线应与框架柱中心线相重合，任何情况下，剪力墙中心线偏离框架柱中心线的距离不宜大于柱宽的 1/4。此外，剪力墙在各楼层开设的较大洞口宜上下对齐，洞口面积与墙面面积的比值不宜大于 1/6，洞口梁高不宜小于层高的 1/5。

为保证剪力墙具有足够的延性，不发生脆性剪切破坏，每一道剪力墙不应过长，总高度与总长度之比 H/L 宜大于 2，且连成一片的单个墙肢长度不宜大于 8 m，否则应按剪力墙开洞的基本要求开洞。

为防止楼板在自身平面内变形过大，使楼层水平剪力能够可靠地传递给剪力墙，剪力墙的间距不宜过大，其最大间距值应满足表 7.26 的规定。当剪力墙之间的楼面有较大开洞时，剪力墙的间距还应当减小一点。

表 7.26 剪力墙间距(m)

楼盖形式	非抗震设计	抗震设防烈度		
		6 度、7 度	8 度	9 度
现浇	$\leqslant 5B$，且$\leqslant$60 m	$\leqslant 4B$，且$\leqslant$50 m	$\leqslant 3B$，且$\leqslant$40 m	$\leqslant 2B$，且$\leqslant$30 m
装配整体式	$\leqslant 3.5B$，且$\leqslant$50 m	$\leqslant 3B$，且$\leqslant$40 m	$\leqslant 2.5B$，且$\leqslant$30 m	—

注：① 表中 B 为楼盖的宽度；

② 装配整体式楼盖指装配式楼盖上做配筋现浇层；

③ 现浇部分厚度大于 60 mm 的预应力或非预应力叠合楼板可作为现浇楼板考虑。

本章小结

我国《高层建筑混凝土结构技术规程》(JGJ 3—2010)中，将 10 层和 10 层以上或高度超过 28 m 的住宅以及房屋高度大于 24 m 的其他高层民用建筑混凝土结构，称之为高层建筑。

目前，多、高层钢筋混凝土房屋的常用结构体系有四种类型，即框架结构体系、剪力墙结构体系、框架-剪力墙结构体系和筒体结构体系。

框架结构体系是指采用梁、柱组成的框架体系作为建筑竖向承重结构，并同时承受水平荷载的结构体系。

剪力墙结构体系是指将房屋内外墙都做成实体的钢筋混凝土结构体系，剪力墙结构适用于小空间要求的住宅、旅馆等建筑。

框架-剪力墙结构体系是指将框架结构和剪力墙结构结合起来的结构体系。这种体系改善了纯框架或纯剪力墙结构中上部和下部层间变形相差较大的缺点。

筒体结构体系是指以筒体为主组成的承受竖向和水平作用的结构体系。筒体是由若干片剪力墙围合而成的封闭井筒式结构。

框架结构的布置方案应考虑工艺要求、建筑平面功能、结构受力合理、施工方便等因素，承重框架的布置方案有横向框架承重、纵向框架承重和纵横向框架混合承重。

框架的受力分析包括框架计算简图的确定、框架荷载的计算、采用线性弹性假定对框架进行受力分析；竖向荷载作用下框架内力的近似分析多采用弯矩二次分配法和分层法；水平荷载作用下框架内力的近似计算多采用 D 值法。

框架在多种荷载作用下，构件控制截面的内力应根据最不利与可能的原则进行组合。内力组合得到框架各构件控制截面的基本组合效应后，可应用基本构件的承载力设计方法进行构件截面设计，同时考虑抗震与非抗震，满足相关构造要求。

思考和练习题

7.1 多层及高层建筑结构有哪几种主要结构体系？试简述各自特点。

7.2 框架结构房屋的承重框架有哪几种布置形式？每种布置有什么特点？

7.3 如何估算框架梁和框架柱的截面尺寸？

7.4 如何确定框架的计算简图？

7.5 框架结构在水平荷载作用下的内力计算方法有哪些？各有何特点？

7.6 为什么要进行框架结构的侧移验算？如何验算？

7.7 对框架梁、柱的主要构造要求有哪些？

7.8 一座 10 层的钢筋混凝土框架结构房屋，各层层高均为 4.2 m，局部突出屋面的水箱、楼电梯间高度 5 m，房屋室内外高差 0.45 m。该房屋高度为多少？

7.9 现浇钢筋混凝土框架结构位移与内力计算中，可以考虑现浇楼面对梁刚度的影响，现有一截面尺寸为 250 mm×600 mm 的边框架梁，其惯性矩 I 是多少？

7.10 某框架结构中，由永久荷载产生的梁端弯矩标准值 $M_{Gk}=-80$ kN·m，由活荷载产生的梁端弯矩标准值 $M_{Qk}=-30$ kN·m，由水平地震作用产生的 $M_{Ehk}=\pm50$kN·m，则地震组合下该梁端弯矩设计值是多少？

7.11 某框架抗震等级为二级，其中框架梁跨度为 6 m，柱宽为 0.6 m，采用 C30 混凝土，纵筋采用

HRB400 级，作用于梁上的重力荷载代表值为 20 kN/m，在地震组合下，内力调整前梁左、右两端的弯矩分别为 200 kN·m、−350 kN·m，则梁支座剪力设计值为多少？

7.12　已知某框架结构，抗震等级为二级，其中框架梁的计算跨度 $l_0=6000$ mm，梁左、右两端在地震组合下，内力调整前的弯矩设计值分别为 201 kN·m、−263 kN·m，该梁在重力荷载代表值作用下按简支梁分析的梁端截面剪力设计值为 200 kN，问该框架梁端部在地震组合下的剪力设计值为多少？

7.13　已知某框架结构，抗震等级为一级，框架梁截面尺寸为 250 mm×600 mm，采用 C30 混凝土，纵筋采用 HRB400 级，已知梁的梁端截面配筋均为梁顶 4⌀22、梁底 4⌀22，框架梁的净跨 $l_n=6$ m，该梁在重力荷载代表值为 30 kN/m，则该框架梁端部在地震组合下的剪力设计值为多少？

7.14　某框架柱截面尺寸为 400 mm×600 mm，C35 混凝土，永久荷载下 $N=800$ kN，活荷载下 $N=600$ kN，地震作用下 $N=500$ kN，则该柱的轴压比是多少？

7.15　某两层两跨框架的计算简图如图 7.35 所示，图中括号内数值为该杆件的线刚度。试用 D 值法求该框架顶层柱 AB 剪力。$\left(\text{提示}:a=\dfrac{k}{2+k}\ D=a\ \dfrac{12i_c}{h^2}\right)$（13 分）

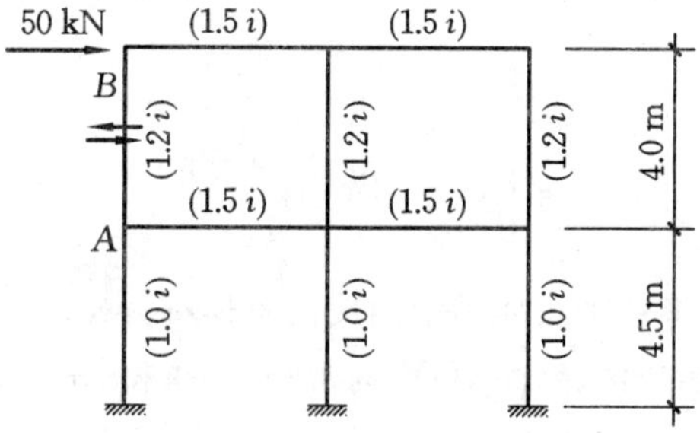

图 7.35　习题 7.15 图

8 砌体结构

本章提要

本章介绍了砌体材料及砌体的力学性能，以及无筋砌体结构构件的计算方法，包括构件的均匀受压、局部受压、受弯、受拉和受剪。还介绍了多层砌体结构房屋的静力计算方案、墙体设计、过梁、挑梁的受力性能，以及砌体结构的构造措施等。

8.1 概　　述

采用砌筑方法，用砂浆将单个块体黏结而成的整体称为砌体；由砌体组成的主要受力构件作为建筑物（如多层住宅、办公楼、仓库等）或构筑物（如拱桥、围墙、挡土墙等）的受力结构称为砌体结构。大多数民用房屋的墙体是由砌体材料建造的，而屋盖和楼板则用钢筋混凝土建造，这种由两种材料作为主要承重结构的房屋称为混合结构房屋。一般中、小型工业厂房也可以采用混合结构。

砌体结构所用的材料，如黏土、粉煤灰、砂、石等都是地方材料，符合“因地制宜，就地取材”的原则，能节约钢材、水泥、木材等重要材料，降低工程造价。砌体材料具有良好的耐火性、较好的化学稳定性和大气稳定性。在施工方面，砌体砌筑时不需要特殊的技术设备。由于上述这些优点，砌体结构得到了广泛的应用。同样，砌体结构也有它的缺点：首先是砌体的强度低，往往需要较大的截面尺寸才能满足承载力要求，因而结构的自重也大；其次是砌体靠砂浆和块体的黏结而形成整体，由于黏结力较低，因而砌体的抗震性能差；再次，目前的砌筑大都是手工方式操作，一块砖、一铲灰、一弯腰地循环往复，劳动强度和砌筑工作量都很大；此外，黏土砖的生产还要占用良田。

鉴于以往砌体结构的固有缺点限制了砌体结构的使用范围，并且不符合大规模建设的要求，但砌体结构在很多领域的使用仍具有现实意义，因此需发展轻质高强块体和配筋砌体。我国目前采用的烧结砖的抗压强度一般较低，而美国市场上供应的砖其抗压强度可高达 140 N/mm^2，两者差距较大。砖的抗压强度的提高意味着砌体抗压强度的提高，因而墙厚可减薄，自重可减轻。发展大尺寸、高孔洞率、高强度的空心砖，对于减轻结构的自重、节约材料、降低工程造价都有重要意义。我国的承重空心砖孔洞率一般在 30% 以内，抗压强度值在 10～30 N/mm^2，国外的承重空心砖孔洞率往往在 40% 以上，抗压强度普遍可达 30～40 N/mm^2，有的国家还可达到 50～80 N/mm^2。采用高强轻质空心砖可以建造高层建筑，例如瑞士用孔洞率为 28%、抗压强度为 60 N/mm^2 的空心砖先后建成了 19 层和 24 层的塔式住宅，而墙体厚度仅为 380 mm。为节约钢材和水泥，降低造价，我国有必要研制适合国情的高强轻质砖或砌块。

我国是一个多地震的国家，大部分地区属于抗震设防区。我国的研究成果及试点工程都已表明，在 8～18 层建筑中，采用配筋砌体结构尤其是配筋砌块剪力墙结构，可提高砌体的强度和抗裂性，能有效地提高砌体结构的整体性和抗震性能，而且节约材料，施工速度快，经济效益明显。配筋砌块砌体结构房屋将在未来的建筑结构中发挥重要作用。

城市工业废料如煤灰、炉渣或经过处理的垃圾，利用其制作硅酸盐砖、加气硅酸盐砌块或炉渣混凝土砌块等，既可处理城市建设中的部分工业废料，又可缓和烧砖与争地的矛盾。

当前，砌体结构正处在一个蓬勃发展的新时期，正如国外学者所指出的，“砌体结构有吸引力的功能特性和经济性，是它获得新生的特点。我们不应停留在这里，我们正进一步赋予砌体结构以新的概念和用途”。我们相信，随着科学技术和经济建设的继续发展，砌体结构将会更加充分地发挥其重要作用。

8.2 砌体材料及砌体的力学性能

8.2.1 砌体的材料及其强度等级

砌体的材料包括块体和砂浆。其中，块体常用的有砖、砌块和石材。块体和砂浆的强度等级是根据其抗压强度而划分的，它是确定砌体在各种受力状态下强度的依据。块体强度等级用“MU”表示，普通砂浆强度等级用“M”表示。对于混凝土小型空心砌块砌体，砌筑砂浆的强度等级用“Mb”表示，灌孔混凝土的强度等级用“Cb”表示。

在线测试

(1) 砖

砖包括烧结普通砖、烧结多孔砖、蒸压灰砂普通砖、蒸压粉煤灰普通砖和混凝土砖。其中，烧结普通砖是指由煤矸石、页岩、粉煤灰或黏土为主要原料，经过焙烧而成的实心砖，分烧结煤矸石砖、烧结页岩砖、烧结粉煤灰砖、烧结黏土砖等，其截面尺寸为 240 mm×115 mm×53 mm。烧结多孔砖是指以煤矸石、页岩、粉煤灰或黏土为主要原料，经焙烧而成、孔洞率不大于 35%，孔的尺寸小而数量多，主要用于承重部位的砖(图 8.1)。烧结普通砖、烧结多孔砖按抗压强度分为 MU30、MU25、MU20、MU15、MU10 五个强度等级。

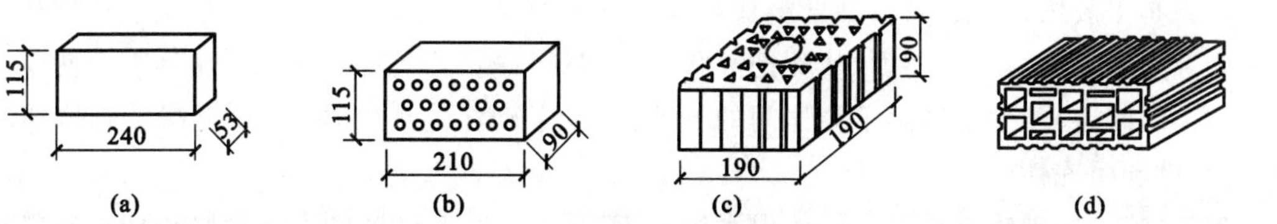

图 8.1 部分地区生产的烧结砖的规格

(a) 烧结普通砖；(b) P 型多孔砖；(c) M 型多孔砖；(d) 空心砖

蒸压灰砂普通砖以石灰等钙质材料和砂等硅质材料为主要原料，经坯料制备、压制排气成型、高压蒸汽养护而成的实心砖。蒸压粉煤灰普通砖以石灰、消石灰(如电石渣)或水泥等钙质材料与粉煤灰等硅质材料及集料(砂等)为主要原料,掺加适量石膏,经坯料制备、压制排气成型、高压蒸汽养护而成的实心砖。蒸压灰砂普通砖、蒸压粉煤灰普通砖按强度不同划分为MU25、MU20和MU15三个等级。

三一砌砖法　一顺一丁

梅花丁　砖柱砌筑

混凝土砖以水泥为胶结材料,以砂、石等为主要集料,加水搅拌、成型、养护制成的一种多孔的混凝土半盲孔砖或实心砖。多孔砖的主规格尺寸为240 mm×115 mm×90 mm、240 mm×190 mm×90 mm、190 mm×190 mm×90 mm等;实心砖的主规格尺寸为240 mm×115 mm×53 mm、240 mm×115 mm×90 mm等。混凝土普通砖、混凝土多孔砖的强度等级划分为MU30、MU25、MU20和MU15。

(2) 砌块

砌块有实心砌块或空心砌块,承重用的砌块主要指普通混凝土小型空心砌块和轻骨料混凝土小型空心砌块(图8.2),规格尺寸为390 mm×190 mm×190 mm,空心率为25%~50%。普通混凝土小型空心砌块和轻骨料混凝土小型空心砌块按强度不同划分为MU20、MU15、MU10、MU7.5、MU5五个等级。

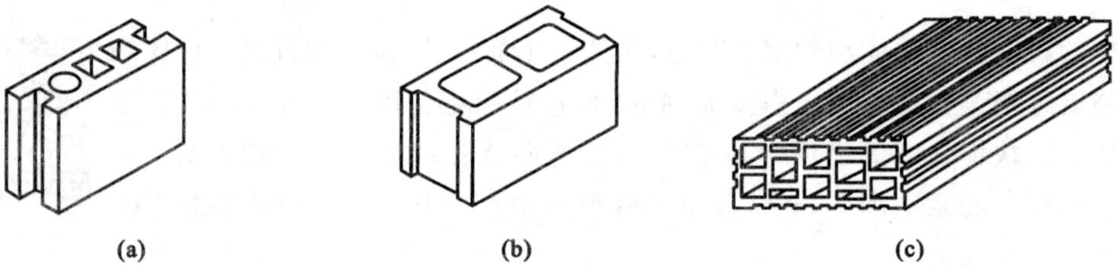

图8.2　常用的空心砌块

(a) 混凝土小型空心砌块;(b) 轻骨料混凝土小型空心砌块;(c) 烧结空心砌块

(3) 石材

按石材加工后的外形规则程度不同,可分为料石和毛石。料石又可分为细料石、半细料石、粗料石和毛料石。毛石的形状虽不规则,但是毛石的中部厚度要求不小于200 mm。石材按强度不同划分为MU100、MU80、MU60、MU50、MU40、MU30和MU20七个等级。

(4) 砂浆

砂浆是由胶结料、细骨料、掺合料加水搅拌而成的混合材料。砂浆的作用是使块体与砂浆接触表面产生黏结力和摩擦力,从而把散状的块体材料凝结成整体,并抹平块体表面使应力分布均匀。同时,由于砂浆填满了块体间的缝隙,减少了砌体的透气性,从而提高了砌体的隔热性、防水性和防冻性。

砌筑施工时,砂浆应具有良好的保水性和流动性。其中,砂浆的保水性是指新拌砂浆在存放、运输和使用过程中能够保持其中水分不致很快流失的能力。保水性不好的砂浆在施工过程中容易出现泌水、分层、离析现象,从而降低砂浆的流动性。在砌筑时水分易被砖迅速吸收,影响胶凝材料的正常硬化,导致砂浆强度降低,故常温下在施工前1~2 d应对砖浇水润湿。砂浆的流动性是指在自重或外力作用下砂浆流动的性能。流动性好的砂浆,砌浆时易铺成均匀密实的砂浆层，施工操作方便，砌筑质量可以得到提高。

烧结普通砖、烧结多孔砖、蒸压灰砂普通砖和蒸压粉煤灰普通砖砌体采用的普通砂浆强度划分为 M15、M10、M7.5、M5、M2.5 五个等级；蒸压灰砂普通砖和蒸压粉煤灰普通砖砌体采用的专用砌筑砂浆强度划分为 Ms15、Ms10、Ms7.5、Ms5.0 四个等级。此外，还有砂浆强度等于零的情况，它不是一个强度等级，只是在演算新砌筑尚未硬结的砌体强度时所采用的砂浆强度。

(5) 混凝土小型空心砌块砌筑砂浆和灌孔混凝土

混凝土小型空心砌块砌筑砂浆是砌块建筑专用的砂浆，它是由水泥、砂、水以及根据需要掺入的掺合料（如粉煤灰）和外加剂（如减水剂、早强剂、防冻剂）等组分组成，按一定比例，采用机械拌和制成的砂浆。与传统的砌筑砂浆相比，专用砂浆可以使砌体灰缝饱满，黏结性能好，减少墙体开裂和渗漏，从而提高砌块建筑质量。

单排孔混凝土砌块和煤矸石混凝土砌块砌体采用的砂浆强度划分为 Mb20、Mb15、Mb10、Mb7.5、Mb5，对应于 M20、M15、M10、M7.5、M5 等级的一般砌筑砂浆抗压强度指标。

混凝土小型空心砌块灌孔混凝土是砌块建筑灌注芯柱、孔洞的专用混凝土，它是由水泥、骨料、水以及根据需要掺入的掺合料和外加剂（如减水剂、早强剂、膨胀剂）等组分组成，按一定比例，采用机械搅拌后，用于浇筑混凝土小型空心砌块砌体芯柱或其他需要填实部位孔洞的混凝土。

混凝土小型空心砌块灌孔混凝土的强度为 Cb40、Cb35、Cb30、Cb25、Cb20，对应于 C40、C35、C30、C25、C20 混凝土的抗压强度指标。

(6) 砌体材料最低强度等级的选择

块体和砂浆的强度等级不仅影响砌体结构和构件的承载力，还影响房屋的耐久性和可靠性。块体和砂浆的强度等级越低，房屋的耐久性越差、可靠性越低。

在设计多层砌体结构的承重墙时，对其下部几层应选用强度等级较高的块体和砂浆，而上部几层可选用强度等级相对较低的块体和砂浆。但是，在同一层内不宜采用不同等级的块体和砂浆。砌体结构所用材料的最低强度等级，应符合下列要求：

① 普通砖和多孔砖的强度等级不应低于 MU10，其砌筑砂浆强度等级不应低于 M5；蒸压灰砂普通砖、蒸压粉煤灰普通砖及混凝土砖的强度等级不应低于 MU15，其砌筑砂浆强度等级不应低于 Ms5(Mb5)；混凝土砌块的强度等级不应低于 MU7.5，其砌筑砂浆强度等级不应低于 Mb7.5。

② 对安全等级为一级或设计工作年限大于 50 年的结构，所用材料的最低强度等级应比上述规定至少提高一级。

③ 地面以下或防潮层以下的砌体、潮湿房间的墙所用材料的最低强度等级应符合表 8.1 的要求。

表 8.1　地面以下或防潮层以下的砌体、潮湿房间的墙所用材料的最低强度等级

基本的潮湿程度	烧结普通砖、蒸压灰砂砖		混凝土砌块	石材	水泥砂浆
	严寒地区	一般地区			
稍潮湿的	MU10	MU10	MU7.5	MU30	MU5

续表8.1

基本的潮湿程度	烧结普通砖、蒸压灰砂砖		混凝土砌块	石材	水泥砂浆
	严寒地区	一般地区			
很潮湿的	MU15	MU10	MU7.5	MU30	MU7.5
含水饱和的	MU20	MU15	MU10	MU40	MU10

注:① 在冻胀地区,地面以下或防潮层以下的砌体,不宜采用多孔砖,如采用时,其孔洞应用不低于 M10 的水泥砂浆预先灌实;当采用混凝土空心砌块时,其孔洞应采用强度等级不低于 Cb20 的混凝土预先灌实。
② 对安全等级为一级或设计使用年限大于 50 年的房屋,表中材料的强度等级应至少提高一级。

8.2.2 砌体的种类

砌体按配筋与否可分为无筋砌体和配筋砌体两类。

8.2.2.1 *无筋砌体*

无筋砌体是指仅用块材和砂浆组成的砌体,它包括砖砌体、砌块砌体和石砌体。无筋砌体应用比较广泛。

(1) 砖砌体

砖砌体包括实心黏土砖砌体、多孔砖砌体、蒸压灰砂砖砌体及蒸压粉煤灰砌体等。

(2) 砌块砌体

在砌块砌体中,国内应用较多的为混凝土小型空心砌块砌体,这是由于其块体小,便于手工砌筑,在使用上较灵活,而且可以利用其孔洞做成配筋柱,其作用相当于砖砌体的构造柱,解决了抗震构造的要求。由于砌块孔洞率大,砂浆和砌体的结合较差,其砌体的抗拉强度比相同等级的砖砌体的低,所以应加强砌块砌体的抗裂措施。

(3) 石砌体

石砌体可分为料石砌体和毛石砌体。

8.2.2.2 *配筋砌体*

为提高砌体的强度或当构件截面尺寸受到限制时,可在砌体内配置适量的钢筋或者钢筋混凝土,这就是配筋砌体。目前,我国应用较多的配筋砌体有网状配筋砖砌体、组合砖砌体、砖砌体和钢筋混凝土构造柱组合墙、配筋砌块砌体。

(1) 网状配筋砖砌体

网状配筋砖砌体是砖柱或砖墙中每隔几皮砖在其水平灰缝设置直径为 3～4 mm 方格钢筋网片或者直径 6～8 mm 的连弯钢筋网片(图 8.3)形成的砌体。在网状配筋砖砌体受压时,由于钢筋的弹性模量大于砌体的弹性模量,因此网状配筋可约束砌体的横向变形,从而提高砌体的抗压强度。

网状配筋砖砌体只适用于高厚比 $\beta \leqslant 16$ 的轴心受压构件和偏心荷载作用在截面核心范围内的偏心受压构件(对矩形截面,$e/h \leqslant 0.17$)。其中,$\beta = H_0/h$,H_0 为计算高度,h 为砌体截面在轴向力偏心方向的边长,e 为偏心距。

(2) 组合砖砌体

组合砖砌体是在砌体外侧预留的竖向凹槽内配置纵向钢筋,再浇灌混凝土或砂浆面层而形成的砌体,如图 8.4 所示。由于钢筋混凝土面层(或钢筋砂浆面层)与砖砌体间有较好的黏结力,它们能够共同参与受力,因此组合砖砌体具有与钢筋混凝土构件相似的性能,其承载力

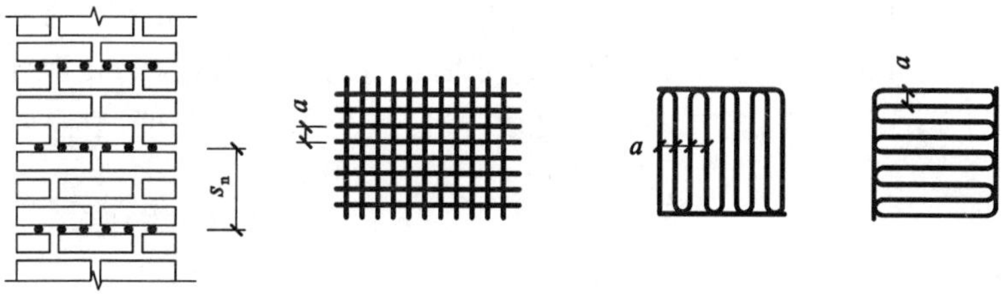

图 8.3　网状配筋砖砌体的构造

和延性都有较大的提高，构件的计算方法也与钢筋混凝土构件类似。

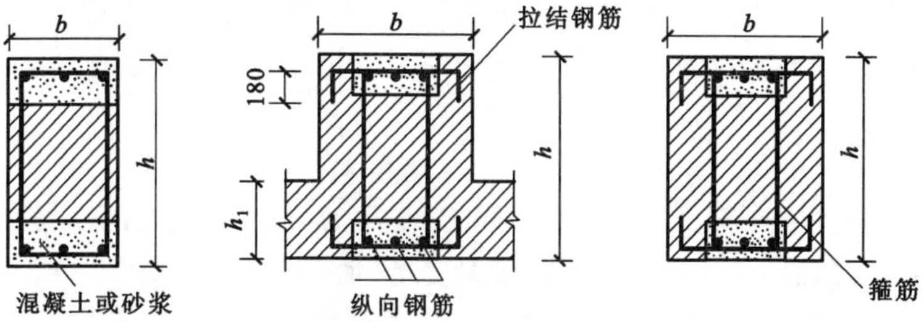

图 8.4　组合砖砌体

组合砖砌体主要适用于轴向力偏心距超过无筋砌体偏压构件限值、构件截面尺寸受到限制及已建成的砖砌体构件的加固等。

（3）砖砌体和钢筋混凝土构造柱组合墙

它是指在砖砌体中每隔一定距离设置钢筋混凝土构造柱，并在各层楼盖处设置钢筋混凝土圈梁，使砖砌体墙与钢筋混凝土构造柱和圈梁组成一个整体结构共同受力，不但可以提高墙体的承载力，还可以增强墙体的变形能力和抗倒塌能力等。

（4）配筋砌块砌体

它是在砌块中配置一定数量的竖向和水平钢筋，竖向钢筋一般是插入砌块砌体上下贯通的孔中，用灌孔混凝土灌实使钢筋充分锚固，如图 8.5 所示。配筋砌块砌体剪力墙宜采用全部灌芯砌体，竖向和水平钢筋使砌块砌体形成一个共同的整体。配筋砌块墙体在受力模式上类同于混凝土剪力墙，即由配筋砌块剪力墙承受结构的竖向和水平作用，是结构的承重和抗侧力构件。

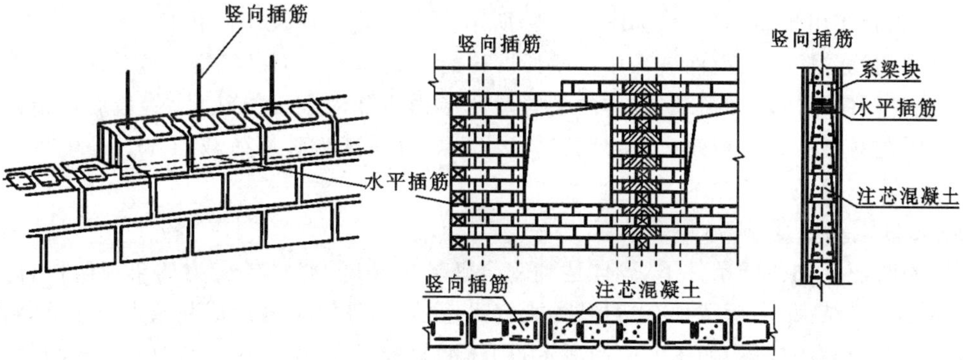

图 8.5　配筋砌块砌体柱

由于配筋砌块砌体的强度高，延性好，可用于大开间和高层建筑结构。配筋砌块剪力墙结构在地震设防烈度为6度、7度和8度地区可以分别建造高度不超过54 m、45 m和30 m的建筑物，相对于钢筋混凝土结构，具有不需要支模、不需要再做贴面处理，以及耐火性能更好等优点。

8.2.3 砌体的受力性能

8.2.3.1 *砌体的受压性能*

砌体是由块体和砂浆组成的，故其受力特性取决于块体和砂浆在砌体中的受力状态。

受压是砌体最常见的受力形式，砌体的抗压强度是砌体的主要受力指标。

以实心砖砌体的轴心受压为例，砌体从开始受力到破坏，根据裂缝的出现和发展特点，可划分为三个受力阶段。

(1) 单砖先裂

从砌体开始受压到出现第一条(批)裂缝时，为受力的第一阶段。在此阶段中，随着砌体所受压力的增加，在砌体内的某些单块砖上出现第一条(批)竖向裂缝，如图8.6(a)所示。此时的荷载值为破坏荷载值的50%～70%，其大小与砌体所用砂浆强度等级有关。

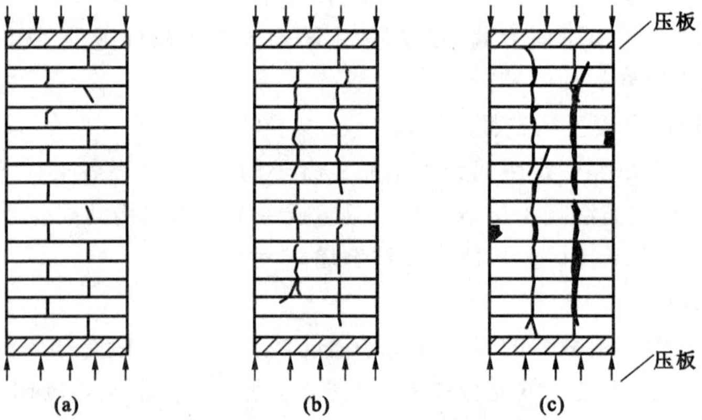

图8.6 轴心受压砖砌体的受压阶段

(2) 形成连续裂缝

随着荷载的继续增加，砌体内单个砖的个别裂缝将扩展和延伸，形成连续裂缝，垂直通过若干皮砖，同时还出现新的裂缝，如图8.6(b)所示。当荷载达到破坏荷载的80%～90%时，认为砌体受力的第二阶段结束而进入第三阶段。这时的砌体实际上已经进入危险阶段。其严重性在于：此时即使不再增加荷载，砌体的裂缝及变形也将随时间而继续发展，最后可使砌体完全破坏。因此对于荷载长期效应组合而言，可认为短时间试验破坏荷载的80%～90%是荷载长期效应组合下的破坏荷载。

(3) 形成贯通裂缝，砌体完全破坏

在试验时短期加荷的条件下，砌体达到完全破坏的瞬间，是砌体受力的第三阶段，即最后阶段。第二阶段结束，当荷载稍有增加时，裂缝迅速发展，连续裂缝连成几条贯通裂缝，将砌体分割成若干个独立小柱体，如图8.6(c)所示，砌体明显向外鼓出。小柱体受力极不均匀，导致小柱的压碎或失稳，而使砌体完全破坏。破坏时的最大压力除以砌体横截面面积所得的应力就是砌体的抗压强度极限值。

上述轴心受压砌体内的砖并非均匀受压，这是因为砌体内的灰缝厚度不均，并且砂浆不一定饱满、均匀密实，砖的表面不完全平整和规则，因此砖处于受弯、受剪、局部受压、横向受拉等复杂应力状态，如图 8.7 所示。此外砌体内的垂直灰缝往往未填实，砖在垂直灰缝处易产生应力集中现象。由于砖块的抗拉、抗弯和抗剪强度很低，因此砌体受压时，第一批裂缝首先在单块砖内形成，破坏时砌体内砖的抗压强度得不到充分发挥。

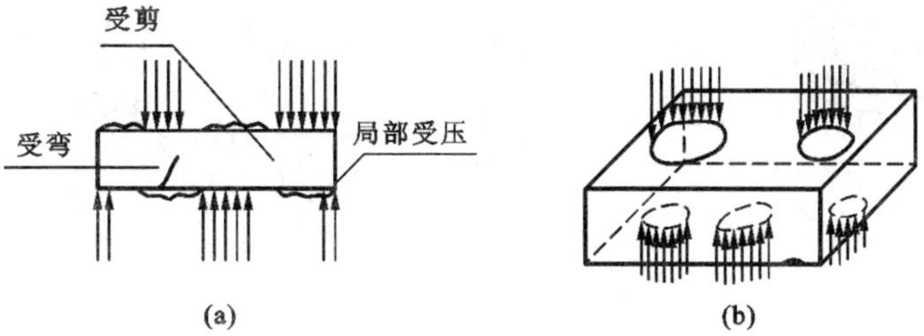

图 8.7　砖的复杂受力状态

大量试验证明，影响砌体强度的主要因素有：一是块体和砂浆的强度等级，即块体和砂浆的强度是决定砌体强度的主要因素，块体和砂浆的强度愈高，其砌体的抗压强度亦愈高；二是块体的形状与尺寸，块体表面越规则、平整，灰缝厚度越均匀，砖所受的复杂应力愈小，砌体的抗压强度则愈高；三是砌筑质量，如水平灰缝砂浆饱满度、块体砌筑时的含水率、砂浆灰缝厚度、砌体组砌方法以及施工质量控制等级等对砌体强度有较大的影响。其中，施工质量控制等级划分为 A 级、B 级、C 级，参见《砌体结构设计规范》(GB 50003—2019)（以下简称《砌体结构设计规范》）。配筋砌体不允许采用 C 级。

8.2.3.2　*砌体的受拉、受弯和受剪性能*

砌体的受压性能较好，但其受拉、受弯和受剪的性能都较差。砌体的受拉破坏、受弯破坏或受剪破坏一般发生在砂浆与块体的连接面上，其强度取决于砂浆与块体的黏结性能。

(1) 砌体的轴心受拉

在砌体结构构件中，常遇到的轴心受拉构件是圆形水池的池壁。在静水压力作用下，池壁环向承受轴心拉力。

砌体在轴心拉力作用下，可能出现两种不同的破坏形态：一种是沿齿缝破坏，另一种是沿竖缝与块体截面破坏，如图 8.8 所示。一般情况下，砂浆的强度较低，砂浆与块体的黏结强度低于块体的抗拉强度，会发生沿齿缝的破坏。这时，砌体的抗拉强度取决于砂浆的强度等级，并与齿缝破坏面的水平灰缝总面积有关(竖向灰缝的黏结强度忽略不计)。当块体强度等级很低而砂浆强度等级又较高时，砂浆与水平灰缝块体间的黏结强度大于块体的抗拉强度，此时发生沿竖缝与块体截面的破坏，砌体的抗拉强度值取决于块体的强度等级。应当注意的是，当拉力垂直于水平灰缝作用时，由于砂浆与块体间的法向黏结强度小，并且不易保证，故设计中不允许采用。

砌体的轴心抗拉强度主要取决于砂浆的切向黏结强度。砂浆强度越高，砂浆与块体间的强度就越高，砌体的轴心抗拉强度也越高。

(2) 砌体的弯曲受拉

砌体结构构件受弯时，破坏将发生在弯曲受拉的一侧，原因是砌体的弯曲抗拉强度远低于弯曲抗压强度。砌体构件的弯曲破坏也会发生两种可能的破坏形态，即沿齿缝截面破坏和沿块体截面的破坏，如图 8.9 所示。在大偏心受压时，砌体还可能在最大弯矩截面处发生沿通缝的弯曲受拉破坏，这种破坏的砌体抗拉强度也只与砂浆的强度等级有关。

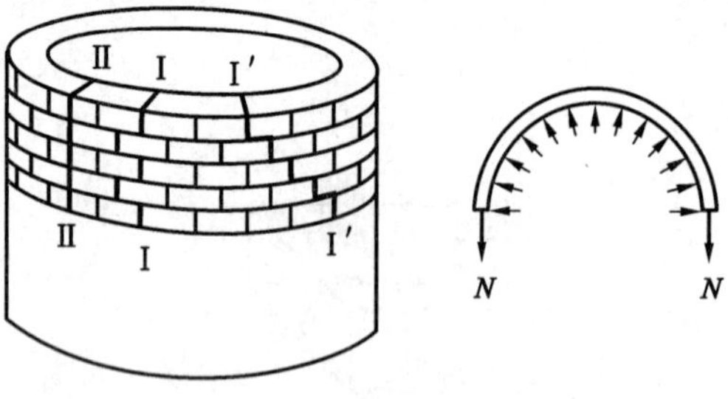

图 8.8　轴心受拉砌体的破坏形态

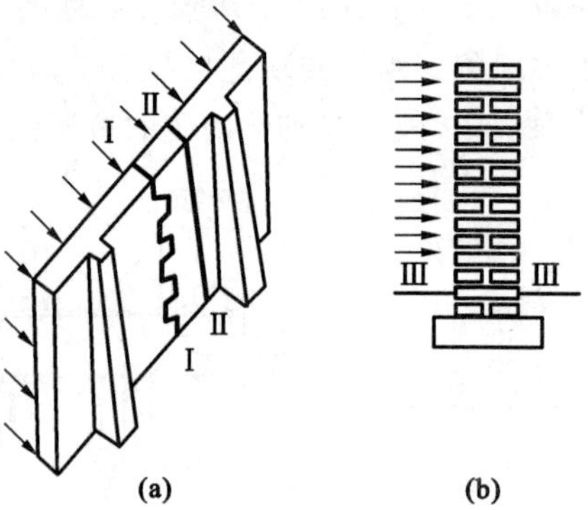

图 8.9　受弯砌体的破坏形态

与砌体轴心抗拉强度类似，砌体弯曲抗拉强度也主要取决于砂浆与块体之间的黏结强度，即与砂浆的强度等级有关。

（3）砌体的受剪

砌体在受剪时，可能发生沿阶梯形截面的受剪破坏、沿通缝截面的受剪破坏及沿块体截面或灰缝的受剪破坏，如图 8.10 所示。其中，沿阶梯形缝的剪切破坏是地震中墙体破坏的常见形式。

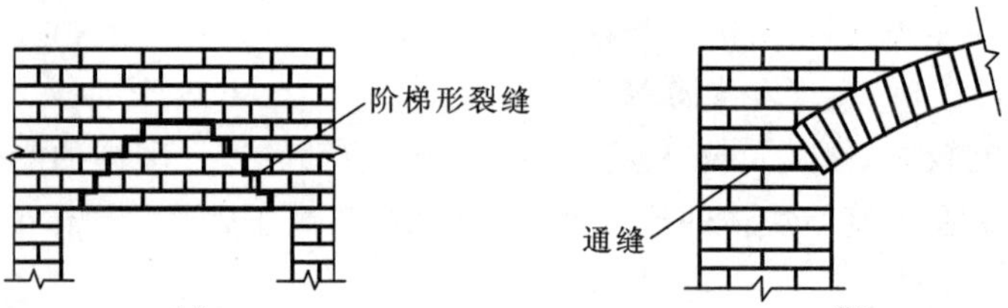

图 8.10　受剪砌体的破坏形态

砌体的抗剪强度也与砂浆和块体之间的黏结强度有关，砌体抗剪强度随砂浆强度等级的增大而提高。此外，砌体抗剪强度还与垂直压应力有关，一般随垂直压应力的增大而提高。

8.2.4　砌体的强度设计值

根据试验和结构可靠度分析结果，《砌体结构设计规范》规定了各类砌体的强度设计值，各类砌体的强度设计值是按施工质量控制等级为 B 级、龄期为 28 d 的以毛截面计算的强度设计值，如表 8.2～表 8.8 所示。

表 8.2　烧结普通砖和烧结多孔砖砌体的抗压强度设计值（MPa）

砖强度等级	砂浆强度等级					砂浆强度
	M15	M10	M7.5	M5	M2.5	0
MU30	3.94	3.27	2.93	2.59	2.26	1.15
MU25	3.60	2.98	2.68	2.37	2.06	1.05

续表8.2

砖强度等级	砂浆强度等级					砂浆强度
	M15	M10	M7.5	M5	M2.5	0
MU20	3.22	2.67	2.39	2.12	1.84	0.94
MU15	2.79	2.31	2.07	1.83	1.60	0.82
MU10	—	1.89	1.69	1.50	1.30	0.67

注：当烧结多孔砖的孔洞率大于30%时，表中数值应乘以0.9。

表8.3　蒸压灰砂普通砖和蒸压粉煤灰普通砖砌体的抗压强度设计值(MPa)

砖强度等级	砂浆强度等级				砂浆强度
	M15	M10	M7.5	M5	0
MU25	3.60	2.98	2.68	2.37	1.05
MU20	3.22	2.67	2.39	2.12	0.94
MU15	2.79	2.31	2.07	1.83	0.82

注：当采用专用砂浆砌筑时，其抗压强度设计值按表中数值采用。

表8.4　单排孔混凝土砌块和轻集料混凝土砌块对孔砌筑砌体的抗压强度设计值(MPa)

砌块强度等级	砂浆强度等级					砂浆强度
	M20	M15	M10	M7.5	M5	0
MU20	6.30	5.68	4.95	4.44	3.94	2.33
MU15	—	4.61	4.02	3.61	3.20	1.89
MU10	—	—	2.79	2.50	2.22	1.31
MU7.5	—	—	—	1.93	1.71	1.01
MU5	—	—	—	—	1.19	0.70

注：① 对独立柱或厚度为双排组砌的砌块砌体，应按表中数值乘以0.7；
② 对T形截面墙体、柱，应按表中数值乘以0.85。

表8.5　双排孔或多排孔轻集料混凝土砌块砌体的抗压强度设计值(MPa)

砌块强度等级	砂浆强度等级			砂浆强度
	Mb10	Mb7.5	Mb5	0
MU10	3.08	2.76	2.45	1.44
MU7.5	—	2.13	1.88	1.12
MU5	—	—	1.31	0.78
MU3.5	—	—	0.95	0.56

注：① 表中的砌块为火山渣、浮石和陶粒轻集料混凝土砌块；
② 对厚度方向为双排组砌的轻集料混凝土砌块砌体的抗压强度设计值，应按表中数值乘以0.8。

表 8.6　毛料石砌体的抗压强度设计值(MPa)

毛料石强度等级	砂浆强度等级			砂浆强度
	M7.5	M5	M2.5	0
MU100	5.42	4.80	4.18	2.13
MU80	4.85	4.29	3.73	1.91
MU60	4.20	3.71	3.23	1.65
MU50	3.83	3.39	2.95	1.51
MU40	3.43	3.04	2.64	1.35
MU30	2.97	2.63	2.29	1.17
MU20	2.42	2.15	1.87	0.95

注:对细料石砌体、粗料石砌体和干砌勾缝石砌体,表中数值应分别乘以调整系数 1.4、1.2 和 0.8。

表 8.7　毛石砌体的抗压强度设计值(MPa)

毛石强度等级	砂浆强度等级			砂浆强度
	M7.5	M5	M2.5	0
MU100	1.27	1.12	0.98	0.34
MU80	1.13	1.00	0.87	0.30
MU60	0.98	0.87	0.76	0.26
MU50	0.90	0.80	0.69	0.23
MU40	0.80	0.71	0.62	0.21
MU30	0.69	0.61	0.53	0.18
MU20	0.56	0.51	0.44	0.15

表 8.8　沿砌体灰缝截面破坏时砌体的轴心抗拉强度设计值、弯曲抗拉强度设计值和抗剪强度设计值(MPa)

强度类别	破坏特征及砌体种类		砂浆强度等级			
			≥M10	M7.5	M5	M2.5
轴心抗拉	 沿齿缝	烧结普通砖、烧结多孔砖	0.19	0.16	0.13	0.09
		混凝土普通砖、混凝土多孔砖	0.19	0.16	0.13	—
		蒸压灰砂普通砖、蒸压粉煤灰普通砖	0.12	0.10	0.08	—
		混凝土和轻集料混凝土砌块	0.09	0.08	0.07	—
		毛石	—	0.07	0.06	0.04

续表8.8

强度类别	破坏特征及砌体种类		砂浆强度等级			
			≥M10	M7.5	M5	M2.5
弯曲抗拉	 沿齿缝	烧结普通砖、烧结多孔砖	0.33	0.29	0.23	0.17
		混凝土普通砖、混凝土多孔砖	0.33	0.29	0.23	—
		蒸压灰砂普通砖、蒸压粉煤灰普通砖	0.24	0.20	0.16	—
		混凝土和轻集料混凝土砌块	0.11	0.09	0.08	—
		毛石	—	0.11	0.09	0.07
	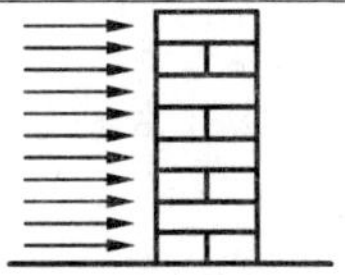 沿通缝	烧结普通砖、烧结多孔砖	0.17	0.14	0.11	0.08
		混凝土普通砖、混凝土多孔砖	0.17	0.14	0.11	—
		蒸压灰砂普通砖、蒸压粉煤灰普通砖	0.12	0.10	0.08	—
		混凝土和轻集料混凝土砌块	0.08	0.06	0.05	—
抗剪	烧结普通砖、烧结多孔砖		0.17	0.14	0.11	0.08
	混凝土普通砖、混凝土多孔砖		0.17	0.14	0.11	—
	蒸压灰砂普通砖、蒸压粉煤灰普通砖		0.12	0.10	0.08	—
	混凝土和轻集料混凝土砌块		0.09	0.08	0.06	—
	毛石		—	0.19	0.16	0.11

注：① 对于用形状规则的块体砌筑的砌体，当搭接长度与块体高度的比值小于1时，其轴心抗拉强度设计值 f_t 和弯曲抗拉强度设计值 f_{tm} 应按表中数值乘以搭接长度与块体高度比值后采用；

② 表中数值是依据普通砂浆砌筑的砌体确定，采用经济研究性试验且通过技术鉴定的专用砂浆砌筑的蒸压灰砂普通砖、蒸压粉煤灰普通砖砌体，其抗剪强度设计值按相应普通砂浆强度等级砌筑的烧结普通砖砌体采用；

③ 对混凝土普通砖、混凝土多孔砖、混凝土和轻集料混凝土砌块砌体，表中的砂浆强度等级分别为：不小于Mb10、Mb7.5及Mb5。

特别注意，考虑到一些不利因素，下列情况的各类砌体，其砌体强度设计值还应乘以调整系数 γ_a：

（1）上述表中给出的是当施工质量控制等级为B级时的各类砌体的抗压、抗拉和抗剪强度设计值。当施工质量控制为C级时，表中数值应乘以调整系数 $\gamma_a=0.89$；当施工质量控制为A级时，可将表中数值乘以调整系数 $\gamma_a=1.15$。

（2）对无筋砌体构件，其截面面积小于0.3 m^2 时，γ_a 为其截面面积加0.7；对于配筋砌体，当其中砌体截面面积小于0.2 m^2 时，γ_a 为截面面积加0.8。构件截面面积以 m^2 计。

（3）当砌体用强度等级小于M5.0的水泥砂浆砌筑时，对表8.2～表8.7的数值 γ_a 为0.9，对表8.8的数值 γ_a 为0.8。

（4）当验算施工中房屋的构件时，γ_a 为1.1。

8.3 无筋砌体构件的承载力计算

在线测试

8.3.1 受压构件承载力基本计算公式

在试验研究和理论分析的基础上，《砌体结构设计规范》规定无筋砌体受压构件的承载力应按下式计算：

$$N \leqslant \varphi A f \tag{8.1}$$

式中　N——轴向力设计值；

φ——高厚比 β 和轴向力的偏心距 e 对受压构件承载力的影响系数；

f——砌体的抗压强度设计值。

注：对矩形截面构件，当轴向力偏心方向的截面边长大于另一方向的边长时，除按偏心受压计算外，还应对较小边长方向按轴心受压进行验算。

对轴心受压构件采用纵向弯曲系数 φ_0，φ_0 可按下式计算：

$$\varphi_0 = \frac{1}{1+\alpha\beta^2} \tag{8.2}$$

式中　α——与砂浆强度有关的系数：当砂浆强度等级≥M5 时，$\alpha=0.0015$；当砂浆强度等级为 M2.5 时，$\alpha=0.002$；当砂浆强度等级为零时，$\alpha=0.009$。

偏心受压构件的系数 φ，可按下列公式计算：

当 $\beta \leqslant 3$ 时，则：

$$\varphi = \frac{1}{1+12\left(\frac{e}{h}\right)^2} \tag{8.3}$$

当 $\beta > 3$ 时，则：

$$\varphi = \frac{1}{1+12\left(\frac{e}{h}+\beta\sqrt{\frac{\alpha}{12}}\right)^2} \tag{8.4}$$

按式(8.4)计算相当麻烦，对砂浆等级不小于 M5 的偏心受压构件，承载力影响系数 φ 可按表 8.9 查得，其他砂浆强度等级可查阅《砌体结构设计规范》取用。

表 8.9　影响系数 φ(砂浆强度等级≥M5)

β	e/h 或 e/h_T												
	0	0.025	0.05	0.075	0.1	0.125	0.15	0.175	0.2	0.225	0.25	0.275	0.3
≤3	1	0.99	0.97	0.94	0.89	0.84	0.79	0.73	0.68	0.62	0.57	0.52	0.48
4	0.98	0.95	0.90	0.85	0.80	0.74	0.69	0.64	0.58	0.53	0.49	0.45	0.41
6	0.95	0.91	0.86	0.81	0.75	0.69	0.64	0.59	0.54	0.49	0.45	0.42	0.38
8	0.91	0.86	0.81	0.76	0.70	0.64	0.59	0.54	0.50	0.46	0.42	0.39	0.36
10	0.87	0.82	0.76	0.71	0.65	0.60	0.55	0.50	0.46	0.42	0.39	0.36	0.33
12	0.82	0.77	0.71	0.66	0.60	0.55	0.51	0.47	0.43	0.39	0.36	0.33	0.31
14	0.77	0.72	0.66	0.61	0.56	0.51	0.47	0.43	0.40	0.36	0.34	0.31	0.29
16	0.72	0.67	0.61	0.56	0.52	0.47	0.44	0.40	0.37	0.34	0.31	0.29	0.27
18	0.67	0.62	0.57	0.52	0.48	0.44	0.40	0.37	0.34	0.31	0.29	0.27	0.25
20	0.62	0.57	0.53	0.48	0.44	0.40	0.37	0.34	0.32	0.29	0.27	0.25	0.23
22	0.58	0.53	0.49	0.45	0.41	0.38	0.35	0.32	0.30	0.27	0.25	0.24	0.22
24	0.54	0.49	0.45	0.41	0.38	0.35	0.32	0.30	0.28	0.26	0.24	0.22	0.21
26	0.50	0.46	0.42	0.38	0.35	0.33	0.30	0.28	0.26	0.24	0.22	0.21	0.19
28	0.46	0.42	0.39	0.36	0.33	0.30	0.28	0.26	0.24	0.22	0.21	0.19	0.18
30	0.42	0.39	0.36	0.33	0.31	0.28	0.26	0.24	0.22	0.21	0.20	0.18	0.17

偏心受压构件的偏心距过大，构件的承载力明显下降，从经济性和合理性角度看都不宜采用，此外，偏心距过大可能使截面受拉边出现过大的水平裂缝。因此，《砌体结构设计规范》规定轴向力偏心距 e 不应超过 $0.6y$，其中 y 是截面重心到受压边缘的距离。

8.3.2 高厚比 β 的确定

构件的高厚比 β 按下列公式确定：

对矩形截面

$$\beta=\gamma_{\beta}\frac{H_0}{h} \tag{8.5}$$

对 T 形截面

$$\beta=\gamma_{\beta}\frac{H_0}{h_T} \tag{8.6}$$

式中 H_0——受压构件的计算高度，按表 8.10 采用；

h——矩形截面轴向力偏心方向的边长，当为轴心受压时，h 为截面较小边长；

h_T——T 形截面的折算厚度，可取 $h_T=3.5i$（i 为截面回转半径）；

γ_{β}——不同砌体材料的高厚比修正系数：对烧结普通砖、烧结多孔砖取 1.0；对混凝土普通砖、混凝土多孔砖、混凝土及轻集料混凝土砌块取1.1；对蒸压灰砂普通砖、蒸压粉煤灰普通砖、细料石取 1.2；对粗料石和毛石取 1.5。

表 8.10 受压构件的计算高度 H_0

<table>
<tr><th colspan="3" rowspan="2">房屋类别</th><th colspan="2">柱</th><th colspan="3">带壁柱墙或周边拉结的墙</th></tr>
<tr><th>排架方向</th><th>垂直排架方向</th><th>$s>2H$</th><th>$2H\geqslant s>H$</th><th>$s\leqslant H$</th></tr>
<tr><td rowspan="3">有吊车的单层房屋</td><td rowspan="2">变截面柱上段</td><td>弹性方案</td><td>$2.5H_u$</td><td>$1.25H_u$</td><td colspan="3">$2.5H_u$</td></tr>
<tr><td>刚性、刚弹性方案</td><td>$2.0H_u$</td><td>$1.25H_u$</td><td colspan="3">$2.0H_u$</td></tr>
<tr><td colspan="2">变截面柱下段</td><td>$1.0H_l$</td><td>$0.8H_l$</td><td colspan="3">$1.0H_l$</td></tr>
<tr><td rowspan="5">无吊车的单层和多层房屋</td><td rowspan="2">单跨</td><td>弹性方案</td><td>$1.5H$</td><td>$1.0H$</td><td colspan="3">$1.5H$</td></tr>
<tr><td>刚弹性方案</td><td>$1.2H$</td><td>$1.0H$</td><td colspan="3">$1.2H$</td></tr>
<tr><td rowspan="2">多跨</td><td>弹性方案</td><td>$1.25H$</td><td>$1.0H$</td><td colspan="3">$1.25H$</td></tr>
<tr><td>刚弹性方案</td><td>$1.10H$</td><td>$1.0H$</td><td colspan="3">$1.10H$</td></tr>
<tr><td colspan="2">刚性方案</td><td>$1.0H$</td><td>$1.0H$</td><td>$1.0H$</td><td>$0.4s+0.2H$</td><td>$0.6s$</td></tr>
</table>

注：① 表中 H_u 为变截面柱的上段高度，H_l 为变截面柱的下段高度；

② 对于上端为自由端的构件，$H_0=2H$；

③ 独立砖柱，当无柱间支撑时，柱在垂直排架方向的 H_0 应按表中数值乘以 1.25 后采用；

④ s 为房屋横墙间距；

⑤ 自承重墙的计算高度应根据周边支承或拉接条件确定。

【例 8.1】 某单层单跨无吊车工业厂房，其窗间墙带壁柱的截面如图 8.11 所示，$y_1=245\ \text{mm}$，截面惯性矩 $I=296\times10^8\ \text{mm}^4$。墙的计算高度 $H_0=10.5\ \text{m}$，采用强度等级为 MU10 烧结普通砖及 M5 水泥砂浆砌筑，施工质量控制 B 级。该柱柱底截面承受轴向力设计值 $N=320\ \text{kN}$，弯矩设计值 $M=51\ \text{kN}\cdot\text{m}$，偏心压力偏向截面肋部一侧，试验算窗间墙的承载力。

【解】 (1) 计算截面几何特征值

截面面积 $A=2000\times240+490\times500=725000\ \text{mm}^2$，形心至截面边缘的距离 $y_1=245\ \text{mm}$，$y_2=740-245=495\ \text{mm}$，惯性矩 $I=296\times10^8\ \text{mm}^4$。

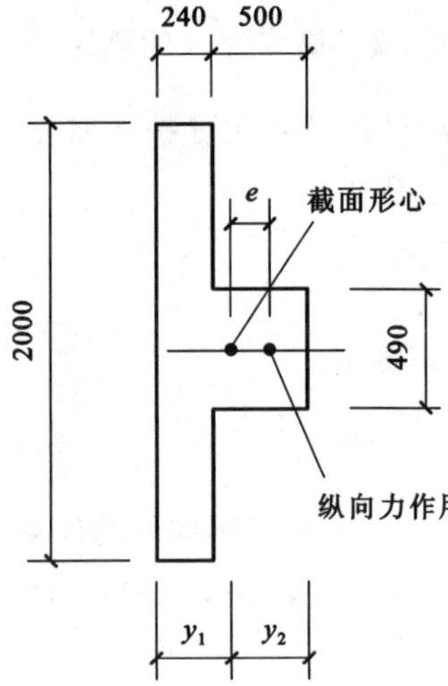

图 8.11 例题 8.1 图

回转半径：

$$i=\sqrt{\frac{I}{A}}=\sqrt{\frac{296\times10^8}{725000}}=202\ \text{mm}$$

T 形截面折算厚度：

$$h_T=3.5i=3.5\times202=707\ \text{mm}$$

(2) 计算偏心距

$$e=\frac{M}{N}=\frac{51\times10^6}{320\times10^3}=159\ \text{mm}$$

$$\frac{e}{y_2}=\frac{159}{495}=0.32<0.6$$

满足要求。

(3) 承载力计算

MU10 烧结普通砖与 M5 水泥砂浆砌体抗压强度设计值，查表 8.2 得 $f=1.5\ \text{N/mm}^2$。根据规定，施工质量控制为 B 级强度不予调整，但水泥砂浆应乘以 $\gamma_a=0.9$。

由 $\beta=\gamma_\beta\frac{H_0}{h_T}=1.0\times\frac{10.5}{0.707}=14.85$，$\frac{e}{h_T}=\frac{159}{707}=0.225$，按式(8.4)计算可得影响系数 $\varphi=0.353$，则由式(8.1)有：

$$N=\varphi\gamma_a fA=0.353\times0.9\times1.5\times725\times10^3=345.51\ \text{kN}>320\ \text{kN}$$

满足要求。

8.3.3 砌体局部受压承载力计算

8.3.3.1 *砌体局部受压的特点*

当轴向压力作用于砌体的部分截面上时，砌体处于局部受压，它是砌体结构中常见的一种受力状态。如基础顶面的墙、柱支承处，以及屋架或梁端部的支承处，砌体截面上均产生局部受压。根据局部受压面积上的应力是否均匀，砌体局部受压分为局部均匀受压和局部不均匀受压两种情况。

试验研究表明，砌体局部受压大致有三种破坏形式：一是因纵向裂缝发展引起的破坏[图 8.12(a)]；二是发生劈裂破坏[图 8.12(b)]；三是因砌体强度低时产生局部压碎破坏[图 8.12(c)]，这种破坏比较少见。

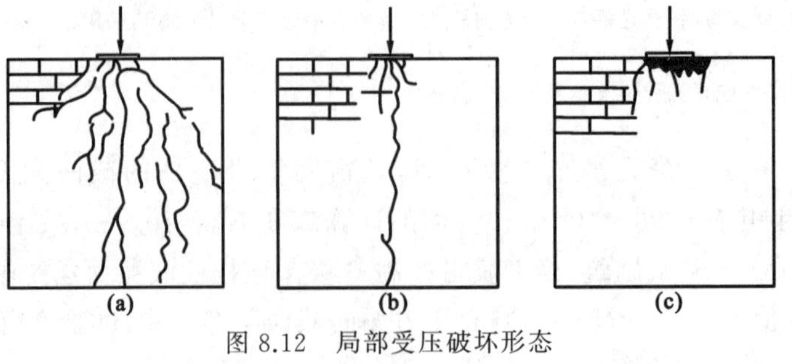

图 8.12 局部受压破坏形态

(a) 因纵向裂缝发展引起的破坏；(b) 劈裂破坏；(c) 压碎破坏

根据实际工程中可能出现的情况，砌体局部受压计算可分为：砌体局部均匀受压、梁端支承处砌体局部受压、刚性垫块下砌体局部受压、垫梁下砌体局部受压等。

8.3.3.2　*砌体局部均匀受压承载力计算*

当荷载均匀地作用在砌体的局部面积上时，砌体局部均匀受压的承载力可按下列公式计算：

$$N_l \leqslant \gamma f A_l \tag{8.7}$$

其中

$$\gamma = 1 + 0.35\sqrt{\frac{A_0}{A_l} - 1} \tag{8.8}$$

式中　N_l——局部受压面积上荷载产生的轴向压力设计值；

A_l——局部受压面积，$A_l = ab$；

γ——局部抗压强度提高系数；

A_0——影响局部抗压强度的计算面积，可按图 8.13 确定。

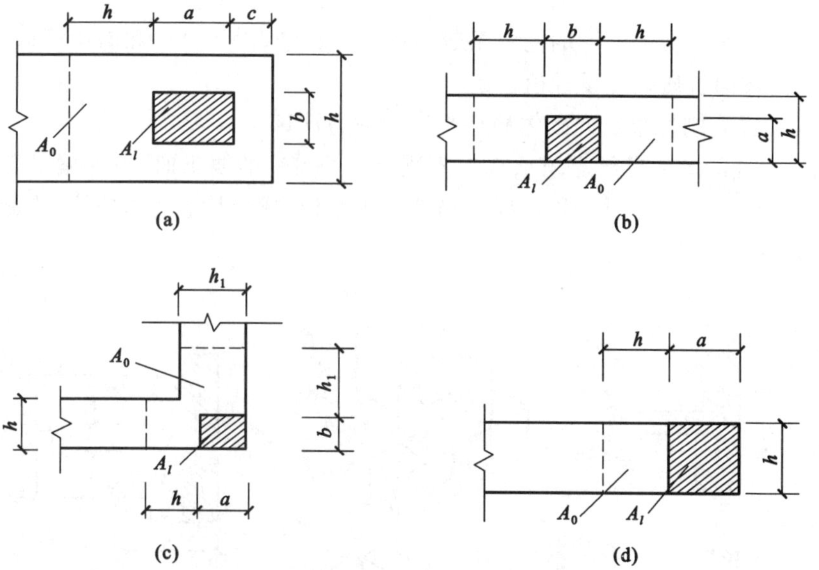

图 8.13　影响砌体局部抗压强度的面积 A_0

(a) 中部受压；(b) 边部受压；(c) 角部受压；(d) 端部受压

试验分析表明，在局部压力作用下，局部受压范围内砌体的抗压强度会有较大提高。这主要有两个方面的原因：(1) 未直接受压的外围砌体阻止直接受压砌体的横向变形，对直接受压的内部砌体具有约束作用，称为“套箍强化”作用；(2) 由于砌体搭缝砌筑，局部压力迅速向未直接受压的砌体扩散，从而使应力很快变小，称为“应力扩散”作用。

式(8.8)的物理意义：其第一项为砌体局部受压面积本身的抗压强度，第二项是非局部受压面积 $A_0 - A_l$ 所提供的侧压力的影响。

8.3.3.3　*梁端支承处砌体的局部受压承载力计算(非均匀受压)*

(1) 梁端有效支撑长度

当梁支承在砌体上时，由于梁受力变形翘曲，支座内边缘处砌体的压缩变形较大，使得梁的末端部分与砌体脱开，梁端有效支承长度 a_0 可能小于其实际支承长度 a，如图 8.14所示。

经试验分析，为了便于工程应用，《砌体结构设计规范》给出梁端有效支承长度的计算公式为：

$$a_0 = 10\sqrt{\frac{h_c}{f}} \tag{8.9}$$

式中 a_0——梁端有效支承长度，当 $a_0 > a$ 时，取 $a_0 = a$；

h_c——梁的截面高度；

f——砌体抗压强度设计值。

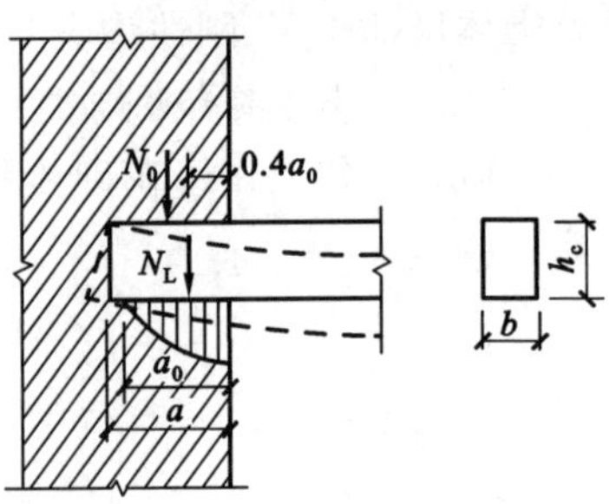

图 8.14　梁端支承长度

(2) 梁端支承处砌体的局部受压承载力计算

梁端支承处砌体的局部受压承载力计算公式：

$$\psi N_0 + N_l \leqslant \eta \gamma f A_l \tag{8.10}$$

式中 ψ——上部荷载折减系数，$\psi = 1.5 - 0.5\dfrac{A_0}{A_l}$，当$\dfrac{A_0}{A_l} \geqslant 3$ 时取 $\psi = 0$；

N_0——局部受压面积内上部荷载产生的轴向力设计值，$N_0 = \sigma_0 A_l$；

σ_0——上部平均压力设计值；

η——梁端底面应力图形的完整系数，一般可取 0.7，对于过梁和圈梁可取 1.0；

f——砌体的抗压强度设计值。

(3) 梁端下设有刚性垫块的砌体局部受压承载力计算

当梁端支承处的砌体局部受压承载力不满足式(8.10)的要求时，可在梁端下的砌体内设置垫块，如图 8.15 所示。通过垫块可增大局部受压面积，减少其上的压应力，有效地解决砌体的局部承载力不足的问题。

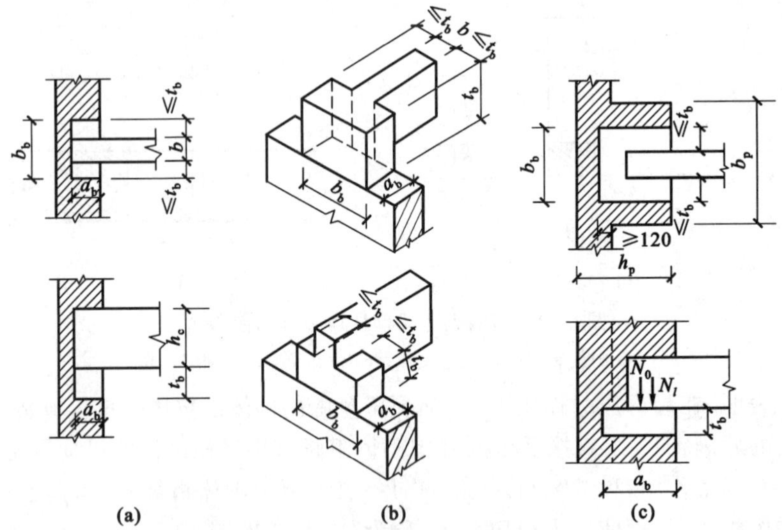

图 8.15　垫块局部受压

(a) 预制垫块；(b) 现浇垫块；(c) 壁柱上的垫块

刚性垫块下的砌体局部受压承载力应按下式计算：

$$N_0 + N_l \leqslant \varphi \gamma_1 f A_b \tag{8.11}$$

式中 N_0——垫块面积 A_b 内上部轴向力设计值，$N_0 = \sigma_0 A_b$；

A_b——垫块面积，$A_b = a_b b_b$（a_b 和 b_b 分别为垫块伸入墙内的长度和垫块的宽度）；

φ——垫块上 N_0 和 N_l 的合力的影响系数，按表 8.9 采用，取 $\beta\leqslant 3$ 时的 φ 值；

γ_1——垫块外砌体面积的有利影响系数，$\gamma_1=0.8\gamma$，但不小于 1.0，其中 γ 为砌体局部抗压强度提高系数，按式(8.8)计算(以 A_b 代替 A_l)。

刚性垫块的构造应符合下列规定：

① 刚性垫块的高度 $t_b\geqslant 180$ mm；垫块宽度 b_b 不宜大于 $b+2l_b$，即自梁边算起的垫块挑出长度不宜大于垫块高度 t_b，其中 b 为梁宽；

② 在带壁柱墙的壁柱内设刚性垫块时，其计算面积应取壁柱范围内的面积，而不应计算翼缘部分，同时壁柱上垫块伸入翼墙内的长度不应小于 120 mm；

③ 当现浇垫块与梁端整体浇筑时，垫块可在梁高范围内设置。

梁端设有刚性垫块时，梁端有效支承长度 a_0 应按下式确定：

$$a_0=\delta_1\sqrt{\frac{h_c}{f}} \tag{8.12}$$

式中 δ_1——刚性垫块的影响系数，按表 8.11 采用，垫块上 N_l 作用点的位置可取 $0.4a_0$ 处。

表 8.11 系数 δ_1 值

σ_0/f	0	0.2	0.4	0.6	0.8
δ_1	5.4	5.7	6.0	6.9	7.8

注：表中其间的数值可采用插入法求得。

(4) 梁下设有长度大于 πh_0 的钢筋混凝土垫梁

如图 8.16 所示，当梁端支承处砌体上设有连续的钢筋混凝土梁(如圈梁)时，该梁可起垫梁的作用，其下的压应力分布可近似地简化为三角形分布，其分布长度为 πh_0。

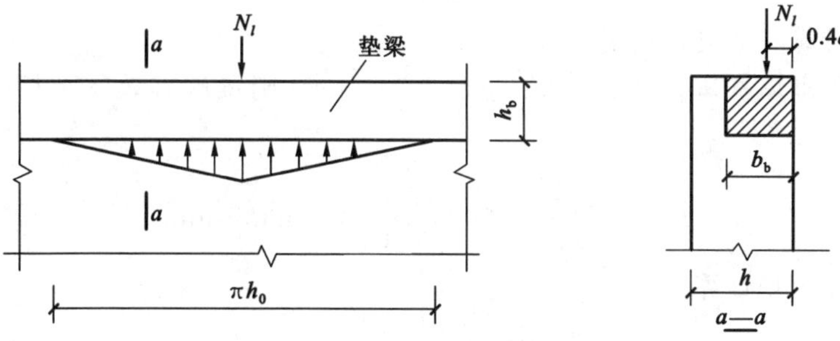

图 8.16 垫梁局部受压

垫梁下砌体的局部受压承载力按下式计算：

$$N_l+N_0\leqslant 2.4\delta_2 f b_b h \tag{8.13}$$

其中

$$N_0=\frac{\pi b_b h_0\sigma_0}{2} \tag{8.14}$$

$$h_0=2\sqrt[3]{\frac{E_b I_b}{Eh}} \tag{8.15}$$

式中 N_l——梁端支承压力；

N_0——垫梁 $\pi b_b h_0/2$ 范围内上部轴向力设计值；

b_b——垫梁在墙厚方向的宽度(mm)；

h_0——垫梁折算高度(mm)；

δ_2——荷载沿墙厚分布系数，当荷载沿墙厚方向均匀分布时取 1.0，不均匀分布时取 0.8；

E_b、I_b——垫梁混凝土的弹性模量和截面惯性矩；

h——墙厚。

【例 8.2】 试验算房屋纵墙上梁端支承处砌体局部受压承载力。已知梁截面尺寸为 200 mm×400 mm，支承长度为 240 mm，梁端承受的支承压力设计值 $N_l=80$ kN，上部荷载产生的轴向力设计值 $N_u=260$ kN，窗间墙截面为 1200 mm×370 mm(图 8.17)，采用 MU10 烧结普通砖及 M5 混合砂浆砌筑。

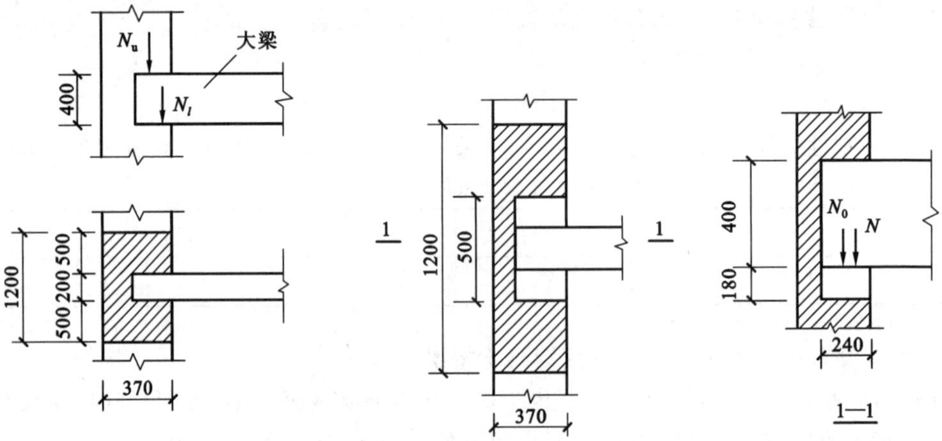

图 8.17　例题 8.2 图

【解】 (1) 计算有效支承长度

由表 8.2 查得砌体抗压强度设计值 $f=1.5\ \text{N/mm}^2$，则梁端有效支承长度由式(8.9)计算为：

$$a_0=10\sqrt{\frac{h_c}{f}}=10\times\sqrt{\frac{400}{1.5}}=163.3\ \text{mm}$$

(2) 局部受压面积计算

$$A_l=a_0b=163.3\times 200=32660\ \text{mm}^2$$

$$A_0=h(2h+b)=370\times(370\times 2+200)=347800\ \text{mm}^2$$

(3) 局部受压承载力验算

$A_0/A_l=10.7>3$，故上部荷载折减系数 $\psi=0$，可不考虑上部荷载的影响。取梁底压力图形完整系数 $\eta=0.7$。

由式(8.8)有局部抗压强度提高系数为：

$$\gamma=1+0.35\sqrt{\frac{A_0}{A_l}-1}=2.05>2.0$$

取 $\gamma=2.0$(边部受压)。

局部受压承载力按式(8.10)验算

$$\eta\gamma fA_l=0.7\times 2.0\times 1.5\times 32660=68.586\ \text{kN}<\psi N_0+N_l=80\ \text{kN}$$

不满足要求。

(4) 设置预制混凝土垫块，进行局部受压承载力验算

为了保证砌体的局部受压承载力，现设置预制混凝土垫块，$t_b=180$ mm，$a_b=240$ mm，$b_b=500$ mm，自梁边算起的垫块挑出长度为 150 mm 小于 t_b，其尺寸符合刚性垫块的要求，如图 8.17所示。

垫块面积：

$$A_b=a_b b_b=240\times500=120000\ \text{mm}^2$$

局部受压计算面积：

$$A_0=h(2h+b_b)=458800\ \text{mm}^2$$

但 A_0 边长已超过窗间墙实际宽度，所以取 $A_0=370\times1200=444000\ \text{mm}^2$。

局部抗压强度调整系数：

$$\gamma=1+0.35\sqrt{\frac{A_0}{A_l}-1}=1.58<2.0$$

则得垫块外砌体面积的有利影响系数：

$$\gamma_1=0.8\gamma=0.8\times1.58=1.26$$

上部荷载在窗间墙上产生的平均压应力的设计值：

$$\sigma_0=\frac{260000}{1200\times370}=0.58\ \text{N/mm}^2$$

垫块面积 A_b 的上部轴向力设计值：

$$N_0=\sigma_0 A_b=0.58\times120000=69.6\ \text{kN}$$

梁在垫块上表面的有效支承长度 a_0 及 N_l 作用点计算：

$\frac{\sigma_0}{f}=0.387$，查表 8.11，按插入法可求得 $\delta_1=5.98$

$$a_0=\delta_1\sqrt{\frac{h_c}{f}}=5.98\times\sqrt{\frac{400}{1.5}}=97.65\ \text{mm}$$

N_l 合力点到墙边的位置为：

$$0.4a_0=0.4\times97.65=39.06\ \text{mm}$$

N_l 对垫块中心的偏心距为：

$$e_l=120-39.06=80.94\ \text{mm}$$

轴向力对垫块中心的偏心距：

$$e=\frac{N_l e_l}{N_0+N_l}=\frac{80\times80.94}{69.6+80}=43.28\ \text{mm}$$

由$\frac{e}{a_b}=\frac{43.28}{240}=0.18$ 和 $\beta\leqslant3$，按式(8.3)计算，得 $\varphi=0.72$。

垫块下砌体局部受压承载力按式(8.11)验算：

$$\varphi\gamma_1 f A_b=0.72\times1.26\times1.5\times120000=163.3\ \text{kN}>N_0+N_l=69.6+80=149.6\ \text{kN}$$

满足要求。

(5) 改为设置钢筋混凝土垫梁

取垫梁截面尺寸为 240 mm×240 mm，混凝土为 C20，其弹性模量 $E_b=25.5\ \text{kN/mm}^2$，砌

体弹性模量 $E=1600f=2.4\ \text{kN/mm}^2$。

垫梁折算高度：

$$h_0=2\sqrt[3]{\frac{E_bI_b}{Eh}}=398\ \text{mm}$$

垫梁下局部压应力分布范围 $s=\pi h_0=3.14\times398=1249\ \text{mm}>1200\ \text{mm}$，符合垫梁受力分布要求。

$$N_0=\frac{\pi b_b h_0\sigma_0}{2}=\frac{3.14\times240\times398\times0.58}{2}=86.98\ \text{kN}$$

因梁支承端存在转角，荷载沿墙厚方向非均匀分布，$\delta_2=0.8$，按式(8.13)计算：

$$\begin{aligned}2.4\delta_2 fb_bh_0&=2.4\times0.8\times1.5\times240\times398=275.1\ \text{kN}>N_0+N_l\\&=86.98+80=166.98\ \text{kN}\end{aligned}$$

满足要求。

8.3.4 其他构件的承载力计算

(1) 轴心受拉构件

$$N_t\leqslant f_tA \tag{8.16}$$

式中 N_t——轴心拉力设计值；

f_t——砌体轴心抗拉强度设计值。

(2) 受弯构件

① 受弯构件的受弯承载力：

$$M\leqslant f_{tm}W \tag{8.17}$$

式中 M——弯矩设计值；

f_{tm}——砌体弯曲抗拉强度设计值；

W——截面抗弯模量。

② 受弯构件的受剪承载力：

$$V\leqslant f_vbz \tag{8.18}$$

式中 V——剪力设计值；

f_v——砌体抗剪强度设计值；

b——截面宽度；

z——内力臂，$z=I/S$，当为矩形截面时，取 $z=2h/3$，h 为截面高度。

(3) 受剪构件

如图 8.18 所示为一拱支座的受力情况。对于此类既受到竖向压力，又受到水平剪力作用的砌体受剪承载力，《砌体结构设计规范》规定沿通缝或沿阶梯形截面破坏时，受剪构件的承载力可按下式计算：

$$V\leqslant(f_v+\alpha\mu\sigma_0)A \tag{8.19}$$

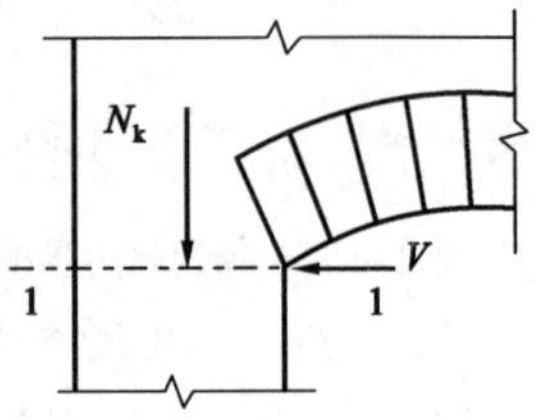

图 8.18 拱支座截面剪力

当 $\gamma_G=1.2$ 时，$\mu=\dfrac{0.26-0.082\sigma_0}{f}$；

当 $\gamma_G=1.35$ 时，$\mu=\dfrac{0.23-0.065\sigma_0}{f}$。

式中 σ_0——永久荷载设计值产生的水平截面平均压应力；

V——截面剪力设计值；

A——水平截面面积，当有孔洞时取净截面面积；

f_v——砌体抗剪强度设计值，按表 8.8 采用；

α——修正系数：当 $\gamma_G=1.2$ 时，砖（含多孔砖）砌体取 0.6，混凝土砌块砌体取 0.64；当 $\gamma_G=1.35$ 时，砖（含多孔砖）砌体取 0.64，混凝土砌块砌体取 0.66；

μ——剪压复合受力影响系数，按下式计算（与 α 的乘积可查表 8.12）：

当永久荷载分项系数 $\gamma_G=1.2$ 时，$\mu=0.26-0.082\sigma_0/f$；

当永久荷载分项系数 $\gamma_G=1.35$ 时，$\mu=0.23-0.065\sigma_0/f$；

f——砌体抗压强度设计值；

σ_0/f——轴压比，且不大于 0.8。

表 8.12 当 $\gamma_G=1.2$ 及 $\gamma_G=1.35$ 时的 $\alpha\mu$ 值

γ_G	σ_0/f	0.1	0.2	0.3	0.4	0.5	0.6	0.7	0.8
1.2	砖砌体	0.15	0.15	0.14	0.14	0.13	0.13	0.12	0.12
	砌块砌体	0.16	0.16	0.15	0.15	0.14	0.13	0.13	0.12
1.35	砖砌体	0.14	0.14	0.13	0.13	0.13	0.12	0.12	0.11
	砌块砌体	0.15	0.14	0.14	0.13	0.13	0.13	0.12	0.12

8.4 砌体结构房屋的静力计算方案

8.4.1 砌体房屋的平面结构布置

在砌体结构房屋中，一般来说，沿房屋平面较短方向布置的墙称为横墙，沿房屋较长方向布置的墙体称为纵墙。按墙体的承重体系，其结构布置大体可分为下列几种方案。

在线测试

(1) 纵墙承重方案

如图 8.19 所示，房屋的纵墙是主要的竖向承重构件。纵墙承重方案的特点是：横墙较少，可布置大开间的用房，建筑平面布置较为灵活，房屋的横向刚度较差，梁支承在纵墙上，楼盖跨度较大，用料多，但墙体用料较少。

(2) 横墙承重方案

如图 8.20 所示，楼板支承在横墙上，横墙是主要的竖向承重构件。横墙承重方案的主要特点是：横墙间距小、数量较多，房屋的横向刚度大，楼盖结构较简单，施工方便，但墙体及基础材料用量大，外纵墙不承重，便于设置大的门窗，但房间布置不灵活。

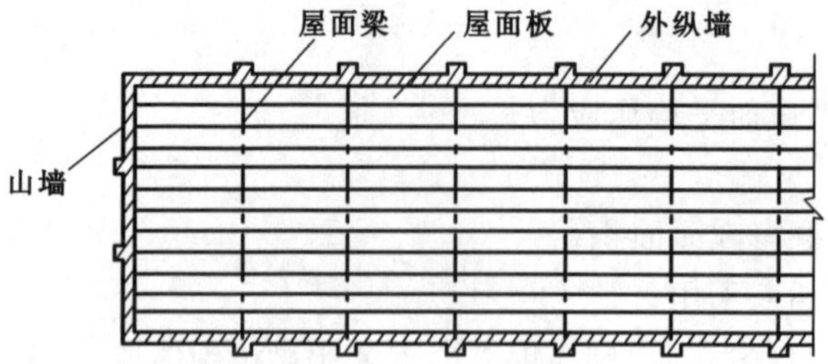

图 8.19　纵墙承重

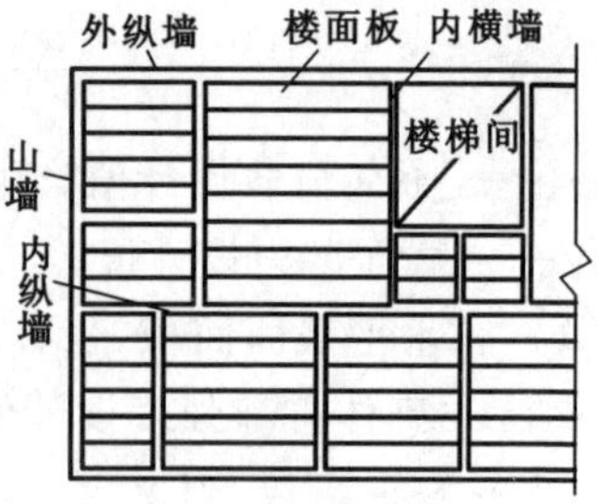

图 8.20　横墙承重

(3) 纵、横墙承重方案

如图 8.21 所示，板支撑在横墙上，梁支撑在纵墙上，纵、横墙都是竖向承重构件。纵、横墙承重方案的主要特点是：房屋沿纵、横向刚度均较大，空间布置灵活，结构整体性能较好，砌体受力较均匀，可以避免局部墙体承载过大。

(4) 内框架承重方案

将房屋的内承重墙取消而改为框架，保留外墙的承重和维护作用的承重体系，称为内框架承重方案，如图 8.22 所示。内框架承重方案的主要特点是：由于内墙取消，可获得较大的使用空间，与框架结构相比可充分利用外墙的承载力，节省水泥和钢材的用量，降低造价，但房屋的空间刚度较差，砖墙基础和柱基的沉降较难协调一致。

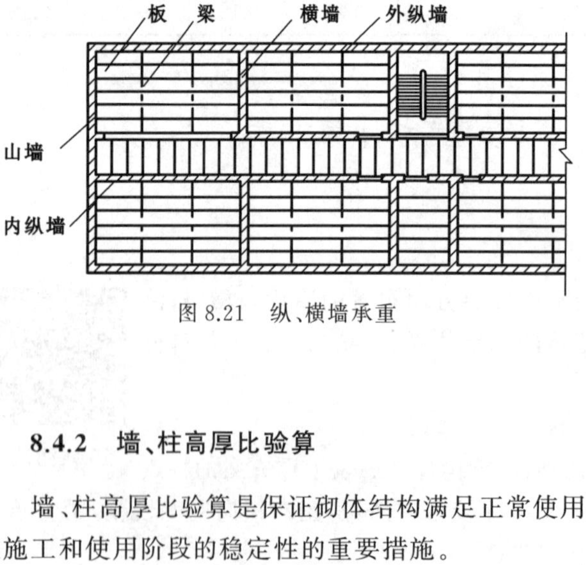

图 8.21　纵、横墙承重

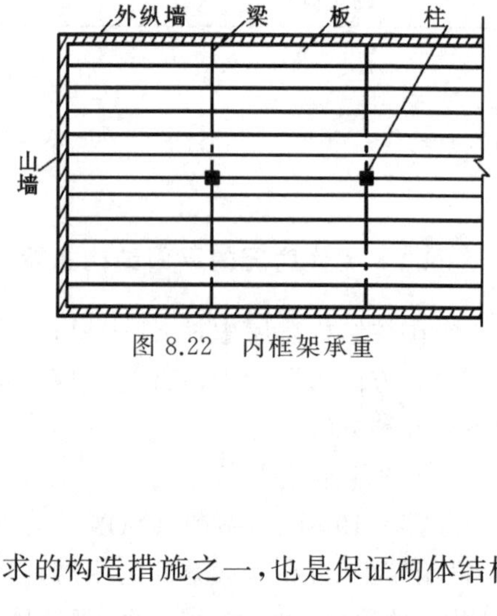

图 8.22　内框架承重

8.4.2　墙、柱高厚比验算

墙、柱高厚比验算是保证砌体结构满足正常使用要求的构造措施之一，也是保证砌体结构在施工和使用阶段的稳定性的重要措施。

高厚比是指墙、柱的计算高度 H_0 与墙厚或矩形柱截面的边长 h（应取与 H_0 相对应方向的边长）的比值，用 β 表示。

8.4.2.1　矩形截面墙柱高厚比验算

《砌体结构设计规范》规定墙、柱的高厚比应符合下列条件：

$$\beta=\frac{H_0}{h}\leqslant\mu_1\mu_2[\beta] \tag{8.20}$$

式中　H_0——墙、柱的计算高度，按表 8.10 采用；

h——墙厚或矩形柱与 H_0 对应的边长；

$[\beta]$——墙、柱的允许高厚比，按表 8.13 采用；

μ_1——自承重墙允许高厚比的修正系数，可按下列规定采用：当 $h=240$ mm 时，$\mu_1=1.2$；当 $h=90$ mm 时，$\mu_1=1.5$；当 90 mm$<h<$240 mm 时，μ_1 可按插入法取用；

μ_2——有门窗洞口墙允许高厚比的修正系数，按下式计算：

$$\mu_2=1-0.4\frac{b_s}{s} \tag{8.21}$$

式中 b_s——在宽度 s 范围内的门窗洞口的宽度；

s——相邻窗间墙之间或壁柱之间、构造柱之间的距离。

当按式(8.21)计算的 μ_2 值小于 0.7 时，应采用 0.7；当洞口高度等于或小于墙高的 1/5 时，可取 $\mu_2=1.0$。

应用式(8.19)时，应注意下列几个问题：

(1) 当与墙连接的相邻两横墙的距离 $s\leqslant\mu_1\mu_2[\beta]h$ 时，墙的高度可不受式(8.19)限制。

(2) 变截面柱的高厚比可按上、下截面分别验算。验算上柱的高厚比时，墙、柱的允许高厚比可按表 8.13 的数值乘以 1.3 后采用。

表 8.13　墙、柱的允许高厚比$[\beta]$值

砂浆强度等级	墙	柱
M2.5	22	15
M5.0	24	16
≥M7.5	26	17

注：① 毛石墙、柱的允许高厚比应比表中数值降低 20%；

② 组合砖砌体构件的允许高厚比，可按表中数值提高 20%，但不得大于 28；

③ 验算施工阶段砂浆尚未硬化的新砌砌体高厚比时，允许高厚比对墙取 14，对柱取 11。

8.4.2.2　带壁柱墙高厚比验算

(1)整片墙高厚比验算

$$\beta=\frac{H_0}{h_T}\leqslant\mu_1\mu_2[\beta] \tag{8.22}$$

式中 h_T——带壁柱墙截面的折算厚度，$h_T=3.5i$，其中，i 为带壁柱墙截面的回转半径，$i=\sqrt{\frac{I}{A}}$，I、A 分别为带壁柱墙截面的截面二次矩和截面面积。

如果验算纵墙的高厚比，计算 H_0 时，s 取相邻横墙的间距，如图 8.23 所示；如果验算横墙的高厚比，计算 H_0 时，s 取相邻纵墙的间距。

(2) 壁柱间墙高厚比验算

壁柱间墙的高厚比验算可按式(8.20)进行验算。计算 H_0 时，s 取如图 8.23 所示壁柱间距离，而且不论房屋静力计算时属于何种计算方案，H_0 一律按表 8.10 中“刚性方案”考虑。

8.4.2.3　带构造柱墙高厚比验算

(1) 整片墙高厚比验算

$$\beta=\frac{H_0}{h}\leqslant\mu_1\mu_2\mu_c[\beta] \tag{8.23}$$

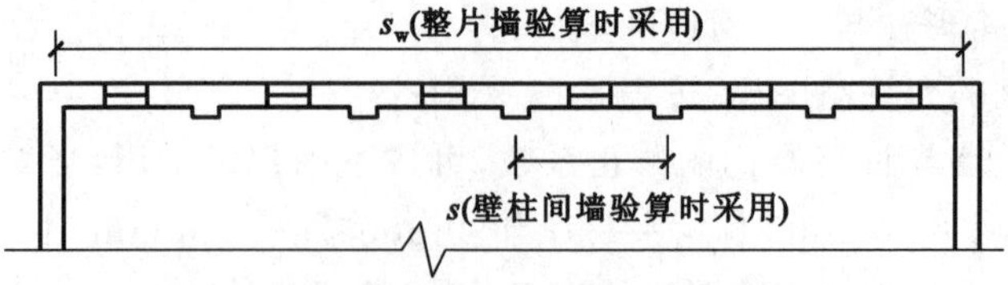

图 8.23　带壁柱墙验算图

式中　μ_c——带构造柱墙允许高厚比的提高系数，可按下式计算：

$$\mu_c = 1 + \gamma \frac{b_c}{l} \tag{8.24}$$

式中　γ——系数，对细料石、半细料石砌体，取 $\gamma=0$；对混凝土砌块、混凝土多孔砖、粗料石、毛料石及毛石砌体，取 $\gamma=1.0$；其他砌体，取 $\gamma=1.5$；

b_c——构造柱沿墙长方向的宽度；

l——构造柱间距，此时 s 取相邻构造柱间距。

当 $b_c/l>0.25$ 时，取 $b_c/l=0.25$；当 $b_c/l<0.05$ 时，取 $b_c/l=0$。

(2) 构造柱间墙高厚比验算

构造柱间墙高厚比可按式(8.19)进行验算，确定 H_0 时，s 取构造柱间距离。不论房屋静力计算时属于何种计算方案，H_0 均按表 8.10 中“刚性方案”考虑。

验算墙、柱高厚比计算步骤可归纳如下：

① 确定房屋的静力计算方案，根据房屋的静力计算方案查表 8.10，确定计算高度 H_0；

② 确定是承重墙还是非承重墙，计算 μ_1 值；

③ 根据有无门窗洞口，计算 μ_2 值；

④ 验算墙柱的高厚比，对无壁柱、有壁柱及有构造柱墙体，应分别采用式(8.20)、式(8.22)及式(8.23)进行验算。

【例 8.3】 某办公楼平面如图 8.24 所示，采用预制钢筋混凝土空心板，外墙厚 370 mm，内纵墙及横墙厚 240 mm，砂浆为 M5，底层墙高 4.6 m(下端支点取基础顶面)；隔墙厚 120 mm，高 3.6 m，用 M2.5 砂浆；纵墙上窗洞宽 1800 mm，门洞宽 1000 mm，试验算各墙的高厚比。

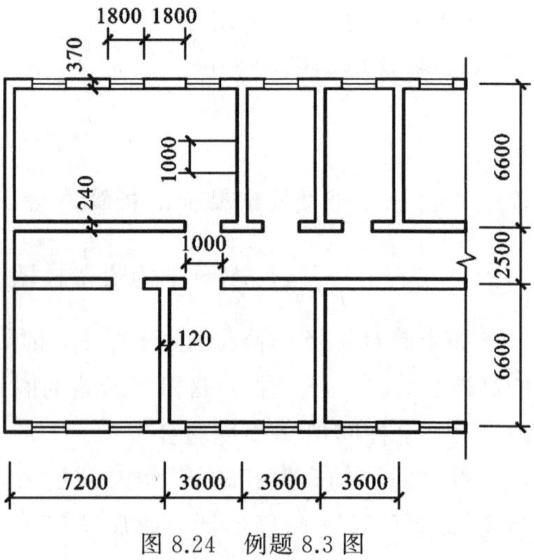

图 8.24　例题 8.3 图

【解】 (1) 确定静力计算方案及求允许高厚比

最大横墙间距 $s=3.6\times3=10.8$ m，由表 8.14 知 $s<32$ m，确定为刚性方案。

由表 8.13，因承重纵横墙砂浆为 M5，可知 $[\beta]=24$；非承重墙砂浆为 M2.5，可知 $[\beta]=22$，非承重墙 $h=120$ mm，用插入法得 $\mu_1=1.44$，则 $\mu_1[\beta]=1.44\times22=31.68$。

(2) 确定计算高度

承重墙 $H=4.6$ m，$s=10.8$ m $>2H=2\times4.6=9.2$ m，由表 8.10 查得计算高度 $H_0=1.0H$

$=4.6$ m。非承重墙 $H=3.6$ m，一般是后砌在地面垫层上，上端用斜放立砖顶住楼面梁砌筑，两侧与纵墙拉结不好，故按两侧无拉结考虑，则计算高度 $H_0=1.0H=3.6$ m。

(3) 外纵墙高厚比验算

由 $s=3.6$ m，$b_s=1.8$ m，则

$$\mu_2=1-0.4b_s/s=0.8$$

外纵墙高厚比

$$\beta=\frac{H_0}{h}=\frac{4600}{370}=12.4<\mu_2[\beta]=0.8\times24=19.2$$

满足要求。

(4) 内纵墙高厚比验算

由 $s=10.8$ m，$b_s=1.0$ m，则

$$\mu_2=1-0.4b_s/s=0.96$$

内纵墙高厚比

$$\beta=\frac{H_0}{h}=\frac{4600}{240}=19.2<\mu_2[\beta]=0.96\times24=23$$

满足要求。

(5) 横墙高厚比验算

由于横墙的厚度、砌筑砂浆、墙体高度均与内纵墙相同，且横墙上无洞口，又比内纵墙短，计算高度也小，故不必进行验算。

(6) 隔墙高厚比验算

隔墙高厚比

$$\beta=\frac{H_0}{h}=\frac{3600}{120}=30<\mu_1[\beta]=31.68$$

满足要求。

8.4.3 砌体结构多层房屋的静力计算

《砌体结构设计规范》为方便计算，仅考虑屋盖刚度和横向间距两个主要因素的影响，按房屋空间刚度(作用)大小，将砌体结构房屋静力计算方案分为三种，如表 8.14 所示。

表 8.14 房屋的静力计算方案

	屋盖或楼盖类别	刚性方案	刚弹性方案	弹性方案
1	整体式、装配整体式和装配式无檩体系钢筋混凝土屋盖或钢筋混凝土楼盖	$s<32$	$32\leqslant s\leqslant72$	$s>72$
2	装配式有檩体系钢筋混凝土屋盖、轻钢屋盖和有密铺望板的木屋盖或木楼盖	$s<20$	$20\leqslant s\leqslant48$	$s>48$
3	瓦材屋面的木屋盖和轻钢屋盖	$s<16$	$16\leqslant s\leqslant36$	$s>36$

注：① 表中 s 为房屋横墙间距，其长度单位为 m；

② 当屋盖、楼盖类别不同或横墙间距不同时，可按《砌体结构设计规范》第 4.2.7 条的规定确定房屋的静力计算方案；

③ 对无山墙或伸缩缝处无横墙的房屋，应按弹性方案考虑。

(1) 刚性方案

房屋的空间刚度很大，在水平风荷载作用下，墙、柱顶端的相对位移很小，此时屋盖可看成

纵向墙体上端的不动铰支座，墙柱内力可按上端有不动铰支承的竖向构件进行计算，如图 8.25(a)所示，这类房屋称为刚性方案房屋。

(2) 弹性方案

房屋的空间刚度很小，其墙柱内力计算应按不考虑空间作用的平面排架或框架计算，如图 8.25(c)所示，这类房屋称为弹性方案房屋。

(3) 刚弹性方案

房屋的空间刚度介于上述两种方案之间，纵墙顶端水平位移比弹性方案要小，但又不可忽略不计，其受力状态介于刚性方案和弹性方案之间，这时墙柱内力计算按考虑空间作用的平面排架或框架计算，如图 8.25(b)所示，这类房屋称为刚弹性方案房屋。

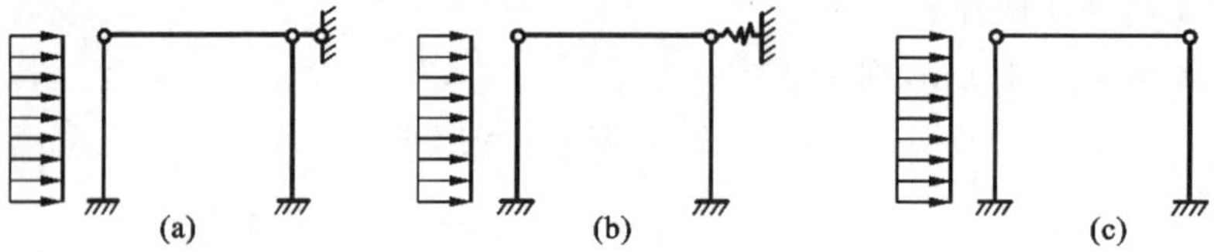

图 8.25 三种静力计算方案

(a) 刚性方案；(b) 刚弹性方案；(c) 弹性方案

8.4.4 刚性方案多层房屋的静力计算

8.4.4.1 刚性方案房屋纵墙内力计算

(1) 竖向荷载作用下内力计算

通常砌体结构的纵墙比较长，设计时可仅取其中有代表性的一段进行计算。一般取一个开间的窗洞中线间距内的竖向墙带作为计算单元(图 8.26)，墙带承受的竖向荷载有墙体自重、屋盖楼盖传来的永久荷载及可变荷载。这些荷载对墙体作用的位置见图 8.27 所示。图中：N_l 为所计算的楼层内，楼盖传来的永久荷载及可变荷载，也即楼盖大梁的支座处压力，其合力 N_l 至墙内皮的距离可取 $0.4a_0$。N_u 为由上面各层楼盖、屋盖及墙体自重传来的竖向荷载(包括永久荷载及可变荷载)，可以认为 N_u 作用于上一楼层墙柱的截面重心。

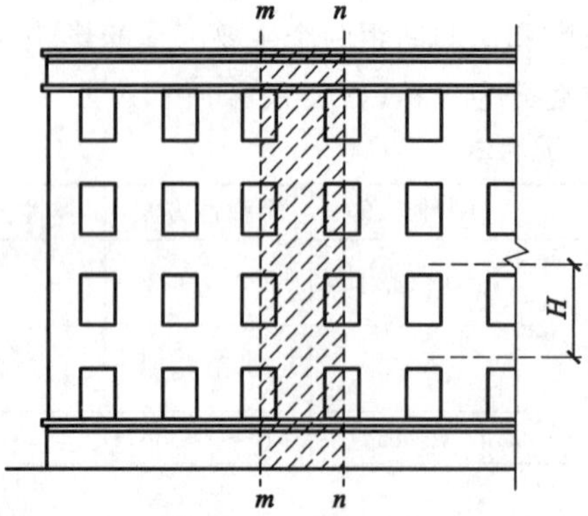

图 8.26 外纵墙计算单元

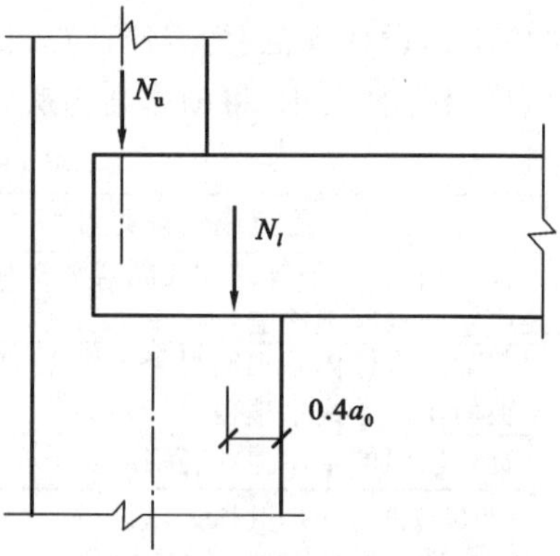

图 8.27 竖向荷载作用位置

刚性方案房屋中屋盖和楼盖可以视为纵墙的不动铰支点，因此，竖向墙带就好像一个承受各种竖向力的竖向连续墙梁，被支承于与楼盖及屋盖相交的支座上。但考虑到楼盖大梁支承处墙体截面被削弱，偏于安全地可将大梁支承处视为铰接。在底层砖墙与基础连接处，墙体虽未减弱，但由于多层房屋上部传来的轴向力与该处弯矩相比大很多，因此底端也认为是铰接支承。这样，墙体在每层高度范围内就成了两端铰支的竖向构件，其偏心荷载引起的弯矩图见图 8.28所示。

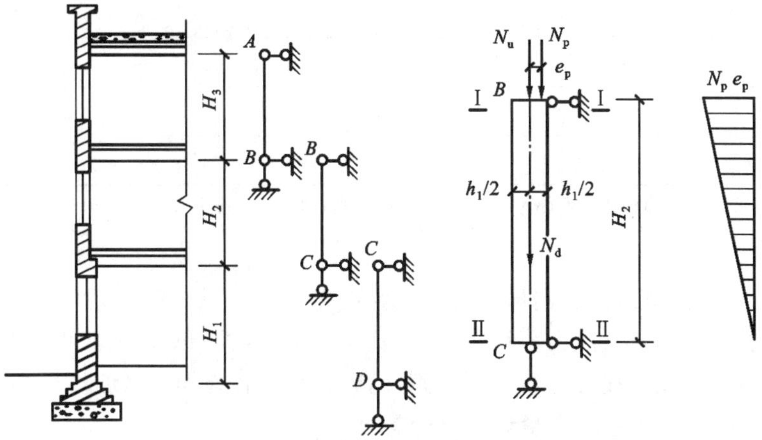

图 8.28　竖向荷载作用下纵墙内力计算简图

在多层砌体结构房屋中，当楼盖梁跨度比较大时，下部楼层梁的端部受到上部墙体传来的荷载作用，可能产生一定的梁端约束弯矩，这种弯矩可能对支承的墙、柱导致不利的影响。《砌体结构设计规范》规定：对于梁跨度大于 9 m 的墙承重的多层房屋，按上述方法计算时，应考虑梁端约束弯矩的影响。可按梁端固结计算梁端弯矩，并将其乘以修正系数 γ 后，按墙体线性刚度分到上层墙底部和下层墙的顶部，修正系数 γ，可按下式计算：

$$\gamma = 0.2\sqrt{\frac{a}{h}} \tag{8.25}$$

式中　a——梁端实际支承长度；

　　h——支承墙体的墙厚，当上下墙厚不同时，取下部墙厚，当有壁柱时取 h_T。

对每层墙体一般有下列几个截面比较危险：楼盖大梁底端、窗口上端、窗台以及下层楼盖大梁底端。《砌体结构设计规范》规定：为偏于安全，上述几处的截面面积均以窗间墙计算。

根据上面所述方法求出最不利截面的竖向力 N 和竖向偏心距 e 之后，就可按受压构件承载力公式进行计算。

(2) 水平荷载作用下内力计算

刚性方案房屋的外纵墙在水平风荷载作用下，同样应将计算单元的竖向墙带看作为一个竖向连续梁，墙带跨中及支座弯矩可近似取(图 8.29)：

$$M = \frac{1}{12}qH^2 \tag{8.26}$$

式中　H——层高；

　　q——沿楼层高均布风荷载设计值。

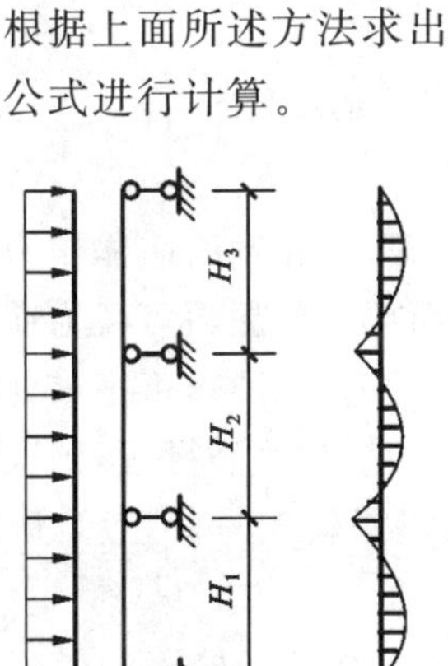

图 8.29　水平荷载作用下纵墙内力计算简图

对于刚性方案多层房屋的外墙，当洞口水平截面面积不超过全截面面积的 2/3、其层高和总高不超过表 8.15 规定，且屋面自重不小于 0.8 kN/m² 时，静力计算可不考虑风荷载的影响，仅按竖向荷载进行计算。

表 8.15 外墙不考虑风荷载影响时的最大高度

基本风压值(kN/m^2)	层高(m)	总高(m)
0.4	4.0	28
0.5	4.0	24
0.6	4.0	18
0.7	3.5	18

注:对于多层混凝土砌块房屋,当外墙厚度不小于 190 mm、层高不大于 2.8 m、总高不大于 19.6 m、基本风压不大于 0.7 kN/m^2,时,可不考虑风荷载的影响。

对于刚性方案的单层房屋,同样地可以认为屋盖结构是纵墙的不动铰支座。单层房屋纵墙底端处和多层房屋相比轴向力小得多,而弯矩比较大,因此,纵墙下端可认为嵌固于基础底面。在水平风荷载及纵向偏心力作用下分别计算内力,两者叠加就是墙体最终的内力图。

8.4.4.2 刚性方案房屋承重横墙内力计算

刚性方案房屋由于横墙间距不大,在水平风荷载作用下,纵墙传给横墙的水平力对横墙的承载力计算影响很小,因此,横墙只需计算竖向荷载作用下的承载力(图 8.30)。

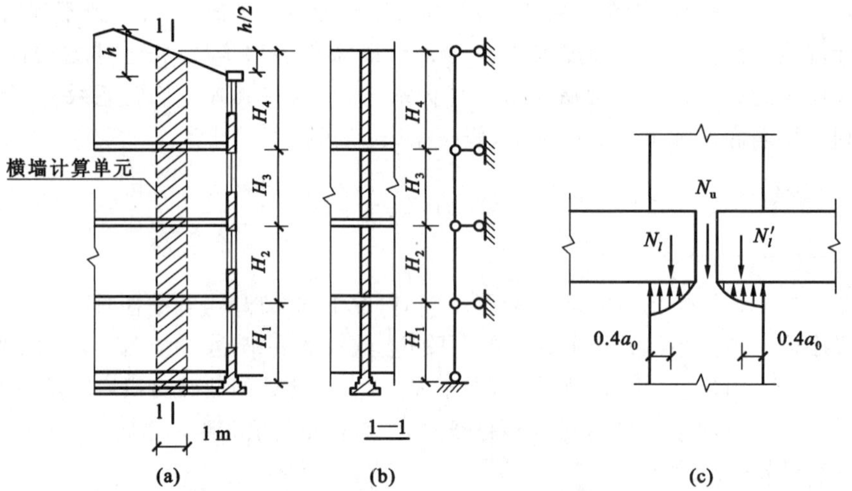

图 8.30 竖向荷载作用下承重横墙计算简图

因为楼盖和屋盖的荷载沿横墙一般都是均匀分布的,因此可以取 1 m 宽的墙体作为计算单元。一般楼盖和屋盖构件均搁置在横墙上,和横墙直接联系,因而楼板和屋盖可视为横墙的侧向支撑,另外由于楼板伸入墙身,削弱了墙体在该处的整体性,为了简化计算,可把该处视为不动铰支点。中间各层的计算高度取层高(楼板底至上层楼板底);顶层如为坡屋顶,则取层高加山尖的平均高度;底层墙柱下端支点取至条形基础顶面,如基础埋深较大时,一般可取地坪标高(±0.00 m)以下 300～500 mm。

横墙承受的荷载有:所计算截面以上各层传来的荷载 N_u(包括上部各层楼盖和屋盖的永久荷载和可变荷载以及墙体的自重),还有本层两边楼盖传来的垂直荷载(包括永久荷载及可变荷载)N_l(左和右)。N_u 作用于墙截面重心处,N_l(左和右)均作用于距离墙内皮 $0.4a_0$ 处。

当横墙两侧开间不同(即梁板跨度不同)或者仅在一侧的楼面上有活荷载时,N_l(左和右)的数值并不相等,墙体处于偏心受压状态。但由于偏心荷载产生的弯矩通常都较小,轴向压力较大,故实际计算中,各层均可按轴心受压构件计算。

对于承重横墙,因按轴心受压构件计算,则应取其纵向力最大的截面进行计算。又因《砌体结构设计规范》规定沿层高各截面取用相同的纵向力影响系数 φ,所以可认为每层根部截面处为最不利截面,也可以习惯地采用楼层中部截面进行计算。

8.4.4.3 *多层刚弹性方案房屋静力计算*

多层刚弹性方案房屋的墙体计算按屋架(大梁)、横梁与墙(柱)为铰接的并考虑空间作用的平面排架或框架计算。

刚弹性方案多层房屋墙柱内力分析可按下列两个步骤进行,然后将两步所计算内力相叠加,即得最后内力:

(1) 在排架横梁与柱结点处加水平铰支杆,计算其在水平荷载(风荷载)作用下无侧移时的内力与支杆反力 R_i,并求得相应的内力[图 8.31(b)]。

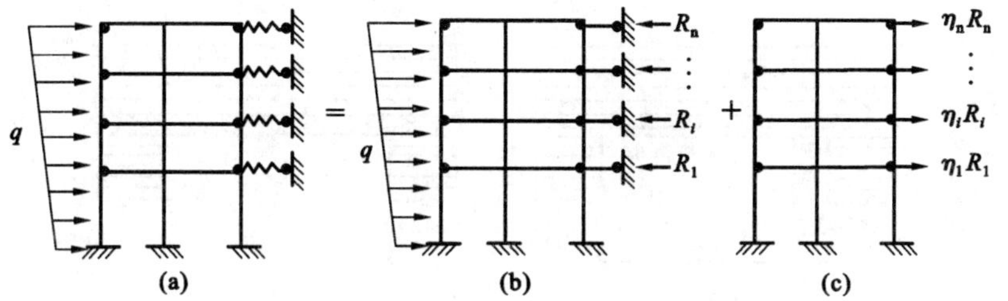

图 8.31 竖向荷载作用下承重横墙计算简图

(2) 考虑房屋的空间作用,将支杆反力 R_i 乘以由表 8.16 查得的相应空间性能影响系数 η_i,并反向施加于该结点上,再计算排架内力。

表 8.16 房屋各层的空间性能影响系数 η_i

屋盖或楼盖类别	横墙间距 s(m)														
	16	20	24	28	32	36	40	44	48	52	56	60	64	68	72
1	—	—	—	—	0.33	0.39	0.45	0.50	0.55	0.60	0.64	0.68	0.71	0.74	0.77
2	—	0.35	0.45	0.54	0.61	0.68	0.73	0.78	0.82	—	—	—	—	—	—
3	0.37	0.49	0.60	0.68	0.75	0.81	—	—	—	—	—	—	—	—	—

注:i 取 $1\sim n$,n 为房屋的层数。

8.4.4.4 *弹性方案房屋静力计算*

单层弹性方案砌体结构房屋可按铰接排架进行内力分析,此时砌体墙柱即为排架柱,如果中柱为钢筋混凝土柱,则应将砌体边柱按弹性模量比值折算成混凝土柱,然后进行排架内力分析,其分析方法和钢筋混凝土单层厂房一样。

8.5 过梁、挑梁及砌体结构的构造措施

8.5.1 过梁、挑梁

8.5.1.1 过梁的类型

在线测试

钢筋砖过梁

过梁是砌体结构门窗洞口上常用的构件，主要有钢筋混凝土过梁、钢筋砖过梁、砖砌平拱过梁和砖砌拱过梁等几种不同的形式，如图 8.32 所示。

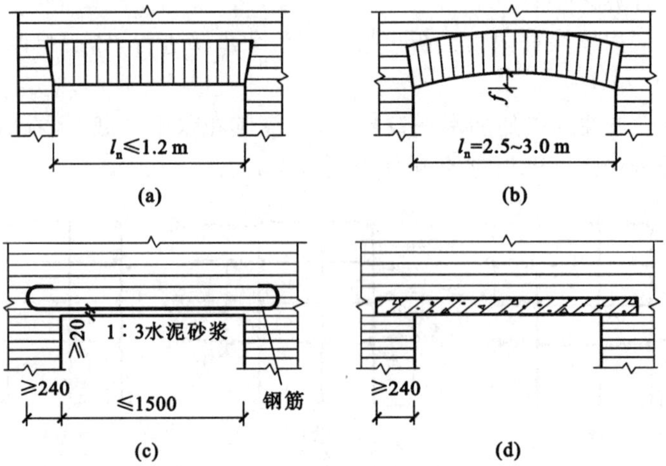

图 8.32 过梁的常用类型

(a) 砖砌平拱过梁；(b) 砖砌拱过梁；(c) 钢筋砖过梁；(d) 钢筋混凝土过梁

8.5.1.2 过梁的受力特点

实验研究表明，过梁本身并不是独立工作的构件，它与其上部的砌体形成整体，共同受力。当过梁上砖墙体高度 $h_w > l_n/3$，或砌块墙体高度 $h_w > l_n/2$（l_n 为过梁净跨）时，由于墙体本身已具有一定的刚度，因而一部分砌体自重直接传给支座。此时，即使墙体再高，过梁承受的砌体自重并不增加，还是接近于 $l_n/3$ 高度的砌体自重（或 $l_n/2$ 高度的砌块砌体自重）。这是由于过梁与砌体同时工作而使过梁卸荷的一个特征。

过梁上的梁板荷载有多少传给过梁，取决于梁板位置距离过梁的远近。梁板在过梁上的位置越高，传给过梁的荷载也就越少。当 $h_w \geq l_n$ 时，梁板荷载直接传给支座，过梁不承担梁板荷载。这是过梁与砌体共同工作而使过梁卸荷的另一特征。

8.5.1.3 过梁的主要构造要求

（1）砖砌平拱过梁

跨度不宜大于 1.20 m，竖砖砌筑部分的高度不应小于 240 mm，砖砌过梁截面计算高度内的砂浆不宜低于 M5（Mb5、Ms5）。

（2）钢筋砖过梁

跨度不宜超过 1.5 m，在施工时要求在过梁下皮设置支撑和模板，并在砌砖前在模板上铺一层厚度不小于 30 mm 的水泥砂浆层；埋入砂浆层的钢筋其直径不应小于 5 mm，间距不宜大于 120 mm，两端伸入支座砌体内的长度不宜小于 240 mm。

(3) 钢筋混凝土过梁

按钢筋混凝土受弯构件设计计算，验算过梁下砌体局部受压承载力时，可不考虑上层荷载的影响；梁端底面压应力图形完整系数可取 1.0，梁端有效支承长度可取实际支承长度，但不应大于墙厚。

8.5.1.4 挑梁的受力特点

挑梁在悬挑端集中力、墙体自重以及上部荷载作用下，共经历三个工作阶段：

(1) 弹性工作阶段

挑梁在未受外荷载之前，墙体自重及其上部荷载在挑梁埋入墙体部分的上、下界面产生初始压应力，当挑梁端部施加外荷载后，挑梁与墙体的上、下界面的竖向压应力如图 8.33(a)所示。随着荷载的增加，将首先达到墙体通缝截面的抗拉强度而出现水平裂缝，如图 8.33(b)所示，出现水平裂缝时的荷载为倾覆时外荷载的 20%～30%，此为第一阶段。

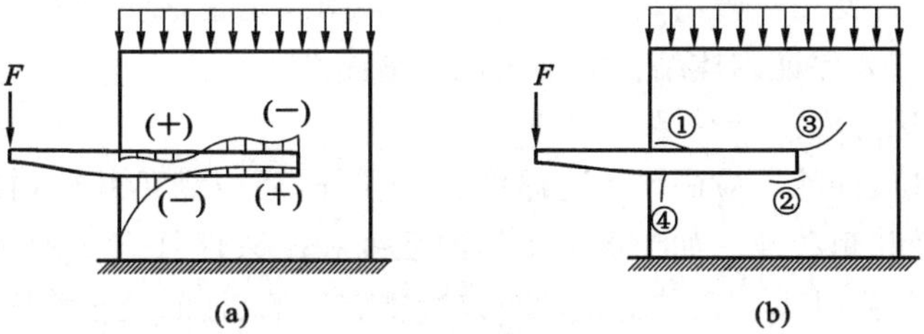

图 8.33 挑梁的应力分布与裂缝

(a) 应力状态；(b) 裂缝状态

(2) 带裂缝工作阶段

随着外荷载的继续增加，最开始出现的水平裂缝①将不断向内发展，同时挑梁埋入端下界面出现水平裂缝②并向前发展。随着上下界面的水平裂缝的不断发展，挑梁埋入端上界面受压区和墙边下界面受压区也不断减小，从而在挑梁埋入端上角砌体处产生裂缝。随着外荷载的增加，此裂缝将沿砌体灰缝向后上方发展为阶梯形裂缝③，此时的荷载约为倾覆时外荷载的 80%。斜裂缝的出现预示着挑梁进入倾覆破坏阶段，在此过程中，也可能出现局部受压裂缝④。

(3) 破坏阶段

在此阶段，挑梁可能发生的破坏形态有以下三种(图 8.34)。

① 挑梁倾覆破坏：挑梁倾覆力矩大于抗倾覆力矩，挑梁尾端墙体斜裂缝不断开展，挑梁绕倾覆点发生倾覆破坏。

② 梁下砌体局部受压破坏：当挑梁埋入墙体较深、梁上墙体高度较大时，挑梁下靠近墙边小部分砌体由于压应力过大发生局部受压破坏。

③ 挑梁弯曲破坏或剪切破坏。

8.5.1.5 挑梁的构造要求

(1) 纵向受力钢筋至少应有 1/2 的钢筋面积伸入梁尾端，且不少于 2ϕ12；其余钢筋伸入支座的长度不应小于 2/3 挑梁埋入砌体长度。

(2) 挑梁埋入砌体长度 l_1 与挑出长度 l 之比宜大于 1.2；当挑梁上无砌体时，l_1 与 l 之比宜大于 2。

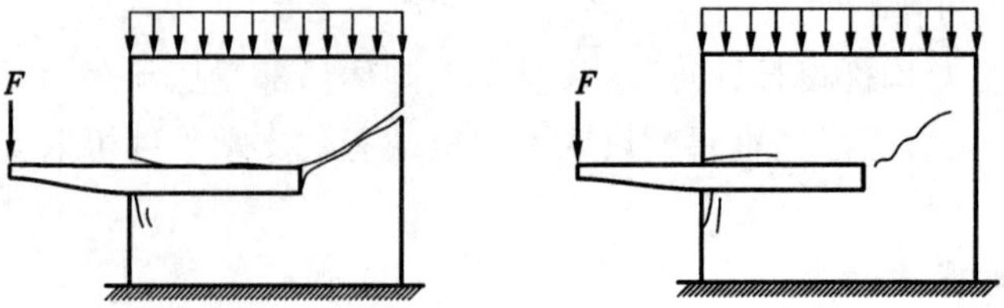

图 8.34　挑梁的破坏形态

(a) 倾覆破坏；(b) 局部受压破坏、弯曲或剪切破坏

8.5.2　砌体结构墙、柱的构造措施

按极限状态设计，除了满足承载能力极限状态设计之外，还应满足正常使用极限状态设计，即砌体结构在设计使用年限内，在正常维护下，必须满足正常使用极限状态的要求，一般可采用相应的构造措施来保证砌体结构的耐久性和整体性。

8.5.2.1　*砌体结构墙、柱的一般构造要求*

砌体结构房屋墙、柱除了应满足上述厚度比要求外，还应满足其他构造要求，以确保房屋的整体性、空间刚度和耐久性。如为保证砌体的强度和耐久性规定了砌体材料的最低强度等级；为避免墙、柱的截面过小导致其稳定性较差特规定了墙、柱的最小截面尺寸；为增强房屋整体性及避免局部受压破坏规定了砌体房屋的板、梁、屋架等构件与墙体，以及纵横承重墙体、后砌隔墙与承重墙间的连接要求。

(1) 墙、柱的最小截面尺寸

墙、柱截面尺寸愈小，其稳定性愈差，愈容易失稳；截面局部削弱，砌筑质量对墙、柱承载力的影响更加明显。因此，承重的独立砖柱截面尺寸不应小于 240 mm×370 mm。对于毛石墙，其厚度不宜小于 350 mm；对于毛料石柱，其截面较小边长不宜小于 400 mm。当有振动荷载时，墙、柱不宜采用毛石砌体。

(2) 垫块设置

屋架、大梁搁置于墙、柱上时，屋架、大梁端部支撑处的砌体处于局部受压状态。当屋架、大梁的受荷较大而局部受压面积较小时，容易发生局部受压破坏。因此，对于跨度大于 6 m 的屋架和跨度大于 4.8 m(采用砖砌体时)、4.2 m(采用砌块或料石砌体时)、3.9 m(采用毛石砌体时)的梁，应在支承处砌体上设置混凝土或钢筋混凝土垫块。当墙中设有圈梁时，垫块与圈梁宜浇筑成整体。

(3) 壁柱设置

当墙体高度较大且厚度较薄，而所承受的荷载较大时，墙体平面外的刚度和稳定性往往较差，为了加强墙体的刚度和稳定性，可在墙体的适当部分设置壁柱。当梁的跨度不小于 6 m(采用 240 mm 厚的砖墙)、4.8 m(采用 180 mm 厚的砖墙)、4.8 m(采用砌块、料石墙)时，其支承处宜加设壁柱，或采取其他加强措施。山墙处的壁柱宜砌至山墙顶部，屋面构件应与山墙可靠拉结。

(4) 支承构造

为了加强房屋的整体刚度，确保房屋安全、可靠的承受各种作用，墙、柱与楼板、与屋架(或大梁)之间应有可靠的拉结。钢筋混凝土楼、屋面板应符合下列规定：

① 现浇钢筋混凝土楼板或屋面板伸进纵、横墙内的长度，均不应小于 120 mm。

② 预制钢筋混凝土板在混凝土梁或圈梁上的支承长度不应小于 80 mm；当板未直接搁置在圈梁上时，在内墙上的支承长度不应小于 100 mm，在外墙上的支承长度不应小于 120 mm。

③ 预制钢筋混凝土板端钢筋应与支座处沿墙或圈梁配置的纵筋绑扎，应采用强度等级不低于 C25 的混凝土浇筑成板带。

④ 预制钢筋混凝土板与现浇板对接时，预制板端钢筋应与现浇板可靠连接。

⑤ 当预制钢筋混凝土板的跨度大于 4.8 m 并与外墙平行时靠外墙的预制板侧边应与墙或圈梁拉结。

⑥ 钢筋混凝土预制板应相互拉结，并应与梁、墙或圈梁拉结。

(5) 填充墙、隔墙与墙、柱连接

为了确保填充墙、隔墙的稳定性并能有效传递水平力，防止其与墙、柱连接处因变形和沉降的不同引起裂缝，应采用拉结钢筋等措施来加强填充墙、隔墙与墙、柱的连接。

砖墙的连接构造

① 砌块墙与后砌隔墙交接处，应沿墙高每 400 mm 在水平灰缝内设置不少于 2Φ4、横筋间距不大于 200 mm 的焊接钢筋网片，如图 8.35 所示。

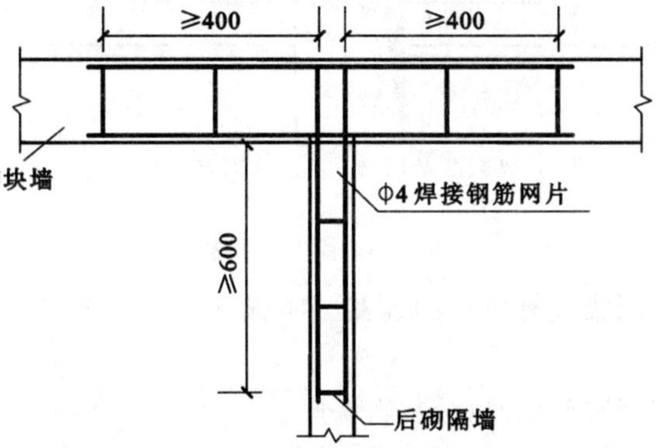

图 8.35　砌块墙与后砌隔墙交接处的焊接钢筋网片

② 砌块砌体应分皮错缝搭接，上下皮搭接长度不得小于 90 mm。当搭接长度不满足上述要求时，应在水平缝内设置不少于 2Φ4 的焊接钢筋网片(横筋间距不大于 200 mm)，网片每端均应超过该垂直缝，其长度不得小于 300 mm。

8.5.2.2　圈梁的构造要求

(1) 圈梁的设置

在砌体结构房屋中，把在墙体内沿水平方向连续设置并成封闭的钢筋混凝土梁称为圈梁。设置了圈梁的房屋整体性和空间刚度都大为增强，能有效地防止和减轻由于地基不均匀沉降或较大振动荷载等对房屋引起的不利影响。位于房屋檐口处的圈梁又称为檐口圈梁；位于±0.000 m以下基础顶面处设置的圈梁，称为地圈梁。

《砌体结构设计规范》规定，对厂房、仓库、食堂等空旷的单层房屋，应按下列规定设置圈梁：

① 砖砌体结构房屋，檐口标高为 5～8 m 时，应在檐口设置圈梁一道；檐口标高大于 8 m 时，应增加设置数量。

② 砌块及料石砌体结构房屋，檐口标高为 4～5 m 时，应在檐口标高处设置圈梁一道；檐

口标高大于 5 m 时，应增加设置数量。

③ 对有吊车或有较大振动设备的单层工业房屋，当未采取有效的隔振措施时，除在檐口或窗顶标高处设置现浇混凝土圈梁外，尚应增加设置数量。

《砌体结构设计规范》规定，对多层工业与民用建筑，应按下列规定设置圈梁：

① 对于多层砌体结构民用房屋，当层数为 3～4 层时，应在底层和檐口标高处各设置一道圈梁；当层数超过 4 层时，除应在底层和檐口标高处各设置一道圈梁外，至少应在所有纵、横墙上隔层增设一道圈梁。

② 多层砌体工业房屋，应每层设置圈梁。

③ 设置墙梁的多层砌体结构房屋，应在托梁、墙梁顶面和檐口标高处设置圈梁。

(2) 其他注意事项

① 圈梁宜连续地设置在同一水平面上，并形成封闭状。当圈梁被门窗洞口截断时，应在洞口上部增设相同截面的附加圈梁。附加圈梁与圈梁的搭接长度不应小于其中心线到圈梁中心线垂直间距的两倍，且不得小于 1 m，如图 8.36 所示。

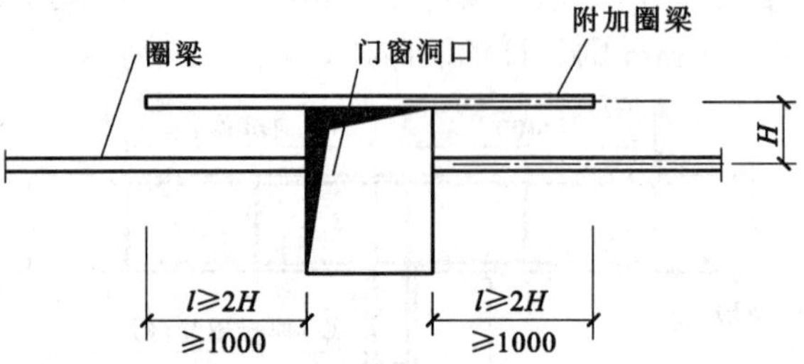

图 8.36 圈梁的搭接

② 纵横墙交接处的圈梁应有可靠的连接。刚弹性和弹性方案房屋，圈梁应与屋架、大梁等构件可靠连接。

③ 混凝土圈梁的宽度宜与墙厚相同，当墙厚 h 不小于 240 mm 时，其宽度不宜小于墙厚的 2/3。圈梁高度不应小于 120 mm。纵向钢筋数量不应少于 4 根，直径不应小于 10 mm，绑扎接头的搭接长度按受拉钢筋考虑，箍筋间距不应大于 300 mm。

④ 圈梁兼作过梁时，过梁部分的钢筋应按计算面积另行增配。

8.5.2.3 *构造柱的构造要求*

由于砌体结构房屋的整体性和抗震性较差，震害分析表明，在多层砌体房屋中适当部位设置的钢筋混凝土构造柱，能与圈梁共同作用，可以有效地增加房屋结构的延性，防止发生突然倒塌，减轻房屋的损坏程度。

构造柱砌筑

钢筋混凝土构造柱必须先砌墙，后浇柱。构造柱与墙连接处宜砌成马牙槎，并应沿墙高每隔 500 mm 设 2Φ6 水平钢筋和Φ4 分布短筋平面内点焊组成的拉结网片或Φ4 点焊钢筋网片，每边伸入墙内的长度不宜小于 1 m。抗震防烈度为 6、7 度时，底部 1/3 楼层应沿墙体水平通长设置拉结钢筋网片；抗震防烈度为 8 度时，底部 1/2 楼层应沿墙体水平通长设置拉结钢筋网片；抗震防烈度为 9 度时，全部楼层应沿墙体水平通长设置拉结钢筋网片。构造柱与圈梁连接处，构造柱的纵筋应在圈梁纵筋内侧穿过，保证构造柱纵筋上下贯通。

构造柱最小截面可采用 240 mm×180 mm，纵向钢筋宜采用 4Φ12，箍筋直径可采用 6 mm，间距不宜大于 250 mm，且在柱上、下端处宜适当加密；当抗震设防烈度为 6、7 度且房屋高度超过 6 层，抗震设防烈度为 8 度且房屋高度超过 5 层，抗震设防烈度为 9 度时，构造柱纵向钢筋宜采用 4Φ14，箍筋间距不应大于 200 mm；房屋四角的构造柱可适当加大截面及配筋。

钢筋混凝土构造柱可不单独设置基础，但应伸入室外地面下 500 mm，或与埋深小于 500 mm的基础圈梁相连。

房屋高度和层数接近规范规定的限值时，纵、横墙内构造柱间距尚应满足下列要求：① 横墙内的构造柱间距不宜大于层高的 2 倍，下部 1/3 楼层的构造柱间距适当减小；② 外纵墙的构造柱应每开间设置一柱，当开间大于 3.9 m 时，应另设加强措施，内纵墙的构造柱间距不宜大于 4.2 m。

8.5.3 防止墙体开裂的主要措施

墙体除了因荷载引起内力外，温度变化、材料收缩、地基不均匀沉降等间接作用也会在墙体内产生内力。由于砌体的抗拉强度很低，若设计处理不当，上述这些复杂因素引起的内力很可能导致墙体各种裂缝的形成。目前尚难以定量计算这些复杂因素引起的墙体的内力，因此必须采取适当的构造措施以防止或减轻墙体开裂。

(1) 防止或减轻由温度和收缩变形引起墙体开裂的主要措施

钢筋混凝土的线膨胀系数为 1.0×10^{-5}，砖墙的线膨胀系数为 0.5×10^{-5}，即在相同温差下，混凝土构件的变形比砖墙变形大一倍，且大部分在凝固初期完成，凝固 10 d 后完成约1/3，28 d 完成约 50%，而砖砌体在正常温度下的收缩现象不甚明显。

钢筋混凝土楼、屋盖和砖墙组成的混合结构房屋相当于一个盒形空间结构。当温度变化和材料收缩时，房屋各部分构件产生不同的变形，由于构件相互约束而产生附加应力，墙体就会产生水平或斜裂缝。

墙体裂缝有：女儿墙水平裂缝；屋面板下外墙水平和包角裂缝；内外纵墙和横墙上的八字裂缝；房屋错层时，错层交界处墙体垂直裂缝等(图 8.37)。

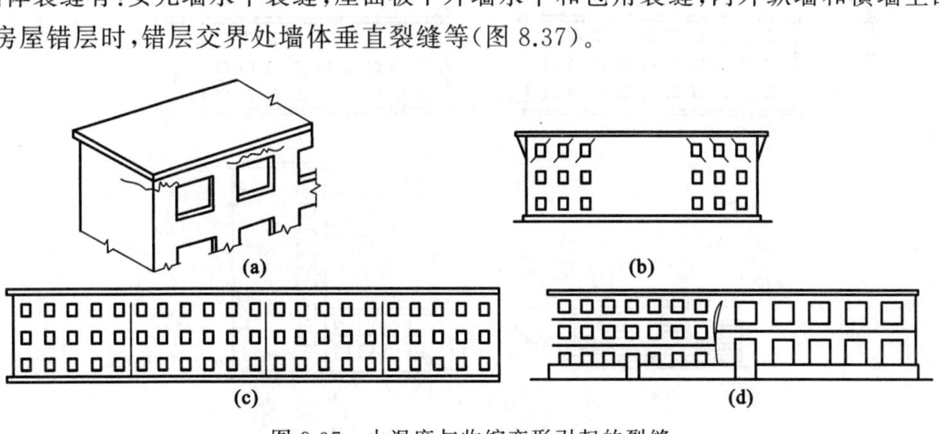

图 8.37　由温度与收缩变形引起的裂缝

(a) 水平裂缝；(b) 八字裂缝；(c) 垂直贯通裂缝；(d) 局部垂直裂缝

防止温度和收缩变形引起墙体开裂的主要构造措施有：

① 设置伸缩缝

我国《砌体结构设计规范》规定的砌体结构房屋伸缩缝的最大间距如表 8.17 所示。

表 8.17　砌体房屋温度伸缩缝的最大间距(m)

屋盖或楼盖类别		间　　距
整体式或装配整体式钢筋混凝土结构	有保温层或隔热层的屋盖、楼盖	50
	无保温层或隔热层的屋盖	40
装配式无檩体系钢筋混凝土结构	有保温层或隔热层的屋盖、楼盖	60
	无保温层或隔热层的屋盖	50
装配式有檩体系钢筋混凝土结构	有保温层或隔热层的屋盖	75
	无保温层或隔热层的屋盖	60
瓦材屋盖、木屋盖或楼盖、轻钢屋盖		100

注:① 对烧结普通砖、烧结多孔砖、配筋砌块砌体房屋,取表中数值;对石砌体、蒸压灰砂普通砖、蒸压粉煤灰普通砖和混凝土砌块混凝土普通砖和混凝土多孔砖房屋,取表中数值乘以 0.8。当墙体由可靠外保温措施时,其间距可取表中数值;
② 在钢筋混凝土屋面上挂瓦的屋盖应按钢筋混凝土屋盖采用;
③ 屋高大于 5 m 的烧结普通砖、烧结多孔砖、配筋砌块砌体结构单层房屋,其伸缩缝间距可按表中数值乘以 1.3;
④ 温差较大且变化频繁地区和严寒地区不采暖的房屋,以及构筑物墙体的伸缩缝的最大间距,应按表中数值予以适当减少;
⑤ 墙体的伸缩缝应与结构的其他变形缝相重合,缝宽度应满足各种变形缝的变形要求;在进行立面处理时,必须保证缝隙的变形作用。

② 房屋在错层处应设置伸缩缝。钢筋混凝土圈梁避免在房屋的中间部位中断或转折。

③ 屋盖上宜设置保温层或隔热层;采用装配式有檩体系钢筋混凝土屋盖和瓦材屋盖;门窗洞口两侧和窗台下设构造钢筋等。

(2) 防止由于地基不均匀沉降引起墙体裂缝的主要措施

根据调查,多数房屋墙体裂缝是由地基不均匀沉降引起的,主要有下列三种情况:基础下地基土的性质不同;房屋的各部位存在较大的荷载差;基础在杂填土等高压缩性地基上。墙体裂缝有:正八字形裂缝、倒八字形裂缝和斜向裂缝,如图 8.38 所示。

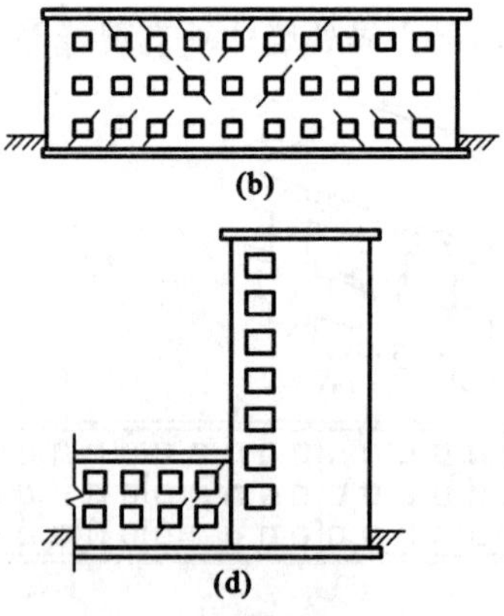

图 8.38　由地基不均匀沉降引起的裂缝

(a) 正八字形裂缝;(b) 倒八字形裂缝;(c)、(d) 斜向裂缝

防止因地基不均匀沉降引起墙体开裂的主要措施有:

① 房屋的基础应放在土的地质年代相同、土层物理力学性质基本相同的地基上。如果基础下地基土性质相差较大,房屋各部分的高度、荷载、结构刚度不同,以及高低层的施工时间不同,宜用沉降缝将房屋划分为几个刚度较好的单元。沉降缝的宽度如表 8.18 所示。

表 8.18　房屋沉降缝宽度(mm)

房屋层数	沉降缝宽度
二～三	50～80
四～五	80～120
五层以上	不小于 120

② 加强房屋的整体刚度。对于三层和三层以上的房屋，长高比 L/H 宜小于或等于 2.5；合理布置承重横墙的间距；在墙体内设置钢筋混凝土圈梁或钢筋砖圈梁等。

③ 在软土地区或土质变化较复杂的地区，利用天然地基建造房屋时，房屋体型力求简单，不宜采用整体刚度较差、对地基不均匀沉降敏感的内框架结构；首层窗台下配置适量的通长水平钢筋。

④ 合理安排施工程序，先建造层数多、荷载大的单元，后施工层数少、荷载小的单元。

本 章 小 结

由块体和砂浆砌筑而成的砌体，统称为砌体结构，主要用于承受压力。按材料一般可分为砖砌体、石砌体和砌块砌体。

砌体最基本的力学指标是轴心抗压强度。砌体从加载到受压破坏的三个特征阶段大体可分为单块砖先开裂、裂缝贯穿若干皮砖、形成独立受压小柱。在砌体中砖的抗压强度并未充分发挥。

影响砌体抗压强度的主要因素有：块材与砂浆的强度；块材尺寸和几何形状；砂浆的流动性、保水性和弹性模量及砌筑质量。

砌体受压承载力计算公式中的 φ 是考虑高厚比 β 和偏心距 e 综合影响的系数。偏心距 $e=\dfrac{M}{N}$，按内力的设计值计算。

局部受压砌体结构中常见的受力状态，有局部均匀受压和局部不均匀受压。由于“套箍强化”和“应力扩散”的作用，使局部受压范围内砌体的抗压强度提高，γ 为局部抗压强度的提高系数。当梁下砌体局部受压不满足强度要求时，可设置刚性垫块，以扩大局部受压面积，改善垫块下砌体的局部受压情况。

砌体房屋的静力计算方案有三种，即刚性方案、刚弹性方案和弹性方案。静力计算方案的划分主要是根据楼、屋盖的刚度和横墙的间距。

多层刚性方案房屋的墙柱实际上是受压构件，在竖向荷载作用下，各层墙体可视为上部为偏心受压，下部为轴心受压的构件。

圈梁和过梁是混合结构房屋中经常遇到的构件，圈梁应按《砌体结构设计规范》的要求设置，要注意闭合；过梁上的荷载与过梁上的砌体高度有关，超过一定高度后，由于拱的卸荷作用，上部荷载可直接传到洞口两侧的墙体上。

墙体的构造措施不容忽视，特别是由于砌体结构的脆性性质，极易出现裂缝，因此必须采取适当的构造措施，防止和减小裂缝的开展，保证砌体结构的耐久性和适用性。

思考和练习题

8.1 砌体结构的主要优缺点有哪些？

8.2 砌体的块材包括哪些？砂浆的保水性和流动性是指什么？

8.3 砖砌体的破坏包括哪几个阶段？影响砌体抗压强度的因素有哪些？

8.4 砌体轴心受拉强度、弯曲受拉强度和受剪强度主要与哪些因素有关？

8.5 砌体强度设计值的调整应考虑哪些因素？

8.6 砌体结构房屋的结构布置方案有哪些形式？其各自有何特点？

8.7 砌体房屋静力计算方案分为哪几类？各自应如何确定？

8.8 单层刚性方案、弹性方案房屋的承重纵墙的计算简图如何确定？

8.9 多层刚弹性方案房屋的墙体的内力分析、计算是如何进行的？

8.10 砌体局部受压破坏有哪些形式？梁端支承处砌体局部受压破坏有哪些特点？

8.11 墙、柱高厚比的验算应注意哪些事项？墙、柱的允许高厚比值与哪些因素有关？

8.12 非抗震设计时，墙、柱的一般构造要求有哪些？

8.13 过梁有哪些构造要求？

8.14 挑梁的破坏形式有哪些？挑梁的构造要求有哪些？

8.15 圈梁的作用是什么？圈梁的构造要求有哪些？

8.16 钢筋混凝土构造柱的构造要求有哪些？

8.17 温度变化时，砌体房屋裂缝变化规律是什么？防止墙体开裂的措施有哪些？

8.18 地基不均匀沉降时，砌体房屋裂缝变化规律是什么？防止地基发生过大不均匀沉降时在墙体上产生裂缝，可采取的措施有哪些？

9 钢 结 构

本 章 提 要

本章简要介绍了钢结构对钢材性能的要求、结构钢材的种类及其合理选用，钢结构常用连接方法中焊接和螺栓连接的构造与计算方法，以及钢结构轴心受压构件和实腹式受弯构件——梁的性能及计算方法。

9.1 钢结构的材料

9.1.1 结构钢材的破坏形式

钢材有两种性质完全不同的破坏形式，即塑性破坏和脆性破坏。

塑性破坏：破坏前构件变形很大，构件的应力达到了钢材的抗拉极限强度，破坏断口呈纤维状，色泽发暗。

脆性破坏：破坏前构件没有明显的变形和预兆，破坏是突然发生的，构件的应力可能小于钢材的屈服强度，破坏断口平直并呈有光泽的晶粒状。

在线测试

钢结构案例

脆性破坏是一种危险的破坏形式，不能及时察觉和补救，破坏后果严重。如1972年河北廊坊某厂房因一个杆件脆断导致屋架倒塌，1999年四川綦江大桥倒塌等。因此，在钢结构的设计、施工和使用中，要充分考虑各方面因素，避免一切发生脆性破坏的可能性。

9.1.2 钢材的性能

为了保证结构的安全，钢结构所用的钢材应具有如下性能：

9.1.2.1 强度性能

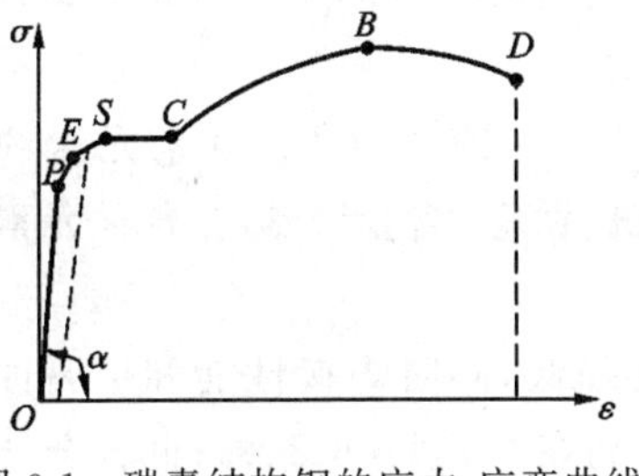

图 9.1 碳素结构钢的应力-应变曲线

钢材标准试件在常温静荷载情况下，单向均匀受拉试验时的应力-应变(σ-ε)曲线如图 9.1所示。

图中 P、E、S、B 各点，对应的纵坐标分别为钢材的比例极限、弹性极限、屈服强度、极限抗拉强度。一般地，屈服强度是设计时钢材可以达到的最大应力，而抗拉强度是钢材破坏前能够承受的最大应力。屈强比是衡量钢材强度储备的一个系数，屈强比越低，钢材安全储备越大，但钢材强度的利用率低而不够经济；屈强比过大，则钢材安全储备太小而不够安全。

9.1.2.2　塑性性能

钢材的塑性一般是指当应力超过屈服点后，能产生显著的残余变形（塑性变形）而不立即断裂的性质。衡量钢材塑性好坏的主要指标是延伸率。试件被拉断时的绝对变形值与试件原标距之比的百分数，称为延伸率 δ，δ 越大，钢材的塑性越好。

9.1.2.3　冷弯性能

冷弯性能是检验钢材弯曲变形能力或塑性性能（图 9.2），同时还能显示钢材内部缺陷状况的一项指标，是鉴定钢材在弯曲状态下塑性应变能力和钢材质量的综合指标。当试件弯曲至 180°时，如外表面和侧面无裂纹、断裂或分层，即为合格。

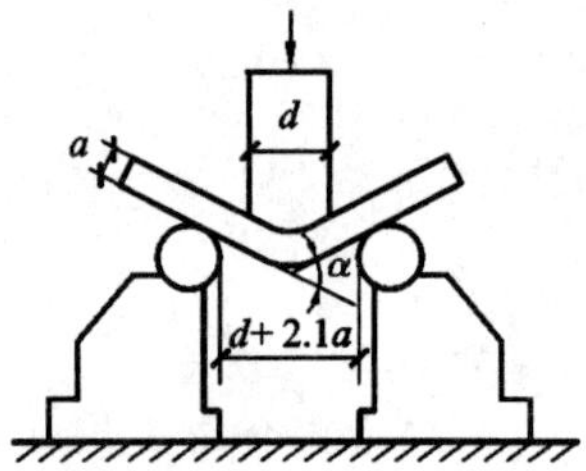

图 9.2　钢材冷弯试验示意图

9.1.2.4　冲击韧性

冲击韧性是指在动力荷载作用下，材料吸收能量的能力（A_{kv}）。韧性是钢材抵抗冲击荷载的能力，它用材料在断裂时所吸收的总能量来度量，用带有 V 形缺口的夏比标准试件（图 9.3）进行冲击试验所测得的试件断裂时的冲击功。韧性是钢材强度和塑性的综合指标。

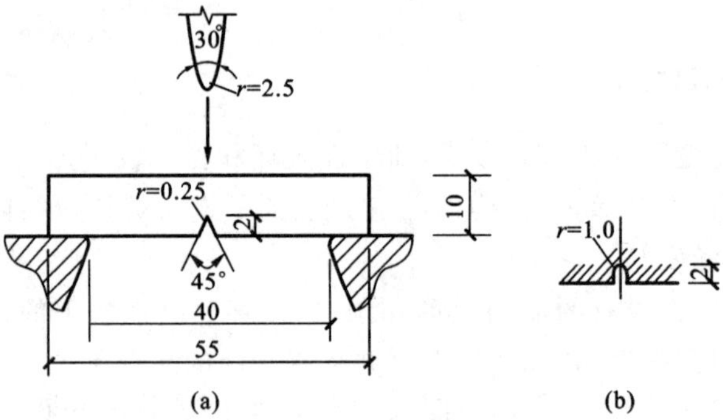

图 9.3　冲击韧性试验

9.1.2.5　焊接性

焊接性是指钢材对焊接工艺的适应能力，包括两方面的要求：一是通过一定的焊接工艺能保证焊接接头具有良好的力学性能；二是在施工过程中，选择适宜的焊接材料和焊接工艺参数后，有可能避免焊缝金属和钢材热影响区产生热（冷）裂纹的敏感性。

9.1.3　影响钢材性能的各种因素

钢材性能受许多因素的影响，其中很多因素会促使钢材产生脆性破坏，应予以格外重视。

9.1.3.1　化学成分

钢中基本元素：Fe、C、Si、Mn、S、P、O、N。普通碳素钢中，Fe 约占 99%，其余元素约占 1%。低合金钢中，除了上述元素外，还有一定合金元素（镍、钒、钛等，含量 5%）。各种元素对钢材机械性能的影响如下。

碳 C：含量增加，钢材强度提高，而塑性、韧性和疲劳强度降低，同时焊接性能和抗腐蚀性恶化。现标准规定建筑结构用碳素结构钢的含碳量一般应控制在 0.1%～0.25%；低合金结构钢的碳当量（CEV）一般不大于 0.47。

硅 Si：有益元素，可以使钢材的强度提高，含量不高时，对塑性和韧性无显著的不良影响。在碳素结构钢中其含量应控制在不大于 0.3%，在低合金高强度钢中硅的含量可达0.55%。

锰 Mn：含 Mn 适量会使钢材强度增加，降低 S、O 的热脆影响，改善热加工性能，对其他性能影响不大。在碳素结构钢中锰的含量为 0.3%～0.8%，在低合金高强度结构钢中锰的含量可达 1.0%～1.6%。

硫 S：降低钢材的塑性、韧性、可焊性和疲劳强度，在高温时，使钢材变脆，称之为热脆。结构用钢中含量一般不应超过 0.045%（有害成分）。

磷 P：降低钢材的塑性、韧性、可焊性和疲劳强度，在低温时，使钢材变脆，称之为冷脆。建筑钢中磷含量不应超过 0.045%，它可以提高钢材强度和抗锈蚀性（有害成分）。

氧 O：降低钢材的塑性、韧性、可焊性和疲劳强度，在高温时，发生热脆（有害成分）。

氮 N：降低钢材的塑性、韧性、可焊性和疲劳强度，在低温时，发生冷脆（有害成分）。

钒 V 和钛 Ti：是钢中的合金元素，能提高钢的强度和抗腐蚀性能，又不显著降低钢的塑性。

铜 Cu：可显著提高钢的抗腐蚀性能，也可以提高钢的强度，但对焊接性能有不利影响。

9.1.3.2 冶金缺陷

在冶炼、轧制过程中常常出现的缺陷有偏析、非金属夹杂、裂纹、夹层及气孔等。

（1）偏析

钢中化学成分不一致和不均匀性，主要的偏析是硫、磷，将严重恶化钢材的性能，使偏析区钢材的塑性、韧性及可焊性变坏，如图 9.4 所示。

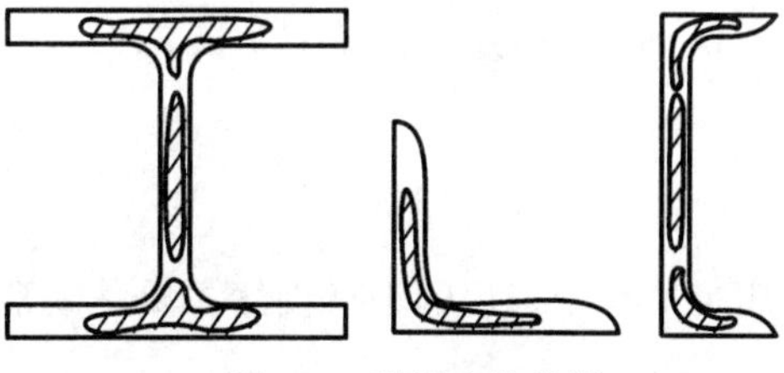

图 9.4 型钢硫的偏析

（2）非金属夹杂

钢材中存在非金属化合物（硫化物、氧化物），使钢材性能变脆。

（3）裂纹、分层

在轧制过程中可能出现裂纹、分层，影响钢材的冷弯性能。

9.1.3.3 钢材的硬化

（1）冷作硬化

冷作硬化是指钢材加载超过材料比例极限卸载后，出现残余变形，再次加载则屈服点提高，塑性和韧性降低的现象，也称“应变硬化”。

（2）时效硬化

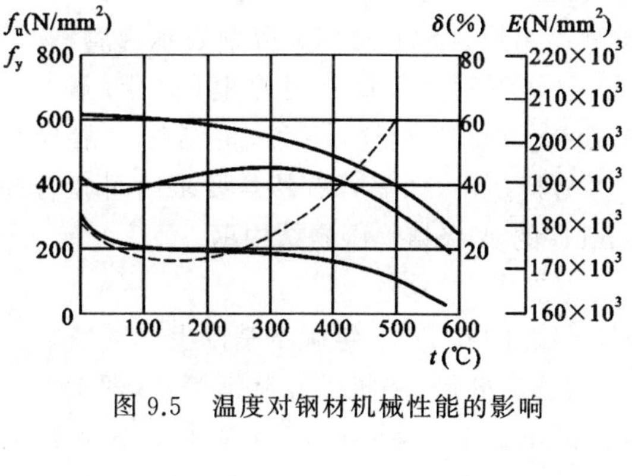

图 9.5 温度对钢材机械性能的影响

时效硬化是指钢材强度随时间的增长，碳和氮的化合物从晶体中析出，使材料硬化的现象。

在一般钢结构中，不利用冷作硬化来提高钢材强度。对于直接承受动荷载的结构，还要求采取措施消除冷加工后钢材硬化的影响，防止钢材变脆。

9.1.3.4 温度影响

温度对钢材的性能也有影响。研究表明总的趋势是：随着温度的升高，钢材强度和弹性模量要降低，应变增大；反之，温度降低，钢材强度会略有增加，钢材塑性和韧性却会降低而使之变脆，如图 9.5所示。

温度升高，在 100 ℃以内钢材的性能没有很大变化，但在 250 ℃左右时，钢材的抗拉强度反而提高，同时塑性和韧性均下降，材料有转脆的倾向，因为此时钢材表面氧化膜呈现蓝色，故称为蓝脆现象。钢材应避免在蓝脆温度范围内进行热加工。当钢材温度超过 300 ℃后，屈服点和极限强度下降显著，600 ℃时钢材的强度已很低，不适于继续承载。

9.1.3.5 应力集中

钢材的工作性能和力学性能指标都是以轴心受拉杆件中应力沿截面均匀分布的情况作为基础的。工程中的构件不可避免地存在着孔洞、缺口、凹槽、裂缝、厚度和宽度的变化以及钢材内部缺陷等。在截面形状连续性改变处，应力分布将变得不再均匀，在某些点形成了应力高峰，而在其他一些点应力则降低，这种现象称为应力集中，如图 9.6 所示。高峰区的最大应力与净截面的平均应力之比称为应力集中系数。

研究表明，常温下受静荷载作用的结构，只要符合设计和施工规范要求，计算时可不考虑应力集中的影响。但是对于受动荷载作用的结构，尤其是低温下受动荷载作用的结构，应力集中的不利影响将十分突出，往往是引起脆性破坏的根源，设计时应注意构件形状合理，避免构件截面急剧变化，以减小应力集中程度，从构造措施上来防止钢材脆性破坏。

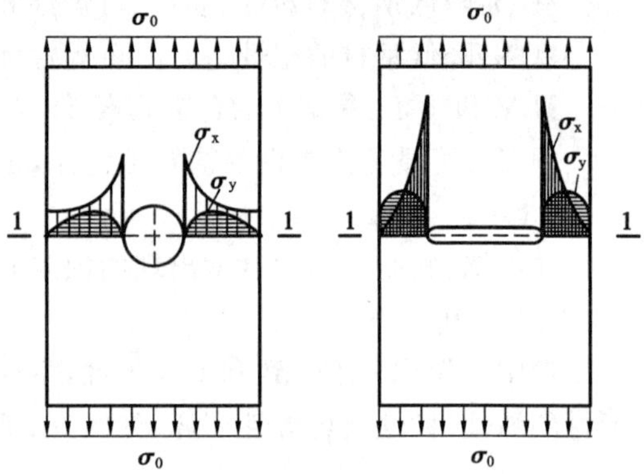

图 9.6 孔洞及槽孔处的应力集中

9.1.4 钢材的种类

钢材的品种虽然繁多，性能也各异，但至今为止在建筑工程中采用的钢材仍然主要是碳素结构钢、低合金高强度结构钢和优质碳素结构钢。

9.1.4.1 碳素结构钢

现行国家标准《碳素结构钢》(GB/T 700—2006)中，按质量等级将钢分为 A、B、C、D 四级。A 级钢最差，只保证抗拉强度、屈服点、伸长率，必要时也可附加冷弯试验的要求，碳、锰、硅含量可以不作为交货条件。B、C、D 级钢均保证屈服强度抗拉强度、屈服点、伸长率、冷弯和冲击韧性等力学性能，碳、硫、磷的极限含量比老标准要求更加严格。

钢的牌号由屈服点中“屈”字汉语拼音的字首 Q、屈服点数值(MPa)、质量等级代号(A、B、C、D)及脱氧方法代号(F、B、Z、TZ)等四个部分按顺序组成。F、B、Z、TZ 分别表示沸腾钢、镇静钢、半镇静钢和特殊镇静钢，其中 Z 和 TZ 可以省略不写。根据钢材厚度(直径)不大于 16 mm时的屈服点数值，钢材分为 Q195、Q215、Q235、Q255、Q275 五种，钢结构一般仅用 Q235。冶炼方法一般由供方自行决定，设计者不再另行提出，如需方有特殊要求时可在合同中加以注明。如 Q235A 表示屈服强度为 235 N/mm^2 的 A 级镇静碳素结构钢。

9.1.4.2 低合金高强度结构钢

国家标准《低合金高强度结构钢》(GB/T 1591—2018)在 2008 年版本基础上作了较多修改，包括细致规定了钢生产工艺的分类(热轧、正火与正火轧制、热机械轧制钢等，后两者加注代号 N 和 M)，取消了 A 级钢，增加了部分牌号钢的 F 级钢(保证 −60 ℃冲击功不小于 31

J)，并按分类优化了化学成分含量限值、碳当量限值与伸长率值等。此外，为与欧标一致，将屈服强度取为上屈服，并取消了 Q345 钢以 Q355 钢取而代之。现 2018 年版标准规定了一般工程使用厚度不大于 400 mm 的低合金高强度结构钢板、钢带、型钢、钢棒、钢管所用的钢材牌号，包括热轧钢（Q355、Q390、Q420、Q460），正火及正火轧制钢（Q355N、Q390N、Q420N、Q460N），热机械轧制及热机械轧制加回火钢（Q355M、Q390M、Q420M、Q460M、Q500M、Q550M、Q620M、Q690M），以及各牌号钢的化学成分、力学性能等。

9.1.5 钢材的规格

钢结构所用的钢材主要有热轧成型钢板、热轧型钢及冷弯薄壁型钢。

9.1.5.1 热轧成型钢板

按板厚划分则有薄钢板(厚度 0.35～4 mm)、厚钢板(厚度 4.5～60 mm)和扁钢(厚度 4～60 mm，宽度为 30～200 mm)等。钢板用“—宽度×厚度×长度”或“—宽度×厚度”表示，单位为毫米，如“— 450×8×3100”、“— 450×8”。

9.1.5.2 热轧型钢

常用的轧制型钢有角钢、工字钢、槽钢、H 型钢、T 型钢、钢管等，如图 9.7 所示。

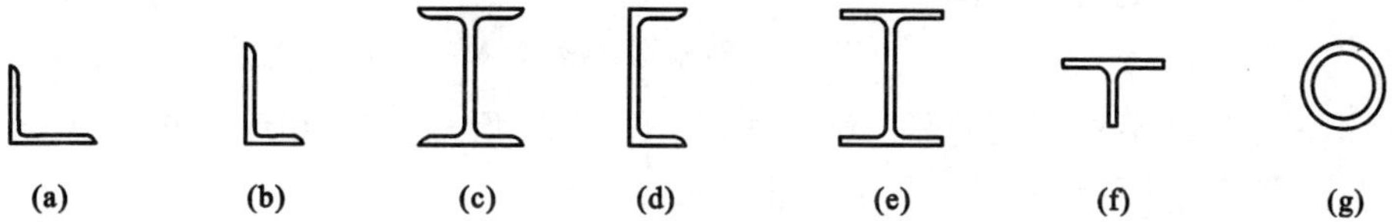

图 9.7 热轧型钢截面

(1) 角钢

角钢有等边角钢和不等边角钢两大类。等边角钢以“∟肢宽×肢厚”表示，不等边角钢以“∟长肢宽×短肢宽×肢厚”表示，单位为毫米。

(2) 工字钢

工字钢有普通工字钢和轻型工字钢两种，普通工字钢其型号用“I 截面高度的厘米数”来表示，20 号以上的工字钢根据腹板厚度和翼缘宽度的不同，同一号工字钢又有 a、b、c 的区别，其中 a 类腹板最薄、翼缘最窄；b 类腹板较厚、翼缘较宽；c 类腹板最厚，翼缘最宽。如 I32a、I32c。同样，高强度轻型工字钢的翼缘和腹板均较普通工字钢薄，轻型工字钢可用符号“Q”表示，如“QI32a”。

(3) 槽钢

槽钢有热轧普通槽钢和轻型槽钢两种，与工字钢一样也是以“[或 Q[截面高度的厘米数”表示型号。从[14 开始，亦有 a、b、c 规格的区分，如[32a。槽钢翼缘内表面的斜度(1∶10)比工字钢要平缓，故用螺栓连接时比较容易。型号相同的轻型槽钢比普通槽钢的翼缘要宽且薄，腹板厚度亦小，截面特性更好一些。

(4) H 型钢和 T 型钢

H 型钢与普通工字钢的区别有几方面：首先是翼缘宽，故早期有宽翼缘工字钢一说；其次翼缘内表面没有斜度、上下表面平行，便于与其他构件连接；最后从材料分布形式来看，工字钢材料主要集中在腹板附近，愈向两侧延伸，钢材愈少，而在轧制 H 型钢中，材料分布侧重在翼缘部分，所以 H 型钢的截面特性要明显优越于传统的工字钢、槽钢、角钢及它们的组合截面。

H 型钢分为三类：宽翼缘 H 型钢，代号 HW；中翼缘 H 型钢，代号 HM；窄翼缘 H 型钢，代号 HN。各种 H 型钢均可剖分为 T 型钢供应，代号分别为 TW、TM、TN 三种。H 型钢和剖分 T 型钢的标记方式均采用"高度×宽度×腹板厚度×翼缘厚度"表示，单位为毫米，如 HW170×250×9×14。

(5) 钢管

结构用钢管有热轧无缝钢管和焊接钢管两大类。焊接钢管由钢带卷焊而成，依据管径大小，又分为直缝焊和螺旋焊两种。用符号"ϕ 外径×壁厚度"表示，单位为毫米，如 ϕ400×6。

9.1.5.3 冷弯薄壁型钢

冷弯薄壁型钢是用薄钢板在连续辊式冷弯机组上生产出来的冷加工型材，常见的截面形状如图 9.8 所示，其壁厚一般为 1.5～5 mm，但制作承重结构受力构件的壁厚不宜小于 2 mm。

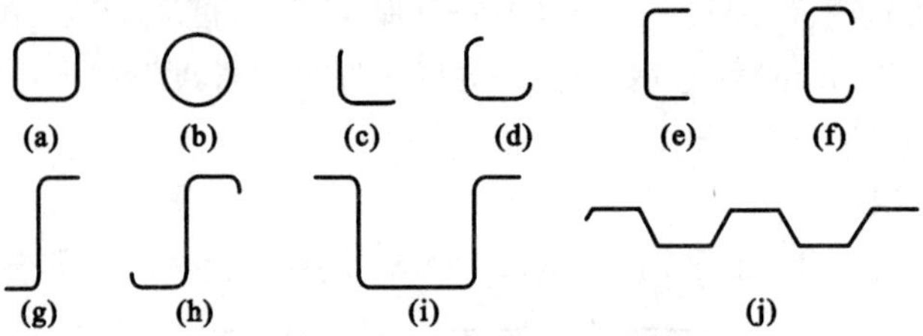

图 9.8 薄壁型钢截面

压型钢板是冷弯薄壁型钢的另一种形式，如图 9.8(j)所示，它是用厚度 0.4～1.6 mm 的钢板、镀锌钢板或彩色涂层钢板经冷轧成的波形板。

9.1.6 钢材的选用

钢材选择的目的是要保证结构安全可靠、经济合理。下面介绍选择钢材时应考虑的原则。

(1) 结构的重要性

结构安全等级不同，所选钢材的质量等级也应不同，对重型工业建筑结构、大跨度结构、高层或超高层的民用建筑结构或构筑物等重要结构，应考虑选用质量好的钢材。

(2) 荷载情况

荷载可分为静态荷载和动态荷载两种。直接承受动态荷载作用的结构和强烈地震区的结构，应选用综合性能好的钢材。一般承受静态荷载的结构，则可选用质量等级稍低的钢材(如 Q235BF 钢)。

(3) 连接方式

钢结构的连接方式有焊接和非焊接两类。因为在焊接过程中会产生焊接变形、焊接应力以及其他焊接缺陷，所以，焊接钢结构对材质的要求应严格一些。例如，在化学成分方面，焊接结构必须严格控制碳、硫、磷的极限含量，而非焊接结构(如用高强度螺栓连接的结构)这些要求可适当放宽。

(4) 结构所处的温度和环境

钢材处于低温时容易冷脆，因此在低温条件下工作的结构，尤其是焊接结构，应选用具有良好抗低温脆断性能的镇静钢。此外，露天结构的钢材容易产生时效，受有害介质作用的钢材容易锈蚀、疲劳和断裂，选择材料时也应注意区别。

（5）钢材厚度

因为薄钢材辊轧次数多，轧制的压缩比大，而厚度大的钢材压缩比小，所以厚度大的钢材不但强度较小，而且塑性、冲击韧性和焊接性能也较差。因此，厚度大的焊接结构应采用材质较好的钢材，对重要结构中可能产生三向应力的构件，可考虑采用Z向钢。

9.2 钢结构的连接

钢结构的基本构件由钢板、型钢等连接而成，如梁、柱、桁架等，运到工地后通过安装连接成整体结构，如厂房、桥梁等。因此在钢结构中，连接占有很重要的地位，设计任何钢结构都离不开连接问题。

在线测试

在传力过程中，连接部位应有足够的强度、刚度和延性。被连接件间应保持正确的位置，以满足传力和使用要求。连接的加工和安装比较复杂而且费工，因此选定连接方案是钢结构设计的重要环节。

9.2.1 钢结构的连接方法

钢结构的连接方法可分为焊缝连接、铆钉连接和螺栓连接三种，如图9.9所示。

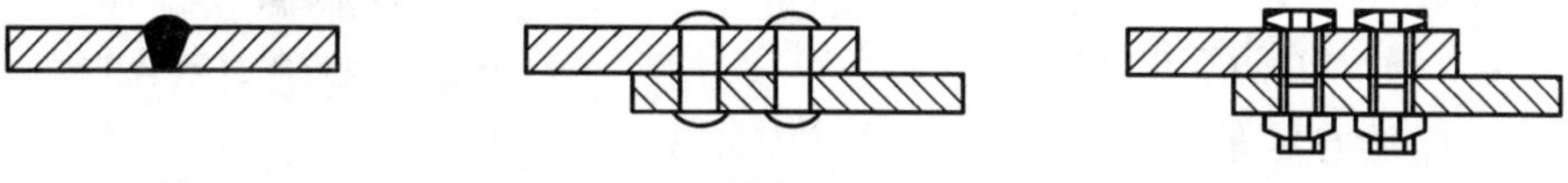

图9.9 钢结构的连接方法

(a) 焊缝连接；(b) 铆钉连接；(c) 螺栓连接

（1）焊缝连接

焊接是通过电弧产生热量，使焊条和焊件局部熔化，然后冷却凝结形成焊缝，使焊件连成一体的一种连接方式。焊接连接是当前钢结构最主要的连接方式，它的优点是构造简单、节约钢材、加工方便，易于采用自动化作业。焊接连接一般不需拼接材料，不需开孔，可直接连接；连接的密封性好，刚度大。目前钢结构中焊接结构占绝对优势。但焊缝质量易受材料、操作的影响，因此对钢材材性要求较高。高强度钢更要有严格的焊接程序，焊缝质量要通过多种途径的检验来保证。

（2）铆钉连接

铆钉连接需要先在构件上开孔，用加热的铆钉进行铆合。这种连接传力可靠，韧性和塑性较好，质量易于检查，适用于承受动力荷载、荷载较大和跨度较大的结构。但铆钉连接费工费料，现在很少采用，多被焊接及高强度螺栓连接所代替。

（3）螺栓连接

螺栓连接可分为普通螺栓连接和高强度螺栓连接两种。螺栓连接的优点是：施工工艺简单，安装方便，特别适用于工地安装连接，工程进度和质量易得到保证。其缺点是：因开孔对构件截面有一定的削弱，且被连接的板件需要相互搭接或另加拼接板或角钢等连接件，因而比焊接连接用材较多，构造也较复杂。此外，螺栓连接需要在板件上开孔和在拼装时对孔，增加了工作量，对制造的精度要求也较高。

9.2.2 焊缝连接

钢结构常用的焊接方法有电弧焊、电渣焊、气体保护焊和电阻焊等。其中电弧焊的焊缝质量比较可靠,是一种最常用的方法。电弧焊又分为手工电弧焊(图 9.10)和自动或半自动埋弧焊(图 9.11)。手工电弧焊焊条应与焊件的金属强度相适应,对 Q235 钢常用 E43 型焊条,Q355 钢常用 E50 型焊条,Q390、Q420 钢常用 E55 型焊条。型号 43、50、55 表示焊条金属强度。当不同钢种的钢材连接时,宜用与强度低的钢材相适应的焊条。

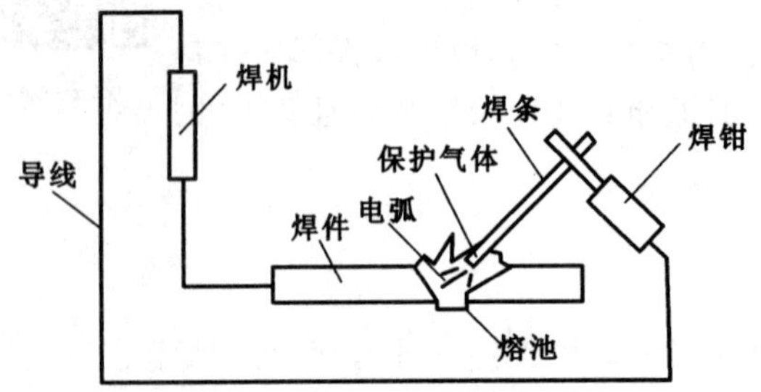

图 9.10 手工电弧焊

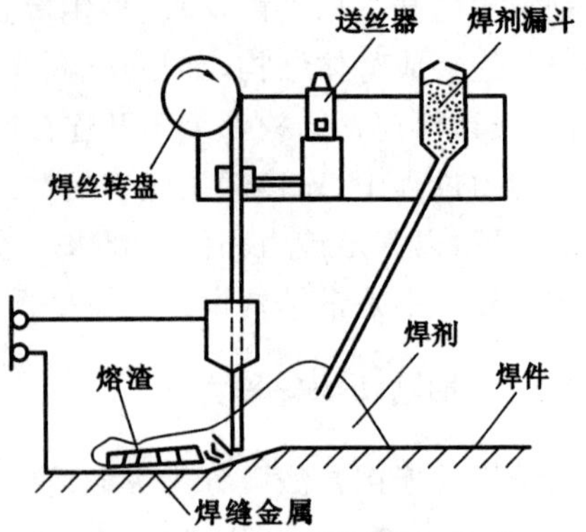

图 9.11 埋弧自动电弧焊

9.2.2.1 焊缝连接类型

焊缝连接类型按被连接构件相互位置可分为:对接、搭接、T 形连接、角部连接(图 9.12)。这些连接所常用的焊缝主要有对接焊缝和角焊缝。

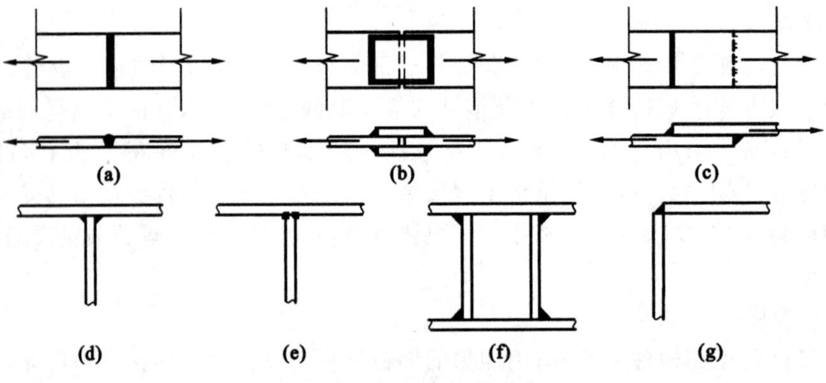

图 9.12 焊缝连接的形式

(a) 对接连接;(b) 用拼接盖板的对接连接;(c) 搭接连接;(d)、(e) T 形连接;(f)、(g) 角部连接

按受力方向不同,对接焊缝分为正对接焊缝[图 9.13(a)]和斜对接焊缝[图 9.13(b)];角焊缝可分为正面角焊缝、侧面角焊缝和斜角焊缝[图 9.13(c)]。

按施焊位置不同分为:平焊、横焊、立焊及仰焊,如图 9.14 所示。俯焊的施焊工作方便,质量易于保证;立焊和横焊的质量及生产效率比俯焊的差一些;仰焊的操作条件最差,焊缝质量不易保证,因此应尽量避免采用仰焊焊缝。

9.2.2.2 焊缝代号、螺栓及其孔眼图例

《焊缝符号表示法》(GB/T 324—2008)规定:焊缝符号一般由基本符号与指引线组成,必

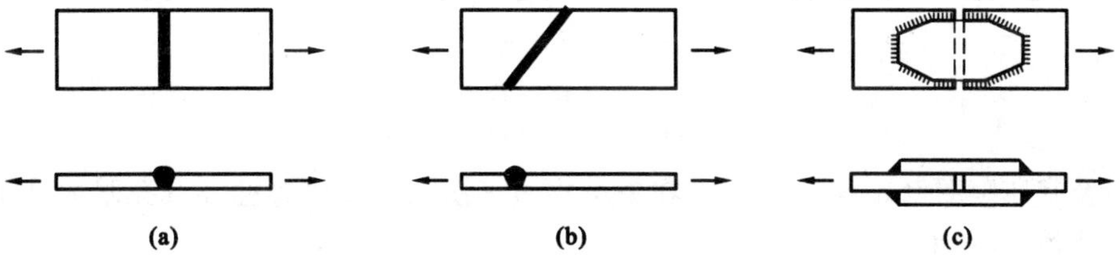

图 9.13　焊缝形式

(a) 正对接焊缝；(b) 斜对接焊缝；(c) 角焊缝

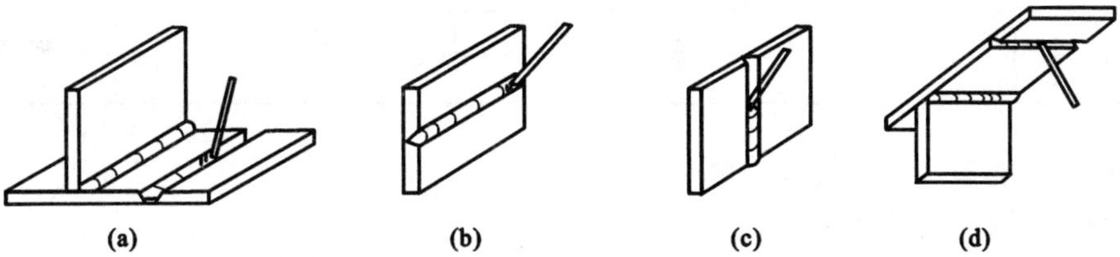

图 9.14　焊缝施焊位置

(a) 平焊；(b) 横焊；(c) 立焊；(d) 仰焊

要时还可加上补充符号和焊缝尺寸。

基本符号：表示焊缝的横截面形状，如用“⊿”表示角焊缝，用“V”表示 V 形坡口的对接焊缝。

补充符号：补充说明焊缝的某些特征，如用“▶”表示现场安装焊缝，用“[”表示焊件三面带有焊缝。

指引线：一般由横线和带箭头的斜线组成，箭头指向图形相应焊缝处，横线上方和下方用来标注基本符号和焊缝尺寸等。

表 9.1 列出了一些常用焊缝符号的表示方法。

表 9.1　焊缝符号

	角　焊　缝						
	单面焊缝	双面焊缝	安装焊缝	相同焊缝	对接焊缝	塞焊缝	三面焊缝
形式	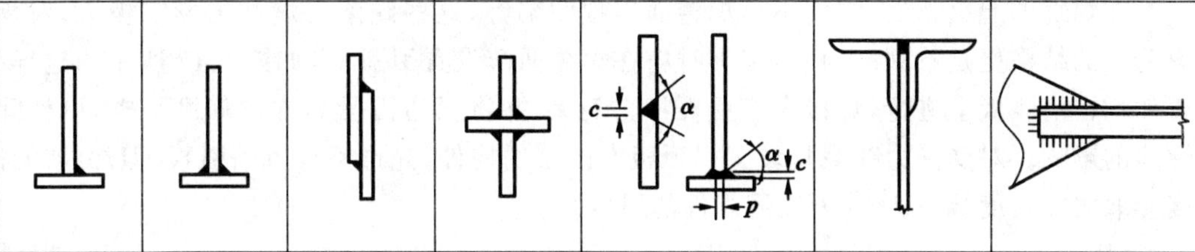						
标注方式	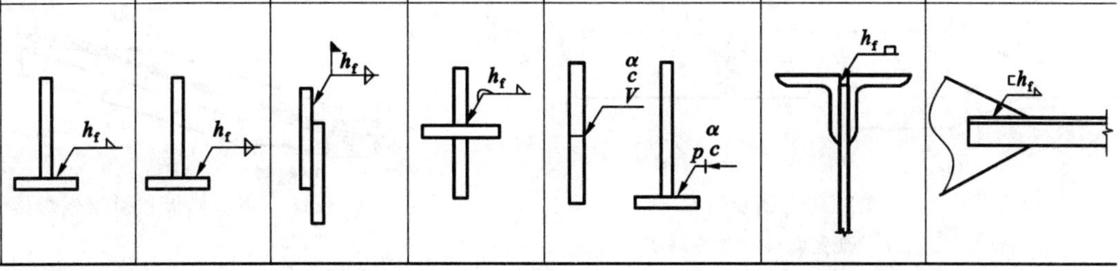						

当焊缝分布比较复杂或用上述标注方法不能表达清楚时，在标注焊缝符号的同时，可在图形上加栅线表示，如图 9.15 所示。

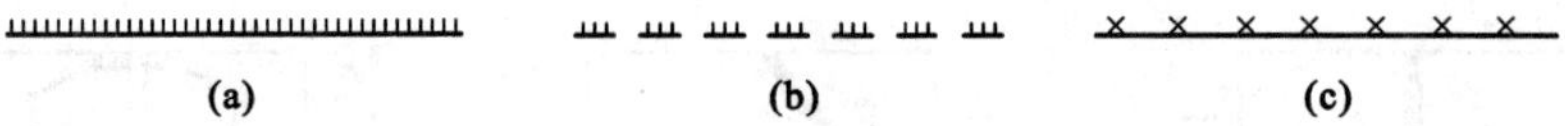

图 9.15 用栅线表示焊缝

(a) 正面焊缝；(b) 背面焊缝；(c) 安装焊缝

螺栓及其孔眼图例如表 9.2 所示，在钢结构施工图上需要将螺栓及其孔眼的施工要求用图形表示清楚，以免引起混淆。

表 9.2 螺栓及其孔眼图例

名称	永久螺栓	高强度螺栓	安装螺栓	圆形螺栓孔	长圆形螺栓孔
图例				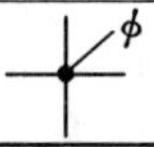	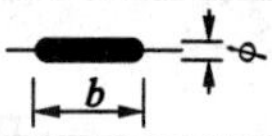

9.2.2.3 对接焊缝的构造与计算

(1) 对接焊缝的构造要求

对接焊缝的焊件常做成坡口，故又叫坡口焊缝。坡口形式与焊件厚度和施焊条件有关，通常可分为 I 形(即不开坡口)、V 形、X 形、U 形、单边 V 形、单边 U 形、K 形等，如图 9.16 所示。

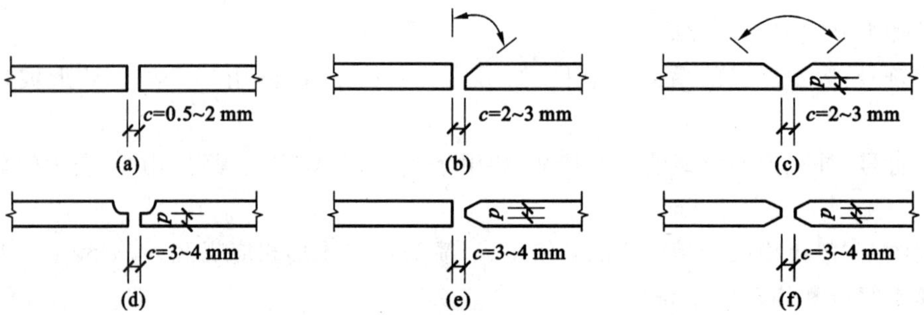

图 9.16 对接焊缝的坡口形式

(a) I 形坡口；(b) 单边 V 形坡口；(c) V 形坡口；(d) U 形坡口；(e) K 形坡口；(f) X 形坡口

在对接焊缝的拼接处，当焊件宽度不同或厚度相差 4 mm 以上时，应将较宽或较厚的板件加工成坡度不大于 1∶2.5 的斜坡，如图 9.17 所示，以形成平缓的过渡，减少应力集中。

在焊缝的起灭弧处，常因不易焊透而出现凹陷等，这些缺陷对承载力影响极大，对承受动力荷载的结构更是不利。因此，施焊时应在焊缝两端设置引弧板，如图 9.18 所示。这样引弧、灭弧均在引弧板上进行，焊接完毕后再将它割除，并将板边沿受力方向修磨平整，以消除焊口缺陷的影响。对受静力荷载且设置引弧板有困难的构件，允许不设置引弧板，但焊缝的计算长度应取实际长度减去 $2t$(t 为较薄焊件的厚度)。

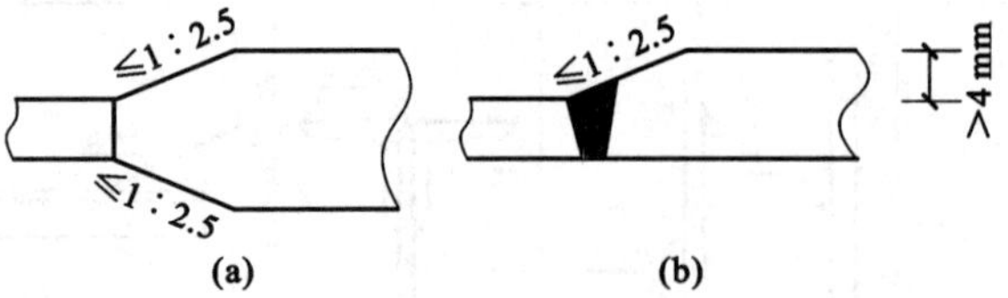

图 9.17 钢板拼接

(a) 改变宽度；(b) 改变高度

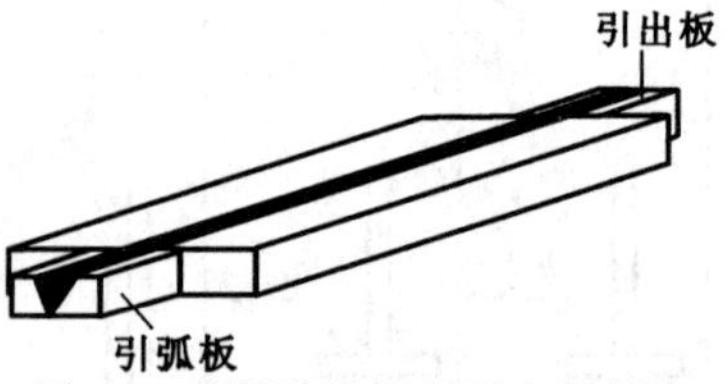

图 9.18 用引弧板和引出板焊接

(2) 对接焊缝的计算

对接焊缝的应力分布情况基本上与焊件相同，可用计算焊件的方法计算对接焊缝。对于重要的构件，按一、二级标准检验焊缝质量，焊缝和构件等强则不必另行计算，只有对三级焊缝才需要按下列要求计算：

① 轴心受力的对接焊缝

轴心受力的对接焊缝如图 9.19 所示，应按下式计算：

$$\sigma=\frac{N}{l_{w}t}\leqslant f_{t}^{w} \quad \text{或} \quad f_{c}^{w} \tag{9.1}$$

式中 N——轴心拉力或压力的设计值；

l_w——焊缝计算长度：当采用引弧板施焊时，取焊缝实际长度；当无法采用引弧板时，每条焊缝取实际长度减去 $2t$；

t——在对接接头中为连接件的较小厚度，不考虑焊缝的余高；在 T 形接头中为腹板厚度；

f_t^w、f_c^w——对接焊缝的抗拉、抗压强度设计值，见附表 16。

如图 9.19(a)所示，当直焊缝连接的强度低于焊件的强度时，为了提高连接承载力，可改用如图 9.19(b)所示的斜对接焊缝，但较费材料。《钢结构设计标准》(GB 50017—2017)(以下简称《钢结构设计标准》)规定，当轴心受力的板件采用斜焊缝对接，焊缝与作用力间的夹角 θ 符合 $\tan\theta\leqslant1.5$ 时，焊接强度可不必计算。

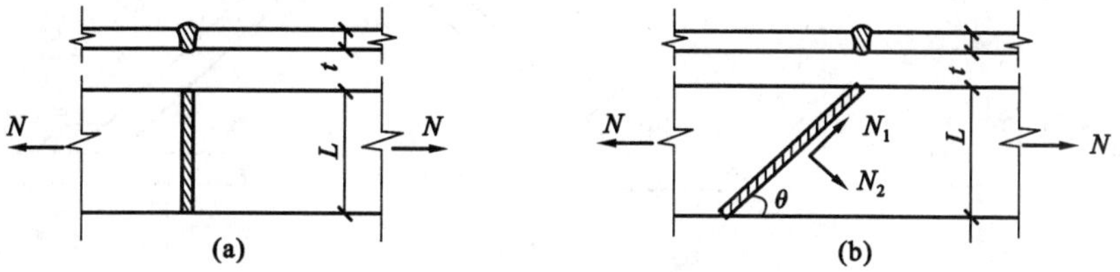

图 9.19　轴心力作用下对接焊缝连接

(a) 正对接焊缝；(b) 斜对接焊缝

② 受弯、受剪的对接焊缝计算

对接焊缝应根据焊缝截面的应力分布，计算其危险点处的应力状态。如矩形截面的对接焊缝，其正应力与剪应力的分布分别为三角形与抛物线形，如图 9.20(a)所示，应分别计算最大正应力(式 9.2)和最大剪应力(式 9.3)；工字形截面的对接焊缝，其正应力与剪应力的分布较复杂，如图 9.20(b)所示，除计算 A 点的正应力和 C 点的剪应力外，还应计算 B 点的折算应力(式 9.4)：

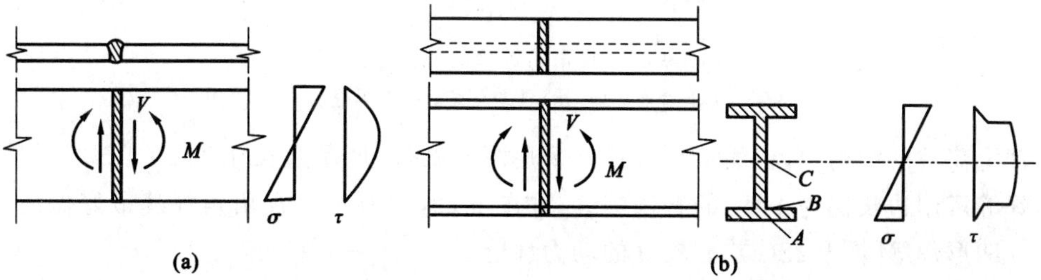

图 9.20　轴心力作用下对接焊缝连接

(a) 矩形截面对接焊缝应力分布；(b) 工字形截面对接焊缝应力分布

$$\sigma=\frac{M}{W_{w}}\leqslant f_{t}^{w} \tag{9.2}$$

$$\tau=\frac{VS_w}{I_w t}\leqslant f_v^w \tag{9.3}$$

$$\sigma_{eq}=\sqrt{\sigma_1^2+3\tau_1^2}\leqslant 1.1f_t^w \tag{9.4}$$

式中 W_w——焊缝截面的截面模量；

I_w——焊缝截面对其中和轴的惯性矩；

S_w——焊缝截面在计算剪应力处以上部分对中和轴的面积矩；

f_v^w——对接焊缝的抗剪强度设计值，如附表 16 所示；

σ_1——翼缘与腹板交界处焊缝正应力；

τ_1——翼缘与腹板交界处焊缝剪应力。

9.2.2.4 角焊缝的构造与计算

(1) 角焊缝的截面形式

角焊缝可分为直角角焊缝和斜角角焊缝，如图 9.21 所示，一般采用直角角焊缝。直角角焊缝的截面形式有普通焊缝、平坡焊缝、凹焊缝等几种，如图 9.22 所示，一般情况下常用普通焊缝。当为正面角焊缝时，由于普通焊缝受力时力线弯折，应力集中现象较严重，在焊趾上形成高峰应力，容易开裂。因此在承受动力荷载的连接中，宜采用平坡或凹焊缝。

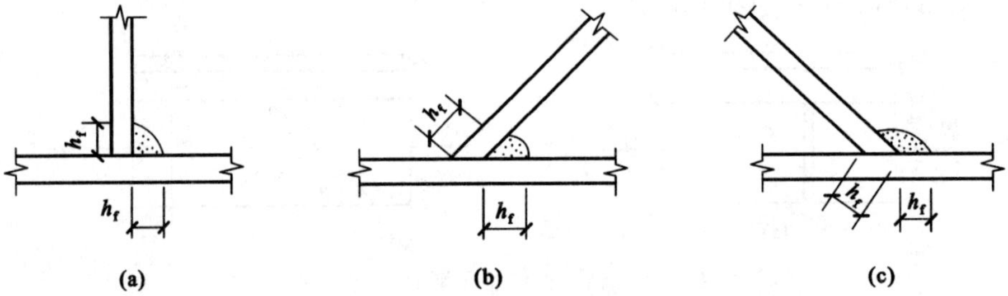

图 9.21 角焊缝的形式

(a) 直角角焊缝；(b)、(c) 斜角角焊缝

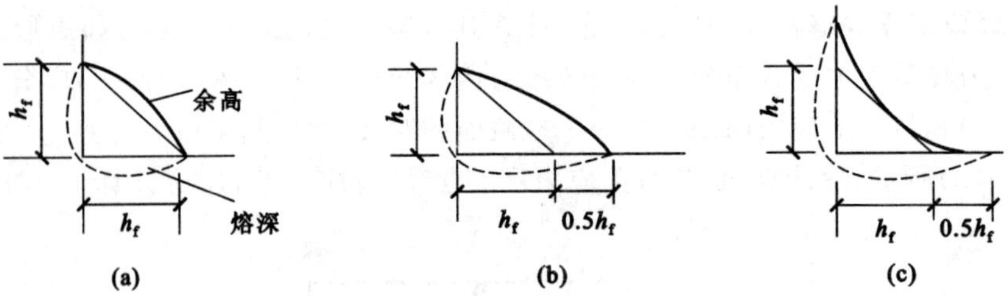

图 9.22 直角角焊缝的截面形式

(a) 普通焊缝；(b) 平坡焊缝；(c)凹焊缝

受动力荷载的结构中，正面角焊缝最好采用图 9.22(b)所示边长比为 1∶1.5 的平坡焊缝；侧面角焊缝可用边长比为 1∶1 的普通焊缝，如图 9.22(a)所示。直角角焊缝最好做成直线形或凹形。凹形焊缝[图 9.22(c)]有较好的动力性能。

(2) 角焊缝的构造要求

① 焊脚尺寸 h_f

角焊缝的焊脚尺寸 h_f 应与焊件厚度相适应，且不宜过小，以保证焊缝的最小承载力，并防止因焊件厚度较大，以致施焊时冷却速度过快，产生淬硬组织，导致母材开裂。角焊缝的最小

焊脚尺寸 h_f 应满足下列要求，且承受动荷载时，角焊缝的焊脚尺寸不应小于 5 mm。

当板厚 $t \leqslant 6$ 时，$h_f = 3$；

当板厚 $6 < t \leqslant 12$ 时，$h_f = 5$；

当板厚 $12 < t \leqslant 20$ 时，$h_f = 6$；

当板厚 $t > 20$ 时，$h_f = 8$。

采用不预热的非低氢焊接方法进行焊接时，t 等于焊接连接部位中较厚件厚度，宜采用单道焊缝；采用预热的非低氢焊接方法或低氢焊接方法进行焊接时，t 等于焊接连接部位中较薄件厚度。

焊缝尺寸 h_f 不要求超过焊接连接部位中较薄件厚度的情况除外。

焊脚尺寸 h_f 也不宜过大，以避免焊缝由于金属"过热"而产生残余应力和残余变形，且热影响区扩大，容易产生脆裂，较薄焊件易烧穿。角焊缝的最大焊脚尺寸 h_f 应满足下列要求：

T 形连接角焊缝

$$h_f \leqslant 1.2t$$

其中 t 为较薄焊件厚度(mm)。

板边缘的角焊缝

当板厚 $t \leqslant 6$ mm 时，$h_f \leqslant t$；

当板厚 $t > 6$ mm 时，$h_f \leqslant t-(1\sim2)$ mm；

因此，在选择焊脚尺寸时应符合：$h_{fmin} \leqslant h_f \leqslant h_{fmax}$。

② 角焊缝计算长度 l_w

侧面角焊缝和正面角焊缝的计算长度 l_w 不得小于 $8h_f$ 和 40 mm，以免起落弧的弧坑太近，并产生应力集中。由于侧面角焊缝沿长度方向的剪应力沿长度分布不均匀，两端大中间小，当侧焊缝长度过长时就有可能使两端先出现裂缝，而焊缝中间还未充分发挥其承载力。因此，侧面角焊缝的计算长度不宜大于 $60h_f$，当大于上述值时，其超过的部分在计算中不予考虑。若内力沿侧面角焊缝全长均匀分布时，计算长度不受此限制。

③ 其他构造

当构件仅在两边用侧面角焊缝连接时，为了避免应力传递的过分弯折而使板件应力过分不均匀，每条焊缝长度不宜小于两焊缝间的距离。同时为了避免因焊缝横向收缩时引起板件拱曲太大，两侧面角焊缝之间的距离不宜大于 $16t$($t > 12$ mm)或 190 mm(当 $t \leqslant 12$ mm 时)，t 为较薄焊件厚度。

当角焊缝的端部在构件转角处作长度为 $2h_f$ 的绕角焊时，转角处必须连续施焊。

在搭接连接中，搭接长度不得小于焊件较小厚度的 5 倍，并不得小于 25 mm。

(3) 角焊缝的计算

① 角焊缝的有效截面

平分角焊缝的夹角 α 的截面称为焊缝的有效截面，破坏往往从这个截面发生。有效截面的高度称为角焊缝的有效厚度 h_e，如图 9.23 所示。

② 钢板连接计算

当焊件受轴心力，且轴心力通过连接焊缝形心时，焊缝的应力可以认为是均匀分布的。对正面角焊缝：

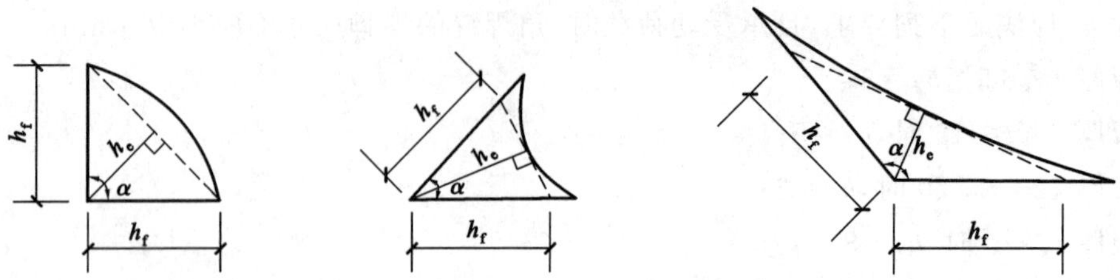

图 9.23 角焊缝有效厚度计算简图

$$\sigma_f = \frac{N}{h_e \sum l_w} \leqslant \beta_f f_f^w \tag{9.5}$$

对侧面角焊缝：

$$\tau_f = \frac{N}{h_e \sum l_w} \leqslant f_f^w \tag{9.6}$$

如角焊缝既有正面角焊缝受力性质又有侧面角焊缝受力性质，则按下式计算：

$$\sqrt{\left(\frac{\sigma_f}{\beta_f}\right)^2 + \tau_f^2} \leqslant f_f^w \tag{9.7}$$

式中 β_f——正面角焊缝的强度设计值增大系数，静荷载、间接动荷载时取 $\beta_f = 1.22$，对于直接承受动荷载的结构，$\beta_f = 1.0$；

h_e——角焊缝的有效厚度（mm），当两焊件间隙 $b \leqslant 1.5$ mm 时，则 $h_e = 0.7h_f$；当 1.5 mm$<b\leqslant 5$ mm 时，$h_e = 0.7(h_f - b)$，则 h_f 为焊脚尺寸。

l_w——角焊缝的计算长度(mm)，每条焊缝取实际长度减去 $2h_f$，以考虑扣除施焊时起弧、落弧处的弧坑缺陷；

σ_f——垂直于焊缝长度方向的应力(N/mm^2)，按焊缝有效截面($h_e l_w$)计算；

τ_f——沿焊缝长度方向的剪应力(N/mm^2)，按焊缝有效截面计算；

f_f^w——角焊缝的强度设计值(N/mm^2)，如附表 16 所示。

【例 9.1】 试设计用拼接盖板的对接连接(图 9.24)。已知钢板宽 $B = 270$ mm，厚度 $t_1 = 28$ mm，拼接盖板厚度 $t_2 = 16$ mm。该连接承受静态轴心力 $N = 1400$ kN(设计值)，钢材为 Q235B，手工焊，焊条为 E43 型。

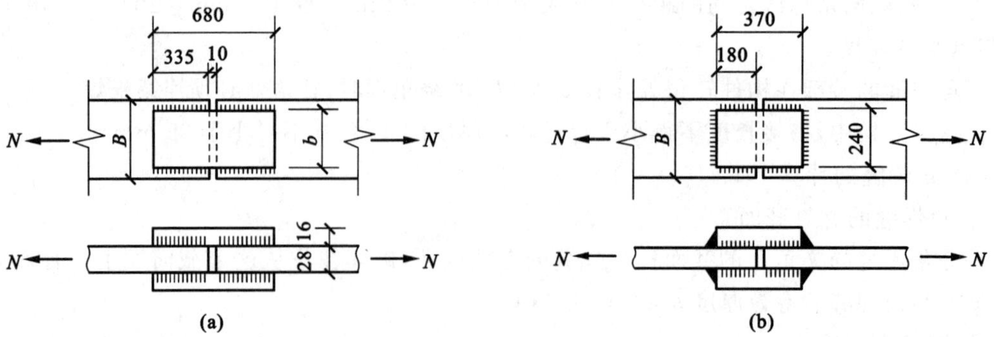

图 9.24 例 9.1 图

【解】 (1) 确定焊脚尺寸

角焊缝的焊脚尺寸 h_f 应根据板件厚度确定：

$$h_{fmax} = t - (1 \sim 2) = 16 - (1 \sim 2) = 14 \sim 15 \text{ mm}$$

$$12 < t \leqslant 20, h_{fmin} = 6 \text{ mm}$$

取 $h_f = 10$ mm，查附表 16 得角焊缝强度设计值 $f_f^w = 160 \text{ N/mm}^2$。

(2) 采用两面侧焊时[图 9.24(a)]

由式(9.6)计算焊缝总长度为

$$\sum l_w = \frac{N}{h_e f_f^w} = \frac{1400 \times 10^3}{0.7 \times 10 \times 160} = 1250 \text{ mm}$$

则一条焊缝的实际长度为

$$l_w' = \frac{\sum l_w}{4} + 2h_f = \frac{1250}{4} + 20 = 332.5 \text{ mm} < 60h_f = 60 \times 10 = 600 \text{ mm}$$

从而有盖板长度为

$$L = 2l_w' + 10 = 2 \times 332.5 + 10 = 675 \text{ mm}$$

取 680 mm。

选定拼接盖板宽度 $b = 240$ mm，则

$$A' = 240 \times 2 \times 16 = 7680 \text{ mm}^2 > A = 270 \times 28 = 7560 \text{ mm}^2$$

满足强度要求。

根据构造要求可知

$$b = 240 \text{ mm} < l_w = 312.5 \text{ mm}$$

且

$$b < 16t = 16 \times 16 = 256 \text{ mm}$$

满足构造要求，故选定拼接盖板尺寸为 680 mm×240 mm×16 mm。

(3) 采用三面围焊时[图 9.24(b)]

由式(9.5)计算端面角焊缝承担的力 N' 为

$$N' = 2\beta_f f_f^w h_e l_w' = 2 \times 1.22 \times 160 \times 0.7 \times 10 \times 240 = 655870 \text{ N}$$

则侧面角焊缝承担的力 N_1 为

$$N_1 = N - N' = 1400000 - 655870 = 744130 \text{ N}$$

焊缝总长度计算

$$\sum l_w = \frac{N_1}{0.7 h_f f_f^w} = \frac{1400000 - 655870}{0.7 \times 10 \times 160} = 664 \text{ mm}$$

则一条焊缝长度为

$$l_w' = \frac{\sum l_w}{4} + h_f = \frac{664}{4} + 10 = 176 \text{ mm}$$

取为 180 mm。

则盖板长度为

$$L_{板} = 2l_w' + 10 = 2 \times 180 + 10 = 370 \text{ mm}$$

选定拼接盖板尺寸为 370 mm×240 mm×16 mm。

③ 角钢连接计算

如图 9.25 所示，当角钢用角焊缝连接计算时，虽然轴心力通过截面形心，但由于截面形心

到角钢肢背和肢尖的距离不等，故肢背角焊缝和肢尖角焊缝的受力不等。根据力的平衡关系可求出各焊缝的受力。

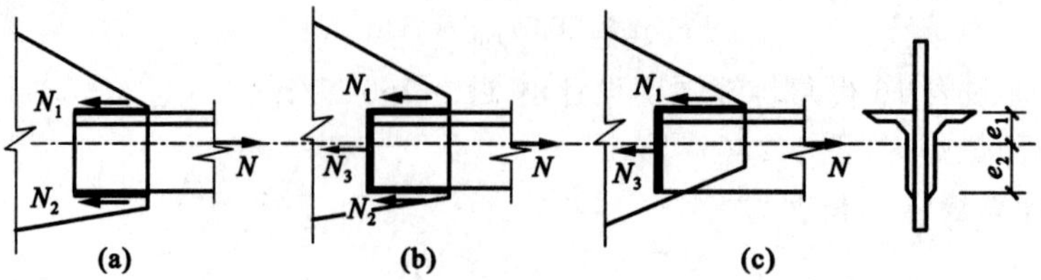

图 9.25　角钢连接计算

(a) 侧向角焊缝连接；(b) 三面围焊连接；(c) L 形焊缝连接

当两边仅用侧面角焊缝连接时，如图 9.25(a)所示，肢背、肢尖角焊缝分别按下式计算：

肢背角焊缝承担的力

$$N_1=\frac{e_2}{e_1+e_2}N=K_1N \tag{9.8}$$

肢尖角焊缝承担的力

$$N_2=\frac{e_1}{e_1+e_2}N=K_2N \tag{9.9}$$

式中　K_1、K_2——角钢角焊缝内力分配系数，如表 9.3 所示。

表 9.3　角钢侧面角焊缝内力分配系数

角钢类型	连接形式	角钢肢背 K_1	角钢肢尖 K_2
等肢	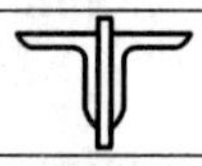	0.70	0.30
不等肢(短肢相连)	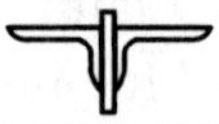	0.75	0.35
不等肢(长肢相连)	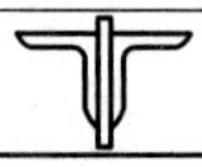	0.65	0.25

采用三面围焊时，如图 9.25(b)所示，肢背、肢尖角焊缝分别按下式计算：

肢背角焊缝承担的力

$$N_1=\frac{e_2}{e_1+e_2}N-\frac{N_3}{2}=K_1N-\frac{N_3}{2} \tag{9.10}$$

肢尖角焊缝承担的力

$$N_2=\frac{e_1}{e_1+e_2}N-\frac{N_3}{2}=K_2N-\frac{N_3}{2} \tag{9.11}$$

正面角焊缝承担的力

$$N_3=0.7h_f\sum l_{w3}\beta_f f_f^w \tag{9.12}$$

式中　l_{w3}——端部正面角焊缝计算长度(mm)。

L 形围焊时，如图 9.25(c)所示，正面角焊缝及肢背角焊缝分别按下式计算：

正面角焊缝承担的力

$$N_3=0.7h_f\sum l_{w3}\beta_f f_f^w$$

肢背角焊缝承担的力

$$N_1 = N - N_3$$

【例 9.2】 试确定图 9.26 所示承受静态轴心力作用的三面围焊连接的承载力及肢尖焊缝的长度。已知角钢为 2∟125×10，与厚度为 8 mm 的节点板连接，其肢背搭接长度为 300 mm，焊脚尺寸均为 $h_f = 8$ mm，钢材为 Q235B，手工焊，焊条为 E43 型。

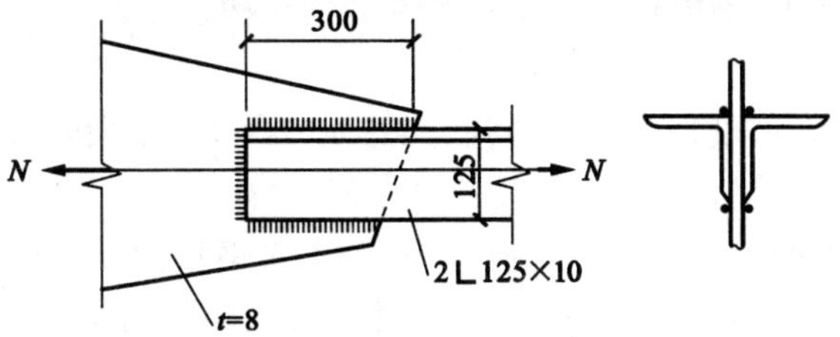

图 9.26 例 9.2 图

【解】 (1) 确定基本参数

查表 9.3、附表 16 得 $f_f^w = 160\ \text{N/mm}^2$，$K_1 = 0.7$，$K_2 = 0.3$。

(2) 端部焊缝承担的力 N_3

$$N_3 = 2 \times 0.7 h_f l_{w3} \beta_f f_f^w = 2 \times 0.7 \times 8 \times 125 \times 1.22 \times 160 = 273.3\ \text{kN}$$

(3) 肢背焊缝承担的力 N_1

$$N_1 = 2h_e l_{w1} f_f^w = 2 \times 0.7 \times 8 \times (300 - 8) \times 160 = 523.3\ \text{kN}$$

(4) 焊缝连接承担的力 N

$$N_1 = K_1 N - \frac{N_3}{2} = 0.7N - \frac{273.3}{2} = 523.3\ \text{kN}$$

$$N = \frac{523.3 + 136.65}{0.7} = 942.8\ \text{kN}$$

(5) 肢尖焊缝承担的力 N_2

$$N_2 = K_2 N - \frac{N_3}{2} = 0.3 \times 942.8 - 136.65 = 146.2\ \text{kN}$$

(6) 肢尖焊缝长度

$$l'_{w2} = \frac{N_2}{2h_e f_f^w} + 8 = \frac{146.2 \times 10^3}{2 \times 0.7 \times 8 \times 160} + 8 = 89.6\ \text{mm}$$

9.2.3 螺栓连接的构造与计算

9.2.3.1 螺栓连接的种类

(1) 普通螺栓连接

普通螺栓连接分为 A、B 级螺栓(精致螺栓)和 C 级螺栓(粗糙螺栓)三种。C 级螺栓直径与孔径相差 1.0～2.0 mm，A、B 级螺栓直径与孔径相差 0.3～0.5 mm。C 级螺栓安装简单，便于拆装，但螺杆与钢板孔壁接触不够紧密，当传递剪力时，连接变形较大，故 C 级螺栓宜用于承受拉力的连接。A、B 级螺栓的受力性能较 C 级好，但因其加工费用较高且安装费时费工，目前建筑结构中很少采用。

(2) 高强螺栓连接

高强螺栓用高强度的钢材制作，安装时通过特制的扳手，以较大的扭矩拧紧螺母，使螺栓杆产生很大的预应力，由于螺母的挤压力把欲连接的部件夹紧，可依靠接触面间的摩擦力来阻止部件的相对滑移，达到传递外力的目的。按受力特征的不同，高强螺栓连接可分为摩擦型和承压型两种。摩擦型以作用剪力达到连接板间的摩擦力作为承载力极限状态，其特点是连接紧密，变形小，弹性性能好，耐疲劳，施工较简单，适用于承受动力荷载的结构连接。承压型以作用剪力达到栓杆抗剪或孔壁承压破坏为承载力极限状态，承载力高于摩擦型螺栓连接，其特点是连接紧凑，剪切变形大，不能用于承受动力荷载的结构连接。

9.2.3.2　螺栓的排列

螺栓在构件上的排列可以是并列或错列，如图 9.27 所示，排列时应考虑下列要求：

(1) 受力要求

对于受拉构件，螺栓的栓距和线距不应过小，否则对钢板截面削弱太多，构件有可能沿直线或折线发生净截面破坏。对于受压构件，沿作用力方向螺栓间距不应过大，否则被连接的板件间容易发生鼓曲现象。因此，从受力角度应规定螺栓的最大和最小容许间距。

(2) 构造要求

若栓距和线距过大，则构件接触面不够紧密，潮气易于侵入缝隙而产生腐蚀，所以，构造上要规定螺栓的最大容许间距。

(3) 施工要求

为便于转动螺栓扳手，就要保证一定的作业空间。所以，施工上要规定螺栓的最小容许间距。

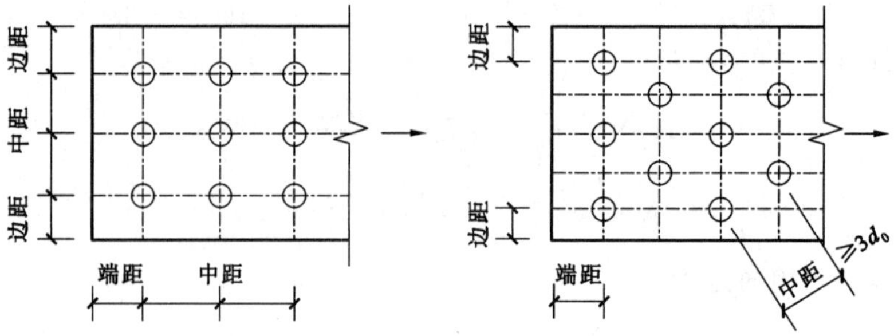

图 9.27　钢板的螺栓(铆钉)排列

(a) 并列；(b) 错列

《钢结构设计标准》制定出螺栓排列最大、最小容许距离，如表 9.4 所示。在型钢上排列的螺栓还应符合各自线距和最大孔径的要求，如表 9.5～表 9.7所示。角钢、普通工字钢、槽钢截面上排列螺栓的线距如图 9.28 所示。

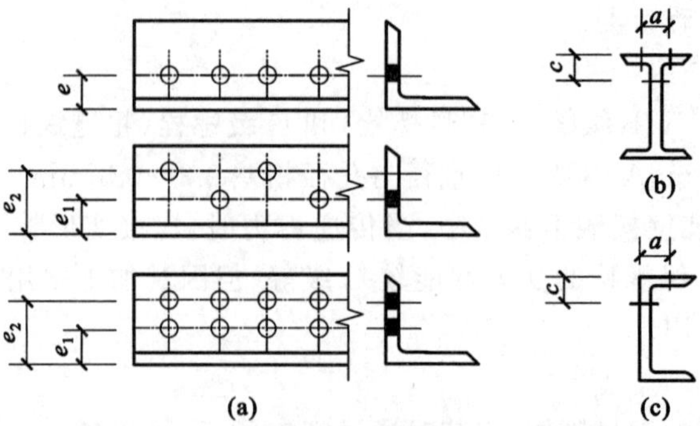

图 9.28　型钢的螺栓(铆钉)排列

表 9.4 螺栓或铆钉的最大、最小容许距离

名称	位置和方向			最大容许距离（取两者较少者）	最少容许距离
中心间距	外排（垂直内力方向或顺内力方向）			$8d_0$ 或 $12t$	$3d_0$
	中间排	垂直内力方向		$16d_0$ 或 $24t$	
		顺内力方向	压力	$12d_0$ 或 $18t$	
			拉力	$16d_0$ 或 $24t$	
	沿对角线方向			—	
中心至构件边缘距离	顺内力方向			$4d_0$ 或 $8t$	$2d_0$
	垂直内力方向	剪切边或手工气割边			$1.5d_0$
		轧制边自动精密气割或锯割边	高强度螺栓		
			其他螺栓或铆钉		$1.2d_0$

表 9.5 角钢上螺栓或铆钉线距表（mm）

单行排列	角钢肢宽	40	45	50	56	63	70	75	80	90	100	110	125
	线距 e	25	25	30	30	35	40	40	45	50	55	60	70
	钉孔最大直径	11.5	13.5	13.5	15.5	17.5	20	22	22	24	24	26	26

双行错排	角钢肢宽	125	140	160	180	200	双行并列	角钢肢宽	160	180	200
	e_1	55	60	60	70	80		e_1	60	70	80
	e_2	90	100	120	140	160		e_2	130	140	160
	钉孔最大直径	24	24	26	26	26		钉孔最大直径	24	24	26

表 9.6 工字钢和槽钢腹板上的螺栓线距表（mm）

工字钢型号	12	14	16	18	20	22	25	28	32	36	40	45	50	56	63
线距 c_{min}	40	45	45	45	50	50	55	60	60	65	70	75	75	75	75
槽钢型号	12	14	16	18	20	22	25	28	32	36	40	—	—	—	—
线距 c_{min}	40	45	50	50	55	55	55	60	65	70	75	—	—	—	—

表 9.7 工字钢和槽钢翼缘上的螺栓线距表（mm）

工字钢型号	12	14	16	18	20	22	25	28	32	36	40	45	50	56	63
线距 a_{min}	40	40	50	55	60	65	65	70	75	80	80	85	90	95	95
槽钢型号	12	14	16	18	20	22	25	28	32	36	40	—	—	—	—
线距 a_{min}	30	35	35	40	40	45	45	45	50	56	60	—	—	—	—

9.2.3.3 普通螺栓连接的计算

普通螺栓连接按螺栓传力方式，可分为抗剪螺栓连接和抗拉螺栓连接。当外力垂直于螺栓杆时，此螺栓为抗剪螺栓；当外力平行于螺栓杆时，此螺栓为抗拉螺栓。图 9.29 中的螺栓 2 为抗剪螺栓连接。当采用支托板承受剪力时，图 9.29 中的螺栓 1 为抗拉螺栓连接；当支托板仅起临时安装作用或不设支托板时，图 9.29 中的螺栓 1 同时承受剪力和拉力。

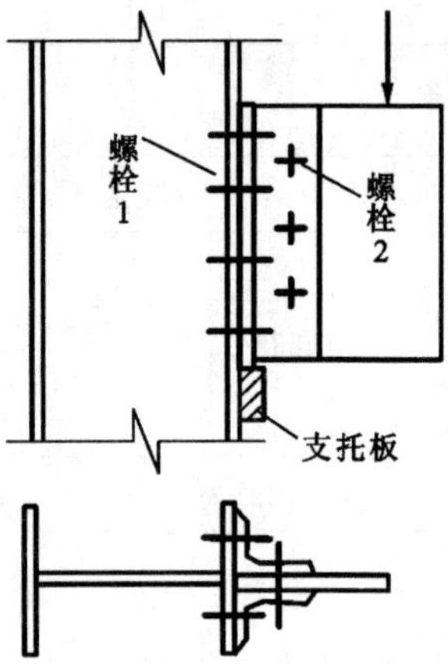

图 9.29 抗剪螺栓和抗拉螺栓

(1) 抗剪螺栓连接计算

抗剪螺栓连接在受力以后，当外力不大时，首先由构件间的摩擦力抵抗外力。不过摩擦力很小，随着外力的增大，构件很快就出现滑移使螺栓杆与孔壁接触，使螺栓杆受剪，同时孔壁受压。

抗剪螺栓连接可能的破坏形式有五种，如图 9.30 所示。其中螺栓杆剪断、孔壁压坏和钢板被拉断需要通过计算来保证连接安全，后两种破坏形式通过构造要求来保证，即通过限制端距 $e \geqslant 2d_0$（d_0 为螺栓孔径），避免板端被剪断，通过限制板叠厚度不大于 $5d$（d 为螺栓杆直径），避免螺栓杆弯曲。

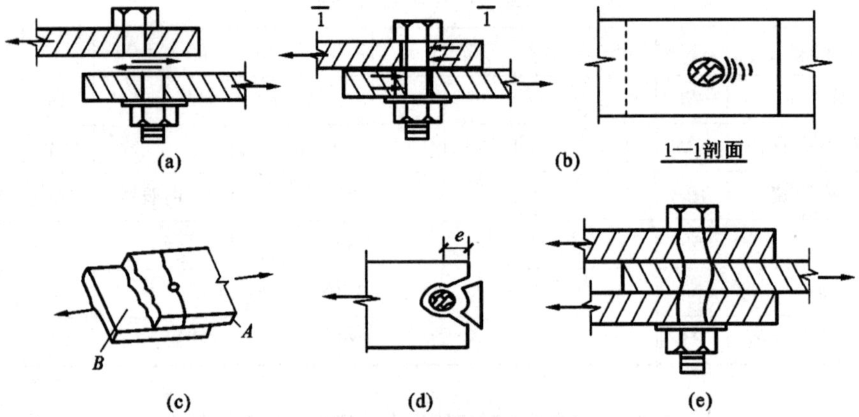

图 9.30 抗剪螺栓的破坏形式

(a) 螺栓杆剪断；(b) 孔壁压坏；(c) 板被拉断；(d) 板端被剪断；(e) 螺栓杆弯曲

① 抗剪承载力设计值

假定螺栓受剪面上的剪应力是均匀分布的，则单个抗剪螺栓的抗剪承载力设计值为：

$$N_v^b = n_v \frac{\pi d^2}{4} f_v^b \tag{9.13}$$

式中 n_v——受剪面数目，单剪 $n_v=1$，双剪 $n_v=2$，四剪 $n_v=4$；

d——螺杆直径(mm)；

f_v^b——螺栓抗剪强度设计值(N/mm²)，见附表 17。

② 承压承载力设计值

假定螺栓承压应力分布于螺栓直径平面上，而且该承压面上的应力为均匀分布，则单个抗剪螺栓的承压承载力设计值为：

$$N_c^b = d \sum t f_c^b \tag{9.14}$$

式中 $\sum t$——在不同受力方向中一个受力方向的承压构件总厚度的较小值(mm)；

f_c^b——螺栓承压强度设计值(N/mm^2),见附表 17。

连接一侧所需的螺栓数:

$$n \geqslant \frac{N}{N_{min}^b} \tag{9.15}$$

式中 N_{min}^b——一个螺栓抗剪承载力设计值与承压承载力设计值的较小值。

为了防止构件因开孔削弱截面而拉断,还需验算开孔截面的强度:

$$\sigma = \frac{N}{A_n} \leqslant f \tag{9.16}$$

式中 A_n——构件净截面面积(mm^2)。

普通螺栓抗剪超长连接时,其强度需折减。试验表明,当螺栓群抗剪连接承受轴心力,且连接长度 $l_1 > 15d_0$ 时,连接工作进入弹塑性阶段,螺栓群在长度方向各螺栓受力不均匀,即两端受力大,中间受力小,如图 9.31 所示,端部螺栓首先达到极限强度而破坏,随后由外向里依次破坏。因此,《钢结构设计标准》规定,在构件节点处或拼接接头的一端,当螺栓沿轴向受力方向的连接长度 $l_1 > 15d_0$ 时,应将螺栓的承载力设计值乘以折减系数 η:

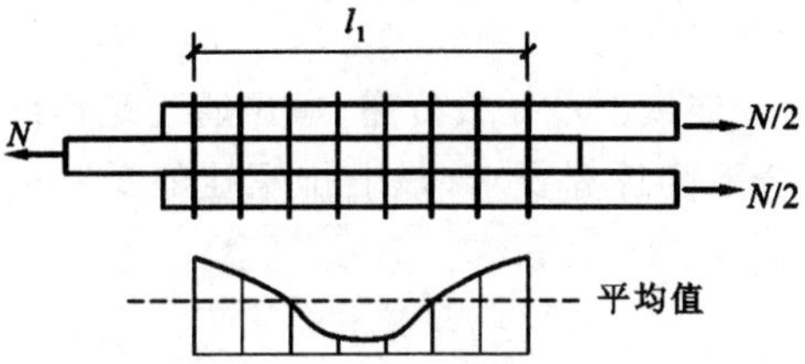

图 9.31 长接头螺栓的内力分布

当 $15d_0 < l_0 < 60d_0$ 时

$$\eta = 1.1 - \frac{l_1}{150d_0} \tag{9.17}$$

当 $l_1 \geqslant 60d_0$ 时

$$\eta = 0.7$$

(2) 抗拉螺栓连接计算

螺栓所受拉力的大小与被连接板件的刚度有关,刚度大,连接板件无变形,一个螺栓所受拉力为 $P_f = N_t$;刚度小,受力后角钢发生较大变形,在角钢水平肢的端部,因杠杆作用产生反力 Q,如图 9.32 所示,此时由 $\sum Y = 0$ 可知 $P_f = N_t + Q$,Q 与连接板刚度、螺栓直径、螺栓所在位置有关。因此,《钢结构设计标准》将螺栓的抗拉强度适当降低($f_t^b = 0.8f$),以考虑这种不利影响,在构造上采取措施,如设置加劲肋(图 9.33)提高刚度,可以减小甚至消除撬力的影响。其破坏形式是栓杆拉断,部位多在被螺纹削弱截面处。

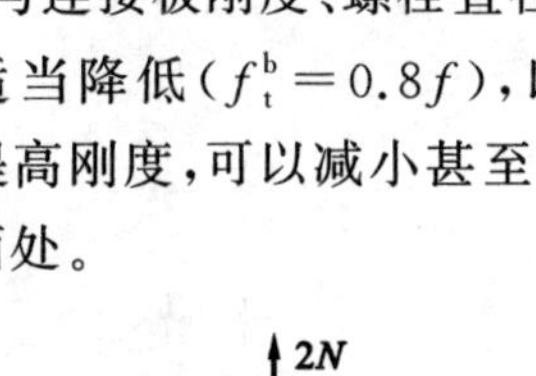

图 9.32 受拉螺栓的撬力

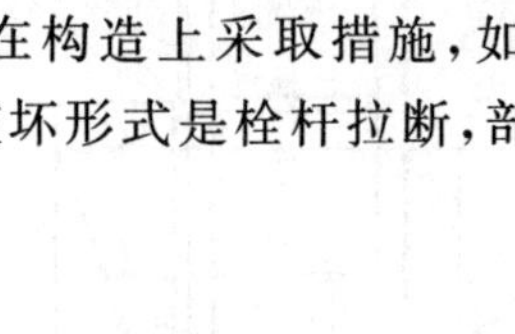

图 9.33 T 形受拉螺栓连接设置加劲肋

单个普通螺栓的抗拉承载力:

$$N_t^b = \frac{\pi d_e^2}{4} f_t^b = A_e f_t^b \tag{9.18}$$

式中 d_e、A_e——螺纹处有效直径、有效面积(mm^2);

f_t^b——螺栓的抗拉强度设计值(N/mm²),如附表 17 所示。

螺栓群在轴心拉力作用下的抗拉连接,通常假定每个螺栓平均受力,则连接所需螺栓数为:

$$n \geqslant \frac{N}{N_t^b} \tag{9.19}$$

(3) 普通螺栓同时承受剪力和轴向拉力的连接计算

根据试验结果,此时螺栓的强度条件应满足下述曲线相关方程:

$$\sqrt{\left(\frac{N_v}{N_v^b}\right)^2 + \left(\frac{N_t}{N_t^b}\right)^2} \leqslant 1 \tag{9.20}$$

式中 N_v、N_t——一个螺栓所承受的剪力、拉力。

当连接板件过薄时,可能因承压强度不足而破坏,需按下列公式计算螺栓的承压承载力:

$$N_v \leqslant N_c^b \tag{9.21}$$

$$N_v = \frac{V}{n} \tag{9.22}$$

(4) 普通螺栓群在弯矩作用下的连接计算

螺栓群在弯矩作用下(图 9.34),其剪力一般通过螺栓连接下承托板传递;弯矩通过螺栓群承受,此时中和轴在最下排螺栓处,螺栓 i 的拉力应符合下列计算要求(最上排螺栓的受力最不利):

$$N_1^M = \frac{My_1}{m\sum y_i^2} \leqslant N_t^b \tag{9.23}$$

式中 M——弯矩设计值;

m——螺栓排列的纵向列数;

y_i——各螺栓到螺栓群中和轴的距离。

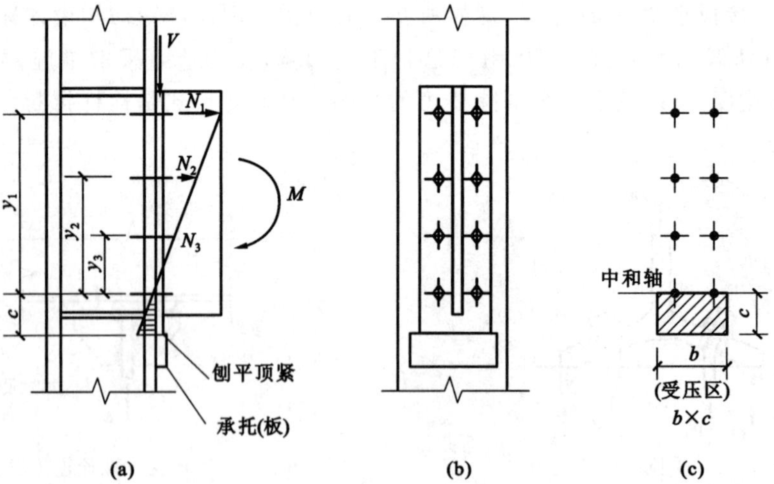

图 9.34 普通螺栓弯矩受拉

此外,螺栓群偏心受剪、螺栓群偏心受拉(包括小偏心受拉、大偏心受拉)、螺栓群受剪力和拉力共同作用等情况的具体计算,可参考相关资料。

高强度螺栓抗剪连接的具体计算按《钢结构设计标准》的规定计算。

9.3 轴心受力构件

平面桁架、塔架和网架、网壳等杆件体系，通常假设其节点为铰接连接，当杆件上无节间荷载时，则杆件内力只是轴向拉力或压力，这类杆件称为轴心受拉构件和轴心受压构件，统称轴心受力构件。如图 9.35 所示即为轴心受力构件在工程中应用的一些实例。

在线测试

(a)

(b)

(c)

图 9.35 轴心受力构件在工程中的应用

(a) 桁架；(b) 塔架；(c) 网架

例如，轴心压杆经常用做工业建筑的工作平台支柱。柱由柱头、柱身和柱脚三部分组成，如图 9.36 所示。柱头用来支承平台或桁架，柱脚坐在基础上将轴心压力传给基础。

9.3.1 轴心受力构件的类型

轴心受力构件的常用截面形式可分为实腹式和格构式两大类。

实腹式构件制作简单，与其他构件连接也比较方便。其常用形式有：单个型钢截面，如圆钢、钢管、角钢、T 型钢、槽钢、工字钢、H 型钢等，如图 9.37(a)所示；组合截面，由型钢或钢板组合而成的截面，如图 9.37(b)所示；一般桁架结构中的弦杆和腹杆，除 T 型钢外，常采用热轧角钢组合成 T 形的或十字形的双角钢组合截面，如图 9.37(c)所示；在轻型钢结构中则可采用冷弯薄壁型钢截面，如图 9.37(d)所示。以上这些截面中，截面紧凑的(如圆钢和组成板件宽厚比较小的截面)或对两主轴刚度相差悬殊者(如单槽钢、工字钢)，一般只用于轴心受拉构件；

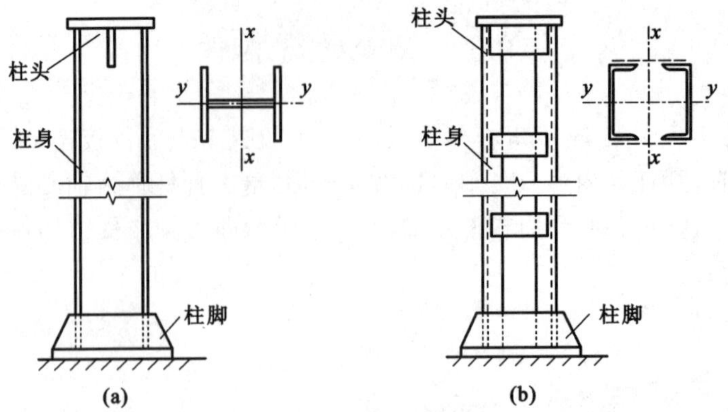

图 9.36 柱的组成

较为开展的或组成板件宽而薄的截面通常用做受压构件，这样更为经济。

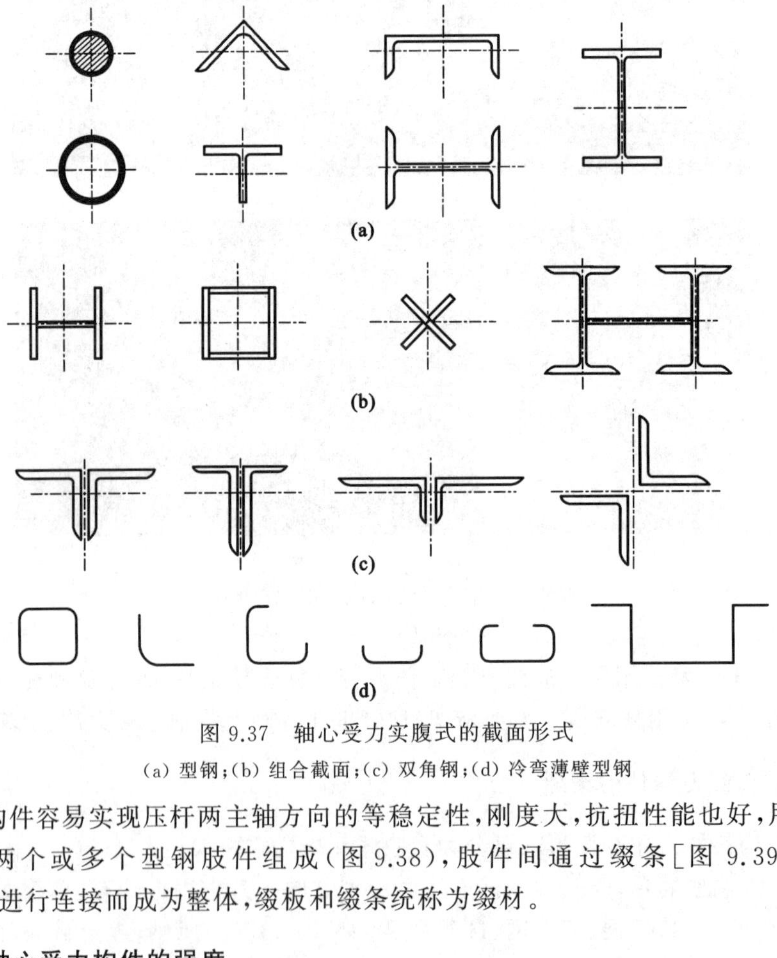

图 9.37 轴心受力实腹式的截面形式

(a) 型钢；(b) 组合截面；(c) 双角钢；(d) 冷弯薄壁型钢

格构式构件容易实现压杆两主轴方向的等稳定性，刚度大，抗扭性能也好，用料较省。其截面一般由两个或多个型钢肢件组成(图 9.38)，肢件间通过缀条[图 9.39(a)]或缀板[图 9.39(b)]进行连接而成为整体，缀板和缀条统称为缀材。

9.3.2 轴心受力构件的强度

对于轴心受拉构件，当端部连接及中部拼接处组成截面的各板件都由连接件直接传力时，其截面强度设计应符合下列规定。

(1) 除高强度螺栓摩擦型连接处外，其截面强度应采用下列公式计算。

① 毛截面屈服

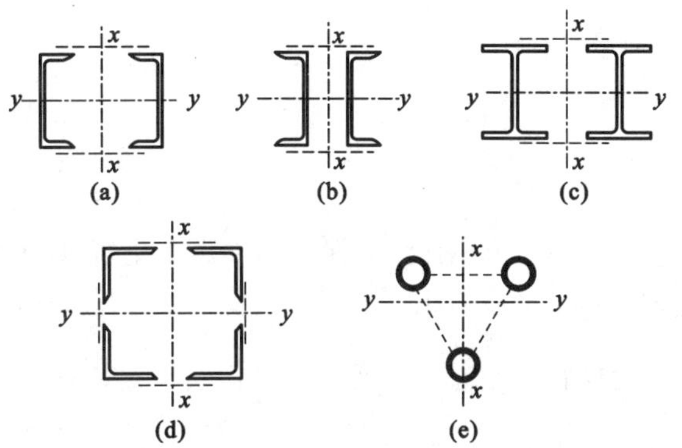

图 9.38　格构式构件的常用截面形式

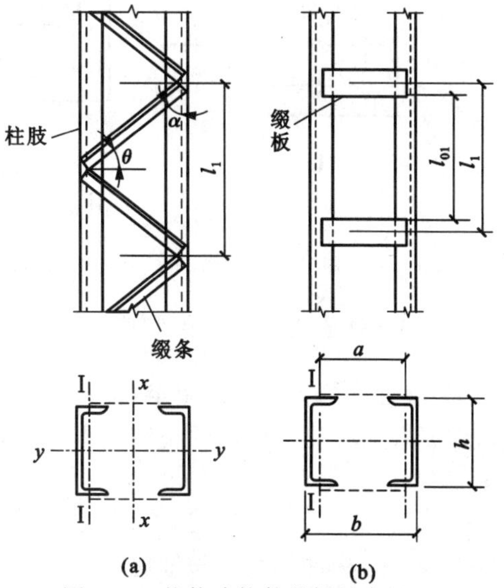

图 9.39　格构式构件的缀材布置

(a) 缀条柱；(b) 缀板柱

$$\sigma=\frac{N}{A}\leqslant f \tag{9.24}$$

② 净截面断裂

$$\sigma=\frac{N}{A_n}\leqslant 0.7f_u \tag{9.25}$$

式中　N——所计算截面处的拉力设计值(N)；

f——钢材的抗拉强度设计值(N/mm^2)，见附表 18；

f_u——钢材的极限抗拉强度(N/mm^2)；

A_n——构件的净截面面积(mm^2)，当构件多个截面有孔时，取最不利的截面。

(2) 采用高强度螺栓摩擦型连接的构件，其毛截面强度计算应采用式(9.24)，净截面断裂应按下式计算。

$$\sigma=\left(1-0.5\frac{n_1}{n}\right)\frac{N}{A_n}\leqslant 0.7f_u \tag{9.26}$$

式中　n——在节点或连接处，构件一端连接的高强度螺栓数目；

n_1——所计算截面(最外列螺栓处)高强度螺栓数目；

A——构件的毛截面面积(mm^2)。

需要注意，当轴心受力构件采用普通螺栓错列布置时[图 9.40(b)、图 9.40(c)]，构件既可能沿截面Ⅰ—Ⅰ破坏，也可能沿齿状截面Ⅱ—Ⅱ破坏。截面Ⅱ—Ⅱ的路径长度较大，但孔洞削弱的长度也较大，其净截面面积不一定比截面Ⅰ—Ⅰ的大。所以 A_n 应通过计算比较确定，即取Ⅰ—Ⅰ和Ⅱ—Ⅱ两者较小者。

轴心受压构件的承载能力大多由其稳定条件决定，截面强度计算一般不起控制作用。若构件截面没有孔洞削弱，可不必计算其截面强度。当有孔洞削弱时，若孔洞压实(实孔，如螺栓孔、铆钉孔)，截面无削弱，则可仅按毛截面公式(9.24)计算；若孔洞为没有紧固件的虚孔，则还

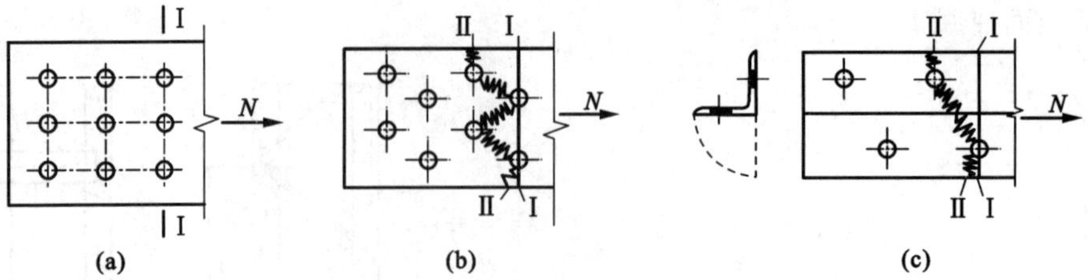

图 9.40　净截面面积 A_n 的计算

应对孔心所在截面按净截面公式(9.25)计算。

9.3.3　轴心受力构件的刚度

为满足结构正常使用要求，轴心受力构件应具有一定的刚度，以保证构件不产生过度的变形，即要求轴心受力构件的长细比不超过规范规定的容许长细比：

$$\lambda = \frac{l_0}{i} \leqslant [\lambda] \tag{9.27}$$

式中　λ——构件的最大长细比；

l_0——构件的计算长度；

i——截面的回转半径；

$[\lambda]$——构件的容许长细比，按表 9.8、表 9.9 取值。

表 9.8　受拉构件的容许长细比

项次	构件名称	承受静力荷载或间接承受动力荷载的结构			直接承受动力荷载的结构
		一般建筑结构	对腹杆提供平面外支点的弦杆	有重级工作制吊车的厂房	
1	桁架的杆件	350	250	250	250
2	吊车梁或吊车桁架以下的柱间支撑	300	—	200	—
3	其他拉杆、支撑、系杆(张紧的圆钢除外)	400	—	350	—

注：① 承受静力荷载的结构中，可仅计算受拉构件在竖向平面内的长细比；

② 对于直接或间接承受动力荷载的结构，计算单角钢受拉构件的长细比时，应采用角钢的最小回转半径；但在计算交叉杆件平面外的长细比时，应采用与角钢肢边平行轴的回转半径；

③ 中、重级工作制吊车桁架的下弦杆长细比不宜超过 200；

④ 在设有夹钳吊车或刚性料耙吊车的厂房中，支撑的长细比不宜超过 300；

⑤ 受拉构件在永久荷载与风荷载组合作用下受压时，其长细比不宜超过 250；

⑥ 跨度等于或大于 60 m 的桁架，其受拉弦杆和腹杆的长细比不宜超过 300(承受静力荷载)或 250(承受动力荷载)。

表 9.9　受压构件的容许长细比

项次	构件名称	容许长细比
1	轴心受压柱、桁架和天窗架中的压杆	150
2	柱的缀条、吊车梁或吊车桁架以下的柱间支撑	150
3	支撑	200
4	用以减小受压构件长细比的杆件	200

注：① 桁架(包括空间桁架)的受压腹杆，当其内力等于或小于承载能力的50%时，容许长细比值可取为200；
② 计算单角钢受压构件的长细比时，应采用角钢的最小回转半径；但在计算交叉杆件平面外的长细比时，应采用与角钢肢边平行轴的回转半径；
③ 跨度等于或大于60 m的桁架，其受压弦杆和端压杆的容许长细比值宜取为100，其他受压腹杆可取为150(承受静力荷载)或120(承受动力荷载)。

【例9.3】 如图9.41所示，有一重级工作制吊车的厂房屋架的双角钢拉杆，截面为2∟100×10，$i_x=3.05$ cm，$i_y=4.52$ cm，角钢上有交错排列的普通螺栓孔，孔径$d=20$ mm。试计算此拉杆所能承受的最大拉力及容许达到的最大计算长度。钢材为Q235钢。

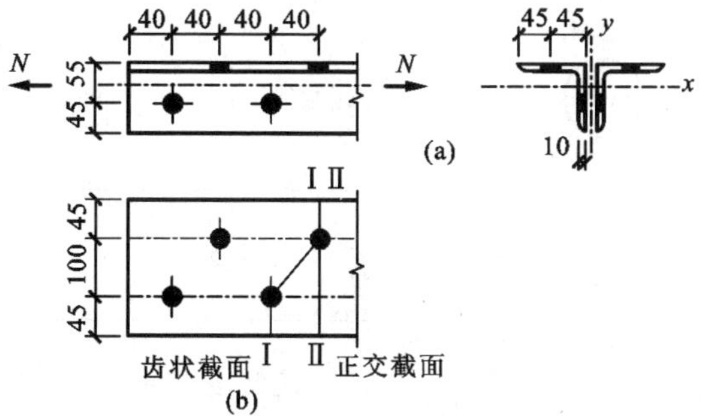

图9.41 例9.3图

【解】 (1) 确定危险截面

2∟100×10角钢，$i_x=3.05$ cm，$i_y=4.52$ cm，$f=215$ N/mm²，角钢的厚度为10 mm，在确定危险截面之前先把它按中面展开，如图9.41(b)所示。

正交截面(Ⅱ—Ⅱ)的净截面面积为：

$$A_n=2\times(45+100+45-20\times1)\times10=3400\ \text{mm}^2$$

齿状截面(Ⅰ—Ⅰ)的净面积为：

$$A_n'=2\times(45+\sqrt{100^2+40^2}+45-20\times2)\times10=3154\ \text{mm}^2$$

故危险截面是齿状截面。

(2) 此拉杆所能承受的最大拉力为：

根据国家标准《冷弯型钢》(GB/T 6725—2008)规定，材质Q235的型钢极限抗拉强度f_u为370 N/mm²。则，

$$N=0.7A_n'f_u=3154\times0.7\times370=816886\approx817\ \text{kN}$$

(3) 容许的最大计算长度为：

对x轴

$$l_{0x}=[\lambda]\cdot i_x=350\times3.05=1067.5\ \text{cm}$$

对y轴

$$l_{0y}=[\lambda]\cdot i_y=350\times4.52=1582\ \text{cm}$$

9.3.4 轴心受力构件的稳定

轴心受压构件设计中，还应满足整体稳定和局部稳定要求。轴心受压构件的整体失稳破坏有弯曲失稳、扭转失稳和弯扭失稳等，与截面形式密切相关，也与构件的长细比有关。由于钢结构中采用钢板厚度$t\geqslant4$ mm的开口或封闭性截面，抗扭刚度较大，设计中一般仅考虑弯曲失稳。

(1) 实腹式轴心受压构件的整体稳定

《钢结构设计标准》对轴心受压构件的整体稳定计算采用下列公式：

$$\frac{N}{\varphi A f} \leqslant 1.0 \tag{9.28}$$

式中 φ——轴心受压构件的整体稳定系数(取截面两主轴稳定系数中的较小者)，其值应根据表 9.10、表 9.11 的截面分类和构件的长细比查附表 19 采用。

表 9.10 轴心受压构件的截面分类(板厚 $t<40$ mm)

截面形式		对 x 轴	对 y 轴
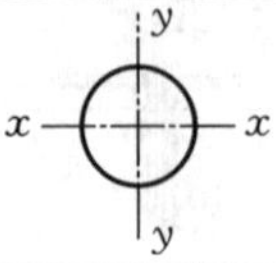	轧制	a 类	a 类
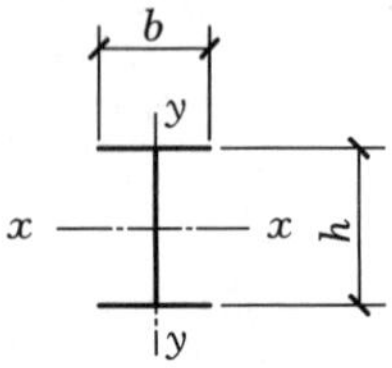	轧制，$b/h \leqslant 0.8$	a 类	b 类
	轧制，$b/h > 0.8$	a* 类	b* 类
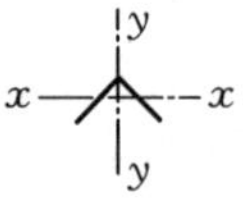 轧制，等边角钢		a* 类	a* 类
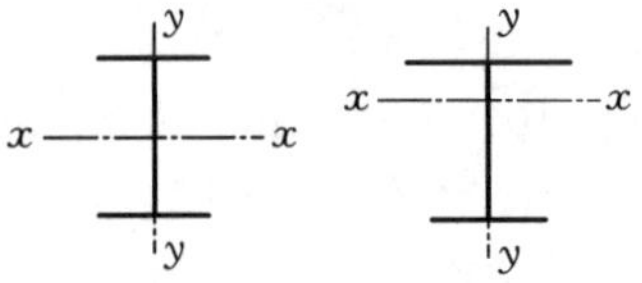 焊接，翼缘为焰切边	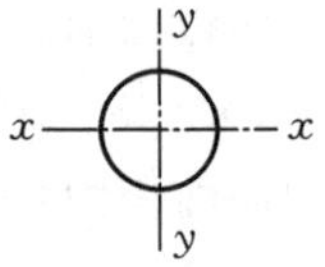 焊接	b 类	b 类
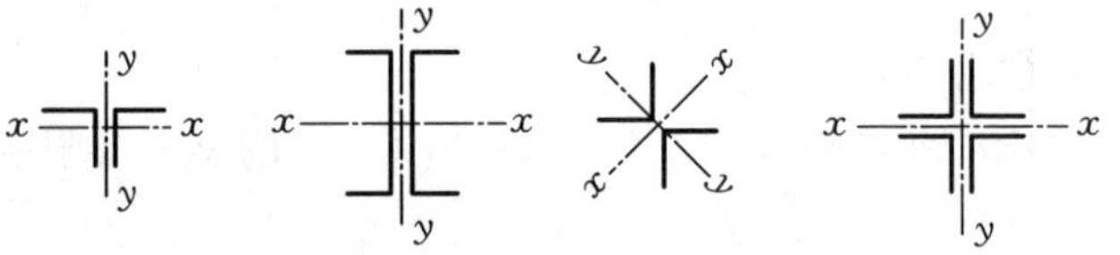 轧制		b 类	b 类
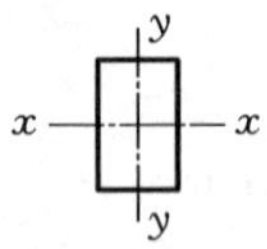 轧制，焊接(板件宽厚比>20)	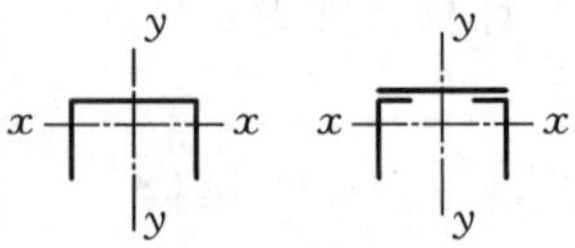 轧制或焊接	b 类	b 类
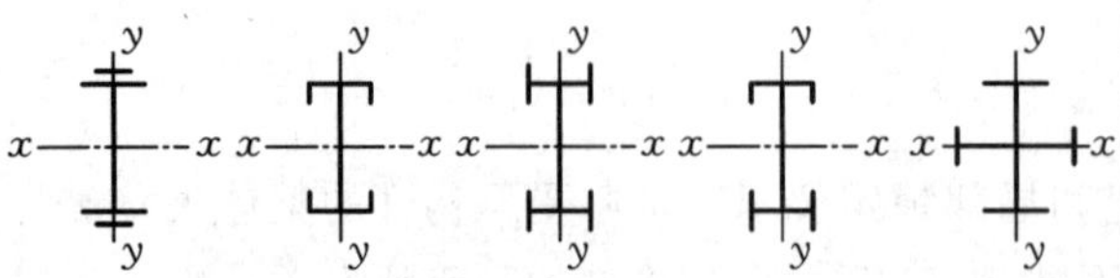 焊接	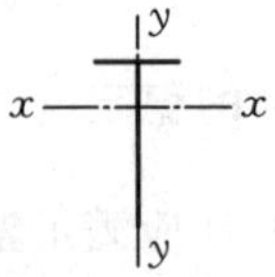 轧制截面和翼缘为焰切边的焊接截面	b 类	b 类

续表9.10

截面形式		对 x 轴	对 y 轴
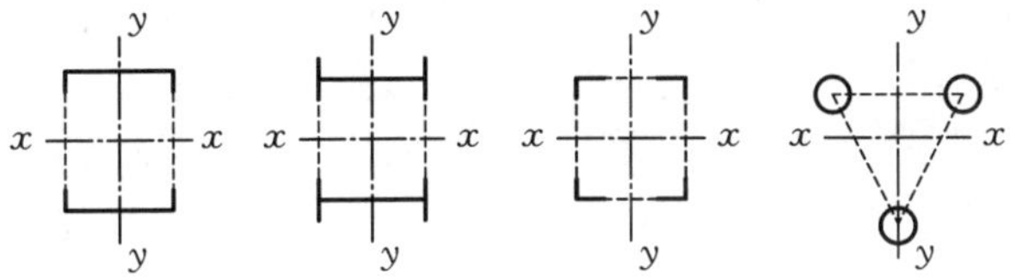 格构式	 焊接，板件边缘焰切	b类	b类
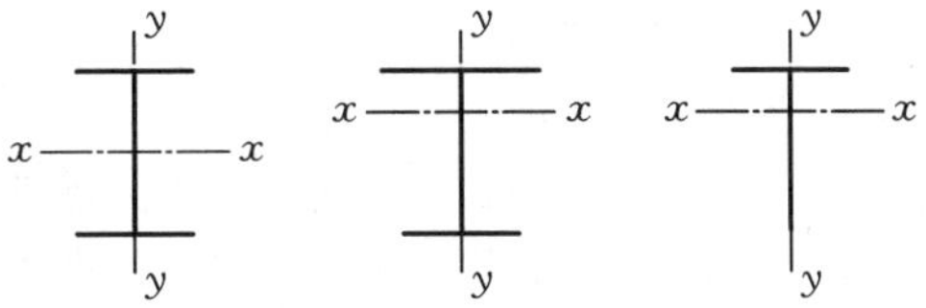 焊接，翼缘为轧制或剪切边		b类	c类
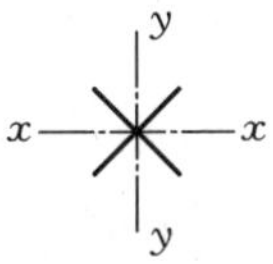 焊接，板件边缘轧制或剪切	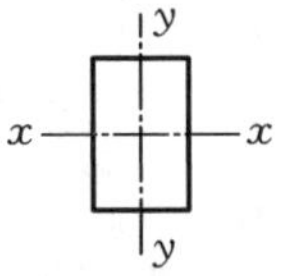 轧制、焊接(板件宽厚比小于或等于20)	c类	c类

注：① a* 类含义为 Q235 钢取 b 类，Q355、Q390、Q420 和 Q460 钢取 a 类；

② b* 类含义为 Q235 钢取 c 类，Q355、Q390、Q420 和 Q460 钢取 b 类；

③ 无对称轴且剪心和形心不重合的截面，其截面分类参照有对称轴的类似截面确定，如不等边角钢采用等边角钢的类别；

④ 当无可参考截面时，可取 c 类。

表 9.11　轴心受压构件的截面分类(板厚 $t \geqslant 40$ mm)

截面形式		对 x 轴	对 y 轴
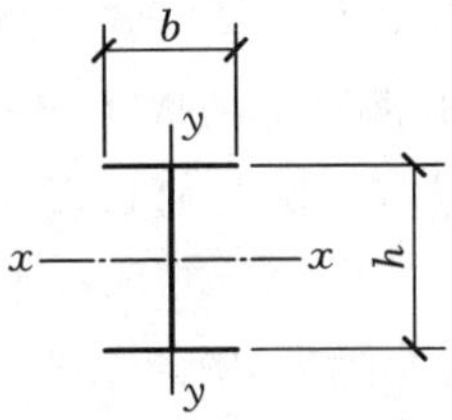 轧制工字型或H形截面	$t<80$ mm	b类	c类
	$t \geqslant 80$ mm	c类	d类
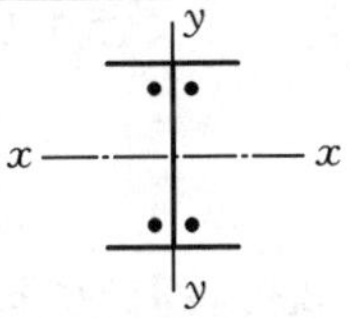 焊接工字型截面	翼缘为焰切边	b类	b类
	翼缘为轧制或剪切边	c类	d类
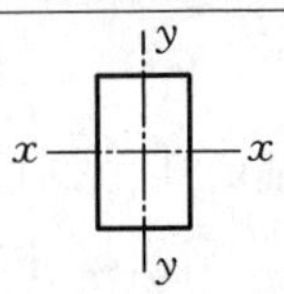 焊接箱型截面	板件宽厚比>20	b类	b类
	板件宽厚比≤20	c类	c类

(2) 构件长细比 λ 确定方法

截面为双轴对称的构件，截面形心与剪心重合。

当计算弯曲屈曲时，长细比按下列公式计算：

$$\left.\begin{aligned}\lambda_x &= \frac{l_{0x}}{i_x} \\ \lambda_y &= \frac{l_{0y}}{i_y}\end{aligned}\right\} \tag{9.29}$$

式中 l_{0x}、l_{0y}——构件对主轴 x、y 的计算长度(mm)；

i_x、i_y——构件截面对主轴 x、y 的回转半径(mm)。

对双轴对称十字形截面构件，λ_x 或 λ_y 取值不得小于 $5.07b/t$(b/t 为悬伸板件宽厚比)。

截面为单轴对称的构件：对于单轴对称截面，由于截面形心与剪心(即剪切中心)不重合，在弯曲的同时总伴随着扭转，即形成扭转屈曲。在相同情况下，扭转失稳比弯曲失稳的临界应力要低。因此，对双板 T 形和槽形等单轴对称截面进行扭转分析后，认为绕对称轴(设为 y 轴)的稳定性应计及扭转效应，按下列换算长细比代替 λ_y：

$$\lambda_{yz} = \frac{1}{\sqrt{2}}\left[(\lambda_y^2 + \lambda_x^2) + \sqrt{(\lambda_y^2 + \lambda_z^2)^2 - 4\left(1 - \frac{e_0^2}{i_0^2}\right)\lambda_y^2\lambda_z^2}\right]^{\frac{1}{2}} \tag{9.30}$$

$$\lambda_z = \sqrt{\frac{I_0}{I_t/25.7 + I_w/l_w^2}} \tag{9.31}$$

式中 e_0——截面形心至剪心的距离(mm)；

i_0——截面对剪心的极回转半径，单轴对称截面 $i_0^2 = e_0^2 + i_x^2 + i_y^2$；

λ_y——构件绕对称轴的长细比；

λ_z——扭转屈曲的换算长细比；

I_0——构件毛截面对剪心的极惯性矩(mm^4)；

I_t——构件毛截面对剪心的自由扭转常数(mm^4)；

I_w——构件毛截面对剪心的扇形惯性矩(mm^6)，对十字形截面可近似取 $I_w = 0$；

l_w——扭转屈曲的计算长度，两端铰支且端截面可自由翘曲者，取几何长度 I；两端嵌固且端部截面的翘曲完全受到约束者，取 $0.5l$(mm)。

对于单角钢截面和双角钢组合 T 形截面，可以查阅《钢结构设计标准》中给出的 λ_{yz} 的简化算法。

无任何对称轴且又非极对称的截面(单面连接的不等边角钢除外)不宜用做轴心受压构件。

对单面连接的单角钢轴心受压构件，考虑折减系数后，可不考虑弯扭效应。当槽形截面用于格构式构件的分肢、计算分肢绕对称轴(y 轴)的稳定性时，不必考虑扭转效应，直接用 λ_y 查出 φ_y 值。

(3) 实腹式轴心受压构件的局部稳定

实腹式轴心受压构件的局部稳定是指组成构件的各板件不能在轴心压力作用下保持平面平衡状态，发生平面外双向波状突出的局部屈曲现象，如图 9.42 所示。平面尺寸较大、厚度较薄、受压力较大的板件容易丧失局部稳定，因此，保证板件纵向受压局部稳定的主要措施是减小板件厚度和宽度的比值不超过限值。

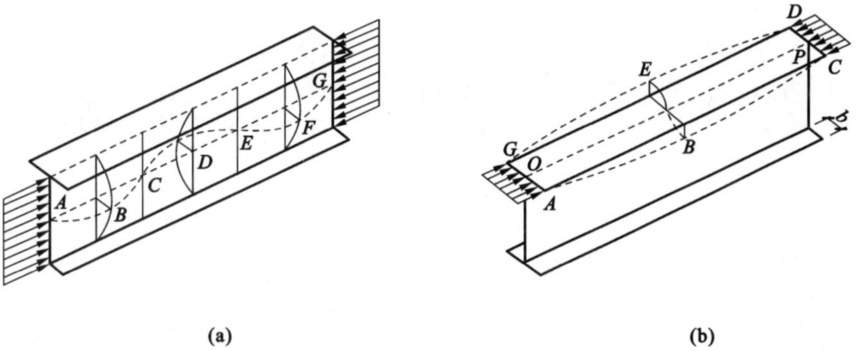

图 9.42　轴心受压构件的局部稳定

板件宽厚比限值的确定依据是使板件的临界应力不小于构件整体失稳时的临界应力。实腹式轴心受压构件板件宽厚比的限值要求如下：

① H 形截面的腹板

$$\frac{h_0}{t_w} \leqslant (25+0.5\lambda)\varepsilon_k \tag{9.32}$$

式中　λ——构件的较大长细比，当 $\lambda<30$ 时取 30，当 $\lambda>100$ 时取 100；

ε_k——钢号修正系数，$\varepsilon_k=\sqrt{\frac{235}{f_y}}$；

h_0、t_w——腹板计算高度和厚度。

② H 形、T 形截面的翼缘

$$\frac{b}{t_f} \leqslant (10+0.1\lambda)\varepsilon_k \tag{9.33}$$

式中　b、t_f——翼缘板自由外伸宽度和厚度。

③ 箱型截面壁板

$$\frac{b}{t} \leqslant 40\varepsilon_k \tag{9.34}$$

④ T 形截面腹板

热轧剖分 T 形钢

$$\frac{h_0}{t_w} \leqslant (15+0.2\lambda)\varepsilon_k \tag{9.35}$$

焊接 T 形截面

$$\frac{h_0}{t_w} \leqslant (13+0.17\lambda)\varepsilon_k \tag{9.36}$$

对焊接构件，h_0 取为腹板高度 h_w；对热轧构件，h_0 取腹板平直段长度，简要计算可取 $h_0=h_w-t_f$，但 h_0 不小于(h_w-20)mm。

【例 9.4】　如图 9.43(a)所示为一管道支架，柱高 6 m，其支柱的设计压力为 $N=1000$ kN(设计值)，柱两端铰接，钢材为 Q235，截面无孔眼削弱，支柱截面为焊接工字形，翼缘 $b=200$ mm、$t=12$ mm、腹板 $h_0=220$ mm、$t_w=10$ mm。翼缘火焰切边。$i_x=10.71$ cm，$i_y=$

4.78 cm，$A=70\ cm^2$。要求验算该轴心受压柱。

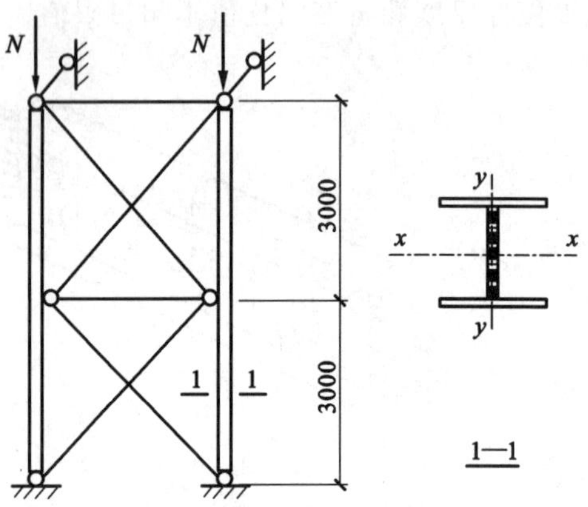

图 9.43　某管道支架(例 9.4 图)

【解】 (1) 确定基本参数

查表 9.9 可知，受压支柱的容许长细比$[\lambda]=150$；由图 9.43 可知，$l_{0x}=6$ m，$l_{0y}=3$ m。查附表 18 可知，$f=215\ N/mm^2$。$A=200\times12\times2+220\times10=7\times10^3\ mm^2$。

(2) 验算刚度

由式(9.29)有：

$$\lambda_x=\frac{l_{0x}}{i_x}=\frac{600}{10.71}=56.0<[\lambda]=150$$

满足要求。

$$\lambda_y=\frac{l_{0y}}{i_y}=\frac{300}{4.78}=62.8<[\lambda]=150$$

满足要求。

(3) 验算整体稳定

查表 9.10 可知，焊接、翼缘为火焰切边，对 x、y 轴均属于 b 类截面，取 $\lambda=\lambda_y=62.8$，查表计算 φ_{min}，则 $\lambda_y\sqrt{\frac{f_y}{235}}=62.8$，查附表 19.2，插入法求得：

$$\varphi_{min}=\varphi_y=0.797-\frac{0.797-0.791}{10}\times8=0.792$$

由式(9.28)可得：

$$\sigma=\frac{N}{\varphi A}=\frac{1000\times10^3}{0.792\times7\times10^3}=180.4\ N/mm^2<f=215\ N/mm^2$$

由于轴心受压柱截面无削弱，可不验算其强度。

(4) 验算局部稳定

根据表 9.12 可得：

$$\frac{b}{t}=\frac{(200-10)/2}{12}=7.92<(10+0.1\lambda)\sqrt{\frac{235}{f_y}}=(10+0.1\times62.8)\sqrt{\frac{235}{235}}=16.28$$

$$\frac{h_0}{t_w}=\frac{220}{10}=22<(25+0.5\lambda)\sqrt{\frac{235}{f_y}}=(25+0.5\times62.8)\sqrt{\frac{235}{235}}=56.4$$

所以该轴心受压柱满足局部稳定要求。

9.4　受 弯 构 件

9.4.1　受弯构件截面类型

承受横向荷载的构件称为受弯构件，其形式有实腹式和格构式两种类型。

实腹式受弯构件通常为梁，在土木工程中应用很广泛，例如房屋建筑中的楼盖梁、工作平台梁、吊车梁、屋面檩条和墙架横梁，以及桥梁、水工闸门、起重机、

在线测试

海上采油平台中的梁等。格构式受弯构件通常称为桁架。

实腹式受弯梁构件分为型钢梁和组合梁两大类。型钢梁构造简单，制造省工，成本较低，因而应优先采用。但在荷载较大或跨度较大时，由于轧制条件的限制，此时型钢的尺寸、规格不能满足梁承载力和刚度的要求，就必须采用组合梁。

型钢梁的截面有热轧工字钢[图 9.44(a)]、热轧 H 型钢[图 9.44(b)]和槽钢[图 9.44(c)]三种，其中以 H 型钢的截面分布最为合理，翼缘内外边缘平行，与其他构件连接较方便，故应予优先采用。某些受弯构件(如檩条)采用冷弯薄壁型钢[图 9.44(d)～图 9.44(f)]较为经济，但防腐要求较高。

组合梁一般采用三块钢板焊接而成的工字形截面[图 9.44(g)]，或由 T 型钢(H 型钢剖分而成)中间加板的焊接截面[图 9.44(h)]。当焊接组合梁翼缘需要很厚时，可采用两层翼缘板的截面[图 9.44(i)]。受动力荷载的梁(如钢材质量不能满足焊接要求时)，可采用高强度螺栓或铆钉连接而成的工字形截面[图 9.44(j)]。荷载很大而高度受到限制或梁的抗扭要求较高时，可采用箱形截面[图 9.44(k)]。组合梁的截面组成比较灵活，可使材料在截面上的分布更为合理，节省钢材。

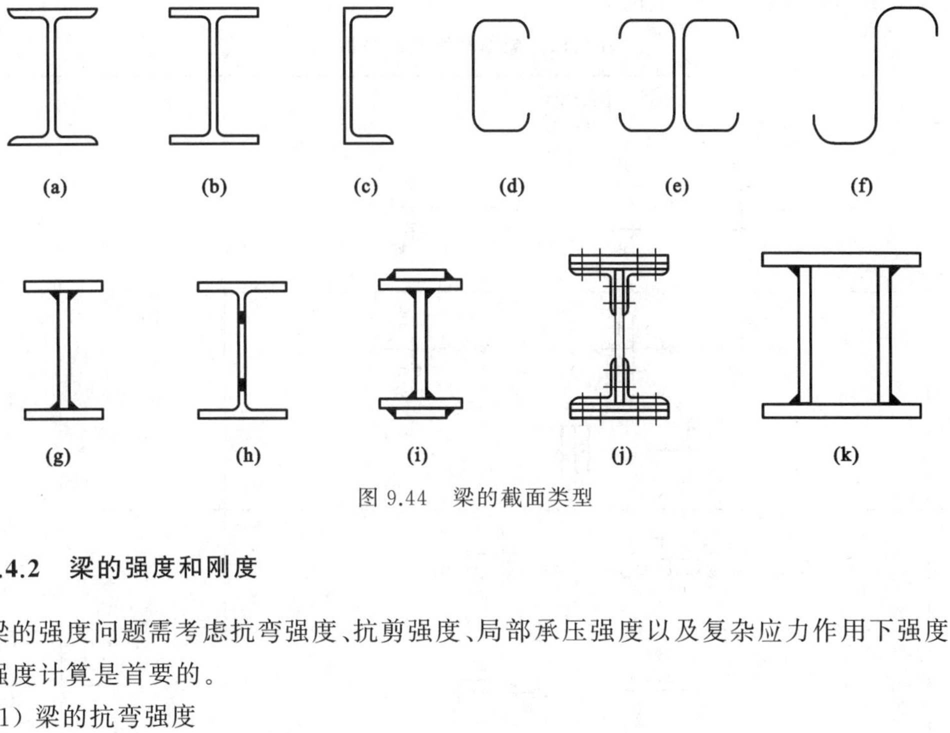

图 9.44　梁的截面类型

9.4.2　梁的强度和刚度

梁的强度问题需考虑抗弯强度、抗剪强度、局部承压强度以及复杂应力作用下强度，其中抗弯强度计算是首要的。

(1) 梁的抗弯强度

梁的抗弯强度按下列规定计算：

在弯矩 M_x 作用下

$$\frac{M_x}{\gamma_x W_{nx}} \leqslant f \tag{9.37}$$

在弯矩 M_x 和 M_y 作用下

$$\frac{M_x}{\gamma_x W_{nx}} + \frac{M_y}{\gamma_y W_{ny}} \leqslant f \tag{9.38}$$

式中 M_x、M_y——绕 x 轴、y 轴的弯矩(对工字形截面,x 轴为强轴,y 轴为弱轴);

W_{nx}、W_{ny}——对 x 轴、y 轴的净截面模量,当截面板件宽厚比等级为 S1 级、S2 级、S3 级或 S4 级时,应取全截面模量,当截面板件宽厚比等级为 S5 级时,应取有效截面模量,均匀受压翼缘有效外伸宽度可取 $15\varepsilon_k$,腹板有效截面可按《钢结构设计标准》第 8.4.2 条的规定采用(mm^3);

γ_x、γ_y——截面塑性发展系数;

f——钢材的抗弯强度设计值(N/mm^2),如附表 18 所示。

截面塑性发展系数应按下列规定取值:

① 对工字形和箱形截面,当截面板件宽厚比等级为 S4 或 S5 级时,截面塑性发展系数应取为 1.0;

② 当截面板件宽厚比等级为 S1 级、S2 级及 S3 级时,截面塑性发展系数应按下列规定取值:对工字形截面(x 轴为强轴,y 轴为弱轴),$\gamma_x=1.05$,$\gamma_y=1.20$;

对箱形截面,$\gamma_x=\gamma_y=1.05$;

对其他截面,可按表 9.12 采用。

表 9.12 截面塑性发展系数

<table>
<tr><th>项次</th><th>截 面 形 式</th><th>γ_x</th><th>γ_y</th></tr>
<tr><td>1</td><td>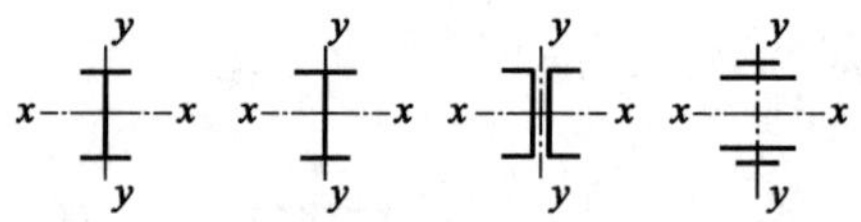</td><td rowspan="2">1.05</td><td>1.2</td></tr>
<tr><td>2</td><td>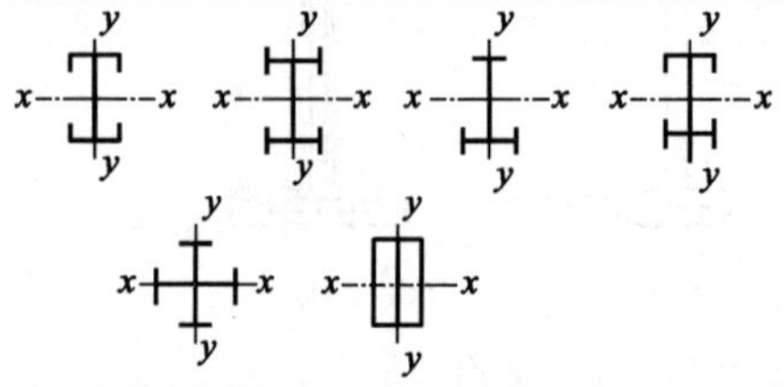</td><td>1.05</td></tr>
<tr><td>3</td><td>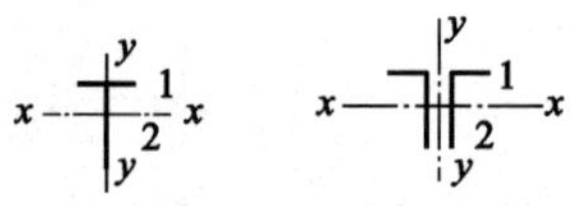</td><td rowspan="2">$\gamma_{x1}=1.05$
$\gamma_{x2}=1.2$</td><td>1.2</td></tr>
<tr><td>4</td><td>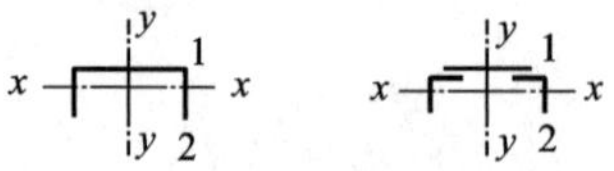</td><td>1.05</td></tr>
<tr><td>5</td><td>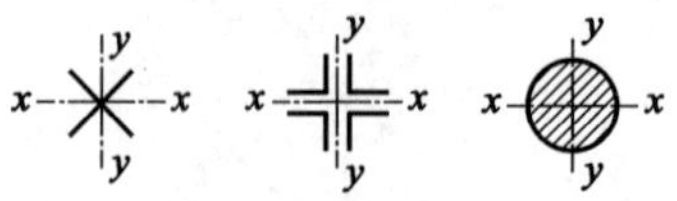</td><td>1.2</td><td>1.2</td></tr>
<tr><td>6</td><td>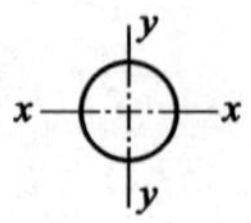</td><td>1.15</td><td>1.15</td></tr>
</table>

续表9.12

项次	截面形式	γ_x	γ_y
7	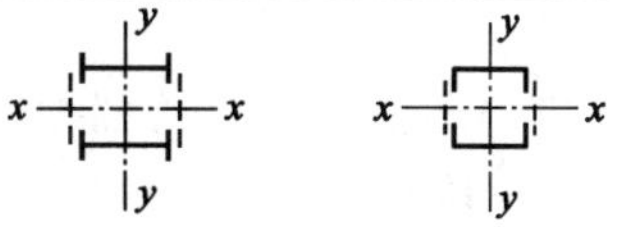	1.0	1.05
8	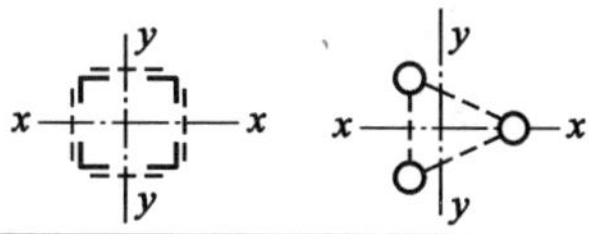		1.0

(2) 梁的抗剪强度

一般情况下，梁既承受弯矩，同时又承受剪力。工字形和槽形截面梁腹板上的剪应力分布如图 9.45 所示，剪应力的计算公式为：

$$\tau=\frac{VS}{It_w} \tag{9.39}$$

式中 V——计算截面沿腹板平面作用的剪力(N)；

S——计算剪应力处以上(或以下)毛截面对中和轴的面积矩(mm^3)；

I——毛截面惯性矩(mm^4)；

t_w——腹板厚度(mm)。

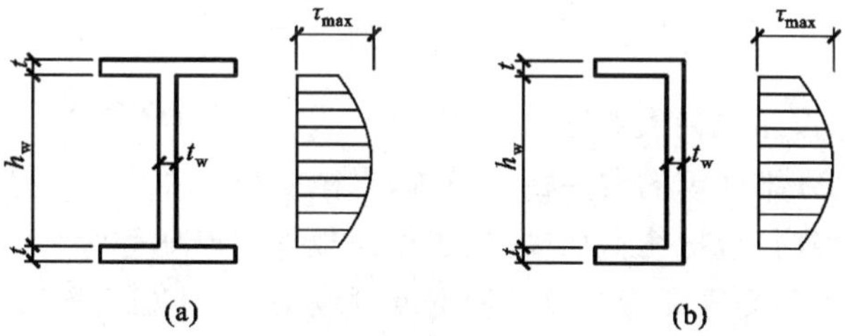

图 9.45 腹板剪应力

截面上的最大剪应力发生在腹板中和轴处。因此，在主平面受弯的实腹构件，其抗剪强度应按下式计算：

$$\tau_{max}=\frac{VS'}{It_w}\leqslant f_v \tag{9.40}$$

式中 S'——中和轴以上毛截面对中和轴的面积矩(mm^3)；

f_v——钢材的抗剪强度设计值(N/mm^2)，见附表 18。

此外，当梁的翼缘受有沿腹板平面作用的固定集中荷载(包括支座反力)且该荷载处又未设置支承加劲肋时，或受有移动的集中荷载(如吊车的轮压)时，应验算腹板计算高度边缘的局部承压强度。梁的局部承压强度、复杂应力作用下强度的具体计算按《钢结构设计标准》规定进行。

(3) 梁的刚度

梁的刚度用荷载作用下的挠度大小来度量，即：

$$\upsilon\leqslant[\upsilon] \tag{9.41}$$

式中 υ——由荷载标准值(不考虑荷载分项系数和动力系数)产生的最大挠度；

$[\upsilon]$——梁的容许挠度值，对某些常用的受弯构件，规范根据实践经验规定的容许挠度值$[v]$见附表 20。

9.4.3 梁的整体稳定

有些梁在荷载作用下，虽然其截面的正应力还低于钢材的强度，但其变形会突然偏离原来的弯曲变形平面，同时发生侧向弯曲和扭转，如图 9.46所示，这种现象称为梁的整体失稳。梁整体失稳的主要原因是侧向刚度及扭转刚度太小、侧向支撑的间距太大等。

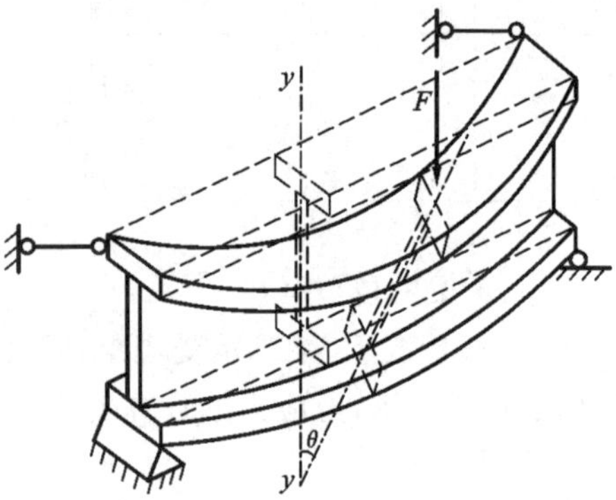

图 9.46 梁的整体失稳

《钢结构设计标准》规定，当符合下列情况之一时，梁的整体稳定可以得到保证，不必计算：

(1) 有刚性铺板密铺在梁的受压翼缘上并与其牢固连接，能阻止梁受压翼缘的侧向位移时；

(2) 当箱形截面简支梁，其截面尺寸满足$\dfrac{h}{b_0}\leqslant 6$，且$\dfrac{l_1}{b_0}\leqslant 95\left(\dfrac{235}{f_y}\right)$时，$l_1$ 为受压翼缘侧向支承点的距离(梁的支座视为有侧向支承)。

当不满足上述条件时，应按下式进行梁的整体稳定计算，即：

$$\frac{M_x}{\varphi_b W_x}\leqslant f \tag{9.42}$$

式中 M_x——绕强轴作用的最大弯矩；

W_x——按受压纤维确定的梁毛截面模量，当截面板件宽厚比等级为 S1 级、S2 级 S3 级或 S4 级时，应取全截面模量；当截面板件宽厚比等级为 S5 级时，应取有效截面模量；均匀受压翼缘有效外伸宽度可取 $15\varepsilon_k$，腹板有效截面可按《钢结构设计标准》第 8.4.2 条的规定采用(mm^3)；

φ_b——梁的整体稳定系数，φ_b 值的计算可详见《钢结构设计标准》附录 C，均匀受弯的受弯构件，对于双轴对称工字形截面(含 H 型钢)，当 $\lambda_y\leqslant 120\sqrt{235/f_y}$ 时，梁的整体稳定系数可按下式近似计算：

$$\varphi_b = 1.07 - \frac{\lambda_y^2}{44000}\cdot\frac{f_y}{235} \tag{9.43}$$

当式(9.43)计算的 φ_b 大于 1.0 时，取 φ_b 为 1.0。

当梁的整体稳定承载力不足时，可采用加大梁截面尺寸或增加侧向支承的办法予以解决，各种办法中尤其是增大受压翼缘的宽度最为有效。

9.4.4 梁的局部稳定

组合梁一般由翼缘和腹板等板件组成，如果将这些板件不适当地减薄加宽，板中压应力或剪应力达到某一数值后，腹板或受压翼缘有可能偏离其平面位置，出现波形鼓曲，如图 9.47 所示，这种现象称为梁的局部失稳。

(1) 受压翼缘的局部稳定

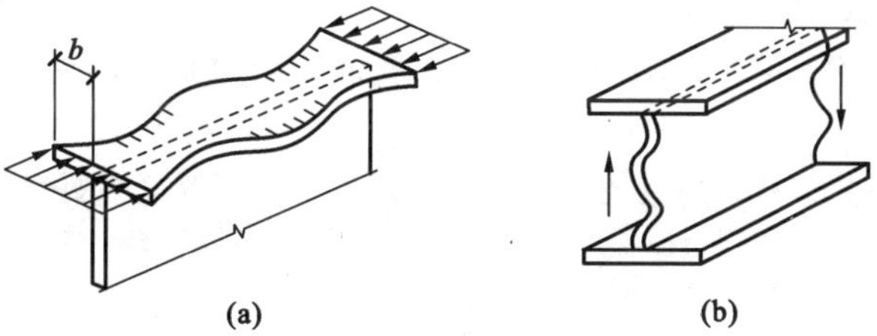

图 9.47　梁局部稳定

(a) 翼缘；(b) 腹板

受压翼缘的悬伸部分宽厚比应满足下式：

$$\frac{b}{t} \leqslant 13\sqrt{\frac{235}{f_y}} \tag{9.44}$$

当梁在绕强轴的弯矩 M_x 作用下的强度按弹性设计(即取 $\gamma_x = 1.0$)时，b/t 值可放宽为：

$$\frac{b}{t} \leqslant 15\sqrt{\frac{235}{f_y}} \tag{9.45}$$

箱形梁翼缘板在两腹板之间的部分宽厚比应满足下式：

$$\frac{b_0}{t} \leqslant 40\sqrt{\frac{235}{f_y}} \tag{9.46}$$

(2) 腹板的局部稳定

腹板的局部稳定是通过控制腹板高厚比和设置加劲肋来实现的：

① 当 $h_0/t \leqslant 80\varepsilon_k$ 时，对有局部压应力的梁(即 $\sigma_c \neq 0$)，应按构造要求配置横向加劲肋(一般应满足 $0.5h_0 \leqslant a \leqslant 2h_0$)，但对于局部压应力较小的梁，可不配置加劲肋[图 9.48(a)]；

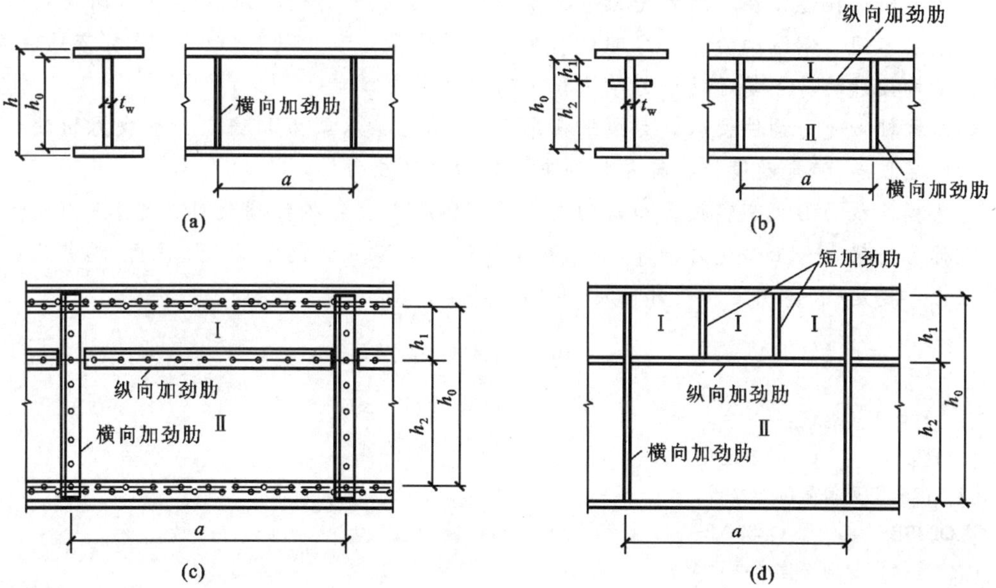

图 9.48　腹板加劲肋的布置

② 当 $80\varepsilon_k < h_0/t_w \leqslant 170\varepsilon_k$ 时，应按计算配置横向加劲肋[图 9.48(a)]；

③ 当 $h_0/t_w > 170\varepsilon_k$(受压翼缘扭转受到约束，如连有刚性铺板、制动板或焊有钢轨时)或

$h_0/t_w > 150\varepsilon_k$(受压翼缘扭转未受到约束时)时，应配置横向加颈肋，在弯曲应力较大区格的受压区配置纵向加劲肋[图 9.48(b)、图 9.48(c)]。局部压应力很大的梁，宜在受压区配置短加劲肋[图 9.48(d)]。

任何情况下，h_0/t_w 均不应超过 $250\varepsilon_k$，梁的支座处和上翼缘有较大固定集中荷载处，宜设置支承加颈肋。

本章小结

钢材有两种破坏形式：塑形破坏和脆性破坏。同样的钢材，如果设计不当或加工制作不注意而造成缺陷，都会导致钢材发生脆性破坏。设计时要时刻注意防止和减少结构发生脆性破坏的可能性。

承重结构所用钢材的力学性能主要包括强度、塑性、冷弯性能、韧性和焊接性能。它们是衡量钢材质量好坏的重要指标，也是结构设计的主要依据。这些指标主要是通过试验来测定的。

影响钢材性能的因素有化学成分、冶金缺陷、应力集中、温度和作用荷载变化等。化学成分和冶金缺陷是导致钢材脆性破坏的内在原因，应在选用钢材时注意；其他影响钢材性能的因素都属于导致钢材脆性破坏的外在原因，应在选用钢材时根据具体情况对钢材提出相应的指标要求。

钢的牌号由代表钢材屈服点中“屈”字汉语拼音的字首 Q、屈服点数值(MPa)、质量等级代号(A、B、C、D)及脱氧方法代号(F、B、Z、TZ)等四个部分按顺序组成。

钢结构的连接方法主要有铆钉连接、焊接和螺栓连接三种。铆钉连接已基本被焊接和高强螺栓连接所取代；焊接应用最广；高强度螺栓连接发展很快，使用越来越多。

几种不同焊接连接在不同的受力情况下的破坏机理、传力过程及在各种不同荷载作用下的计算方法不同。钢结构的连接这部分内容与材料力学课程中的“剪切”一章有密切联系，应结合钢结构设计的特点复习材料力学课程中的这部分内容。

钢结构轴心受力构件按承载力极限状态设计时，包括承载力和稳定。承载力的设计指标是钢材的屈服点，稳定的设计指标是构件失稳时的临界应力。

受弯构件截面形式有实腹式和格构式两类。实腹式受弯构件通常称为梁，格构式受弯构件通常称为桁架。和轴心受力构件一样，钢梁的设计应满足承载力(抗弯、抗剪、局部压应力和折算应力)、稳定(整体稳定和局部稳定)和刚度要求。

思考和练习题

9.1 解释下列名词：

① 韧性　　② 时效硬化　　③ 屈强比

9.2 指出下列符号的意义：

① Q235BF　　② Q235AF　　③ Q355ND

9.3 选择钢材应考虑哪些因素？

9.4 钢结构的连接方法有哪些？各有何特点？

9.5 对接焊缝和角焊缝按受力方向不同可分为哪几种形式？

9.6 普通螺栓与高强螺栓有何区别？

9.7 为何要限制角焊缝焊角尺寸的最大值和最小值？

9.8　轴心受力构件需要验算哪些项目？

9.9　钢结构受弯构件计算包含哪些内容？

9.10　为何受弯构件要进行整体稳定和局部稳定验算？

9.11　试计算图 9.49 所示连接的焊缝长度。已知 $N=900$ kN(静力荷载设计值)，手工焊，焊条 E43 型，$h_f=10$ mm，$f_f^w=160$ N/mm^2。

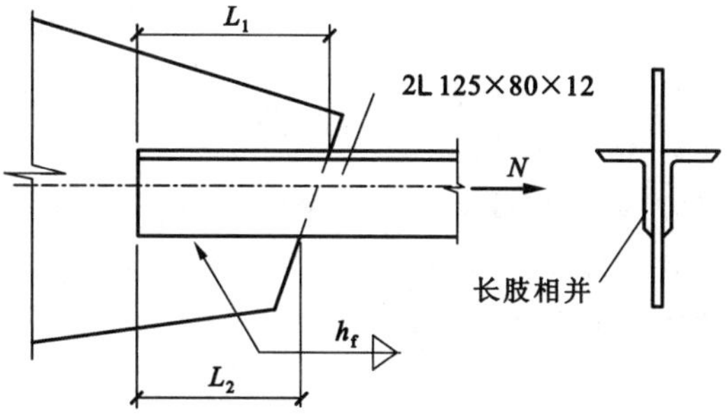

图 9.49　题 9.11 图

9.12　如图 9.50 所示，钢板截面为 310 mm×14 mm，盖板截面为 310 mm×10 mm，钢材为 Q235，$f=215$ N/mm^2，C 级螺栓 M20，孔径 21.5 mm，$f_v^b=140$ N/mm^2，$f_c^b=305$ N/mm^2，求该连接的最大承载力 N。

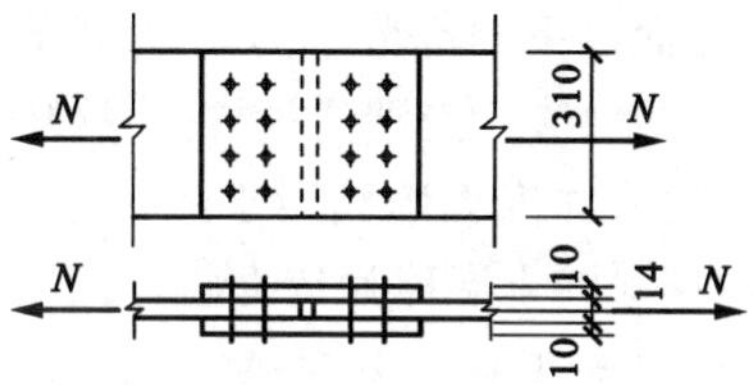

图 9.50　题 9.12 图

9.13　如图 9.51 所示一根轴心受压实腹构件，两端铰接，柱高 6 m，柱高中点处沿 x 轴方向有一支承点，截面无削弱，轴向力设计值 $N=2000$ kN，柱毛截面惯性矩为：$I_x=11338$ cm^4，$I_y=3125$ cm^2，钢材 Q235B，$f=215$ N/mm^2。试验算该构件的整体稳定和局部稳定是否满足要求。

9.14　已知某轴心受压实腹柱 AB，如图 9.52 所示，AB 长 $l=5$ m，中点 $l/2$ 处有侧向支撑，采用三块钢板焊成的工字形柱截面，翼缘尺寸为 300 mm×12 mm，腹板尺寸为 200 mm×6 mm。钢材为 Q235，$f=215$ N/mm^2。试求该柱的最大承载力及验算局部稳定是否满足要求。

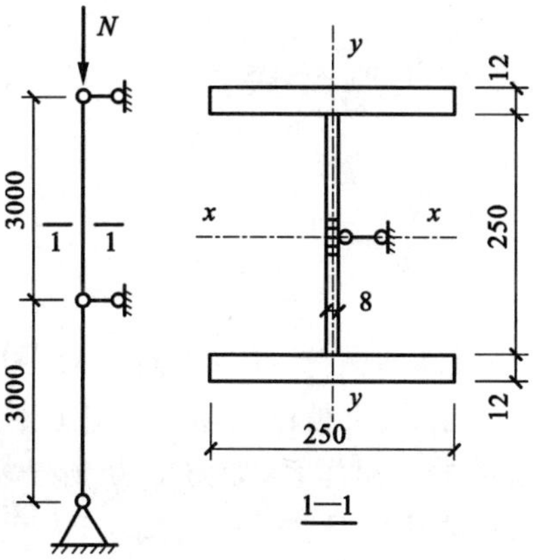

图 9.51　题 9.13 图

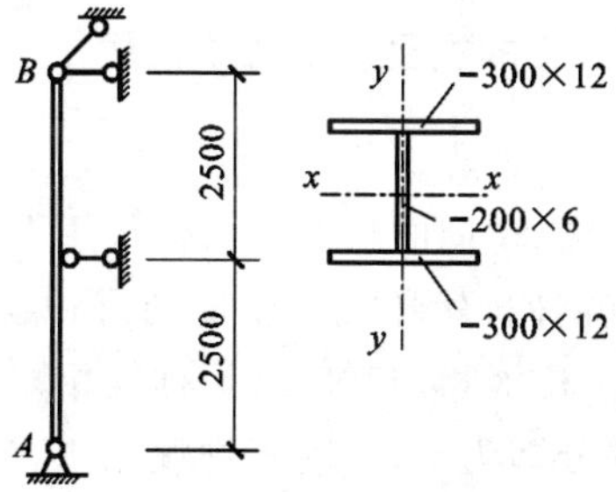

图 9.52　题 9.14 图

10　地基与基础

本 章 提 要

本章简要介绍了土(岩)的物理性质和工程分类、地基土的压缩性和地基承载力；主要讲述了无筋扩展基础、扩展基础、柱下条形基础、箱形基础、筏形基础等浅基础的受力特点和构造要求，以及桩基础的分类和主要构造措施。

任何建筑物都要建造在土层(或岩石)上面。土层受到建筑物全部荷载作用后要产生压缩变形，为了减少建筑物沉降和保证其稳定性，通常将墙或柱与土接触部分的断面尺寸适当地扩大，以减小土层中的应力。建筑物在地面以下的部分称为基础，亦即建筑物的下部结构。建筑物的全部荷载都通过基础传递给它下面的地层。受到建筑物荷载影响的那部分地层称为地基。对于平面尺寸不大的基础，受到影响的地层深度大约相当于几倍基础底面的宽度。当地基由两层以上土层组成时，通常将直接与基础接触的土层称为持力层，其下的土层称为下卧层。

地基和基础位于地面以下，系隐蔽工程。其勘察、设计和施工质量直接影响建筑物的安危，一旦发生质量事故，补救和处理往往很困难，甚至是不可能的。在建筑史上，许多建筑工程质量事故都是由地基基础问题引起的，如著名的意大利比萨斜塔和我国苏州虎丘塔所发生的塔身严重倾斜，就是由地基非均匀沉降所致。此外，基础工程费用与建筑物总造价的比例，与其复杂程度和设计、施工合理与否有关，可以变动于百分之几到几十之间。例如，一般地质条件下的钢筋混凝土结构高层建筑，采用箱形基础、筏形基础和桩基础时，其基础工程的费用约占建筑物总造价的20%～30%，甚至更高。因此，应对地基基础工程给予充分的重视。

10.1　土的物理性质和工程分类

10.1.1　土的主要物理力学性质

10.1.1.1　土的组成

在线测试

土是连续、坚固的岩石在风化作用下形成的大小悬殊的颗粒，经过不同的搬运方式，在各种自然环境中生成的沉积物。在天然状态下，土是由固体(又称固相)、液体(又称液相)和气体(又称气相)三部分所组成的三相体系，如图10.1所示。固体部分即为土粒，由矿物颗粒或有机质组成，构成土的骨架。骨架间有许多孔隙，可为水、气所填充。若土中孔隙全部被水所充满时，称为饱和土；若孔隙全部被气体所充满时，称为干土；土中孔隙同时有水和空气存在时，称为非饱和土。土中颗粒的大小、矿物成分和三相之间的比例关系不同，将导致土的物理性质(如干湿、轻重、软硬等)

不同。

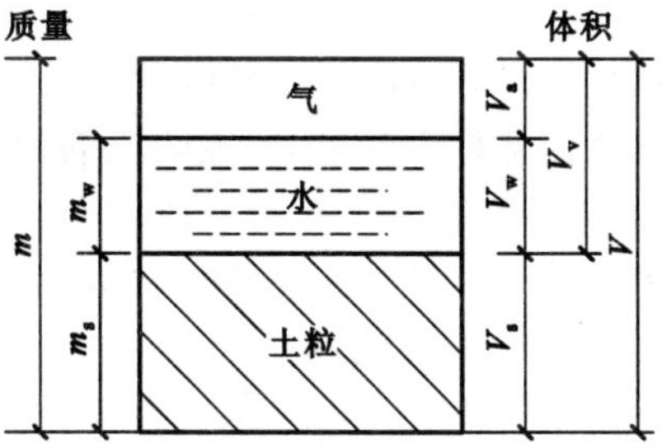

图 10.1　土的三相图

V—土的总体积；V_v—土的孔隙体积；V_s—土粒的体积；V_w—水的体积；

V_a—气体的体积；m—土的总质量；m_s—土粒的质量；m_w—水的质量

10.1.1.2　土的物理性质指标

(1) 基本指标

① 土的重度(γ)　土在天然状态下单位体积的重力称为重力密度，简称重度。一般土的重度为 16～20 kN/m^3。

② 土的含水量(w)　土中水的质量与土粒质量之比称为含水量，以百分数表示。

③ 土粒相对密度(G_s)　土颗粒质量与 4 ℃时的同体积纯蒸馏水质量之比称为土的相对密度。

(2) 浮重度

地下水以下土体受水的浮力作用时单位体积的重力称为土的浮重度。

(3) 孔隙比(e)

土体中孔隙与颗粒体积之比称为孔隙比。孔隙比反映土的密实程度，用它可以确定土的压缩系数等其他指标，也是评价地基土承载力的主要指标。一般 e 值较小的土较为密实，地基土承载力高；而 e 值较大时土较为疏松，地基土承载力低。

(4) 饱和度(S_r)

土中所含水分的体积与孔隙体积之比称为饱和度，以百分数计。饱和度是反映土潮湿状态的指标。当 $S_r \leqslant 0.5$ 时为稍湿状态；当 $0.5 < S_r \leqslant 0.8$ 时为很湿状态；当 $S_r > 0.8$ 时为饱和状态。

(5) 反映黏性土塑性性质的指标

① 黏性土的稠度　稠度是指土对外力所引起的变形或破坏的抵抗能力，或者简单理解为土的软硬程度，它是黏性土最主要的物理状态特征。土中含水量不同，黏性土所处的状态也不同，如图 10.2 所示。

图 10.2　黏性土的稠度状态

黏性土由某一种状态过渡到另一状态的分界含水量为土的稠度界限。工程上常用的稠度界限有液限(w_L)和塑限(w_P)。液限为土从流动状态转变为可塑状态时的分界含水量，塑限为土从可塑状态转变为半固体状态时的分界含水量。

② 塑性指数　液限与塑限的差值称为塑性指数,记为 I_P,习惯上略去百分号,即

$$I_P = w_L - w_P \tag{10.1}$$

塑性指数表示土处在可塑状态的含水量变化范围,其值的大小取决于土颗粒吸附结合水的能力,亦即与土中粘粒含量有关。粘粒含量越多,土的比表面积越大,塑性指数就越高。工程上普遍根据其值高低对黏性土进行分类。

③ 液性指数　土的天然含水量与塑限的差值和塑性指数之比即为液性指数,记为 I_L,即

$$I_L = \frac{w - w_P}{w_L - w_P} \tag{10.2}$$

液性指数表征了土的天然含水量与分界含水量之间的相对关系。当 $I_L \leqslant 0$ 时,土处于坚硬状态;当 $0.25 < I_L \leqslant 0.75$ 时,土处于可塑状态;当 $I_L > 1$ 时,土处于流塑状态。因此,根据 I_L 值可以直接判定土的软硬状态。《建筑地基基础设计规范》(GB 50007—2011)(以下简称《建筑地基基础设计规范》)规定:黏性土根据液性指数的大小划分为坚硬、硬塑、可塑、软塑及流塑五种状态。

10.1.2　土(岩)的工程分类

土(岩)的工程分类就是根据工程实践经验和土(岩)的主要特征,把工程性能近似的土(岩)划分为一类。《建筑地基基础设计规范》将地基土(岩)分为岩石、碎石土、砂土、黏性土、粉土和人工填土等。

(1) 岩石

岩石是指颗粒间牢固联结,呈整体或具有节理裂隙的岩体。作为建筑物地基,除应确定岩石的地质名称外,尚应划分其坚硬程度和完整程度。

(2) 碎石土

碎石土是指粒径大于 2 mm 的颗粒含量超过总质量 50%的土。碎石土根据粒组含量及颗粒形状分为漂石、块石、卵石、碎石、圆砾和角砾。

(3) 砂土

砂土是指粒径大于 2 mm 的颗粒含量不超过总质量的 50%、粒径大于 0.075 mm 的颗粒超过总质量 50%的土。按粒组含量,砂土分为砾砂、粗砂、中砂、细砂和粉砂。

(4) 黏性土

黏性土是指塑性指数 I_P 大于 10 的土。按塑性指数不同可将黏性土分为黏土和粉质黏土。其中 I_P 大于 17 的土为黏土。

(5) 粉土

粉土是指粒径大于 0.075 mm 颗粒不超过总质量的 50%、塑性指数 I_P 不大于 10 的土,它的性质介于砂土与黏性土之间。

(6) 人工填土

人工填土是指由于人类活动而形成的堆积物。其物质成分较复杂,均匀性较差。人工填土根据其物质组成和成因,可分为素填土、压实填土、杂填土和冲填土四类。

在线测试

除了上述六类岩土之外,还有一些特殊土,包括淤泥、淤泥质土、膨胀土、湿陷性土、红黏土等。

10.2 地基的变形与承载力

10.2.1 地基变形

土像其他任何材料一样，受力后也要产生应力和变形。如果应力变化引起的变形量在容许范围以内，则不致对建筑物的使用和安全造成危害。但当外荷载在土中引起的应力过大时，则不仅会使建筑物发生不能容许的过量沉降，甚至可以使土体发生整体破坏而失去稳定。

在线测试

土体在外部压力和周围环境作用下体积减小的特性称为土的压缩性。土体体积减小有三方面原因：第一，土颗粒发生相对位移，土中水及气体从孔隙中排出，从而使土孔隙体积减小；第二，土颗粒本身的压缩；第三，土中水及封闭在土中的气体被压缩。在一般情况下，土受到的压力常在100～600 MPa之间，这时土颗粒及水的压缩变形量不到全部土体压缩变形量的1/400，可以忽略不计。因此，土的压缩变形主要是由于土体孔隙体积减小的缘故。

土体压缩变形的快慢取决于土中水排出的速度，而排水速度与土体孔隙通道的大小、土中粘粒含量的多少、土层排水距离及土的渗透性等因素有关。我国《建筑地基基础设计规范》根据长期经验，认为一般多层建筑物已在施工期间完成的沉降量，对于碎石或砂土可认为其最终沉降量已完成80%以上；对于低压缩性黏土可认为已完成最终沉降量的50%～80%；对于中压缩性黏土可认为已完成20%～50%；对于高压缩性黏土可认为已经完成最终沉降量的5%～20%。这种土体在外部压力下，压缩随时间增长的过程称为土的固结。依赖于孔隙水压力变化而产生的固结，称为主固结；不依赖于孔隙水压力变化，在有效压力不变时，由于颗粒间位置变动引起的固结称为次固结。

在相同压力条件下，不同土的压缩变形量差别很大，可通过室内压缩试验或现场荷载试验进行分析。

地基变形按其变形特征分为沉降量、沉降差、倾斜和局部倾斜。沉降量一般指基础中点的沉降量；沉降差指相邻两基础的沉降量之差；倾斜指基础倾斜方向两端点的沉降差与其距离之比；局部倾斜指承重砌体沿纵墙内基础两点的沉降差与其距离之比。

建筑物的地基变形计算值，不应大于《建筑地基基础设计规范》所列出的地基变形允许值。对于砌体承重结构，应以局部倾斜值控制地基变形；对于框架结构和单层排架结构，由相邻柱基的沉降差控制；对于多层或高层建筑和高耸结构，由倾斜值控制。地基基础设计等级为甲级、乙级的建筑物和部分丙级建筑物，应作变形验算。

10.2.2 地基承载力

地基承载力是地基所具有的承受荷载的能力，即地基在保证其稳定的前提下，满足建筑物各类变形要求时的承载能力。地基承载力的大小用地基承载力特征值表示。地基承载力特征值是指由载荷试验测定的地基土压力变形曲线线性变形段内规定的变形所对应的压力值，其最大值为比例界限值。

在线测试

(1) 确定地基承载力的方法

确定地基承载力是一件比较复杂的工作。目前确定承载力的方法主要有原位测试法、公式计算法等方法，对于简单场地上的中小工程，也可通过综合分析，根据当地经验确定地基承载力。这里只介绍原位测试法和公式计算法。

① 原位测试法

原位测试法是指在土(岩)体的本来位置,对处于天然状态下的土(岩)体所进行的工程性质的测试。它具有直接、真实、实用的特点。原位测试的方法较多,主要有载荷试验、静力触探、动力触探、十字板剪切试验和旁压试验等。下面简要说明《建筑地基基础设计规范》规定的主要方法——载荷试验法。

试验在现场开挖的试验基坑内进行,试验设备如图 10.3 所示。荷载由千斤顶通过承压板传给地基。试验时应保持试验土层的原状结构和天然湿度。加荷分级不应少于 8 级,最大加载量不应小于设计要求的 2 倍。每级加载后,按间隔 10 min、10 min、10 min、15 min、15 min,以后为每隔 30 min 测读一次沉降量。当地基破坏时即终止加载。

根据规范规定和试验数据作出如图 10.4 所示的 p-s 曲线,并确定该土层的地基承载力的特征值 f_{ak}。

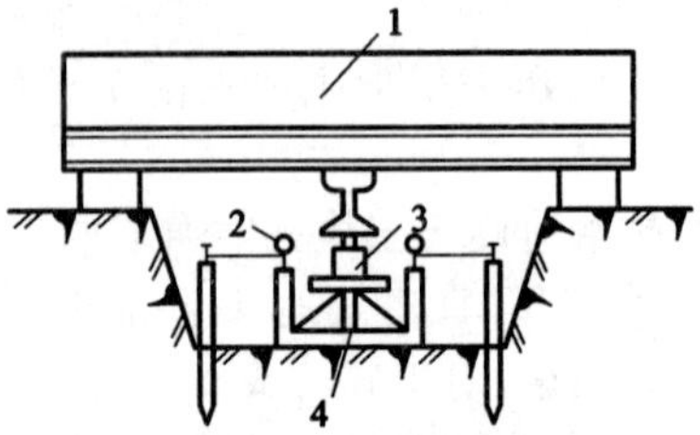

图 10.3　载荷试验的设备图

1—堆重;2—百分表;3—千斤顶;4—承压板

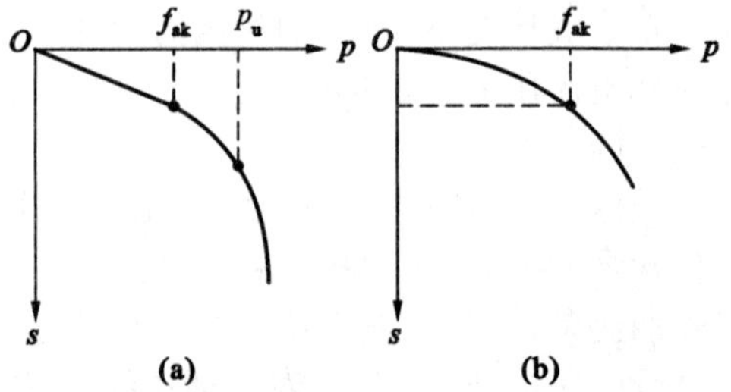

图 10.4　p-s 曲线

(a) 有比例界限的土;(b) 中、高压缩性土

② 公式计算法

当前有关承载力的理论计算公式很多,但这些理论公式都是建立在某些假设的基础上的,因此各有一定的适用范围。当偏心矩 e 小于或等于 0.033 倍基础底面宽度时,《建筑地基基础设计规范》给出了下面的计算公式:

$$f_a = M_b \gamma b + M_d \gamma_m d + M_c c_k \tag{10.3}$$

式中　f_a——由土的抗剪强度指标确定的地基承载力特征值;

M_b、M_d、M_c——承载力系数,按《建筑地基基础设计规范》的规定采用;

b——底面宽度,大于 6 m 时按 6 m 取值,对于砂土,小于 3 m 时按 3 m 取值;

c_k——基底下一倍短边宽度的深度内土的粘聚力标准值;

γ——基础底面以下土的重度,地下水位以下取浮重度;

γ_m——基础底面以上土的加权平均重度,地下水位以下取浮重度。

d——基础埋置深度,一般自室外地面标高算起:在填方整平地区,可自填土地面标高算起,但填土在上部结构施工后完成时,应从天然地面标高算起;对于地下室,如采用箱形基础或筏形基础时,基础埋置深度自室外地面标高算起;当采用独立基础或条形基础时,应从室内地面标高算起。

各种地基岩土的承载力特征值相差很大。黏性土在 100～700 kPa 之间,砂土在 100～500 kPa 之间,碎石土在 250～800 kPa 之间,素填土一般在 200 kPa 以下,沿海地区淤泥和淤泥质土一般在 100 kPa 以下。

(2) 地基承载力特征值修正

当基础底面宽度大于 3 m 或埋置深度大于 0.5 m 时,从载荷试验或其他原位测试、经验值等方法确定的地基承载力特征值,尚应按下式进行修正:

$$f_a = f_{ak} + \eta_b \gamma (b - 3) + \eta_d \gamma_m (d - 0.5) \tag{10.4}$$

式中 f_a——修正后的地基承载力特征值；

f_{ak}——地基承载力特征值，按前面所述的载荷试验或其他原位测试、公式计算并结合工程实践经验等方法综合确定；

η_b、η_d——基础宽度和埋深的地基承载力修正系数，按《建筑地基基础设计规范》的有关规定取值；

γ——基础底面以下土的重度，地下水位以下取浮重度；

b——基础底面宽度，大于 6 m 时按 6 m 取值，对于砂土，小于 3 m 时按 3 m 取值；

γ_m——基础底面以上土的加权平均重度，地下水位以下取浮重度；

d——基础埋置深度，一般自室外地面标高算起：在填方整平地区，可自填土地面标高算起，但填土在上部结构施工后完成时，应从天然地面标高算起；对于地下室，如采用箱形基础或筏形基础时，基础埋置深度自室外地面标高算起；当采用独立基础或条形基础时，应从室内地面标高算起。

10.3 浅基础的类型

在线测试

基础按埋置深度和施工方法的不同分为浅基础和深基础两类。一般把埋置深度小于5 m，采用一般方法与设备施工，而且常常修建在天然地基上的基础称为浅基础，如独立基础、条形基础、片筏基础等，天然地基上埋深不大的箱形基础也可视为浅基础，浅基础埋置深度一般小于 5 m。把基础埋深较大，且需借助于特殊的施工方法才能将建筑物荷载传递到地表以下较深土(岩)层的基础称为深基础，如桩基础、沉井和地下连续墙等。

深基础的主要作用是把所承受的荷载相对集中地传递到地基深部，而浅基础则是通过基础底面，把荷载扩散分布于浅部地层。浅基础埋置不深，用料较省，无需复杂的施工设备，在开挖基坑(必要时支护坑壁和排水疏干后)时，地基不加处理即可修建，因而工期短、造价低。选择地基基础方案时，通常应优先考虑天然地基上的浅基础，只有当这类基础难以适应较差的地基条件或上部结构的荷载、构造及使用要求时，才考虑采用深基础。

浅基础根据所用的材料不同可分为：砖基础、毛石基础、混凝土和毛石混凝土基础、灰土和三合土基础以及钢筋混凝土基础等；按结构形式不同可分为：无筋扩展基础、扩展基础、柱下条形基础、柱下十字形基础、筏形基础和箱形基础等。

10.3.1 无筋扩展基础

无筋扩展基础也称刚性基础，是指用砖、毛石、混凝土或毛石混凝土、灰土和三合土等材料组成的且不需要配筋的墙下条形基础或柱下独立基础，具有就地取材、价格低廉、施工方便等优点，被广泛用于基底压力较小或地基承载力较高的 6 层和 6 层以下(三合土基础不宜超过 4 层)的一般民用建筑和墙承重的轻型厂房。根据所采用的材料不同，无筋扩展基础又可分为砖基础、三合土基础、灰土基础、混凝土基础、毛石混凝土基础等。

(1) 砖基础

砖基础具有能就地取材、价格便宜、施工简便的特点，适用于干燥和较温暖的地区。但砖的抗冻性不够理想，在寒冷而又潮湿的地区，耐久性较差。砖的强度也不算太高，只适用于 6

层及以下的民用建筑和墙承重厂房。

砖基础的剖面为阶梯形，称为大放脚。各部分的尺寸应符合砖的模数，其砌筑方式有“二皮一收”和“二一间隔收”两种，如图 10.5 所示。二皮一收是指每砌两皮砖，收进 1/4 砖长；二一间隔收是指底层每砌两皮砖，收进 1/4 砖长，再砌一皮砖，再收进 1/4 砖长，以此类推。

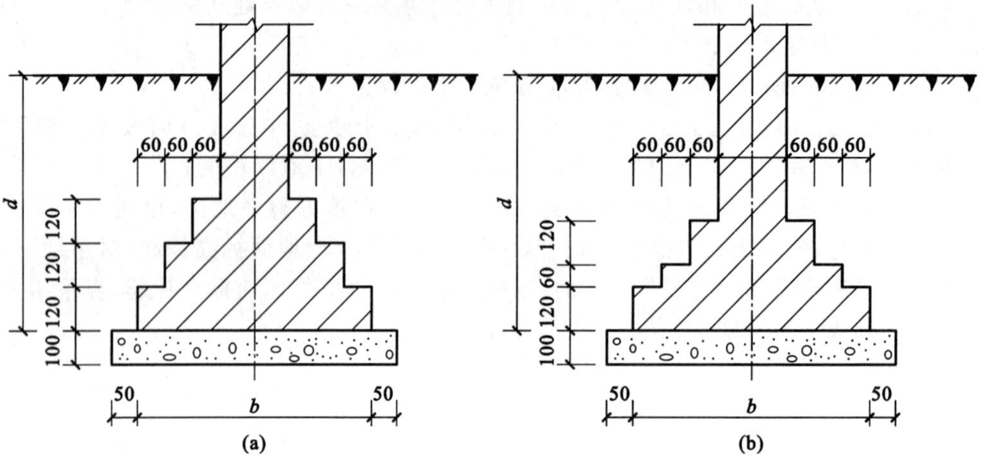

图 10.5　砖基础剖面图

(a)“二皮一收”砌法；(b)“二一间隔收”砌法

砖基础采用的材料强度应符合《砌体结构设计规范》(GB 50003—2011)的规定。基础底面以下需设垫层，垫层材料可选用灰土、素混凝土等，每边扩出基础底面 50 mm。

(2) 毛石基础

毛石是指未经加工凿平的石材。毛石基础是指选用未经风化的硬质岩石砌筑而成的基础。由于毛石之间间隙较大，如果砂浆黏结的性能较差，则不能用于层数较多的建筑物，且不宜用于地下水位以下。为了保证锁结作用，每一阶梯宜用 3 排或 3 排以上的毛石，如图 10.6 所示。阶梯形毛石基础的每一阶伸出宽度不宜大于 200 mm。

(3) 混凝土和毛石混凝土基础

混凝土基础的强度、耐久性、抗冻性都较好。当荷载较大或位于地下水位以下时，常采用混凝土基础。混凝土基础水泥用量较大，造价较砖、石基础高。如基础体积较大，为了节约混凝土用量，可掺入少于基础体积 30%的毛石做成毛石混凝土基础，如图 10.7 所示。

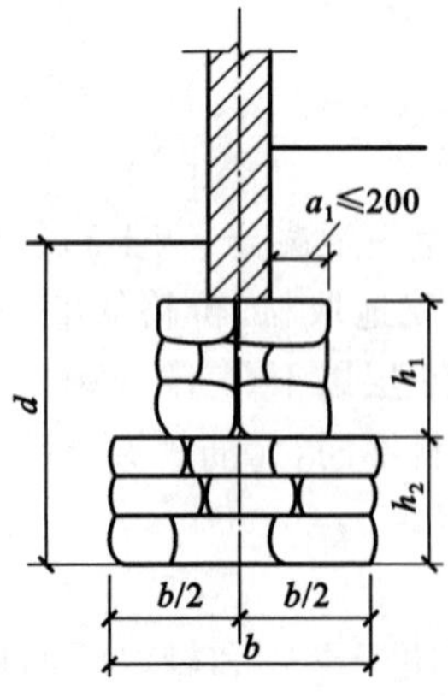

图 10.6　毛石基础

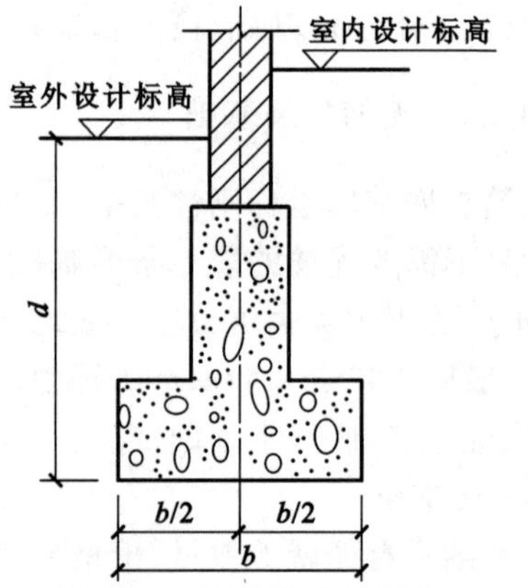

图 10.7　毛石混凝土基础

(4) 灰土基础和三合土基础

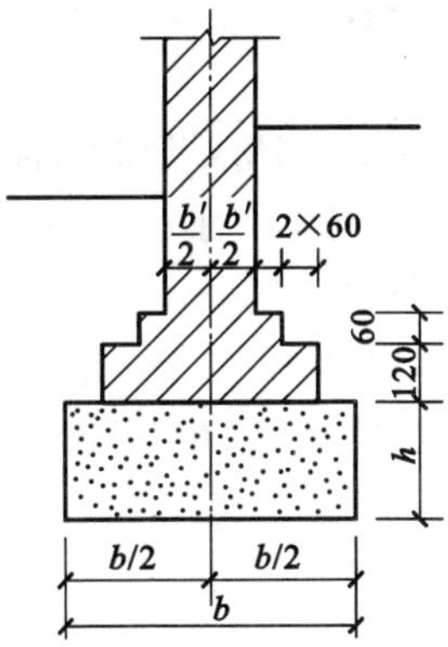

图 10.8　三合土基础

灰土是用石灰和黏性土料配制而成的。石灰以块状生石灰为宜,经熟化(加水化开)1～2 d后,过 5～10 mm 筛即可使用。土料应以有机质含量低的粉土和黏性土为宜,使用前也应过 10～20 mm的筛。石灰和土料的体积比为 3∶7 或 2∶8,加适量水拌匀,然后铺入基槽内。每层虚铺 200～250 mm、夯至 150 mm 为一步,一般可铺 2～3 步。灰土基础宜在比较干燥的土层中使用,其本身具有一定的抗冻性。在我国的华北和西北地区,灰土基础广泛用于 5 层和 5 层以下的民用房屋。

三合土是由石灰、砂和骨料(碎石、碎砖或矿渣等),按体积比为 1∶2∶4 或 1∶3∶6 配成,经加适量水拌和后,均匀铺入基槽,每层虚铺约 220 mm,夯至 150 mm,如图 10.8 所示。

10.3.2　扩展基础

钢筋混凝土是基础的良好材料,其强度、耐久性和抗冻性都较理想。由于它承受弯矩和剪力的性能较好,故在相同的条件下可减少基础的高度。当建筑物的荷载较大或土质较软弱时,常采用这类基础。当地下水对普通硅酸盐水泥有侵蚀性时,宜采用矿渣水泥或火山灰水泥拌制混凝土。

上部结构通过墙、柱等承重构件传递的荷载,在其底部横截面上引起的应力通常远大于地基承载力。这就有必要在墙、柱之下设置水平截面向下扩大的扩展基础,以便将墙或柱荷载扩散分布于基础底面,使之满足地基承载力和变形的要求。

扩展基础包括墙下钢筋混凝土条形基础和柱下钢筋混凝土独立基础。

10.3.2.1　墙下钢筋混凝土条形基础

墙下钢筋混凝土条形基础一般做成无肋的板,如图 10.9 所示。墙下条形基础的受力钢筋在横向(基础宽度方向)配置,纵向配置分布筋。在不均匀地基上,或沿基础纵向荷载分布不均匀时,为了抵抗不均匀沉降引起的弯矩,在纵向也应配置受力钢筋,做成如图 10.10 所示的带纵肋的条形基础,以增加基础的纵向抗弯能力。

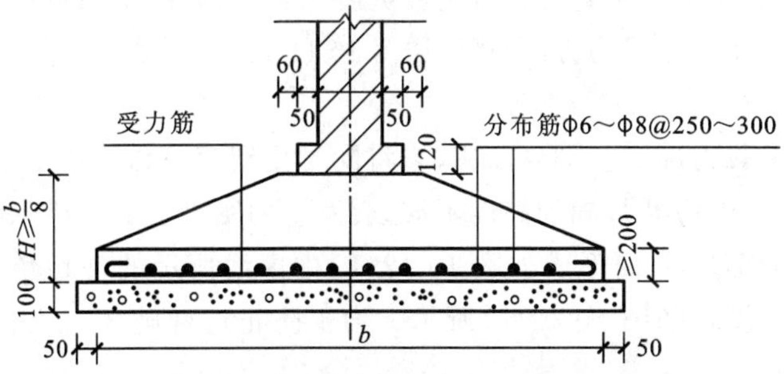

图 10.9　墙下钢筋混凝土板式条形基础

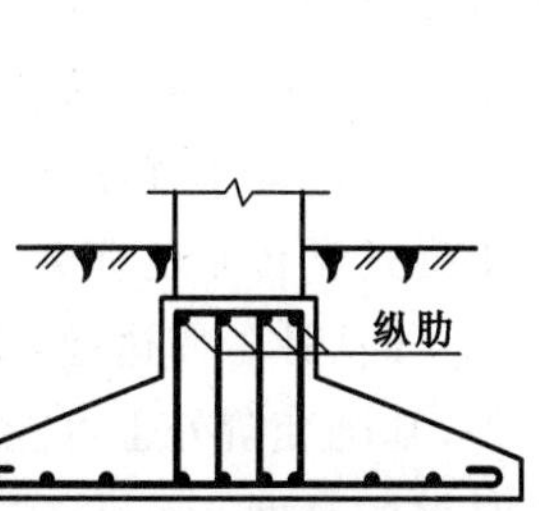

图 10.10　墙下钢筋混凝土带肋条形基础

墙下钢筋混凝土条形基础的构造要求:

(1) 当基础高度大于 250 mm 时,可采用锥形截面,其坡度不大于 1∶3,边缘高度不宜小于 200 mm;当基础高度小于 250 mm 时,可采用平板式;若为阶梯形基础,每阶高度宜为 300～

500 mm。

(2) 基础下的垫层厚度一般为 100 mm,每边伸出基础 50～100 mm,垫层混凝土强度等级为 C10。

(3) 底板受力钢筋的最小直径不宜小于 10 mm,间距不宜大于 200 mm。当有垫层时混凝土保护层厚度不宜小于 40 mm,无垫层时不应小于 70 mm。纵向分布钢筋直径不宜小于8 mm,间距不宜大于 300 mm,每延米分布钢筋截面面积不应小于受力钢筋截面面积的 15%。

(4) 混凝土强度等级不应低于 C20。

(5) 当基础宽度不小于 2.5 m 时,底板受力钢筋的长度可取基础宽度的 0.9 倍,并交错布置,如图 10.11(a)所示。

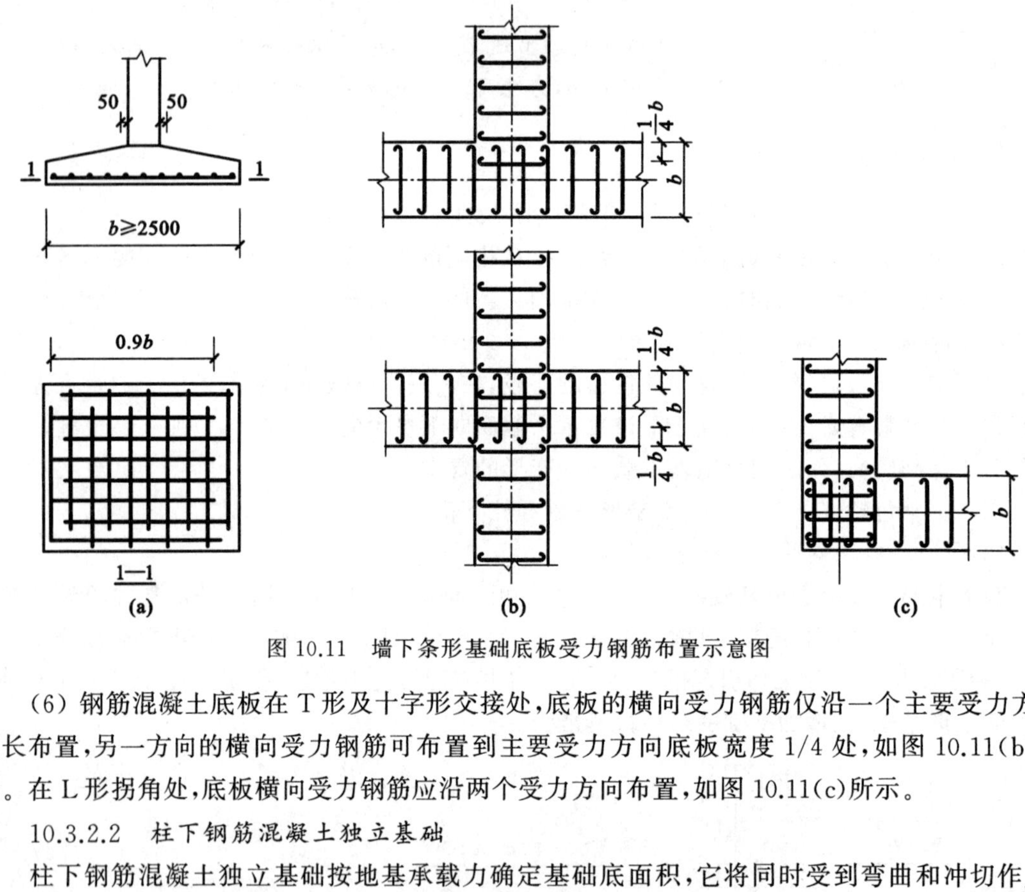

图 10.11　墙下条形基础底板受力钢筋布置示意图

(6) 钢筋混凝土底板在 T 形及十字形交接处,底板的横向受力钢筋仅沿一个主要受力方向通长布置,另一方向的横向受力钢筋可布置到主要受力方向底板宽度 1/4 处,如图 10.11(b)所示。在 L 形拐角处,底板横向受力钢筋应沿两个受力方向布置,如图 10.11(c)所示。

10.3.2.2　柱下钢筋混凝土独立基础

柱下钢筋混凝土独立基础按地基承载力确定基础底面积,它将同时受到弯曲和冲切作用。当基础承受柱子传来的荷载时,若在柱子周边处基础的高度不够,会发生如图 10.12(a)所示的冲切破坏,即从柱子周边起,沿着 45°斜面拉裂,而形成如图 10.12(b)中虚线所示的冲切角锥体。此外,基础变阶处也可能发生冲切破坏,如图 10.12(c)所示。为了防止这种破坏,基础底板要有足够的高度。

柱下钢筋混凝土独立基础承受荷载后,如同平板那样,基础底板沿着柱子四周产生弯曲,当弯曲应力超过基础抗弯强度时,基础底板将发生弯曲破坏。为了防止这种破坏,需在基础底板下部配置足够的钢筋。

柱下钢筋混凝土独立基础,除应满足前述墙下钢筋混凝土条形基础的构造要求外,还应满

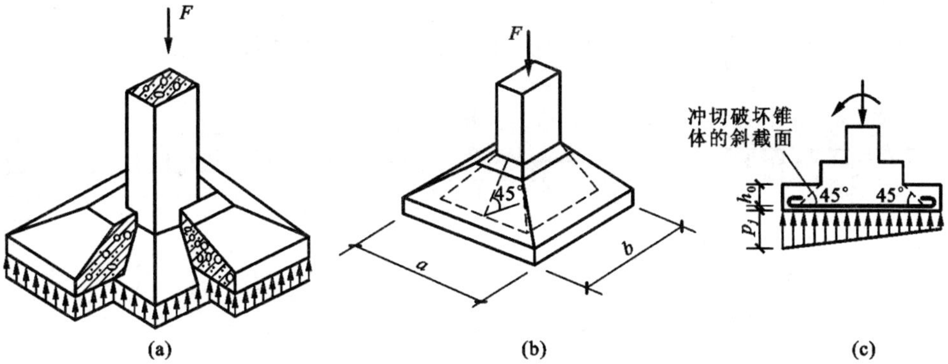

图 10.12　柱下钢筋混凝土独立基础的冲切破坏

足如下构造要求：

（1）阶梯形基础每阶高度一般为 300～500 mm，当基础高度不小于 600 mm 而小于 900 mm 时，阶梯形基础分二级；当基础高度不小于 900 mm 时，则分三级。可采用锥形基础时，其边缘高度不宜小于 200 mm，顶部每边应沿柱边放出 50 mm。

（2）柱下钢筋混凝土独立基础的受力钢筋应双向配置。现浇柱的纵向钢筋可通过插筋锚入基础中，插筋的数量、直径以及钢筋种类应与柱内纵向钢筋相同。插筋与柱纵向受力钢筋的连接方法，应按现行《混凝土结构设计标准》(GB/T 50010—2010)(2024 年版)规定执行。插入基础的钢筋上下至少应有两道箍筋固定。插筋的下端宜做成直钩放在基础底板钢筋网上，当符合下列条件之一时，可仅将四角的插筋伸至底板钢筋网上，其余插筋锚固伸入基础的长度按锚固长度确定：

① 柱为轴心受压或小偏心受压，基础高度不小于 1200 mm；

② 柱为大偏心受压，基础高度不小于 1400 mm。

10.3.3　柱下条形基础

当地基软弱而荷载较大时，若采用柱下独立基础，基础底面积必然很大因而互相接近。为增加基础的整体性并方便施工，可将同一排的柱基础连通做成钢筋混凝土条形基础，如图 10.13所示。荷载较大的建筑，如土质较弱，为了增加基础的整体刚度，减小不均匀沉降，可在柱网下纵横方向设置钢筋混凝土条形基础，形成如图 10.14 所示的十字形基础。

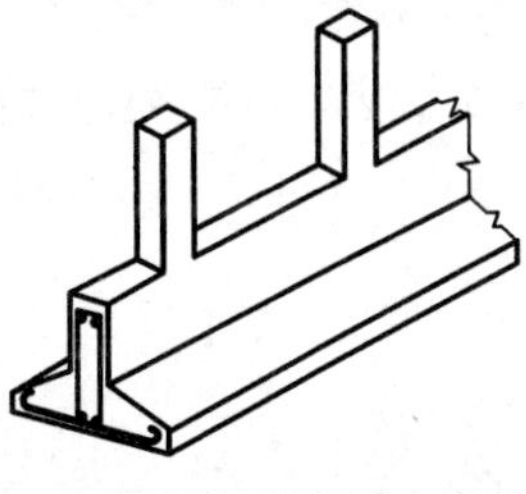

图 10.13　柱下钢筋混凝土条形基础

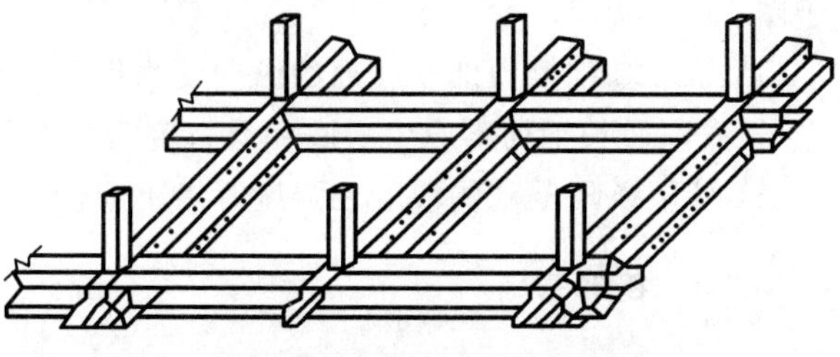

图 10.14　柱下十字形基础

柱下条形基础由肋梁及其横向向外伸出的翼板组成，其断面呈 T 形。翼板的受力特点与墙下钢筋混凝土条形基础相似。柱下条形基础沿纵向的受力条件不同于墙下条形基础承受均布荷载，而是每个长条形结构单元都间隔承受柱的集中荷载，地基反力为非线性的，如图10.15

所示，因此可视为作用有集中荷载并置于地基上的梁，同时受到地基反力的作用。由于梁的变形，使梁内产生弯矩和剪力。图 10.16 所示为柱下条形基础的内力示意。

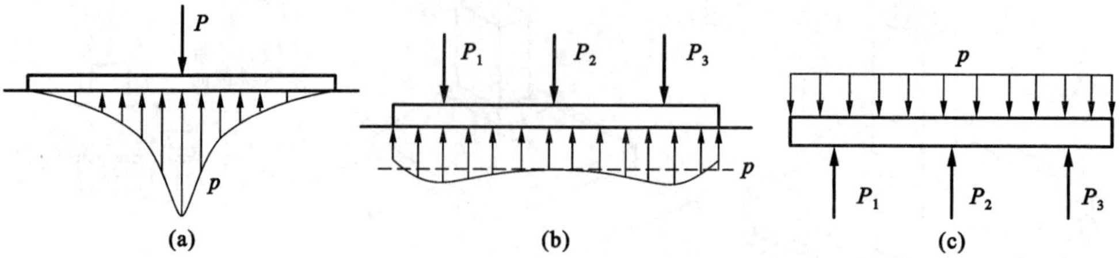

图 10.15　柱下条形基础的受力特点

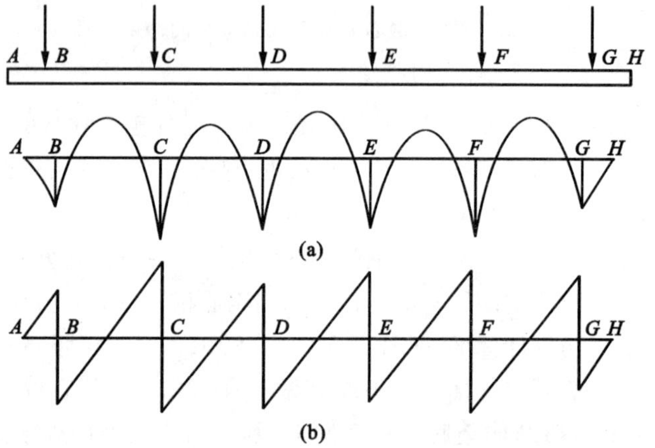

图 10.16　柱下条形基础内力示意

(a) M 图；(b) V 图

柱下条形基础的构造，除应满足扩展基础的构造要求外，尚应符合下列要求：

(1) 柱下条形基础梁的高度宜为柱距的 1/4～1/8，翼板可采用等截面或变截面；

(2) 条形基础的端部宜向外伸出，其长度宜为第一跨距的 0.25 倍；

(3) 现浇柱与条形基础梁的交接处，其平面尺寸不应小于图 10.17 所示尺寸；

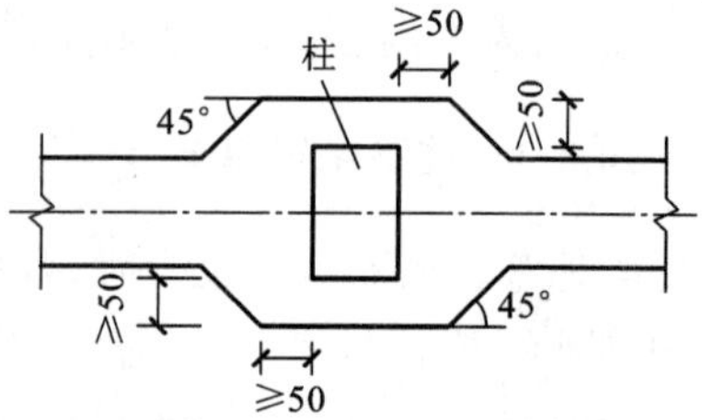

图 10.17　现浇柱与条形基础梁交接处平面尺寸

(4) 条形基础梁顶部和底部的纵向受力钢筋除满足计算要求外，顶部钢筋按计算配筋全部贯通，底部通长钢筋不应少于底部受力钢筋截面总面积的 1/3；

(5) 柱下条形基础的混凝土强度等级不应低于 C20。

10.3.4　筏形基础

如地基软弱而荷载较大，采用十字形基础仍不能满足要求或相邻基槽距离很小时，可采用钢筋混凝土做成整块的筏形基础，如图 10.18 所示。按构造不同，它可分为平板式和梁板式两类。平板式是在地基上做成一块钢筋混凝土底板，柱子直接支立在底板上，如图 10.18(a)所示。梁板式按梁板的位置不同又可分为两类。图 10.18(b)是在底板上做梁，柱子支承在梁上，称上梁式。图 10.18(c)是将梁放在底板的下方，称下梁式，其底板表面平整，可作为建筑物底层地面。筏形基础一般用于高层建筑。

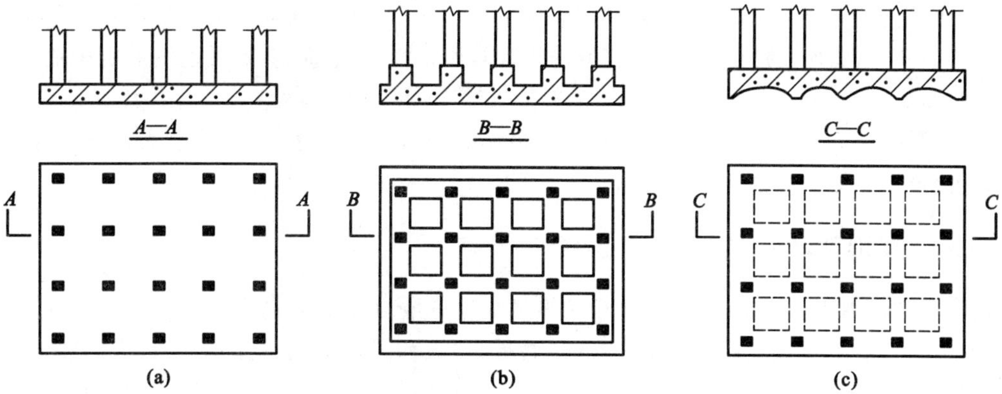

图 10.18　筏形基础

(a) 平板式；(b)、(c) 梁板式

筏形钢筋混凝土基础的结构构造与一般钢筋混凝土基础及平面楼盖的构造要求基本相同。但应根据基础的要求确定混凝土的强度等级、钢筋的直径及保护层的厚度。筏形基础构造要求如下：

(1) 筏形基础的混凝土强度等级不应低于 C30，当有地下室时应采用防水混凝土；

(2) 采用筏形基础的地下室，地下室钢筋混凝土外墙厚度不应小于 250 mm，内墙厚度不应小于 200 mm，墙体内应设置双面钢筋，钢筋不应采用光面圆钢筋，水平钢筋的直径不应小于 12 mm，竖向钢筋的直径不应小于 10 mm，间距不应大于 200 mm；

(3) 平板式筏型基础底板的厚度不应小于 500 mm。梁板式筏型基础，其底板厚度与最大双向板格的短边净跨之比不应小于 1/14，其底板厚度不应小于 400 mm；

(4) 地下室底层柱、剪力墙与梁板式筏基的基础梁连接的构造应符合下列规定：柱、墙的边缘至基础梁边缘的距离不应小于 50 mm，如图 10.19 所示；当交叉基础梁的宽度小于柱截面的边长时，交叉基础梁连接处应设置八字角，柱角与八字角之间的净距不宜小于 50 mm，如图 10.19(a)所示；单向基础梁与柱的连接，可按图 10.19(b)、图 10.19(c)所示采用；基础梁与剪力墙的连接，可按图 10.19(d)所示采用；

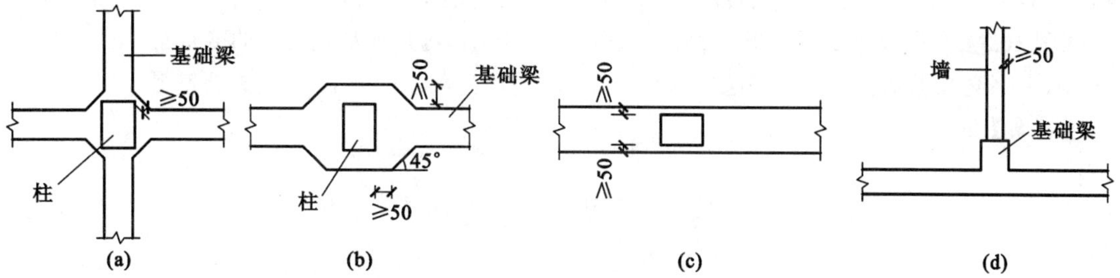

图 10.19　地下室底层柱或剪力墙与基础梁连接的构造要求

(a) 交叉基础梁与柱连接；(b)、(c) 单向基础梁与柱连接；(d) 基础梁与剪力墙连接

(5) 平板式筏基，当筏板的厚度大于 2000 mm 时，宜在板厚中间部位设置直径不小于 12 mm、间距不大于 300 mm 的双向钢筋网；

(6) 梁板式筏基的底板和基础梁的配筋除满足计算要求外，纵横方向的底板钢筋尚应有不小于 1/3 贯通全跨，顶部钢筋按计算配筋并全部贯通，底板上下贯通钢筋的配筋率不应小于 0.15%；

(7) 平板式筏基柱下板带中，柱宽及其两侧各 0.5 倍板厚且不大于 1/4 板跨的有效宽度范围内，其钢筋配置量不应小于柱下板带钢筋数量的一半；平板式筏基柱下板带和跨中板带的底部钢筋应有不小于 1/3 贯通全跨；顶部钢筋按计算配筋全部贯通，上下贯通钢筋的配筋率不应小于 0.15%；

(8) 筏板分布钢筋，在板厚不大于 250 mm 时，取ϕ 8@250；板厚大于 250 mm时，取ϕ 10@200。

10.3.5 箱形基础

箱形基础是由钢筋混凝土底板、顶板和纵横交错的隔墙构成的具有一定高度的整体空间结构，如图 10.20 所示，其高度一般为 3～5 m。底板、顶板和隔墙共同工作，具有很大的整体刚度。基础中空部分构成地下室，可以用做车库、商店和设备间等，并且与实体基础相比可减小基底压力，从而减少了绝对沉降量，还具有较好的抗震性能。箱形基础较适用于地基软弱、平面形状简单的高层建筑。某些对不均匀沉降有严格要求的设备或构造物，也可采用箱形基础。

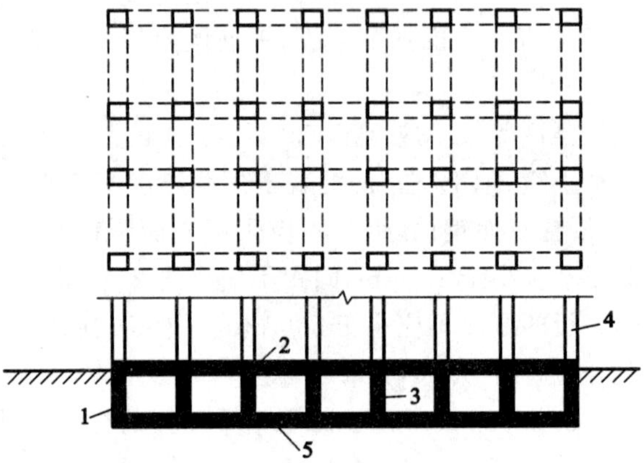

图 10.20 箱形基础

1—外墙；2—顶板；3—内墙；4—上部结构；5—底板

箱形基础与其他基础相比，由于钢筋混凝土用量多、需开挖深基坑与降水，以及对邻近建筑物的影响等，使其造价高、工期长，但如果能充分利用地下空间，仍可取得一定的经济效果。

【例 10.3】在设计满足要求并且经济合理的情况下，下列哪种基础的挠曲变形最小(　　)。

A.十字交叉基础　　B.箱型基础　　C.筏板基础　　D.无筋扩展基础

【答案】D

10.4 基础的埋深及基础底面尺寸的确定

10.4.1 基础埋置深度确定

基础埋置深度简称埋深，一般指室外设计地面至基础底面的垂直距离。

选择基础埋置深度，也就是选择合适的地基持力层。基础埋置深度的大小对于建筑物的安全和正常使用、基础施工技术措施、施工工期和工程造价影响很大，因此合理确定基础埋置深度是一个十分重要的问题。选择基础埋深时应考虑以下几方面因素：

（1）建筑物的用途和类型

在线测试

有地下室、设备基础的建筑，要求局部或整体加大基础埋深。若采用无筋扩展基础，则基础底面积确定后，满足刚性角构造要求规定的最小高度，也就确定了基础的埋深。

（2）基础上荷载大小及性质

某一深度的土层，对荷载小的基础可能是很好的持力层，而对荷载大的基础就可能不宜作为持力层。承受水平荷载和上拔力的基础（如高层建筑和高耸构筑物等），必须有足够的埋置深度来获得土的侧向抗力和抗拔阻力；承受动荷载的基础，不宜选择饱和疏松的粉细砂作为持力层。

（3）工程地质和水文地质条件

一般当上层土的承载力能满足要求时，就应选择上层土作为持力层。一般尽量将基础置于地下水位以上，如必须放在地下水位以下，则应在施工时采取降水或排水措施。

（4）相邻建筑物和构筑物对基础埋深的影响

新建建筑物的基础埋深最好小于或等于原有建筑物基础的埋深。当必须深于原有建筑物基础时，两基础之间应保持一定的距离，一般取相邻两基础底面高差的 1～2 倍。

（5）季节性冻土的影响

在季节性冻土地区，决定基础的埋置深度时尚应考虑地基土的冻胀性。除不冻胀土外，基础埋深均应考虑冻深的影响并采取防冻措施。

基础埋置深度一般不宜小于 0.5 m，对于岩石地基，则可不受此限。

10.4.2 地基承载力验算

（1）地基承载力条件

在不同荷载作用下，要求基础底面压力分别满足下列条件：

$$p_k \leqslant f_a \tag{10.5}$$

$$p_{kmax} \leqslant 1.2 f_a \tag{10.6}$$

式中 p_k——相应于荷载效应标准组合时，基础底面的平均压力值；

f_a——修正后的地基承载力特征值；

p_{kmax}——相应于荷载效应标准组合时，基础底面边缘的最大压力值。

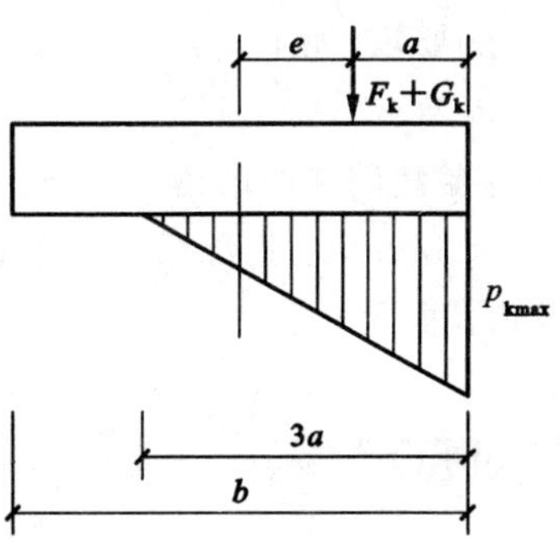

图 10.21 偏心荷载作用下基底压力示意图

（2）基础底面压力计算

当轴心荷载作用时，按下式确定：

$$p_k = \frac{F_k + G_k}{A} \tag{10.7}$$

当偏心荷载作用时，按下式确定：

$$\left.\begin{matrix} p_{kmax} \\ p_{kmin} \end{matrix}\right\} = \frac{F_k + G_k}{A} \pm \frac{M_k}{W} = \frac{F_k + G_k}{A}\left(1 \pm \frac{6e}{b}\right) \tag{10.8}$$

当偏心距 $e > b/6$ 时（图 10.21），$p_{min} = 0$，p_{kmax} 按下式确定：

$$p_{kmax} = 2\,\frac{F_k + G_k}{3la} \tag{10.9}$$

式中　F_k——相应于荷载效应标准组合时，上部结构传至基础顶面的竖向力值；

G_k——基础自重和基础上的土重标准值；

A——基础底面面积；

M_k——相应于荷载效应标准组合时，作用于基础底面的力矩值；

W——基础底面的截面抵抗矩；

p_{kmin}——相应于荷载效应标准组合时，基础底面的边缘的最小压力值；

e——偏心距，$e=M_k/(F_k+G_k)$；

b——力矩作用方向的基础底面边长；

l——垂直于力矩作用方向的基础底面边长；

a——合力作用点至基础底面最大压力边缘的距离，$a=\frac{b}{2}-e$。

在线测试

10.4.3　基础底面尺寸计算

(1) 轴心受压基础底面面积

根据地基承载力条件，此时应满足式(10.5)的要求，其中基底平均压力按式(10.7)确定，再取基础及上方回填土重 $G_k \geqslant \gamma_G \cdot d \cdot A$，故而有轴心受压基础底面面积 A 的计算公式：

$$A \geqslant \frac{F_k}{f_a - \gamma_G \cdot d} \tag{10.10}$$

式中　γ_G——基础及回填土的平均重度，一般取 20 kN/m³，地下水位以下取 10 kN/m³；

d——基础平均埋深。

对于独立基础按式(10.10)计算出 A 后，先选定 b 或 l，再计算另一边长，使 $A=bl$，而长宽比一般取 1.0～2.0。

对于条形基础，长度方向取 1 m，按式(10.10)计算得出即为基础宽度尺寸。

按式(10.10)计算 A 时，需要先确定地基承载力特征值 f_a，而 f_a 值又与基础底面尺寸 A 有关，因此可能需要通过反复试算确定。

(2) 偏心受压基础底面面积

先按中心荷载作用下的公式计算基础底面面积 A_0，再考虑偏心影响，加大 A_0，使 $A=(1.1-1.4)A_0$，按 A 初步选择基础底面长宽值，一般取 $l/b=1.2$～2.0；最后按式(10.8)或式(10.9)计算偏心荷载作用下的 p_{kmax}、p_{kmin}，验算是否满足式(10.6)的要求，如不适合，调整后再验算，反复 1～2 次一般便能定出合适的基础底面尺寸。

【例 10.4】某柱下矩形单独基础，已知按荷载效应标准组合传至基础顶面的内力值 $F_k=920$ kN，$M_k=200$ kN·m；地基为粉质黏土，其重度为 $\gamma=18.5$ kN/m³，地基承载力特征值 $f_{ak}=180$ kPa($\eta_b=0.3$；$\eta_d=1.6$)，基础埋深 $d=1.5$ m，试确定基础底面尺寸。

【解】(1) 假定基础宽度小于 3 m，代入公式(10.4)得：

$$f_a=180+0+1.6\times 18.5\times(1.5-0.5)=209.6\ \text{kPa}$$

(2) 按轴心受压，初步估算基础尺寸，代入公式(10.10)得：

$$A \geqslant \frac{920}{209.6-18.5\times 1.5}=5.06\ \text{m}^2\text{，则基础宽度 } b=2.3\ \text{m}$$

(3) 将基础底面积根据经验扩大 20%，假定基础底面长边与短边之比为 1.5，得：

$$b \geqslant \sqrt{5.06 \times 1.2} = 2.01 \text{ m}$$

(4) 将基础宽度定为 2.1 m,则基础长度为 3.2 m,验算地基承载力。

$$p_k = \frac{920}{2.1 \times 3.2} + 20 \times 1.5 = 166.9 \text{ kPa} < 180 \text{ kPa};$$

$$p_{kmax} = \frac{920}{2.1 \times 3.2} + 20 \times 1.5 + \frac{200 \times 6}{2.1 \times 3.2^2} = 222.7 \text{ kPa}$$

$$p_{kmin} = \frac{920}{2.1 \times 3.2} + 20 \times 1.5 - \frac{200 \times 6}{2.1 \times 3.2^2} = 111.1 \text{ kPa}$$

则 $p_{kmax} = 222.7 < 1.2 \times 209.6 = 251.52$ kPa;

尺寸合理。

10.5 桩 基 础

在线测试

桩基一般由设置于土中的桩和承接上部结构的承台组成,如图 10.22 所示,桩顶埋入承台中。根据承台与地面的相对位置的不同,有低承台桩基和高承台桩基之分。前者的承台底面位于地面以下,而后者则高出地面以上,且桩常处于水下。在工业与民用建筑物中,几乎都使用低承台桩基,而且一般采用的都是竖直桩。

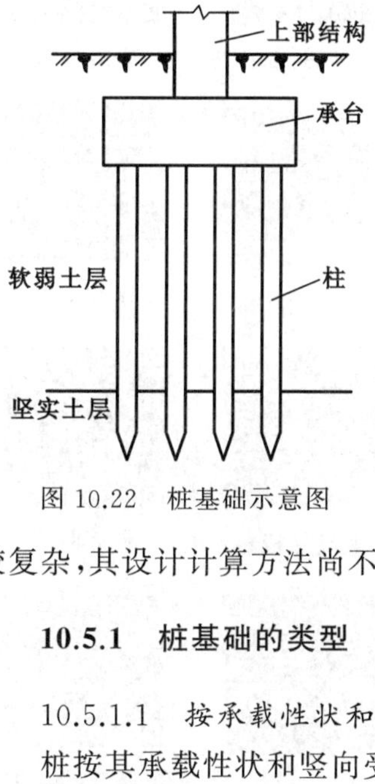

图 10.22 桩基础示意图

桩基础具有较高的承载能力和稳定性,能减少建筑物的沉降,并具有良好的抗震、抗爆性能,是一种适用范围广的深基础。对于房屋建筑工程,桩基础适用于上部土层软弱而下部土层坚实的场地。但桩基础的造价一般较高,施工比一般浅基础复杂。以打入等方式设桩存在振动及噪音等环境问题,而以成孔灌注方式设桩常对场地环境卫生带来影响。另外,桩的工作机理比较复杂,其设计计算方法尚不完善,因此必须谨慎对待桩基础。

10.5.1 桩基础的类型

10.5.1.1 按承载性状和竖向受力情况不同分类

桩按其承载性状和竖向受力情况不同可分为两类:

(1) 摩擦型桩

① 摩擦桩　桩顶竖向荷载主要由桩侧摩阻力承受,桩尖承受的竖向荷载可以忽略不计的桩。适用于软弱土层较厚,桩端无较硬的土层作为持力层的地基。

② 端承摩擦桩　桩顶竖向荷载由桩侧摩阻力和桩端阻力共同承受,但大部分荷载由桩侧阻力承受的桩。

(2) 端承型桩

① 端承桩　桩顶竖向荷载主要由桩尖以端阻力承受,桩侧承受的竖向荷载可以忽略不计的桩。适用于桩通过软弱土层较厚,桩端支撑在坚硬土层或岩石上的地基。

② 摩擦端承桩　桩顶竖向荷载由桩侧摩阻力和桩端阻力共同承受,但大部分荷载由桩端

阻力承受的桩。

10.5.1.2　按桩身材料不同分类

桩按其桩身材料不同可分为以下三类：

(1) 混凝土桩

根据施工方法不同，混凝土桩又可分为预制混凝土桩和就地灌注混凝土桩（简称灌注桩）两类，各种混凝土桩是目前最广泛使用的桩。

(2) 钢桩

钢桩常见的是型钢桩和钢管桩两类。型钢桩即各种形式的板桩，抗弯性能较好，常用于临时支撑结构和永久性的码头工程。型钢桩与钢管桩则常用于承受垂直荷载。由于钢材相对较贵，钢桩在我国采用还较少。

(3) 组合材料桩

组合材料桩即两种材料组合桩，如不同入土深度分段用不同材料的桩或钢管桩内填充混凝土等。这类桩只在特殊条件下采用。

10.5.1.3　按桩的制作方法不同分类

按桩的制作方法不同分为以下两类：

(1) 预制桩

预制桩是指将预先制作成型，通过各种机械设备把它沉入地基至设计标高的桩。常见的沉桩方法有锤击法、振动法、静压法等。

(2) 灌注桩

灌注桩是指在建筑工地现场成孔，并在现场向孔内灌注混凝土的桩。常见成桩方法有沉管灌注桩、钻孔灌注桩、冲孔灌注桩、扩底灌注桩等。

10.5.1.4　按桩径大小不同分类

按桩径大小不同分为以下三类：

(1) 小直径桩

小直径桩是指桩径不大于 250 mm 的桩。

(2) 中等直径桩

中等直径桩是指桩径大于 250 mm 而小于 800 mm 的桩。

(3) 大直径桩

大直径桩是指桩径不小于 800 mm 的桩。

爆扩成孔灌注桩　锤击打桩

反循环钻孔桩　静力压桩

螺旋钻成桩　泥浆护壁

缩径桩　正循环钻孔桩

桩基础类型动画

10.5.2　桩基的受力特点

(1) 单桩受力特点

如图 10.23 所示，单桩在竖向荷载作用下，由桩侧分布摩擦力与桩端分布阻力共同抵抗竖向荷载。地基土在桩侧摩擦力及桩端阻力的作用下产生附加应力，从而导致地基土的变形，引起桩体的沉降；桩体受到竖向荷载和土体阻力的共同作用而产生桩身轴力，从而导致桩体出现轴向压缩变形；在桩周处由于桩周土受力条件不同而产生桩周土相对位移，这种相对位移的大

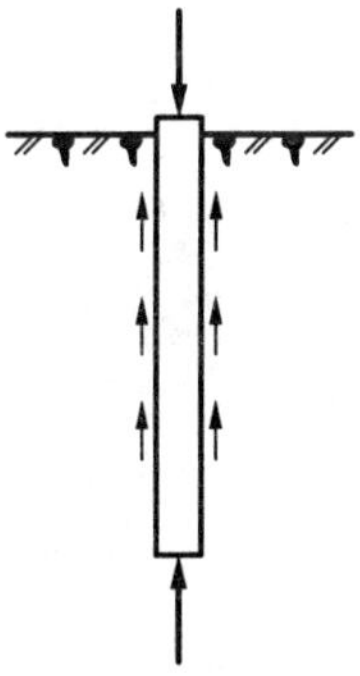

图 10.23　单桩竖向荷载传力示意图

小和随深度位置的变化对桩的桩侧摩擦力有很大影响；在桩端处，桩的沉降与桩端阻力的大小有关。

桩侧摩擦力的分布即使在匀质地基中也是很复杂的，而成层土地基情况就更为复杂。桩端阻力的大小与桩端沉降及桩侧摩擦力等均有关系。

尚需指出，在不同的荷载水平下，桩侧摩擦力和桩端阻力的相对比例关系不是常数，发挥桩侧极限摩阻力和发挥桩端极限阻力所需的桩的沉降量也往往不同，即不同部位阻力的发挥不是同步的。根据一些工程实测结果，发挥桩侧极限摩阻力所需桩的沉降一般很小，为3～5 mm，而发挥桩端极限阻力的沉降可达桩径的10%～25%。

(2) 群桩基础的受力特点

桩数不止一根的桩基称为群桩基础，群桩中的每一根桩称为基桩。群桩在各类荷载下的承载力与变形性状比单桩情况复杂得多。竖向荷载作用下的群桩基础，由于承台、桩、土的相互作用，其基桩的承载力和沉降性状往往与相同地质条件和设置方法同样的单桩有显著差别，这种现象称为群桩效应。因此，群桩基础的承载力常不等于其中各基桩的相应单桩承载力之和。通常用群桩效应系数来衡量基桩平均承载力比单桩降低或提高的幅度。

端承型单桩及群桩桩尖下应力分布的情况如图10.24所示。由于端承型桩基的桩底持力层刚硬，桩与桩的相互作用的影响效应很小，可忽略不计。因此，端承型群桩基础中各基桩的工作性状接近于单桩，群桩基础承载力近似等于各基桩的相应单桩承载力之和，群桩效应系数取1.0。

摩擦型单桩及群桩桩端处的应力分布情况如图10.25所示。群桩的桩端平面上因各邻桩桩周扩散应力的相互叠加而导致应力分布的范围和强度均较大，应力传递的深度也将比单桩情况大，群桩效应明显。因此，摩擦型群桩的沉降大于单桩，对非条形承台下按常用桩距布桩的群桩，桩数越多，则群桩与单桩的沉降量之比越大。试验与理论分析资料表明，桩距是影响摩擦型群桩基础的群桩效应的主导因素，当桩间距小于3倍桩径时，地基中附加应力重叠严重，群桩效应系数低而变形比大，而当桩间距大于6倍桩径时，地基应力重叠现象较轻，群桩效应系数较高而变形比小。

图 10.24　端承桩在桩尖平面上的应力分布

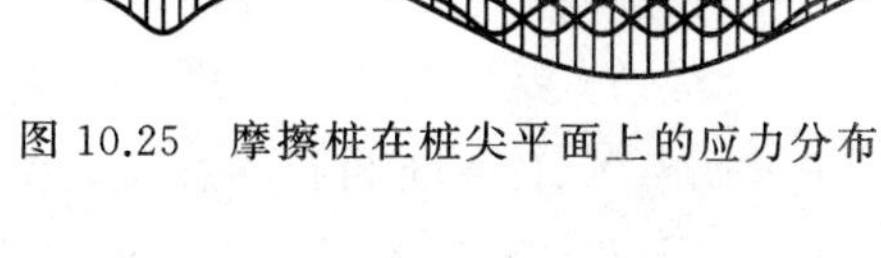

图 10.25　摩擦桩在桩尖平面上的应力分布

(3) 承台的受力特点

桩基承台作为连接各个单桩共同承受上部荷载的重要构件，同时受到上部结构与桩顶等的冲切、剪切及弯曲作用。

10.5.3 桩和承台的构造要求

10.5.3.1 桩和桩基的构造要求

(1) 预制桩的混凝土强度等级不应低于 C30,灌注桩不应低于 C25,预应力桩不应低于 C40。

(2) 配筋长度。受水平荷载和弯矩较大的桩,配筋长度应通过计算确定;桩基承台下存在淤泥、淤泥质土或液化土层时,配筋长度应穿过淤泥、淤泥质土层或液化土层;坡地岸边的桩、8度及 8 度以上地震区的桩、抗拔桩、嵌岩端承桩应通长配筋;桩径大于 600 mm 的钻孔灌注桩,构造钢筋的长度不宜小于桩长的 2/3。

(3) 桩顶嵌入承台内的长度不宜小于 50 mm。主筋伸入承台内的锚固长度不宜小于钢筋直径的 30 倍(HPB300 级钢)和钢筋直径的 35 倍(HRB400 级钢)。对于大直径灌注桩,当采用一柱一桩时,可设置承台或将桩和柱直接连接,柱纵筋插入桩身的长度也应满足锚固长度的要求。

(4) 摩擦型桩的中心距不宜小于桩身直径的 3 倍;扩底灌注桩的中心距不宜小于扩底直径的 1.5 倍,当扩底直径大于 2 m 时,桩端净距不宜小于 1 m。在确定桩距时尚应考虑施工工艺中挤土等效应对邻近桩的影响。

(5) 在承台及地下室周围的回填土中,应满足填土密实性的要求。

10.5.3.2 桩基承台的构造

桩基承台除满足抗冲切、抗剪切、抗弯承载力和上部结构的要求外,尚应符合下列要求:

(1) 承台的宽度不应小于 500 mm。边桩中心至承台边缘的距离不宜小于桩的直径或边长,且桩的外边缘至承台边缘的距离不应小于 150 mm。对于条形承台梁,桩的外边缘至承台梁边缘的距离不小于 75 mm。

(2) 承台的最小厚度不应小于 300 mm。

(3) 承台混凝土的强度等级不应低于 C20,纵向钢筋的混凝土保护层厚度不应小于 70 mm,当有混凝土垫层时,不应小于 50 mm。

(4) 承台之间的连接应符合下列要求:

① 单桩承台,宜在两个互相垂直的方向上设置连系梁;

② 两桩承台,宜在其短向设置连系梁;

③ 有抗震要求的柱下独立承台,宜在两个主轴方向设置连系梁;

④ 连系梁顶面宜与承台位于同一标高,连系梁的宽度不应小于 250 mm,梁的高度可取承台中心距的 1/10～1/15 且不应小于 400 mm;

⑤ 连系梁的主筋应按计算要求确定。连系梁内上、下纵向钢筋直径不应小于 12 mm 且不应少于 2 根,并应按受拉要求锚入承台。

本章小结

天然状态下,土是由固体颗粒、水、气体组成的三相体系。其中,固体颗粒是土体的骨架部分。土粒的大小、形状、矿物成分以及大小级配情况对土的物理力学性质有着明显影响。土的颗粒级配可以在一定程度上反映土的某些性质。

土的重度 γ、土粒相对密度 G_s、土的含水量 w 为土的基本物理性质指标,土的孔隙比 e、孔隙率 n、饱和度 S_r 以及不同状态下土的密度与重度为导出指标。

土的物理状态指标包括黏性土的塑性指数 I_p 和液性指数 I_L。

地基岩土分为岩石、碎石土、砂土、黏性土、粉土和人工填土等类。

地基按其变形特征可分为变形量、沉降差、倾斜、局部倾斜。地基变形不应超过允许值。通过建筑物的沉降观测能反映地基的实际变形以及地基变形对建筑物的影响程度。

地基承载力是地基所具有的承受荷载的能力，即地基在保证其稳定的前提下，满足建筑物各类变形要求时的承载能力。地基承载力的大小用地基承载力特征值表示。

浅基础根据所用的材料不同可分为砖基础、毛石基础、混凝土和毛石混凝土基础、灰土和三合土基础以及钢筋混凝土基础等；根据结构形式不同可分为无筋扩展基础、扩展基础、柱下条形基础、筏形基础和箱形基础。不同类型的浅基础具有不同的受力特点及构造要求。

基础埋置深度是指室外设计地面至基础底面的垂直距离。影响基础埋深的因素主要有：建筑物的用途和类型；基础上荷载大小及性质；工程地质和水文地质条件；相邻建筑物和构筑物对基础埋深的影响；季节性冻土的影响。

桩按其承载性状和竖向受力情况可分为摩擦型桩和端承型桩。桩基的受力特点、桩和承台的构造要求与浅基础有较大差别。

思考和练习题

10.1 工程上将地基土分为哪几类？

10.2 什么是塑限、液限、塑限指数、液限指数？它们各是什么指标？

10.3 浅基础有哪些形式？桩基础按其承载类型分为哪几类？

10.4 什么是基础埋置深度？确定基础埋置深度要考虑哪些因素？

10.5 一般情况下地基承载能力特征值如何确定？

10.6 无筋扩展基础的特点是什么？有哪几种？

10.7 筏形基础有什么特点？适用于什么范围？

10.8 箱形基础有什么特点？适用于什么范围？

10.9 怎样确定基础的底面尺寸？

10.10 桩按其承载性状和竖向受力情况不同可分为哪两类？其各自受力特点是什么？

10.11 单项选择题

(1) 相同地基上的基础，当宽度相同时，埋深大于 0.5 m 时，则埋深越大，基础的承载力(　　)。

A.越大　B.越小　C.与埋深无关　D.按不同土的类别而定

(2) 下列基础中，减小不均匀沉降效果最好的基础类型是(　　)。

A.条形基础　B.独立基础　C.箱型基础　D.十字交叉基础

(3) 下列不属于深基础的是(　　)。

A.位于地下水以下的筏形基础　B.沉井

C.沉管灌注桩　D.地下连续墙

(4) 下列桩，属于部分挤土桩的是(　　)。

A.H 型刚桩　B.下端封闭的管桩　C.冲孔灌注桩　D.实心的预制桩

(5)群桩基础中的单桩称为(　　)。

A.单桩基础　B.桩基　C.复合桩基　D.基桩

10.12 计算题：

独立基础尺寸 12 m×9 m，基础埋深 4.0 m，埋深范围内土的平均重度 $\gamma_m = 17.8\ kN/m^3$，地基底部土层重度 $\gamma = 18.6\ kN/m^3$，荷载作用标准组合时基础顶面荷载为 25000 kN，试验测得地基承载力特征值为 $f_{ak} = 180$ kPa，孔隙比 $e = 0.75$，液性指数 $I_L = 0.46$($\eta_b = 0.3$；$\eta_d = 1.6$)，试验算地基承载力是否满足要求。

11 建筑结构抗震设计

本章提要

本章主要介绍了建筑结构抗震设计的基本概念、设计目标，以及抗震概念设计的基本原则、地震作用计算的基本方法及抗震验算的主要内容，简要介绍了多层框架结构房屋和砌体结构房屋的抗震构造措施。

强烈地震是世界上最严重的自然灾害之一，它能在极短的时间内给人类社会造成巨大的损失。一次又一次的地震灾难及教训警示人们：防震减灾任重道远，刻不容缓！为了减轻房屋建筑的地震破坏，避免人员伤亡，减少经济损失，在抗震设防区的房屋建筑必须进行抗震设防。本章简要介绍了地震及房屋建筑抗震设防的基本知识。

11.1 地震基础知识

11.1.1 地震及其危害

地震是一种突发的自然灾害，它是地球由于内部运动累积的能量突然释放或地壳中空穴顶板塌陷等原因，使岩体剧烈振动，并以波的形式向地表传播而引起的地面颠簸和摇晃。我国是地震多发国家之一，1976 年 7 月 28 日发生的唐山地震损失极为惨重，死亡达 24 万人，是 20 世纪十大自然灾害之一；2008 年 5 月 12 日发生的汶川地震是中华人民共和国成立以来破坏性最强、波及范围最广、灾害损失最重、救灾难度最大的一次地震。

在线测试

地震引发的灾害主要有：

(1) 引起滑坡、地裂、断层等严重的地面变形，直接损害建筑物；

(2) 引起建筑物地基的震陷、砂土液化，使地基失效；

(3) 建筑物在剧烈振动中因承载力不足、变形过大、节点破坏、构件失稳甚至整体倾覆而破坏。

地球圈层　地震及其危害

当然，地震除直接造成建筑物破坏外，还常引起海啸、火灾、水灾、爆炸、有毒物质污染、瘟疫等次生灾害。在城市，尤其是大城市，由次生灾害造成的损失往往比由地震直接产生的灾害造成的损失还要大。

全球地震分布　沙土的液化

《建筑抗震设计标准》(GB/T 50011—2010)(2024 年版)

(以下简称《建筑抗震设计标准》)规定:对于抗震设防区的建筑物必须进行抗震设防,建筑经抗震设防后,应能减轻地震破坏,避免人员伤亡,减少经济损失。

11.1.2 地震类型及成因

地震按其产生的原因不同分,主要有火山地震、陷落地震、诱发地震、人工地震以及构造地震。火山地震是由火山爆发时所引起的能量冲击,而产生的地壳振动;陷落地震是由地壳中空穴顶板陷落引起的;诱发地震是由在特定的地区因某种地壳外界因素诱发(如陨石坠落、水库蓄水、深井注水)而引起的;人工地震是由于人类活动,如工业爆破、核爆破、地下抽液、注液、采矿、水库蓄水等引起的;构造地震则是由于地壳构造运动使岩层发生断裂、错动而引起的地面振动。上述地震中,构造地震破坏作用大,影响范围广,占全球地震的90%以上,是房屋建筑抗震设防研究的主要对象。

火山地震

构造地震是地球内部构造活动的结果。地球内部在不停地运动,存在着巨大的能量,岩层在巨大能量作用下发生变形,逐步积累地应力(孕震);与此同时,岩层有可能在流体等因素作用下,导致其强度降低(弱化)。当地应力达到并超过岩层薄弱部位的承受极限时,该处岩层就会断裂或错动(发震),长期积蓄的能量得到突然释放,释放的能量一部分以波的形式向四周传播直至地表,引起地面振动。

板块构造学说可解释地应力的成因。地球表面的岩石层并不是整体一块,而是被划分成若干板块,即欧亚板块、美洲板块、非洲板块、太平洋板块、澳洲板块和南极板块。板块之间在地幔物质对流及地球自转等动力因素作用下,不停地互相插入、摩擦、碰撞、挤压,从而产生了地应力。全球大部分地震带都分布在板块边界上。

11.1.3 抗震设计的基本概念

11.1.3.1 地震空间位置

地震发生时,在地球内部产生地震波的位置称为震源。震源到地面的垂直距离称为震源深度。震源在地表的垂直投影点称为震中。在地震影响范围内,地表某处至震中的距离称为震中距。在同一地震中,具有相同地震烈度的点连线称为等震线。等震线图上烈度最高的区域称为极震区,如图11.1所示。

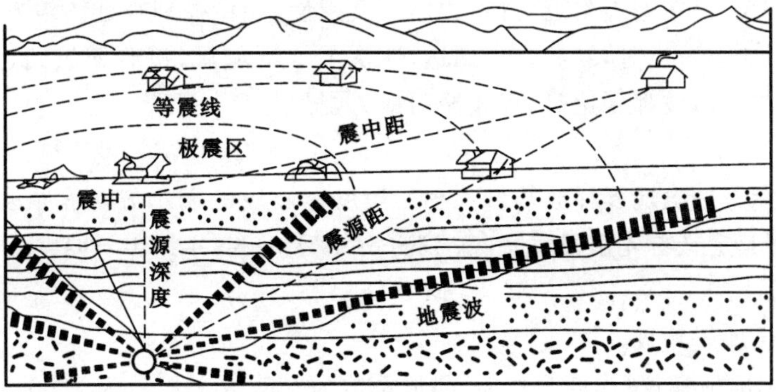

图11.1 地震术语示意图

地震按震源的深浅分为：震源深度小于 70 km 之间的为浅源地震；震源深度在 70～300 km之间的为中源地震；震源深度大于 300 km 的为深源地震。全世界 95％以上的地震都是浅源地震，震源深度集中在 5～20 km 上下，我国发生的绝大部分地震都属于浅源地震。一般地讲，震源浅的地震破坏性大，而震源深的地震破坏性小。

11.1.3.2 地震强度度量

(1) 地震波

地震波是地震发生时所产生的地震振动的传播形式，它包括在地球内部传播的体波和在地表传播的面波。

横波 S　纵波 P

体波又分纵波(P 波)和横波(S 波)。

纵波是由震源向四周传播的压缩波[图 11.2(a)]，介质质点的振动方向与波的传播方向一致，引起地面垂直振动。纵波的周期短，振幅小，波速快。

横波是由震源向四周传播的剪切波[图 11.2(b)]，介质质点的振动方向与波的传播方向垂直，引起地面水平振动。横波的周期相对长，振幅大，波速慢。

瑞雷波 R　乐夫波

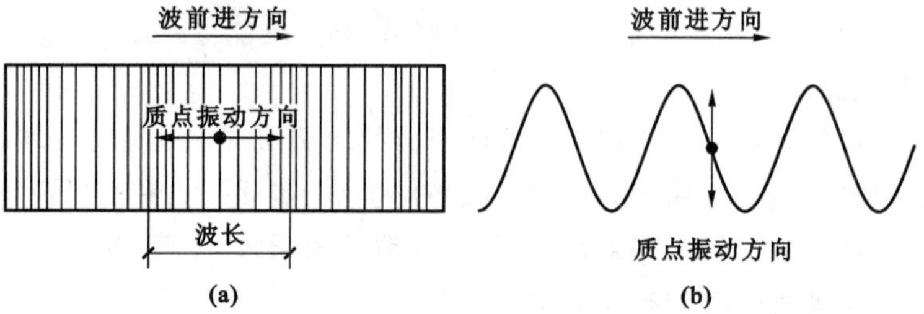

地震与地震波

图 11.2　纵波示意图

(a) 压缩波；(b) 剪切波

在地壳中，纵波的波速为 7～8 km/s，横波的波速为 4～5 km/s。所以当某地发生地震时，在地震仪上首先记录到的是纵波，然后是横波。根据两种波到达的时间差，可估计震源的距离。面波是体波经地层界面多次放射、折射形成的次生波。

面波又包括勒夫(Love)波和瑞利(Rayleigh)波及其他波。面波的质点振动方向比较复杂，既引起地面水平振动又引起地面垂直振动。这种波的波速慢，波速约为 3 km/s，振动周期长，振幅比体波的大，只在地表附近传播，比体波衰减慢，能传播到较远的地方。

由此可见，当地震发生时，纵波首先到达，使房屋上下颠簸；接着横波到达，使房屋水平摇晃。一般是当面波和横波都到达时，房屋振动最为剧烈。

(2) 震级

地震震级是衡量一次地震释放能量大小的尺度。震级的表示方法有很多，目前国际上常用的是里氏震级，其定义首先由里克特(C.F.Richter)于 1935 年给出，即：

$$M = \lg A \tag{11.1}$$

式中　M——里氏地震等级；

A——用标准地震仪(周期为 0.8s、阻尼系数为 0.8、放大倍数为 2800)在距震中100 km 处记录的以“μm”(10^{-6} m)为单位的最大水平地面位移。

实际上，地震时距震中 100 km 处不一定恰好有地震观测台站，而且地震观测台站也不一定有上述标准地震仪，这时，应将记录的地面位移修正为满足式(11.1)条件的标准位移，才能按式(11.1)确定震级。

地震是由于岩层破裂释放能量引起的，一次地震所释放的能量称为地震能，用 E(尔格)表示。经统计分析，可得震级与地震能之间的关系为：

$$\lg E = 11.8 + 1.5M \tag{11.2}$$

震级每提高一级，地面的振动幅度增加约 10 倍，释放的能量则增大近 32 倍。一般对于震级小于 3 级的地震，人们感觉不到，称为微震；对于震级为 3～4.5 级的地震，人体有所感觉，称为有感地震；而对于震级为 4.5～6 级的地震，会引起地面工程结构的破坏，称为中强震；将 6～7 级的地震，称为强震；将震级为 7～8 级的地震，称为大地震；震级为 8 级及 8 级以上的地震称为巨大地震。

(3) 地震烈度

地震烈度是指地震对地表和建筑物影响的平均强弱程度。地震烈度是根据人的感觉、家具和器物的振动情况，以及房屋和构筑物的遭受破坏程度等各方面的情况综合起来，从宏观上对地震影响作出的定量描述。目前我国和世界上绝大多数国家一样都采用 12 等级的烈度划分表。

对于一次地震来说，只有一个震级，但不同地点所遭受影响的强弱程度却不同。一般来说，震中距不同，地震烈度也不同，震中距越大，烈度越低，反之则烈度越高。但在同一地区，有时也会因局部场地的地形和地质条件等影响，出现局部烈度较低或较高的地震异常区。震中烈度的高低，主要取决于地震震级和震源深度。震级大、震源浅，则震中烈度高。地震震级与震中烈度的对应关系，大致如表 11.1 所示。

表 11.1　地震震级和震中烈度的关系

地震震级	2	3	4	5	6	7	8	>8
震中烈度	1～2	3	4～5	6～7	7～8	9～10	11	12

11.1.4　抗震设防烈度与地震影响

抗震设防烈度是指按国家批准权限审定作为一个地区抗震设防依据的地震烈度。一般情况下，抗震设防烈度可采用我国 1990 年颁布的《中国地震烈度区划图(1990)》上所标示的地震烈度地震动参数区划图的地震基本烈度。2022 年，中国地震局已正式启动了新一代地震烈度区划图编制工作。

2015 年 5 月 15 日国家质量监督检验检疫总局、国家标准化管理委员会发布了《中国地震动参数区划图》(GB 18306—2015)，该图中的设防水准为 50 年超越概率 10%。图中标明了全国各地区的地震动峰值加速度和反应谱特征周期值。该图发布后，地震基本烈度向地震动参数过渡。表 11.2 所示为设计基本地震加速度与抗震设防烈度的对照关系。

表 11.2　设计基本地震加速度值

抗震设防烈度	6 度	7 度	8 度	9 度
设计基本地震加速度	0.05g	0.10(0.15)g	0.20(0.30)g	0.40g

注：g 为重力加速度。

11.1.5 设计地震分组

理论分析和震害表明，不同的地震(震级或震中烈度的不同)对某一地区不同动力特性的结构破坏作用是不同的。一般来讲，震级较大、震中距较远的地震对自振周期较长的高柔结构的破坏比同烈度的震级较小、震中距较近的破坏要重，对自振周期较短的刚性结构则有相反的趋势。为了区分同烈度下不同震级和震中距的地震对不同动力特性的建筑物的破坏作用，《建筑抗震设计规范》以设计地震分组来体现震级和震中距的影响，将建筑工程的设计地震分为三组。《建筑抗震设计标准》列出了我国抗震设防区各县级及县级以上城镇抗震设防烈度、设计基本地震加速度和所属的设计地震分组，供设计时取用。

11.1.6 建筑场地

抗震设计时要区分场地类别，以作为表征地震反应场地条件的指标。场地是指工程群体所在地，具有相似的反应谱特征，其范围相当于厂区、居民小区、自然村的区域。场地条件对建筑物所受的地震作用的强烈程度有明显的影响，在一次地震作用下，即使两场地范围内的烈度相同，建筑物震害程度也不一定相同。

《建筑抗震设计标准》把场地分为Ⅰ、Ⅱ、Ⅲ、Ⅳ类，Ⅰ类场地对抗震最为有利，Ⅳ类场地对抗震最不利。建筑场地类别的划分以土层等效剪切波速和场地覆盖层厚度来划分，由工程地质勘查部门提供。

11.2 抗震设计的基本要求

11.2.1 抗震设防的分类及设防标准

在线测试

建筑物的抗震设防类别的划分，应符合国家标准《建筑与市政工程抗震通用规范》(GB 55002—2021)的规定。主要是根据其使用功能的重要性来划分的，按其受地震影响产生的后果，将建筑物分为甲、乙、丙、丁四类：甲类建筑指使用上有特殊设施，涉及国家公共安全的重大建筑工程和地震时可能发生严重次生灾害等特别重大灾害后果，需要进行特殊设防的建筑；乙类建筑指地震时使用功能不能中断或需尽快恢复的生命线相关建筑，以及地震时可能导致大量人员伤亡等重大灾害后果，需要提高设防标准的建筑；丙类建筑应属于除甲、乙、丁类以外的一般建筑；丁类建筑指使用上人员稀少且震损不致产生次生灾害，允许在一定条件下适度降低要求的建筑。

各抗震设防类别建筑的抗震设防标准应符合以下要求：

甲类建筑，地震作用应高于本地区抗震设防烈度的要求，其值应按批准的地震安全性评价结果确定。抗震措施：当抗震设防烈度为 6～8 度时，应符合本地区抗震设防烈度提高一度的要求；当为 9 度时，应符合比 9 度抗震设防更高的要求。

乙类建筑，地震作用应符合本地区抗震设防烈度的要求。抗震措施：一般情况下，当抗震设防烈度为 6～8 度时，应符合本地区抗震设防烈度提高一度的要求；当为 9 度时，应符合比 9

度抗震设防更高的要求。地基基础的抗震措施，应符合有关规定。对较小的乙类建筑，当其结构改用抗震性能较好的结构类型时，应允许仍按本地区抗震设防烈度的要求采取抗震措施。

丙类建筑，地震作用和抗震措施均应符合本地区抗震设防烈度的要求。

丁类建筑，一般情况下，地震作用仍应符合本地区抗震设防烈度的要求。抗震措施应允许比本地区抗震设防烈度的要求适当降低，但抗震设防烈度为 6 度时不应降低。

值得注意的问题是，抗震设防烈度为 6 度时，除《建筑抗震设计规范》有具体规定外，对乙、丙、丁类建筑可不进行地震作用计算。

11.2.2 抗震设防目标

房屋结构的抗震设防目标，是对建筑结构应具有的抗震安全性的要求，即房屋结构物遭遇不同水准的地震影响时，结构构件、使用功能、设备的损坏程度及人身安全的总要求。《建筑抗震设计标准》将抗震设防目标称为三水准的要求，简称为"小震不坏，中震可修，大震不倒"。

(1) 第一水准要求——小震不坏

当遭受低于本地区抗震设防烈度的多遇地震影响时，一般应不受损坏或不需修理仍可继续使用，即"小震不坏"。

(2) 第二水准要求——中震可修

当遭受相当于本地区抗震设防烈度的地震影响时，可能有一定的损坏，经一般修理或不需修理仍可继续使用，即"中震可修"。

(3) 第三水准要求——大震不倒

当遭受高于本地区抗震设防烈度预估的罕遇地震影响时，不致倒塌或发生危及生命的严重破坏，即"大震不倒"。

实际上，建筑物在使用期间，对不同频率和强度的地震应具有不同的抵抗能力。一般小震发生的频率较大，因此要求做到结构不受损坏，这在技术上、经济上是可以做到的。大震发生的概率较小，如果要求结构在遭受大震时不受损坏，这在经济上是不合理的。因此，可以允许结构破坏，但是在任何情况下，不应导致建筑物倒塌。

11.2.3 抗震设计方法

《建筑抗震设计标准》中实现三水准的设防目标，采用了两阶段设计法：

第一阶段设计是承载力验算，取第一水准的地震动参数，计算结构的作用效应和其他荷载效应的基本组合，验算结构构件的承载能力，以及在小震作用下验算结构的弹性变形，以满足第一水准抗震设防目标的要求。这样，既满足了在第一水准下具有必要的承载力可靠度，又满足第二水准的损坏可修的目标。对大多数的结构，可只进行第一水准设计，而通过概念设计和抗震构造措施来满足第二水准的设计要求。

第二阶段设计是在大震作用下的弹塑性变形验算，对特殊要求的建筑、地震时易倒塌的结构以及有明显薄弱层的不规则结构，除进行第一阶段设计外，还要进行薄弱部位的弹塑性层间变形验算，并采取相应的抗震构造措施，以实现第三水准的抗震设防要求。

11.2.4 结构抗震概念设计

地震是一种随机事件，有着难以把握的复杂性和不确定性，要准确预测建筑物所遭遇地震的特性和参数，一时尚难做到。地震的破坏作用和建筑结构破坏的机理更是十分复杂，人们应用真实建筑物的整体试验来研究地震破坏规律又受到各种条件的限制，因此，建筑物的抗震设计，还只能以总结历次大地震的实践经验为依据。20 世纪 70 年代以来，人们把建筑物的抗震设计分为两大部分，即抗震计算与抗震概念设计。抗震计算是对地震作用效应进行定量计算；抗震概念设计则是对建筑结构进行正确的选型、合理的布置以及采取有效的抗震构造措施等，从根本上消除建筑的抗震薄弱环节，再辅以必要的计算和构造措施，就有可能设计出具有良好抗震性能的建筑。

建筑隔震

橡胶隔震支座施工

消能减震

11.2.4.1 场地选择和地基基础

选择建筑场地时，应根据工程需要，掌握地震活动情况、工程地质和地震地质的有关资料，对抗震有利、不利和危险地段做出综合评价。对不利的地段，应提出避开要求；当无法避开时，应采取有效措施；不应在危险地段建造甲、乙、丙类建筑。

地基和基础设计应符合下列要求：

(1) 同一结构单元的基础不宜设置在性质截然不同的地基上；

(2) 同一结构单元不宜部分采用天然地基、部分采用桩基；当采用不同基础类型或基础埋深显著不同时，应根据地震时两部分地基基础的沉降差异，在基础、上部结构的相关部位采取相应措施；

(3) 地基为软弱黏性土、液化土、新近填土或严重不均匀土时，应根据地震时地基不均匀沉降和其他不利影响，采取相应的措施。

11.2.4.2 选择有利于抗震的平面和立面布置

震害分析表明，简单、对称的建筑在地震时表现出较好的抗震性能。建筑的平面、立面和竖向剖面宜规则，结构的侧向刚度宜均匀变化，竖向抗侧力构件的截面尺寸和材料强度宜自下而上逐渐减小，避免抗震侧力结构的侧向刚度和承载力突变。为此，《建筑抗震设计标准》规定：建筑设计应符合抗震概念设计的要求，不应采用严重不规则的设计方案。不规则主要有平面不规则和竖向不规则（如表 11.3、表 11.4、图 11.3 所示）。

表 11.3 平面不规则类型

不规则类型	定　义
扭转不规则	在具有偶然偏心的规定水平力作用下，楼层两端抗侧力构件弹性水平位移（或层间位移）的最大值与平均值的比值大于 1.2
凹凸不规则	平面凹进的尺寸，大于相应投影方向总尺寸的 30％
楼板局部不连续	楼板的尺寸和平面刚度急剧变化。例如，有效楼板宽度小于该层楼板典型宽度的 50％，或开洞面积大于该层楼面面积的 30％，或较大的楼层错层

表 11.4 竖向不规则类型

不规则类型	定　义
竖向刚度不规则	该层的侧向刚度小于相邻上一层的70%，或小于其上相邻三个楼层侧向刚度平均值的80%；除顶层或除屋面小建筑外，局部收进的水平向尺寸大于相邻下一层的25%
竖向抗侧力构件不连续	竖向抗侧力构件(柱、抗震墙、抗震支撑)的内力由水平转换构件(梁、桁架等)向下传递
楼层承载力突变	抗侧力结构的层间受剪承载力小于相邻上一楼层的80%

对于体型复杂、平立面特别不规则的建筑结构，可按实际需要在适当部位设置防震缝，形成多个较规则的抗侧力结构单元。防震缝应根据抗震设防烈度、结构材料种类、结构类型、结构单元的高度和高差情况，留有足够的宽度，其两侧上部结构应完全分开。

当设置伸缩缝和沉降缝时，其宽度应符合防震缝的要求。

11.2.4.3　选择合理的抗震结构体系

选择抗震结构体系，应根据建筑抗震设防类别、设防烈度、建筑高度、场地条件、地基、基础、结构材料和施工等因素，经过技术、经济和使用条件综合比较确定。因此，在选择结构体系时，应符合以下要求：

(1) 应具有明确的计算简图和合理的地震作用传递途径。

(2) 应避免因部分结构或构件破坏而导致整个结构丧失抗震能力或对重力荷载的承载能力。

(3) 应具备必要的抗震承载力、良好的变形能力和消耗地震能量的能力。

(4) 宜具有合理的刚度和承载力分布，避免因局部削弱或突变形成薄弱部位，产生过大的应力集中或塑性变形集中；对可能出现的薄弱部位，应采取措施提高抗震能力。

(5) 宜有多道抗震防线。

(6) 结构在两个主轴方向的动力特性宜相近。

11.2.4.4　保证结构整体性，使结构具有较好的延性

整体性是结构具有良好抗震性能的重要因素。保证主体结构构件之间的可靠连接，是充分发挥各个构件的承载能力、变形能力，从而获得整个结构良好抗震能力的重要措施。为了保证连接的可靠性，抗震结构构件之间的连接应符合下列要求：

(1) 构件节点的破坏，不应先于其连接的构件。

(2) 预埋件的锚固破坏，不应先于连接件。

(3) 装配式结构构件的连接，应能保证结构的整体性。如屋面板与屋架、梁、墙之间；楼板与梁、墙之间；梁与柱之间等。

(4) 预应力混凝土构件的预应力钢筋宜在节点核心区以外锚固。

支撑系统的不完善，往往导致屋盖系统倒塌，致使厂房发生灾难性震害，因此，装配式单层厂房的各种抗震支撑系统，应保证地震时结构的稳定性。

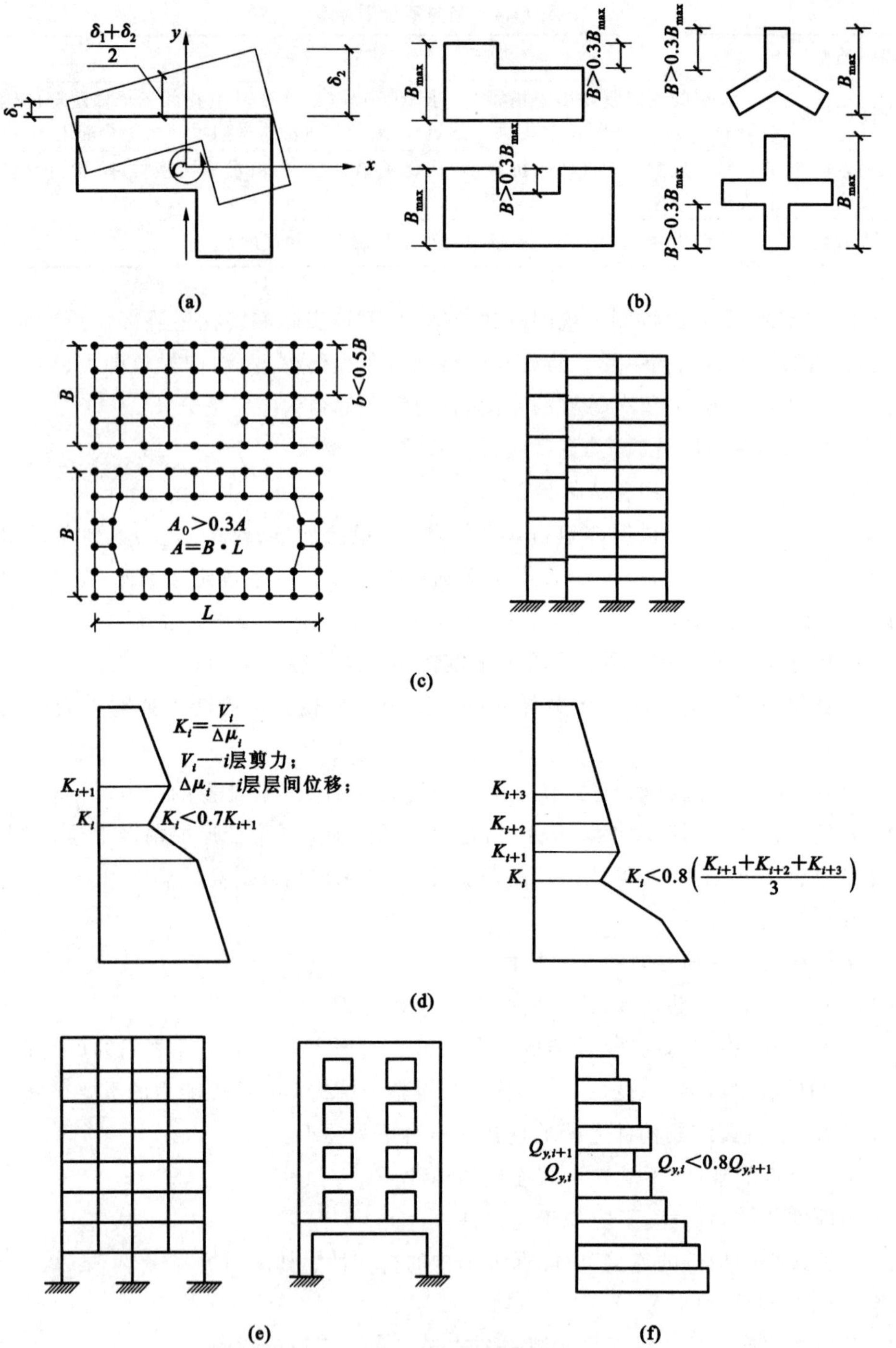

图 11.3 典型的不规则结构

(a) 建筑结构平面扭转不规则示意；(b)、(d) 建筑结构凹凸不规则示意；(c) 建筑结构楼板局部不连续示意；(e) 竖向抗侧力构件不连续示意；(f) 竖向抗侧力结构有薄弱层示意

11.2.4.5 重视非结构构件设计

非结构构件，包括建筑非结构构件（如女儿墙、围护墙、内隔墙、雨篷、高门脸、吊顶、装饰贴

面等）和建筑附属机电设备，自身及其与结构主体的连接，应进行抗震设计。

附着于楼、屋面结构上的非结构构件，应与主体结构有可靠的连接或锚固，避免地震时倒塌伤人或砸坏重要设备。围护墙和隔墙应考虑对结构抗震的不利影响，避免不合理设置而导致主体结构的破坏。幕墙、装饰贴面与主体结构应有可靠连接，避免地震时脱落伤人。安装在建筑上的附属机械、电气设备系统的支座和连接，应符合地震时使用功能的要求，且不应导致相关部件的损坏。

11.3 地震作用计算及结构抗震验算

地震作用是由地震引起的结构动态作用（加速度、速度、位移的作用），包括竖向地震作用和水平地震作用。对一般建筑结构而言，竖向地震作用的影响不明显，所以可以仅计算水平地震作用。抗震设防烈度为 8、9 度时的大跨度和长悬臂结构以及 9 度时的高层建筑，则应计算竖向地震作用。

在线测试

水平地震作用可能来自结构的任何方向，对大多数建筑来说，抗侧力体系沿两个主轴方向布置，所以一般应在两个主轴方向分别计算水平地震作用，每一个方向的水平地震作用由该方向的抗侧力体系承担。对于大多数布置合理的结构，可以不考虑双向地震作用下结构的扭转效应。

11.3.1 地震作用计算简图

地震作用是结构质量受地面输入的加速度激励产生的惯性作用，它的大小与质量有关。计算地震作用时经常采用“集中质量法”的结构计算简图，把结构简化为一个有限数目质点的悬臂杆。假定各楼层的质量集中在楼盖标高处，墙体质量按上下层各半也集中在该层楼盖处，于是各楼层质量被抽象为若干个参与振动的质点。结构的计算简图是一单质点的弹性体系或多质点的弹性体系，如图 11.4 所示。

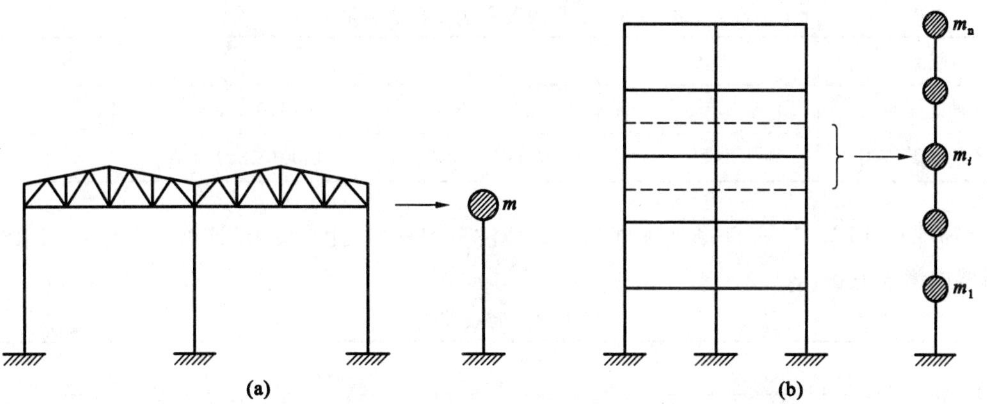

图 11.4 抗震结构计算简图

（a）单质点体系；（b）多质点体系

计算质点的质量时不仅有结构的自重，还包括地震发生时可能作用于结构上的竖向可变荷载（如楼面活荷载等），其计算值称为重力荷载代表值，第 i 楼层的重力荷载代表值记为 G_i。

11.3.2 抗震设计反应谱

计算地震作用的理论基础是地震反应谱。所谓地震反应谱，是指地震作用时结构上质点的反应(加速度、速度、位移等)最大值与结构自振周期之间的关系，也称反应谱曲线。

对每一次地震，都可以记录到它的反应谱曲线。但是地震具有很强的随机性，即使是同一烈度、同一地点，先后两次地震的地面加速度记录也不同，更何况进行抗震设计时不可能预先得知当地未来地震的反应谱曲线。然而在研究了许多地震的实测反应谱后发现，反应谱有一定的规律。抗震设计反应谱就是考虑了这些共同规律后，按主要影响因素处理后得到的平均反应谱曲线。通过设计反应谱，可以把随时间变化的地震作用转化为作用在结构上的最大等效侧向静力荷载，这样计算就方便了。

《建筑抗震设计标准》规定，抗震设计采用的设计反应谱的具体表达形式是地震影响系数 α 曲线，由直线上升段、水平段、曲线下降段和直线下降段组成，如图 11.5 所示。

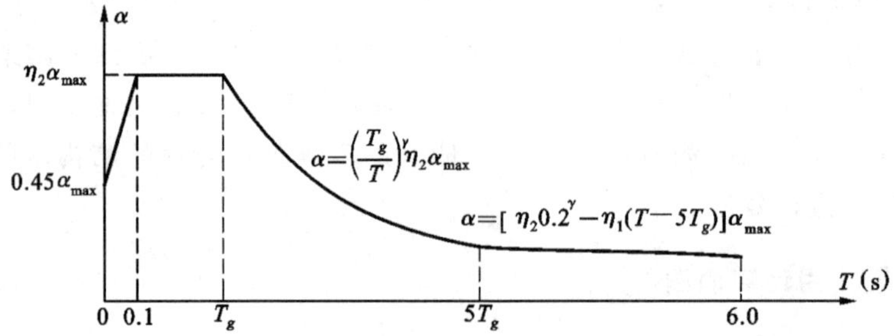

图 11.5 地震影响系数 α 曲线

α—地震影响系数；α_{max}—地震影响系数最大值；η_1—直线下降段的下降斜率调整系数；γ—衰减指数；T_g—场地特征周期；η_2—阻尼调整系数；T—结构自振周期

地震影响系数 α 应根据地震烈度、场地类别、设计地震分组、结构自振周期和阻尼比确定。地震影响系数最大值 α_{max} 按表 11.5 采用。

表 11.5 水平地震影响系数最大值 α_{max}

地震影响	6 度	7 度	8 度	9 度
多遇地震作用	0.04	0.08(0.12)	0.16(0.24)	0.32
罕遇地震作用	0.28	0.50(0.72)	0.90(1.20)	1.40

场地特征周期 T_g 根据场地类别和设计地震分组按表 11.6 采用，计算罕遇地震作用时，特征周期应增加 0.05 s。

表 11.6 特征周期(s)

设计地震分组	场地类别				
	I_0	I_1	Ⅱ	Ⅲ	Ⅳ
第一组	0.20	0.25	0.35	0.45	0.65
第二组	0.25	0.30	0.40	0.55	0.75
第三组	0.30	0.35	0.45	0.65	0.90

阻尼调整系数和形状系数的取值，应符合下列规定：
曲线下降段的衰减指数

$$\gamma = 0.9 + \frac{0.05 - \xi}{0.3 + 6\xi} \tag{11.3}$$

直线下降段的下降斜率调整系数

$$\eta_1 = 0.02 + \frac{0.05 - \xi}{4 + 32\xi} \tag{11.4}$$

阻尼调整系数

$$\eta_2 = 1 + \frac{0.05 - \xi}{0.08 + 1.6\xi} \tag{11.5}$$

当 η_1 小于 0 时取 0，当 η_2 小于 0.55 时取 0.55，除专门规定外，建筑结构阻尼比 ξ 应取 0.05。这时 $\gamma = 0.9$，$\eta_1 = 0.02$，$\eta_2 = 1.0$。

11.3.3 底部剪力法计算地震作用

计算地震作用的方法有好几种，如底部剪力法、振型分解反应谱法、时程分析法等。振型分解反应谱法将复杂振动按振型分解，并借用单自由度体系的反应谱理论来计算地震作用，计算量较大，是目前计算机辅助结构设计软件计算地震作用常用的方法。时程分析法目前常用于重要或复杂结构的补充计算。底部剪力法是对振型分解反应谱法的简化，计算量小，适合于手算。现介绍手算常采用的底部剪力法。《建筑抗震设计标准》规定：当建筑物为高度不超过 40 m、变形以剪切变形为主，且质量和刚度沿高度的分布比较均匀的结构时，可以采用底部剪力法计算结构的水平地震作用标准值，如图 11.6 所示。

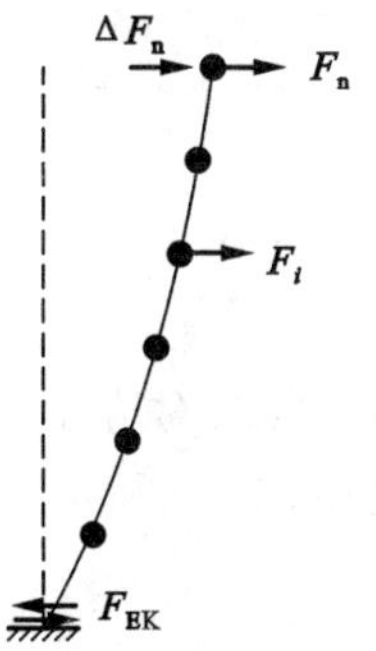

图 11.6 底部剪力法地震作用分布

结构水平地震作用标准值 F_{EK} 按下列公式计算：

$$F_{EK} = G_{eq}\alpha_1 \tag{11.6}$$

$$F_i = \frac{G_i H_i}{\sum_{j=1}^{n} G_j H_j}(1 - \delta_n)F_{EK} \quad (i = 1, 2, \cdots, n) \tag{11.7}$$

$$\Delta F_n = \delta_n F_{EK} \tag{11.8}$$

式中 G_{eq}——结构等效总重力荷载，对于单质点体系应取总重力荷载代表值，多质点体系取总重力荷载代表值的 85%；

α_1——与结构基本自振周期相应的水平地震影响系数；

F_i——质点 i 的水平地震作用标准值；

G_i、G_j——集中质点 i、j 重力荷载代表值；

H_i、H_j——集中质点 i、j 的计算高度；

δ_n——结构顶部附加地震作用系数，对于多层钢筋混凝土房屋和钢结构房屋，按表11.7采用，对于多层内框架砖房取 $\delta_n = 0.2$，其他房屋可采用 0.0；

ΔF_n——顶部附加水平地震作用。

考虑附加水平地震作用 ΔF_n 的意义是：精确计算的结果表明，对某些自振周期较长的结构，当结构层数较多且用式(11.6)计算时，结构上部质点的地震作用计算结果偏小，所以《建筑抗震设计标准》规定：对基本周期 T_1 大于 $1.4T_g$ 的建筑结构，在其顶部附加一水平地震作用

$\Delta F_n=\delta_n F_{EK}$予以修正。

表 11.7　顶部附加地震作用系数 δ_n

T_g(s)	$T_1>1.4T_g$	$T_1\leqslant 1.4T_g$
$\leqslant 0.35$	$0.08T_1+0.07$	0.0
0.35～0.55	$0.08T_1+0.01$	
$\geqslant 0.55$	$0.08T_1-0.02$	

计算结构重力荷载代表值 G_i 时，应取结构自重标准值和各可变荷载的组合值之和。各可变荷载组合值系数可按表 11.8 采用。

表 11.8　可变荷载的组合值系数

可变荷载种类		组合值系数
雪荷载		0.5
屋顶积灰荷载		0.5
屋面活荷载		不计入
按实际情况考虑的楼面活荷载		1.0
按等效均布荷载考虑的楼面活荷载	藏书库、档案库	0.8
	其他民用建筑	0.5
吊车悬吊物重力	硬钩吊车	0.3
	软钩吊车	不计入

F_i 是第 i 楼层的地震作用标准值。根据力学计算知识我们可知，第 i 楼层对应于水平地震作用标准值的楼层剪力 V_{EKi} 等于第 i 楼层以上各层地震作用标准值之和，即：

$$V_{EKi}=\sum_{i}^{n}F_i \tag{11.9}$$

为保证结构的基本安全性，抗震验算时，结构任一楼层的水平地震剪力应符合下式的最低要求：

$$V_{EKi}>\lambda\sum_{j=i}^{n}G_j \tag{11.10}$$

式中　V_{EKi}——第 i 层对应于水平地震作用标准值的楼层剪力；

λ——剪力系数，不应小于表 11.9 规定的楼层最小地震剪力系数值，对竖向不规则结构的薄弱层，尚应乘以 1.15 的增大系数；

G_j——第 j 层的重力荷载代表值。

表 11.9　楼层最小地震剪力系数值 λ

类　别	6 度	7 度	8 度	9 度
扭转效应明显或基本周期小于 3.5 s 的结构	0.008	0.016(0.024)	0.032(0.048)	0.064
基本周期大于 5.0 s 的结构	0.006	0.012(0.018)	0.024(0.036)	0.048

注：① 基本周期介于 3.5 s 和 5.0 s 之间的结构，按插入法取值；

② 括号内数值分别用于设计基本地震加速度为 $0.15g$ 和 $0.30g$ 的地区。

算得楼层剪力标准值 V_{EKi} 后,就可进行结构的位移计算。再根据抗侧刚度的比例把楼层剪力的设计值 V_i 分配到第 i 楼层上每一轴线的抗侧力结构上,进行结构地震作用的内力计算。

11.3.4 结构抗震验算

结构抗震验算包括结构构件截面抗震验算和结构抗震变形验算。对抗震设防烈度为 6 度区的建筑(建造于Ⅳ类场地上较高的高层建筑除外),可不进行截面抗震验算,但应符合抗震规范有关抗震措施的要求。对 6 度区建造于Ⅳ类场地上较高的高层建筑、7 度或 7 度以上地区的建筑结构,应进行多遇地震作用下的截面抗震验算。

11.3.4.1 内力组合

结构构件的地震作用效应和其他荷载效应的基本组合,应按下式计算:

$$S = \gamma_G S_{GE} + \gamma_{Eh} S_{Ehk} + \psi_w \gamma_w S_{wk} \tag{11.11}$$

式中 S——结构构件内力组合的设计值,包括组合的弯矩、轴向力和剪力设计值;

γ_G——重力荷载分项系数,一般情况应采用 1.2,当重力荷载效应对结构构件承载能力有利时,不应大于 1.0;

γ_{Eh}——水平地震作用分项系数,取值 1.3;

γ_w——风荷载分项系数,取值 1.4;

S_{GE}——重力荷载代表值的效应;

S_{Ehk}——水平地震作用标准值的效应;

S_{wk}——风荷载标准值的效应;

ψ_w——风荷载组合值系数,一般结构取 0,风荷载起控制作用的高层建筑可取 0.2。

11.3.4.2 承载力验算

结构构件的截面抗震验算,应采用下列设计表达式:

$$S \leqslant \frac{R}{\gamma_{RE}} \tag{11.12}$$

式中 R——结构构件承载力设计值;

γ_{RE}——承载力抗震调整系数,除另有规定外,应按表 11.10 采用。

表 11.10 承载能力抗震调整系数

材料	结构构件	受力状态	γ_{RE}
钢	柱、梁、支撑、节点板件、螺栓、焊缝	强度	0.75
	柱、支撑	稳定	0.80
砌体	两端均有构造柱、芯柱的抗震墙	受剪	0.90
	其他抗震墙	受剪	1.00
混凝土	梁	受弯	0.75
	轴压比小于 0.15 的柱	偏压	0.75
	轴压比不小于 0.15 的柱	偏压	0.80
	抗震墙	偏压	0.85
	各类构件	受剪、偏拉	0.85

11.3.4.3　抗震变形验算

(1) 多遇地震作用下抗震变形验算

为实现第一水准的抗震设防目标，要求结构在多遇地震作用下保持弹性阶段工作，不受损坏；结构层间位移不超过规定的限值，以免非结构构件（如围护墙、隔墙和各种装修等）出现破坏。因此，对表 11.11 所列的各类结构应进行多遇地震作用下的抗震变形验算，楼层最大的弹性层间位移应符合下式要求：

$$\Delta u_e \leqslant [\theta_e]h \tag{11.13}$$

式中　Δu_e——多遇地震作用标准值产生的楼层最大的弹性层间位移；

$[\theta_e]$——弹性层间位移角限值，宜按表 11.11 采用；

h——计算楼层层高。

表 11.11　弹性层间位移角限值

结构类型	$[\theta_e]$
钢筋混凝土结构	1/550
钢筋混凝土框架-抗震墙、板柱-抗震墙、框架-核心筒	1/800
钢筋混凝土抗震墙、筒中筒	1/1000
钢筋混凝土框支层	1/1000
多、高层钢结构	1/250

(2) 罕遇地震作用下抗震变形验算

结构在罕遇地震作用下变形验算的基本目的，是估计强烈地震作用下结构薄弱楼层或部位的弹塑性最大位移，分析结构本身的变形能力，通过改善结构的均匀性和采取改善结构薄弱楼层变形能力的抗震措施等，把结构的层间弹塑性最大位移控制于允许的范围之内。

11.4　多层砌体结构房屋的抗震措施

11.4.1　砌体房屋结构的震害

砌体是一种脆性材料，其抗拉、抗剪、抗弯强度均较低，且自重大，因而砌体房屋的抗震性能相对较差。在国内外历次强烈地震中，砌体结构的破坏率相当高。砌体结构抗震，就是增强房屋整体性，防止结构倒塌。

在线测试

实践证明，经过认真的抗震设计，通过合理的抗震设防、得当的构造措施和良好的施工质量保证，即使在中、强地震区，砌体结构房屋也能够不同程度地抵御地震的破坏。

在砌体结构房屋中，墙体是主要的承重构件，它不仅承受垂直方向的荷载，也承受水平和垂直方向的地震作用，受力复杂，加之砌体本身的脆性性质，地震时墙体很容易发生裂缝。在地震反复作用下，裂缝会发展、增多和加宽，最后导致墙体崩塌，楼盖塌落，房屋破坏。其震害情况大致如下：

(1) 房屋倒塌

这是最严重的震害，主要发生在房屋墙体特别是底层墙体整体抗震强度不足时，房屋将发生整体倒塌；当房屋局部或上层墙体的抗震强度不足，或个别部位构件间连接强度不足时，易造成局部倒塌。

（2）墙体开裂破坏

此类破坏主要是因为墙体的强度不足而引起。墙体裂缝形式主要是水平裂缝、斜裂缝、交叉裂缝和竖向裂缝。高宽比较小的墙体易出现斜裂缝，高宽比较大的窗间墙易出现水平偏斜裂缝。当墙体平面外受弯时，易出现水平裂缝；当纵横墙交接处连接不好时，易出现竖向裂缝。

（3）墙角破坏

墙角为纵横墙的交汇点，房屋对它的约束作用相对较弱，在地震时，房屋发生扭转，该处的位移反应比房屋的其他部位要大，加之在地震作用下的应力状态复杂，较易发生受剪斜裂缝、受压竖向裂缝、块材被压碎或墙角脱落等破坏。

（4）纵横墙及内外墙的连接破坏

此类破坏一般是因为施工时纵横墙或内外墙分别砌筑，没有很好地咬槎，连接较差，加之地震时两个方向的地震作用，使连接处受力复杂，应力集中，极易被拉开而破坏。这种破坏将导致整片纵墙、山墙外闪甚至倒塌。

（5）楼梯间破坏

地震中楼梯本身很少破坏，但楼梯间的墙体由于在高度方向缺乏支撑，空间相对刚度较差，且高厚比较大，稳定性差，因此容易造成破坏。

房屋抗震原理——共振

砌体房屋结构的震害——砌体结构振动台试验

（6）楼盖与屋盖破坏

这类破坏主要是由于楼盖及屋盖的支承系统不完善（如支承长度不足、装配式的支承连接不牢固）所致，或是由于楼盖及屋盖的支承墙体破坏倒塌，引起楼、屋盖倒塌。

（7）其他附属构件的破坏

这类破坏主要是由于“鞭梢效应”的影响，加之这些构件与建筑物本身连接较差，在地震时容易破坏。如突出屋面的小烟囱、女儿墙或附墙烟囱、隔墙等非结构构件、室内外装饰等在地震中极易开裂、倒塌。

西安小雁塔抗震

紫禁城抗震实验

11.4.2 结构方案与结构布置

大量的震害调查表明，多层砌体房屋的结构布置对建筑物的抗震性能关系密切，因而在进行建筑平面、立面以及结构抗震体系的布置与选择时，应注意方案的合理性。

11.4.2.1 建筑平面及结构布置

建筑平面应优先采用横墙承重或纵横墙共同承重的结构体系。不应采用彻体墙和混凝土墙混合承重的结构体系。

纵横墙的布置宜均匀对称，沿平面内宜对齐，沿竖向应上下连续；同一轴线上的窗间墙宽度宜均匀。

当房屋立面高差在 6 m 以上，房屋有错层且楼板高差大于层高的 1/4 及各部分结构刚度、质量截然不同时，应设置抗震缝，缝两侧均应设置墙体，缝宽应根据设防烈度和房屋高度确定，一般可采用 70～100 mm。

不宜将楼梯间设置在房屋的尽端或转角处。

不宜采用无竖向配筋的附墙烟囱及出屋面的烟囱。烟道、风道、垃圾道等不应削弱墙体。当墙体被削弱时，应对墙体采取水平配筋等加强措施。

11.4.2.2　*多层砌体房屋的基本尺寸限值*

地震灾害调查表明，无筋砌体房屋的总高度越高、层数越多，地震引起的破坏就越严重。

(1) 总高度和层数限值

多层砌体房屋高度的限制要同时满足高度和总层数两项规定。一般情况下，房屋的层数和总高度应符合表 11.12 的规定，医院、教学楼及横墙较少的多层砌体房屋的总高度应比表 11.12中的规定降低 3 m，层数相应减少一层。所谓横墙较少，是指同一楼层内开间尺寸大于 4.20 m 的房间占该层总面积 40%以上的情况。

表 11.12　多层砌体房屋的层数和总高度限值(m)

房屋类别		最小墙厚(mm)	烈度											
			6		7				8				9	
			0.05g		0.10g		0.15g		0.20g		0.30g		0.40g	
			高度	层数	高度	层数	高度	层数	高度	层数	高度	层数	高度	层数
多层砌体	普通砖	240	21	7	21	7	21	7	18	6	15	5	12	4
	多孔砖	240	21	7	21	7	18	6	18	6	15	5	9	3
	多孔砖	190	21	7	18	6	15	5	15	5	12	4	—	—
	小砌块	190	21	7	21	7	18	6	18	6	15	5	9	3

注：① 房屋的总高度指室外地面到主要屋面板板顶或檐口的高度，半地下室可从地下室室内地面算起，全地下室和嵌固条件好的半地下室可从室外地面算起，带阁楼的坡屋面应算至山尖墙的 1/2 高度处；

② 室内外高差大于 0.6 m 时，房屋总高度应允许比表中数据适当增加，但不应多于 1.0 m；

③ 表中小砌块砌体房屋不包括配筋混凝土小型空心砌块砌体房屋。

(2) 高宽比限值

多层砌体房屋的高宽比限值见表 11.13 所示。

表 11.13　房屋最大高宽比限值

烈度	6 度	7 度	8 度	9 度
最大高宽比	2.5	2.5	2.0	1.5

注：单面走廊房屋的总宽度不包括走廊宽度；建筑平面接近正方形时，高宽比宜适当减小。

(3) 抗震横墙的间距限值

多层砌体房屋的抗震横墙的间距限值见表 11.14 所示。

表 11.14 房屋抗震横墙最大间距(m)

房屋类型		烈度			
		6度	7度	8度	9度
多层砌体房屋	现浇或装配整体式钢筋混凝土楼、屋盖	15	15	11	7
	装配式钢筋混凝土楼、屋盖	11	11	9	4
	木楼、屋盖	9	9	4	—

注:① 多层砌体房屋的顶层,除木屋盖外的最大横墙间距应允许适当放宽,但应采取相应加强措施;
② 多孔砖抗震横墙厚度为 190 mm 时,最大横墙间距应比表中数值减少 3 m。

(4) 房屋的局部尺寸限值

房屋的局部尺寸限值应符合表 11.15 的规定。

表 11.15 房屋的局部尺寸限值

部位	烈度			
	6度	7度	8度	9度
承重窗间墙最小宽度	1.0	1.0	1.2	1.5
承重外墙尽端至门窗边的最小距离	1.0	1.0	1.2	1.5
非承重外墙尽端至门窗洞边的最小距离	1.0	1.0	1.0	1.0
内墙阳角至门窗洞边的最小距离	1.0	1.0	1.5	2.0
无锚固女儿墙(非出入口处)的最大高度	0.5	0.5	0.5	0.0

注:① 局部尺寸不足时应采取局部加强措施弥补,且最小宽度不宜小于 1/4 层高和表中数据的 80%;
② 出入口处的女儿墙应有锚固。

11.4.3 多层砌体砖房的抗震构造措施

多层砌体房屋的抗倒塌,主要通过抗震构造措施提高房屋的整体性及变形能力来实现,主要包括构造柱的设置、圈梁的设置和加强构件间连接的构造措施等几个方面。

11.4.3.1 构造柱设置

设置现浇钢筋混凝土构造柱且与圈梁连接共同工作,对砌体起约束作用,可以明显改善多层砌体结构房屋的抗震性能,增加其变形能力和延性。多层砌体结构房屋构造柱的设置要求见表 11.16 所示,其构造及相关要求可参阅第 8 章。

表 11.16 多层砖砌体房屋构造柱设置要求

<table>
<tr><th colspan="4">房屋层数</th><th colspan="2" rowspan="2">设置部位</th></tr>
<tr><th>6度</th><th>7度</th><th>8度</th><th>9度</th></tr>
<tr><td>四、五</td><td>三、四</td><td>二、三</td><td></td><td rowspan="3">楼、电梯间四角、楼梯斜梯段上下端对应的墙体处;外墙四角和对应转角;错层部位横墙与外纵墙交接处;较大洞口两侧</td><td>隔 12 m 或单元横墙与外纵墙交接处;楼梯间对应的另一侧内横墙与外纵墙交接处</td></tr>
<tr><td>六</td><td>五</td><td>四</td><td>二</td><td>隔开间横墙(轴线)与外墙交接处;山墙与内纵墙交接处</td></tr>
<tr><td>七</td><td>不小于六</td><td>不小于五</td><td>不小于三</td><td>内墙(轴线)与外墙交接处;内墙的局部较小墙垛处;内纵墙与横墙(轴线)交接处</td></tr>
</table>

注:较大洞口,内墙指不小于 2.1 m 的洞口;外墙在内外墙交接处已设置构造柱时应允许适当放宽,但洞侧墙体应加强。

11.4.3.2　圈梁设置

圈梁对砌体房屋的抗震具有重要作用，它与构造柱共同工作，是提高多层砌体结构房屋抗震能力的一种经济有效的措施，其主要功能为：

(1) 加强房屋的整体性。由于圈梁的约束作用，减小了预制板散开以及墙体出平面倒塌的危险性，使纵、横墙能保持为一个整体的箱形结构，充分发挥各片墙体的平面内抗剪强度，有效抵御来自各个方向的水平地震作用。

(2) 与构造柱形成约束框架，能有效地限制墙体裂缝的开展延伸，使墙体抗剪强度得以更好发挥，也提高了墙体的稳定性。

(3) 减轻地震时地基不均匀沉陷和地表裂隙对房屋的影响。

多层黏土砖、多孔砖房的现浇混凝土圈梁设置应符合下列要求：

(1) 装配式钢筋混凝土楼、屋盖或木楼、屋盖的砖房，横墙承重时应按表 11.17 所示的要求设置圈梁；纵墙承重时，每层均应设置圈梁，且抗震横墙上的圈梁间距应比表 11.17 所示的要求适当加密。

表 11.17　砖房现浇钢筋混凝土圈梁设置要求

墙类	烈　度		
	6、7 度	8 度	9 度
外墙和内纵墙	屋盖处及每层楼盖处	屋盖处及每层楼盖处	屋盖处及每层楼盖处
内横墙	同上； 屋盖处间距不应大于 4.5 m； 楼盖处间距不应大于 7.2 m； 构造柱对应部位	同上； 各层所有横墙且间距不应大于 4.5 m； 构造柱对应部位	同上； 各层所有横墙

(2) 现浇或装配整体式钢筋混凝土楼、屋盖与墙体有可靠连接的房屋，可不另设圈梁，但楼板沿墙体周边应加强配筋并应与相应的构造柱钢筋可靠连接。

11.4.3.3　加强构件间连接的构造措施

为增强楼盖、屋盖的整体稳定性和保证与墙体有足够的支承长度和可靠拉结，有效传递地震作用，楼(屋)盖在构造方面应当满足下列各项要求：

(1) 楼盖、屋盖结构及其连接

现浇钢筋混凝土楼板或屋面板伸进纵、横墙内的长度，不应小于 120 mm；装配式钢筋混凝土楼板或屋面板，当圈梁未设在板的同一标高时，板端伸进外墙的长度不应小于 120 mm，伸进内墙的长度不应小于 100 mm 或采用硬架支模连接，在梁上不应小于 80 mm 或采用硬架支模连接。

当板的跨度大于 4.8 m 并与外墙平行时，靠外墙的预制板侧边应与墙或圈梁拉结。房屋端部大房间的楼盖，6 度时房屋的屋盖和 7～9 度时房屋的楼、屋盖，当圈梁设在板底时，钢筋混凝土预制板应相互拉结，并应与梁、墙或圈梁拉结。

(2) 对楼梯间的要求

楼梯间是地震时的疏散通道，同时，历次地震震害表明，由于楼梯间墙体在高度方向比较空旷，常常被破坏，当楼梯间设置在房屋尽端时破坏尤为严重。顶层楼梯间横墙和外墙宜沿墙高每隔 500 mm 设 2Φ6 通长钢筋和 ϕ4 的分布短钢筋平面内点焊组成的拉结网片或 ϕ4 点焊网片。7～9 度设防时，其他各层楼梯间可在休息平台或楼层半高处设置 60 mm 厚、纵向钢筋不应少于 $2\phi10$ 的钢筋混凝土带或配筋砖带，配筋砖带不少于 3 皮，每皮的配筋不少于 $2\phi6$，砂浆强度等级不应低于 M7.5，且不低于同层墙体的砂浆强度等级。

楼梯间及门厅内墙阳角处的大梁支承长度不应小于 500 mm，并应与圈梁连接。装配式楼梯段应与平台板的梁可靠连接，8、9 度时不应采用装配式楼梯段；不应采用墙中悬挑式踏步或踏步竖肋插入墙体的楼梯，不应采用无筋砖砌栏板。

突出屋顶的楼、电梯间，构造柱应伸到顶部，并与顶部圈梁连接，所有的墙体应沿墙高每隔 500 mm 设 $2\Phi6$ 拉结钢筋和 $\phi4$ 的分布短钢筋平面内点焊组成的拉结网片或 $\phi4$ 点焊网片。

11.5　多层钢筋混凝土框架结构的抗震要求

多层钢筋混凝土框架结构房屋的抗震性能比混合结构好，结构的整体性较好，在地震时能达到“小震不坏，大震不倒”的抗震要求，因此被广泛应用于工业与民用建筑中。

在线测试

11.5.1　震害及其分析

历次地震震害调查表明，现浇钢筋混凝土多层框架结构具有比较好的抗震性能。如能采用合理的建筑结构方案，进行合理的抗震设计，在遭遇中等烈度的地震时，一般均可以达到“裂而不倒”的要求。然而，由于场地、地基、建筑设计方案、构造和施工等方面的原因，特别是未经抗震设防的建筑，在遭遇强烈地震时，框架结构也存有比较严重的震害。为了重点突出，这里仅将由于结构自身的原因所引起的震害分析如下。

TMD 实验（台北 101）

11.5.1.1　因建筑设计方案不当和建筑结构不规则所引起的震害

(1) 建筑方面

平面形状复杂的、立面凹进凸出严重的建筑物破坏率显著高于平、立面均比较规则的建筑物。这是因为具有复杂平面的建筑物在地震作用下势必产生扭转效应和应力集中，而立面凹凸的建筑物则会因质量、刚度的突变而形成薄弱层。

高层结构抗震设计

为了避免或减小建筑物由于体型复杂而引起的震害，通常考虑设置防震缝。但当防震缝设置不当(如缝宽不够)时，相邻建筑物易发生相互碰撞，反使震害更为严重。

房屋的高宽比过大，也是引起建筑物严重震害的原因之一。当高宽比过大时，水平地震作用会使建筑物产生很大的倾覆力矩，致使建筑物底层框架柱因存有巨大的压力或拉力而发生剪压或受拉的脆性破坏，进而引起房屋的整体倒塌。

(2) 结构方面

这是由于结构中主要抗侧力构件的平、立面布置不合理而引起的。在平面上，如果抗侧力构件的布置不均匀、不对称，造成结构平面的质量中心与刚度中心不重合，就会引起扭转效应和应力集中；在立面上，往往由于抗侧力构件的数量、断面尺寸及材料发生急剧变化，造成较大的应力集中和塑性变形集中，导致形成结构的薄弱部位、薄弱层而极易破坏。

11.5.1.2 结构主体的震害

未经抗震设防的框架结构的震害主要反映在节点区及其周边构件上。通常柱的震害要重于梁，柱顶的震害要重于柱底，角柱的震害要重于内柱，短柱的震害要重于一般柱。

(1) 框架柱

① 柱端剪切破坏　这种破坏是指上、下柱端出现水平的、斜向的或交叉的裂缝，混凝土局部压溃，柱端形成塑性铰，甚至有的混凝土剥落、箍筋外鼓崩断、柱筋屈曲。这是由于节点处柱端弯矩、剪力比较大，处于一种极不合理的受力状态，当箍筋配置不当时，箍筋的约束作用不强的缘故。

② 柱身破坏　多出现交叉斜裂缝，同时有箍筋屈服或崩断现象，这是由剪扭复合作用所引起的，属于剪切破坏；也存在混凝土被压碎和纵筋外鼓现象，这是由过大的轴力所引起的，属于受压破坏。

③ 角柱破坏　由于双向受弯、受剪，加上扭转作用和水平方向所受的约束较小，故角柱的震害一般均比内柱重得多。有的会上、下柱身错位，纵筋拔出。

④ 短柱破坏　当柱高小于 4 倍的柱截面高度时，即短柱破坏。短柱刚度大，其分担的地震剪力也大，使之易发生脆性的剪切破坏。

(2) 框架梁

框架梁的震害多发生在梁的两端。在水平地震的反复作用下，梁端会产生变号弯矩和剪力，而且其值一般都比较大。当截面承载力不足时，将产生上下贯通的垂直裂缝和交叉斜裂缝，使此处出现塑性铰，最终破坏。

(3) 节点区

在反复的水平地震作用下，节点区的受力十分复杂，往往处于剪压复合状态。若核心区内约束箍筋太少，节点区会产生对角方向的斜裂缝，混凝土被剪碎、剥落，柱纵筋压屈外鼓；若梁的纵筋锚固长度不够，还会出现梁纵筋拔出、混凝土被拉裂的现象。

(4) 填充墙的震害

框架的填充墙通常采用砌体材料，其相对刚度很大，所吸收的地震力也较大。但砌体本身的抗剪、抗拉强度都很低，其整体性和变形能力又很差，所以很容易破坏，出现斜裂缝和沿柱周边的裂缝。另一方面，若墙与柱连接不当，也有可能使框架柱成为短柱，导致柱发生脆性的剪切破坏，对结构非常不利。

11.5.2 抗震设计的一般要求

总结国内外大量震害经验，结合近几年来试验研究、理论分析和工程实践等方面的成果，针对钢筋混凝土结构，我国现行的《建筑抗震设计标准》提出了达到“三水准”设防目标的若干规定，其中与框架结构设计有关的部分条文可简述如下。

11.5.2.1 房屋的最大高度

在地震区建造多、高层钢筋混凝土房屋，如果不考虑结构类型和设防烈度，而将房屋设计得过高，房屋的适用性和经济性就会有所降低。框架结构属于柔性结构，强震作用下的结构侧移比较大，易使非结构构件发生破坏，故而其高度更不能过大。《建筑抗震设计标准》在考虑了场地影响、使用要求及经济效果的基础上，明确规定了现浇钢筋混凝土框架结构房屋当设防的最大适用高度——当设防烈度为 6、7、8、9 度时，分别为 60 m、50 m、40(35)m 和 24 m。

11.5.2.2 房屋的最大高宽比

房屋的高宽比大，水平地震作用所产生的倾覆力矩就会很大。过大的倾覆力矩会使结构产生较大的侧移而危及其稳定性，同时还会使结构底部框架柱产生较大的附加轴力而降低其延性。为避免此类问题，宜对房屋的高宽比适当限制，框架结构一般控制在4～5以下。

11.5.2.3 结构的抗震等级

抗震等级是确定结构构件抗震分析及抗震措施的宏观控制标准。在设防烈度与场地类别均相同的条件下，随着结构类型和房屋高度的不同，结构所具有的和所需要的抗震能力也不同。为使抗震设计更为经济合理，就需要事先确定结构的抗震等级，以此决定结构的抗震计算和抗震构造的要求。为此，《建筑抗震设计标准》规定：

（1）钢筋混凝土房屋应根据烈度、结构类型和房屋高度采用不同的抗震等级，并应符合相应的抗震计算和抗震构造措施要求。丙类建筑的抗震等级按表11.18确定。

表11.18 现浇钢筋混凝土房屋的抗震等级

结构类型	烈度						
	6		7		8		9
高度(m)	≤24	>24	≤24	>24	≤24	>24	≤24
框架结构	四	三	三	二	二	一	一
大跨度框架	三		二		一		一

注：① 建筑场地为Ⅰ类时，除6度外，应按表内降低一度所对应的抗震等级采取抗震构造措施，但相应的计算要求不应降低；
② 接近或等于高度分界时，应允许结合房屋不规则程度及场地、地基条件确定抗震等级；
③ 大跨度框架是指跨度不小于18 m的框架。

（2）当裙房与主楼相连时，裙房的抗震等级除按本身确定外，相关范围不应低于主楼的抗震等级，主楼结构在裙房顶板对应的相邻上、下各一层处应适当加强其抗震构造措施。裙房与主楼分离时，应按裙房本身确定抗震等级。

（3）对于存有地下室的结构，当地下室顶板作为上部结构的嵌固部位时，地下一层的抗震等级应与上部结构相同，地下一层以下抗震构造措施的抗震等级可逐层降低一级，但不应低于四级。地下室中无上部结构的部分，抗震构造措施的抗震等级可根据具体情况采用三级或四级。

（4）抗震设防类别为甲、乙、丁类的建筑，应根据用于确定各类建筑的抗震设防标准的烈度按表11.18确定其抗震等级。

11.5.2.4 防震缝的设置

考虑到防震缝的设置会给设计、施工及使用带来许多麻烦，多层和高层钢筋混凝土结构房屋，特别是高层房屋，宜避免采用不规则的建筑结构方案而尽量不设防震缝；只有当房屋平、立面极不规则或结构刚度截然不同时，才须设置必要的防震缝。当设置防震缝时，防震缝的两侧应布置承重结构，并考虑在防震缝两侧房屋的尽端沿房屋全高设置垂直于防震缝的抗撞墙。框架结构的防震缝宽度要足够，《建筑抗震设计标准》对良好的地基条件下框架结构防震缝最小宽度规定：当高度不超过15 m时，最小缝宽100 mm；当高度超过15 m时，设防烈度为6度、7度、8度、9度时相应每增加5 m、4 m、3 m和2 m，宜加宽20 mm。

11.5.2.5 建筑造型与结构布置

随着多、高层建筑的迅速发展，人们对建筑物的使用性能和建筑造型的要求也越来越高，各种平、立面形式和各种质量、刚度分布情况的建筑不断涌现，这就给结构的抗震设计带来新的困难，因为这类建筑会不可避免地产生不易解决的扭转及应力集中问题。为了同时满足建筑设计多样化与结构抗震设计简捷化的要求，《建筑抗震设计标准》关于规则建筑所提出的建筑、结构方面的具体标准包括如下几个关键点：

(1) 建筑平面和抗侧力结构的平面布置宜规则、对称；

(2) 建筑立面和竖向剖面宜规则，结构的侧向刚度宜均匀一致；

(3) 竖向抗侧力结构的截面尺寸和材料宜一致或缓变，避免刚度和承载力的突变。

对于框架结构，除了上述大的原则以外，《建筑抗震设计标准》还特别指出：

(1) 框架柱网布置宜简单、规整，抗侧力构件宜均匀、对称；

(2) 宜设计成双向框架体系，以保证房屋两个方向上的刚度和整体性均能得到满足；

(3) 柱截面不宜过小，梁、柱轴线宜重合，尽量不要出现复式框架；

(4) 宜采用轻质墙或与柱柔性连接的墙板作为填充墙；

(5) 加强楼屋盖的整体性和整体刚度，保证水平力的合理传递，提倡采用现浇楼屋盖；

(6) 框架结构可用柱下单独基础，但必要时应考虑设置基础连系梁。

11.5.2.6　材料要求

(1) 混凝土强度等级

混凝土的强度等级，框支梁、框支柱及抗震等级为一、二级的框架梁、柱、节点核芯区，不应低于C30；框支梁、框支柱及抗震等级不低于二级的钢筋混凝土结构构件及节点，不应低于C30；构造柱、芯柱、圈梁及其他各类构件不应低于C25。

(2) 钢筋

普通钢筋宜优先采用延性、韧性和焊接性较好的钢筋；普通钢筋的强度等级，纵向受力钢筋宜选用符合抗震性能指标的不低于HRB400级的热轧钢筋；箍筋宜选用符合抗震性能指标的不低于HRB400级的热轧钢筋，也可选用HPB300级热轧钢筋。

(3) 砌体结构

普通砖和多孔砖的强度等级不应低于MU10，其砌筑砂浆强度等级不应低于M5；混凝土小型空心砌块的强度等级不应低于MU7.5，其砌筑砂浆强度等级不应低于Mb7.5。

本章小结

结构抗震设防目标分为三个水准，为实现该设防目标，《建筑抗震设计规范》采用两阶段设计方法进行抗震设计。

抗震概念设计是获得良好抗震性能的重要条件，它包括场地选择与地基基础设计、建筑设计与结构的规则性、选择合理的抗震结构体系、限制受拉纵筋的配筋率、增加受压钢筋、控制轴压比、非结构构件的设计、材料与施工要求等。

地震作用计算的基本方法有振型分解反应谱法、底部剪力法和时程分析法等，满足一定条件的结构可采用简单的底部剪力法手算地震作用。

结构的抗震验算包括第一阶段多遇地震作用下截面承载力设计和弹性层间位移验算，以及第二阶段罕遇地震作用下薄弱层的弹塑性层间位移验算。

砌体结构的抗震重点在抗震措施，应选择合理的结构方案与结构布置，限制房屋高度与高宽比。抗震构造措施主要是合理设置构造柱与圈梁，对砌体形成约束，以增强房屋整体性，改善砌体的延性。

框架结构的抗震设计的一般要求包括限制房屋高度与高宽比、进行合理的结构布置、设置防震缝等，以保证结构在罕遇地震作用下出现预期的合理破坏形态而减轻震害。

思考和练习题

11.1 解释下列名词：

① 震级　② 烈度　③ 震源　④ 震中　⑤ 场地

11.2 简述建筑物抗震设防目标和两阶段设计方法。

11.3 什么是抗震概念设计？抗震概念设计包含哪些内容？

11.4 什么是地震反应谱？影响地震作用大小的因素有哪些？

11.5 计算结构地震作用时采用怎样的计算简图？

11.6 底部剪力法的适用条件是什么？

11.7 怎样计算结构质点的重力荷载代表值？

11.8 结构抗震验算的内容包括哪些？

11.9 砌体结构的抗震构造措施主要有哪些？

附　　录

附表 1　普通钢筋强度的标准值

种类	符号	公称直径 d(mm)	屈服强度标准值 f_{yk}(N/mm²)	极限强度标准值 f_{stk}(N/mm²)
HPB300	Φ	6～14	300	420
HRB400 HRBF400 RRB400	Φ Φ^{F} Φ^{R}	6～50	400	540
HRB500 HRBF500	Φ Φ^{F}	6～50	500	630

附表 2　预应力钢筋强度标准值

种　类		符号	公称直径 d(mm)	屈服强度标准值 f_{pyk}(N/mm²)	极限强度标准值 f_{ptk}(N/mm²)
中强度预应力钢丝	光面 螺旋肋	Φ^{PM} Φ^{HM}	5、7、9	620	800
				780	970
				980	1270
预应力螺纹钢丝	螺纹	Φ^{T}	18、25、32、40、50	785	980
				930	1080
				1080	1230
消除应力钢丝	光面	Φ^{P}	5	—	1570
				—	1860
	螺旋肋	Φ^{H}	7	—	1570
			9	—	1470
				—	1570
钢绞线	1×3(3 股)	Φ^{S}	8.6、10.8、12.9	—	1570
				—	1860
				—	1960
	1×7(7 股)		9.5、12.7、15.2、17.8	—	1720
				—	1860
				—	1960
			21.6	—	1770
				—	1860

注：极限强度标准值为 1960 MPa 级的钢绞线作后张预应力配筋时，应有可靠的工程经验。

附表 3　普通钢筋强度设计值(N/mm²)

牌　号	抗拉强度设计值 f_y	抗压强度设计值 f_y'
HPB300	270	270
HRB400、HRBF400、RRB400	360	360
HRB500、HRBF500	435	435

附表 4　预应力筋强度设计值(N/mm²)

种　类	抗拉强度标准值 f_{pt}	抗拉强度设计值 f_{py}	抗压强度设计值 f_{py}'
中强度预应力钢丝	800	510	410
	970	650	
	1270	810	
消除应力钢丝	1470	1040	410
	1570	1110	
	1860	1320	
钢绞线	1570	1110	390
	1720	1220	
	1860	1320	
	1960	1390	
预应力螺纹钢筋	980	650	400
	1080	770	
	1230	900	

注:当预应力筋的强度标准值不符合表中的规定时,其强度设计值应进行相应的比例换算。

附表 5　混凝土强度标准值(N/mm²)

强度种类	符号	混凝土强度等级												
		C20	C25	C30	C35	C40	C45	C50	C55	C60	C65	C70	C75	C80
轴心抗压	f_{ck}	13.4	16.7	20.1	23.4	26.8	29.6	32.4	35.5	38.5	41.5	44.5	47.4	50.2
轴心抗拉	f_{tk}	1.54	1.78	2.01	2.20	2.39	2.51	2.64	2.74	2.85	2.93	2.99	3.05	3.11

附表 6　混凝土强度设计值(N/mm²)

强度种类	符号	混凝土强度等级												
		C20	C25	C30	C35	C40	C45	C50	C55	C60	C65	C70	C75	C80
轴心抗压	f_c	9.6	11.9	14.3	16.7	19.1	21.2	23.1	25.3	27.5	29.7	31.8	33.8	35.9
轴心抗拉	f_t	1.10	1.27	1.43	1.57	1.71	1.80	1.89	1.96	2.04	2.09	2.14	2.18	2.22

附表 7　钢筋混凝土矩形截面梁正截面受弯承载力计算用系数

ξ	γ_s	α_s	ξ	γ_s	α_s	ξ	γ_s	α_s
0.01	0.995	0.010	0.21	0.895	0.188	0.41	0.795	0.326
0.02	0.990	0.020	0.22	0.890	0.196	0.42	0.790	0.332
0.03	0.985	0.030	0.23	0.885	0.204	0.43	0.785	0.338
0.04	0.980	0.039	0.24	0.880	0.211	0.44	0.780	0.343
0.05	0.975	0.049	0.25	0.875	0.219	0.45	0.775	0.349
0.06	0.970	0.058	0.26	0.870	0.226	0.46	0.770	0.354
0.07	0.965	0.068	0.27	0.865	0.234	0.47	0.765	0.360
0.08	0.960	0.077	0.28	0.860	0.241	0.48	0.760	0.365
0.09	0.955	0.086	0.29	0.855	0.248	0.482	0.759	0.366
0.10	0.950	0.095	0.30	0.850	0.255	0.49	0.755	0.370
0.11	0.945	0.104	0.31	0.845	0.262	0.50	0.750	0.375
0.12	0.940	0.113	0.32	0.840	0.269	0.51	0.745	0.380
0.13	0.935	0.122	0.33	0.835	0.276	0.518	0.741	0.384
0.14	0.930	0.130	0.34	0.830	0.282	0.52	0.740	0.385
0.15	0.925	0.139	0.35	0.825	0.289	0.53	0.735	0.390
0.16	0.920	0.147	0.36	0.820	0.295	0.54	0.730	0.394
0.17	0.915	0.156	0.37	0.815	0.302	0.55	0.725	0.399
0.18	0.910	0.164	0.38	0.810	0.308	0.56	0.720	0.403
0.19	0.905	0.172	0.39	0.805	0.314	0.57	0.715	0.408
0.20	0.900	0.180	0.40	0.800	0.320	0.58	0.710	0.412

注：① 表中 $M=\alpha_s\alpha_1 f_c bh_0^2$，$\xi=\frac{x}{h_0}=\frac{f_yA_s}{\alpha_1 f_c bh_0}$，$A_s=\frac{M}{f_y\gamma_s h_0}$；

② 表中 $\xi=0.518$ 以下的数值不适用 HRB400 级钢筋；

③ 计算值在表中所列各值之间时，可用内插法求得。

附表 8　钢筋混凝土构件中纵向受力钢筋的最小配筋率

<table>
<tr><th colspan="3">受　力　类　型</th><th>最小配筋率</th></tr>
<tr><td rowspan="4">受压构件</td><td rowspan="3">全部纵向钢筋</td><td>强度等级 500 MPa</td><td>0.50%</td></tr>
<tr><td>强度等级 400 MPa</td><td>0.55%</td></tr>
<tr><td>强度等级 300 MPa</td><td>0.60%</td></tr>
<tr><td colspan="2">一侧纵向钢筋</td><td>0.20%</td></tr>
<tr><td colspan="3">受弯构件、偏心受拉、轴心受拉构件一侧的受拉钢筋</td><td>0.2%和 $0.45f_t/f_y$ 中的较大者</td></tr>
</table>

注：① 受压构件全部纵向钢筋最小配筋百分比，当采用 C60 以上强度等级的混凝土时，应按表中规定增加 0.10；

② 板类受弯构件(不包括悬臂板)的受拉钢筋，当采用强度等级 400 MPa、500 MPa 的钢筋时，其最小配筋百分比应允许采用 0.15 和 $45f_t/f_y$ 中的较大值；

③ 偏心受压构件中的受压钢筋，应按受压构件一侧纵向钢筋考虑；

④ 受压构件的全部纵向钢筋和一侧纵向钢筋的配筋率，以及轴心受拉构件和小偏心受拉一侧受拉钢筋的配筋率均应按构件的全截面面积计算；

⑤ 受弯构件、大偏心受拉构件一侧受拉钢筋的配筋率应按全截面面积扣除受压翼缘面积 $(b_f'-b)h_f'$ 后的截面面积计算；

⑥ 当钢筋沿构件截面周边布置时，“一侧纵向钢筋”系指沿受力方向两个对边中一边布置的纵向钢筋。

附表 9　钢筋的公称直径、公称截面面积及理论重量

公称直径(mm)	不同根数钢筋的公称截面面积(mm^2)									单根钢筋理论重量(kg/m)
	1	2	3	4	5	6	7	8	9	
6	28.3	57	85	113	142	170	198	226	255	0.222
8	50.3	101	151	201	252	302	352	402	453	0.395
10	78.5	157	236	314	393	471	550	628	707	0.617
12	113.1	226	339	452	565	678	791	904	1017	0.888
14	153.9	308	461	615	769	923	1077	1231	1385	1.08
16	201.1	402	603	804	1005	1206	1407	1608	1809	1.578
18	254.5	509	763	1017	1272	1527	1781	2036	2290	1.998
20	314.2	628	942	1256	1570	1884	2199	2513	2827	2.466
22	380.1	760	1140	1520	1900	2281	2661	3041	3421	2.984
25	490.9	982	1473	1964	2454	2945	3436	3927	4418	3.85
28	615.8	1232	1847	2463	3079	3695	4310	4926	5542	4.83
32	804.2	1609	2413	3217	4021	4826	5630	6434	7238	6.31
36	1017.9	2036	3054	4072	5089	6107	7125	8143	9161	7.99
40	1256.6	2513	3770	5027	6283	7540	8796	10053	11310	9.865

附表 10　钢筋混凝土板每米宽度的钢筋截面面积(mm^2)

钢筋直径 d(mm)	钢　筋　间　距(mm)															
	75	80	90	100	120	125	140	150	160	180	200	220	250	280	300	320
4	168	157	140	126	105	101	90	84	78	70	63	57	50	45	42	39
5	262	245	218	196	163	157	140	131	123	109	98	89	79	70	65	61
6	377	354	314	283	236	226	202	189	177	157	141	129	113	101	94	88
6/8	524	491	437	393	327	314	281	262	246	218	196	179	157	140	131	123
8	671	629	559	503	419	402	359	335	314	279	251	229	201	180	168	157
8/10	859	805	716	644	537	515	460	429	403	358	322	293	258	230	215	201
10	1047	981	872	785	654	628	561	523	491	436	393	357	314	280	262	245
10/12	1277	1198	1064	958	798	766	684	639	599	532	479	436	383	342	319	299
12	1508	1414	1257	1131	942	905	808	754	707	628	565	514	452	404	377	353
12/14	1780	1669	1483	1335	1113	1068	954	890	834	742	668	607	534	477	445	417
14	2052	1924	1710	1539	1283	1231	1099	1026	962	855	770	700	616	555	513	481
16	2682	2513	2234	2011	1676	1608	1436	1340	1257	1117	1005	914	804	718	670	628

附表 11　钢筋混凝土轴心受压构件的稳定系数

l_0/b	≤8	10	12	14	16	18	20	22	24	26	28
l_0/d	≤7	8.5	10.5	12	14	15.5	17	19	21	22.5	24
l_0/i	≤28	35	42	48	55	62	69	76	83	90	97
φ	1.0	0.98	0.95	0.92	0.87	0.81	0.75	0.70	0.65	0.60	0.56
l_0/b	30	32	34	36	38	40	42	44	46	48	50
l_0/d	26	28	29.5	31	33	34.5	36.5	38	40	41.5	43
l_0/i	104	111	118	125	132	139	146	153	160	167	174
φ	0.52	0.48	0.44	0.40	0.36	0.32	0.29	0.26	0.23	0.21	0.19

注：① l_0 为构件的计算长度，对钢筋混凝土柱可按附表 12、附表 13 取用；

② b 为矩形截面的短边尺寸，d 为圆形截面的直径，i 为截面的最小回转半径。

附表 12　刚性屋盖单层房屋排架柱、露天吊车柱和栈桥柱的计算长度

柱的类别		l_0		
		排架方向	垂直排架方向	
			有柱间支撑	无柱间支撑
无吊车房屋柱	单跨	$1.5H$	$1.0H$	$1.2H$
	两跨及多跨	$1.25H$	$1.0H$	$1.2H$
有吊车房屋柱	上柱	$2.0H_u$	$1.25H_u$	$1.5H_u$
	下柱	$1.0H_l$	$0.8H_l$	$1.0H_l$
露天吊车柱和栈桥柱		$2.0H_l$	$1.0H_l$	—

注：① 表中 H 为从基础顶面算起的柱子全高；H_l 为从基础顶面至装配式吊车梁底面或现浇式吊车梁顶面的柱子下部高度；H_u 为从装配式吊车梁底面或从现浇式吊车梁顶面算起的柱子上部高度；

② 表中有吊车房屋排架柱的计算长度，当计算中不考虑吊车荷载时，可按无吊车房屋柱的计算长度采用，但上柱的计算长度仍可按有吊车房屋采用；

③ 表中有吊车房屋排架柱的上柱在排架方向的计算长度，仅适用于 H_u/H_l 不小于 0.3 的情况；当 H_u/H_l 小于 0.3 时，计算长度宜采用 $2.5H_u$。

附表 13　一般多层房屋中梁柱为刚接的框架结构，各层柱的计算长度

楼盖类型	柱的类别	l_0
现浇楼盖	底层柱	$1.0H$
	其余各层柱	$1.25H$
装配式楼盖	底层柱	$1.25H$
	其余各层柱	$1.5H$

注：表中 H 为底层柱从基础顶面到一层楼盖顶面的高度，对其余各层柱为上下两层楼盖顶面之间的高度。

附表 14　等截面三等跨连续梁在常用荷载作用下内力系数

荷载图	跨内最大弯矩		支座弯矩		剪力			
	M_1	M_2	M_B	M_C	V_A	$V_{B左}$ $V_{B右}$	$V_{C左}$ $V_{C右}$	V_D
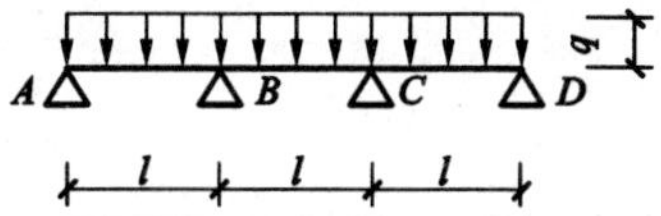	0.080	0.025	−0.100	−0.100	0.400	−0.600 0.500	−0.500 0.600	−0.400
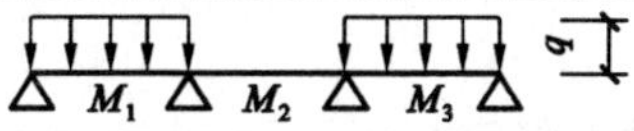	0.101	—	−0.050	−0.050	0.450	0 −0.550	0 0.550	−0.450
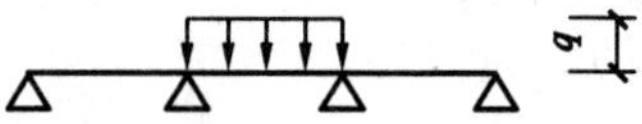	—	0.075	−0.050	−0.050	0.050	−0.050 0.500	−0.500 0.050	0.050
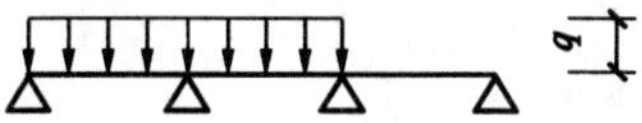	0.073	0.054	−0.117	−0.033	0.383	−0.617 0.583	−0.417 0.033	0.033
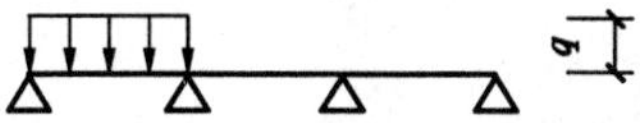	0.094	—	−0.067	0.017	0.433	−0.567 0.083	0.083 −0.017	−0.017
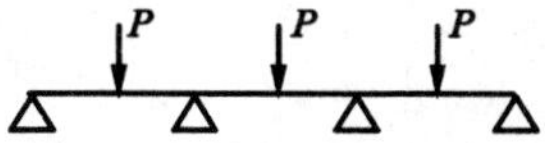	0.175	0.100	−0.150	−0.150	0.350	−0.650 0.500	−0.500 0.650	−0.350
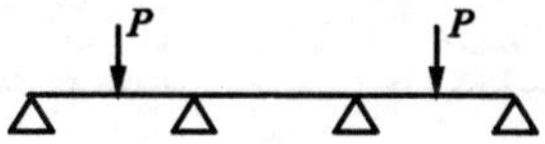	0.213	—	−0.075	−0.075	0.425	−0.575 0	0 0.575	0.425
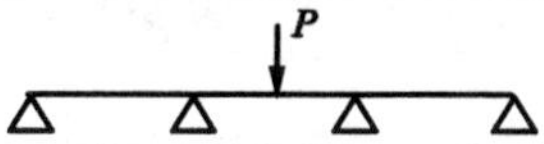	—	0.175	−0.075	−0.075	−0.075	−0.075 0.500	−0.500 0.075	0.075
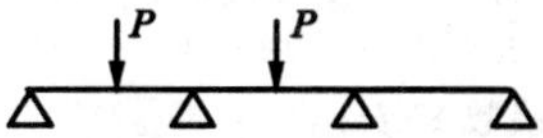	0.162	0.137	−0.175	−0.050	0.325	−0.675 0.625	−0.375 0.050	0.050
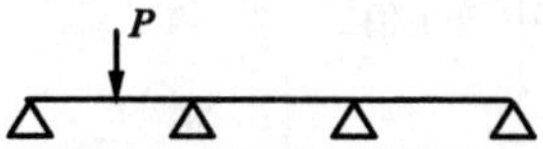	0.200	—	−0.010	0.025	0.400	−0.600 0.125	0.125 −0.025	−0.025
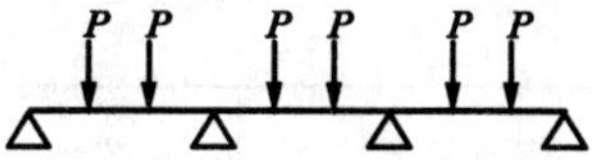	0.244	0.067	−0.267	0.267	0.733	−1.267 1.000	−1.000 1.267	−0.733
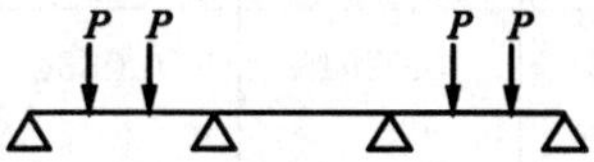	0.289	—	−0.133	−0.133	0.866	−1.134 0	0 1.134	−0.866
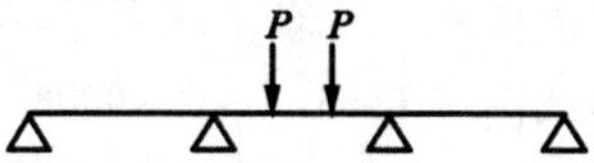	—	0.200	−0.133	−0.133	−0.133	−0.133 1.000	−1.000 0.133	0.133
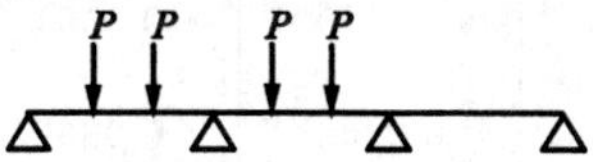	0.229	0.170	−0.311	−0.089	0.689	−1.311 1.222	−0.788 0.089	0.089
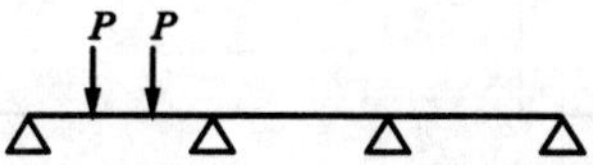	0.274	—	−0.178	0.044	0.822	−1.178 0.222	0.222 −0.044	−0.044

注：① 表中系数用法：在均布荷载作用下：M＝表中系数×ql^2；V＝表中系数×ql；

在集中荷载作用下：M＝表中系数×Pl；V＝表中系数×P；

内力正负号规定：M——使截面上部受压，下部受拉为正；

V——对邻近截面所产生的力矩沿顺时针方向者为正。

② 等截面二、四、五等跨连续梁在常用荷载下的内力系数，可参考内力计算手册或其他钢筋混凝土结构教科书。

附表 15　双向板弯矩、挠度计算系数

(1) 符号说明

$$B_C = \frac{Eh^3}{12(1-\nu^2)} \quad (刚度)$$

式中　E—— 弹性模量；

h—— 板厚；

ν—— 泊松比。

(2) 其他说明

f、f_{max}—— 板中心点的挠度和最大挠度；

m_1、m_{1max}—— 平行于 l_{01} 方向板中心点单位板宽内的弯矩和板跨内最大弯矩；

m_2、m_{2max}—— 平行于 l_{02} 方向板中心点单位板宽内的弯矩和板跨内最大弯矩；

m_1'—— 固定边中点沿 l_{01} 方向单位板宽内的弯矩；

m_2'——固定边中点沿 l_{02} 方向单位板宽内的弯矩；

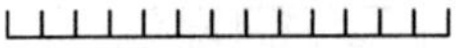
代表固定边；

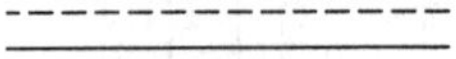
代表简支边。

(3) 正负号的规定

弯矩——使板的受荷面受压者为正；

挠度——变位方向与荷载方向相同者为正。

附表 15.1　四边简支

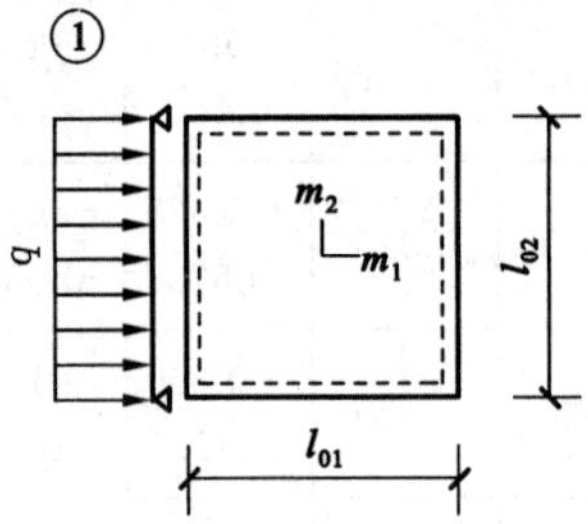

挠度＝表中系数×$\frac{ql^4}{B_C}$；

$\nu=0$，弯矩＝表中系数×ql^2

式中 l 取 l_{01} 和 l_{02} 中较小值

l_{01}/l_{02}	f	m_1	m_2	l_{01}/l_{02}	f	m_1	m_2
0.50	0.01013	0.0965	0.0174	0.80	0.00603	0.0561	0.0334
0.55	0.00940	0.0892	0.0210	0.85	0.00547	0.0506	0.0348
0.60	0.00867	0.0820	0.0242	0.90	0.00496	0.0456	0.0358
0.65	0.00796	0.0750	0.0271	0.95	0.00449	0.0410	0.0364
0.70	0.00727	0.0683	0.0296	1.00	0.00406	0.0368	0.0368
0.75	0.00663	0.0620	0.0317				

附表 15.2　三边简支一边固定

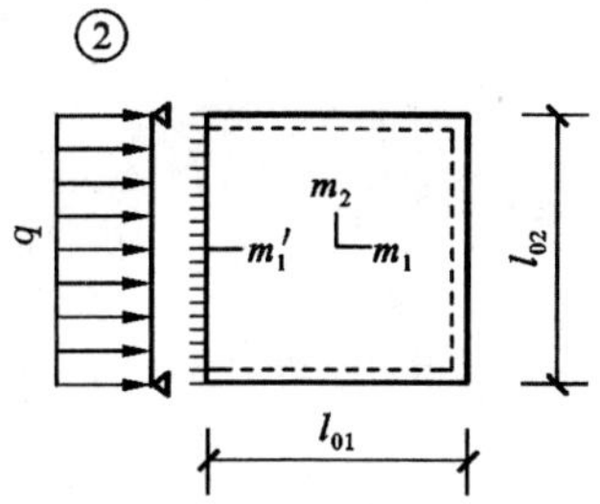

挠度＝表中系数×$\frac{ql^4}{B_C}$；

ν＝0，弯矩＝表中系数×ql^2

式中 l 取 l_{01} 和 l_{02} 中较小值

l_{01}/l_{02}	l_{02}/l_{01}	f	f_{max}	m_1	m_{1max}	m_2	m_{2max}	m_1'
0.50		0.00488	0.00504	0.0583	0.0646	0.0060	0.0063	−0.1212
0.55		0.00471	0.00492	0.0563	0.0618	0.0087	0.0087	−0.1187
0.60		0.00453	0.00472	0.0539	0.0589	0.0104	0.0111	−0.1158
0.65		0.00432	0.00448	0.0513	0.0559	0.0126	0.0133	−0.1124
0.70		0.00410	0.00422	0.0485	0.0529	0.0148	0.0154	−0.1087
0.75		0.00388	0.00399	0.0457	0.0496	0.0168	0.0174	−0.1048
0.80		0.00365	0.00376	0.0428	0.0463	0.0187	0.0193	−0.1007
0.85		0.00343	0.00352	0.0400	0.0431	0.0204	0.0211	−0.0965
0.90		0.00321	0.00329	0.0372	0.0400	0.0219	0.0226	−0.0922
0.95		0.00299	0.00306	0.0345	0.0369	0.0232	0.0239	−0.0880
1.00	1.00	0.00279	0.00285	0.0319	0.0340	0.0243	0.0249	−0.0839
	0.95	0.00316	0.00324	0.0324	0.0345	0.0280	0.0287	−0.0882
	0.90	0.00360	0.00368	0.0328	0.0347	0.0322	0.0330	−0.0926
	0.85	0.00409	0.00417	0.0329	0.0347	0.0370	0.0378	−0.0970
	0.80	0.00464	0.00473	0.0326	0.0343	0.0424	0.0433	−0.1014
	0.75	0.00526	0.00536	0.0319	0.0335	0.0485	0.0494	−0.1056
	0.70	0.00595	0.00605	0.0308	0.0323	0.0553	0.0562	−0.1096
	0.65	0.00670	0.00680	0.0291	0.0306	0.0627	0.0637	−0.1133
	0.60	0.00752	0.00762	0.0268	0.0289	0.0707	0.0717	−0.1166
	0.55	0.00838	0.00848	0.0239	0.0271	0.0792	0.0801	−0.1193
	0.50	0.00927	0.00935	0.0205	0.0249	0.0880	0.0888	−0.1215

附表 15.3　两对边简支、两对边固定

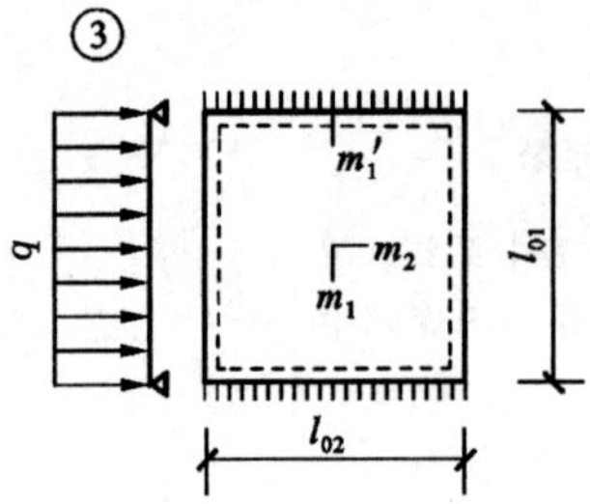

挠度＝表中系数×$\frac{ql^4}{B_C}$；

$\nu=0$，弯矩＝表中系数×ql^2

式中 l 取 l_{01} 和 l_{02} 中较小值

l_{01}/l_{02}	l_{02}/l_{01}	f	m_1	m_2	m_1'
0.50		0.00261	0.0416	0.0017	−0.0843
0.55		0.00259	0.0410	0.0028	−0.0840
0.60		0.00255	0.0402	0.0042	−0.0834
0.65		0.00250	0.0392	0.0057	−0.0826
0.70		0.00243	0.0379	0.0072	−0.0814
0.75		0.00236	0.0366	0.0088	−0.0799
0.80		0.00228	0.0351	0.0103	−0.0782
0.85		0.00220	0.0335	0.0118	−0.0763
0.90		0.00211	0.0319	0.0133	−0.0743
0.95		0.00201	0.0302	0.0146	−0.0721
1.00	1.00	0.00192	0.0285	0.0158	−0.0698
	0.95	0.00223	0.0296	0.0189	−0.0746
	0.90	0.00260	0.0306	0.0224	−0.0797
	0.85	0.00303	0.0314	0.0266	−0.0850
	0.80	0.00354	0.0319	0.0316	−0.0904
	0.75	0.00413	0.0321	0.0374	−0.0959
	0.70	0.00482	0.0318	0.0441	−0.1013
	0.65	0.00560	0.0308	0.0518	−0.1066
	0.60	0.00647	0.0292	0.0604	−0.114
	0.55	0.00743	0.0267	0.0698	−0.1156
	0.50	0.00844	0.0234	0.0798	−0.1191

附表 15.4　四边固定

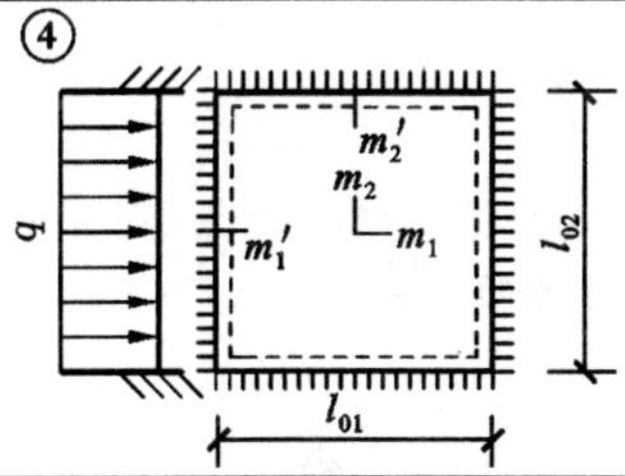

挠度＝表中系数×$\frac{ql^4}{B_C}$；

$\nu=0$，弯矩＝表中系数×ql^4

式中 l 取 l_{01} 和 l_{02} 中较小值

l_{01}/l_{02}	f	m_1	m_2	m_1'	m_2'
0.50	0.00253	0.0400	0.0038	−0.0829	−0.0570
0.55	0.00246	0.0385	0.0056	−0.0814	−0.0571
0.60	0.00236	0.0367	0.0076	−0.0793	−0.0571
0.65	0.00224	0.0345	0.0095	−0.0766	−0.0571
0.70	0.00211	0.0321	0.0113	−0.0735	−0.0569
0.75	0.00197	0.0296	0.0130	−0.0701	−0.0565
0.80	0.00182	0.0271	0.0144	−0.0664	−0.0559
0.85	0.00168	0.0246	0.0156	−0.0626	−0.0551
0.90	0.00153	0.0221	0.0165	−0.0588	−0.0541
0.95	0.00410	0.0198	0.0172	−0.0550	−0.0528
1.00	0.00127	0.0176	0.0176	−0.0513	−0.0513

附表 15.5　两邻边简支、两邻边固定

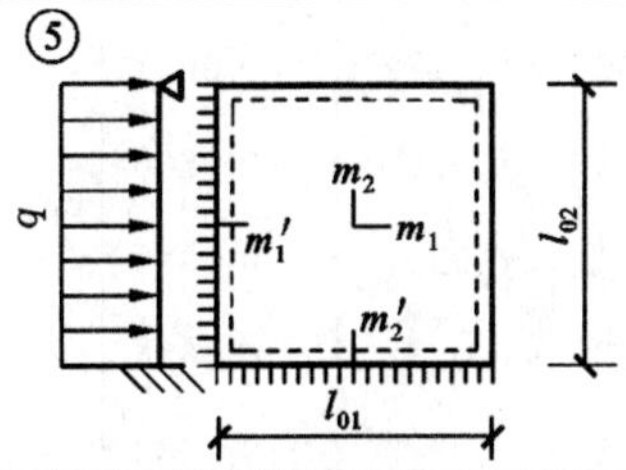

挠度＝表中系数×$\frac{ql^4}{B_C}$；

$\nu=0$，弯矩＝表中系数×ql^4

式中 l 取 l_{01} 和 l_{02} 中较小值

l_{01}/l_{02}	f	f_{max}	m_1	m_{1max}	m_2	m_{2max}	m_1'	m_2'
0.50	0.00468	0.00471	0.0559	0.0562	0.0079	0.0135	−0.1179	−0.0786
0.55	0.00445	0.00454	0.0529	0.0530	0.0104	0.0153	−0.1140	−0.0785
0.60	0.00419	0.00429	0.0496	0.0498	0.0129	0.0169	−0.1095	−0.0782
0.65	0.00391	0.00399	0.0461	0.0456	0.0151	0.0183	−0.1045	−0.0777
0.70	0.00363	0.00368	0.0426	0.0432	0.0172	0.0195	−0.0992	−0.0770
0.75	0.00335	0.00340	0.0390	0.0396	0.0189	0.0206	−0.0938	−0.0760
0.80	0.00308	0.00313	0.0356	0.0361	0.0204	0.0218	−0.0883	−0.0748
0.85	0.00281	0.00286	0.0322	0.0328	0.0215	0.0229	−0.0829	−0.0733
0.90	0.00256	0.00261	0.0291	0.0297	0.0224	0.0238	−0.0776	−0.0716
0.95	0.00232	0.00237	0.0261	0.0267	0.0230	0.0244	−0.0726	−0.0698
1.00	0.00210	0.00234	0.0234	0.0240	0.0234	0.0249	−0.0677	−0.0677

附表 15.6　三边固定、一边简支

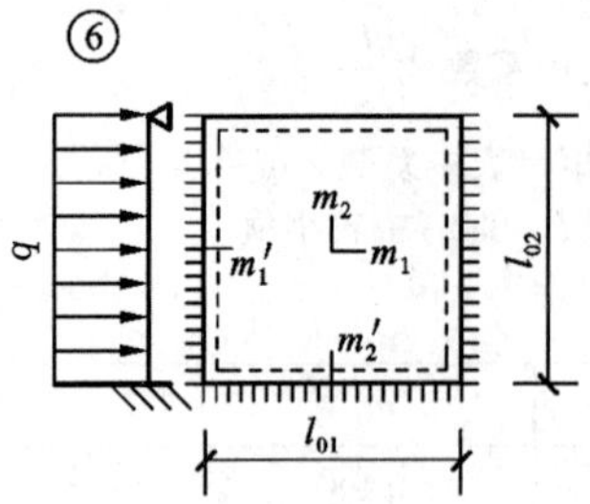

挠度＝表中系数×$\frac{ql^4}{B_C}$；

$\nu=0$，弯矩＝表中系数×ql^2

式中 l 取 l_{01} 和 l_{02} 中较小值

l_{01}/l_{02}	l_{02}/l_{01}	f	f_{max}	m_1	m_{1max}	m_2	m_{2max}	m_1'	m_2'
0.50		0.00257	0.00258	0.0408	0.0409	0.0028	0.0089	−0.0836	−0.0569
0.55		0.00252	0.00255	0.0398	0.0399	0.0042	0.0093	−0.0827	−0.0570
0.60		0.00245	0.00249	0.0384	0.0386	0.0059	0.0105	−0.0814	−0.0571
0.65		0.00237	0.00240	0.0368	0.0371	0.0076	0.0116	−0.0796	−0.0572
0.70		0.00227	0.00229	0.0350	0.0354	0.0093	0.0127	−0.0774	−0.0572
0.75		0.00216	0.00219	0.0331	0.0335	0.0109	0.0137	−0.0750	−0.0572
0.80		0.00205	0.00208	0.0310	0.0314	0.0124	0.0147	−0.0722	−0.0570
0.85		0.00193	0.00196	0.0289	0.0293	0.0138	0.0155	−0.0693	−0.0567
0.90		0.00181	0.00184	0.0268	0.0273	0.0159	0.0163	−0.0663	−0.0563
0.95		0.00169	0.00172	0.0247	0.0252	0.0160	0.0172	−0.0631	−0.0558
1.00	1.00	0.00157	0.00160	0.0227	0.0231	0.0168	0.0180	−0.0600	−0.0550
	0.95	0.00178	0.00182	0.0229	0.0234	0.0194	0.0207	−0.0629	−0.0599
	0.90	0.00201	0.00206	0.0228	0.0234	0.0223	0.0238	−0.0656	−0.0653
	0.85	0.00227	0.00233	0.0225	0.0231	0.0255	0.0273	−0.0683	−0.0711
	0.80	0.00256	0.00262	0.0219	0.0224	0.0290	0.0311	−0.0707	−0.0772
	0.75	0.00286	0.00294	0.0208	0.0214	0.0329	0.0354	−0.0729	−0.0837
	0.70	0.00319	0.00327	0.0194	0.0200	0.0370	0.0400	−0.0748	−0.0903
	0.65	0.00352	0.00365	0.0175	0.0182	0.0412	0.0446	−0.0762	−0.0970
	0.60	0.00386	0.00403	0.0153	0.0160	0.0454	0.0493	−0.0773	−0.1033
	0.55	0.00419	0.00437	0.0127	0.0133	0.0496	0.0541	−0.0780	−0.1093
	0.50	0.00449	0.00463	0.0099	0.0103	0.0534	0.0588	−0.0784	−0.1146

附表 16　**焊缝强度设计值**(单位:N/mm²)

焊接方法和焊条型号	构件钢材牌号		对接焊缝				角焊缝
	牌号	厚度或直径(mm)	抗压 f_c^w	焊缝质量为下列等级时，抗拉 f_t^w		抗剪 f_v^w	抗拉、抗压和抗剪 f_f^w
				一级、二级	三级		
自动焊、半自动焊和E43型焊条的电弧焊	Q235钢	≤16	215(205)	215(175)	185	125(120)	160(140)
		>16～40	205	205	175	120	
		>40～60	200	200	170	115	
		>60～100	190	190	160	110	
自动焊、半自动焊和E50型焊条的电弧焊	Q345钢(16 Mn)	≤16	310(300)	310(300)	265	180(175)	200(195)
		>16～35	295	295	250	170	
		>35～50	265	265	225	155	
		>50～100	250	250	210	145	
自动焊、半自动焊和E55型焊条的电弧焊	Q390钢	≤16	350	350	300	205	220
		>16～35	335	335	285	190	
		>35～50	315	315	270	180	
		>50～100	295	295	250	170	
	Q420钢	≤16	380	380	320	220	220
		>16～35	360	360	305	210	
		>35～50	340	340	290	195	
		>50～100	325	325	275	185	

注:①自动焊和半自动焊所采用焊丝和焊剂，应保证其熔敷金属力学性能不低于现行国家标准《埋弧焊用非合金钢及细晶粒钢实心焊丝、药芯焊丝和焊丝-焊剂组合分类要求》(GB/T 5293—2018)和《埋弧焊用热强钢实心焊丝、药芯焊丝和焊丝-焊剂组合分类要求》(GB/T 12470—2018)中的相关规定。

② 焊缝质量等级应符合现行国家标准《钢结构工程施工质量验收规范》(GB 50205—2020)的规定，其中厚度小于 8 mm 的钢材对接焊缝，不应采用超声波探伤确定焊缝质量等级。

③ 对接焊缝在受压区的抗弯强度设计值取 f_c^w，在受拉区的抗弯强度设计值取 f_t^w。

④ 表中厚度指计算点的钢材厚度，对轴心受拉和轴心受压构件指截面中较厚板件的厚度。

附表 17　**螺栓连接的强度设计值**(单位:N/mm²)

螺栓的钢材牌号(或性能等级)和构件的钢材牌号		普通螺栓							承压型连接高强度螺栓		
		C级螺栓			A级、B级螺栓			锚栓			
		抗拉 f_t^b	抗剪 f_v^b	承压 f_c^b	抗拉 f_t^b	抗剪 f_v^b	承压 f_c^b	抗拉 f_t^a	抗拉 f_t^b	抗剪 f_v^b	承压 f_c^b
普通螺栓	4.6级 4.8级	170	140								
	5.6级				210	190					
	8.8级				400	320					
锚栓	Q235钢							140			
	Q345钢							180			

螺栓的钢材牌号(或性能等级)和构件的钢材牌号		普通螺栓							承压型连接高强度螺栓		
		C级螺栓			A级、B级螺栓			锚栓			
		抗拉 f_t^b	抗剪 f_v^b	承压 f_c^b	抗拉 f_t^b	抗剪 f_v^b	承压 f_c^b	抗拉 f_t^a	抗拉 f_t^b	抗剪 f_v^b	承压 f_c^b
承压型连接高强度螺栓	8.8 级								400	250	
	10.9 级								500	310	
构件	Q235 钢			305			405				470
	Q345 钢			385			510				590
	Q390 钢			400			530				615
	Q420 钢			425			560				655

注:① A 级螺栓用于 $d \leqslant 24$ mm 和 $l \leqslant 10d$ 或 $l \leqslant 150$ mm(按较小值)的螺栓,B 级螺栓用于 $d > 24$ mm 或 $l > 10d$ 或 $l > 150$ mm(按较小值)的螺栓,d 为公称直径,l 为螺杆公称长度;

② A、B级螺栓孔的精度和孔壁表面粗糙度、C级螺栓孔的允许偏差和孔壁表面粗糙度,均应符合国家标准《钢结构工程施工质量验收规范》(GB 50205—2020)的要求。

附表 18　钢材的强度设计值(单位:N/mm²)

钢材		抗拉、抗压和抗弯 f	抗剪 f_v	端面承压(刨平顶紧) f_{ce}
牌号	厚度或直径(mm)			
Q235 钢	≤16	215	125	325
	>16～40	205	120	
	>40～60	200	115	
	>60～100	190	110	
Q345 钢	≤16	310	180	400
	>16～35	295	170	
	>35～50	265	155	
	>50～100	250	145	
Q390 钢	≤16	350	205	415
	>16～35	335	190	
	>35～50	315	180	
	>50～100	295	170	
Q420 钢	≤16	380	220	440
	>16～35	360	210	
	>35～50	340	195	
	>50～100	325	185	

注:表中厚度是指计算点的厚度。

附表 19　轴心受压构件稳定系数

附表 19.1　a 类截面轴心受压构件的稳定系数 φ

$\lambda\sqrt{\frac{f_y}{235}}$	0	1	2	3	4	5	6	7	8	9
0	1.000	1.000	1.000	1.000	0.999	0.999	0.998	0.998	0.997	0.996
10	0.995	0.994	0.993	0.992	0.991	0.989	0.988	0.986	0.985	0.983
20	0.981	0.979	0.977	0.976	0.974	0.972	0.970	0.968	0.966	0.964
30	0.963	0.961	0.959	0.957	0.955	0.952	0.950	0.948	0.946	0.944
40	0.941	0.939	0.937	0.934	0.932	0.929	0.927	0.924	0.921	0.919
50	0.916	0.913	0.910	0.907	0.904	0.900	0.897	0.894	0.890	0.886
60	0.883	0.879	0.875	0.871	0.867	0.863	0.858	0.854	0.849	0.844
70	0.839	0.834	0.829	0.824	0.818	0.813	0.807	0.801	0.795	0.789
80	0.783	0.776	0.770	0.763	0.757	0.750	0.743	0.736	0.728	0.721
90	0.714	0.706	0.699	0.691	0.684	0.676	0.668	0.661	0.653	0.645
100	0.638	0.630	0.622	0.615	0.607	0.600	0.592	0.585	0.577	0.570
110	0.563	0.555	0.548	0.541	0.534	0.527	0.520	0.514	0.507	0.500
120	0.494	0.488	0.481	0.475	0.469	0.463	0.457	0.451	0.445	0.440
130	0.434	0.429	0.423	0.418	0.412	0.407	0.402	0.397	0.392	0.387
140	0.383	0.378	0.373	0.369	0.364	0.360	0.356	0.351	0.347	0.343
150	0.339	0.335	0.331	0.327	0.323	0.320	0.316	0.312	0.309	0.305
160	0.302	0.298	0.295	0.292	0.289	0.285	0.282	0.279	0.276	0.273
170	0.270	0.267	0.264	0.262	0.259	0.256	0.253	0.251	0.248	0.246
180	0.243	0.241	0.238	0.236	0.233	0.231	0.229	0.226	0.224	0.222
190	0.220	0.218	0.215	0.213	0.211	0.209	0.207	0.205	0.203	0.201
200	0.199	0.198	0.196	0.194	0.192	0.190	0.189	0.187	0.185	0.183
210	0.182	0.180	0.179	0.177	0.175	0.174	0.172	0.171	0.169	0.168
220	0.166	0.165	0.164	0.162	0.161	0.159	0.158	0.157	0.155	0.154
230	0.153	0.152	0.150	0.149	0.148	0.147	0.146	0.144	0.143	0.142
240	0.141	0.140	0.139	0.138	0.136	0.135	0.134	0.133	0.132	0.131
250	0.130	—	—	—	—	—	—	—	—	—

附表 19.2　b 类截面轴心受压构件的稳定系数 φ

$\lambda\sqrt{\frac{f_y}{235}}$	0	1	2	3	4	5	6	7	8	9
0	1.000	1.000	1.000	0.999	0.999	0.998	0.997	0.996	0.995	0.994
10	0.992	0.991	0.989	0.987	0.985	0.983	0.981	0.978	0.976	0.973
20	0.970	0.967	0.963	0.960	0.957	0.953	0.950	0.946	0.943	0.939
30	0.936	0.932	0.929	0.925	0.922	0.918	0.914	0.910	0.906	0.903
40	0.899	0.895	0.891	0.887	0.882	0.878	0.874	0.870	0.865	0.861
50	0.856	0.852	0.847	0.842	0.838	0.833	0.828	0.823	0.818	0.813
60	0.807	0.802	0.797	0.791	0.786	0.780	0.774	0.769	0.763	0.757
70	0.751	0.745	0.739	0.732	0.726	0.720	0.714	0.707	0.701	0.694
80	0.688	0.681	0.675	0.668	0.661	0.655	0.648	0.641	0.635	0.628
90	0.621	0.614	0.608	0.601	0.594	0.588	0.581	0.575	0.568	0.561
100	0.555	0.549	0.542	0.536	0.529	0.523	0.517	0.511	0.505	0.499
110	0.493	0.487	0.481	0.475	0.470	0.464	0.458	0.453	0.447	0.442
120	0.437	0.432	0.426	0.421	0.416	0.411	0.406	0.402	0.397	0.392
130	0.387	0.383	0.378	0.374	0.370	0.365	0.361	0.357	0.353	0.349
140	0.345	0.341	0.337	0.333	0.329	0.326	0.322	0.318	0.315	0.311
150	0.308	0.304	0.301	0.298	0.295	0.291	0.288	0.285	0.282	0.279
160	0.276	0.273	0.270	0.267	0.265	0.262	0.259	0.256	0.254	0.251
170	0.249	0.246	0.244	0.241	0.239	0.236	0.234	0.232	0.229	0.227
180	0.225	0.223	0.220	0.218	0.216	0.214	0.212	0.210	0.208	0.206
190	0.204	0.202	0.200	0.198	0.197	0.195	0.193	0.191	0.190	0.188
200	0.186	0.184	0.183	0.181	0.180	0.178	0.176	0.175	0.173	0.172
210	0.170	0.169	0.167	0.166	0.165	0.163	0.162	0.160	0.159	0.158
220	0.156	0.155	0.154	0.153	0.151	0.150	0.149	0.148	0.146	0.145
230	0.144	0.143	0.142	0.141	0.140	0.138	0.137	0.136	0.135	0.134
240	0.133	0.132	0.131	0.130	0.129	0.128	0.127	0.126	0.125	0.124
250	0.123	—	—	—	—	—	—	—	—	—

附表 19.3　c 类截面轴心受压构件的稳定系数 φ

$\lambda\sqrt{\frac{f_y}{235}}$	0	1	2	3	4	5	6	7	8	9
0	1.000	1.000	1.000	0.999	0.999	0.998	0.997	0.996	0.995	0.993
10	0.992	0.990	0.988	0.986	0.983	0.981	0.978	0.976	0.973	0.970
20	0.966	0.959	0.953	0.947	0.940	0.934	0.928	0.921	0.915	0.909
30	0.902	0.896	0.890	0.884	0.877	0.871	0.865	0.858	0.852	0.846
40	0.839	0.833	0.826	0.820	0.814	0.807	0.801	0.794	0.788	0.781
50	0.775	0.768	0.762	0.755	0.748	0.742	0.735	0.729	0.722	0.715
60	0.709	0.702	0.695	0.689	0.682	0.676	0.669	0.662	0.656	0.649
70	0.643	0.636	0.629	0.623	0.616	0.610	0.604	0.597	0.591	0.584
80	0.578	0.572	0.566	0.559	0.553	0.547	0.541	0.535	0.529	0.523
90	0.517	0.511	0.505	0.500	0.494	0.488	0.483	0.477	0.472	0.467
100	0.463	0.458	0.454	0.449	0.445	0.441	0.436	0.432	0.428	0.423
110	0.419	0.415	0.411	0.407	0.403	0.399	0.395	0.391	0.387	0.383
120	0.379	0.375	0.371	0.367	0.364	0.360	0.356	0.353	0.349	0.346
130	0.342	0.339	0.335	0.332	0.328	0.325	0.322	0.319	0.315	0.312
140	0.309	0.306	0.303	0.300	0.297	0.294	0.291	0.288	0.285	0.282
150	0.280	0.277	0.274	0.271	0.269	0.266	0.264	0.261	0.258	0.256
160	0.254	0.251	0.249	0.246	0.244	0.242	0.239	0.237	0.235	0.233
170	0.230	0.228	0.226	0.224	0.222	0.220	0.218	0.216	0.214	0.212
180	0.210	0.208	0.206	0.205	0.203	0.201	0.199	0.197	0.196	0.194
190	0.192	0.190	0.189	0.187	0.186	0.184	0.182	0.181	0.179	0.178
200	0.176	0.175	0.173	0.172	0.170	0.169	0.168	0.166	0.165	0.163
210	0.162	0.161	0.159	0.158	0.157	0.156	0.154	0.153	0.152	0.151
220	0.150	0.148	0.147	0.146	0.145	0.144	0.143	0.142	0.140	0.139
230	0.138	0.137	0.136	0.135	0.134	0.133	0.132	0.131	0.130	0.129
240	0.128	0.127	0.126	0.125	0.124	0.124	0.123	0.122	0.121	0.120
250	0.119	—	—	—	—	—	—	—	—	—

附表 19.4　d 类截面轴心受压构件的稳定系数 φ

$\lambda\sqrt{\frac{f_y}{235}}$	0	1	2	3	4	5	6	7	8	9
0	1.000	1.000	0.999	0.999	0.998	0.996	0.994	0.992	0.990	0.987
10	0.984	0.981	0.978	0.974	0.969	0.965	0.960	0.955	0.949	0.944
20	0.937	0.927	0.918	0.909	0.900	0.891	0.883	0.874	0.865	0.857
30	0.848	0.840	0.831	0.823	0.815	0.807	0.799	0.790	0.782	0.774
40	0.766	0.759	0.751	0.743	0.735	0.728	0.720	0.712	0.705	0.697
50	0.690	0.683	0.675	0.668	0.661	0.654	0.646	0.639	0.632	0.625
60	0.618	0.612	0.605	0.598	0.591	0.585	0.578	0.572	0.565	0.559
70	0.552	0.546	0.540	0.534	0.528	0.522	0.516	0.510	0.504	0.498
80	0.493	0.487	0.481	0.476	0.470	0.465	0.460	0.454	0.449	0.444
90	0.439	0.434	0.429	0.424	0.419	0.414	0.410	0.405	0.401	0.397
100	0.394	0.390	0.387	0.383	0.380	0.376	0.373	0.370	0.366	0.363
110	0.359	0.356	0.353	0.350	0.346	0.343	0.340	0.337	0.334	0.331
120	0.328	0.325	0.322	0.319	0.316	0.313	0.310	0.307	0.304	0.301
130	0.299	0.296	0.293	0.290	0.288	0.285	0.282	0.280	0.277	0.275
140	0.272	0.270	0.267	0.265	0.262	0.260	0.258	0.255	0.253	0.251
150	0.248	0.246	0.244	0.242	0.240	0.237	0.235	0.233	0.231	0.229
160	0.227	0.225	0.223	0.221	0.219	0.217	0.215	0.213	0.212	0.210
170	0.208	0.206	0.204	0.203	0.201	0.199	0.197	0.196	0.194	0.192
180	0.191	0.189	0.188	0.186	0.184	0.183	0.181	0.180	0.178	0.177
190	0.176	0.174	0.173	0.171	0.170	0.168	0.167	0.166	0.164	0.163
200	0.162	—	—	—	—	—	—	—	—	—

注：① 附表 19.3 中的 φ 值系按下列公式算得：

当 $\lambda_n=\frac{\lambda}{\pi}\sqrt{f_y/E}\leqslant 0.215$ 时　　$\varphi=1-\alpha_1\lambda_n^2$

当 $\lambda_n>0.215$ 时　　$\varphi=\frac{1}{2\lambda_n^2}[(\alpha_2+\alpha_3\lambda_n+\lambda_n^2)-\sqrt{(\alpha_2+\alpha_3\lambda_n+\lambda_n^2)^2-4\lambda_n^2}\ ]$

② 当构件的 $\lambda\sqrt{f_y/235}$ 值超出附表 19.1 至附表 19.4 的范围时，则 φ 值按注①所列的公式计算。

附表 20 钢梁的容许挠度

项次	构 件 类 别	挠度容许值	
		$[v_T]$	$[v_Q]$
1	吊车梁和吊车桁架(按自重和起重量最大的一台起重机计算挠度) ① 手动吊车和单梁起重机(含悬挂起重机) ② 轻级工作制桥式起重机 ③ 中级工作制桥式起重机 ④ 重级工作制桥式起重机	 $l/500$ $l/750$ $l/900$ $l/1000$	—
2	手动或电动葫芦的轨道梁	$l/400$	—
3	有重轨(重量不小于 38 kg/m)轨道的工作平台梁 有轻轨(重量不大于 24 kg/m)轨道的工作平台梁	$l/400$ l/600	—
4	楼(屋)盖或桁架,工作平台梁(第③项除外)和平台板 ① 主梁或桁架(包括设有悬挂起重设备的梁和桁架) ② 仅支撑压型金属板屋面和冷弯型钢檩条 ③ 除支撑压型金属板屋面和冷弯型钢檩条外,尚有吊顶 ④ 抹灰顶棚的次梁 ⑤ 除第①款-第④款外的其他梁(包括楼梯梁) ⑥ 屋盖檩条 支承压型金属板屋面者 支承其他屋面材料者 有吊顶 ⑦ 平台板	 $l/400$ $l/180$ $l/240$ $l/250$ $l/250$ $l/500$ $l/200$ $l/240$ $l/150$	 $l/500$ $l/350$ $l/300$ — — — —
5	墙架构件(风荷载不考虑阵风系数) ① 支柱(水平方向) ② 抗风桁架(作为连续支柱的支承时,水平位移) ③ 砌体墙的横梁(水平方向) ④ 支承压型金属板横梁(水平方向) ⑤ 支承其他墙面材料的横梁(水平方向) ⑥ 带有玻璃窗的横梁(竖直和水平方向)	 — — — — — $l/200$	 $l/400$ $l/1000$ $l/300$ $l/100$ $l/200$ $l/200$

注:① l 为受弯构件的跨度(对悬臂梁和伸臂梁为悬伸长度的 2 倍);

② $[v_T]$为永久和可变荷载标准值产生的挠度(如有起拱应减去拱度)的容许值;$[v_Q]$为可变荷载标准值产生的挠度的容许值。

③ 当吊车梁或吊车桁架跨度大于 12 m 时,其挠度容许值$[v_Q]$应乘以 0.9 的系数。

④ 当墙面采用延性材料或与结构采用柔性连接时,墙架构件的支柱水平位移容许值可采用 $l/300$,抗风桁架(作为连续支柱的支承时)水平位移容许值可采用 $l/800$。

参考文献

[1] 中华人民共和国住房和城乡建设部.建筑结构可靠性设计统一标准:GB 50068—2018[S].北京:中国建筑工业出版社,2018.

[2] 中华人民共和国住房和城乡建设部.建筑结构荷载规范:GB 50009—2012[S].北京:中国建筑工业出版社,2012.

[3] 中华人民共和国住房和城乡建设部.混凝土结构设计标准:GB/T 50010—2010[S]2024年版.北京:中国建筑工业出版社,2024.

[4] 中华人民共和国住房和城乡建设部.建筑抗震设计规范:GB 50011—2010[S]2016年版.北京:中国建筑工业出版社,2016.

[5] 中华人民共和国住房和城乡建设部.建筑地基基础设计规范:GB 50007—2011[S].北京:中国建筑工业出版社,2011.

[6] 中华人民共和国住房和城乡建设部.钢结构设计标准:GB 50017—2017[S].北京:中国建筑工业出版社,2017.

[7] 中华人民共和国住房和城乡建设部.砌体结构设计规范:GB 50003—2019[S].北京:中国计划出版社,2011.

[8] 中国工程建设标准化协会.钢筋混凝土连续梁和框架考虑内力重分布设计规程:CECS51:93[S].北京:中国计划出版社,1993.

[9] 沈蒲生.混凝土结构设计原理[M].5版.北京:高等教育出版社,2020.

[10] 刘立新.混凝土结构原理[M].3版.武汉:武汉理工大学出版社,2018.

[11] 吕西林.高层建筑结构[M].3版.武汉:武汉理工大学出版社,2011.

[12] 刘立新.砌体结构[M].4版.武汉:武汉理工大学出版社,2018.

[13] 沈祖炎.钢结构基本原理[M].北京:中国建筑工业出版社,2018.

[14] 陈绍蕃.钢结构设计原理[M].北京:科学出版社,2016.

[15] 刘声扬.钢结构[M].6版.北京:中国建筑工业出版社,2020.

[16] 但泽义.钢结构设计手册[M].4版.北京:中国建筑工业出版社,2019.

[17] 东南大学,浙江大学,湖南大学,苏州大学. 土力学[M].4版.北京:中国建筑工业出版社,2016.

[18] 华南理工大学,浙江大学,湖南大学. 基础工程[M].4版.北京:中国建筑工业出版社,2019.

[19] 张耀庭,潘鹏. 建筑结构抗震设计[M].北京:机械工业出版社,2018.

[20] 林宗凡. 建筑结构原理及设计[M].4版.北京:高等教育出版社,2022.

[21] 刘雁. 建筑结构[M].4版.北京:机械工业出版社,2020.

[25] 宋晓冰. 2019全国一级注册建筑师执业资格考试历年真题解析:建筑结构[M].2019年版.北京:中国电力出版社.2019.

[26] 全国二级注册结构工程师专业考试试题解答及分析编委会. 全国二级注册结构工程师专业考试试题解答及分析:2012—2018[M].中国建筑工业出版社,2019.